高等学校食品专业系列教材
教育部"十一五"国家级规划教材

食品原料学

主　　编　蒋爱民　赵丽芹

主　　审　章超桦　周光宏

副 主 编　李志成　沈建福　白颜红　高　昕
　　　　　崔承弼　李开雄

编　　委　（排名不分前后,仅按拼音字母顺序排列）
　　　　　白颜红　白卫东　包建强　陈发河
　　　　　陈锦权　崔承弼　丁之恩　董　全
　　　　　高金燕　高　昕　韩　涛　蒋爱民
　　　　　靳桂敏　李开雄　李志成　刘建学
　　　　　刘书成　罗爱平　马俪珍　莫海珍
　　　　　农绍庄　潘道东　沈建福　苏秀榕
　　　　　唐文婷　王　华　王　颉　王向东
　　　　　王玉华　王玉田　魏新林　温玉辉
　　　　　吴建中　吴雪辉　谢　宏　谢定源
　　　　　严　成　杨　军　余群力　章超桦
　　　　　张丽萍　赵良忠　赵丽芹　赵秋艳
　　　　　赵希荣　郑　华　周光宏　周文化

东南大学出版社

内 容 提 要

本书系教育部国家级“十一五”规划教材，除系统讲授畜产食品原料、农产食品原料、园产食品原料和水产食品原料4大主要食品原料的组成、生物学特性和加工储藏特性外，为适应科学的发展需求，特别增加了特色食品原料和安全食品原料生产与控制2篇内容。特色食品原料篇除介绍特色植物资源和食用菌等的组成、生物学特性及加工特性外，还特别介绍了功能食品原料中的功能性成分的分布、含量、生物学特性，以便为食品原料的深加工和功能性食品的研发奠定基础。安全食品原料生产与控制篇从食品原料自身的不安全成分、来源和特性及环境污染等外界因素对食品原料安全性的影响角度出发，系统地讲授了安全食品原料生产的控制方法，并以加拿大原料乳安全生产及其质量控制体系为例，介绍国外食品原料生产过程中的质量控制技术和体系，反映了学科的最新研究方法和成果。

本书适宜作农业院校、综合性大学、理工科院校、师范院校、农业技术院校和其他院校食品科学与工程、食品质量与安全等相关专业本科教材和参考书籍。

为实现资源共享，便于教师备课，在网页上公布了与本教材配套的教学大纲、实验大纲、PPT讲稿、复习思考题及参考答案等内容(http://xy.scau.edu.cn/spxy/zijon/xcsp)。另外还配有试题库及参考答案供教师参考。

图书在版编目(CIP)数据

食品原料学/蒋爱民，赵丽芹主编.—南京：东南大学出版社，2007.2（2022.1重印）
ISBN 978-7-5641-0395-8

Ⅰ.食… Ⅱ.①蒋… ①赵… Ⅲ.食品—原料
Ⅳ.TS202.1

中国版本图书馆CIP数据核字(2007)第016691号

食品原料学

出版发行 东南大学出版社
出 版 人 江建中
责任编辑 顾金亮 史建农
地　　址 南京市四牌楼2号(210096)
电　　话 025-83795801(发行科)/025-83362442(传真)
经　　销 江苏省新华书店
印　　刷 兴化印刷有限责任公司
开　　本 787 mm×1092 mm 1/16
字　　数 558千字 22.75印张
版　　次 2007年2月第1版 2022年1月第16次印刷
书　　号 ISBN 978-7-5641-0395-8
印　　数 57001-59000册
定　　价 37.80元

高等学校食品专业系列教材

编 写 委 员 会

（以姓氏笔画为序）

总　序

受编辑之托，为我等所著的高等学校食品专业系列教材作序，真是诚惶诚恐，迟迟难以下笔。苏轼《与孙子思》云："……余空纸两幅，留与五百年后人跋尾也！"此一戏语道出了作序之尴尬。回想起当时来自各地高校食品院系的学者们共同讨论系列教材时认真而热烈的场景，我就勉为其难，介绍一下我们编写这套系列教材的来龙去脉和想法。

2005年11月18～20日，经东南大学出版社和江南大学食品学院的联合组织，在江苏无锡召开了"普通高等教育'十一五'国家级教材规划·食品专业系列教材"编写和申报研讨会，来自江南大学、南昌大学、南京农业大学、合肥工业大学、江苏大学、内蒙古农业大学、福建农林大学、河南工业大学、郑州轻工业学院、河南农业大学、河南科技大学、浙江工商大学、扬州大学、华南农业大学、南京工业大学、南京财经大学、南京师范大学、淮阴工学院、淮海工学院等19所大学食品院系的30余名学者参加了会议。在两天的会议中，学者们探讨了近几年来食品专业教育的得失，研讨了新形势下为进一步推进食品学科创新型人才培养的系列教材的编写要求、体例和分工，明确了31部教材的编写任务。时间过去不到一年，硕果满园的金秋季节在望，这31部教材中已有5部列入普通高等教育"十一五"国家级教材规划，第一部教材《食品添加剂》将正式付梓，其他多部教材也将孕育而生，在近期内陆续出版，真是欣慰之极。

古人曰：教人以道者，师也。作为教师，不仅要教会学生如何掌握知识，更重要的是要教会学生如何运用知识和创造知识。这套系列教材的编者们，少则有十多年、多则有二十年左右从事相应课程教学和本专业领域科研的经历。我们一致的想法是希望把多年实践中的感悟和积累融入到这套教材中，使本系列教材的阅读者在理解和掌握知识的同时，也能对知识的运用和创造有所领悟。

食品工业的GDP在我国国民经济中已连续几年居首位，现已接近2万亿元，食品科技进步与产业发展在国民经济发展中越来越发挥举足轻重的作用。目前全国约有200所高校办有食品专业，每年招收学生2万多人，食品专业的教育教学在一定程度上关系到我国食品工业的健康和可持续发展，编写一套反映当今科技发展现状、符合创新创业型人才培养要求的食品专业系列教材，是我们所有编者的愿望，也是我们义不容辞的责任和义务。

愿我们的国家明天更美好，愿我们的食品工业发展更健康，愿我们在着力创建的和谐社会中享用的食品更安全。让我们所有编写和阅读本系列教材的同仁们共同为此尽绵薄之力！

张　灏

2006年8月3日晚于无锡

前 言

《食品原料学》2006年6月获得审批列入教育部国家级"十一五"规划教材。2006年7月在青岛中国海洋大学召开了第一次编委会议，商讨了编写思路、编写大纲和编写方法，并发往全国相关院校征求意见。2006年8月在南京召开了第二次编委会，全国30余所院校派代表参加了会议。2006年12月在广州华南农业大学召开了《食品原料学》审定会。

本教材分为7章，包括16个实验的实验指导。除系统讲授畜产食品原料、农产食品原料、园产食品原料和水产食品原料4大主要食品原料的组成、生物学特性和加工储藏特性外，为适应科学发展需求，特别增加了特色食品原料和安全食品原料生产与控制2篇内容。

特色食品原料篇除介绍特色植物资源和食用菌等的组成、生物学特性及加工特性外，还特别介绍了功能食品原料中的功能性成分的分布、含量、生物学特性，以便为食品原料的深加工和功能性食品的研发奠定基础。安全食品原料生产与控制篇从食品原料自身的不安全成分、来源和特性及环境污染等外界因素对食品原料安全性的影响角度出发，系统地讲述了安全食品原料生产的控制方法，并以加拿大原料乳安全生产及其质量控制体系为例，介绍国外食品原料生产过程中的质量控制技术和体系，反映了学科的最新研究方法和成果。

该教材包括了传统和新型的食品原料，内容十分丰富，但简洁的文字保证了篇幅的有效控制。为实现全国各院校教学资源共享，便于教师备课，在网页上公布了与本教材配套的教学大纲、实验大纲、PPT讲稿、复习思考题及参考答案等内容(http://xy. scau. edu. cn/spxy/zijon/xcsp)。另外还配有试题库及参考答案供教师参考。由于这些内容在编写修改定稿过程中，全体编写人员分工合作，少则二三次、多则五六次交换书稿，集腋成裘最终成稿；每章每节、每套试题库、每道思考题、每张幻灯片都凝聚了每位编写人员的心血，以至于难以界定内容的具体编写人员，只好将所有编写人员和参编院校按照拼音字母顺序排列，以示对每位编写人员和参编院校的尊敬和感谢。

参加编写的主要人员：白颜红、白卫东、包建强、陈发河、陈锦权、崔承弼、丁之恩、董全、高金燕、高昕、韩涛、蒋爱民、靳桂敏、李开雄、李志成、刘建学、刘书成、罗爱平、马俪珍、莫海珍、农绍庄、潘道东、沈建福、苏秀榕、唐文婷、王华、王颉、王向东、王玉华、王玉田、魏新林、温玉辉、吴建中、吴雪辉、谢宏、谢定源、严成、杨军、余群力、章超桦、张丽萍、赵良忠、赵丽芹、赵秋艳、赵希荣、郑华、周光宏、周文化。

参加编写的院校包括：安徽农业大学、北京农学院、大连轻工学院、佛山科技学院、福建农林科技大学、广东海洋大学、甘肃农业大学、贵州大学、黑龙江八一农垦大学、华中农业大学、淮阴工学院、吉林农业大学、锦州医学院、暨南大学、集美大学、河南科技大学、河南科技学院、河南农业大学、河北农业大学、华南农业大学、莱阳农学院、南昌大学、南京师范大学、内蒙古农业大学、宁波大学、上海师范大学、山西师范大学、韶关学院、沈阳农业大学、石河子大学、天津农学院、西北农林科技大学、西南大学、西南科技大学、延边大学、郑州轻工业学院、浙江大学、仲恺农业技术学院、中国海洋大学、中南林业科技大学。

要特别说明的是，在安全食品原料生产与控制篇编写时引用了吴永宁教授主编的《现代食品安全科学》、杨洁彬教授主编的《食品安全性》和林洪教授主编的《水产品安全性》等书籍的一些内容。东南大学出版社顾金亮、史建农精心组织了2006年8月在南京召开的第二次编委会。莱阳农学院姜连芳教授和华南农业大学余小林教授、李远志教授、杨公明教授在教材组织和内容安排、审阅等方面提出了建设性建议。华南农业大学和内蒙古农业大学在经费、时间等方面给予了极大支持。华南农业大学食品学院研究生白富玉、何文新、王志江、龚丽和何瑞琪等同学在资料收集整理和联络工作等方面做出了无私奉献。

在此，对以不同方式关怀和帮助该书编写和出版的领导、同行及朋友表示衷心感谢。教材中存在的不妥之处，恳请兄弟院校及读者在使用后提出宝贵意见，以便再版时予以修订，也真诚欢迎您参加下一版教材的修改再版工作(jiangaimin20000@163.com)。

蒋爱民　赵丽芹

2006年12月31日于华南农业大学

目　　录

绪　论

1）食品原料学的研究内容

食品原料学是食品相关专业的专业基础学科，以食品原料的生物学特性为出发点，紧密联系食品原料的深加工技术，重点研究 2 个方面的内容：第一，畜产食品原料、农产食品原料、园产食品原料、水产食品原料、特色食品原料及功能食品原料（食品原料新资源）的品种特性、分布、生物学特性、营养组成和加工储藏特性，以期为食品原料深加工提供依据。第二，研究食品原料生产过程中的不安全因素及其控制方法，以期为安全食品的生产奠定基础。

2）食品原料学的重要性及进展

近年来全国开设食品相关专业的高等院校纷纷将食品原料学课程相继列入了教学计划。科技部门也将通过食品原料生产过程控制提高食品的安全性并对开发食品原料新资源的研究工作给予了重点支持，食品原料这一新型学科迎来了一个非常好的发展机遇。因此，食品原料学在食品学科中占有越来越重要的地位。

（1）食品原料特性的深入研究促进食品原料精深加工

发达国家利用食品原料品质研究的专用仪器，例如质构仪、小麦粉质仪、肉质分析仪，及近年的近红外测定、振动测定、核磁共振等先进的无损伤测定方法，在深入研究食品原料的生物学特性和加工储藏特性的基础上，结合现代食品“安全、营养和方便”的需要，不仅开发出了能够最大限度地体现食品原料自身特性的产品，而且培育出越来越多的专用加工品种，使原料的品质均匀一致，而且完全能够满足加工制品对原料品质的要求。例如，意大利不仅培育出了奶水牛专用品种，极大地提高了水牛的产奶性能，而且利用水牛乳乳清蛋白丰富和比例适宜的特性，研发出具有特殊品质的 Mozzarella 奶酪畅销欧美，价格远远高于其他奶酪。

我国比较重视食品原料的采后储藏加工处理技术和设备，而对原料的生物学特性和加工适应性等缺乏研究，常常导致食品原料利用不合理、加工食品等级不高。“十五”期间我国对食品原料特性的研究也给予了极大重视，并取得一些突破性进展。例如，对原料肉汁液流失、护色和微生物控制等关键技术的突破，为“冷却肉”产业化的发展奠定了基础，促进了我国“冷却肉”的开发和市场的成熟。“十一五”期间将在食品原料特性等利于继续实施方面进行深入研究。例如研究米面食品的回生行为以及回生程度与淀粉组分结构、结晶与无定型的变化、淀粉回生与口感之间的关系，以期促进食品深加工技术的发展。

（2）食品原料的安全生产与控制为安全食品的生产奠定了基础

食品安全的问题已经成为全球的热点问题，而食品安全问题的解决在很大程度上依赖于食品原料生产过程中的安全控制，因此提出了“从农田到餐桌”的全程质量控制理念。同时，近年也非常重视食品原料生产过程中质量检测方法的研究。例如，乳业发达国家十分重视乳制品质量安全检测技术的研究和规范化，研究开发出一系列以现代高新技术为基础的分析方法，如利用分子生物学技术开发的细菌快速检测试剂盒、抗生素的生物学检测技术等，为安全食品原料的生产提供了保障。

我国"十五"国家重大科技专项中设立了"食品安全关键技术"课题，在"农药残留检测技术"、"兽药残留检测技术"、"重要有机污染物的痕量与超痕量检测技术"、"生物毒素和中毒控制常见毒物检测技术"、"黄曲霉毒素污染防控技术规程"、"动物组织中猪瘟病毒和伪狂犬病病毒荧光定量 PCR 检测技术"等共性技术方面得到了突破，极大地提高了食品原料的安全性。例如，以 PCR 技术基础建立了针对金黄色葡萄球菌、沙门氏菌、黄曲霉毒素、磺胺和农药残留等关键致病菌和药物残留的快速检测试剂盒和试纸，以多介质超声波分析、色差分辨、分子免疫荧光检测、胶体金等关键技术突破为基础，研制出了乳成分超声波分析仪、牛奶真蛋白测定仪、体细胞快速分析仪和原料奶细菌总数快速检测仪，初步建立了原料奶质量和安全保障检测技术体系，实现了原料奶质量的现场监控，并显著降低了乳品检测的费用。对此，"十一五"期间将会继续加大食品原料的安全控制技术研究。例如，针对我国乳制品安全控制体系不健全，乳制品安全存在原料奶细菌数高、抗生素残留、营养成分不足和故意掺假四大顽症开展以下工作：

① 针对主要生物安全和化学安全因素，探讨主要有害因素的产生途径和安全性风险等关键问题，建立乳制品安全控制体系；研究有害微生物在原料奶和乳制品中的动态，建立原料奶和乳制品生物安全的危害评估及危害发生的预测技术；研究利用多样性生物芯片技术，监控原料乳及乳制品中主要致病菌、耐热芽孢数、嗜冷菌数和其他有害生物毒素；研究和评估主要致病菌、药物残留及其代谢物对人体危害性评估机制与控制措施。

② 开发监测乳制品中非乳成分控制的检测技术；围绕乳成分、细菌数、抗生素残留等日常必检项目，开发在线检测技术和现场检测技术，保障原料奶和乳制品生物安全的快速监控和快速检测；使乳制品的安全检测技术和手段达到系列化、标准化，并建立相应的信息平台。

(3) 开发食品新资源，加速副产品综合利用

在耕地面积锐减和人口膨胀的双重压力下，开发新的食品原料资源具有很重要的意义。同时，随着生活水平的提高，科学有效地利用食品原料中具有特殊功能的生理活性成分也具有很大的前景。因此，利用杂交、转基因和细胞融合技术等生物工程技术开发未来新的食品资源成为当今研究人员进行研究的重要课题。

同时，在食品原料加工中往往会有相当数量的副产物产生，如果这些副产物不进行继续利用，就会成为废渣、废液，不仅污染环境、加重废弃物处理的负担，而且还影响到原料的利用效率，尤其是工业化和规模化的生产，废弃物的处理问题尤为突出。例如，大型肉制品企业每天会产生大量的畜血、皮毛、骨头、内脏等废料；豆制品企业会产生大豆豆渣、黄浆废水等。如果将这些副产物作为原料进行综合加工和利用，不仅可以实现"零排放，无污染生产"，甚至还会得到经济价值更高的加工制品或高附加值产品。例如，利用豆制品企业的副产物，可以生产具有高生物活性的功能性的保健产品大豆低聚糖或大豆异黄酮等；又如玉米不仅可以生产淀粉，而且以淀粉为原料进行深加工还可以生产得到附加值更高的各种功能性淀粉，甚至玉米芯也可以作为原料加工成木糖醇、木聚糖等新型食品添加剂。

"十一五"期间将会继续加大副产品综合利用研发力度。例如，针对我国每年屠宰加工

时产生的大量骨血未能充分利用的现状和关键技术问题，重点开展研究骨矿物质离子化技术、羟基磷灰石的再生提取技术、天然骨胶原蛋白的分子化与提取技术、鲜骨超细粉碎技术、血清蛋白和血红蛋白的连续抗凝与分离技术、血红蛋白中二价铁离子的保护和真空降解与絮凝回收技术、血液蛋白酶解调控技术，开发出可用于食品营养增强、品质保持和天然着色等功能的骨胶原蛋白、超细鲜骨粉、速溶全骨复合物、多肽和氨基酸营养液、血清蛋白、血红蛋白、营养料包和调味产品。

3）本课程的学习要求和方法

食品原料生产被称为食品加工的第一车间，是食品加工的基础。而食品原料学是一门与植物学、动物学、组织解剖学、农作物栽培学、动物（或水产）养殖学、食品营养学、微生物学及食品加工工艺学等学科渗透和交叉的应用学科。要学好该学科，就必须具备这些相关学科的最基本的知识，重视最新研究动态和成果应用。同时，由于该课程是一门理论与实践、研究与应用密切结合的课程。因此，要学会充分利用所学知识，拓宽知识面，融会贯通，提高分析和解决实际问题的技能，真正为食品加工的学习打下扎实的基础。

1 粮油食品原料

粮油食品原料包括粮油籽粒的形态、构造、物理性质与工艺品质，构成籽粒的各主要化学成分的含量与分布、结构与性质等。另外还包括作为食品加工原料的加工适性。

1.1 粮油食品原料的籽粒结构与化学成分

粮油食品原料主要是指田间栽培的各种粮食作物所产生的果实和种子。粮食作物属于绿色高等植物，大多是一年生或两年生的草本植物，它们的根、茎、叶都很发达，能够从土壤中吸收水分和无机养料，同时利用太阳的能量在叶部进行光合作用，把 CO_2 和 H_2O 合成为糖和淀粉，并将含氮的无机盐合成为蛋白质等有机化合物。所有粮食作物都进行有性繁殖，开花结果，每一株都能产生大量的果实和种子。果实是由花中雌蕊的子房发育而成的，种子是由子房内的胚珠发育而成的，它包藏在由子房壁变成的果皮之中。粮油食品原料的果实和种子中含有大量的营养物质，因此可供人类食用。此外，某些植物的块根和块茎中含有丰富的储藏养料，也可作为粮食食用。

每一种粮油食品原料都是由各种不同的化学物质按大致一定的比例组成的，了解每一种原料的化学成分的含量与分布，去掉原料中人体所不能利用的化学成分，保留人体所需要的营养成分，有利于对该原料的加工与利用。

1.1.1 粮油食品原料的种类和组成

1.1.1.1 粮油食品原料的种类

粮油食品原料种类很多，其分类方法有两种：一是根据其植物学特征采用自然分类法分类；二是根据其化学成分与用途的不同分类。粮油作物的国际分类法见图 1-1-1。

我国对粮油作物根据化学成分与用途分为以下 4 大类：

1）禾谷类作物

禾谷类作物属于单子叶的禾本科植物，其特点是种子含有发达的胚乳，主要由淀粉（70%～80%）、蛋白质（10%～16%）和脂肪（2%～5%）构成，例如小麦（Wheat）、大麦（Barley）、黑麦（Rye）、燕麦（Oat）、水稻（Rice）、玉米（Corn）、高粱（Sorghum）、黍（Proso Millet）、粟（Millet）等。荞麦（Buckwheat）虽然属于双子叶蓼科植物，因种子中以淀粉为主要储藏养分，所以习惯上也包括在内。

2）豆类作物

豆类作物包括一些双子叶的豆科植物，其特点是种子无胚乳，却有两片发达的子叶，子叶中含有丰富的蛋白质（20%～40%）和脂肪，例如花生（Peanut）与大豆（Soybean）；有的含脂肪不多，却含有较多的淀粉，例如豌豆（Garden Pea）、蚕豆（Broad Bean）、绿豆（Mung Bean）与赤豆（Red Bean）等。

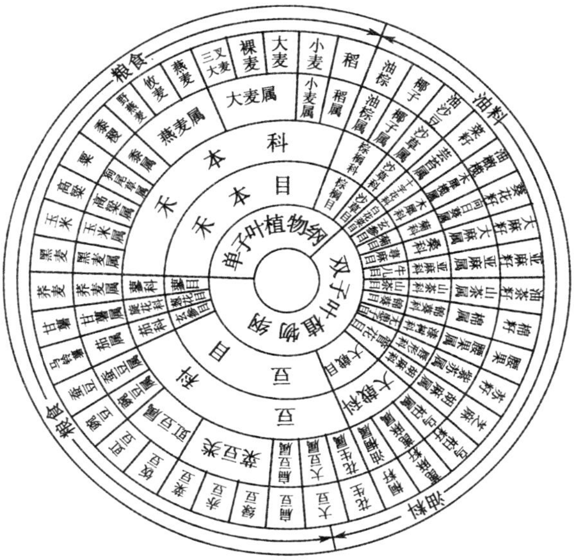

图 1-1-1　粮油作物的国际分类图

3) 油料作物

油料作物包括多种不同科属的植物，例如十字花科中的油菜（Rape）、胡麻科中的芝麻（Sesame）、菊科中的向日葵（Sunflower）以及豆科中的大豆（Soybean）与花生（Peanut）等，其共同特点是种子的胚部与子叶中含有丰富的脂肪（25%～50%），其次是蛋白质（20%～40%），可以作为提取食用植物油的原料，提取后的油饼中含有较多的蛋白质，可作为饲料或经过加工制成蛋白质食品。

4) 薯类作物

薯类作物也称为根茎类作物，由属于不同科属的双子叶植物组成，其特点是在块根或块茎中含有大量的淀粉，例如旋花科中的甘薯（Sweet Potato）、大戟科中的木薯（Cassava）、茄科中的马铃薯（Potato）。

1.1.1.2　粮油食品原料中的化学组成与分布

1) 粮油食品原料的化学成分

收获的粮粒经干燥除去水分后剩下的就是干物质。干物质中含有有机物和无机物。有机物成分比较复杂，主要有蛋白质、脂肪和糖类。将粮粒进行灼烧灰化，剩下的矿物质就是灰分，主要是各种元素的氧化物。

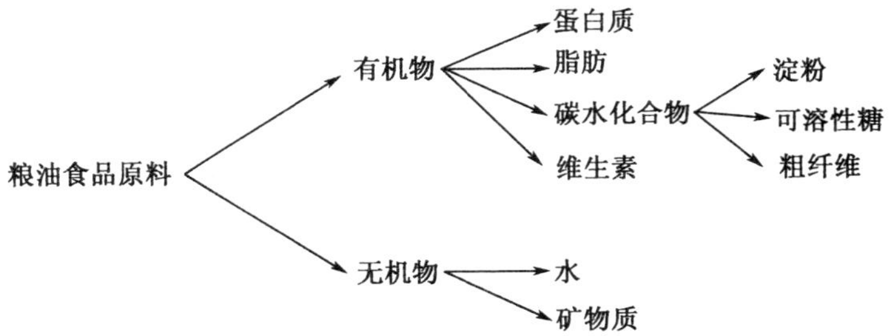

粮油食品原料的品种不同，其化学成分存在着很大的差异，见表 1-1-1。

表 1-1-1　粮油食品原料化学成分表

成分(%) 原　料	水　分	淀　粉	纤维素	蛋白质	脂　肪	矿物质
稻谷	13.0	68.2	6.7	8.0	1.4	2.7
小麦	13.8	68.7	4.4	9.4	1.5	2.1
黑麦	15.0	60.5	2.7	9.7	2.3	2.0
大麦	14.0	68.0	3.8	9.9	1.7	2.7
燕麦(去壳)	15.0	61.6	1.4	13.0	7.0	2.0
黍	15.0	65.1	8.1	10.5	4.2	2.7
粟米	10.5	76.0	0.7	9.7	1.7	1.4
高粱	10.9	70.8	3.4	10.2	3.0	1.7
玉米	13.2	72.4	1.4	5.2	6.1	1.7
荞麦	13.1	71.9	3.2	6.5	2.3	3.9
大豆	10.0	26.0	4.5	36.3	17.5	5.5
花生仁	8.0	22.0	2.0	26.2	39.2	2.5
蚕豆	12.6	56.7	1.8	24.5	1.6	2.8
豌豆	11.8	54.7	2.0	22.8	1.4	7.4
豇豆	13.0	55.2	5.6	22.0	1.9	3.0
菜豆	11.8	56.1	3.5	22.9	1.4	4.3
绿豆	15.1	56.0	1.6	22.3	1.1	4.0
赤豆	14.6	55.9	4.7	21.4	0.6	2.9
扁豆	8.9	60.5	6.0	20.4	1.1	3.1
饭豆	11.7	55.2	4.8	23.7	1.3	3.3
油茶仁	8.7	24.6	3.3	8.7	43.6	2.6
油菜籽	5.8	17.6	4.6	26.3	40.4	5.4
棉籽	6.4	14.8	2.2	39.0	33.2	4.4
葵花子	7.8	9.6	4.6	23.1	51.1	3.8
芝麻	5.4	12.4	3.3	20.3	53.6	5.0
椰子仁	5.0	21.4	5.5	5.1	61.0	2.0
亚麻籽	—	17.3	12.8	34.4	29.2	3.5
油沙豆	—	25	2.5	—	25	—
大麻籽	—	19.7	19.1	22.2	30.2	4.9
甘薯(鲜)	67.0	29.0	0.5	2.3	0.2	0.9
甘薯(干)	13.8	77.6	1.8	2.9	1.3	2.6

2）粮油食品原料化学成分的分布

粮油籽粒的结构一般由皮层、胚和胚乳三部分所组成。化学成分在籽粒中各个部分的分布是不均匀的，以小麦籽粒为例，见表 1-1-2。

表 1-1-2　小麦籽粒各部分化学成分（以干物质计）　　单位：%

籽粒部分	部位的重量比	蛋白质	淀　粉	糖	纤维素	多缩戊糖	脂　肪	矿物质
整粒	100	16.06	63.1	4.32	2.76	8.10	2.24	2.18
胚乳	81.6	12.91	78.8	3.54	0.15	2.72	0.68	0.45
胚	3.24	37.63	0	25.1	2.46	9.74	15.0	0.32
带糊粉层的皮层	15.16	28.75	0	4.18	16.20	35.65	7.78	10.5

胚乳占全粒重量的 81.60%，集中了全粒所有的淀粉，而脂肪、纤维素和矿物质含量很低。胚在全粒小麦中所占的比例最小(3.24%)，但却含有较高的蛋白质、脂肪和糖分，不含淀粉，胚中还含有较多的维生素与矿物质，其中维生素 B_1 的含量占全粒重量的 60%以上，维生素 E 的含量也很丰富，是提取维生素 E 的良好原料。皮层和糊粉层中，纤维素的含量占全粒小麦的纤维素总量的 90%，矿物质含量也很高。

1.1.2　粮油食品原料的籽粒结构

粮油籽粒是指粮油作物的果实与种子。粮油食品原料种类很多，但大多数粮油籽粒的基本结构是一致的，一般都由皮层、胚、胚乳 3 个部分组成。

(1) 皮层：皮层包括果皮和种皮，包围在胚和胚乳的外部，对粮粒起保护作用。果实去掉果皮即为种子，也就是说，种子只有种皮而无果皮。

果皮一般分外果皮、中果皮和内果皮。不成熟的粮粒，果皮中含有大量叶绿素；而成熟的粮粒，果皮呈现不同的颜色。

种皮包括内种皮和外种皮。禾谷类粮粒的种皮极薄，而各种豆类的种皮一般都很发达。

(2) 胚：胚是种子生命活动最强的部分，由受精卵发育而成，各种粮油籽粒的胚在形态上尽管不同，但其结构都由胚芽、胚茎、胚根和子叶四部分组成。

(3) 胚乳：胚乳是禾谷类粮粒的主要组成部分，也是人类食用的主要部分。胚乳的最外层贴近种皮的部分叫糊粉层，含有较多的蛋白质，又叫蛋白质层。豆类与部分油料作物的种子在发育过程中，胚乳被胚吸收，成为双子叶无胚乳的种子，胚乳不发达，如花生、芝麻等；而禾谷类粮粒是单子叶有胚乳的种子，胚乳很发达。

1.1.3　粮油食品原料中的蛋白质

粮食中的蛋白质含量相差很大，一般禾谷类粮粒蛋白质含量在 15%以下，而豆类与油料中蛋白质含量可高达 20%～40%。在我国的膳食结构中，粮油作物是蛋白质的主要来源之一。

1.1.3.1　粮油食品原料中蛋白质的种类

通常根据蛋白质的化学组成的复杂程度将蛋白质分为简单蛋白质和结合蛋白质两大

类。粮油食品原料中的蛋白质基本上是简单蛋白质，不含结合蛋白质。粮油食品原料中的简单蛋白质根据溶解度的不同又可以分为以下 4 类：

(1) 清蛋白(Albumin)：清蛋白溶于纯水和中性盐的稀溶液，加热即凝固。粮油种子中都有清蛋白，但含量很少，例如麦清蛋白(Leucosin)和豆清蛋白(Legumelin)。

(2) 球蛋白(Globulin)：球蛋白不溶于水，溶于中性盐的稀溶液。球蛋白是豆类和油料种子蛋白质的主要成分，例如大豆球蛋白(Glycinin)和花生球蛋白(Arachin)等。

(3) 胶蛋白(Prolamin)：胶蛋白又称醇溶谷蛋白，不溶于水与中性盐的稀溶液，而溶于70%～80%的乙醇溶液。胶蛋白为禾谷类粮食种子中的储藏性蛋白质，例如小麦胶蛋白、大麦胶蛋白和玉米胶蛋白等。

(4) 谷蛋白：谷蛋白不溶于水和中性盐的稀溶液，也不溶于乙醇溶液，而溶于稀酸或稀碱溶液，是某些植物种子中的储藏性蛋白质，禾谷类粮食中都有，例如米谷蛋白(Oryzenin)和麦谷蛋白(Glutenin)等。

1.1.3.2 粮油食品原料中蛋白质的特性

以上 4 种蛋白质可以单独分离，也可以系统萃取。为了减少萃取的次数，可先用中性盐的稀溶液将清蛋白和球蛋白一同溶解，所得萃取液加水稀释可分离出不溶于水的球蛋白。溶于水的清蛋白加中性盐至饱和时即盐析，所得残渣用 70%左右的乙醇处理分离出胶蛋白，最后再用 0.2%的 NaOH 溶解浸泡剩下的残渣，使谷蛋白溶解，然后用稀酸中和滤液，谷蛋白即沉淀析出。

蛋白质的沉淀作用大多数都伴随有变性作用(除中性盐外)，但是蛋白质的变性作用并不一定产生沉淀。蛋白质变性的原理与农产品储藏加工关系很大。粮油种子在长期储藏过程中，种子中的蛋白质会慢慢地发生变性，亲水性减弱，种子生命力降低，导致发芽能力丧失。若粮油种子在干燥时不注意温度与时间，则种子中的蛋白质会发生热变性，影响到其加工与食用品质。在粮油种子的碾磨过程中，温度也不能过高。但是油料在榨油前一般要进行热处理，使蛋白质发生变性作用，有利于油脂压榨。

在等电点时由于蛋白质分子中正负电荷相等，互相吸引，使蛋白质分子紧缩，分子间也有并集的趋向。这时蛋白质的溶解度最低，同时黏度、渗透压、水化度及导电能力等也都最小。在实际生产中可利用这些性质分离和提纯蛋白质。表 1-1-3 列举了几种粮油食品原料蛋白质的等电点。

表 1-1-3 几种粮油食品原料蛋白质的等电点

蛋白质名称	等电点	蛋白质名称	等电点
豌豆球蛋白	3.4	小麦麸皮球蛋白	5.5
刀豆球蛋白	4.8	玉米胶蛋白	6.2
大豆球蛋白	5.0	大米谷蛋白	6.45
花生球蛋白	5.1	小麦胶蛋白	6.4～7.1

1.1.3.3 蛋白质的含量与分布

蛋白质的含量一般以豆类作物含量最多，油料次之，禾谷类再次之(表 1-1-4)。

表 1-1-4　各种粮油种子的蛋白质含量

种　类	蛋白质(%)	种　类	蛋白质(%)	种　类	蛋白质(%)
小麦	8～13	燕麦	8～12	蚕豆	19～25
普通硬麦	12～13	玉米(马齿种)	9～10	花生	21～36
普通软麦	7.5～10	高粱	9～13	向日葵	25～27
硬粒小麦	13.5～15	大米	8～10	芝麻	17～26
大麦	10～16	大豆	30～50	油菜籽	20
黑麦	9～14	豌豆	20～25	棉籽	17～22

就蛋白质的种类而言,粮食种类不同,各类蛋白质的含量也各不相同。下面是几种粮油种子蛋白质中各类简单蛋白质的相对含量(表 1-1-5)。

表 1-1-5　粮油种子蛋白质中各类简单蛋白质的相对含量　　单位:%

蛋白质来源	蛋白质总量	清蛋白	球蛋白	胶蛋白	谷蛋白
大　米	8～10	2～5	2～8	1～5	85～90
小　麦	10～15	5～10	5～10	40～50	30～40
大　麦	10～16	3～4	10～20	35～45	35～45
燕　麦	8～12	5～10	50～60	10～15	5
黑　麦	9～14	20～30	5～10	20～30	30～40
玉　米	7～13	2～10	10～20	50～55	30～45
高　粱	9～13	无	无	60～70	30～40
大　豆	30～50	极少	85～95	极少	极少
芝　麻	17～26	4	80～85	极少	极少

禾谷类种子中的蛋白质主要是胶蛋白和谷蛋白,其中以高粱的胶蛋白与大米的谷蛋白最为突出。而小麦的特点是胚乳中胶蛋白与谷蛋白的含量几乎相等,因而它们能够形成面筋。但有一个例外是燕麦中球蛋白的含量最多。豆类和油料种子的蛋白质绝大部分是球蛋白。

已经知道小麦籽粒中的胶蛋白和谷蛋白全都包含在胚乳内,而清蛋白和球蛋白则在胚和胚乳中都有。一般胚和糊粉层里面主要是球蛋白和少量的清蛋白,只有玉米胚例外,它还含有少量的谷蛋白。

从营养学角度来讲,清蛋白与球蛋白属于生理活性蛋白质,其氨基酸组成中赖氨酸、色氨酸和蛋氨酸含量较高,因而营养价值高。而胶蛋白与谷蛋白是粮油种子中的储藏性蛋白质,植物储藏这些蛋白质用于幼苗生长。但胶蛋白中具重要营养意义的赖氨酸、色氨酸和亮氨酸的含量都很低。因此,豆类与油料作物中由于主要含有生理活性蛋白质,其蛋白质的质量高;而禾谷类作物中由于含有大量的胶蛋白,其蛋白质品质较差,比如小麦和玉米,而大米的蛋白质品质相对好些。

1.1.3.4 小麦面筋

将小麦面粉加水和成面团，静止后，把面团放在流动的水中揉洗，面团中的淀粉粒和麸皮微粒都随水渐渐被冲洗掉，可溶性物质也被水溶解，最后剩下来的一块柔软的有弹性的软胶物质就是面筋(Gluten)。这种面筋因含有55%～70%的水分，故称为“湿面筋”。将湿面筋烘干除去水分，即为“干面筋”。面筋在面团中所表现的功能性质对于烘焙食品的工艺品质与食用品质有很大影响。

面筋中的蛋白质是小麦的储藏性蛋白质，由麦胶蛋白和麦谷蛋白组成，这两种蛋白质的量占面筋干物质总量的80%左右(表1-1-6)。

表1-1-6 小麦面筋的化学成分(以干物质计) 单位：%

测定	麦胶蛋白	麦谷蛋白	麦清蛋白与麦球蛋白	淀粉	糖	纤维	脂肪	灰分
1	39.09	35.07	6.75	9.44	—	2.00	4.20	2.48
2	43.02	39.1	4.41	6.45	2	—	2.80	2.00

麦胶蛋白分子的相对分子质量较小(25 000～100 000)，具有延伸性，但弹性小；麦谷蛋白分子的相对分子质量大(100 000以上)，具有弹性，但缺乏延伸性。这些特性与蛋白质分子中的二硫键有关。麦胶蛋白分子中的二硫键都分布在分子内部，而麦谷蛋白分子中除分子内有二硫键外，还有分子间二硫键。许多麦谷蛋白分子的亚基都是通过二硫键彼此连接起来，使麦谷蛋白不易移动，故延伸性小。麦胶蛋白没有这种连接，所以具有延伸性。

除了麦胶蛋白和麦谷蛋白外，淀粉是面筋中另一个固定成分，被面筋蛋白质结合得非常牢固，以至面筋洗制完毕，洗水中已不呈碘色反应时面筋中仍然含有一部分淀粉，只有用碱液或其他溶剂将面筋软胶溶解，才能把残留的淀粉从面筋中全部分离出来。

面筋蛋白质借氢键将脂类束缚在一起。小麦面粉的脂肪中有45%～70%为面筋蛋白质所束缚，这对面筋的物理性质产生很大的影响。

面筋的形成主要是面筋蛋白质吸水膨胀的结果。当面粉和水揉成面团后，由于面筋蛋白质不溶于水，其空间结构的表层和内层都存在一定的极性基团，这种极性基团很容易把水分子先吸附在面筋蛋白质单体表层，经过一段时间，水分子便渐渐扩散渗透到分子内部，造成面筋蛋白质的体积膨胀，充分吸水膨胀后的面筋蛋白质分子彼此依靠极性基团与水分子纵横交错地联结起来，逐步形成面筋网络。由于面筋蛋白质空间结构中存在着硫氢键，在面筋形成时，它们很容易通过氧化，互相结合形成二硫键。这就扩大和加强了面筋的网络组织。随着时间的延长和对面团的揉压，促使面筋网络进一步完成细密化。这就是面筋形成的大致过程。由此可见，面筋主要是面粉中的麦胶蛋白与麦谷蛋白混合体系通过吸水膨胀形成的，如果这种体系遭到破坏，面筋便不能形成。

因此，面筋的洗制条件，例如面团静止时间、洗水温度、洗水酸度和含盐量等对面筋产出率都有很大影响。

面筋产出率的高低虽然可以反映小麦和面粉品质的好坏，但更重要的还是面筋本身的质量。面筋的质量可以按它的物理特性来衡量。面筋质量的好坏对烘焙食品的品质有很大的影响。影响面筋质量好坏的物理特性指标主要有以下几个：

(1) 弹性：面筋的弹性是指面筋拉长或压缩后恢复到原始状态的能力。面筋按其弹性强弱可以分为弹性良好的面筋、弹性脆弱的面筋和弹性适中的面筋3类。

(2) 延伸性：延伸性是指把面筋块拉到某种长度而不致断裂的性能，可用面筋块拉到断裂时的最大长度来表示。面筋按延伸性的强弱可以分为强力、中力和弱力3个级别。

(3) 韧性：韧性是指面筋在拉长时所表现的抵抗力。

(4) 薄膜成型性：小麦面筋主要由麦胶蛋白和麦谷蛋白组成。由于麦胶蛋白和麦谷蛋白的极性低(10%)，在溶液中放出正电荷，而其他蛋白质的极性在30%～45%之间，放出的是负电荷，这是小麦蛋白质与其他蛋白质的主要区别。由于极性低的蛋白质能排出过量的游离水，故面筋能与水互相紧密结合在一起而不分散，具有成团、成膜的特性。

(5) 吸水性：高质量的面筋可吸收2倍面筋量的水。小麦面筋的这种吸水性可增加产品得率，并延长食品的保质期。小麦面筋的吸水性与黏弹性相结合就产生"活性"，通常称为"活性面筋"。小麦湿面筋在干燥前烧煮，则会产生不可逆的热变性，不再具有吸水性与黏弹性，而是一种普通的植物蛋白，如烤麸。

上述是小麦面筋的基本性质，这些性质除与小麦本身的品质有关外，还受许多物理化学因素的影响。一般规律是：凡能促进蛋白质解胶或溶化的因素都能使面筋弱化，例如稀酸溶液、还原剂和蛋白酶等；凡能促进蛋白质吸水膨胀的因素都能使面筋强化，例如热处理、疏水性不饱和脂肪酸、亲水性比蛋白质更强的中性盐以及某些氧化剂的作用等。

1.1.4 粮油食品原料中的碳水化合物

粮油食品原料中碳水化合物根据结构和性质的不同，可以分为单糖(Monosaccharide)、低聚糖(Oligosaccharide)和多糖(Polysaccharide)三大类。

1.1.4.1 单糖与低聚糖

1) 单糖

根据单糖分子中碳原子数目的不同，可以分为丙糖(Triose)、丁糖(Tetrose)、戊糖(Pentose)和己糖(Hexose)。粮油食品原料中最重要的是己糖，其次是戊糖。己糖中有D-葡萄糖(Glucose)、D-甘露糖(Mannose)、D-半乳糖(Galactose)和果糖(Fructose)4种，其中最重要的代表性己糖为葡萄糖，它是生物体内最重要的单糖。生物体中的戊糖有L-阿拉伯糖(Arabinose)、D-木糖(Xylose)。它们通常以戊聚糖的形式存在于植物体内，是植物细胞壁中半纤维素的主要组成部分。

2) 低聚糖

根据低聚糖水解后所生成的单糖分子数目，可以将低聚糖分为双糖、三糖和四糖等，其中最常见的为双糖。

双糖(Disaccharide)由两分子单糖以糖苷键连接而成。根据双糖分子中两个单糖分子的连接方式的不同，可以分为还原性双糖和非还原性双糖两类。前者如麦芽糖、纤维二糖、乳糖等，后者如蔗糖、海藻糖等。粮油食品原料中的双糖以蔗糖最普遍，而麦芽糖在正常的粮油籽粒中无游离态存在，只有在禾谷类作物种子发芽时，由于种子中的储藏性淀粉受麦芽淀粉酶的水解，才大量产生。双糖中的乳糖是哺乳动物乳汁中的主要糖分，人乳含乳糖5%～7%，牛乳含乳糖4%，这是乳婴食物中唯一的糖类。它是由一分子葡萄糖与一分子半乳糖以α-1,4糖苷键连接而成的。

1.1.4.2 纤维素与半纤维素

1) 纤维素

纤维素是植物组织中的一种结构性多糖，是组成植物细胞壁的主要成分，在细胞壁的机械物理性质方面起着重要的作用。在初生细胞壁中纤维素的含量比较低。除纤维素外，还有许多的半纤维素和果胶质。生理活动比较活跃的组织，例如种子胚部的细胞壁，都是初生性的。而许多薄壁组织的细胞壁也是这样，在组织老熟过程中，细胞壁逐渐增厚，形成次生细胞壁。次生细胞壁中含纤维素较多，它常常和半纤维素、木质素以及硅酸等结合在一起。粮食籽粒的皮壳都具有这样的细胞壁，起保护胚乳的作用，因此机械性能很强。

(1) 纤维素的含量：粮油籽粒中纤维素的含量大约为 2%～10%，带壳粮粒中比较多。例如小麦籽粒中纤维素的含量为 2.3%～3.7%，玉米为 2.3%～2.4%，稻谷为 10.5%，燕麦为 12.6%。就整个籽粒而言，以皮壳中的含量最多。以稻谷为例，稻壳含纤维素 30%～40%，皮层为 23.75%，糊粉层为 6.41%，胚为 2.46%，胚乳几乎不含纤维素。

(2) 纤维素的组成与结构：植物中的纤维素可以分为 α-纤维素、β-纤维素和 γ-纤维素 3 种，米糠中三者的比例为 $\alpha : \beta : \gamma = 74 : 12 : 14$。

纤维素用强酸(例如强硫酸)水解，全部生成 β-D-葡萄糖。如果水解作用温和，也能生成一部分中间产物(即纤维二糖)。纤维素是由 D-葡萄糖以 β-1,4 糖苷键连接而成的直链分子，其相对分子质量是所有多糖中最大的一种。

(3) 纤维素的理化性质：由于纤维素微晶束结构间的氢键数目非常多，因此微晶束之间结合得非常牢固，不但机械性能很强，而且化学性质也很稳定。纤维素不溶于水及各种有机溶剂，也不溶于稀酸和稀碱，即使在热水中长时间煮沸也不溶解，但氢氧化铜的氨水溶液能够溶解纤维素，其他试剂如 $ZnCl_2$、氯化锡的盐酸溶液也能溶解纤维素。

纤维素虽然不溶于水，但仍然是一种亲水性很强的物质，容易吸水膨胀。纤维素和淀粉一样不显示还原性，与碘不起作用，但如果放在含 $ZnCl_2$ 的 KI 溶液中则可显蓝色。

纤维素在高浓度的酸作用下可水解生成 β-D-葡萄糖。纤维素经过适当的处理可制得改性纤维素，例如羧甲基纤维素(Carboxymethylcellulose, CMC)可作食品添加剂。

纤维素酶(Cellulase)存在于土壤的细菌中，而在植物中存在不多，故纤维素可被土壤所分解。反刍动物的肠道中有大量消化纤维素的微生物寄生，而纤维素的分解产物葡萄糖则被寄主加以利用，这就是粮油加工副产品可作为饲料的理论基础。人体消化系统中不能分泌出纤维素酶类，故不能消化纤维素。因此在加工中一般要去掉粮油食品籽粒的皮层，但它具有促进肠道蠕动、解除便秘、防止结肠癌的作用，故从现代营养学的观点来看人类膳食中应该含有这种不消化的纤维素。

2) 半纤维素

半纤维素也是植物细胞壁的主要成分，常与纤维素在一起。初生细胞壁和次生细胞壁中都含有半纤维素，是一种混合多糖，或称杂多糖(Heteropolysaccharide)，水解后生成阿拉伯糖、木糖、葡萄糖、甘露糖和半乳糖等，有时还有糖醛酸，一般以木聚糖(Xylan)和木聚糖的葡萄糖酸居多。例如玉米茎中的半纤维素水解后生成 95%的木糖和 5%的葡萄糖醛酸，花生壳中则含有阿拉伯糖。

半纤维素不溶于水，但能溶于 4%的 NaOH 溶液中，它与稀酸共热则几乎全部水解，也可能有一部分与纤维素牢固结合，因而水解较难。半纤维素的稳定性介于纤维素与淀粉之间。

1.1.4.3 淀粉

葡萄糖转移到胚乳细胞内通过缩合形成适于储藏的不可溶解的淀粉粒。淀粉是粮油种子中最重要的储藏性多糖，是人体所需要食物的主要来源，也是轻工业和食品工业的重要原料。

1）淀粉粒

淀粉在胚乳细胞中以颗粒状态存在，故可称为淀粉粒(Starch Granule)。不同来源的淀粉粒，其形状、大小和构造各不相同，因此可借显微镜观察来鉴别淀粉的来源和种类，并可检查粉状粮食中是否混杂有其他种类的粮食产品。

(1) 淀粉粒的形状

各种粮食的淀粉粒的形状很不一样，有圆形、卵形或椭圆形、多角形3种。例如，马铃薯淀粉粒中较大者为卵形，较小者为圆形；小麦淀粉粒大的为圆形，小的为卵形；大米淀粉粒为多角形；玉米淀粉粒则有圆形和多角形两种(图1-1-2)。

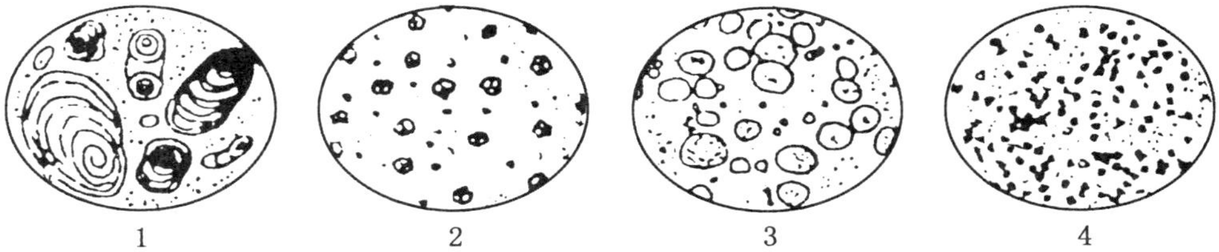

图1-1-2 几种粮食淀粉粒的形状特征

1—马铃薯淀粉粒；2—玉米淀粉粒；3—小麦淀粉粒；4—大米淀粉粒

(2) 淀粉粒的大小

淀粉粒的大小以淀粉颗粒长轴的长度来表示，一般介于2～150 μm之间，其中以马铃薯的淀粉粒为最大(15～120 μm)，大米淀粉粒为最小(2～10 μm)。同一种类植物的淀粉粒其大小也很不相同。例如，玉米淀粉粒最小的为2～5 μm，最大的为30 μm，平均为10～15 μm；小麦淀粉粒小的为2～10 μm，大的为25～35 μm。淀粉粒的形状和大小常常受种子生长条件、成熟度及胚乳结构等的影响。例如，在温暖多雨条件下所形成的马铃薯淀粉粒比在干燥条件下所形成的小；玉米角质胚乳的淀粉粒为多角形，因此淀粉粒被蛋白质包裹得很紧，生长期间遭受的压力较大，而未成熟的或粉质胚乳的淀粉粒则一律呈圆形，因为生长期间遭受的压力较小。

(3) 淀粉粒的结构

① 环层结构：显微镜下淀粉粒都具有环层结构，有的可以看到明显的环纹(或轮纹)，与树木的年轮有些相像，其中以马铃薯淀粉粒的环纹最为明显，看起来像贝壳，有时需先进行热处理、或在水中长期静止、或用稀薄的铬酸溶液或碘化钾溶液慢慢作用后才会显示出来。加热过的淀粉粒再用水处理，可使环层互相分离。

环层结构是淀粉粒内部密度不同的表现，每层开始时密度最大，以后逐渐减小，到次一层时密度又陡然增大，一层一层地周而复始，结果便显示出环纹。各层密度不同是由于合成淀粉所需的葡萄糖原料的供应有昼夜不同的缘故，白天光合作用比夜间强，转移到胚乳细胞中的葡萄糖较多，合成的淀粉密度也较大，昼夜相间便造成环层结构。在人工光照的条件下，种子中形成的淀粉颗粒就不具有环层，因为这种情况下没有昼夜之分。

各环层共同围绕的一点称为“粒心”。禾谷类淀粉的粒心常在中央，为同心环纹，马铃薯淀粉的粒心则偏于一端，为偏心环纹。粒心的位置和显著程度依粮食种类的不同而异，一般薯类的粒心较明显，位置多为偏心；禾谷类一般不太明显，位置在中央。

② 晶体结构：淀粉粒具有双折射性(Birefringence)，在偏光显微镜下观察，呈现出一种黑色的“十”字，将淀粉粒分成4个白色的区域，称为偏光十字(Polarizing Cross)或马耳他十字(Maltese Cross)，这是淀粉粒为球晶体的重要标志。十字的交点恰恰位于粒心，因此可以帮助粒心的定位。实际上采用X-衍射法进行研究，结果也证实淀粉粒中具有晶体结构。当淀粉粒充分吸水膨胀、压碎或受热干燥时，晶体结构自行消失，分子排列变成无定形，这时黑色十字消失。

不同植物的淀粉粒其偏光十字的位置、形状和明显程度各有差异。一般马铃薯淀粉粒最为明显，玉米、高粱和木薯淀粉粒明显程度要差一点，小麦淀粉粒则很不明显。

淀粉粒依其本身的构造，如粒心的数目和环层的排列的不同，又可分为单粒、复粒和半复粒3种。单粒只有一个粒心，有同心排列(如小麦淀粉粒)和偏心排列(如马铃薯淀粉粒)两种；复粒，如大米和燕麦的淀粉粒，是由几个单粒组成的，具有几个粒心，尽管每个单粒可能原来都是多角形，但在复粒的外围，仍然显示出统一的轮廓；所谓半复粒，它的内部有两个单粒，各有各的粒心和环层，但最外围的几个环轮则是共同的，因而构成的是一个整粒。

2) 淀粉分子的结构

(1) 淀粉分子的基本组成单位——α-D-葡萄糖：淀粉经局部水解可生成糊精和麦芽糖，用酸彻底水解则全部水解生成α-D-葡萄糖，由此证明淀粉分子以葡萄糖为基本组成单位。因为淀粉分子只由一种葡萄糖分子组成，故属于同聚糖或称均一多聚糖(Homopolysaccharide)，组成每个淀粉分子的葡萄糖残基的数目称为聚合度(Degree of Polymerization, DP)。

(2) 两种不同的淀粉分子——直链淀粉与支链淀粉：葡萄糖残基在淀粉分子中互相结合有两种不同的形式，因而形成两种结构不同的分子链，一种叫做直链淀粉(Amylose)，一种叫做支链淀粉(Amylopectin)。天然淀粉粒中一般同时含有这两种不同的淀粉分子。

① 淀粉粒中直链淀粉与支链淀粉的比例：测定淀粉粒中直链淀粉与支链淀粉的比例，常用的方法有淀粉-碘复合物的吸光值法、碘电位滴定法及碘电流滴定法。根据定量测定的结果，淀粉粒中直链淀粉和支链淀粉的比例随植物种类和品种的不同而异(表1-1-7)。

表1-1-7　各种粮油食品原料淀粉中直链淀粉的含量

淀粉种类	直链淀粉含量(%)	淀粉种类	直链淀粉含量(%)
大米	17	燕麦	24
糯米	0	豌豆(光滑)	30
玉米	26	豌豆(绉皮)	75
甜玉米	70	甘薯	20
高粱	27	马铃薯	22
小麦	24	木薯	17

禾谷类粮油食品原料淀粉中直链淀粉的含量约为20%～25%，豆类淀粉中约为30%～35%，糯性粮食的淀粉中(如糯米、糯玉米、糯高粱等)则几乎全部是支链淀粉。在同一种粮

食中这两种淀粉含量与品种和成熟度有关，一般粳米的直链淀粉含量较籼米低。不同品种也有差异，未成熟的玉米只含有5%～7%的直链淀粉，通过现代育种技术已经培育出直链淀粉含量高达70%的玉米品种。因此应用现代农业生物遗传方法，取代工业生产中的化学分离法来取得直链淀粉已成现实。

② 两种淀粉组分的分离：为了研究直链淀粉与支链淀粉的结构，必须首先从植物材料中提取出没有遭受任何改性的淀粉，然后用非降解法分离出淀粉的两种组分。这可以根据直链淀粉和支链淀粉在某些物理及化学性质上的差别把它们分离开来。常用的实验室分离方法有选择沥滤法（Selective Leaching）和完全分散法（Complete Dispersion）两种。工业上常用的是$MgSO_4$法，因为直链淀粉与支链淀粉在$MgSO_4$溶液中的溶解度不同，使直链淀粉先沉淀分离，最后再冷却沉淀支链淀粉。

分离后所得的直链淀粉有很强的凝沉性，在冷水中不溶，其乙酰衍生物能制成强度很高的纤维和薄膜。薄膜的强度像玻璃纸一样，具有不透油、不透水、不透酒精、透气性差的特性，因此适用于作食品包装材料，还可以制成硬纸板的黏合剂和纸的耐水涂层。支链淀粉不易凝沉，复水性好，可作饲料、增稠剂和稳定剂等。

③ 淀粉分子的结构

a. 直链淀粉：直链淀粉分子中各个葡萄糖残基之间基本上是以α-D-(1,4)糖苷键的形式相连接的，故分子呈直链形。每个直链分子的两端各有一个葡萄糖残基，左端为非还原性葡萄糖残基，右端为还原性葡萄糖残基，直链分子的大小与聚合度有关。直链淀粉的分子并不是完全伸直的，根据X-衍射分析证明，它具有次级结构，即是说由于分子内氢键的关系，使分子链卷曲成螺旋状，估计每6个葡萄糖残基组成螺旋的一个节距。

b. 支链淀粉：支链淀粉分子中有主链，其上分出支链，各个葡萄糖残基之间均以α-D-(1,4)糖苷键相连接，但在分支点上则有以α-D-(1,6)糖苷键相连接的葡萄糖残基。主链中每隔6～9个葡萄糖残基就有一个分支，每个分支平均含有约15～18个葡萄糖残基，平均每24～30个葡萄糖残基就有一个非还原性尾端，整个分子伸展开来就像分枝的树木一样，见图1-1-3。

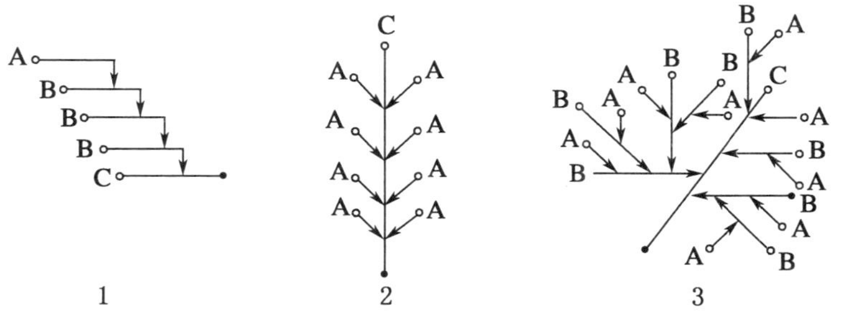

图1-1-3 支链淀粉分子的结构

1—Hawort的模型；2—Staudinger的模型；3—Mayer的模型

○—非还原性末端；●—还原性末端

由图1-1-3中Mayer的模型可见，支链淀粉分子中有A、B、C 3种链，A链是外链，由α-D-(1,6)糖苷键与B链相连，B链又由α-D-(1,6)糖苷键与C链连接，A链与B链的条数约相等。C链为主链，每个支链淀粉分子只有一条C链。C链的一端为非还原性尾端，另一端为还原性尾端。A 链和 B 链都没有还原性尾端，所以支链淀粉的还原性是很微弱的。

支链淀粉的相对分子质量要比直链淀粉大得多，直链淀粉为 5 万～20 万，支链淀粉为 20 万～60 万。

3）淀粉的性质

（1）物理性质：淀粉为白色粉末，吸湿性很强，天然淀粉粒不溶于冷水，但在热水中（例如 60～80℃）能吸水膨胀（Swelling）。直链淀粉分子首先从淀粉粒中溶解出来形成胶体溶液，冷却静置即成晶形沉淀析出。支链淀粉要在加热温度提高同时搅拌的条件下才能溶解形成黏稠的胶体溶液，但冷却静置不产生沉淀。

（2）化学性质：从淀粉分子的结构来看，在多肽链的末端（还原性末端），仍然有自由的半缩醛羟基。但是在一般情况下，淀粉并不显示还原性。因为，在几百个甚至几千个葡萄糖单位中只存在一个自由的半缩醛羟基，所以很难显示出来。

淀粉遇酸共煮时即行水解，最后全部生成葡萄糖。此水解过程可分为几个阶段，同时有各种中间产物相应形成。

淀粉 ⟶ 可溶性糊精 ⟶ 糊精 ⟶ 麦芽糖 ⟶ 葡萄糖

淀粉亦可用淀粉酶进行水解，生成麦芽糖和糊精，再经酸作用最后全部水解成葡萄糖。这时测定葡萄糖的生成量即可换算出淀粉含量。这就是酶法和酸法测定淀粉含量的原理。

淀粉分子中葡萄糖残基的 2，3 及 6 位羟基上都可进行取代和氧化反应，由此产生许多淀粉衍生物。

（3）淀粉与碘的反应：直链淀粉遇碘即生成一种深蓝色的复合物或络合物（Complex），而支链淀粉遇碘则呈现红紫色，并不产生络合结构。

一般碘反应的颜色，取决于淀粉链状分子的长度和分支的密度。凡是由 6 个以下葡萄糖残基组成的分子，对碘不呈颜色反应；由 8～12 个葡萄糖残基组成的分子对碘呈红色，这就是显红糊精；只有比这更长的，由 30～60 个以上的葡萄糖残基组成的长链分子才呈蓝色反应；支链淀粉虽然聚合度很大，但每个分支的聚合度只有 24～30 个葡萄糖残基，故与碘呈红紫色。此外，随着分支密度的增强，碘反应的颜色也由深蓝色转为紫色、红色以至于棕色。

直链淀粉分子中，每 6 个葡萄糖残基结合着一个碘分子，同时由于这种碘络合物的水溶液具有双折射性，这说明碘分子被结合的方式具有定向性。另外，从 X 光衍射图还证实，碘分子贯穿于淀粉的直链螺旋之中，碘分子的长轴与螺旋轴向平行。而且据推算，每一节螺旋恰好环绕着一个碘分子，也就是每一个碘分子与 6 个葡萄糖残基相结合，由 6 个以下葡萄糖残基组成的低分子糊精，因为它不能形成一个完整的螺旋节距，故不能与碘呈颜色反应。

另外，加热后淀粉与碘的颜色反应即行消失，冷却后又可重新出现，这显然是由于加热时螺旋伸直，冷却后螺旋又恢复的缘故。干淀粉遇碘呈暗棕色，加少许水即转为蓝色。碘反应最好在中性或弱酸性条件下进行。因为在碱性条件下，游离的碘分子立即互相结合，妨碍了对淀粉的作用，浸水膨胀或糊化后的淀粉更适于碘反应的产生。

直链淀粉与脂肪酸、醇类有机化合物都能络合成复合物，其结构与碘络合相类似。另外，直链淀粉也能与表面活性剂（Surfactant）生成类似的络合物。直链淀粉形成络合物后可以防止其发生回生或老化。

4）淀粉的糊化与回生

（1）淀粉的糊化（Gelatinization）：淀粉颗粒不溶于冷水，将其放入冷水中，经搅拌可形成悬浮液。如停止搅拌,淀粉粒因比水重则会慢慢下沉。如将淀粉乳浆加热到一定的温度,则淀粉粒吸水膨胀,晶体结构消失,互相接触融为一体,悬浮液变成黏稠的糊状液体,虽停止搅拌,淀粉也不会沉淀,这种黏稠的糊状液体称为淀粉糊,这种现象称为淀粉的糊化。发生此糊化现象所需的温度称为糊化温度。糊化作用的本质是淀粉粒中有序态和无序态的淀粉分子间的氢键断裂,分散在水中成为亲水性胶体溶液。

淀粉粒在热水中的糊化过程大致可以分为 3 个阶段。

① 可逆吸水阶段：这个阶段水分子只是简单地进入淀粉粒的无定形部分,与游离的亲水基相结合,淀粉粒慢慢地吸收少量的水分,产生有限的膨胀,悬浮液的黏度变化不大。若冷却、干燥,所得淀粉粒在偏光显微镜下观察仍可看到偏光十字,说明淀粉粒的晶体结构没有变化,性质、外形也与原来类似。

② 不可逆吸水阶段：它是在温度提高到淀粉开始糊化的温度的时候开始的。这时候水分子进入淀粉粒的内部,与一部分淀粉分子相结合,淀粉粒不可逆地迅速吸收大量的水分,突然膨胀,达到原来体积的 50～100 倍,很快失去双折射性,原来的悬浮液迅速变成黏性很强的淀粉糊,透明度也增高。冷却、干燥后观察,偏光十字消失,淀粉粒不能恢复原状,有一部分淀粉分子已呈溶解状态。

③ 完全溶解阶段：这一阶段是在更高的温度下完成的,淀粉粒继续膨胀成无定形的袋状,这时候更多的淀粉分子溶解于水中,淀粉粒全部失去原形,微晶束也相应解体,最后只剩下最外面的一个环层,即一个不成型的空袋,淀粉糊的黏度继续增加,冷却后有形成凝胶的倾向。如果温度再增高,则淀粉粒全部溶解。

糊化后的淀粉称为糊化淀粉,又称为 α 化淀粉。将新制备的糊化淀粉浆脱水干燥,可以得到易分散于冷水的无定形粉末,即可溶性 α 化淀粉。

微晶束互相分离的难易与它们原来结合的松紧程度有关,破坏这种分子间的结合(氢键联结)状态需要外能,结合越紧,分离这些分子所需的外能越大,而且它膨胀所受的阻力也愈大。因此不同种类的淀粉其糊化温度是不一样的,见表 1-1-8。

表 1-1-8　各种淀粉的糊化温度范围

淀粉来源	糊化温度范围(℃)		
	开始	中点	终了
玉　米	63.0	68.0	72.0
腊质玉米	62.0	67.0	70.0
高直链玉米	67.0	80.0	110.0
高　粱	68.0	73.5	78.0
腊质高粱	67.5	70.5	74.0
大　麦	51.5	57.0	59.5
黑　麦	57.0	61.0	70.0
小　麦	59.5	62.5	64.0
大　米	68.0	74.5	78.0
马铃薯	58.0	62.0	66.0
木　薯	52.0	59.0	64.0

一般较小的淀粉粒因内部结构比较紧密，所以糊化温度要比大粒的稍高一些；直链淀粉分子间的结合力比较强，含直链淀粉较高的淀粉粒比较难于糊化。最突出的例子是糯米的糊化温度（约 58℃）比籼米（70℃以上）低得多。因此可以根据糊化温度的高低来鉴别淀粉的种类。但是在实际应用中有许多因素会影响淀粉的糊化温度。一般来说下列这些因素能使糊化温度上升：糖，添加糖类可使糊化温度升高，浓度越大，糊化温度越高；脂肪，禾谷类作物中的脂肪量要大于薯类作物，因此糊化温度稍高；某些中性盐的存在也使糊化温度升高，如 NaCl、$MgSO_4$、Na_2CO_3 等。

糊化后的淀粉更可口，更易于消化，也更易被淀粉酶作用。

(2) 淀粉的回生（Retrogradation）：淀粉溶液或淀粉糊，在低温静置条件下，都有转变为不溶性的倾向，浑浊度和黏度都增加，最后形成硬性的凝胶块，在稀薄的淀粉溶液中，则有晶体沉淀析出，这种现象称为淀粉糊的"回生"或"老化"，这种淀粉叫做"回生淀粉"或"老化淀粉"。

回生的本质是糊化的淀粉分子又自动排列成序，并由氢键结合成束状结构，使溶解度降低。在回生过程中，由于温度降低，分子运动减弱，直链分子和支链分子的分子都回头趋向于平行排列，通过氢键结合，相互靠拢，重新组成混合微晶束，使淀粉糊具有硬性的整体结构。这种情况和原来的生淀粉粒的结构颇为相似，但不再成放射状排列，而是一种零乱的组合。

回生后的直链淀粉非常稳定，加热加压也很难使它再溶解，如果有支链分子混合在一起，则仍然有加热恢复成糊状的可能。

回生的难易取决于淀粉的来源、直链淀粉的含量及链长度。一般直链淀粉容易回生，单纯的支链淀粉则不易回生，但如果分枝较长，尤其在高浓度的情况下可以回生。淀粉被水解成糊精以后，由于分枝变短，所以不会出现回生现象。糯米、糯玉米等淀粉中由于几乎不含直链淀粉，因此也不容易回生。

冷却速度对回生很有影响。如果冷却缓慢，使直链分子或支链分子的分枝都有充分的时间转到平行排列，因而有利于回生；反之，如果迅速冷却则可以减少回生程度。淀粉糊经缓慢冷却，直链淀粉分子平行排列成束状结构，生成沉淀；经快速冷却则成凝胶体。

回生后的淀粉糊，和生淀粉一样，都不容易消化，因为它不易被淀粉酶水解。因此有必要防止回生。在生产方便面时，采用油炸等快速干燥的方法，急剧减少水分，可保持淀粉的 α 型结构，加乳化剂也可防止回生。

5) 淀粉酶（Amylase）：粮油种子中淀粉的合成与分解，人体和动物对淀粉的消化等，都有专门的酶类在起作用。淀粉水解酶（简称淀粉酶）是水解淀粉一类物质的酶类，淀粉磷酸化酶（Amylophosphorylase）和 Q 酶都是合成淀粉的酶类。在粮油食品原料的应用中以淀粉酶最为重要。

(1) 淀粉酶的种类：根据来源的不同，可以分为麦芽淀粉酶、唾液淀粉酶、胰液淀粉酶、细菌淀粉酶和霉菌淀粉酶等；根据作用机理的不同，则可分为 α-淀粉酶、β-淀粉酶、葡萄糖淀粉酶（Glucoamylase）、异淀粉酶（Isoamylase）等。α-淀粉酶水解淀粉，最初生成一种对碘不起反应的低分子糊精，故称为淀粉-(1,4)-糊精酶，因为它能使淀粉糊很快液化，故又称为液化淀粉酶。β-淀粉酶水解淀粉生成麦芽糖和一种对碘呈红紫色的高分子糊精，故又称为淀粉-(1,4)-麦芽糖苷酶。葡萄糖淀粉酶能水解淀粉直接生成葡萄糖。异淀粉酶只能水解支链淀粉中分支处的 α－1,6 糖苷键,使之断裂,故又称为淀粉-(1,6)-糊精酶。

(2) α-淀粉酶、β-淀粉酶对淀粉作用的方式:α-淀粉酶以随机的方式,从淀粉分子内部水解 α－1,4-糖苷键;β-淀粉酶则从淀粉分子的非还原性尾端开始,连续逐个切出麦芽糖单位,见图 1-1-4。两种淀粉酶对 α－1,6-糖苷键都不起作用。

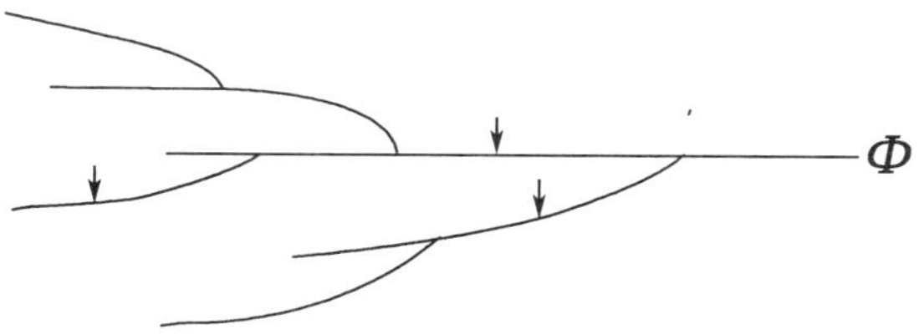

α－淀粉酶对淀粉的作用
线条代表 α-1, 4- 葡萄糖链，Φ- 还原葡萄糖残基

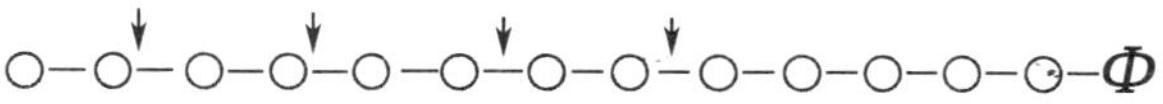

β－淀粉酶对淀粉的作用
○- 葡萄糖残基，Φ- 还原葡萄糖残基

图 1-1-4　淀粉酶对淀粉的作用方式

当 α-淀粉酶作用于单纯的直链淀粉时,最初是无规则地迅速将直链淀粉分子切割为低分子糊精,因而使淀粉糊的黏度迅速降低,淀粉与碘液的显色反应消失,后来低分子糊精缓慢水解,最终产物为麦芽糖(占 87%)和葡萄糖(占 13%)的混合物。

当 α-淀粉酶作用于支链淀粉时,也是先从分子内部着手并跨过 α－1,6 糖苷键,很快生成分子比较大的糊精,遇碘呈紫色到棕色,然后连续水解成低分子糊精,遇碘不呈色,再继续水解,其最终产物为麦芽糖(占 73%)、葡萄糖(占 19%)和异麦芽糖(占 8%)。因此 α-淀粉酶又称为内淀粉酶。

β-淀粉酶能使溶解的直链淀粉水解为麦芽糖,这种水解作用是从直链淀粉分子的非还原性尾端开始的,按麦芽糖单位依次切开,并使麦芽糖分子的构型由 α 型转变为 β 型,故称为 β-淀粉酶。它使直链分子逐步缩短,因此,麦芽糖的生成不是很快。中间产物中经常有麦芽糖和长短不同的直链分子同时存在,对碘液仍呈蓝色。随着水解的继续进行,蓝色深度逐渐变浅,到遇碘不呈色时即达到所谓的消失点。

β-淀粉酶对支链淀粉的作用也是从分枝的非还原性尾端开始,连续地释放出麦芽糖单位。它不能分解 α－1,6-糖苷键,且不能跨过分枝点作用,所以它只能产生相当于支链淀粉总量的 50%～60%的麦芽糖,但麦芽糖的生成速度则比作用于直链淀粉时要快 20 倍。作用以后,支链淀粉分子的外围分枝全部消失,剩下的部分称为"支链淀粉 β-淀粉酶极限糊精",简称为"β-极限糊精"。由于这种高分子糊精的存在,所以淀粉糊的黏度变化不大,遇碘呈紫色。由于 β-淀粉酶只在外围起作用,故又称为外淀粉酶。

普通粮油作物中同时含有直链淀粉与支链淀粉,如果加热成糊,让 α-淀粉酶与 β-淀粉酶的混合物(在麦芽中两者同时存在)起作用,β-淀粉酶便从直链分子或支链分子的尾端开始,而 α-淀粉酶则从淀粉分子的内部起作用,结果便产生很多新的尾端,因而有利于 β-淀粉酶作进一步的水解,最终产物中主要是麦芽糖和少量的葡萄糖,两者共占 80%,其余 20%是带有分枝的异麦芽糖。

(3) 淀粉酶的来源：α-淀粉酶广泛存在于植物、动物和微生物中，β-淀粉酶则存在于大多数高等植物中，葡萄糖淀粉酶主要由根霉、黑曲霉等霉菌产生，异淀粉酶主要由产气气杆菌、芽孢杆菌、某些单孢杆菌等细菌产生。

休眠的粮油种子，如小麦、大麦、黑麦和甘薯中都含有较多的β-淀粉酶。发芽时α-淀粉酶和β-淀粉酶的活力都有所增加，但在初期α-淀粉酶的活力要增加得快一些。未发芽的稻谷、玉米、高粱和粟一般都只表现有α-淀粉酶的活力，在发芽时才有β-淀粉酶产生，大豆无论发芽与否都只有β-淀粉酶。

从大麦麦芽中抽提出来的是α-淀粉酶和β-淀粉酶的混合物，为了研究起见，常常需要把这两种淀粉酶分离开来，一般是先用稀酒精萃取，然后用硫酸铵反复盐析。盐析时α-淀粉酶先沉淀出来。也可用专门的吸附剂进行分离。例如，纯淀粉能从40%的乙醇溶液中把α-淀粉酶吸附出来；而β-淀粉酶的最佳吸附剂是氢氧化钙，吸附时的pH为3.8。此外还可以利用它们在性质上的差异以达到破坏其中之一种，保留另一种的目的。例如在70℃下，α-淀粉酶能作短时间的抵抗，而β-淀粉酶则全部失去活力。又如麦芽萃取在pH为3、温度为30℃和不含Ca^{2+}的情况下，α-淀粉酶全部被破坏，而β-淀粉酶则大部分被保留下来。

目前工业上大规模生产α-淀粉酶和β-淀粉酶主要是以微生物为原料用发酵法提取的。

(4) 淀粉酶作用的最适pH和最适温度：α-淀粉酶的耐热能力较β-淀粉酶强。如将大麦麦芽萃取液在pH 6～7加热至70℃维持15分钟，α-淀粉酶稍微受些影响，而β-淀粉酶则完全破坏。淀粉酶的来源不同，其作用的最适温度亦不同。例如，发芽种子中的淀粉酶最适温度为54～56℃，大麦麦芽淀粉酶为45～50℃，小麦淀粉酶为60～68℃，黑曲酶淀粉酶为60～65℃，黄曲霉淀粉酶为50～55℃，一些细菌淀粉酶的最适温度可达70℃。

淀粉和糊精对淀粉酶能起稳定作用。在30%～35%浓度情况下，85～87℃时α-淀粉酶的活力最高。α-淀粉酶对环境酸度较敏感，它比β-淀粉酶的抗酸能力要差一些。一般来说，pH 3～4时α-淀粉酶已呈非活性状态，而β-淀粉酶却仍能起作用。

淀粉酶的来源不同，其作用的最适pH也不同。例如麦芽淀粉酶的最适pH为4～5，其中α-淀粉酶的最适pH为5.6～5.7，而β-淀粉酶的最适pH为4.2～4.3，黑曲酶淀粉酶的最适pH为4～5，黄曲霉淀粉酶的最适pH为5.0～5.6。

钙离子的存在对细菌α-淀粉酶的热稳定性有很大的提高作用，在没有Ca^{2+}时，酶活力完全消失，低浓度的Ca^{2+}对α-淀粉酶的热稳定性就有很大的提高。不同来源的α-淀粉酶都含有Ca^{2+}，它们实际上都是一种金属酶。另外，钙离子对淀粉酶作用的pH的最适范围也有增广的效果。

(5) 葡萄糖淀粉酶：葡萄糖淀粉酶作用于淀粉时，从非还原性尾端开始，依次逐个切下一个葡萄糖单位，并将葡萄糖分子的构型由α型转变为β型，因为它由淀粉直接产生葡萄糖，故称为葡萄糖淀粉酶，也称为淀粉葡萄糖苷酶(Amyloglucosidase)。

葡萄糖淀粉酶的专一性较差，除能水解α-1,4-糖苷键外，还能水解α-1,3-糖苷键和α-1,6-糖苷键，只是后两者的水解速度比前者要慢得多。葡萄糖淀粉酶作用于直链淀粉和支链淀粉时，都能将它们全部水解为葡萄糖。葡萄糖淀粉酶作用的最适pH为4～5，在24 h的作用时间内最适温度为50～60℃。

(6) 异淀粉酶(Isoamylase)：异淀粉酶又可称为普鲁兰酶(Pullanase)，名称为支链淀粉 α-1,6-葡萄糖苷键酶，其对淀粉的作用方式是专一分解 α-1,6-葡萄糖苷键，将支链淀粉全部水解为直链的结构。异淀粉酶可从微生物中提取，目前已成商品化生产的大多是从假单孢杆菌和产气气杆菌中培养提取的，将异淀粉酶与 β-淀粉酶联合作用，最终产物为麦芽糖与麦芽三糖。将异淀粉酶与葡萄糖淀粉酶联合作用则可将淀粉快速地全部水解成葡萄糖；若与 α-淀粉酶协同作用则最终产物为麦芽糖与葡萄糖。

异淀粉酶作用的最适温度为 30～35℃，最适 pH 为 4～6。目前在食品工业中主要是用于生产麦芽糖与低聚糖。

1.1.5 粮油食品原料中的脂肪

脂肪是种子在储藏时用于呼吸和发芽时所需能量的储藏物质，它不仅是很好的热量来源，而且还含有人体不能合成而必须要从食物中摄取以维持健康的必需脂肪酸，如亚油酸、亚麻酸、花生四烯酸等。油脂存在于一切动植物中，粮油食品原料中以油料作物含量最多。例如豆类中的大豆是良好的榨油原料，禾谷类作物的油脂含量一般都不高，但它们加工的副产品，如米糠、玉米胚中油脂含量较高，也是提取植物油的原料。

1.1.5.1 油脂的加工特性

植物油脂的主要成分甘油三酯是中性脂质。一般来说，中性脂质的特性就能代表植物油脂的特性。但是由于植物油脂中还含有高级醇的脂肪酸酯、环状醇的阿魏酸酯、单脂肪酸甘油酯、磷脂等具有极性的脂质，对油脂的性质必然会产生一定影响。

一般把常温下呈液体的称为油，常温下呈固体的称为脂。如果油脂成分中含有大量的饱和脂肪酸，则这种油脂在常温下呈固态；含有大量的不饱和脂肪酸，则这种油脂在常温下则为液态。液体油脂成分中不饱和脂肪酸比饱和脂肪酸多，某些植物油以含有大量的某一不饱和脂肪酸为其特征，如橄榄油含大量油酸、亚麻油含大量亚麻酸、桐油含大量桐酸、芥籽油和菜籽油含大量芥酸等。不饱和脂肪酸中较重要的是油酸、亚油酸、亚麻酸和花生四烯酸。

从化学性质来看，饱和脂肪酸无干燥性。不饱和脂肪酸，例如亚麻酸具有干燥性。油脂中含有大量亚麻酸(或桐酸)时，油脂则具有很强的干燥能力(干性油)；含有大量的饱和脂肪酸或油酸时则没有干燥能力(不干性油)。由此可见，油脂中的脂肪酸决定着油脂的性质。不同种类的植物有不同成分的油脂，不同的生长环境其成分也有所不同，如热带植物的油脂其脂肪酸大多为饱和的，故所产以不干性油为多数，如棕榈油、椰子油等。这种差异也存在于同一植物上，如我国所产的桐油碘价最高，其干性强于其他国家所产者。我国东北所产的大豆油，碘价在 130 以上，为干性油，而其他地区所产者则为半干性油。

虽然各种植物油的理化性质有很大的差异，但它们都有共同的特点：在 15℃时它们的比重均在 0.900～0.970 之间，都不溶于水及酒精(麻油溶于冷酒精中)而能溶于热酒精和有机溶剂中，如汽油、苯、氯仿、乙醚、二氯乙烯、二硫化碳等。这为油脂的抽提和精炼提供了条件。油脂的黏度随外界温度的高低而改变，温度低黏度大，温度高黏度小。它与其他液体一样，在液体状态时能对光线发生折射现象，能与碱结合成肥皂并分离出甘油。当有接触剂存在时不饱和脂肪酸能同氢作用而生成白色固体的硬化油。在空气中氧的影响下，会变得干燥或发生酸败。植物油中除干性油、蜡及数种药用油外，均可供食用。

脂肪在粮油籽粒中的分布是不均匀的，谷物糊粉层的细胞内以及胚组织内都含有大量的脂肪。脂肪和糖及蛋白质一同构成胚的营养料。胚乳内的脂肪含量不会超过1%。

禾谷类粮粒中的脂肪在室温时大多为液体，它们含有大量的不饱和脂肪酸。表1-1-9为主要籽粒所含油脂的物理化学常数。

表1-1-9　各类粮粒中脂肪的物理化学常数

		比　重	折光指数	游离酸	皂化价	碘　价	不皂化部分	脂肪酸的平均分子量
小麦	麸皮			16.44	175.10		7.64	285.6
	胚	0.924 9	1.468 6	21.48	184.10	123.64	3.51	265.0
	面粉	0.967 3	1.471 4		160.86	105.43	2.51	
黑麦	胚	0.932 2	1.477 4		174.30	127.70		
麦	面粉	0.876 9	1.477 1		172.80	114.10		
大麦	籽粒			16.52	182.10	95.20	4.70	284.7
	面粉	0.976 5	1.477 1		164.70	114.20		
燕麦籽粒		0.925 0	1.470 1	34.70	189.80	99.50	1.13	284.8
稻谷籽粒		0.907 3	1.466 7	40.91	188.10	129.10		
玉米籽粒		0.907 6	1.462 0	31.90	166.80	129.10	3.10	

1.1.5.2　脂肪酶

在粮油食品原料以及加工品中繁殖的微生物里，都含有将甘油三酯分解成为甘油和游离脂肪酸的脂肪酶，因为脂肪酶能分解脂肪酸与甘油之间的酯键，所以它们属于脂酶的分解酶类。脂肪分解酶(Lipase)和脂化酶(Esterase)这两个名词可互相调换使用，因为这些酶均催化羧基酸酯键的水解，而且都属于水解酶。脂化酶则用于能够较广泛的水解羧基酸酯键的酶。因为即使是一些多肽分解酶例如胰蛋白分解酶、胰凝乳蛋白分解酶及木瓜蛋白分解酶等都可水解简单的脂肪酸酯。脂化酶和脂肪分解酶的作用都不具有专一性。

大部分的脂肪分解酶作用的最适pH在碱性范围内(约8～9)，但豆类的脂肪分解酶作用的最适pH为6.3，而未成熟的豆类的脂肪分解酶作用的最适pH为8.5～10.5。脂肪分解酶作用的最适温度在30～40℃之间，但一些脂肪分解酶在冷冻食品中(约－29℃)也可显示出活性。

粮油食品原料以及加工品在储藏期间会发生品质变劣，特别是在光照及高湿高温条件下，其中一个重要原因是脂肪的水解使游离脂肪酸含量增加。因此原料的酸度及游离脂肪酸含量可作为商品质量的指标。

1.1.5.3　其他脂类

1）磷脂

粮油食品原料中含有磷脂类，脂肪一样都是甘油酯，但酯键处含有磷酸，且含有氮碱，这些是它们和真正的脂肪不同的地方。胆碱是粮油食品原料中分布最广的含氮碱，是一种易溶于水和酒精但不溶于乙醚的强碱。由甘油根、磷酸根和胆碱根组成的磷脂为卵磷脂。常见的还有一种脑磷脂，与卵磷脂的区别就是不含胆碱而含有一种叫胆胺的氨基乙醇($CH_2OH—CH_2—NH_2$)。

卵磷脂中含磷量与含氮量的比例是 1∶1。但在谷类作物的磷脂内，含磷量与含氮量的比例前者大于后者，如小麦籽粒中的含磷量与含氮量的比例是 1∶1.3。许多植物磷脂含有葡萄糖、半乳糖或戊糖等，有时含量很大。磷脂反复用水抽浸，也不能把糖类全部除掉，必须将磷脂和 5%的酒精一起煮沸。

大豆的特点之一是磷脂含量丰富，因此，大豆粉也是磷脂的工业制造原料。卵磷脂和脑磷脂在大豆种子中的含量见表 1-1-10。

表 1-1-10 大豆中的卵磷脂和脑磷脂的含量

种子的部位	脑磷脂含量(%)	卵磷脂含量(%)	磷脂的总量(%)
子叶	0.28	1.81	2.09
胚(幼芽)	0.53	2.61	3.14
全粒种子	0.27	1.68	1.95

大豆子叶中的磷脂是由 83%的卵磷脂和 17%的脑磷脂组成的。胚里的磷脂则有 94%的脑磷脂和 6%的卵磷脂。大豆卵磷脂含有油酸(52%)、亚麻二烯酸(39%)和亚麻三烯酸(9%)。

粮油食品原料中磷脂的含量见表 1-1-11。

表 1-1-11 粮油食品原料中磷脂的含量

原　料	磷脂含量(%)	原　料	磷脂含量(%)	原　料	磷脂含量(%)
大　麦	0.74	玉　米	0.28	小　麦	0.65
小麦胚	1.55	黑　麦	0.57	稻　谷	0.64
向日葵籽	0.6～0.8	亚麻籽	0.44～0.73	菜　籽	1.02～1.5
花生仁	0.44～0.62	大麻籽	0.85	蓖麻籽	0.25～0.3
棉籽油	0.3	棉　籽	1.25～1.8	豆　油	1.1～3.2
芝麻油	0.1	菜籽油	0.1	米糠油	0.5

2) 植酸盐

禾谷类的种子里除含有无机的磷元素以外，还含有大量成植酸盐状态的有机磷质。植酸盐是肌醇磷酸的钾镁复盐，而肌醇磷酸又是环状肌醇的衍生物。植酸盐在禾谷类粮粒的糊粉层内含量特别多，所以有些面粉由于加工不精而含有一定量的植酸盐。植酸盐作为磷酸来源起着很大的作用，因为磷酸是决定面粉及其他加工品酸度的主要物质之一。

磷酸从植酸盐中的释出是在植酸酶的作用下发生的。植酸酶包含在小麦、稻谷及其他禾谷类粮粒的麸糠里面，其活性很强。植酸酶属于磷酸酶类，对温度的变化极为敏感。植酸酶的最适 pH 为 5.5，最适温度为 55℃。

植酸酶在人体消化钙盐的过程中起着极为重要的作用。植酸与钙形成的盐类不能被消化液所消化。面粉里的植酸含量愈高，则面包里所含的钙盐被人体吸收愈少，但在面包发酵和静置过程中，面粉和酵母里面所含有的活性植酸酶能发生强烈的分解作用，使大部分的植酸发生分解。由此可见，制成的面包内植酸的含量已很少，并不会妨碍钙盐的消化吸收。

3）固醇

植物固醇主要有谷固醇、豆固醇、麦角固醇等。在研究脂肪时植物固醇通常都残留在不皂化物中。从玉米油分离出来的植物固醇共有两种，其熔点和比旋光度均不相同。其中一种相当于饱和的二氢固醇（$C_{27}H_{47}OH \cdot H_2O$），熔点为 138～139℃，比旋光度为$[\alpha]_D^{20}=+25°$；另一种与小麦胚里面分离出来的植物固醇相同，其分子式为$C_{27}H_{45}OH$，因含有双键，所以它是一种不饱和化合物。

从小麦胚中提取的麦胚油中含有两种固醇：一种是普通植物固醇（$C_{27}H_{47}OH$），另一种是二氢固醇（$C_{27}H_{47}OH \cdot H_2O$），其熔点为 144～145℃，比旋光度为$[\alpha]_D^{20}=+25.82°$。这两种固醇与已知的植物固醇不同，称为 α-小麦固醇和 β-小麦固醇，其酒精溶液都能将偏振光的平面向右旋转，$[\alpha]_D^{20}=+54.3$ 和$+49.2$。从大米胚芽油中也能分离出这两种物质。

除游离态的固醇外，粮油食品原料的油脂中还含有固醇与脂肪酸的酯类，称为固醇酯。皂化以后，固醇部分生成二氢固醇（28%）和细胞固醇（72%）。

在紫外线的照射下，麦角固醇变成维生素 D，即抗拘偻病维生素，它是麦角固醇的异构体。固醇在粮油籽粒的油脂中含量不高，约在 1%以下，见表 1-1-12。

表 1-1-12　粮油食品原料油脂中固醇含量表

油脂名称	固醇含量（%）	油脂名称	固醇含量（%）
蓖麻油	0.5	花生油	0.19～0.25
椰籽油	0.06～0.08	菜籽油	0.35～0.50
玉米油	0.58～1.00	米糠油	0.75
棉子油	0.26～0.30	芝麻油	0.43～0.55
亚麻油	0.37～0.42	大豆油	0.15～0.38
棕榈油	0.03	麦胚油	1.30～1.70

思考与练习

1. 粮油原料有哪两种分类法？一般如何分类？
2. 豆类作物的特点如何？
3. 粮油原料中的化学成分有何规律？
4. 大米、小麦、玉米和大豆 4 种原料中的蛋白质有何特点？是否有加工方面的指导意义？
5. 粮油原料中最重要的单糖和双糖分别是什么？
6. 粮油原料中淀粉粒的形状有哪 3 种？其大小用什么表示？
7. 淀粉的糊化和回生的概念及在粮食原料加工中有何实际意义？
8. 油脂中的饱和脂肪酸和不饱和脂肪酸有何特点？

1.2 粮油食品原料的种类及特性

1.2.1 稻谷与大米

现代的栽培稻分属于禾本科稻属植物的两个种，即普通栽培稻（Oryzasativa）和光稃栽培稻（Oryza Glaberrima）。稻属植物除上述两个栽培种外，还有大约20个野生稻种，分布于全球热带和亚热带地区。

1.2.1.1 栽培稻品种的分类

1）籼稻和粳稻

根据栽培稻的地理分布（纬度和海拔高低）分为籼稻和粳稻，其主要生态因子是温度。高纬度的高海拔地区，水稻生育期间（特别是前期和后期）的温度一般较低，以栽培粳稻为主。反之，低纬度的低海拔地区，以栽培籼稻为主。我国秦岭、淮河以北各稻区及云贵高原一千多米以上的高地，所栽培的大多数是粳稻。我国南方的主要稻区，普遍栽培的是籼稻。

籼稻和粳稻在其他特征上也有若干差别。例如，北方粳稻的叶色通常比籼稻浓绿，粳稻的粒形较短圆，籼稻则较细长；粳稻的稃毛一般比籼稻的长而密；粳稻谷粒成熟后里层不发达，所以不易脱粒，而籼稻的大多数品种则较易脱粒；在同一条件下，粳稻结实成熟的日数通常比籼稻多；粳稻的谷粒或米粒在苯酚液中不易着色，籼稻则易着色；粳稻的米粒在氢氧化钾溶液中浸渍易溃烂，籼米则不易溃烂；粳米煮熟后黏性常比籼米强，因为大多数籼米中所含直链淀粉比粳米多；粳稻种子发芽的最低温度虽比籼稻低，但在高温下，粳稻种子的发芽日数常长于籼稻；北方粳稻对稻瘟病的抗病力一般弱于籼稻品种；在生殖细胞减数分裂前期，粳稻的生殖细胞核中一般只有1个核仁，而籼稻则常有2个。粳、籼稻品种杂交，它们的子代结实率一般较低。

2）晚稻和早稻

根据栽培稻品种的熟期性和季节分布，在籼稻和粳稻中再各分晚稻和早稻两大类。影响晚稻和早稻类型分化的主要生态因子是因纬度和季节而异的日长条件。

晚稻和早稻主要差别在于发育特性的不同。晚稻对日长反应敏感，也就是感光性强，是典型的短日性作物，只能分布于纬度较低的地区。我国南部的一些稻区，在短日的冬、春季温度也不太低，晚稻品种可在这些地区进行“冬繁”或“翻春”栽培。

早稻对日长的反应迟钝，无论在短日或长日条件下只要温度条件相同，生育期的变化就不大。这类品种的适应性较大，在我国南方和北方各稻区都有分布。我国南方的双季稻区，早季只能种植早稻。

3）水稻和旱稻

根据栽培地区土壤水分的生态条件不同可分为水稻和旱稻，其主要差别在于品种耐旱性的不同。

水稻具有适应沼泽环境的结构和机能。例如茎叶的通气组织较发达，不定根具有发达的皮层气腔，地下部的乙醇酸呼吸代谢显著等。水稻中的深水稻能够在1 m以上的深水中直立生长；浮稻的茎最长可达5 m以上，能随水位高低匍匐浮于水中，使叶冠及穗部露出水面。

旱稻通气组织较不发达，但根系较发达。在旱地状态的土壤水分情况下，旱稻体内有较多的含水量及自由水量，受缺水而抑制生长的程度也较水稻为轻。但旱稻仍然具有沼泽植物的体构和机能,因而大多数旱稻品种可以和水稻一样在水田中栽培,甚至比在旱地生长还要好些,产量也较高,只有少数旱稻品种在水田栽培时,当水田土壤的氧化还原电位过低,其抗御土壤有毒的还原物质的能力就较小,生育不正常。反之,也有些普通的水稻品种可在某种条件下旱栽。

4) 黏稻和糯稻

大多数谷物都有黏、糯之分,这是根据其所含淀粉性质的不同而分类的。黏稻的米淀粉中含直链淀粉约10%~30%,其余为支链淀粉;而糯稻的米淀粉中几乎全部为支链淀粉。煮熟后黏性最强的是糯稻,次之为籼糯,再次之为粳稻中的黏米,而籼稻中的黏米黏性最弱。所以一般以黏稻为主食,而糯稻一般作副食。

1.2.1.2 稻谷籽粒形态结构与营养价值

1) 籽粒形态结构

稻谷籽粒由谷壳和糙米两部分构成,呈椭圆或长椭圆形。谷壳包括内外颖和护颖。谷壳由上表皮、纤维组织、薄壁组织和下表皮组成,其主要成分是粗纤维和硅质,结构坚硬,能防止虫霉侵蚀和机械损伤,对稻粒起着一定的保护作用。

稻谷脱去稻壳即是糙米。糙米属颖果,其顶端有一黑色的小点,是雌蕊柱头的遗痕。米粒两侧各有两条沟纹,沟纹深的加工不易精白。

糙米由果皮、种皮、外胚乳、糊粉层、胚乳和胚组成。果皮的最外一层是表皮,其内依次为中果皮、横细胞和管细胞。种皮与果皮紧密相连,是由子房的珠被发育而来的。稻粒成熟时,其细胞已坏死成为一层极薄的膜状组织,内含色素,使米粒形成各种不同的颜色。外胚乳是粘连在种皮下的一层薄膜,它是来自子房珠心组织的表皮,与种皮很难区别,所以也有将两者合称为种皮的。糊粉层由糊粉细胞组成,两侧面各一层,腹面1层或2层,背面有5~6层。糊粉细胞是小型的近似立方形的细胞,内含蛋白质的糊粉粒、脂肪和酶等,不含淀粉粒。紧连着糊粉层内侧的通常还有一层叫亚糊粉层,内含蛋白质、脂肪和少量的淀粉粒。胚乳在亚糊粉层之内,胚乳组织细胞中充满着淀粉粒,稻米淀粉呈多角形,有明显的棱角。胚是幼苗的原始体,位于米粒腹面的基部,呈椭圆形,表面起皱褶,稍内陷,仅中部隆起。胚由胚芽、胚茎、胚根及吸收层等部分组成。吸收层与胚乳相连接,种子发芽时分泌酶,分解胚乳中的物质供给胚以养分。糙米经过加工后的白米,主要是胚乳,被除去的部分则是包括胚在内的外层组织如果皮、种皮和糊粉层,即米糠,见图1-2-1。

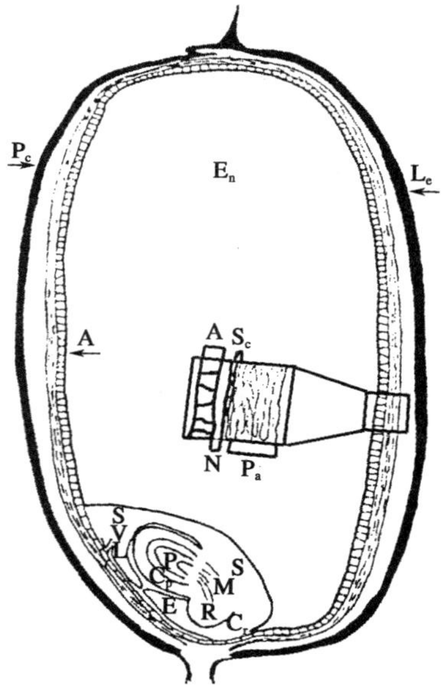

图1-2-1 稻谷籽粒结构图

E_n—胚乳;P_c—内稃;L_e—外稃;P_a—果皮;S_c—种皮;N—珠心层;A—糊粉层;S—盾片;V—腹鳞;L—侧鳞;C_p—胚芽鞘;P—胚芽;M—中胚轴;R—胚根;E—外胚叶;C_r—胚根鞘

(注:稻米胚应在外稃所包的一面,原版图中将稻米胚画在内稃所包的一面,显然是错误的)

稻谷各部分的重量百分比是谷壳占18%～20%，糠层占5%～7%，胚乳占66%～70%，胚占2%～4%。

2）稻米的营养成分

稻谷中粗纤维和灰分主要分布在皮层（即米糠）中，全部淀粉和大部分的蛋白质则分布在胚乳（即大米）内，维生素、脂肪和部分蛋白质则分布在糊粉层和米胚中。一般稻谷脱壳得到的是糙米，糙米碾去糠层得到的是大米，因此谷壳中主要含有纤维和灰分，米糠中含有一定量的蛋白质及大量的脂肪和维生素，大米中主要含有淀粉和蛋白质，因此加工精度越高，营养损失越大。目前市售的营养强化米就是在普通大米的基础上添加人体所需要的营养成分以弥补加工时营养成分的损失。

大米中含碳水化合物75%左右，蛋白质7%～8%，脂肪1.3%～1.8%，并含有丰富的B族维生素等。大米中的碳水化合物主要是淀粉，所含的蛋白质主要是米谷蛋白，其次是米胶蛋白和球蛋白，其蛋白质的生物价和氨基酸的构成比例都比小麦、大麦、小米、玉米等禾谷类作物高，消化率66.8%～83.1%，也是谷类蛋白质中较高的一种。因此，食用大米有较高的营养价值。但大米蛋白质中赖氨酸和苏氨酸的含量比较少，所以不是一种完全蛋白质，其营养价值比不上动物蛋白质。

大米中的脂肪含量很少，稻谷中的脂肪主要集中在米糠中，其脂肪中所含的亚油酸含量较高，一般占全部脂肪的34%，比菜籽油和茶油分别多2～5倍。所以食用米糠油有较好的生理功能。稻谷和大米中的营养成分见表1-2-1。

表1-2-1　稻谷和大米的营养成分表　　单位：%

粮食名称	水　分	蛋白质	脂　肪	糖　类	粗纤维	灰　分	VB_1	VB_2	VB_3
籼糙米	13.0	8.3	2.6	74.2	0.7	1.3	0.34	0.07	2.5
籼米标一	13.0	7.8	1.3	76.6	1.4	0.9	0.19	0.06	1.6
籼米标二	13.0	8.2	1.8	75.5	0.5	1.0	0.22	0.06	1.8
粳糙米	14.0	7.1	2.4	74.5	0.8	1.2	0.35	0.08	2.3
粳米标一	14.0	6.8	1.3	76.8	0.3	0.8	0.22	0.06	1.5
粳米标二	14.0	6.9	1.7	76.0	0.4	1.0	0.24	0.05	1.5
糯米标一	14.0	6.4	1.5	77.1	0.2	0.7	0.20	0.02	0.8
糯米标二	14.0	6.2	1.5	76.2	0.3	0.9	0.20	0.06	3.5

1.2.1.3　稻谷与大米的加工适性

1）稻谷的加工适性

稻谷的加工适性主要是指稻谷的形态、结构、化学成分和物理特性，这些特性对碾米的工艺效果有直接的相关性，对碾米设备的选择、工艺流程的制定都有密切的关系。

（1）色泽和气味：粮粒应有自然的色泽和气味。正常的稻谷为鲜黄色或金黄色，富有光泽，没有不好的气味。未成熟的稻谷一般为绿色，如果是发热霉变的稻谷，则米粒会变质，变成暗黄色，没有光泽且有霉味。一般说来，陈稻的色泽和气味比新稻差，加工时易出碎米，出米率低，产品质量不好。

(2) 粒形与均匀性：稻谷籽粒的形状，因品种、类型的不同而有很大的差异。籽粒的大小可用长、宽、厚来表示，稻谷的粒形也可用长与宽的比(长/宽)来表示。稻谷的粒形与出米率、出碎米率有密切的关系。谷粒呈圆形的，其皮与壳所占的比例小，胚乳的含量则相对较高，即出米率高，同时球形的谷粒因耐压性强，加工时碎米少。如籼稻的长宽比大于2，而粳稻的长宽比小于2，因此粳稻的出米率要比籼稻高，而碎米率比籼稻低。此外，谷粒的大小形状也是合理选用筛孔大小与调整设备的依据之一。

(3) 千粒重、比重和容重：千粒重是指1 000粒稻谷的重量，其大小可直接反映出稻谷饱满的程度和质量的好坏。千粒重除与水分有关外，还与谷粒的大小、饱满程度及胚乳结构等因素有关。千粒重大的稻谷籽粒饱满，结构紧密，粒大而整齐，胚乳所占的比例大，出米率高，加工出的成品质量好。稻谷的千粒重为25 g左右，粳稻的千粒重较籼稻的高。千粒重越大，单位重量中谷粒的粒数越少，清理、垄谷与碾米时所需的时间就越短，因此产量高、电耗少。

比重是稻谷重量与其体积的比值，比重的大小与籽粒所含的化学成分有关。稻谷的比重一般在1.18～1.22之间。比重大的稻谷发育正常，成熟充分，粒大而饱满。因此比重也是评定稻谷工艺品质的一项指标。

容重是指单位体积内稻谷的重量，用kg/m^3表示。容重是粮食质量的综合指标，与稻谷的品种类型、成熟度、水分含量及外界因素有关，质量好的稻谷容重在560 kg/m^3左右。籽粒饱满整齐、表面光滑、粒形短圆及比重较大的稻谷容重也较大。稻谷的品质好，谷壳率低，出糙率高。此外，容重也是运输设备及仓库计算的依据。

容重和千粒重结合起来可以更好地反映粮食的品质。容重和千粒重都大的稻谷，在一定程度上保证了稻谷的品质。如果出现两者大小不一致，则说明品质较差。

(4) 腹白度、爆腰率与碎米：腹白是指米粒上乳白色不透明的部分，其大小程度叫腹白度。无论粳米还是籼米都可能带有腹白，乳白色不透明部分位于心部的称为心白。腹白是在生长过程中形成的，稻谷在成熟时因气候不良，温度低，降雨较多，养分没有充分充实即进入成熟期，致使淀粉粒的排列疏松，糊精较多而缺乏蛋白质。因此，腹白度大的米粒，其角质部分的含量少，组织疏松，加工时易碎，出米率低。在通常情况下，粳稻比籼稻的腹白度小，晚稻比早稻的腹白度小，比重大的米粒比比重小的米粒腹白度小。

凡米粒上有纵向或横向裂纹者叫做爆腰。糙米中的爆腰粒数占总数的百分比称为爆腰率。造成爆腰的原因很多，如稻谷在烈日下暴晒或采取急剧的高温烘烤或冷却，使米粒的表面与内部在膨胀或收缩时产生不均匀的应力错位；又如由于风吹干燥过度，干燥米又大量吸水或受到外力的冲击。爆腰米粒的强度较正常米粒低，因此加工时易出碎米。原粮的爆腰率愈高，其出米率就愈低，煮饭时易成粥状，失去原有的滋味，降低食用品质。

粒形在2/3以下的称为碎米。造成碎米的原因很多，如稻谷的成熟度不足、腹白多、硬度小或在保管中发生霉变生虫，以及由于碾米不善等。碎米的外观差，不整齐，出饭率低，滋味差。因此在加工时应尽量减少碎米的产生，一般粳米中的碎米较籼米中的碎米少。

(5) 谷壳率与强度：谷壳率是指稻谷的谷壳占稻谷重量的百分比。谷壳率高的稻谷，千粒重小，谷壳厚而且包裹紧密，加工时脱壳困难，出糙率低。谷壳率低的稻谷正好相反，加工时脱壳容易，出米率也高。谷壳率是稻谷定等的基础，也是评定稻谷工艺品质的一项重要指标。

强度也称硬度，是指谷粒抵抗外力破坏的最大能力。谷粒受到压缩、拉伸、剪切、弯曲、扭转等作用时，其内部产生相应的抵抗作用。米粒的强度可用米粒硬度计来测定，其大小以每粒米能承受的外力大小来表示。米的强度同稻谷的品种、成熟程度、组织结构、水分、温度等有关。一般来说，含蛋白质多、透明度大的籽粒，其强度要大于蛋白质含量少、胚乳组织松散、不透明的籽粒。粳稻的强度比籼稻大，晚稻的强度比早稻大；对同一品种的米粒来说，水分低的比水分高的强度大，冬季的比夏季的强度大。米粒在50℃时强度最大，以后随着温度的上升而逐渐降低。由于稻谷种类和性质的不同，需要有不同的工艺。因此充分了解原料的状况，对加工出优质米粒十分必要。

2）大米的加工适性

部分禾谷类粮食作物的果实和种子，在去除了颖壳、果皮和种皮之后的胚乳称为米。在禾谷类粮食中，黍、高粱、燕麦、大麦等原粮加工成的成品分别称为黍米、高粱米、燕麦米和大麦米（麦仁），而稻谷制成的稻米则习惯上称为大米，粟加工成的粟米习惯上称为小米。在众多的米类中，最重要的是大米。

大米是指稻谷的胚乳，即将稻谷脱去稻壳，碾去糠层后得到的部分。可以从以下几个方面判别质量：籼米粒形细长，长度为宽度的3倍以上，腹白较大，硬质粒较小，加工时易出碎米，出米率较低，米质蜡性大而黏性较小；粳米则粒形短圆，长度是宽度的1.4～2.5倍，腹白小或没有，硬质粒多，米质胀性较小，但黏性较强。粳米在苯酚中不易着色，籼米则易着色；粳米在KOH溶液中浸泡易糊，籼米则不易；粳米煮熟后黏性比籼米大，胀性比籼米小。

糯米是糯稻的胚乳，又称元米、江米，因含100％的支链淀粉，故黏性最强，胀性最小。根据米粒短圆或细长，黏性强与弱，胀性大与小，又可分为粳糯和籼糯，以颗粒饱满晶莹者为佳。干燥的糯米呈蜡白色，不透明，而黏米则是半透明的；糯米淀粉遇碘呈红褐色，黏米则呈蓝色。

酿造用米一般以糯米为佳，次为粳米，籼米一般不用于酿酒，因为糯米淀粉含量高，可供糖化发酵的基质多，可提高酒的产量，同时蛋白质含量低，可使蛋白质分解产物较粳米少，相应地减少了因氨基酸脱氨基所生成的杂醇油的含量，使酒味较为纯正。另外，糯米中的淀粉全部是支链淀粉，在酒精发酵过程中，支链淀粉受淀粉酶的分解作用并不彻底，因此发酵完成后残留较多的糊精和低聚糖，故酿成的酒口味醇厚而较甜。

在生产味精与麦芽糊精中，一般以早籼米为原料，因为早籼米原料成本低，产品得率高且加工适性好。早籼米中直链淀粉含量较其他米高，因此淀粉分解较为容易，黏度较低，加工时易操作，只要控制好加工工艺条件，就可以得到所需DE值（葡萄糖值）的产品。

在年糕生产中，一般用粳米最好，用籼米制成的产品黏性和韧性不够，口感不滑爽，无咬劲，而用糯米制成的年糕黏性太强，吃起来太软也无咬劲，因此质量好的年糕应用100％的粳米为原料。

1.2.1.4　稻谷与大米的质量标准

1）稻谷的质量标准

我国国家标准中将稻谷分为早籼稻谷、晚籼稻谷、粳稻谷、籼糯稻谷和粳糯稻谷5类，各类稻谷的质量以出糙率和整精米率作为定等的基础，共分5个等级，并结合杂质、水分含量及色泽、气味进行质量检验，具体指标如表 1-2-2。

表 1-2-2　各类稻谷质量标准(GB 1350—1999)

等级	出糙率(%) ≥ 籼稻谷	出糙率(%) ≥ 粳稻谷 粳糯稻	整精米率(%) ≥ 籼稻谷	整精米率(%) ≥ 粳稻谷 粳糯稻	水分(%) ≤ 籼稻谷	水分(%) ≤ 粳稻谷 粳糯稻	杂质(%) ≤	色泽、气味
1	79.0	81.0						
2	77.0	79.0						
3	75.0	77.0	50.0	60.0	13.5	14.5	1.0	正常
4	73.0	75.0						
5	71.0	73.0						

另外，标准还规定，每类稻谷中混有其他类稻谷的总限度为 5%，各类稻谷中的黄粒米限度为 2%，各类稻谷中谷外糙米不超过 2.0%。黄粒米是指胚乳呈黄色，与正常米粒色泽明显不同的颗粒。

2) 大米的质量标准

我国大米的质量标准有 3 个，分别是国家标准“GB 1354—1986 大米”和两个农业部标准“NY 5115—2002 无公害食品　大米”和“NY/T 419—2006 绿色食品　大米”。国家标准中将大米分为早籼米和籼糯米、晚籼米、早粳米和粳糯米以及晚粳米四大类。这四大类大米均按加工精度分为特等、标准一等、标准二等、标准三等 4 个等级。加工精度分别按各等级的实物标准样品对照检验。各类大米除要求色泽、气味、口味正常，黄粒米不超过 2%以外，还对各等级的不完善粒、杂质、碎米率和水分含量等项目分别制定了具体指标，见表 1-2-3～表 1-2-6 所示。

表 1-2-3　早籼米、籼糯米(GB 1354—1986)

等级	加工精度	不完善粒(%)	最大限度杂质 总量(%)	最大限度杂质 糠粉(%)	最大限度杂质 矿物质(%)	最大限度杂质 带壳稗粒(粒/kg)	最大限度杂质 稻谷粒(粒/kg)	碎米(%) 总量	碎米(%) 小碎米	水分(%)	色泽、气味、口味
特等	按实物标准样品对照检验留皮程度	3	0.25	0.15	0.02	20	8				
标准一等	按实物标准样品对照检验留皮程度	4	0.30	0.20	0.02	50	12	35	2.5	14.0	正常
标准二等	按实物标准样品对照检验留皮程度	6	0.40	0.20	0.02	70	16				
标准三等	按实物标准样品对照检验留皮程度	8	0.45	0.20	0.02	90	20				

表 1-2-4 晚籼米(GB 1354—1986)

等级	加工精度	不完善粒(%)	最大限度杂质					碎米(%)		水分(%)	色泽、气味、口味
			总量(%)	糠粉(%)	矿物质(%)	带壳稗粒(粒/kg)	稻谷粒(粒/kg)	总量	小碎米		
特等	按实物标准样品对照检验留皮程度	3	0.25	0.15	0.02	20	8	30	2.0	14.5	正常
标准一等	按实物标准样品对照检验留皮程度	4	0.30	0.20	0.02	50	12				
标准二等	按实物标准样品对照检验留皮程度	6	0.40	0.20	0.02	70	16				
标准三等	按实物标准样品对照检验留皮程度	8	0.45	0.20	0.02	80	20				

表 1-2-5 早粳米、粳糯米(GB 1354—1986)

等级	加工精度	不完善粒(%)	最大限度杂质					碎米(%)		水分(%)	色泽、气味、口味
			总量(%)	糠粉(%)	矿物质(%)	带壳稗粒(粒/kg)	稻谷粒(粒/kg)	总量	小碎米		
特等	按实物标准样品对照检验留皮程度	3	0.25	0.15	0.02	20	4	粳糯20 早粳30	2.0	14.5	正常
标准一等	按实物标准样品对照检验留皮程度	4	0.30	0.20	0.02	50	6				
标准二等	按实物标准样品对照检验留皮程度	6	0.40	0.20	0.02	70	8				
标准三等	按实物标准样品对照检验留皮程度	8	0.45	0.20	0.02	90	10				

表 1-2-6 晚粳米(GB 1354—86)

等级	加工精度	不完善粒(%)	最大限度杂质					碎米(%)		水分(%)	色泽、气味、口味
			总量(%)	糠粉(%)	矿物质(%)	带壳稗粒(粒/kg)	稻谷粒(粒/kg)	总量	小碎米		
特等	按实物标准样品对照检验留皮程度	3	0.20	0.15	0.02	10	4	15	1.5	15.5	正常
标准一等	按实物标准样品对照检验留皮程度	4	0.25	0.20	0.02	20	6				
标准二等	按实物标准样品对照检验留皮程度	6	0.30	0.20	0.02	30	8				
标准三等	按实物标准样品对照检验留皮程度	8	0.35	0.20	0.02	40	10				

1.2.2 小麦与面粉

小麦是一种旱地作物，适于机械耕种，播种面积和产量在世界粮食作物中均占第一位，在我国仅次于稻谷占第二位，是一种极重要的粮食作物。

1.2.2.1 小麦的分类

我国栽培的小麦一般按播种期分为冬小麦（冬播夏收）与春小麦（春播秋收），其中以冬小麦为主，约占 83%以上，春小麦只占 16%左右；按皮色分，可分为白麦（种皮为白色、乳白色或黄白色）与红麦（种皮为深红色或褐色）；按粒质分，可分为硬质麦与软质麦。

对商品小麦，国家标准规定分为以下几类：

(1) 白皮硬质小麦：白色或黄白色麦粒≥90%，角质率≥70%。

(2) 白皮软质小麦：白色或黄白色麦粒≥90%，粉质率≥70%。

(3) 红皮硬质小麦：深红色或红褐色麦粒≥90%，角质率≥70%。

(4) 红皮软质小麦：深红色或红褐色麦粒≥90%，粉质率≥70%。

(5) 混合小麦：不符合上述 4 种的小麦。

(6) 其他类型小麦。

我国北方多产白皮硬质冬小麦，麦粒小，皮薄，蛋白含量高，容重大，出粉率高，品质好。南方多产红皮软质冬小麦，麦粒较大，皮厚，蛋白含量低，容重小，出粉率低。

1.2.2.2 小麦的籽粒结构与营养价值

1) 小麦籽粒结构

小麦脱壳时，内外颖即脱去，麦粒属颖果（图 1-2-2），顶端有茸毛，背面隆起，胚位于背面基部，腹面有凹陷的腹沟，腹沟两侧部分称颊，圆形而丰满，但也有扁平或深陷而有明显边沿的。麦粒的外形从背面看，可分圆形、卵形和椭圆形等。横断面呈心脏形或多角形。其结构由皮层（果皮、种皮，占 9%）、糊粉层（占 3%～4%）、胚（占 2%）、胚乳（占 82%～86%）四部分所组成。

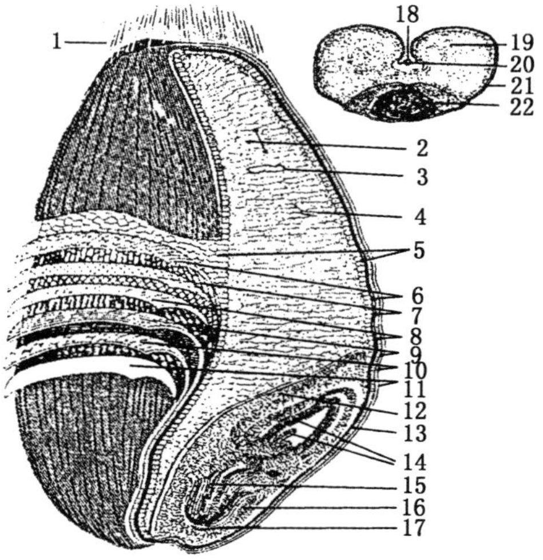

图 1-2-2 小麦籽粒结构图

1—茸毛；2—胚乳；3—淀粉细胞（淀粉粒充填于蛋白质间质之中）；4—细胞的纤维素壁；5—糊粉细胞层（属胚乳的一部分与糠层分离）；6—珠心层；7—种皮；8—管状细胞；9—横细胞；10—皮下组织；11—表皮层；12—盾片；13—胚芽鞘；14—胚芽；15—初生根；16—胚根鞘；17—根冠；18—腹沟；19—胚乳；20—色素束；21—皮层；22—胚

果皮由表皮、中果皮、横细胞、管状细胞(内表皮)组成。中果皮在表皮之下，由几层薄壁细胞演化而成，成熟干燥后，被压挤成不规则的状态。种皮含有两层延长的细胞，外层细胞无色，内层细胞无色时，麦粒呈白色；内层细胞含有红色或棕色脂肪时，麦粒呈红色。外胚乳位于种皮的下面，为无色透明的线状细胞，经常破碎而不易识别。糊粉层在胚乳的外面，是由一层糊粉细胞组成的，但在腹沟等部有 2 层以上的细胞层，糊粉层不含淀粉，而充满着小球状的糊粉粒(属蛋白质的一种)。胚乳是由许多胚乳细胞组成的，细胞中主要是淀粉粒，并含有大量的面筋。小麦淀粉粒有大粒和小粒两种，小粒呈球形，大粒呈凸镜形。胚位于麦粒背部，由胚芽、胚轴、胚根、吸收层等构成。胚部含糖、酶较多，生理活性较强，也易遭受虫害。

2) 营养价值

小麦中蛋白质含量比大米高，平均在 10%～14%，一般硬质粒比软质粒含量多，生长在氮肥多的土壤以及干燥少雨的地区含量多。因此，我国生产的小麦蛋白质含量，自南而北随着雨量和相对湿度的递减而逐渐增加。

小麦蛋白质主要由麦胶蛋白与麦谷蛋白组成，由于所含赖氨酸和苏氨酸等必需氨基酸较少，故生物价次于大米，但高于大麦、高粱、小米和玉米等，具有较好的营养价值。小麦中含丰富的维生素 B 和维生素 E，主要分布在胚、糊粉层和皮层中，加工精度越高，营养损失越多。

小麦在食用品质上的特点是含有大量的面筋。面筋的主要成分是麦胶蛋白(43%)和麦谷蛋白(39%)及少量的脂肪和糖类。面筋在面团发酵时能形成面筋网络，保持住面团中酵母发酵所产生的气体，而使蒸烤的馒头、面包等食品具有多孔性，松软可口，并有利于消化吸收；同时发酵后，发酵食品中的植酸盐有 55%～65%被水解，更有利于钙和锌的吸收和利用。

1.2.2.3 小麦与面粉的加工适性

1) 小麦的加工适性

小麦的加工适性主要指小麦的形态、结构、化学成分和物理性质。研究小麦籽粒的这些特性对小麦制粉的工艺效果有直接的相关性，对制粉设备的选择、工艺流程的制定都有密切的关系。

(1) 小麦的籽粒结构：小麦籽粒的结构、品种质量、化学成分与工艺特性对制粉生产有非常重要的意义。小麦籽粒由果皮、种皮、糊粉层、胚乳及胚组成。麦皮中含有许多难以消化、营养少的粗纤维。面粉精度的高低，主要由其含麦皮量的多少而定，因此在制粉过程中必须将胚乳和胚与皮层分开，并尽可能根据对面粉精度的不同要求，控制面粉中粉状麦皮的存留量。

① 麦皮：麦皮共分 6 层，外面的 5 层含粗纤维较多，最里面的一层是糊粉层。糊粉层约占麦皮的 40%～50%，具有较丰富的营养价值，而且粗纤维的含量较少，因此在磨制低等级面粉时，应尽量将糊粉层部分磨入面粉中，但应减少其他皮层混入面粉的数量。在磨制高等级面粉时，由于糊粉层中尚含有部分不易消化的纤维素、戊聚糖和灰分，因此不宜将其磨入面粉中。

麦皮的色泽有红、花、白 3 种。白麦因其色泽浅，磨制的面粉色泽白，出粉率较同等红麦高，所以白麦有较好的工艺性质。薄皮麦加工时麦皮松软，胚乳占整粒麦的百分率大，麦皮与胚乳的黏结稍松，故出粉率高。

② 胚：胚中含有一定数量的蛋白质、脂肪和糖等，在磨制低等级面粉时把胚磨入面粉中，以增加面粉的营养成分。但由于胚含有较多的易变质的脂肪，会增加面粉的酸度而酸败，使保存期变短，此外黄色的脂肪还会影响粉色，在生产高等级面粉时不宜将麦胚磨入面粉中。

③ 胚乳：胚乳是面粉的基本组成部分，胚乳含量愈多，出粉率也就愈高。小麦按胚乳的

性质可分为硬质麦和软质麦两种。小麦的软硬对制定麦路、粉路的工艺和面粉质量及产量都有直接影响。

硬质麦也称玻璃质小麦，它的特点是坚硬，切开后透明呈玻璃状，皮薄，茸毛不明显，易去皮。硬质麦中含氮物较多，面筋的筋力大，能制成麦米和高等级的面粉；软质麦也称粉质小麦，切开后呈粉状，性质松软，皮较厚，茸毛粗长而明显，含淀粉量多。

(2) 小麦的外表形状

① 粒度：小麦的粒度除与品种、生长情况有关外，还与水分含量有关。小麦含水量多，引起膨胀，颗粒饱满肥大。颗粒大的小麦表面积比颗粒小的小麦表面积相对减少，因而麸皮含量就少，所以在其他条件相同的情况下，颗粒大的小麦出粉率高；接近球形的小麦，出粉率高。

② 麦粒的充实度和劣质麦：麦粒的充实度就是麦粒饱满的程度。饱满的麦粒中胚乳所占的比例大，出粉率高。不成熟和不充实的小麦都属劣质小麦，胚乳比例小，出粉率低，而且表皮皱瘪，麦沟较深。在清理时附着在麦皮上的杂质不易除去。劣质小麦的结构组织脆弱，在清理时易产生碎麦，此外吸收水分也不均匀，影响制粉工艺。因此较多的劣质小麦会影响出粉率，降低面粉的品质。

③ 小麦的整齐度：麦粒大小一致的程度就是小麦的整齐度。一般用 2.75 mm×20 mm、2.5 mm×20 mm、1.7 mm×20 mm 的矩形筛孔来筛分，如果留在相邻两筛面上的数量在 80%以上，就可算均匀。颗粒均匀的小麦，在清理及制粉时比较容易处理。

(3) 小麦的物理特性

① 小麦的容重：小麦的容重就是单位容积的小麦重量。我国用 kg/m^3 来表示。容重是麦粒充实度和纯度的重要标志。小麦的容重愈大，质量愈好，蛋白质含量也较高，它表示麦粒发育良好、饱满，含有较多的胚乳。在同等条件下，容重大的小麦出粉率高。

② 小麦的千粒重：小麦的千粒重就是 1 000 粒小麦的重量。千粒重大的小麦颗粒大，含粉多，我国小麦的千粒重一般为 17～41 g。

③ 小麦的散落性：小麦有易于自粮堆向四周散开的性质，称为散落性。小麦的散落性随小麦的表面结构、粒形、水分及含杂情况而变化。

麦粒在其他材料上能自动滑下的最小角度，称麦粒对该材料的自流角。自流角与散落性有直接关系。小麦的自流角，一般对木材为 29°～33°，对钢板为 27°～31°。散落性差的小麦，溜管和溜筛的斜度应较大，清理也较困难，产量提不高，且易堵塞设备等，因而散落性与制粉工艺直接相关。

④ 小麦的自动分级性：小麦在运动时会产生自动分级现象，使粮堆中较重的、小的和圆的粮粒沉到下面，而较轻的、大的不实粒则浮在上面。这使筛理时，小粒麦易于接触筛孔。但也带来某些技术上的困难，如从麦仓中放出的小麦，前后质量好坏不匀，影响正常生产等。

(4) 小麦各种化学成分对制粉工艺的影响

① 水分：含有适宜水分的小麦，才能适应磨粉工艺的要求，制出水分符合标准的面粉。水分不足，胚乳坚硬不易磨碎，粒度粗，且麸皮脆而易碎，使面粉含麸量增加，影响面粉质量；水分过高，胚乳难以从麸皮上刮净，物料筛理困难，水分蒸发强烈，产品在溜管中流动性差，容易阻塞，动力消耗大，产量下降，管理操作发生困难。因此对入磨小麦的水分必须加以调节，使之适合制粉工艺的需要。

② 碳水化合物：碳水化合物包括淀粉与糖，其中淀粉含量越高，出粉率就越高。但淀粉在磨粉过程中遇到水汽凝结时会发生糊化现象而使筛孔阻塞，影响筛理效果，故对水分调节有影响。硬质麦与软质麦的根本差异就在于小麦籽粒内部淀粉组织的坚实程度不同，同时也带来胚乳与皮层结合力的差异，这也是决定粉路操作的主要因素。

③ 脂肪：小麦的脂肪主要存在于胚中。我国制粉一般将胚磨入面粉中，但一些现代化的面粉厂也同国外一样将胚提取出来后加回到面粉中制成营养食品。但胚中的脂肪易氧化酸败，故保存期较短。

④ 蛋白质：小麦所含的蛋白质种类很多，其中麦醇溶蛋白和麦谷蛋白构成面筋质，面筋质能使面粉发酵后制成松软的面包和馒头等食品。小麦的糊粉层和胚中蛋白质含量虽很高，但却不能形成面筋质。蛋白质在温度超过 50℃时，会逐渐凝固变性，影响发酵，因此注意碾磨时温度不能太高。

⑤ 矿物质：矿物质是小麦燃烧后剩下的无机物。小麦各部分的矿物质分布极不均匀，麸皮与胚中的矿物质含量高，胚乳中的含量低。面粉质量愈高，要求所含的麸皮愈少，它所含的矿物质也愈低，因此灰分仍作为鉴定面粉质量的主要指标。小麦的灰分愈高，则说明胚乳含量愈少，出粉率愈低。

2）面粉的加工适性

小麦的品质对面粉的质量影响很大。

（1）面粉的化学成分：不同等级的面粉其化学成分的含量各不相同(表 1-2-7)。

表 1-2-7　不同面粉的化学成分

品　名	水分(%)	蛋白质(%)	碳水化合物(%)	粗纤维(%)	脂肪(%)	矿物质(%)
特制粉	13～14	7.2～10.5	75～78.2	0.2	0.9～1.3	0.5～0.9
标准粉	12～14	9.9～12.2	73～75.6	0.6	1.5～1.8	0.8～1.4

① 水分：面粉中的水分一般为 13%～14%，这主要是从面粉的生产工艺和保管过程中的安全性进行考虑的，水分含量过高，易引起发热变酸，缩短面粉的保存期，同时使面制食品的得率下降。

② 蛋白质：面粉中的蛋白质是构成面筋的主要成分，主要由麦胶蛋白、麦谷蛋白、麦清蛋白和麦球蛋白等简单蛋白质组成，其比例分别为 40%～50%、30%～40%、3%～5%、6%～10%。麦胶蛋白和麦谷蛋白占蛋白质总量的 80%左右，并且两者比例接近 1∶1，因而能够形成面筋。面筋含量的高低是衡量面粉品质的主要指标之一。

③ 碳水化合物：碳水化合物是面粉的主要组成部分，它约占面粉总量的 75%以上，包括淀粉、纤维素和可溶性糖，其中淀粉占 90%以上。

小麦淀粉为白色颗粒，形状有圆形、椭圆形和多角形 3 种，平均长度为 20～22 μm。小麦淀粉中直链淀粉占 24%，支链淀粉占 76%。小麦淀粉在 30℃时吸水率较低，大约可吸收 30%的水分，到 50℃时开始吸水膨胀，65℃时开始糊化，67.5℃时糊化完成。

面粉中的可溶性糖主要是蔗糖、葡萄糖、麦芽糖和果糖等，含量在 2%～5%。面粉中的纤维素主要来源于种皮、果皮及胚芽，是不溶性碳水化合物。由于其化学性质非常稳定，因而不易被人体消化吸收。

④ 矿物质：矿物质即灰分，它是评定面粉品质优劣的重要标志，高等级面粉的灰分含量

要求在0.5%以下。

(2) 面筋：面筋的性质对面制食品的加工影响很大。由于面筋是在面团中形成的，故面筋的性质全部表现在面团的性质上，因此测定面团的性质并结合面筋的含量就可预测面粉的食用品质及工艺品质。进行面团试验可使用一些较先进的仪器，如粉质仪和拉伸仪。现在的一些食品加工企业在购买面粉时都要求面粉厂提供面粉的粉质曲线和拉伸曲线，因为根据这两条曲线就可以知道面粉品质的好坏。

① 面粉粉质曲线：面粉粉质曲线是用布拉班德(Brabender)粉质测定仪自动画出来的，通过该仪器得到的粉质曲线见图1-2-3所示。

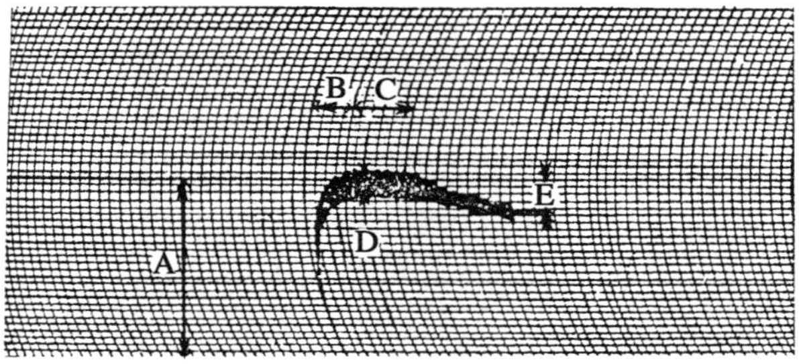

图1-2-3　小麦的粉质曲线图

A—面团的稠度；B—面团的形成；C—面团稳定性；
D—弹性与可膨胀性；E—面团的弱化

在面团稠度(A)一定的情况下(500 Brabender 单位)，物料吸水越多，则单位容积的面团产率越大。面团形成的时间(B)越短，则搅拌时间越短。面团的稳定性(C)越长，则这种面团对搅拌的抵抗力越大。曲线越宽，面团的弹性(D)越大。随着搅拌的进行，面团逐渐弱化(E)，表明该物料对搅拌的抵抗力下降。

② 面粉拉伸曲线：布拉班德面团拉伸仪是一种测定面团延伸性的自动记录仪(见图1-2-4)，其画出的曲线如图1-2-5所示。

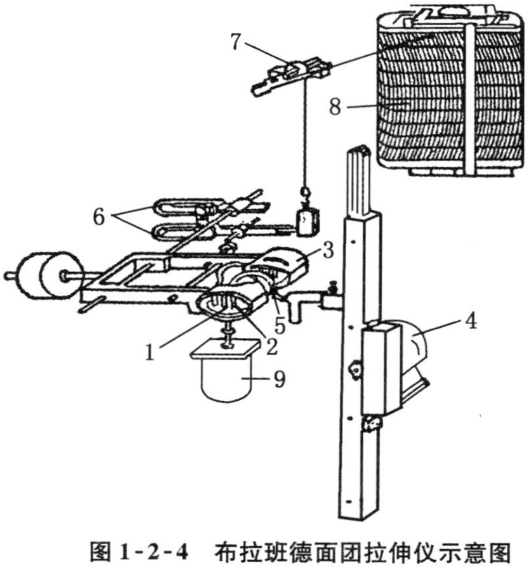

图1-2-4　布拉班德面团拉伸仪示意图

1—面团；2—叉子；3—夹板固定器；4—马达；5—拉钩；
6—横杆系统；7—平衡器；8—记录器；9—油阻尼器

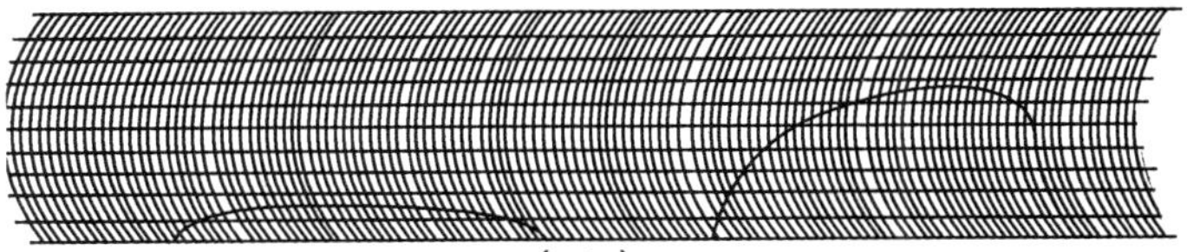

图 1-2-5　两种不同面粉的拉伸曲线

从拉伸曲线上可以测得以下 4 个数据。

粉力：用曲线所包含的面积表示，可使用求积仪进行测定。

延伸性：用曲线横坐标的长度来表示。

比延伸性：从曲线开始后 5 min 的地方量取曲线的高度，单位用 BU 表示。

拉力比数：即比延伸性与延伸性的比值。

以上 4 个参数中最重要的是粉力和拉力比数，特别是拉力比数对面粉的食用品质具有决定性的意义。一般粉力大而拉力比数适中的面粉，食用品质好；粉力小而拉力比数大的面粉，食用品质差。

1.2.2.4　小麦与面粉的质量标准

1）小麦的质量标准：我国小麦的国家标准有 3 个，分别是“GB 1351—1999 小麦”、“GB/T 17892—1999 优质小麦　强筋小麦”和“GB/T 17893—1999 优质小麦　弱筋小麦”。小麦的质量按容重分为 5 个等级，并结合不完善粒、杂质、水分含量及色泽气味进行质量检验(表 1-2-8)。

表 1-2-8　小麦的质量标准(GB 1351—1999)

等 级	容重(g/L) ≥	不完善粒(%) ≤	杂质(%) ≤		水分(%) ≤	色泽、气味
			总量	矿物质		
1	790	6.0	1.0	0.5	12.5	正常
2	770	6.0				
3	750	6.0				
4	730	8.0				
5	710	10.0				

2）面粉的质量标准

我国面粉的标准共有 11 个，其中国家标准 1 个：“GB 1355—1986 小麦粉”；农业部标准 1 个：“NY/T 421—2000 绿色食品 小麦粉”；商业部标准 9 个：“SB/T 10136—1993 面包用小麦粉”、“SB/T 10137—1993 面条用小麦粉”、“SB/T 10138—1993 饺子用小麦粉”、“SB/T 10139—1993 馒头用小麦粉”、“SB/T 10140—1993 发酵饼干用小麦粉”、“SB/T 10141—1993 酥性饼干用小麦粉”、“SB/T 10142—1993 蛋糕用小麦粉”、“SB/T 10143—1993 糕点用小麦粉”和“SB/T 10144—1993 自发小麦粉”。国家标准中规定，面粉的质量按加工精度分为 4 个等级，等级指标及其他指标见表 1-2-9 所示。

表 1-2-9 小麦粉的质量标准(GB 1355—1986)

等级	加工精度	灰分(%)	粗细度(%)	面筋质(%,以湿重计)	含砂量(%)	磁性物(g/kg)	水分(%)	脂肪酸值(以湿重计)	气味、口味
特级一等	按实物样对照检验粉色麸星	≤0.70	全部通过 CB 36 号筛,留存在 CB 42 号筛的不超过 10.0%	≥26.0	≤0.02	≤0.003	13.5±0.5	≤80	正常
特级二等	按实物样对照检验粉色麸星	≤0.85	全部通过 CB 30 号筛,留存在 CB 36 号筛的不超过 10.0%	≥25.0	≤0.02	≤0.003	13.5±0.5	≤80	正常
标准粉	按实物样对照检验粉色麸星	≤1.10	全部通过 CQ 20 号筛,留存在 CB 30 号筛的不超过 20.0%	≥24.0	≤0.02	≤0.003	13.5±0.5	≤80	正常
普通粉	按实物样对照检验粉色麸星	≤1.40	全部通过 CQ 20 号筛	≥22.0	≤0.02	≤0.003	13.5±0.5	≤80	正常

1.2.3 玉米与玉米粉

玉米是喜温作物,适于旱田栽培,对土壤要求不高,适应性强,生育期短(早熟种 80~90 天),在温热地带可以一年二熟到三熟。近 20 年来,世界各地广泛利用杂种优势,其单位面积产量在世界上大大超过其他谷类粮食。因而玉米生产发展很快,目前世界上玉米播种面积和产量仅次于小麦居第二位,在我国也仅次于水稻和小麦居第三位,在粮食生产中占有极为重要的地位。

玉米是我国北方和西南山区及其他旱谷地区的主要粮食之一。玉米籽粒还是良好的精饲料,其绿色茎叶也是极好的青饲料和青储饲料。工业上玉米籽粒可制成淀粉、粉丝、酒精、糖浆、葡萄糖、醋酸、丙酮等;玉米胚含脂肪多,可以榨油,油饼可以酿酒、制造饴糖等。

1.2.3.1 玉米的类型与分类

玉米可分为硬粒型、马齿型、半马齿型、糯质型、甜质型、粉质型、爆裂型、有稃型、甜粉型等 9 个类型。其中栽培较多的为硬粒型、马齿型、半马齿型 3 种,另外糯质型也有种植,并且面积逐年扩大(表 1-2-10)。

表 1-2-10 玉米粒的形态特征与胚乳形状

类　型	形态特征	角质胚乳部位	粉质胚乳部位	其　他
硬粒型	粒小，坚硬有光泽，顶部圆形	顶部与四周	中央	食味香甜，宜食用
马齿型	粒大，顶端凹陷，呈马齿型	籽粒两侧	顶部与中央	食味较次，宜制粉
半马齿型	粒型大小复杂，顶端稍凹陷	两侧多，顶部少	顶部与中央	食用或制粉
糯质型	粒小，坚硬，断面呈蜡状	胚乳全部		有黏性，食用价值大
粉质型	粒扁，顶圆，乳白无光泽		胚乳全部	宜酿酒
甜质型	表面皱缩，胚大，断面半透明	胚乳全部		味甜，宜做罐头食品
爆裂型	粒小，顶尖，如米粒形	胚乳全部		加热宜成爆米花

我国国家标准中对玉米的分类是按种皮颜色来分的，主要是为加工考虑的，目前分为黄玉米、白玉米和混合玉米3类。

1.2.3.2 玉米的籽粒结构与营养价值

1）玉米的籽粒特征

玉米粒由果皮、种皮、外胚乳、糊粉层、胚乳和胚组成。在谷类粮食中，玉米籽粒最大，一般千粒重200～300 g。玉米籽粒结构见图1-2-6。

果皮由具有纹孔的长形细胞的外果皮、多层细胞组成的中果皮以及横细胞、管细胞等部分构成。种皮和外胚乳很薄，均为一层无细胞组织。胚乳有粉质和角质两种。粉质胚乳的淀粉粒为球形，结构疏松，呈粉白色，无光泽，蛋白质含量较少，一般为5%～8%；角质胚乳的淀粉粒多为多角形，结构紧密，呈半透明状，有光泽，蛋白质含量较高。胚位于籽粒基部，由胚芽、胚轴、胚根组成。胚部较大，约占籽粒体积的12%～20%，所含脂肪占整粒脂肪的77%～89%，蛋白质占30%以上，而且含有较多的可溶性糖，食味较甜。因此，玉米胚部极易吸湿和遭受虫霉危害。

玉米果穗出籽率为75%～85%，籽粒各部分的重量百分比为：皮层6%～8%，胚乳及糊粉层80%～85%，胚部10%～15%。

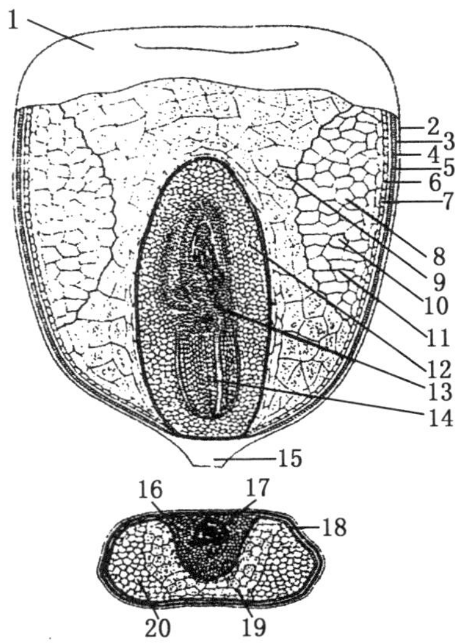

图 1-2-6 玉米籽粒结构图

1—皮壳；2—表皮层；3—中果皮；4—横细胞；5—管状细胞；6—种皮；7—糊粉层（属胚乳的一部分，与糠层分离）；8—角质胚乳；9—粉质胚乳；10—淀粉细胞（淀粉粒充填于蛋白质间质之中）；11—细胞壁；12—盾片；13—胚芽（残留的茎和叶）；14—初生根；15—基部；16—盾片；17—胚轴；18—果皮；19—粉质胚乳；20—角质胚乳

2）玉米的营养价值

玉米含碳水化合物72%左右，每500 g玉米可放出热量约1 800 kJ，营养成分如表1-2-11所示。

表1-2-11 玉米的营养成分表(每100 g含量)

种　类	水分(g)	蛋白质(g)	脂肪(g)	碳水化合物(g)	灰分(g)	胡萝卜素(mg)	维生素(mg)			
							B_1	B_2	B_3	C
黄玉米	12.0	8.5	4.3	72.2	1.7	0.1	0.34	0.10	2.3	0
白玉米	12.0	8.5	4.3	72.2	1.7	0	0.35	0.09	2.1	0
鲜玉米(黄)	51.0	3.8	2.3	40.2	1.1	0.34	0.21	0.06	1.6	10
玉米粉(黄)	13.4	8.4	4.3	70.2	2.2	0.13	0.31	0.10	2.0	0

玉米中蛋白质含量约为8.5%，略高于大米，而稍低于小麦。玉米中的蛋白质主要是玉米胶蛋白和玉米谷蛋白，所含赖氨酸和色氨酸较少，是一种不完全蛋白质。玉米中缺少色氨酸，而且所含维生素B_5为结合型的，不能为人体所吸收利用，故以玉米为主食的地区，容易患维生素B_5缺乏的癞皮病。但是如用碱液处理玉米，玉米中的维生素B_5便可以从结合型转化为游离型而容易被人体所利用。故食用玉米前先用石灰水或碳酸氢钠将玉米浸泡一定的时间再进行加工食用，可以收到预防癞皮病的良好效果。另外，大米、大豆、马铃薯等都含有较多的色氨酸，如果将玉米与这些食物搭配食用，便可以起到互补的作用，不仅可以有效地预防癞皮病，同时可以提高玉米的营养价值。我国玉米主产区多将玉米粉与大豆粉等混合或将玉米与小米等混合制作食品，都是符合营养要求的。

玉米含脂肪较多，并且有34%～62%的亚油酸，主要存在于胚部与糊粉层中，所以食用玉米胚芽油有较好的生理功能。

另外，黄玉米中一般都含有一定数量的胡萝卜素，鲜玉米中还含有维生素C，这些在其他谷物中是不多见的。

1.2.3.3　玉米与玉米粉的质量标准

1）玉米的质量标准

我国玉米标准共有5个，其中国家标准3个，分别是“GB 1353—1999 玉米”、“GB 8614—1988 发酵业用玉米”和“GB 17890—1999 饲料用玉米”；农业部标准2个，分别是“NY/T 418—2000 绿色食品　玉米”和“NY 5200—2004 无公害食品　鲜食玉米”。国家标准(GB 1353—1999)中规定，玉米按容重作为定等基础，共分3个等级，并结合杂质、水分、不完善粒及色泽、气味进行品质鉴定，具体指标如表1-2-12所示。

表1-2-12　玉米的质量标准(GB 1353—1996)

等级	容重(g/L)	杂质(%)	水分(%)	不完善粒(%)		色泽、气味
				总　量	其中生霉粒	
一	≥710	≤1.0	≤14.0	≤5.0	≤2.0	正常
二	≥685					
三	≥660					

注：水分含量大于等级一规定的玉米的收购，按国家有关规定执行。

2) 玉米粉的质量标准

我国国家标准规定，玉米粉按皮胚含量分等。共分 2 个等级，并结合粗细度、含砂量、磁性金属、水分、脂肪酸值及口味、气味进行品质鉴定，具体指标如表 1-2-13 所示。

表 1-2-13 玉米粉的质量标准(GB/T 10463—1989)

等级	皮胚含量干基(%)	粗细度(%)	含砂量(%)	磁性金属物(g/kg)	水分(%)			脂肪酸值(以湿基计)(mg KOH/100 g)	口味、气味
					五省区		其他地区		
					11 月 1 日至次年 3 月末	4 月 1 日至 10 月末			
精制玉米粉	≤2.0	全部通过 CQ10 筛	≤0.02	≤0.003	≤18.0	≤14.5	≤14.0	≤80	正常
普通玉米粉	≤5.0	全部通过 CQ10 筛	≤0.03	≤0.003	≤18.0	≤14.5	≤14.0	≤80	正常

注：五省区指黑龙江、吉林、辽宁、内蒙古、新疆。其他地区指五省区外的省、自治区、直辖市等。

1.2.4 大豆

大豆别名黄豆，属蝶形花亚科大豆属，属喜温作物，对光照的强弱很敏感。大豆是粮油兼用作物，是所有粮食作物中蛋白质含量最高的一种。而且蛋白质中赖氨酸和色氨酸含量都较高，分别占 6.05%和 1.22%，因此其营养价值仅次于肉、蛋、奶。

1.2.4.1 大豆分类

按栽培制度和播种季节分，大豆分为春大豆、夏大豆、秋大豆和冬大豆；按用途分，大豆分为食用大豆和饲料豆。食用大豆又可分为油用大豆、副食用和粮食用大豆、蔬菜用大豆和罐头用大豆 4 类。食用大豆主要是指粒大、饱满的品种，再按含油率高低和蛋白质多少分别选作油用或主副食用。蔬菜和罐头用大豆一般要求烹调容易，味道香甜的鲜豆或青豆。饲料豆是指颗粒小、食用品质差的大豆，主要用作牲畜饲料，一般半野生种的泥豆、撒豆多属这一类型。

我国国家标准规定，商品大豆按种皮的颜色和粒形分为 5 类，即黄大豆(种皮为黄色)、青大豆(种皮为青色)、黑大豆(种皮为黑色)、其他色大豆(种皮为褐色、茶色、赤色等)和饲料豆。

1.2.4.2 大豆的籽粒结构与营养价值

1) 大豆的籽粒结构

大豆属于豆科蝶形花亚科大豆属，为一年生草本植物，其果实为荚果，荚果含种子 1～4 粒，荚的形状有扁平、半圆等类型。荚果脱去果荚后即为种子。

大豆种子有肾形、球形、扁圆形、椭圆形、长圆体形等。种皮颜色有黄、青、褐、黑及双色等。大豆种子的最外层为种皮，种皮上有明显的脐，脐下端有个凹陷的小点叫合点。脐上端可明显地透视出胚芽和胚根的部位，两者之间有一个小孔眼，叫珠孔。当种子发芽时，胚根就从此孔伸出，所以也叫发芽孔。大豆种子的外形见图1-2-7。

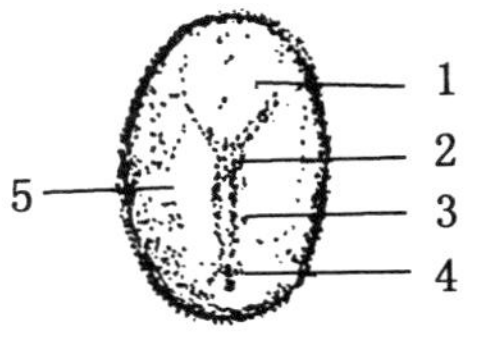

图 1-2-7 大豆种子的外形图

种皮内为胚，胚由子叶、胚芽、胚茎和胚根组成。子叶有两片，是大豆储藏营养物质的场所，两片子叶之间生有胚芽，由两片很小的真叶组成。胚芽上部为胚茎，下部是胚根。种皮约占大豆总重的7%，子叶占90%。种皮由较厚的外种皮和非常薄的内种皮构成。子叶被肥厚的细胞壁包围，内部是蛋白体。蛋白体是3～8 μm颗粒状的蛋白球，含水分9.5%、氮10.1%、磷0.85%、糖8.5%、矿物质0.70%、核糖核酸0.4%，蛋白体的间隙有脂肪球或少量的淀粉粒。

2）大豆籽粒的营养成分

大豆含蛋白质35%～44%，脂肪15%～20%，糖类20%～30%，水分8%～12%，纤维素和矿物质各为4%～5%，几乎不含淀粉。我国部分地区的大豆成分见表1-2-14。

表1-2-14 我国部分地区的大豆化学成分表

品种来源	水分(%)	粗蛋白(%)	粗脂肪(%)	粗纤维(%)	无氮浸出物(%)	灰分(%)
东　北	8.3	43.2	15.9	4.5	23.9	4.2
北　京	12.0	34.6	10.0	3.8	35.5	3.9
四　川	12.4	35.3	16.1	2.7	29.4	4.3
南　京	6.7	41.7	16.6	3.9	26.7	4.4
上　海	14.0	35.9	17.6	3.7	25.0	3.8
杭　州	9.8	40.0	16.3	6.3	23.1	4.5
内蒙古	8.9	26.1	17.1	4.4	39.6	3.9
福　州	10.9	41.4	15.2	3.8	24.1	4.6

1.2.4.3 大豆的加工适性

大豆蛋白质含量较高，氨基酸组成也较合理，因此人们食用大豆主要利用它的蛋白质。大豆除榨油和制作各种食品外，还可以混合小麦粉、玉米粉等制作各种产品。

各种大豆由于品种不同，其所含的营养成分也不相同。大豆中的蛋白质与脂肪是两大主要成分，而我国大豆的主栽品种多属蛋白质与脂肪较均衡的类型，单项指标表现不突出。这就大大降低了出口大豆的商品等级和商品价值，国内加工业也不能按不同的用途来选购大豆品种，在一定程度上影响了企业加工产品和经营的主动权。目前美国和我国大豆育种工作者都在研究选育“高蛋白低脂肪”或“高脂肪低蛋白”的品种，以适应不同用途需要。生产豆制品的原料大豆要求新鲜、籽粒饱满、蛋白质含量高，无虫蛀、无霉烂和变质颗粒及未经高温受热和高温烘干。榨油用的大豆则以脂肪含量高的为宜。碳水化合物多的大豆吸水能力强，容易得到质地柔软的蒸豆，适于生产豆酱和豆豉。我国南方大豆，有许多品种碳水化合物含量较高，与美国的蔬菜型豆和日本豆组成近似。未成熟的青大豆中的碳水化合物含量较成熟大豆的含量高，所以煮食未熟大豆时具有香甜风味。

1.2.4.4 大豆质量标准

我国的大豆标准有3个，分别是“GB 1352—86 大豆”、“GB 8611—88 油脂业用大豆”和“GB/T 8612—88 豆制食品业用大豆”。各类大豆按纯粮率分等，等级指标及其他质量指标见表1-2-15所示。各类大豆以三等为中等标准，低于五等的为等外大豆。

表 1-2-15　大豆质量标准(GB 1352—86)

纯粮率(%)		杂质(%)	水分(%)		色泽、气味
等　级	最低指标		东北、华北地区	其他地区	
一	96.0	1.0	13.0	14.0	正常
二	93.5				
三	91.0				
四	88.5				
五	86.0				

1.2.5　花生

花生又名长生果、地果、唐人果，由于它在枝上开花，落地后在地上结果，通常又称落花生。花生是豆科蝶形花亚科落花生属的一年生草本植物，喜高温干燥，不耐霜冻，适于砂质土壤种植。花生是我国主要的油料作物，种子(花生仁)内富含脂肪和蛋白质，其含油率一般高达50%左右，比大豆高近一倍。榨制的花生油气味清香，没有异味，可作为橄榄油的代用品，生产人造奶油，并在纺织、印染、造纸、农药等工业中广泛应用。花生加工后的饼粕，蛋白质含量高，并有良好的消化率，是家畜极好的精饲料，同时也是一种优质肥料。

1.2.5.1　花生的籽粒结构与营养价值

花生按品种性状分可分为普通型、珍珠豆型、多粒型和龙生型4类；按播种季节分为春花生、夏花生、秋花生；按生育期分为早熟种、中熟种和晚熟种3类；按大小分为大粒种、中粒种和小粒种3类。

花生果是荚果，有普通型、斧头型、葫芦型、串珠型、曲棍型等形状，表面有凹凸不平的网络结构，一般呈淡黄色。果内一般有花生仁2～3粒，少的只有1粒，多的可达7粒。

花生仁由种皮和胚两部分组成，无胚乳。胚中主要是两片肥大的子叶，内裹胚芽、胚茎和胚根。正常的花生子叶呈洁净的乳白色，两片子叶的中间有纵向凹陷。其籽粒结构见图1-2-8所示。

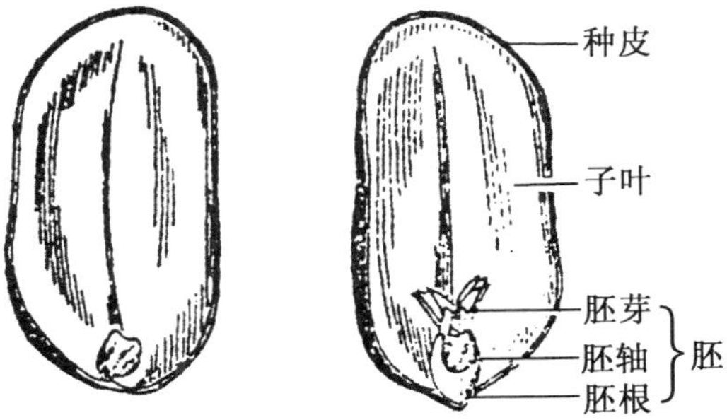

图 1-2-8　花生的籽粒结构

花生仁一般含脂肪35%～56%，蛋白质24%～30%，糖类13%～19%，粗纤维2.7%～4.1%，灰分2.7%。花生油中脂肪酸的组成是：软脂酸7.3%～12.9%，硬脂酸2.6%～5.6%，花生酸3.8%～9.9%，油酸39.2%～65.2%，亚油酸16.8%～38.2%。其特点是含饱和脂肪酸较多，所含必需脂肪酸不如大豆油、棉籽油多，但比茶油、菜油高，仍不失为一种营养价值较高的食用油。

花生中蛋白质比一般谷类高2～3倍，同时花生中的蛋白质主要是球蛋白，其氨基酸构成比例接近于动物蛋白质，容易被人体消化吸收，吸收率可达90%左右，故花生和大豆一样，被誉为“植物肉”，有很好的营养价值。但花生蛋白质中的蛋氨酸和色氨酸含量较低，故比不上动物蛋白质。

另外，花生仁的淀粉含量比一般油料为多，并且含有较多的钾和磷，特别是维生素 B_1 含量较为丰富，是维生素 B_1 的良好来源。

1.2.5.2 花生质量标准

我国花生及花生仁的国家标准共有 5 个，分别是“GB 1533—86 花生仁”、“GB 19693—2005 原产地域产品 新昌花生(小京生)”、“GB 9849.1—88 花生色拉油”、“GB 9850.1—88 花生高级烹调油”和“GB 1534—2003 花生油”。国家标准中规定花生仁按纯质率分等，等级指标及其他质量指标见表 1-2-16 所示。花生仁以三等为中等标准，低于五等的为等外花生。判别时主要看颜色，一是看花生衣的颜色，二是看花生子叶的颜色。

表 1-2-16 花生仁质量标准(GB 1533—1986)

纯质率(%)		杂质(%)	水分(%)		色泽、气味
等 级	最低指标		一般地区	南方三省	
1	96.0	1.0	9.0	8.0	正常
2	94.0				
3	92.0				
4	90.5				
5	88.0				

1.2.6 油菜籽

油菜为一年生或越年生草本植物，适应性强，对土壤要求不严格。近年来，油菜籽的产量已在各种油料作物中居于首要地位。油菜籽含油量高，比大豆高 1 倍，比棉籽高 5%左右，是我国食用油的主要来源之一，含芥酸低的菜油可制造人造奶油等食品。菜籽饼含有丰富的营养物质，不含芥子苷的菜籽饼是禽畜的精饲料，目前在我国主要用作肥料，是农业上重要的有机肥料之一。此外，油菜还是很好的蜜源作物。油菜占全国油料作物的 40%以上，从而取代花生而居第一位。

1.2.6.1 油菜的类型与品种

栽培的油菜属十字花科(Cruciferae)芸苔属(Brassica)。十字花科植物可采籽榨油的种类很多，其中芸苔属的油用种为当今栽培的油菜。我国将油菜分为 3 种类型。

(1) 白菜类型：本类型一般植株较矮小，染色体数 $n=10$。本类型包括两个种：一是株形矮小，分枝较少，茎秆较细的北方小油菜；二是株形较高大，茎秆粗壮，茎叶发达，半直立或直立且外形似普通小白菜的南方小油菜。

(2) 芥菜类型：植株高大，株形松散。分枝部位高，大分枝长与主茎高度等同。种皮表面有明显的网纹。染色体数 $n=18$。

(3) 甘蓝类型：株型中等或高大，枝叶繁茂，主根发育中等而支细根发达。种子黑色，较大，种皮表面网纹浅。染色体数 $n=19$。本品种原产于欧洲，世界各地均有栽培。我国栽培的甘蓝型油菜系20世纪40年代引自日本的品种。

1.2.6.2 油菜的籽粒结构与营养价值

1）油菜的籽粒结构

油菜的果实为角果，细长，4～5 cm，呈扁圆形或圆柱形，成熟时易开裂，内含种子（即油菜籽）10～30粒。种子球形或近球形，有黄、红、褐、黑、黑褐等色。一般以芥菜型油菜种子最小，千粒重在1.0～2.0 g之间；甘蓝型油菜种子较大，千粒重一般在3.0 g以上，高的达4.0 g以上；白菜型油菜大部分品种千粒重在2.0～4.0 g之间。油菜种子上有椭圆形的种脐，种脐的一端为珠孔，透过种皮在珠孔的正下方为胚根末端，这一部位的外表称胚根。种脐的另一端为种脊，是延伸到合点的一条小沟，合点是珠被和胚珠相连接的点。种皮坚硬，由外表皮、亚表皮、珊状细胞和色素层组成。种皮下有一层很薄的胚乳组织。脱去种皮和胚乳即为两片肥大的子叶，有胚根和胚茎，胚芽则不明显。其籽粒形态见图1-2-9所示。

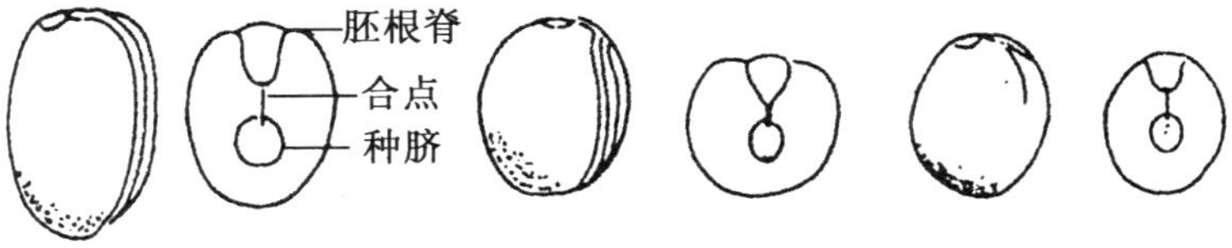

图1-2-9 油菜种子的外部形态图

2）油菜的营养价值

油菜籽含油量33%～49.8%（干基），并含有28%左右的蛋白质，是一种营养丰富的油料作物。但目前我国栽培的油菜存在着“双高”的问题：一是榨出的菜油脂肪酸的组成中芥酸的比例太高，据中国农业科学院油料研究所对全国1 025份油菜品种进行品质分析，平均含芥酸48.4%，最高达65%，最低为3.3%（西藏春油菜）；二是油菜籽中芥子苷的含量很高，一般高达0.3%。芥酸是二十二碳一烯酸，对人体没有营养价值，是否有害目前还无定论。但由于芥酸的含量高，使得被认为是必需脂肪酸的亚油酸含量很少，因而菜籽油的营养价值较低。另外芥子苷是由葡萄糖基与羟基硫氰基相结合而成的，经榨油后，该物质被保留在菜籽饼中，经芥酸酶水解后能生成对人体和畜禽有剧毒的含氰有机化合物。菜籽饼一般含蛋白质40.5%，是稻谷的5.8倍，比大豆粉还高4.7%。因此用菜籽饼作高蛋白饲料时必须经过脱毒处理。

1.2.6.3 油菜与菜籽油的质量标准

油菜籽与菜籽油的国家和行业标准共有4个，分别是“GB 11762—89 油菜籽”、“NY 5118—2002 无公害食品　菜籽油”、“GB 1536—2004 菜籽油”和“NY/T 616—2000 低芥酸菜籽油”。我国国家标准中规定油菜籽按含油量分等，具体指标如表1-2-17所示。

表 1-2-17　油菜籽质量标准(GB 11762—89)

等　级	含油量(%) 最低指标	杂质(%)	水分(%)	色泽、气味
一	40	3.0	8.0	正常
二	39			
三	38			
四	37			
五	36			
六	35			
七	34			
八	33			

1.2.7　甘薯、马铃薯与魔芋

1.2.7.1　甘薯的种类、块根形态与营养价值

甘薯别名番薯、红薯、山芋、甜薯与地瓜等,属旋花科一年生植物,是一种极为重要的旱粮作物。目前在我国,除青藏高原、新疆、宁夏、内蒙古等省外,其他各省、区均有栽培,但以黄淮平原、四川、长江中下游和东南沿海栽培面积较大。

1) 甘薯的种类

我国过去对甘薯品种的选育重在品质和产量,但不够注意薯形。现在由于加工、出口和食用的需要,必须选育薯形好、还原糖低和淀粉含量高的品种,才能符合加工和出口的要求。在抗逆性上除抗病外,还要求抗旱、耐涝、耐盐碱和抗寒性强。

(1) 食用品种:食用品种主要指适宜鲜食的品种。经过选育及通过审定的甘薯品种一般都能食用。不过在鲜食时不论蒸、煮、烤或做菜用,都希望有甘薯香味,而不喜欢有土腥味、回生味或有异味的品种。我国有些地区的人喜欢吃粉质的薯块,蒸煮后皮易破裂,薯肉易散开,但薯块基本可保持原形,薯香味浓郁。

(2) 加工品种:加工品种是指适宜于加工用的品种,分为淀粉加工和食品加工两类。一般食品加工用的品种不要求淀粉含量高,而要求薯块表面光滑平整,薯皮薄,无条沟,淀粉颗粒细,薯肉暴露在空气中氧化变色小。制罐时要求小形块根,形状一致,最好保持不烂、不碎。对于制作淀粉用的品种则要求淀粉含量越高越好。目前我国在生产上用于食品加工的品种,以红旗 4 号、胜南、农大红、徐薯- 18、美国红等品种为好。

2) 甘薯块根的形态

甘薯的薯块不是茎,而是由芽苗或茎蔓上生出来的不定根积累养分膨大而成的,所以称之为“块根”。甘薯块根由皮层、内皮层、维管束环、原生木质部、后生木质部组成。由于甘薯品种、栽培条件和土壤情况等的不同,其块根形状不同(图1-2-10),其形状大小和纵沟的深浅等均是甘薯品种特征的重要标志。此外甘薯块根的皮层和薯肉的颜色亦是品种特征之一。甘薯表皮有白、黄、红、黄褐等色,肉色有白、黄红、黄橙、黄质斑紫、白质斑紫等。

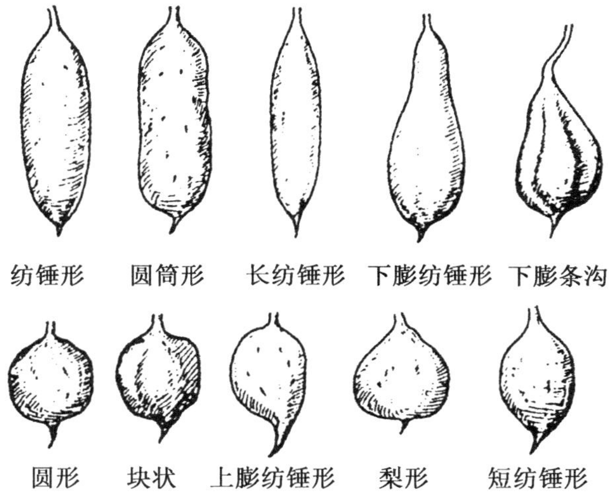

图 1-2-10　甘薯块根的形态

3）甘薯的营养成分

一般甘薯块根中约含 60%～80%的水分、10%～30%的淀粉、5%左右的糖分及少量蛋白质、油脂、纤维素、半纤维素、果胶、矿物质等。以 2.5 kg 鲜薯折成 0.5 kg 粮食计算，新鲜甘薯块根的营养成分除脂肪外，其他比大米和面粉都高，发热量也超过许多粮食作物。甘薯中蛋白质和氨基酸的组成与大米相似，其中必需氨基酸的含量高，特别是大米、面粉中比较稀缺的赖氨酸的含量丰富。维生素 A、B、C 和尼克酸的含量都比其他粮食高，钙、磷、铁等无机物较多。甘薯中尤其以胡萝卜素和维生素 C 的含量最为丰富，这是其他粮食作物极少或几乎不含的营养素。所以甘薯与其他粮食互食可提高主食的营养价值。此外，甘薯还是一种生理性碱性食品，人体摄入后，能中和肉、蛋、米、面等所产生的酸性物质，可调节人体的酸碱平衡。

甘薯的质量标准：我国没有甘薯国家标准，目前只有部颁标准 LS/T 3104—1985，适用于各省市区调拨的商品甘薯，其质量标准如表 1-2-18 所示，甘薯按完整块根分等级。

表 1-2-18　甘薯质量标准(LS/T 3104—1985)

等　级	完整块根(%)(每块 50 g 以上)	不完整块根(%)			杂质含量(%)
		总　量	病　害	其　他	
一	90.0	10.0	8.0	7.0	2.0
二	80.0	20.0	8.0	12.0	2.0
三	70.0	30.0	12.0	18.0	2.0

注：(1) 甘薯以二等为中等标准，低于三等的为等外品。
(2) 卫生标准和动植物检疫项目，按国家有关规定执行。
(3) 不完整块根是指下列尚有食用价值的块根：
① 病害块根包括感染黑斑病、软腐病以及其他病害的块根。
② 其他块根包括虫害、机械伤、干疤、绿皮、萎缩、热伤、冻伤、雨淋、水浸等块根。

1.2.7.2　马铃薯的品种、块茎结构与营养价值

马铃薯又名洋山芋、土豆、洋番芋等。在植物学分类上属茄科茄属，为一年生草本植物。马铃薯产量高，块茎营养丰富，又是粮、菜兼用的作物，已成了世界上仅次于稻、麦、玉米的四大粮食作物之一。在欧美各国人民的日常食品中，马铃薯与面包并重，因此，马铃薯被称作

第二粮食作物。

1）马铃薯品种

我国过去对马铃薯品种的选育重在品质和产量，而不够注意薯形和芽眼深浅。现在由于加工、出口和食用的需要，必须选育芽眼极浅、薯形好、还原糖低和淀粉含量高的品种，才能符合加工和出口的要求。当然，在食用品质上还希望有高蛋白和高维生素 C 的品种。在抗逆性上除抗病外，还要求抗旱、耐涝、耐盐碱和抗寒性强。

(1) 食用品种：食用品种主要指适宜鲜食的品种。经过选育及通过审定的马铃薯品种一般都能食用。不过在鲜食时不论蒸、煮、烤或作菜用，都希望有薯香味，而不喜欢有土腥味、回生味或有麻口感的品种。我国有些地区人民喜欢吃蒸煮后皮易破裂、薯肉易散的品种。

(2) 加工品种：加工品种是指适宜于加工用的品种，分为淀粉加工和食品加工两类。一般菜用和制罐用的品种不要求淀粉含量高，而要求薯肉致密；做菜用时，要求土豆熟了不会变成粥状，或煎、炒时不易粉碎成糊状。制罐时要求小型块茎，最好保持不烂、不碎。对于制作淀粉用的品种则要求淀粉含量越高越好。目前我国在生产上用于淀粉和全粉加工的品种，以一季作区种植的高淀粉品种为主。二季作区种植的品种因春季生长期短，一般均为早熟品种，淀粉含量低，不适合淀粉加工，而适合菜用。

在马铃薯食品加工方面，对于品质的要求也很重视。如炸薯条、薯片时需要还原糖低、淀粉含量较高的品种。炸片和炸条时若块茎淀粉含量低、水分高，则费油且易收缩变形，产品质量受到影响。所以最好用淀粉含量不低于 14%的品种。另外还原糖含量高低与薯条、薯片的色泽关系很大，一般要求还原糖量不超过 0.4%。我国在这方面还没有很好的品种，目前可利用的有“东农 303”和“中薯 2 号”等品种。国外用于炸薯条和炸薯片的品种有“Russet Burbank”、荷兰的“Bintje”和加拿大的“Shepody”等，在世界市场上占有很大的优势。

2）马铃薯的块茎结构

马铃薯由于是根茎类作物，其可利用的部位是马铃薯的块茎，也称种子。块茎的大小、形状、表皮颜色、薯肉颜色、芽眼多少、芽眼深浅、芽眉大小等都是区别品种的特征。块茎的形状各式各样，大致可分为圆形、扁圆形、长圆形、卵圆形、椭圆形等，皮色有白、黄、粉红、珠红、紫、斑红、斑紫、浅褐等色泽。皮的粗细与网纹也因品种而异。薯肉有白色、黄色、淡黄、深黄，有的带红晕、紫晕等。芽眼有的较深，有的较浅，有的少至 5 个左右，有的多达 10 个左右。

优良品种要求薯形好，最好是椭圆形或长圆形，顶部不凹，脐部不陷，表皮光滑，芽眼较少而极浅平，以便清洗和去皮后加工或食用。其形态结构见图 1-2-11。

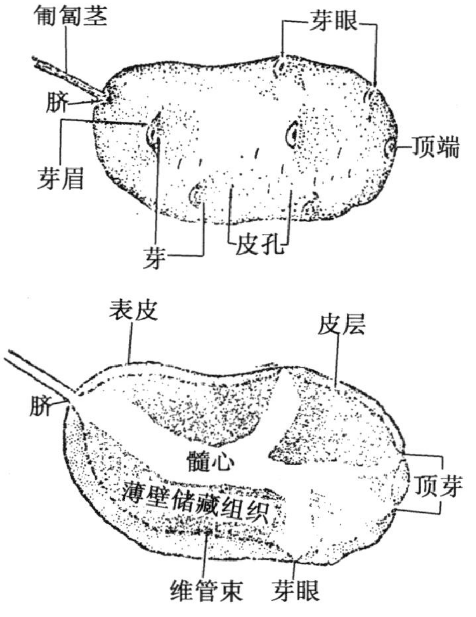

图 1-2-11　马铃薯块茎形态结构图

上：块茎外形；下：块茎纵剖面

马铃薯是由表皮层、形成层环、外部果肉和内部果肉四部分组成。最外层是周皮，周皮细胞被木栓质所充实，具有高度的不透水性和不透气性，所以周皮具有保护块茎、防止水分散失、减少养分消耗、避免病菌侵入的作用。周皮内是薯肉，薯肉由外向内包括皮层、维管束环和髓部。皮层和髓部由薄壁细胞组成，里面充满着淀粉粒。皮层和髓部之间的维管束环是块茎的输导系统，也是含淀粉最多的地方。另外，髓部还含有较多的蛋白质和水分。

3）马铃薯的营养价值

马铃薯早熟品种含有11%～14%的淀粉，晚熟品种含有14%～20%的淀粉，最高可达25%左右。鲜薯一般含蛋白质2%左右，而且含有18种氨基酸。马铃薯的蛋白质质量接近鸡蛋，易于消化吸收，优于其他作物。块茎含有葡萄糖、果糖和蔗糖。淀粉和葡萄糖是可以互相转化的，在低温（4～5℃）储藏下马铃薯块茎中的淀粉可转化为糖，在高温（20℃）下糖也可转化为淀粉。淀粉、蛋白质和糖是人们食物中不可缺少的主要营养物质和热量来源。更重要的是马铃薯块茎中含有多种维生素，如维生素A、维生素B、维生素E、维生素PP和维生素C等，尤其维生素C是米面食品中所没有的，同时还含有丰富的铁、钙、镁、钾、钠等矿物元素，对保持人体健康具有重大作用。这也是发达国家喜食马铃薯的主要原因。

4）马铃薯的质量标准

马铃薯也没有国家标准，只有部颁标准LS/T 3106—1985，适用于各省市区调拨的商品马铃薯，其质量标准如表1-2-19所示，马铃薯按完整块茎分等级。

表1-2-19　马铃薯质量标准（LS/T 3106—1985）

等级	完整块茎（%）（每块50 g以上）	不完整块茎（%）			杂质含量（%）
		总量	疥癣	其他	
一	90.0	10.0	3.0	7.0	2.0
二	85.0	15.0	5.0	10.0	2.0
三	80.0	20.0	7.0	13.0	2.0

注：（1）马铃薯以二等为中等标准，低于三等的为等外品。
（2）卫生标准和动植物检疫项目，按国家有关规定执行。
（3）完整块茎是指完整、健全、不带绿色以及轻微擦伤或伤后愈合的块茎。
（4）疥癣块茎是指块茎表皮上有疥癣，所占面积达块茎表面1/2及以上。

1.2.7.3　魔芋的种类、解剖学结构与营养价值

魔芋属被子植物门、双子叶植物纲、天星南科魔芋属。魔芋块茎呈扁球形，其用途广泛，可用于食品、医药和其他工业等方面。但魔芋有毒性，食用时须经加工。目前市场上所售的产品均是经加工成魔芋干、魔芋精粉或魔芋粉丝后再食用的。用魔芋加工成的食品是一种理想的保健食物，具有减肥作用。

1）魔芋的种类与分布

全世界共约有魔芋125种，适于在半干半湿的生态气候环境下生长。魔芋属的植物并非都能食用，我国能食用的大约有13种。我国虽然魔芋资源较为丰富，但栽培品种却不多。

魔芋具有低热量、低脂肪和高纤维的特点，对人体有降血脂、减肥和防止肠道癌等作用。20世纪70年代以来，魔芋食品风靡日本，平均每人每天消费600 g左右，不久即影响到东南亚和欧美市场。日本的魔芋食品在100种以上，他们还将魔芋精粉作为添加剂加工成具有综合营养价值的组合食品。

2）魔芋块茎的解剖结构

魔芋可利用的部分为其块茎，亦即魔芋的果实，该果实属浆果，形状为椭圆形或近球形，初期为绿色，成熟时为橘红色或黄绿色。果实由果皮、种皮和胚三部分组成。魔芋果皮不很发达，通常只有 560 μm 左右，而且厚度不均匀。魔芋块茎中只有一层种皮，种皮在种子的胚芽端与胚稍有分开，较易分离。魔芋块茎中的胚通常无明显的胚根，胚的绝大部分是胚轴，胚轴肥大。胚的顶端有胚芽，胚芽是由一个顶芽和几个紧挨着顶芽的侧芽所组成，见图 1-2-12。

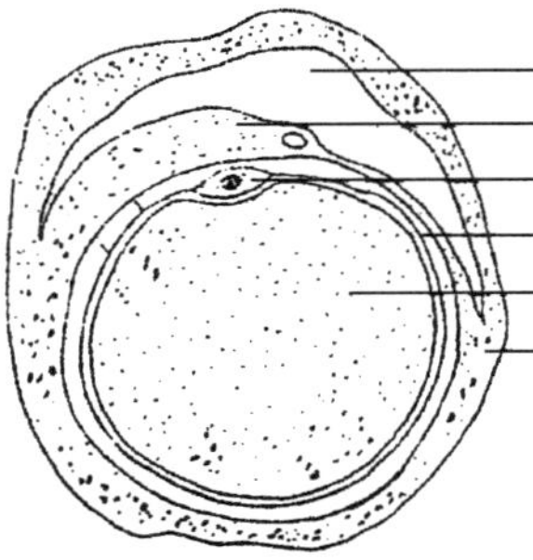

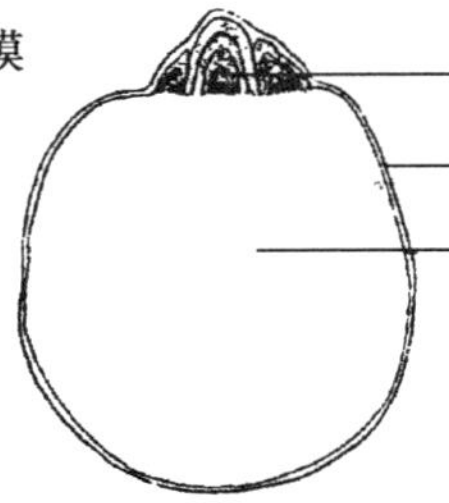

图 1-2-12　魔芋块茎的纵切面与横切面

3）魔芋块茎的营养成分

魔芋块茎中的主要成分是葡萄糖甘露聚糖，此外还含有淀粉、蛋白质及矿物质、纤维素、维生素、铁、钙等，含有 17 种氨基酸和多种不饱和脂肪酸，并被认为是人类优质碳水化合物的来源之一，具有较高的营养价值。魔芋中所含的葡萄糖甘露聚糖和多种生物碱，对多种细菌和病原体均有明显的抑制、毒杀和忌避作用，因而可作为保护和保存食物、果蔬的防腐剂而延长食品的保存期。魔芋精粉是魔芋食品、魔芋药品及魔芋化工产品的主要原料。魔芋精粉的营养成分是开发各种魔芋产品的重要依据。魔芋精粉由魔芋块茎加工而成。

魔芋块茎中粗蛋白的含量约 5%～10%，含有 17 种氨基酸。魔芋块茎中所含的碳水化合物很丰富，有单糖、多糖、淀粉和纤维素等，其中 D-甘露聚糖占碳水化合物总量的 34.29%，单糖有葡萄糖和果糖，但含量很少。魔芋块茎中含有大量的淀粉，约 43%，属高淀粉植物，粗纤维的量在 4.34%左右。

魔芋块茎中的甘露聚糖与葡萄糖以 β-1,4-吡喃糖苷键连接而成的高分子多糖——葡萄糖甘露聚糖，是一种功能性的食品原料，具有许多特殊的功能，用途很广。葡萄糖甘露聚糖在魔芋粗粉中的含量为 36%～40%，在魔芋精粉中的含量为 50%～60%。含量越高，黏度越大，经济价值也就愈高。国内外常以黏度作为魔芋精粉质量优劣的重要指标。

魔芋块茎中的矿物质也很丰富，尤其是锌、锰、镁、铁、钙、钾的含量较高，铜、钴也有一定含量，这对人体的健康及正常的生长发育起着重要的作用。另外魔芋块茎中还含有一些有机化合物，因而魔芋块茎具有很高的营养价值，是一种很好的功能性食品原料。

4）魔芋精粉的质量标准

魔芋片（清洗、切片、浸泡、干燥）经机械粉碎和筛子过筛后，所得到的颗粒状粉末就是精粉。精粉质量的好坏，决定了以精粉作原料或添加剂的食品质量的好坏。决定精粉质量好坏的主要指标是精粉的黏度。我国的魔芋精粉标准为 GB/T/T18104—2000，规定按葡萄糖甘露聚糖含量分为特级、一级、二级和三级，具体质量指标见表 1-2-20 所示。

表 1-2-20 魔芋精粉的质量标准(GB/T 18104—2000)

项 目	指标要求			
	特级	一级	二级	三级
葡萄糖甘露聚糖含量(%)≥	95.0	90.0	85.0	75.0
黏度(mPa·s)≥	22 000.0	18 000.0	14 000.0	6 000.0
颗粒度(mm)	0.125～0.250	0.125～0.250	0.096～0.420	0.096～0.420
灰分(%)≤	5.0	5.5	6.0	6.5
水分(%)≤	12.0	12.0	13.0	13.0
含砂量(%)≤	0.04	0.04	0.04	0.04
砷(mg/kg)≤	3.0			
铅(mg/kg)≤	0.8			
二氧化硫(g/kg)≤	2.0			
黄曲霉毒素 B_1 (μg/kg)≤	5.0			

1.2.8 小杂粮

小杂粮是泛指日月小(生育期短)、种植面积少(国家统计不列明细)、种植地区和种植方法特殊、有特种用途的多种粮豆,可以说除水稻、小麦、玉米、大豆和薯类五大作物外的粮豆作物均属小杂粮。我国栽培面积较大的有荞麦、糜子、谷子、高粱、燕麦、青稞、绿豆、小豆、豌豆、蚕豆、豇豆、芸豆和小扁豆等。我国荞麦、糜子面积和产量都占世界第 2 位,蚕豆占世界产量的 1/2,绿豆、小豆占世界产量的 1/3,燕麦、豇豆、小扁豆是主产国,故我国有“小杂粮王国”之称。小杂粮具有生育期短、种植面积广泛、地区适应性强、栽培方法特殊、多种实用价值等特点,具有丰富的营养、独特的品质和加工产品的美食风味。

我国小杂粮生产条件普遍较差,加之多数小杂粮育种栽培技术研究工作开展得少且生产水平落后,单产普遍较低,许多地方公顷产量只有 300～600 kg,在栽培管理水平较好的地区,公顷产量可达 1 500～3 000 kg,甚至更高。

小杂粮在我国分布很广,各地均有种植,但主产区相对比较集中。从地理分布特点看,主要分布在我国高原区,即黄土高原、内蒙古高原、云贵高原和青藏高原;从生态环境分布特点看,主要分布在我国生态条件较差的地区,即干旱半干旱地区、高寒地区;从经济发展区域分布特点看,主要分布在我国经济不发达的少数民族地区、边疆地区、贫困地区和革命老区;从行政区域看,主要分布在内蒙古、河北、山西、陕西、甘肃、宁夏、青海、新疆、云南、四川、贵州、重庆、西藏、黑龙江、吉林等省区(表 1-2-21)。

表 1-2-21 我国小杂粮常年栽培面积、产量及主产省区(2001)

作 物	栽培面积 ($\times 10^4 hm^2$)	产量(kg/hm^2)	主 产 区
甜 荞	70	750～1 500	蒙、陕、甘、宁、晋
苦 荞	30	1 500～3 000	滇、川、黔
燕 麦	60	750～1 000	蒙、冀、晋、甘

（续表）

作　物	栽培面积（$\times 10^4 hm^2$）	产量（kg/hm^2）	主　产　区
糜　子	80	750～1 500	陕、甘、宁、蒙、晋、黑、吉
谷　子	140	2 250～3 750	冀、晋、蒙、黑、吉、辽、陕、甘、鲁
高　粱	100	4 500～6 000	辽、蒙、晋
青　稞	40	3 750～5 000	藏、青、川、滇、甘
薏　苡	5	2 250～3 750	黔、桂、滇
籽粒苋	2	1 500～3 000	全国各地均有种植
绿　豆	70	750～1 500	黑、吉、蒙、冀、陕、晋、豫、鲁
小　豆	30	750～1 500	黑、吉、冀、蒙、陕、晋
豌　豆	100	750～1 500	青、甘、宁、陕、冀、川、滇
蚕　豆	110	1 500～3 750	青、甘、蒙、冀、滇、川、鄂、苏、浙
豇　豆	5	750～1 500	晋、蒙、陕、辽、豫、冀
普通菜豆*	50	1 500～3 750	黑、蒙、新、滇、川、黔、陕、晋、甘
多花菜豆*	3	1 000～1 200	滇、川、黔
小扁豆	5	450～750	陕、甘、宁、晋、蒙、滇
鹰嘴豆	1	1 000～1 500	新、甘、青
草豌豆	2	450～750	陕、甘、宁
饭　豆	5	450～750	渝、川、黔、桂、陕、甘、晋、鄂

1.2.8.1　荞麦

荞麦是双子叶植物，在植物学分类上属于蓼科，与单子叶、禾本科的小麦、大麦等麦类作物亲缘较远。栽培荞麦有甜荞、苦荞、翅荞和米荞麦 4 个种。甜荞又称普通荞麦，苦荞又称鞑靼荞麦，翅荞和米荞则是由于其所结瘦果棱薄呈翼状或是瘦果两棱之间饱满欲裂，易露出果内的“米”而得名。荞麦的种子都有一坚硬的外壳并且是三棱形的瘦果，这在其他作物中极为少见。荞麦开花对日长无明显要求，属中日型植物，但日照时间减少可使生育期缩短，故也有人称之为短日照作物。荞麦面适口性好，可制成多种食品，但其蛋白质含量只有 11.2%。但甜荞所含赖氨酸和胱氨酸为所有谷类作物所不及，其籽粒除了含有丰富的钙、磷、铁之外，还含有维生素 B_1 和 B_2、烟草酸、柠檬酸、芦丁和维生素 E。我国古籍《农政全书》和《齐民要术》都记载了其多种药效，譬如“实肠胃、益气力、续精神”等等。消炎药“金荞麦片”由野荞麦研制而成，医学界早已开始利用荞麦治疗或预防某些疾患。

1.2.8.2　燕麦

燕麦（Oat），又称皮燕麦，为禾本科（Gramineae）燕麦属（Avena）一年生草本作物，分有稃和裸粒两大类型。世界各国以有稃型为主，其中最主要的是普通栽培燕麦（A. Sa-tiva），其次为东方燕麦（A. Orientalis）和地中海红燕麦（A. Byzantina）。绝大部分用于饲养家畜家禽。我国以裸燕麦（A. Nuda，又称莜麦）为主，其产量约占燕麦总产量的 90%以上，籽粒几乎全供食用。我国燕麦除裸燕麦外，还有皮燕麦和野燕麦。皮燕麦通常作饲草和粮食作物栽培。野燕麦与上述两种燕麦形态差异明显，利用价值低，成熟早，小穗易脱落，是田间恶性杂草。

燕麦主要分布在北半球的温带地区。我国燕麦种植面主要集中在内蒙古的阴山南北，河北省的坝上、燕山地区，山西省的太行、吕梁山区。云南、贵州、四川三省在大凉山、小凉山的海拔 2 000～3 200 m 高山地带也有种植。燕麦是长日照作物。喜凉爽湿润，忌高温干燥，生育期间需要积温较低，但不适于寒冷气候。种子在 1～2℃开始发芽，幼苗能耐短时间的低温，绝对最高温度 25℃以上时光合作用受阻。蒸腾系数 597，在禾谷类作物中仅次于水稻，故干旱高温对燕麦的影响极为显著，这是限制其地理分布的重要原因。对土壤要求不高，能耐 pH 5.5～6.5 的酸性土壤。在灰化土中锌的含量少于 0.2 ppm 时会严重减产，缺铜时则淀粉含量降低。

燕麦营养价值较高，中国裸燕麦粉含蛋白质 15%、脂肪 8.5%。蛋白质中主要氨基酸含量较多，组成全面；脂肪酸中亚油酸占 38%～46%。籽粒中还含有其他禾谷类作物中缺乏的皂苷，故对降低胆固醇、甘油三酯、β-脂蛋白有一定功效。

1.2.8.3 糜子

糜子(Panicum Miliaceum L.)属禾本科黍属(Panicum Miliaceum)，又称黍、稷、禾祭和糜。糜子生育期短，耐旱、耐瘠薄，是干旱半干旱地区的主要粮食作物。我国糜子主产区集中在长城沿线地区，居世界第 2 位。糜子有粳糯之分。我国包头、东胜、榆林、延安一线(东经 110°)以东地区，主要栽培糯性糜子，越向东延伸粳性糜子种植的数量越少；该线以西地区主要栽培粳性糜子。糜子蛋白质含量 12%左右，最高可达 14%以上；淀粉含量 70%左右，其中糯性品种为 67.6%，粳性品种为 72.5%。糯性品种中直链淀粉含量很低，优质糯性品种不含直链淀粉。粳性品种中直链淀粉含量一般为淀粉总量的 4.5%～12.7%，平均为 7.5%；脂肪含量 3.6%。此外还含有 β-胡萝卜素，维生素 E，维生素 B_6、B_1、B_2 等多种维生素和丰富的钙、镁、磷及铁、锌、铜等矿物质元素。

1.2.8.4 谷子

谷子(Setaria Italic)，古称粟，英文名 foxtail millet，是耐旱、耐瘠、高产作物，在干旱瘠薄的土壤上种植，具有良好的高产稳产性。播种面积和产量在我国仅次于小麦、玉米，居第 3 位，我国各省区几乎都能种植，但主产区集中在东北、华北和西北地区，单产平均 980～2 003 kg/hm^2。

谷子去壳后为小米，含蛋白质 11.42%，含粗脂肪 4.28%，维生素 A、B_1 分别为0.19 mg/100 g、0.63 mg/100 g，还含有大量的人体必需的氨基酸和丰富的铁、锌、铜、镁、钙等矿物质。谷子营养丰富，适口性好，长期以来被广大群众作为滋补强身的食物。

谷子是粮草兼用作物，粮、草比为 1∶1～1∶3。谷草含粗蛋白质 3.16%、粗脂肪 1.35%、无氮浸出物 44.3%、钙 0.32%、磷 0.14%，其饲料价值接近豆科牧草。谷糠是畜禽的精饲料。谷子外壳坚实，能防潮、防热、防虫，不易霉变，可长期保存。

1.2.8.5 高粱

高粱属于禾本科高粱属，是古老的谷类作物之一，它具有抗旱、耐涝、耐盐碱、适应性强的优点，所以在现代农业生产上一直占有重要的地位。生产上根据其用途不同而划分成粒用高粱、糖用高粱、饲用高粱和工艺用高粱 4 类。粒用高粱是收获其籽粒用做粮食、饲料或工业原料，一般籽粒大而外露，易脱粒，品质较优。高粱籽粒一般含淀粉 60%～70%，蛋白质 10%上下，营养价值不是很高。

高粱在我国的东北、华北种植面积较大，较少直接食用，因为其蛋白质中含人体难以消化的醇溶性蛋白较多，而人体必需的赖氨酸、色氨酸偏低，加上其籽粒，特别是深色的籽粒含有单宁，往往有涩味，适口性较差，所以目前除了少量用做煮饭、熬粥外，更多的是用做饲料。在饲料中添加一定量的高粱可以增加牲畜的瘦肉比例，还可防治牲畜的肠道传染病。在工业上高粱可以酿酒、做醋、生产酱油和味精或提取单宁等，我国名酒“茅台”、“竹叶青”、“汾酒”、“泸州大曲”等均以高粱为主要原料或重要配料。糖用高粱又称甜高粱，一般茎秆较高、茎髓多汁，含糖10%～19%，多种植于我国长江中下游地区，主要用做糖料作物。甜高粱可以像甘蔗那样直接生食，也可用于榨汁熬糖，做成糖稀、片糖、红糖粉或白砂糖等。饲用高粱分蘖力强、生长旺盛、茎内多汁，并以有一定的再生能力为好，主要用做青饲、青贮或干草。但高粱幼嫩的茎叶含有蜀黍苷，牲畜食后在胃内能形成有毒的氰氢酸，所以含蜀黍苷多的品种不宜做青饲。

1.2.8.6 青稞

青稞属大麦类，分为白色和黑色两种，藏语称为“乃”，也称裸大麦、米大麦，生长期约4个月，具耐寒、耐旱的特性，所以适宜生长在寒冷、干旱、无霜期短的西藏、青海、甘肃和四川等藏区。青稞营养丰富，是世界上麦类作物中含β-葡聚糖最高的作物，炒熟磨粉后制作的糌粑是藏族人民最爱吃的食物之一，而用青稞酿制的青稞酒也是藏民最爱喝的饮料之一。其茎干还是牲畜的好饲料。

1.2.8.7 薏苡

薏苡又名薏米、药王米等，为禾本科植物薏米的种仁，营养价值很高，被誉为“世界禾本科之王”。薏米的蛋白质含量为17%～18.7%，是稻米的2倍多。薏米脂肪含量为11.7%，是稻米的5倍。薏米含有多种维生素，尤其是维生素B_1含量较高，每100 g含有33 μg。由于薏苡仁比大米、小麦热量高，且富含脂肪、多种氨基酸、大量的维生素以及钙、磷、镁、钾等，因此，对于久病体虚及病后恢复期的患者是一味价廉物美的营养品。

薏米性凉，味甘、淡，入脾、肺、肾经，具有利水、健脾、除痹、清热排脓的功效。在中医治疗中，薏苡仁既可治疗小便不利、水肿、脚气、脾虚泄泻，也可用于肺痈、肠痈等病的治疗。薏苡仁具有一定的抑菌、抗病毒功效，用于治疗扁平疣有70.8%的有效率，治疗寻常性赘疣也有30.6%的有效率。近年来，生物实验还证明：薏苡仁对抗癌也有比较显著的疗效。当癌症患者放疗、化疗时出现白细胞下降、食欲不振、腹水、浮肿时，可用薏苡仁佐餐。另外，薏苡仁还是一味美容价值较高的药用食品。

1.2.8.8 鹰嘴豆

鹰嘴豆因其籽粒外形酷似鹰头，前端具喙而得名，又名桃豆、鸡豆、鸡头豆、鸡豌豆等，维吾尔语称“诺胡提”，是豆科蝶形花亚科野豌豆族鹰嘴豆属植物。鹰嘴豆在中国主要分布于新疆、青海和甘肃等省。籽粒含蛋白质23%、脂肪5.3%、淀粉55%、纤维素19%，还含有丰富的钾、钙、镁、铁、锌、铜和维生素，主要用于制作豆馅、淀粉、粉丝等。同时，鹰嘴豆具有较好的药用价值，主要功用为补中益气、温肾壮阳，可用于防治胆病、糖尿病、失眠等症。鹰嘴豆每年有一定数量的出口。

1.2.8.9 草豌豆

草豌豆（Lathyrus Sativus L.）又名马牙豆、山黧豆、草香豌豆、牙豌豆等，干籽粒既可食用，也是家畜的精料，是一种粮、菜、绿肥、饲料兼用的豆科作物，主要分布在我国西北、华北和西南地区。草豌豆含蛋白质25%、脂肪1%、淀粉61%、纤维素5%，还含有多种矿物质和维生素，一般加工后作精饲料或淀粉。草豌豆种子含有毒物质BOAA，多集中在种皮，茎、叶中不存在；将草豌豆磨粉再浸泡，可去毒64%～95%。

1.2.8.10 小扁豆

小扁豆又名滨豆、兵豆、洋扁豆、鸡眼豆。陕西、甘肃、宁夏、山西、内蒙古、云南等省(区)是我国小扁豆主产区。小扁豆作为间套作物常与小麦、谷子、大豆、油菜等混种或套种，栽培技术粗放，产量较低，一般只有 300～500 kg/hm²。近年来，小扁豆单作面积逐年扩大，产量不断提高，云南丽江单作一般公顷产量达 1 500 kg 左右，最高可达 3 000 kg 以上。扁豆含蛋白质 25%、脂肪 0.8%、淀粉 55%，还含有丰富的钾、钙、镁、铁、锌、铜和维生素，主要用于制作豆馅、淀粉、粉丝等。扁豆也是我国出口农产品。

1.2.8.11 豌豆

豌豆(Pisum Sativum L.)，又名麦豌豆、寒豆、麦豆、荷兰豆，主要分布在青海、甘肃、宁夏、四川、云南、湖北等省区。豌豆含蛋白质 20%～24%，脂肪 1.5%～2.7%、淀粉 55%～60%，纤维素 4.5%～8.4%，还含有丰富的钙、磷、铁和维生素 B_1、B_2、PP。豌豆主要用于制作淀粉、豆酱、粉丝等。现代研究表明，豌豆含有植物血细胞凝集素(PHA)，主治霍乱、转筋、脚气、痈肿等症。豌豆出口数量很少。

1.2.8.12 蚕豆

我国是世界蚕豆生产大国，以干蚕豆生产为主，青海、甘肃、宁夏、河北为春蚕豆产区，我国出口的蚕豆大多数来自青海、甘肃、河北。蚕豆含蛋白质 25%～34%、脂肪 0.8%、淀粉 48%，还含有丰富的钙、铁和维生素 B_1、B_2，主要用于制作淀粉、豆酱、粉丝等。蚕豆可入药，主要有健脾利湿、凉血止血和降低血压的功效。蚕豆曾经是我国大宗出口农产品。

1.2.8.13 饭豆

饭豆又称精米豆、蔓豆、爬山豆、芒豆、竹豆、米豆等，是一种蔬菜、粮食、饲草、绿肥兼用的豆科作物。江苏、四川、重庆、湖北、广西、陕西等省(区)是我国饭豆的主要产区。

饭豆多与其他作物间作套种，一般种植在房前屋后。由于饭豆多为蔓生类型，单作需要搭架长蔓，因此生产中大面积成片种植较少，多为零星种植。

饭豆籽粒含蛋白质 19%～23%、脂肪 0.6%～1.2%、淀粉 60%～65%、纤维素 4%～6%，还含有丰富的钙、磷、铁和维生素 B_1、B_2，主要用于豆沙、豆馅加工和煮粥、煮汤。饭豆入药，有利水、除湿、排血脓、消肿解毒功效。饭豆也是我国出口农产品。

1.2.8.14 多花菜豆

我国多花菜豆主要分布在云南、贵州、四川、陕西等省区。多花菜豆籽粒含蛋白质 20%～22%、脂肪 1.6%～2.1%、淀粉 38%～48%、纤维素 5%～10%，还含有丰富的钙、磷、铁和维生素，主要用于豆沙、豆馅加工和煮粥、煮汤、冷菜。多花菜豆籽粒含植物血细胞凝集素(PHA)，PHA 在治疗肿瘤中可以提高化学治疗法和放射疗法的疗效。多花菜豆是我国重要的出口农产品。

1.2.8.15 普通菜豆

普通菜豆又名芸豆、四季豆、唐豆、菜豆等。黑龙江、内蒙古、河北、山西、新疆、云南、四川、贵州是主产区，居世界第 3 位，平均单产 1 350～1 500 kg/hm²，比世界平均单产 617 kg/hm² 水平高 2 倍以上。

芸豆籽粒含蛋白质 22%、淀粉 50%～60%、纤维素 5%～10%，还含有丰富的钙、磷、铁和维生素，主要用于豆沙、豆馅加工和煮粥、煮汤。芸豆籽粒含植物血细胞凝集素(PHA)，

PHA 在治疗肿瘤中可以提高化学治疗法和放射疗法的疗效。芸豆是我国第 4 大宗出口农产品。

1.2.8.16 豇豆

豇豆又名豆角、角豆、长豆、饭豆、蔓豆等。我国豇豆种植地区极为广泛，主要产区为河南、山西、陕西、广西、山东、河北、湖北、湖南、安徽、四川、江苏、江西、贵州、云南、广东及海南等省区。豇豆籽粒含蛋白质 18%～30%、淀粉 40%～60%、纤维素 7%，还含有丰富的钙、磷、铁和维生素，主要用于豆沙、豆馅加工和煮粥、煮汤。豇豆健脾补肾，主治脾胃虚弱。

1.2.8.17 小豆

小豆又叫赤豆、赤小豆、红豆、红小豆。我国小豆种植面积最大、栽培面积较大的是黑龙江、吉林、内蒙古、河北、山西、陕西等省。小豆含蛋白质 16%～28%、淀粉 42%～60%、纤维素 5%～7%，还含有丰富的钙、磷、铁和维生素，主要用于豆沙、豆馅加工和煮粥、煮汤。小豆入药，可治疗水肿、便血、泻痢等多种疾病。小豆是我国重要的出口农产品。

1.2.8.18 绿豆

绿豆在全国各地都有种植，产区主要集中在黑龙江、吉林、内蒙古、河北、陕西、山西、河南、山东、安徽、四川、湖北等省，平均单产 1 154 kg/hm^2。春播区的绿豆产量低，但产品的品质好，是良好的芽菜原料，我国出口的都是春绿豆。

绿豆含蛋白质 24.5%、淀粉 52.5%、脂肪 1%以下、纤维素 5%，是高蛋白、中淀粉、低脂肪食物。我国普遍用绿豆煮粥、煮汤，或用以生豆芽。绿豆含有生物碱、香豆素、植物甾醇等生理活性物质，对人类的生理代谢活动具有重要的促进作用。中医学认为绿豆可以清热解毒。绿豆是我国重要的出口农产品。

思考与练习

1. 粮油原料的加工适性分别是什么？
2. 粮油原料的定等标准是什么？
3. 如何理解粮油原料的籽粒结构与营养价值？
4. 大豆的籽粒结构与其他粮食原料的籽粒结构有何不同？为什么？
5. 如何理解甘薯、马铃薯和魔芋的形态结构与营养特性？
6. 各类小杂粮的营养特点是什么？

2 果蔬食品原料

2.1 果蔬原料的种类

目前我国栽培的果树分属50多科，300多种，品种万余个；我国栽培的蔬菜有160多种，种类和产量均位居世界第一。果蔬种类繁多，分类的方法也很多，下面主要介绍较为通用的分类方法及主要的果蔬种类植物学方面的性状。

2.1.1 果树种类和形态结构

2.1.1.1 果树的种类

1）根据果树生物学特性分类

（1）根据冬季叶幕特性分类

① 落叶果树：如苹果、桃、核桃、柿、葡萄等。

② 常绿果树：如柑橘类、荔枝、芒果、枇杷、龙眼等。

（2）根据植株形态特性分类

① 乔木果树：如苹果、梨、银杏、板栗、橄榄、木菠萝等。

② 灌木果树：如树莓、醋栗、刺梨、余甘、番荔枝等。

③ 藤本果树：如葡萄、猕猴桃、罗汉果、西番莲等。

④ 草本果树：如草莓、菠萝、香蕉、番木瓜等。

（3）根据果实结构分类

① 仁果类：如苹果、梨、山楂、枇杷等。

② 核果类：如桃、李、杏、樱桃、芒果、橄榄等。

③ 浆果类：如葡萄、柿、猕猴桃、番木瓜、人心果等。

④ 坚果类：如核桃、板栗、椰子、阿月浑子等。

⑤ 聚复果类：如草莓、菠萝、果桑、番荔枝等。

⑥ 荚果类：如酸豆、角豆树、苹婆等。

⑦ 柑果类：如橘、橙、柚、柠檬、葡萄柚等。

⑧ 荔果类：如荔枝、龙眼、韶子等。

2）根据果树生态适应性分类

（1）寒带果树：如山葡萄、秋子梨、榛子、醋栗、树莓等。

（2）温带果树：如苹果、梨、桃、李、枣、核桃等。

（3）亚热带果树：亚热带果树包括落叶性亚热带果树和常绿性亚热带果树。落叶性亚热带果树如扁桃、猕猴桃、石榴、无花果等，常绿性亚热带果树如柑橘类、荔枝、杨梅、橄榄等。

(4) 热带果树：热带果树包括一般热带果树和纯热带果树。一般热带果树如番荔枝、人心果、香蕉、菠萝、番木瓜等，纯热带果树如榴莲、山竹子、槟榔、面包果等。

2.1.1.2 主要果实种类的形态结构

(1) 仁果类：本类果树属于蔷薇科，包括苹果、梨、山楂、海棠、木瓜等。本类果树不仅具有共同的果实结构，而且在植株形态和生物学特性方面也有许多共同点。多数为高大乔木或灌木，寿命很长。果实由子房及花托膨大而成，植物学上也称假果，子房下位，包被在花托内，由5个心皮构成，果心内有数个小形种子。子房内壁革质，中、外果皮与花托肉质为可食部分(见图2-1-1)。

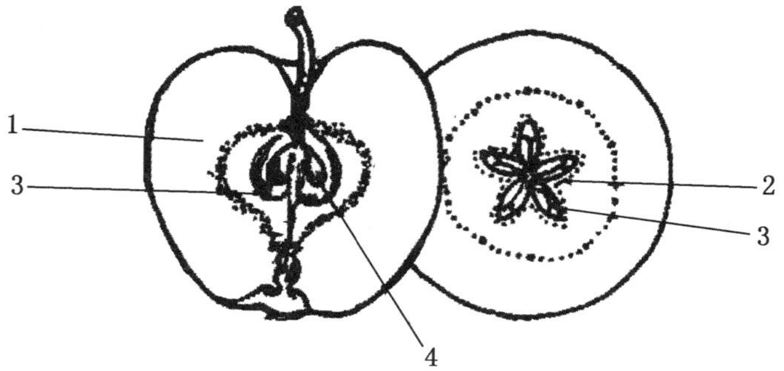

图2-1-1 仁果类果实构造(苹果)

1—花托；2—中外果皮；3—内果皮；4—种子

(2) 核果类：本类果树属于蔷薇科，包括桃、李、杏、樱桃、梅、稠李等，多为落叶的乔木或灌木，很少常绿。这类果树的果实都是由子房发育而成，子房上位，由一个心皮构成。子房的外壁形成外果皮，中壁发育成柔软多汁的果肉(中果皮)，食用部分是中果皮和外果皮，内果皮硬化而成为核，故称为核果(见图2-1-2)。

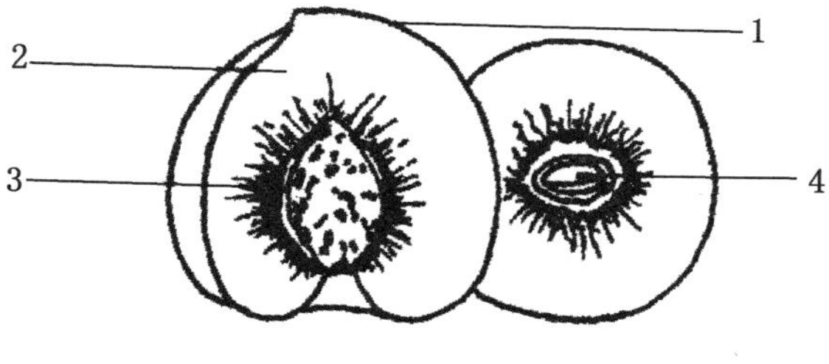

图2-1-2 核果类果实构造(桃)

1—外果皮；2—中果皮；3—内果皮；4—种子

(3) 浆果类：本类果树包括多种不同属的植物，如葡萄科的葡萄属、猕猴桃科的猕猴桃属、桑科的桑属和无花果属、蔷薇科的树莓属和草莓属、柿科的柿属、虎耳草科的醋栗属、石楠科越橘属等等。这类果树多数为矮小的落叶灌木或藤本，极稀乔木或草本。果实多柔软多汁并含有多数小型种子，故称浆果。但果实在产生和结构上不大相同，有些浆果由一朵花中一个雌蕊子房形成单果，有的由一朵花中的多个雌蕊形成聚合果或多心皮果，也有由整个花序中多数花朵合成复果或多花果。如葡萄果实由子房发育形成，子房上位，由一个心皮构成，子房的外壁形成果皮，中、内壁形成柔软多汁的果肉，为可食部分(图 2-1-3)。草莓的可食部分为肥大的花托。其余的种类大多果实由子房发育而成。这类果实大多不耐储藏和运输，但是是加工的重要原料，尤其是葡萄，它是酿造业的重要原料。

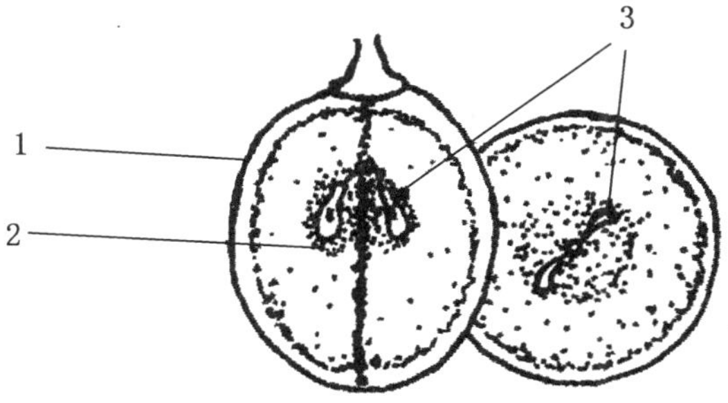

图 2-1-3　浆果类果实构造(葡萄)

1—外果皮；2—中内果皮；3—种子

(4) 坚果类：坚果类也称壳果类，在商品分类上被列为干果类。果皮多坚硬，全部变为木质或革质，成熟时干燥不开裂，含水分较少，食用部分多系种子或种子的附属物，富含淀粉和油脂，因此有“木本粮油”之称。常见种类有板栗、核桃、榛、油橄榄、巴旦杏(扁桃)、阿月浑子、银杏、松子、榧子等。但从植物形态观察，仅板栗、榛等是典型的坚果；核桃、扁桃、油橄榄和阿月浑子等均属核果类，脱去果皮后即成坚果状；银杏、榧子和松子属于裸子植物，实系种子而非果实。如核桃的果实由子房发育而成，子房上位，子房外、中壁形成总苞，内壁形成坚硬的内果皮，可食部分为种子(见图 2-1-4)。

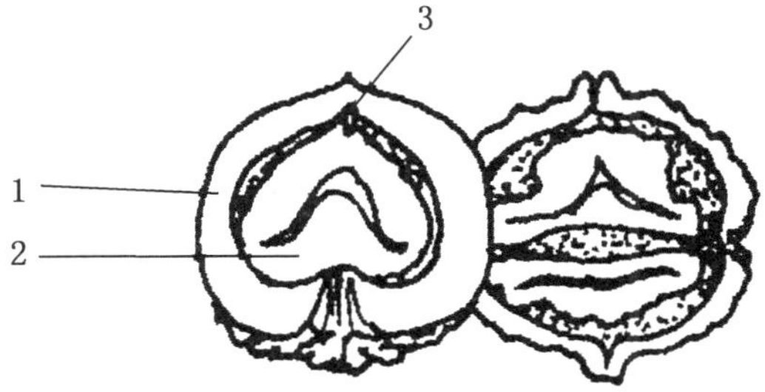

图 2-1-4　坚果类果实构造(核桃)

1—内果皮；2—子叶；3—胚

(5) 柑橘类：柑橘类果树均属于芸香科，有 33 个属，其中只有 3 个属即柑橘属、金橘属和枸橘属为真正的柑果类果树。柑果类分布于热带、亚热带和暖温带地区，果实多肉多浆，但与浆果类不同，构造比浆果类复杂。果实由子房发育而成，子房上位，由 8～15 个心皮构成。子房外壁发育成具有油胞的外果皮，外果皮较坚韧如革质状，含有色素和很多油胞；子房中壁即中果皮白色呈海绵状；子房内壁即内果皮形成囊瓣，又名瓤囊或砂囊；瓤囊内生有纺锤状的多汁突起物，称为汁胞，是柑橘的主要食用部分，种子数量多少不一(见图 2-1-5)。这类果实包括柑、橘、橙、柚、柠檬等。

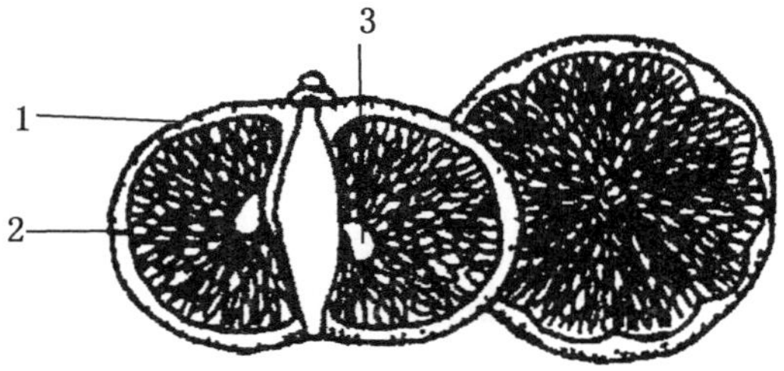

图 2-1-5　柑橘类果实构造(柑橘)

1—外果皮；2—中果皮；3—种子

(6) 其他热带与亚热带果树类：这类果树多数为常绿乔木或灌木，少数为常绿木质藤本，也有少数为多年生草本，分布在热带及亚热带地区，少数也可在暖温带栽培。如橄榄、鳄梨、杨梅、腰果、油橄榄可属于核果类；枇杷可属于仁果类；荔枝和龙眼有人称核果，也有人主张属于浆果类；阳桃、番石榴、黄皮、香蕉也可属于浆果类；番荔枝可属于聚合果类；凤梨、木菠萝、面包果可属于聚花果类。

2.1.1.3　主要果实种类

1) 苹果

苹果(Malus Pumila Mill.)目前的产量仅次于柑橘、香蕉、葡萄而居第 4 位。苹果按原产地分为西洋苹果和中国苹果两大类。西洋苹果原产于欧洲、中亚西亚一带，果实汁多、脆嫩、甜酸适口，并耐储藏。中国苹果原产于我国新疆一带，果实色泽鲜美，富有香气，主要产地是山东、河南、河北、山西、辽宁、甘肃、新疆、四川、安徽、江苏等地。自 1992 年起，我国苹果产量超过美国，成为世界第一。由于苹果富含糖分和有机酸，味美可口，又适于制作果酱、果脯，其中多数的品种都耐储藏，供应时间长，因而也是实现果品周年供应最主要的水果种类。

我国现有苹果品种 400 余种，其中商品量较多的有 30 余种，均属西洋苹果，这些品种按果实的成熟期不同分伏苹果和秋苹果或早、中、晚熟 3 种。

(1) 早熟种(即伏苹)：成熟期在 6 月下旬至 7 月下旬。生长期短、肉质松、味多带酸，不耐储藏，产量较少。主要品种有甜黄魁、早金冠等。新引进品种有早捷、红夏、珊夏等。

(2) 中熟种(即早秋苹)：成熟期在 8 月至 9 月，较耐储藏，主要品种有金冠(Golden Delicious)、祝光、红玉(Jonathan)、红星(Starking)等。其中金冠、红星质量较好。新培育和引进的品种有玉华早富、秋红嘎拉、昌红等。

(3) 晚熟种(即晚秋苹)：成熟期在 10 月至 11 月上旬，质量好、耐储藏，供应时间长，在产销中占的比重最大，也是广大消费者喜爱的品种，主要品种有国光(Ralls Janet)、青香蕉、甜香蕉(又名印度苹)、鸡冠、倭锦、胜利、秦冠、富士(Fuji)等。新培育和引进的品种有金富等品种。

2) 梨

梨(Pyrus spp.)可分为中国梨和西洋梨两大类。西洋梨原产于欧洲中部、东南部和中亚等地。梨属植物约有 35 个种类，我国梨的种类有 14～15 种，目前作为主要果树栽培的有秋子梨、白梨、砂梨和洋梨 4 个系统。

(1) 秋子梨系统(Pyrus Ussriensis Maxim.)：本系统有近 200 个品种，主要产于辽宁、吉林、河北、京、津地区、内蒙古和西北各省。果实近球形，果皮黄绿色或黄色，果柄短，萼片宿存，果肉石细胞多，品质较差，但耐储运，绝大多数品种需经后熟方可食用；优良品种有南果梨、京白梨等。

（2）白梨系统（Pyrus Bretschneideri Rehd.）：本系统有 450 个左右品种，优良品种也最多。主要产于辽宁南部、河北、山西、陕西、山东、甘肃及黄河故道地区。果实大，倒卵形或长圆形，果皮黄色，果柄长，萼片脱落或间有宿存，果肉细脆，石细胞少，品质佳且耐储藏，不需后熟即可食用；优良品种有鸭梨、酥梨、茌梨、雪花梨、秋白梨、库尔勒香梨等。

（3）砂梨系统（P. Pyrifolia Nakai）：本系统共有 420 余个品种，砂梨系品种喜温、潮湿气候，多分布于华中、华东沿长江流域各省。果实多为圆形，果皮褐色或绿色，果柄特长，萼片脱落，果肉脆，味甜而多汁，石细胞较多，不需后熟即可食用，但耐储藏性差；优良品种有四川的苍溪梨、新世纪等，浙江义乌的三花梨，重庆的六月雪、黄花梨等，台湾蜜梨等。

（4）洋梨系统（ P. Communis L.）：原产于欧洲，品种较少，引入我国的约 20 余个品种。主要分布在山东半岛、辽宁的旅大、河南的郑州等地。果实多为瓢形，果梗粗短，萼片宿存，果实经后熟方可食用，但肉质变软而不耐储藏；优良品种有巴梨（Bartlett）、大红巴梨（Max-Red-Bartlett）、拉·法兰西（La France）等。

3）柑橘类

柑橘为芸香科（Rutaceae），在栽培上重要的有 3 个属，即枳属（Poncirus）、金橘属（Fortunella）和柑橘属（Citrus）。枳属常作砧木。金橘属有山金橘、牛奶金橘、圆金橘、金弹、长寿金橘、华南四季橘等，主产于浙江、江西、福建，结果早，可鲜食、制蜜饯和观赏用，栽培量较少。柑橘属根据形态特征在我国分 6 大类，用于栽培的有 4 类：橙类中的甜橙及宽皮柑橘类（其中有柑类和橘类），柚类中的柚和葡萄柚及枸橼类中的柠檬。

（1）甜橙：甜橙（Citrus Sinensis）为世界各国主栽品种，产量最大。依季节可分为冬橙和夏橙，按果顶和肉色不同可分为普通甜橙、脐橙、血橙 3 类。果实近于球形或卵圆形，皮薄而光滑，充分成熟时呈橙色、橙红色、橙黄色；果皮与果肉连接紧密，难剥离；果心柱充实，种子呈楔状卵形，胚白色。果实汁液多，味酸甜可口，品质佳，耐储藏，是适于大量发展的品种。普通甜橙类果顶光滑，无脐，果肉为橙色或黄色，著名的品种有广东的新会橙、血柑、香水橙，重庆的先锋橙、锦橙、渝红橙，福建的改良橙等，以鹅蛋柑品质最佳。脐橙类果顶开孔，内有小瓤囊露出而形成脐状，故名脐橙，果肉为橙色。著名的品种有四川的石绵脐橙，浙江的华盛顿脐橙等。血橙类，果实无脐，果肉赤红色或橙色带赤红色斑条，故名血橙，著名的品种有四川的红玉血橙、湖南的血橙等。

（2）宽皮柑橘类：柑橘类是我国柑橘属果实中产销较多的品种。柑和橘的共同特点是果实扁圆或圆形，果皮黄色、鲜橙色或红色，薄而宽松，易于剥离，种子小，胚绿色。它们的不同点是：

① 柑类（Citrus Reticulata）：果实大而近于球形，果皮略粗厚，橘络较多，种子呈卵圆形，耐储藏。著名的品种有芦柑、蕉柑、瓯柑、温州蜜柑等，其中蕉柑更适宜于储藏。

② 橘类（Citrus Tangerina）：果实小而扁，皮薄宽松，比柑类易剥离，橘络较少，种子尖细，胚深绿色，不耐储藏，但能早熟。其中依果皮颜色可分为橙黄色品种和朱红色品种两类。橙黄色品种有早橘、天台山蜜橘、乳橘、南丰蜜橘等；朱红色品种有福橘、朱橘、衢橘、大红袍等。除福橘质量较佳外，一般红橘的滋味均较酸，瓤皮较厚，且不耐储藏。

(3) 柚类

① 柚(Citrus Grandis)：柚又名文旦，抛，栾。柚子外形美观，果实很大，皮比较厚，油包大，难剥离，成熟时为淡黄色或橙黄色。果肉白色或粉红色，种子大而多。柚果汁少，富有维生素C和糖分，味甜，有的品种带苦味，极耐储藏。除鲜食外，柚皮可提制果胶或制作蜜饯。著名的品种，沙田柚主产于广西、广东、湖南；楚门文旦柚主产于浙江玉环县；坪山柚主产于福建；垫江白柚主产于重庆垫江、江津；五布红心柚主产于重庆巴南区；晚白柚主产于台湾、四川、福建；官溪蜜柚主产于福建等。

② 葡萄柚(Citrus Paradisi)：主产于美国、巴西等国，果实扁圆或圆形，常呈穗状，且有些品种有类似葡萄的风味，因此得名。果实大，果皮颜色嫩黄，按果肉色泽品种区分为白色果肉品种，如邓肯、马叙；粉红色品种，如福斯特粉红、马叙粉红；红色果肉品种，如路比红、红晕；深红色果肉品种，如路比明星、布尔冈迪等。果实含维生素C高，具有苦而带酸的独特风味，耐储运，是鲜食和制汁原料，是世界果品市场上的重要产品。

(4) 柠檬：柠檬(Citrus Lemon)有四季开花结果的习性，其鲜果供应期特长，是世界重要果品，在国际果品市场上价值很高，占有一定的经济地位，我国生产很少，主要产于四川、重庆、台湾和广东等省，以四川省安岳县栽培最多，面积、产量均居全国首位。柠檬果皮色鲜黄，呈椭圆或圆形，顶端有乳头状突起，果汁极酸，含维生素C和柠檬酸很丰富，并有浓香，主要用作果汁饮料，又可提取柠檬酸和柠檬油。著名的品种有尤力克、里斯本、香柠檬(北京柠檬)、维尔娜、菲诺、麦尔柠檬等。

4) 葡萄

葡萄(Grape)属于葡萄科(Vitaceae)葡萄属(Vitis)植物，原产于黑海、地中海沿岸，是多年生藤本攀援植物，多产于温带。葡萄果实呈穗状，果皮颜色可分为红、黑紫、白3种，果肉多为无色透明，果皮厚而富有蜡质层的品种较耐存放。葡萄除部分鲜食外，主要用于酿酒，制果汁、果干和罐头。葡萄传入我国已有2 000多年历史，主要产区分布在新疆、山东、河北、辽宁、安徽、四川、山西、吉林等省，葡萄面积和产量均居世界第5位，仅次于西班牙、法国、意大利和土耳其，而鲜食葡萄产量从2000年起已连续5年居世界首位。

葡萄的品种繁多，世界上有万余个，我国有700多个，用于生产的仅数十个。按照用途不同可分为鲜食和工业加工用两大类。鲜食品种，一般果粒较大，外形美观，味甜而浓香，皮薄，种子少，适于运输和储藏，如巨峰、白香蕉、玫瑰香、龙眼、牛奶等。加工用品种主要用于酿酒，果粒含糖和鞣质较多，如酿制红葡萄酒的品种有赤霞珠(Cabernet Sauvignon)、北玫、北红、法国蓝(Blue France)、晚红蜜等；酿制白葡萄酒的品种有雷司令(Riesling)、白彼诺、白翼、白雅、龙眼、佳利酿等。加工果汁用的品种，果粒颜色鲜艳，果汁澄清后仍能保持葡萄的原有风味，如玫瑰香、佳利酿、柔丁香等。加工罐头品种，以无核白、无核红等无籽品种为最好。而用于制干品种，果粒含糖量高，无籽，储藏不粘连，如新疆产的无核白和无核红等品种最适于制葡萄干。

5) 桃

桃(Amygdalus)属于蔷薇科桃属，我国栽培的约有800个品种，我国主要品种群可分为北方桃品种群、南方桃品种群和黄桃品种群。

(1) 北方桃品种群：主要分布在黄河流域的华北、西北地区，以山东、河北、山西、河南、陕西、甘肃和新疆等地较多。果实顶部突起，缝合线较深，皮薄而难与果肉剥离，果肉致密。

其中，蜜桃类柔软多汁，如肥城桃、深州桃、五月鲜、白凤、大久保、冬宝等；硬桃类肉质硬脆，如鹰嘴、中华寿桃等；油桃类果皮无茸毛，如华光、曙光、艳光等。

(2) 南方桃品种群：主要分布在长江流域的华东、华中、西南地区，以江苏、浙江、云南等地较多，果实顶部平圆，果肉柔软多汁，不耐储运。其中水蜜桃类，肉柔软，果汁特多，如大久保、桔早生等；蟠桃类，果形扁平，两端凹入，肉软多汁，如白芒蟠桃、陈圃蟠桃、瑞蟠 8 号等；硬肉桃类，果肉硬脆致密，果汁较少，但较耐储运，如平碑子、吊枝白、云南呈贡的二早桃等。

(3) 黄桃品种群：主产于西北和西南地区，果皮、果肉呈黄色至橙黄色，肉质紧密，为不溶质(Non-Melting Flesh)，含酸较高，黏核，适于制罐头。我国用于罐藏的黄桃有黄露、丰黄、连黄、橙香、橙艳、爱保太黄桃和日本引进的罐桃 5 号、罐桃 14 号等。

6) 枣

枣为鼠李科(Rhammaceae)枣属(Ziziphus Mill.)果树，原产于我国，分为北方区系(北枣)和南方区系(南枣)两个生态类型和区系。

(1) 北方区系：是我国历来最重要的枣树栽培区，主要分布在黄河中、下游地区，适于制干枣，产量大，约占我国枣产量的 80%以上。枣按用途可分为生食品种，制干品种和加工品种 3 类。生食品种的枣，果皮薄，肉质嫩脆，故又名脆枣，汁多，含糖量高，味甜稍酸，如冬枣、梨枣、锦枣等；制干品种的枣，果肉厚、汁少，含糖量高，如圆铃枣、金丝小枣、赞皇大枣等；加工品种的枣，果型大、汁少，含糖量低，肉厚而质疏松，皮薄，核小，适于加工枣脯，如大泡枣、糠枣等。

(2) 南方区系：主要分布在长江流域以南地区的安徽、江苏、浙江、湖北、湖南等省，较北方区系产量小，适于鲜食或加工枣脯。

7) 核桃

核桃为核桃科核桃属(Juglans L.)果树，共有 20 多个种，我国栽培的主要有普通核桃和铁核桃 2 种，又按结果早迟分为早实核桃和晚实核桃，每一类中又包括许多品种。其优良品种的主要特点是：果大，壳薄，仁饱满，取仁容易，出仁率达 50%以上，含油率 60%以上。

我国核桃产区分布较广，以河北、山东、山西、陕西、云南、贵州、甘肃、四川等省出产较多。核桃的营养价值很高，特别富有脂肪，除作果品食用外，还是良好的中药材和油料。我国出产的核桃出仁率高(23.84%～65.36%)，含油量大(68.10%～76.95%)，并且含有钙、磷、铁等矿物质，以及核黄素和尼克酸等。著名的品种有：光皮绵核桃(出仁率 40%～56%，含油量 70%左右)、隔年核桃(出仁率 52.3%、含油量 68%～73%)、露仁核桃(出仁率 60%以上、含油量 70%以上)、鸡爪绵核桃(出仁率 50%、含油量 72%)、纸皮核桃(出仁率 65%～69%、含油量 74.42%)等。

8) 板栗

板栗为山毛榉科板栗属(Castanea Mollissima BL.)果树，原产我国。我国板栗质量优良，在国际市场上享有很高的声誉。我国板栗主产于河北，其次在山东、湖北、浙江、河南、安徽、云南等省。板栗的种仁肥厚甘美，含有丰富的淀粉和糖(62%～70.1%)、蛋白质(5.7%～10.7%)和脂肪(2%～7.4%)，因此，营养价值较高，是我国重要的出口果品。

我国板栗的优良品种很多，按产区的分布不同可分为北方栗和南方栗两类。北方栗，果实个小，每千克 120 粒左右，种皮极易剥离，果肉含糖量高，含淀粉较低，多为黏质，品质优良，适于作糖炒栗子，著名品种有红油皮栗、红光栗、大油栗、虎爪栗等；南方栗，果实个大，每千克60粒左右，种皮稍难剥离，果肉含糖量低，含淀粉量高，多为粉质，适于菜用，著名品种有九家种、魁栗、迟栗子等。

9）香蕉

香蕉(Musa Nana Lour.)为芭蕉科芭蕉属多年生长绿草本植物的果实，我国主要产地在广东、广西、台湾、福建、海南、云南等省(自治区)，其中广东产量为全国之冠。

香蕉系由花托发育而成的无籽果实，果肉软嫩而滑腻，味甘美、芳香，富含淀粉和糖分，主要为鲜食，还可以加工成果干或果粉。我国的香蕉可分为香蕉、大蕉和粉蕉(包括龙牙蕉)3类。

香蕉又名芎蕉、芭蕉、天宝蕉、中国矮脚蕉等，主要产于广东。果形略小、弯曲，成熟后果皮带有“梅花点”，故又称“芝麻香蕉”，果肉黄白色，味甜，香浓，著名品种有大种高把、油蕉、天宝蕉、贵妃蕉等。大蕉又名鼓锤蕉，主要产于广东。果实大而直，皮厚易剥离，成熟时果皮黄色，肉柔嫩，甜中带酸，无香气，著名品种有牛奶蕉、暹罗大蕉等。粉蕉类(包括龙牙蕉)主要产于广东和福建，果肉柔软而甜滑，乳白色，水分少，含淀粉多，充分成熟后才适于食用，具有特殊香气，著名品种有糯米蕉、西贡蕉等。

香蕉采收后，需经催熟方可食用。香蕉以果实肥大、皮薄肉厚、色厚、香味浓的为上等佳品。

10）菠萝

菠萝属凤梨科凤梨属(Bromeliaceae Ananas Comosus Merr.)，本属中只有菠萝作为经济作物栽培，为多年生常绿草本植物的果实。我国主要产于台湾、广东、海南、广西、福建、云南等地，是我国南方热带地区重要果品之一，其中广东产量最多。

菠萝的果实为圆锥形，外有鳞片状小果约百个以上。当花序轴上的小花脱落后，花苞、萼片、子房、花柱和花序轴便膨大而成肉质化的松球状复果。果肉为淡黄色，成熟后肉质松软，稍有纤维，味酸甜，多汁，有特殊的香气。果汁不仅含有糖和有机酸，而且还含有丰富的菠萝蛋白酶，有助于人体对蛋白质的消化吸收。菠萝经济价值高，除供应市场鲜销外，还是加工罐头和果汁的重要原料。

菠萝的品种很多，我国栽培的品种有30余种，其中台湾就有20余种，其中有杂交改良的，也有引进的。主要类型有3个：一是皇后类，果小，卵圆形，适宜鲜食，品种有巴厘、神湾种、金皇后等；二是卡因类，果大，圆筒形，适宜制罐，品种有无刺卡因(沙劳越、夏威夷)、粤脆；三是西班牙类，果球形，品种有红西班牙、有刺土种等。

2.1.2 蔬菜种类

2.1.2.1 依食用器官的蔬菜分类法

1）根菜类

(1) 直根类：萝卜、芜菁、胡萝卜、根甜菜、根用芥菜。

(2) 块根类：薯蓣、豆薯。

2）茎菜类

(1) 肥茎类：莴苣、茭白、榨菜、球茎甘蓝。

(2) 嫩茎类：石刁柏、竹笋。

(3) 根茎类：莲藕、姜。

(4) 块茎类：马铃薯、菊芋。

(5) 球茎类：芋、慈菇、荸荠。

(6) 鳞茎类：洋葱、百合、大蒜、薤。

3) 叶菜类

(1) 普通叶菜类：白菜、菠菜、芥菜、雪里蕻、甜菜、莴苣、茼蒿、苋菜、蕹菜。

(2) 结球菜类：结球甘蓝、结球莴苣。

(3) 香辛菜类：大葱、芫荽、韭菜、水芹、香芹菜、茴香。

4) 花菜类

(1) 花部类：金针菜、朝鲜蓟。

(2) 花茎类：花椰菜、紫菜苔。

5) 果菜类

(1) 瓜类：黄瓜、冬瓜、西瓜、甜瓜、南瓜、苦瓜、佛手瓜。

(2) 茄果类：番茄、茄子、辣椒。

(3) 豆类：豌豆、蚕豆、菜豆、刀豆、扁豆、豇豆。

6) 其他类：凡不能列入以上各类属的，如香蕈、木耳、香椿、菱等。

2.1.2.2 依生活周期长短的蔬菜分类法

(1) 一年生蔬菜：豆类、瓜类、茄果类。一年生蔬菜的生活周期(自种子发芽至成熟)，可以在一个生长季节内完成，所需时间的长短，视蔬菜种类而定。

(2) 两年生蔬菜：白菜、芥菜、甘蓝、萝卜、胡萝卜、芜菁、大葱、甜菜。两年生蔬菜自种子发芽至种子成熟，须经过两个生长季节和一个冬天，在第一年形成储藏养分的器官，第二年才结种子。洋葱春播多为两年生，但晚秋播的生活周期需跨越 3 年。

(3) 多年生蔬菜：石刁柏、菊芋、草石蚕、百合、韭菜、茭白、藕、金针菜等。多年生蔬菜一般每年能完成一个生长周期，栽培在同一地方可连续生存数年，待生长势力衰退另行分株或重新播种，才能恢复它的生长势力。

2.1.2.3 依生产特点的蔬菜分类法

1) 白菜类

白菜类蔬菜原产我国，属十字花科，芥属 (Brassica)，是蔬菜中最重要的一类，每亩产量可达 1 000 kg 以上。结球白菜是北方秋季、冬季最主要的蔬菜。不结球白菜是江南最主要的绿叶蔬菜，生长期短，可随时供应，并可在秋季、冬季大量腌制及干制。芥菜类多制成腌渍品，供给周年食用，其中广东的大芥菜、浙江一带的雪里蕻和四川榨菜等在国内外颇负盛名。

白菜类是芥属的两年生植物，需要长期的低温湿润季节，不宜在高温干燥的季节生长。要求保水力和保肥力强的黏土壤，需要多量的氮素肥料。用种子繁殖，也宜移植，如结球白菜、高脚白菜、瓢儿菜、乌塌菜、芥菜、雪里蕻、根芥菜、榨菜等。

(1) 结球白菜：结球白菜一般在生长前期，生长十几片肥大的外叶，至生长后期，在适宜的环境下，生长的叶片重叠包被，有的越过叶球的半径，形成叶球，其外部的叶子呈浅绿色。

(2) 不结球白菜：不结球白菜的叶直立生长，不结球，叶片多有光泽，并无茸毛。普遍栽培的又可分为普通白菜、塌地白菜和苔用白菜 3 类。

(3) 芥菜类：芥菜类叶片为绿色及深绿色，叶面多皱缩，多数种类的叶片带有紫色，并都有酸辣味。其中又包括叶用芥菜、茎用芥菜和根用芥菜 3 类。

2）甘蓝类

与白菜类基本相似，比较耐寒，用种子繁殖，如结球甘蓝、花椰菜、球茎甘蓝、抱子甘蓝、芥蓝等。甘蓝类蔬菜，对外界环境适应性强，我国南北各地均能栽培，多数地区一年可栽培两季，且耐运输和储存。甘蓝类菜可供鲜食或腌渍、酸渍等。结球甘蓝与球茎甘蓝在华北、西北、东北等地较多，而花椰菜则在南方如福建、广东等省较多。

3）直根类

直根类主根肥大，能耐低温，解剖学构造从外到内所包含的主要组织层次为周皮层、韧皮部、形成层及木质部，主要的食用部分为韧皮部及木质部的薄壁组织。直根类都是两年生植物，是酱制、腌渍、干制加工的重要原料。直根类包括萝卜、芜青、胡萝卜、根甜菜等。

（1）萝卜：萝卜的品种很多，依其栽培特性可分为三大类。

① 秋冬萝卜：秋冬萝卜适于秋冬时期栽培，耐寒性强，产量高，耐储藏，品质优良。

a. 熟食用种：外表及肉均极洁白，质细致，粗纤维少，肉质比重小，组织较松，煮熟后肉质柔软而收缩少，有甜味或味变淡，各地都有栽培，如济南大红袍、美浓早生、杭州白圆萝卜等。

b. 生食用种：一般形状美观，色泽鲜明，外皮光洁，大小适中，肉质根中糖分和淀粉含量比较高，肉质比重大，组织致密，脆嫩多汁、味甜，没有苦味和辣味，如北京心里美。

c. 加工用种：组织比较致密，含干物质多，如二缨系萝卜、露八分、罐萝卜等品种。

② 夏萝卜：能耐炎热气候，可以提早播种于夏季栽培，根红色或白色，不耐储藏，对调节蔬菜供应有重要意义。此类品种有北京的锥子把、爆竹筒和四川热萝卜、南京五月红等。

③ 四季萝卜：此类均系小型早熟种，白色或红色，不耐储藏，如上海小红萝卜、杨花萝卜等。

（2）胡萝卜：胡萝卜富含胡萝卜素，营养价值较高，其肉质根可制干（脱水菜）、腌渍、酱渍、胡萝卜脯（红参脯）及胡萝卜汁。胡萝卜适应性强，易栽培，病虫害少，更耐储藏和运输。

依根的长度可分为长根种和短根种；依根形又可分为长圆柱形（南京红、常州胡萝卜等）、短圆柱形（西安红萝卜、安阳胡萝卜等）、长圆锥形（山头红、蜡烛台、北京鞭杆红等）、短圆锥形（烟台五寸、二金红胡萝卜等）。

（3）芜菁：芜菁外形颇似萝卜，但不宜生食，可分为饲用种及食用种两类。食用种包括3种：扁圆种，如浙江永嘉、瑞安等县的盘菜，上海的海萝卜；圆形种，如北京的光头蔓菁；短圆锥种，如北京的两道脸蔓菁及济南的红蔓菁等，以及长圆锥种，如山东安邱、高密所产的猪尾巴蔓菁。

（4）根用芥菜：根用芥菜是生成肥大根部的芥菜变种，其不同于芜菁的主要特点为辛辣味重，肉质紧密，直根外皮较粗糙等。从根形上可分为圆筒种，例如四川的花叶子大头菜、大叶子大头菜；圆锥种，例如山东的辣疙瘩。

（5）根甜菜：分为食用种、饲用种及制糖种三大类。在蔬菜中所讲的为食用种，根的外皮及肉质皆为深紫红色，肉质有同心环纹，根有扁圆形、圆球形及圆锥形3类。

4）茄果类

茄果类蔬菜主要包括番茄、茄子及辣椒，均属于茄科，是我国最主要的果菜类之一。茄科蔬菜，性极不耐寒，须在高温季节生长，需肥沃的土壤，用种子繁殖，育苗移栽，须多施磷肥。茄果类除供鲜食外，也是加工的好原料。

(1) 番茄的种类及品种：现代栽培的番茄，依据果实大小、叶形及植株特性等分为下列5个变种。

① 普通种：果实圆球形或扁圆形，果肉多汁，产量高，经济价值大，大多数的栽培品种都属于这个变种。

② 直立种：又称矮生番茄，茎矮粗壮，能直立，不需支架，并具有厚而皱纹很多的叶，果实扁圆，果肉细密且品质佳。

③ 大叶种：茎高大强壮，叶形大，似马铃薯的叶子，叶数少，果实紫红色，果实形状与普通番茄相似。

④ 樱桃种：果实小而圆，似樱桃，果色红或黄。

(2) 茄子的种类及品种：我国栽培的茄子分为下列3种类型。

① 圆茄种：晚熟种，产量高，品质好，肉质较硬。我国华北各地栽培的大部分都属于这一类，如北京圆茄、荷包茄、济南大红袍、重庆白茄等。

② 长茄种：生长性质和圆茄相似，中熟或早熟，产量高，品质佳，肉质软，长江以南各地多栽培。主要品种如江苏红长茄、浙江藤茄、四川竹丝茄、南京白长茄子、东北羊角茄、上海线条落苏等。

③ 矮茄种：早熟矮性种，果小而多，卵圆形，产量较低。南北各地均有栽培，如南京油瓶寒、北京早生真黑茄、灯泡茄等。

(3) 辣椒的种类及品种　辣椒为我国西北及西南一带的重要蔬菜。辣椒可制酱或干制，干椒是外销内贸的重要土特产品。辣椒含有的维生素C在蔬菜中占第一位，维生素A的含量接近于胡萝卜，还含有挥发性的辣椒素，可以作兴奋剂，能助消化，增进食欲。

辣椒品种很多，普遍栽培品种可分5个类型。

① 樱桃椒：果向上直立或斜生，圆形、心脏形或扁圆形，小如樱桃，红色或紫色，辣味极强，如四川的扣子椒。

② 圆锥椒：果实为圆锥形或长圆筒形，长约3.3 cm，辣味强。

③ 族生椒：果实向上直立，族生成群，形细小，色红，味极辣，如湖南及四川的朝天椒。

④ 长形椒：又名羊角椒或大红辣椒，前端尖，弯曲成羊角形，下垂生长，产量高，品质优，辣味强，如北京的大青椒。

⑤ 灯笼椒：又名甜椒，生长强健，植株高大，果实大，基部凹入，边缘有沟，长圆形，色红，肉质肥厚，味微甜，少辣味，产量高，如德县柿子辣椒。

5) 瓜类

葫芦科蔬菜都属此类，极不耐寒，例如黄瓜、西瓜、甜瓜、南瓜、冬瓜、苦瓜、葫芦等，瓜类含有较多的维生素，并含有胨化酶。作为水果用的西瓜和甜瓜，含有大量的碳水化合物，主要是糖。西瓜的含糖量是3.5%～14.0%，甜瓜的含糖量是4.2%～18.0%，而新疆的哈密瓜及兰州的醉瓜含糖最多，可以制成瓜干。我国的南瓜在成熟后含有16%～17%的干物质。在瓜类中除食用其瓜肉、瓜瓤外，其种子的含油量也很高，如南瓜种子的含油量可达50%；南瓜及西瓜的种子是炒货食品原料；冬瓜晒干或制作果脯蜜饯；丝瓜在老熟后，组织形成丝瓜络，可作为海绵的代用品、造纸及人造丝的原料，又可入药。瓜类栽培的主要种类有：

(1) 黄瓜：依果实的形状可分为短圆筒形、细长圆筒形和细小圆筒形。

① 短圆筒形(椭圆形)：无刺或少刺，如杭州的白皮胡瓜，我国栽培不普遍。

② 长圆筒形：果实长圆筒形，多有刺，长 33 cm 左右，如各地栽培的黑汉腿、刺瓜、北京的早熟黄瓜、上海黄瓜等。

③ 细长圆筒形：果形细长，可达 66～100 cm，多有刺，成熟较晚，如北京的鞭瓜、东北的水黄瓜、四川伞把子黄瓜等。

④ 细小圆筒形：果小，充分长大也不过数寸，果实寸许时即采下，一株可采果数十条，专供加工酱渍用，如锦州的二虎头品种。

(2) 西瓜：西瓜可分为果用和籽用两大类。普通西瓜是栽培的主要种类，又分下列数种。

① 大型种：北方栽培较多，如山东德县喇嘛瓜(西洋枕)，河北、山东、浙江、江苏等省的三白瓜。另外还有异瓜，其瓜、瓤、种子有不同的颜色，如花皮三异(花皮、红瓤、白子)、白皮三异(白皮、红瓤、黑子)、大黑皮(浓绿色皮、沙瓤、黑子)等。

② 小型种：南方栽培较多，如浜瓜，产于上海、杭州、南京一带。瓜小，略带椭圆形，皮薄，色浅绿，有绿色网状条纹，重约 1.0～2.5 kg，种子赤褐色。马铃瓜，又名枕头瓜，浙江栽培较多，晚熟种，长椭圆形，外皮黑绿色，有花纹，瓤橙黄色，种子黑色。甘露，果圆形，皮绿色，有浓绿的纹云，皮薄，果肉鲜红，品质极好，为日本种。太和瓜，在广东、广西栽培较好，果圆形，外皮淡绿，能抵抗潮湿，为日本种。冰淇淋，果皮淡绿色，有深绿条纹，间以绿色网纹，瓤乳黄色，味甘多汁，种子较小，乳黄色，结果早，皮薄易裂是其缺点，为美国种。

(3) 甜瓜

① 番瓜：果实圆筒形或卵圆形，外表光滑，多数品种果肉爽脆而甜，香味浓厚。以山东益都的银瓜为最著名的品种，其他如北京的三白甜瓜、济南及泰安的白糖罐、杭州及成都的黄金瓜、各地栽培的竹笋青、面瓜(肉质酥软发面)等。

② 网纹甜瓜：果实圆球形，果面有网纹，如兰州的猪皮绿肉醉瓜、猪皮红肉醉瓜、白皱绸醉瓜。

③ 兰州甜瓜：果实长卵圆形，表面光滑，果肉外层绿色，内层黄红色，极香甜，种子小如芝麻，如兰州金塔寺瓜、黄蛤蟆瓜。

④ 哈密瓜：我国新疆特产，果实较大，橄榄形，亦有网纹，种子形大而曲折，极甜，宜加工制瓜干。

(4) 南瓜：我国栽培的南瓜主要有普通南瓜、笋瓜及西葫芦。

① 普通南瓜：果实成熟后干物质含量最高，主要品种类型如下：

a. 扁圆形至圆形：如北京大磨磐、小磨磐，湖南的柿饼南瓜，济南的墩碌等。

b. 梨形：果实上小下大，上部突心，下部有种子腔，如山东的大肚子方瓜、湖南的甄蓬南瓜。

c. 细颈形：果实上中部细长而实心，下部膨大，如北京的大金钩、山东的牛腿南瓜。

d. 扁椭圆形：如湖南的枕头瓜。

② 笋瓜：我国盛产，主要品种类型有：

a. 厚皮笋瓜：果实纺锤形，外皮光滑，深绿色，上有黄白色纵条纹，味甘美。

b. 金瓜：果形奇异，果面光滑，肉色黄或深黄，味甘，肉厚耐储存。

c. 尖头笋瓜：主要分布于黄河以北地区，果实短圆锥形，中等大，果面光滑，灰蓝色，肉质致密，深黄色，甜绵。

③ 西葫芦：我国主要分布于山东、河北等地，优良品种有面茇瓜、小白皮、青皮西葫芦等。

(5) 冬瓜：我国分布全国，以湖南和广东两省著称。分小型、大型两种。

① 小型冬瓜：果小，多扁圆形或圆形，每株结果多，成熟早，多采用嫩瓜，果重 0.5～1.0 kg。

② 大型冬瓜：果实大，迟熟，较耐储藏。如长圆筒形种有湖南粉皮冬瓜、独山大冬瓜，果重 15～25 kg；短圆筒形种有北京东头冬瓜；扁圆形种有北京、济南的柿饼冬瓜，果重 2.0～2.5 kg。

(6) 其他瓜类

① 葫芦：葫芦也称扁蒲，果实长圆筒形，果面淡绿色，肉质纯白而柔软。各地栽培的短颈葫芦及长颈葫芦幼嫩时可食，老熟后可制作为瓢及勺等。

② 越瓜：越瓜与甜瓜同属，果实不香，味同黄瓜，其中长形越瓜及小椭圆越瓜各地都作为腌制或酱制用。生食的多为圆筒形及大椭圆形越瓜。

③ 丝瓜：丝瓜中长丝瓜细长筒形，可达 16.5～20.0 cm；棱丝瓜纺锤形，有棱，肉质柔嫩；而短丝瓜呈棍棒状，蒂部肥大。

④ 苦瓜：苦瓜果实表现有瘤状突起，幼嫩时为青色而苦，成熟时变红色而甜，同时开裂。

6) 豆类

豆类蔬菜以鲜豆荚、鲜豆、干豆及豆芽等作为食用，营养价值高而风味好，广泛分布于全国各地。菜豆及豌豆的嫩苗和籽实富含蛋白质、糖及淀粉，而新鲜产品中因含有丰富的维生素 A、B、C，故作为日常蔬菜时具有高度的营养价值。同时，鲜豆苗及鲜豆还可做成腌制品与罐制品。

(1) 菜豆：菜豆可分硬荚(荚壳内有一层粗而厚的纤维质膜)、半软荚(纤维质膜形成迟且少)、软荚(无纤维质膜)等，每个豆荚含有 1～8 粒种子，多呈肾脏形，色泽依品种而异，有红、黄、黑以及各色斑纹。

(2) 豌豆：豌豆果实可分为硬荚和软荚两种。种类包括菜用豌豆和粮用豌豆，前者食用其鲜豆及豆粒，后者食用其干豆。菜用碗豆又可分为软荚种和硬荚种。

① 软荚种：又称甜豌豆，豆荚的内果皮纤维质不发达，柔软多汁，成为主要的食用部分，其幼嫩的种子也可做菜用，一般菜用豌豆多属此种。

② 硬荚种：豆荚纤维质发达，不能作为食用，但豆粒大而质地较嫩，成为食用部分。依豆粒的性质又可分为圆粒种和皱粒种两类。

a. 圆粒种：种子干燥后成为饱满的圆形，含水多，糖分较少。

b. 皱粒种：种子干燥后皱缩，在成熟过程中乳熟期较长，含水分、糖分较多，但因对气候条件的要求严格，因此栽培较不普遍。

(3) 豇豆：豇豆可炒食、凉拌或腌泡。老熟豆粒可作粮用，或制作糕点、豆沙馅用；豇豆较耐热，对解决晚夏淡季缺菜具有重要作用。豇豆按果荚长短、质地和食用部分不同分为豇豆、饭豇豆(食用籽粒，供粮用栽培)、长豇豆(主供菜用栽培)3 个栽培种。优良品种有红嘴燕、罗裙带、小白豇、铁线豆等。

(4) 蚕豆：一年生或两年生的半耐寒性植物，种子小扁圆或大扁平形，嫩时白色或绿色，成熟后为绿褐色或赤褐色。蚕豆依豆粒大小分为大粒种和小粒种两类。大粒种有成都大白胡豆、上海白皮等优良品种;小粒种多作为制酱或饲料用。

(5) 扁豆:一年生蔓性植物,形态与菜豆相似。荚果扁平,宽短而大,绿白色或紫红色,种子扁短圆形,黑褐色、白色或赤褐色。有紫色小白扁、猪色扁、红筋扁等优良品种。

(6) 刀豆:我国的刀豆为蔓性植物(洋刀豆为直立性),荚果极多而长,形弯曲扁平似刀状,种子肥大肾脏形,呈红色、粉红色或淡红色,种脐狭长。

7) 葱蒜类

百合科蔬菜均属于本类,如洋葱、大葱、韭葱、韭菜、大蒜、薤等。既可作为一般蔬菜,也是重要的调味品。大葱、大蒜、洋葱、韭菜在长江以北地区大量栽培。葱蒜类含有丰富的碳水化合物和硫、磷、铁等矿物质及维生素C,在幼嫩的叶片中含有胡萝卜素,鳞茎及叶子等组织中含有油脂性的挥发液体硫化丙酯,使葱蒜类植物具辛辣味,且具有消灭多种病菌及增进食欲的功效。

葱蒜类蔬菜采用各种栽培法能获得多种产品,如大蒜可获得蒜头、蒜苔、青蒜(蒜苗)、蒜黄等产品。大葱、洋葱、大蒜都耐储藏和运输。大蒜、蒜苔、薤、韭花等可制成糖渍或腌渍品。

(1) 大葱:大葱幼株亦可食,称为小葱,山东为主要产区。其主要品种可根据假茎高度和形态分为长葱白类型(如章邱梧桐葱、西安矮葱、洛阳笨葱、北京高脚白等)、短葱白类型(如寿光八叶齐、西安竹节葱)和鸡腿葱类型(基部显著膨大,呈鸡腿状或蒜头状,如莱芜鸡腿葱、大各鸡腿葱等)。

(2) 洋葱:洋葱适应性强,耐储运,也可加工成脱水蔬菜供出口贸易。洋葱品种按鳞茎形态可分为以下3种类型。

① 普通洋葱:普通洋葱主要的栽培类型包括以下3种。

a. 白色品种:早熟,球小,肉质柔软,水分少,不耐储藏,易抽苔。常用作脱水蔬菜原料或罐头食品配料。

b. 黄色品种:中熟或晚熟,球中等大,肉质致密,耐储藏。

c. 紫色品种:多为晚熟种,球大,每个可重250 g,辣味强,组织致密,耐储藏。

② 顶生洋葱:顶生洋葱栽培很少,但极耐储藏,主要作腌渍用。

③ 分蘖洋葱:分蘖洋葱鳞茎小、品质差,由于抗寒性极强且很耐储藏,因此在冬季严寒地区仍有种植价值。

(3) 大蒜:大蒜有白皮、紫皮两个类型。白皮类型成熟晚,适于腌渍,如苍山蒜(耐储)、大马芽、杭州白皮大蒜等。紫皮类型辣味浓郁,如蔡家坡大蒜、定县紫皮蒜、嘉祥大蒜等。

(4) 韭菜:韭菜是我国特有的蔬菜,一年可多次收获,包括宽叶种和窄叶种。

(5) 薤:薤在西南及华南一带栽培最普遍,叶短,呈管状,长圆锥形的鳞茎称为薤头。鳞茎重生,约10余个,薤头可用作生食、腌渍或糖渍。

(6) 分葱:分葱在四川及江南栽培较多,鳞茎长圆锥形,绿叶及鳞茎均可食用。

8) 薯芋类

薯芋类是以块茎、根茎、球茎、块根为产品的蔬菜,均含有丰富的淀粉。马铃薯的淀粉含量可达20%~25%,是酒精制造等工业中最好的一种原料。薯芋类蔬菜的产品除含有淀粉外,还含有糖、蛋白质、维生素B、维生素C等其他营养物质。姜含有一种黄色素($C_{14}H_{14}O_6$)及有香味的挥发油,为香辛蔬菜且具有医药效用。草石蚕、菊芋和姜是良好的腌渍加工原料。

（1）马铃薯：块茎的形状有圆形、椭圆形、卵圆形和长筒形等，表皮颜色有白色、黄色、红色及紫色等。薯肉有黄、白、淡黄等色。在块茎的表面有许多芽眼，每个芽眼通常具有3个以上的幼芽，通常只有中央的一个芽可以发育，两侧的芽都停留在休眠状态中。当中央的芽受到伤害时，侧芽才能萌发生长。

（2）芋：芋为天南星科芋属的多年生草本植物，地下茎膨大成圆球形至长椭圆形块茎，外皮褐色，其生长习性可分为水芋和旱芋两种。芋耐储运。

（3）豆薯：豆薯是豆科一年生蔓性草本植物，其块根可肥大成为长纺锤形或扁圆形，表皮褐黄色，果实为荚果。豆薯的肥大块根洁白脆嫩多汁，富含糖分和蛋白质，还含有丰富的维生素C，可生食也可熟食，茎叶和种子都含有鱼藤，对人畜有毒害，可用作杀虫剂。

（4）薯蓣：薯蓣是薯蓣科薯蓣属的植物，根肥大成棍棒状、掌状或块状，外皮黄褐色或紫红色，密生许多很细的须根，耐储藏、耐运、营养丰富，富含蛋白质及碳水化合物，还可代粮。

（5）姜：姜是襄荷科的多年生草本植物，地下茎肥大成根状茎，外皮灰白色，含有辛香浓郁的挥发油和姜辣素，是重要的调味品，还可加工成姜干、糖姜片等食品。此外，姜还是医药上良好的健胃、去寒、发汗和解毒剂。

（6）草石蚕：草石蚕为唇形科一年生草本宿根植物，块茎形似蚕蛹、宝塔、螺丝，故又名螺丝菜、宝塔菜。食用部分是地下茎，肉质洁白脆嫩，无纤维，盐渍酱制，为酱菜中珍品。

（7）菊芋：菊芋为菊科向日葵属一年生草本植物，秋季在地下形成肥大不规则的球形或椭圆形的块茎，可供食用及繁殖，其块茎质地细致、脆嫩，最宜腌渍食用。

9）绿叶菜类

除芹菜、莴苣外，绿叶菜类生长期均较短，一般在播种后60天内可以采收，柔嫩味美，富有多种维生素和矿物盐以及挥发性芳香物质。菠菜含有很多可以利用的铁盐和维生素A、D以及蛋白质。芹菜、芫妥含有挥发性芳香油，是极为普通的辛香调味蔬菜。

（1）菠菜：菠菜为一年生或两年生的草本植物，根据菠菜果实上刺的有无，可分为有刺种和无刺种两种类型。

（2）芹菜：芹菜以叶柄为主要食用部分，依其叶柄的性状可分为两种类型。

① 绿色种：叶较大，叶柄细，呈绿色，植株高大，产量高，但软化品质较差，如福建福州的青种芹菜、山东淮县的青苗芹菜。

② 白色种：叶较小、淡绿色，叶柄黄白色，植株较短小，易生病害，但品质优良，易于软化，如福建福州的白苗芹菜。

（3）莴苣：莴苣有叶用莴苣和茎用莴苣两种。前者宜生食，故名生菜；后者又名莴笋，可生食、熟食、腌渍及干制。包括结球莴苣、皱叶莴苣、直立莴苣和莴笋4个变种，其中莴笋的叶狭长，茎直立而肥大，为主要产品部分，是我国主要的栽培种类。

（4）茼蒿：茼蒿以幼嫩的茎叶为食用部分，有特殊香气，一般栽培上可分为大叶种和小叶种。大叶种叶大而缺刻浅，不甚耐寒，品质良好。小叶种叶细小，缺刻多而深，较耐寒，但香气品质较差。

（5）苋菜：苋菜为一年生草本植物，采用幼苗及嫩茎叶食用，主要品种有绿苋、红苋两种。绿苋茎叶青绿色；红苋茎叶红色，但品质较差。

（6）蕹菜：蕹菜为一年生蔓性植物，茎中空柔软，采取嫩梢叶食用。品种有大叶种、小叶种和水蕹菜、旱蕹菜之分，以小叶种、旱蕹菜的品质较好。

(7) 芫荽：芫荽在我国南、北方栽培均较普遍。芫荽嫩茎幼叶具有特殊香气，供作生食调味之用。品种有大叶种和小叶种之分。

(8) 冬寒菜：冬寒菜在我国东北、华北、长江流域、华南、台湾均有栽培，以采取嫩梢嫩叶作食用，汁甚黏滑，有紫梗冬寒菜和白梗冬寒菜之分。

10) 水生菜类

水生菜类除作蔬菜食用外，莲藕、荸荠及菱的幼嫩产品都含有糖分而且多汁，还可以作为水果生食。成熟产品中又富含淀粉，可以当作粮食或加工提取淀粉作为工业原料及食用。水生蔬菜一般均耐储运，供应时期较长，茭白5～11月都可生产，莲藕、荸荠可以周年供应。

(1) 莲藕：莲藕是睡莲科多年生水生草本植物，我国栽培食用的莲藕依品种可分为两类：一类为藕用种，其根茎肥大，外皮白色，肉质脆嫩，味甜，产量高，花多白色，结实不多，其藕入土较浅，病害较少；另一类为莲用种，藕小，肉质稍带灰色，深入土中，品质较差，花多红色，结果多，主要采用莲子。在蔬菜栽培上常以藕用种为主。

(2) 茭白：茭白为生于浅水中的禾本科多年生水生宿根草本植物，呈长纺锤形，外皮淡绿色，它的内部白色，质软味甘。

(3) 荸荠：荸荠属沙草科多年生草本植物，食用部分为肥大的球茎，呈紫红色或紫黑色，有光泽，肉质纯白多汁，可作水果或蔬菜食用。

(4) 慈菇：慈菇属泽泻科多年生水生草本植物，在华南地区和长江流域栽培普遍，风味佳，供食用，也可制作淀粉。

(5) 菱：菱为菱科水生一年生草本植物，果实中具有一大一小的子叶，食用部分是其大子叶。如按角的多少来分类，有四角菱、无角菱、三角菱3种。果实幼嫩时壳薄多汁，味甘而美，最宜生食。果实到成熟期，叶壳坚硬，不易剥开，种子中淀粉质增加，只宜于熟食。

11) 多年生菜类

多年生菜类在我国以竹笋和金针菜栽培最广，且生产最多。竹笋含有特种氨基酸，鲜美可口，此外还含有各种少量的维生素及多量的磷、钙、铁等矿物盐类。金针菜栽培容易，而且营养价值很高，其鲜花中含有丰富的维生素A、C及蛋白质、糖等成分，也是具有特殊风味的蔬菜之一。香椿在我国北方农村栽培很普遍，春季采取嫩梢幼叶作蔬菜，具有特殊的香味。百合在甘肃兰州及南京陵园一带栽培较多，为当地名产，含有丰富的淀粉及蛋白质，一般均作营养品食用。

(1) 竹笋：作为蔬菜食用的竹笋必须组织柔嫩、无苦味或其他恶味，或虽稍带苦、涩味，经加工后除去，仍具有美好的滋味。常见的食用竹笋有毛竹笋(孟宗竹)、淡竹笋、苦竹笋等。此外，尚有刚竹、刺竹、麻竹、绿竹等也可食用，其中以毛竹笋品质最好，数量最多。

(2) 金针菜：金针菜花蕾将开放时采收供应食用最好，花开放后呈淡黄色，以花蕾干制品供食用，畅销国内外。

(3) 石刁柏：石刁柏是百合科天门冬属植物，以嫩茎供食用，既可鲜食，也可制罐头，味芳香鲜美，柔软可口，能增进食欲，帮助消化，并富含多种维生素和氨基酸，还有含有大量天门冬酰胺和天门冬氨酸等，对心脏病、高血压和疲劳症等均有疗效，在欧美，人们视其为优良的保健食品，有白色嫩茎和绿色嫩茎两种类型。

(4) 百合：我国栽培作蔬菜用百合主要有卷丹、山丹和山百合3种，供食用部分由多数肥厚鳞片构成。

(5) 香椿：香椿为楝科多年生落叶乔木，春季发芽，嫩叶仍带紫绿色时可供食用。

(6) 朝鲜蓟：朝鲜蓟可供食用的是巨大的头状花序，其花盘富含碳水化合物，并含有特殊风味的芳香物质。

(7) 食用大黄：食用大黄有粗壮的叶柄和肥大的叶，含多量的苹果酸，可供煮汤及制果酱用。

思考与练习

1. 果树主要依据哪些特性进行分类？各分哪些种类？
2. 主要果实种类的形态结构各有什么特征？
3. 蔬菜主要依据哪些特性进行分类？各分哪些种类？

2.2 果蔬原料的组织结构

果蔬为含水量丰富的易腐食品，极易腐烂变质，水果、蔬菜只有通过储藏与加工才能达到长期保藏的目的。要进行加工保藏，必须要知道果蔬本身的原料特性，了解果蔬组织结构与果蔬储藏加工的关系，才能提出适合于原料品质、能最大限度地保持原料品质的加工及储藏保鲜的方法。

2.2.1 构成果蔬组织的细胞

果蔬组织是由各种机能不同的细胞群组成的。细胞的形状、大小随果蔬种类、细胞所在部位和担负的任务而不同，如根茎尖端生长点的幼小细胞是近立方形的；担负输送水和养分的细胞为管状；储藏营养物质的薄壁细胞近似卵形或球形且较大。果蔬可食部分的组织基本上是由薄壁细胞组成的。一般细胞的直径约在 10～100 μm，多汁的水果(如成熟的西瓜、番茄)果肉细胞更大些，可达 1 mm。细胞由细胞壁、细胞膜、液泡及内部的原生质体组成。

2.2.1.1 细胞壁与细胞膜

细胞壁由纤维素、半纤维素等组成，有弹性，较坚韧，对细胞内部物质起支撑和保护作用。细胞壁常有木质化、木栓化现象和角质化现象，它是植物细胞与动物细胞的一大区别。

在植物细胞壁与另一细胞壁之间存在一层物质称中胶层，它主要是由原果胶和半纤维素、纤维素等物质组成，在体内起将各个细胞黏合在一起的功能。然而当果蔬衰老或外界环境使原果胶发生水解之后，这层黏性大大降低，组织松弛，品质下降。

细胞壁的内部为一层细胞膜(原生质膜)，它主要是由磷脂等物质组成的液晶态物质，具有半透性，对于维持植物细胞的正常生理代谢起重要的作用。在低温或其他不良环境中，细胞膜的液晶态结构若遭到破坏，细胞就不能有正常的代谢功能，甚至会失去活性。

活的植物细胞、细胞壁为全透性膜，而细胞膜为半透性物质，故细胞液经常可以保持较高的浓度，且有一定的渗透压。若置于低浓度溶液中，会产生渗透现象，水分从外面渗入细胞内部，原生质施压力于细胞壁上产生膨压；相反，若将细胞置于浓溶液中，细胞中水分会向外渗透而出，原生质失水，其体积缩小，产生质壁分离。这些特性与果蔬加工关系密切。

2.2.1.2 液泡

在原生质生命活动过程中，成熟的细胞内形成的充满汁液的泡状物称为液泡。其外围为液泡膜，也是一种半透膜。液泡内的细胞液除了含有 90%左右的水分外，主要是储存物质，含有无机盐、有机酸、糖、植物碱、单宁和花青素等水溶性物质，使果蔬具有酸、甜、苦、涩、辣等味道。此外，花青素的存在使果蔬呈现特有的色彩。

2.2.1.3 原生质体

原生质体是细胞内具有生命活性的物质，包括细胞质、细胞核、线粒体、质体等。细胞质是细胞的生活基础物质，为无色半透明、有弹性和黏性的胶状物质。细胞核是遗传物质的储存场所，为圆球形的小球体，无色透明。质体是由线粒体产生的颗粒，为绿色植物所特有，成长后可转化为淀粉。叶绿体含有叶绿素，这是大部分叶菜类以及莴苣、黄瓜等的主要色素。有色体含有类胡萝卜素与叶黄素，存在于果蔬中，使器官呈现红、橙、黄等颜色，如山楂果实、胡萝卜根中均有。

2.2.2 果蔬植物组织的种类

多细胞植物的各个细胞，因功能上的分工而发生形态、构造上的分化，形成不同的细胞群。在发育的器官中起源相同，形态、结构、机能相一致，能行使共同机能的细胞群，称为组织。不同的组织构成植物体的各种器官，如根、茎、叶、花、果和种子等。

根据植物组织的各种生理机能、形态结构的特点及其分化的先后，把植物的组织主要分为以下几种。

2.2.2.1 分生组织

分生组织存在于植物根、茎等的先端或根茎等的内部。分生组织的细胞分裂所形成的细胞再进一步分化，就形成各种不同的组织，这样使根、茎得以伸长或变粗，分生组织的细胞排列紧密，具有薄的细胞壁，里面充满原生质，细胞核大，液泡大，并具有分裂能力。

2.2.2.2 保护组织

保护组织由植物体表面一层或数层扁平、排列紧密的细胞组成，起保护作用，防止体内水分过度蒸发，抵抗外界风雨和病虫的侵蚀，因此该组织是暴露在空气中的器官(如茎、叶、花、果实)表面的表皮。该组织的细胞常角质化、木栓化；有的表皮外壁上有蜡质(如苹果、葡萄等)；有的植物的根和茎可以加粗，加粗的过程破坏了表皮，在表皮下又形成了新的保护组织，这种组织叫周皮，等等。这些保护组织的食用品质低下，影响加工品的质量，因此加工时应修整去除；但在果蔬的储藏运输中需要很好地保护好这层保护组织，避免机械损伤，以利于长期储藏保鲜。

2.2.2.3 薄壁组织

薄壁组织又称营养组织，根据它们的主要生理功能不同，一般将薄壁组织分为如下组织。

(1) 吸收组织：这是一类能从外界吸收水分和营养物质的薄壁组织。如根尖外层的表皮，其细胞壁和角质膜均薄，且部分外壁突出形成根毛，具有显著的吸收功能。

(2) 同化组织：能够进行光合作用的薄壁组织，它们的细胞中含有许多叶绿体，幼茎、幼果的靠边缘部分，常有绿色的同化组织存在，特别是叶片内的叶肉，是由典型的同化组织所构成的。

(3) 储藏组织：根、茎、果实和种子中常有大量储藏营养物质的薄壁组织存在，这种组织中常见的储藏物质有淀粉、蛋白质、糖及油脂等。如旱生的肉质仙人掌、景天等植物，它们体内的储藏组织储藏着丰富的水分和黏液，能适应于干旱环境的生长。

(4) 通气组织：湿生和水生植物体内，薄壁组织的细胞间隙特别发达，形成较大的气腔或贯连的气道，特称通气组织，如莲、慈菇、水稻等植物体内都具有这种组织。这类通气结构有利于气体交换，或适应于漂浮水中的生活。

(5) 传递细胞：这是一类特化的薄壁细胞，具有内突生长的细胞壁和发达的胞间连丝，以及适应短途运输物质的生理功能。这种内突生长的细胞壁是由非木质化的次生壁向细胞腔内突出生长而形成的。细胞质膜紧贴这种多褶的胞壁内突物，使细胞的吸收、分泌及与外界交换物质的面积增大，有利于对物质的吸收和传递。

果蔬的绝大部分食用器官是由薄壁细胞构成的，其食用价值和营养价值均高，是果蔬加工中应进行利用的主要部位。

2.2.2.4　机械组织

机械组织在植物体内起着支持的作用，细胞也大都为细长形，它的特点是细胞具有强烈增厚的细胞壁，由于组织结构的不同，又可分为厚角组织和厚壁组织。

(1) 厚角组织：细胞壁通常在彼此接触的角隅部分增厚的，称为厚角组织。这种机械组织是活细胞，除含原生质体外，常有叶绿体。它们的细胞壁主要由纤维素组成，因此壁的硬度不强，但具有弹性。厚角组织一般分布于幼茎和叶柄内，它们的存在不影响这些器官的生长。

(2) 厚壁组织：细胞壁全面平均加厚，并大都木质化，含水量低，原生质全部消失，只留下狭小的胞腔。厚壁组织通常分为两种：一种是由狭长、两端尖锐、有韧性的纤维细胞组成的纤维组织；另一种是短而宽的石细胞。石细胞的细胞壁特别增厚，并且木质化。如桃、杏等果实中坚硬的核心和梨果肉中所含的沙粒状结构都是石细胞。含石细胞的果肉，质地粗糙，不适宜加工。

2.2.2.5　输导组织

输导组织的特点为细胞呈长形，通常上下相连接，有的甚至失去原生质体，形成适宜输导用的管道，植物体内的水分和营养物质主要依靠这种组织来输送。

2.2.3　各类果蔬的组织结构特点

2.2.3.1　仁果类

仁果类的典型代表为苹果和梨，果实自外至内可分为果皮、果肉、维管束、种子等几部分。果皮由几层厚的角质化细胞组成，外表皮典型地角质化，且有蜡的聚积，故食用粗硬，化学去皮较难。果皮上含有丰富的果胶和单宁物质。果肉细胞由大型的薄壁细胞组成，含有大量的水分和营养物质。梨的果肉则随种类品种不同含有一定程度的石细胞，影响品质。另外，仁果类果肉靠种子部位有一周维管束，它是外界养分、水分输送的通道，在加工中对品质有一定的影响。仁果类种子深藏于整个种腔中，种腔外为一层厚壁的机械组织，对品质不利，应全部去净。

2.2.3.2　核果类

核果类果实如桃、油桃、李、梅、杏由果皮、薄壁的果肉组织及木质化的核组成，可食部分由大型的薄壁细胞组成，细胞多汁。某些较小的细胞含有簇状的草酸盐、维管束与纤维。李、桃等含有壁较薄的细胞组成的厚壁组织，而杏则有厚壁细胞组成的厚壁组织和纤维，故而决定了它们的质地不同。核果类果实纤维的多少与粗细是果品质量的重要指标，直接影响食用性和加工品质量。核果类果实的果皮基本上由几层厚壁细胞组成，与果肉间隔有薄壁组织，除李子外，较少含有蜡粉，易采用碱液去皮。

2.2.3.3　浆果类

浆果类特征为多汁浆状且柔嫩的果品，比较典型的有草莓与树莓类的聚合果、醋栗与乌饭树以及葡萄与番茄等。草莓和其他悬钩子属的果实类似，属于聚合果，它们由许多单种子的小果聚合而成。小果浆状多汁，大部分中间为空腔，这些果实极易受机械损伤，不耐储藏，适合于加工果酱和果汁。

2.2.3.4 柑橘类

柑橘类果实的结构与其他种类迥然不同，可大致划分为黄皮层、白皮层和囊瓣、中心柱几部分。外表皮不规则，细胞高度木质化并覆盖蜡，接着是几层较薄壁的含有色体的细胞，这两层常称黄皮层，其上含有圆球状的油腺，直径约 0.2～1.0 mm，压破之后可释放精油。黄皮层内部为几层白色的薄壁细胞，称白皮层。其厚度与结构随种类不同而异，宽皮橘类很薄，橙与柠檬中等，柚子和葡萄柚最厚。此层含有果胶物质及苦味物质和橙皮苷等糖苷。柑橘可食部分为囊瓣壁分离的多汁囊瓣，内含许多小汁胞（又称砂囊），间或有种子。汁胞横向排列，其柄连接囊瓣壁，以此输送养分。成熟后汁胞内含果汁及其他营养成分。囊瓣壁由果胶物质及纤维素、半纤维素组成。

蔬菜的组织结构特点对加工处理影响较大，但蔬菜种类较多，难以一一详述。大致叶菜类、茎及根菜类主要为薄壁组织，间或有维管束、机械组织和纤维。豆类主要为种子。另外，竹笋、蘑菇等也有其独特的组织特性，储藏和加工时值得注意。

思考与练习

1. 果蔬植物细胞组织有什么特点或作用？与储藏加工有什么关系？
2. 果蔬组织结构有什么特点？与储藏加工有什么关系？

2.3 果蔬的化学组成及其特性

果品蔬菜的化学组成不仅是人体所需要的营养成分，而且也是决定果蔬颜色、风味、质地、营养、耐储性和加工适应性等外观和内在品质的必要因子，是果蔬储藏加工的基础。

果蔬的化学组成一般分为水和干物质两大部分，干物质又可分为水溶性物质和非水溶性物质两大类。水溶性物质也叫可溶性固形物，它们的显著特点是易溶于水，组成植物体的汁液部分，影响果蔬的风味，如糖、果胶、有机酸、单宁和一些能溶于水的矿物质、色素、维生素、含氮物质等。非水溶性物质是组成果蔬固体部分的物质，包括纤维素、半纤维素、原果胶、淀粉、脂肪以及部分维生素、色素、含氮物质、矿物质和有机盐类等。

2.3.1 水

水果和蔬菜中的水分含量多在80%以上，有些种类和品种在90%左右，黄瓜、西瓜和番茄等含水量高达96%以上。水分在果蔬中以两种形态存在：一种为游离水，占总含水量的70%～80%，具有水的一般特性，在果蔬储藏及加工过程中极易失掉；另一种为束缚水，是果蔬细胞里胶体微粒周围结合的一层薄薄的水膜，它与蛋白质、多糖类、胶体等结合在一起，一般情况下很难分离。因此，在果蔬储藏和加工过程中，与果蔬游离水相比，较难失掉。

果蔬采收后在存放、运输和销售过程中易失水。失水达到5%就会使许多种类的果蔬萎蔫、皱缩，食用品质下降。在温暖干燥的条件下只要几个小时，有些产品就会出现上述现象。同时，失水也减少果蔬重量，直接造成经济损失。但增加环境中的相对湿度又容易引起微生物的滋生。

2.3.2 碳水化合物

果蔬中所含的主要碳水化合物可分为以下4种。

2.3.2.1 糖类

果蔬中所含的主要是蔗糖、葡萄糖和果糖。果蔬种类不同，3种糖的含量差别很大。仁果类中以果糖为主，葡萄糖和蔗糖次之，苹果中果糖含量可达11.8%。核果类中，杏、桃、李以蔗糖为主，可达10%～16%，较仁果类高，它们所含的葡萄糖高于果糖；相反，甜樱桃和酸樱桃的蔗糖含量却特别少。浆果类主要含葡萄糖和果糖，二者的含量比较接近，而蔗糖的含量很低，小于1%(0.13%～0.30%)，欧洲种葡萄、红穗状醋栗等浆果中甚至不含蔗糖。柑橘类果实含有大量蔗糖，即使在含有大量柠檬酸(6%～8%)的柠檬中，也含有0.7%的蔗糖；凤梨中也含有大量的蔗糖(8.6%)，但葡萄糖和果糖的含量却很少，分别为1%、0.6%；香蕉中含糖量最多，成熟的香蕉蔗糖含量达13.68%，而所含的葡萄糖和果糖也不少。

果蔬的含糖量在不同种类和品种间存在较大差异，如不同品种苹果的含糖量在5%～24%之间不等。同一品种生长在不同的气候和土壤环境中也表现出含糖量的差别。蔬菜的含糖量一般比果实低，而蔬菜中以地下储藏器官如块根、块茎等的含糖量较其他为高。一些常见果蔬的含糖量见表2-3-1。

表 2-3-1 常见果蔬糖的种类及含量

名称	转化糖(%)	蔗糖(%)	总糖(%)
苹果	7.35～11.62	1.27～2.99	8.62～14.61
梨	6.52～8.00	1.85～2.00	8.37～10.00
桃	1.77～3.67	8.61～8.74	10.38～12.41
李	5.84～9.05	1.01～1.85	6.85～10.70
杏	3.00～3.45	5.45～8.45	8.45～11.90
甜樱桃	13.18～16.57	0.17～0.43	13.35～17.00
酸樱桃	11.52～12.30	0.17～0.40	11.69～12.70
葡萄	16.83～18.04	—	16.83～18.04
甜橙	4.82	3.01	7.99
橘子	2.14	4.53	6.67
草莓	5.56～7.11	1.48～1.76	7.41～8.59
枣	56.00	8.00	64.00
香蕉	10.00	7.00	17.00
菠萝	3.00	8.00	11.00
胡萝卜			3.30～12.00
甜菜			9.6～13.3
洋葱			2.5～14.3
甘蓝			2.0～5.7
番茄			1.50～4.20
甜椒			4.2～7.4
茄子			2.2～4.6
黄瓜			2.52～9.0
西瓜			5.5～9.8
甜瓜			4.0～5.19

果蔬甜味的强弱除了取决于糖的种类和含量外，还与含糖量与含酸量的比例(糖酸比)有关。糖酸比值愈高，甜味愈浓；比值适宜，则酸甜适度。糖具有吸湿性，其中果糖的吸湿性最大，蔗糖最小。糖的吸湿性使果蔬干制品和糖制品易吸收空气中的水分而降低其保藏性。但果蔬糖制品常利用此特性以防止蔗糖的晶析或返砂。糖是果蔬储藏的重要呼吸基质，它在酵母或其他微生物的作用下可以产生酒精、乳酸及其他产物，因此，果蔬含糖量对腌制、酿造加工有重要意义。

还原糖，特别是戊糖与氨基酸或蛋白质发生羰氨反应生成黑色素，使果蔬制品发生褐变，影响产品质量。

2.3.2.2 淀粉

果实中含淀粉量较少，但未成熟果实多含有淀粉，而糖分较少，经过储藏淀粉转化为糖增加甜味，这种现象在香蕉及晚熟苹果中更为显著。如未熟的香蕉淀粉含量可达干物质的68%，而在成熟过程中淀粉由26%降低至1%，糖则由1%增至19.5%。晚熟苹果采收时约含淀粉1.0%～1.5%，经储藏1～2个月完全消失。所以，苹果经储藏后含糖量不但没有下降，甚至因淀粉糖化而略有增加。但核果类、浆果类果实达成熟时已不再含有淀粉，故含糖量也不会再增高。绿色苹果在未成熟时含淀粉较多，在果实开始生长时，它的淀粉含量一直在增加，随着成熟过程，其淀粉含量反而下降。

蔬菜含淀粉量较多，如马铃薯(14%～25%)、藕(12.77%)、荸荠、芋头、山药等，其淀粉含量与老熟程度成正比。凡是以淀粉形态作为储存物质的种类，均能保持休眠状态而利于储藏。对于青豌豆、甜玉米等以幼嫩粒供食用的蔬菜，其淀粉的形成会影响食用品质及加工产品品质。

含淀粉的果实酿酒时应首先将原料蒸煮，然后再糖化，这样可以增加出酒率。富含淀粉的果蔬，除可制取淀粉外，也是酿造、干制和生产饴糖的加工原料。

2.3.2.3 纤维素和半纤维素

纤维素常与木质、栓质、角质和果胶等结合，主要存在于果蔬的表皮细胞内，可以保护果蔬，减轻机械损伤，抑制微生物的侵袭，减少储藏和运输中的损失。但又因纤维素质地坚硬，就果蔬加工品质而言，含纤维素多的果蔬质粗多渣，品质较差。如梨果中的石细胞，就是含有木质纤维素所组成的厚壁细胞，形状似砂粒，质地坚硬。故含有石细胞多的品质较差。但有些梨品种含有石细胞虽多，但经过一段时期的储藏后，可使石细胞纤维中的木质还原，质地又变软，反而提高了品质，如巴梨。

果实中纤维素含量一般为0.2%～4.1%，其中以桃(4.1%)、柿(3.1%)中的含量较高，苹果为1.28%，杏为0.8%。蔬菜中纤维素的含量为0.3%～2.3%，芹菜为1.43%，菠菜为0.94%，甘蓝为1.65%，根菜类为0.2%～1.2%，西瓜和甜瓜最少为0.2%～0.5%。

2.3.2.4 果胶物质

果胶物质是植物组织中普遍存在的多糖类物质，主要存在于果实、块茎、块根等植物器官中。果实中多含有果胶物质，以山楂、苹果、柑橘、南瓜、胡萝卜等果实中含量丰富，山楂含果胶高达6.4%。果胶质以原果胶、果胶、果胶酸等3种不同的形态存在于果实组织中。原果胶多存在于未成熟果蔬的细胞壁间的中胶层中，不溶于水，常和纤维素结合使细胞黏结，所以未成熟的果实显得脆硬。随着果蔬的成熟，原果胶在原果胶酶的作用下分解为果胶，果胶溶于水，与纤维素分离，转渗入细胞内，使细胞间的结合力松弛，具黏性，使果实质地变软。成熟的果蔬向过熟期变化时，果胶在果胶酶的作用下转变为果胶酸。果胶酸无黏性，不溶于水，因此果蔬呈软烂状态。

果胶与糖酸配合成一定比例时形成凝胶，果冻、果酱的加工就是依据这种特性。普通果胶溶液必须在糖含量50%以上时方可形成凝胶，而低甲氧基果胶溶液和果胶酸一样，具有与钙、镁等多价金属离子结合而形成胶冻状沉淀的特性。因而，低甲氧基果胶溶液，只要有钙离子存在，即使在糖含量低至1%或不加糖的情况下仍可形成凝胶。目前这种果胶正应用于低糖果冻、果酱制品中，并日益受到重视。

果胶能溶于水，但不溶于酒精，这一特性，在提取果实中的果胶时常被利用。此外，制造澄清的果汁时，由于果胶的存在，致使果汁混浊，故应设法除去果胶。

2.3.3 有机酸

酸味是果实的主要风味之一，是由果实内所含的各种有机酸引起的，主要是苹果酸、柠檬酸、酒石酸。此外，还有少量的草酸、水杨酸和醋酸等。这些有机酸在果蔬中以游离或酸式盐的状态存在。

不同种类和品种的果实含酸量不同(表 2-3-2)。每种果实一般有其含量最多的一种有机酸，作为分析该种果实含酸量的计算标准。如仁果类、核果类以苹果酸表示，葡萄以酒石酸表示，柑橘类以柠檬酸表示。不同果实含酸种类的差别主要与植物对环境的适应性有关。

表 2-3-2　几种果蔬有机酸的种类及含量

名　称	总酸量(%)	柠檬酸(%)	苹果酸(%)	草　酸(%)
苹　果	0.2～1.6	+	+	+
梨	0.1～0.5	0.24	0.12	0.03
李	0.4～3.5	+	0.36～2.90	0.06～0.12
葡　萄	0.3～2.1	0.21～0.74(酒石酸)	0.22～0.92	0.08
草　莓	1.3～3.0	0.9	0.1	0.1～0.6
甜樱桃	0.3～0.8	0.1	0.5	0
番　茄		+	+	+
菠　菜		+	+	+
甘　蓝		+	+	+
莴　苣		+	+	+
石刁柏		+	+	

注：“+”表示存在。

蔬菜所含的有机酸往往数种同时存在。例如番茄中含有苹果酸和柠檬酸，以及微量的草酸、酒石酸和琥珀酸。甘蓝中以柠檬酸为主，还存在绿原酸、咖啡酸、香豆酸、阿魏酸和桂皮酸。菠菜中除草酸外，还含有苹果酸、柠檬酸、琥珀酸和水杨酸。芹菜中含有醋酸和少量丁酸。胡萝卜直根中含有绿原酸、咖啡酸、苯甲酸和 n-羟基苯酸。蔬菜中虽然含酸种类丰富，但除番茄等少数有酸味外，大都因含酸量很少而感觉不到酸味。

果蔬的酸味并不取决于酸的总含量，而是由它的 pH 决定。新鲜果实的 pH 一般在 3～4 之间，蔬菜在 5.0～6.4 之间(表 2-3-3)。果蔬中含有蛋白质、氨基酸等成分，能阻止酸过多的离解，因而可限制氢离子的形成。果蔬加热处理后，蛋白质凝固，失去缓冲能力，氢离子增加，pH 下降，酸味增加。这就是果蔬加热后经常出现酸味增强的原因所在。

表 2-3-3 几种果蔬的 pH

名 称	pH	名 称	pH
苹 果	3.0～5.0	草 莓	3.8～4.4
梨	3.2～3.9	西 瓜	6.0～6.4
桃	3.2～3.9	番 茄	4.1～4.8
杏	3.4～4.0	南 瓜	5.0
甜樱桃	3.2～3.9	胡萝卜	5.0
酸樱桃	2.5～3.7	甘 蓝	5.2
柠 檬	2.2～3.5	青辣椒	5.4
橙	3.5～4.9	菠 菜	5.7
葡 萄	2.5～4.5	豌 豆	6.1

各种有机酸在溶液中表现酸味的最低浓度：在 100 mL 溶液中酒石酸为 0.007 5 g，苹果酸为 0.010 7 g，柠檬酸为 0.011 5 g。所以酒石酸的酸度最强，其次为苹果酸和柠檬酸。

果实含酸量不仅与风味密切相关，同时对微生物的活动也有着重要的影响。在加工中对 pH 在 4.8 以下的原料，在 100℃以下就可获得良好的杀菌效果。储藏过程中，有机酸亦可作为呼吸底物被消耗，使果实酸味逐渐变淡，例如番茄储后由酸变得酸甜。

在原料加热时有机酸能促进蔗糖、果胶等物质水解，降低果胶的凝胶度。加工处理时，有机酸能与铁、锡等金属反应，促进设备和容器的腐蚀作用，影响制品的色泽和风味。有机酸还与果蔬中的色素物质的变化和抗坏血酸的保存性有关系，果蔬加工时，应掌握这些特性。

2.3.4 单宁

单宁（鞣质）具有收敛性的涩味，对果蔬及其制品的风味起着重要的作用。单宁在果实中普遍存在，在蔬菜中含量较少，几种果实中单宁含量如表 2-3-4 所示。

表 2-3-4 几种果实中单宁含量

果实名称	最小量(%)	最大量(%)	平均量(%)
苹 果	0.025	0.270	0.100
梨	0.015	0.170	0.032
李	0.065	0.200	0.127
桃	0.063	0.220	0.100
杏	0.063	0.100	0.074
樱 桃	0.053	0.151	0.098
草 莓	0.120	0.410	0.200

单宁物质可分为两类：一类是水解型单宁，具有酯的性质；另一类是缩合型单宁，不具有酯的性质，它以碳原子为核心，相互结合而不能水解，果蔬中的单宁即属于此类。单宁的含量与果蔬的成熟度密切相关。未熟的果实含量较高，往往是成熟果实的5倍，果皮通常比果肉高3～5倍。单宁在果实中可以水溶态或不溶态两种方式存在，果实含有1%～2%的可溶性单宁时就会产生强烈的涩味，含量在0.25%（涩柿）及以上时可尝出明显的涩味，一般水果可食部分含0.03%～0.10%时具清凉口感。

单宁分子可溶于水或乙醇，不溶于乙醚、氯仿等极性小的溶剂。用温水、CO_2、乙醇等处理，诱发果实无氧呼吸，产生不完全氧化产物乙醛，与水溶性单宁结合生成不溶性单宁，可使果实脱涩。单宁在空气中易被氧化成黑褐色醌类聚合物，去皮或切开后的果蔬在空气中变色，即由于单宁氧化所致。要防止切开的果蔬在加工过程中变色，就应从果蔬中单宁含量、氧化酶和过氧化酶活性以及氧气的供应量三方面考虑，如能有效地控制三者之一，就能抑制变色。

单宁与金属铁作用能生成黑色化合物，与锡长时间共热呈玫瑰色，遇碱则变蓝色。因此果蔬加工所用的器具、容器设备等的选择十分重要。在酿造果酒时，单宁与果汁、果酒中的蛋白质形成不溶性物质而沉淀，即消除酒液中的悬浮物质而使酒澄清。

2.3.5 含氮物质

果实中存在的含氧物质普遍较低，一般含量在0.2%～1.2%之间。其中以核果、柑橘类含量较多，仁果类和浆果类含量较少。蔬菜中的含氮物质远高于果实中的含量，一般含量在0.6%～9%。食用菌的蛋白质含量较高，在1.7%～3.6%。其中以豆类含量最多，叶菜类次之，根菜类和果菜类含量最低，如表2-3-5所示。

表2-3-5 果蔬可食部分蛋白质含量

	名称	含量(%)	名称	含量(%)
果实	苹果	0.3～0.4	枇杷	0.4～1.1
	梨	0.1～0.2	蜜橘	0.5～0.7
	桃	0.5～1.7	荔枝	0.7～0.8
	李	0.2～0.5	龙眼	1.2
	杏	0.8～1.2	芒果	0.6～0.7
	樱桃	1.1～1.4	番石榴	0.7～1.1
	杨莓	0.7	菠萝	0.4～0.6
	葡萄	0.4～0.7	草莓	1.0
蔬菜	春笋	2.1～2.7	菜豆	1.1～3.2
	冬笋	4.0～4.1	青豆	4.4～7.2
	马铃薯	1.5～2.3	蚕豆(青豆瓣)	7.4～9.0
	鲜榨菜	0.8～1.6	绿豆芽	1.5～3.2
	雪里蕻	0.9～2.8	蘑菇	2.9

（续表）

	名　称	含　量	名　称	含　量
蔬菜	甘　蓝	1.2～1.4	胡萝卜	0.6～1.4
	大白菜	0.5～1.3	姜	0.4～2.3
	菠　菜	1.9～2.9	藕	0.4～2.3
	番茄(红熟)	0.7～1.5	芋　头	2.3～3.0
	茄　子	0.7～2.3	大头菜	0.9～1.5
	甜椒(红)	1.0～1.3	芦　笋	0.7～1.8
	黄　瓜	0.4～1.2	荸　荠	0.4～1.5
	苦　瓜	0.7～1.0	莴　苣	0.4～1.3

果蔬虽不是供给人体蛋白质的主要食品，但有助于其他食物蛋白质在人体中的吸收。有研究证明，人体对米、肉中蛋白质的消化率是75%，如果少食米粮多食果蔬时，粮食中蛋白质的消化率提高至85%～90%。这种作用与果蔬中含各种维生素、矿物质和具愉快的风味引起消化液分泌加强是分不开的。

果蔬中存在的含氮物质虽少，但在加工工艺上亦常有重要影响，其中关系最大且影响最多的是氨基酸。几种蔬菜中氨基酸的组成如表2-3-6所示。

表2-3-6　几种蔬菜中氨基酸含量　　单位：mg/100 g

名　称	氨　基　酸								
	缬氨酸	亮氨酸	异亮氨酸	苏氨酸	苯丙氨酸	色氨酸	蛋氨酸	赖氨酸	胱氨酸
胡萝卜	40	35	23	20	24	9	9	21	5
藕	48	48	26	30	30	15	10	34	10
芋　头	131	172	67	82	111	43	26	85	71
马铃薯	113	113	70	71	81	32	30	93	28
甘　蓝	69	62	37	44	34	8	12	52	17
菠　菜	180	203	102	143	124	55	48	136	42
大白菜	44	37	24	26	25	8	9	30	4
花椰菜	149	158	95	102	96	26	34	127	44
茄　子	34	36	20	19	22	6	8	23	4
蘑　菇	90	140	80	100	80	40	20	170	20

果蔬中所含的氨基酸与成品的色泽有关。氨基酸与还原糖发生糖氨反应，使制品产生褐变。酪氨酸在酪氨酸酶的作用下，氧化产生黑色素(如马铃薯切片后变色)。含硫氨基酸及蛋白质，在罐头高温杀菌时受热降解形成硫化物，引起罐壁及内容物变色。氨基酸对食品的风味也起着重要作用。果蔬中所含的谷氨酸、天门冬氨酸等都呈特有的鲜味，甘氨酸具特

有的甜味。另外氨基酸与醇类反应生成酯，是食品香味来源之一。

蛋白质与单宁结合则发生聚合作用，能使汁液中的悬浮物质随同沉淀，这一特性在果汁、果酒的澄清处理中常被采用。

2.3.6 糖苷类

苷又称甙，是由糖与醇、醛、酚、硫的化合物等构成的酯类化合物。在酶或酸的作用下，苷可水解为上述成分糖和苷配基。果蔬中存在各种各样的苷，大多数都具有苦味或特殊的香味，其中一些苷类不只是果蔬独特风味的来源，也是食品工业中主要的香料和调味料。但其中也有一部分苷类有剧毒，在食用时应予以注意。常见的苷类有下面几种。

2.3.6.1 苦杏仁苷

苦杏仁苷存在于多种果实的种子中，以核果类含量最多。几种果实种仁中苦杏仁苷含量为：苦扁桃 2.5%～3.0%，杏 0%～3.7%，李 0.9%～2.5%，樱桃 1.3%～2.4%，桃 0.8%，苹果 0.5%～1.2%。苦杏仁苷本身无毒，具有止痰镇咳作用。食用苦杏仁时，在同时摄入的苦杏仁酶的作用下生成有剧毒的氢氰酸。因此，在食用苦杏仁苷含量高的种仁时，应先进行必要的处理，促使苦杏仁苷水解，使生成的氢氰酸逸出方为安全。水解产物苯甲醛具有特殊的香味，是重要的食品香料，故工业上多利用苦杏仁等为提取苯甲醛的原料。

2.3.6.2 茄碱苷

茄碱苷又名龙葵苷，存在于马铃薯块茎、番茄和茄子中，是一种有毒且有苦味的生物碱，当含量达到 0.02%时，即能强烈破坏人体的红血球，因而引起黏膜发炎、头痛、呕吐，严重时可以致死。正常马铃薯中的茄碱苷含量一般是 0.003%～0.006%，而且多集中存在于表皮层中，薯肉中很少，故食者无中毒之患。但在发芽马铃薯的芽眼附近，受光照变绿部分的表皮层中，含量急剧增加。注意！茄碱苷即使在烹煮后也不会受到破坏。所以，食用发芽、变绿的马铃薯时，必须挖尽芽眼、削净皮部。另外，在存放马铃薯时，应避免阳光直接照射，要放在阴暗的场所。番茄和茄子中存在的茄碱苷含量远低于马铃薯，尤其是成熟后的番茄和茄子含量更低。

茄碱苷在酶或酸的作用下水解，生成糖类和茄碱。茄碱苷和茄碱均不溶于水，而溶于热酒精和酸的溶液中。

$$\underset{\text{茄碱苷}}{C_{45}H_{73}O_{15}N} + 3H_2O \rightarrow \underset{\text{茄碱}}{C_{27}H_{43}ON} + \underset{\text{葡萄糖}}{C_6H_{12}O_6} + \underset{\text{半乳糖}}{C_6H_{12}O_6} + \underset{\text{鼠李糖}}{C_6H_{12}O_5}$$

2.3.6.3 橘皮苷

橘皮苷是存在于柑橘类果实的一类苦味成分，其含量因果实种类和品种、果实部位、砧木、成熟度等不同而有差异。在橘皮、橘络中含量最多，其次是囊衣和砂囊，汁液中含量极少。橘皮苷味极苦，其纯品比奎宁还要苦，味感阈值为 20 mg/100 mL 纯水，在果汁中的呈味浓度界限大约为 30 mg/100 mL。故在柑橘类果实加工中应该注意原料的选择和进行必要的处理，以减轻产品不愉快的苦味。

橘皮苷在稀酸中加热或者随着果实成熟，逐渐水解为橘皮素、葡萄糖和鼠李糖，其苦味相应减轻直至消失。

$$C_{28}H_{34}O_{15} + 2H_2O \rightarrow C_{16}H_{14}O_6 + C_6H_{12}O_6 + C_6H_{12}O_5$$

橘皮苷　　　　　　　　橘皮素　　葡萄糖　　鼠李糖

橘皮苷难溶于水，易溶于酒精和碱液中，溶解度随温度和 pH 的增高而加大。反之，当 pH 及温度降低时，溶解的橘皮苷呈白色沉淀析出，因此可利用这种特性提取橘皮苷。橘皮苷是形成柑橘类罐头白色沉淀的主要成分之一，用酶制剂对原料进行脱苦味处理时结合适当升温，可减轻橘皮苷对产品质量的影响。

橘皮苷具有维持人体血管正常渗透作用的功效，它是维生素 P 的重要组成部分。柑橘的果皮是提取橘皮苷的主要原料。

2.3.6.4 黑芥子苷

黑芥子苷本身呈苦味，是十字花科蔬菜中普遍存在的一种苷，含于根、茎、叶、种子中，芥菜、萝卜中含量较多。食用或磨碎时，经芥子苷酶水解生成具辛辣和香味的芥子油，苦味消失，这种变化在蔬菜腌渍加工过程中具有重要意义。

$$C_{10}H_{16}NS_2KO_9 + H_2O \rightarrow CSNC_3H_5 + C_6H_{12}O_6 + KHSO_4$$

黑芥子苷　　　　　　芥子油　　葡萄糖　　硫酸氢钾

2.3.7 维生素

维生素对人体生理机能有着极其重要的作用，人体内一系列的生理代谢活动离不开酶的参与。酶要产生活性，必须有辅酶参加，而有些维生素本身就是辅酶或辅酶的一部分。大多数维生素必须从植物体内合成，所以果蔬是人体获得维生素的主要来源。维生素种类很多，目前已知的有 30 多种，其中发现近 20 种与人体健康和发育有关。几种重要的维生素在果蔬中的含量，维生素的分类、功能及主要来源列于表 2-3-7 和表 2-3-8 中。

表 2-3-7　几种重要维生素在果实蔬菜中的含量　　单位：mg/100 g

果蔬名称	胡萝卜素	硫胺酸	核黄酸	烟碱酸	抗坏血酸
苹　果	0.08	0.01	0.01	0.1	5
梨	0.02	0.01	0.01	0.2	3
桃	0.06	0.01	0.02	0.7	6
杏	1.79	0.02	0.03	0.6	7
山　楂	0.82	0.02	0.05	0.4	89
葡　萄	0.04	0.04	0.01	0.1	4
草　莓	0.01	0.02	0.02	0.3	35
橘	0.55	0.08	0.03	0.3	34
甜　橙	0.11	0.08	0.03	0.2	49
柿	0.16	0.01	0.02	0.3	16
枣	0.01	0.06	0.04	0.6	54
香　蕉	0.25	0.02	0.05	0.7	6
番　茄	0.37	0.03	0.02	0.6	8

（续表）

果蔬名称	胡萝卜素	硫胺酸	核黄酸	烟碱酸	抗坏血酸
青　椒	0.73	0.04	0.03	0.3	185
黄　瓜	0.13	0.04	0.04	0.3	9
冬　瓜	0.01	0.01	0.02	0.3	16
西　瓜	0.17	0.02	0.02	0.2	3
大白菜	0.01	0.02	0.04	0.3	19
甘　蓝	0.16	0.05	0.05	0.4	45
菠　菜	3.86	0.04	0.13	0.6	39
胡萝卜	3.62	0.02	0.05	0.3	13
北京心里美萝卜	0.01	0.01	0.03	0.3	34
马铃薯	0.01	0.10	0.03	0.4	16
洋　葱	微量	0.03	0.02	0.2	8
大　葱	1.20	0.08	0.05	0.5	14
青　豆	0.15	0.54	0.08	0.8	14

注：摘自中国医学科学院卫生研究所，1976。

表 2-3-8　主要维生素的分类、功用及来源

类别		代表字母	其他名称	生理作用	主要来源
脂溶性维生素		$A(A_1、A_2)$	抗干眼病醇、抗干眼病维生素、视黄醇	抗干眼病，参与视力作用，预防表皮细胞角化，促进生长	鱼肝油、胡萝卜、绿色蔬菜、杏、芒果
		$D(D_2、D_3)$	骨化醇、抗佝偻病维生素	调节钙、磷代谢，预防佝偻病和软骨病	鱼肝油、奶油、用紫外线照射的牛乳、蛋黄
		E	生育维生素、生育酚	预防不育症	谷类以及其中的油、黄豆、小麦、玉米
		$K(K_1、K_2、K_3)$	止血维生素	促进血液凝固	菠菜、甘蓝、番茄、橘
水溶性维生素	维生素B族	B_1	硫胺素、抗神经炎维生素	抗神经炎、预防脚气病、促进碳水化合物的代谢、构成辅酶成分	酵母、谷类、胚芽、肝、豌豆、蚕豆、黄豆、葡萄、枣、菠萝
		B_2	核黄素	预防唇炎、舌炎等，促进机体内氧化还原作用，促进生长	酵母、肝、山楂、香蕉、丝瓜、南瓜
		B_3	泛酸、吡哆酸	辅酶A的组成成分，参与碳水化合物与脂肪的代谢	酵母、肝

（续表）

类别		代表字母	其他名称	生理作用	主要来源
水溶性维生素	维生素B族	PP、B	烟酸、尼克酶、抗癞皮病维生素	预防癞皮病，形成辅酶Ⅰ、Ⅱ的成分，调节神经系统、肠胃道表皮的活动	酵母、谷类、胚芽、肝、花生、马铃薯、橘、硬果仁、绿叶菜
		B_6	吡醇素，抗皮炎维生素	与氨基酸代谢有关	酵母、米糠、谷类、胚芽、肝
		B_{11}	叶酸、BC、PGA_1	预防恶性贫血，为动物生长和生血作用所必需	肝、植物的叶、茎、果、红豆、绿叶菜
		B_{12}	氰钴素	预防恶性贫血	肝
		H	生物素	预防皮肤病，促进脂类的代谢	肝、酵母、谷类、蔬菜、硬果
		H_1	对-氨基苯甲酸	预防灰发	肝、酵母
			胆碱	防止脂肪积累，促进肝中磷脂合成	肝、蛋黄、谷类、胚芽
			肌醇	防止动物的毛发脱落，防止肝中脂肪中毒	肝、酵母、谷类、胚芽
	维生素C	C	抗坏血酸，抗坏血病维生素	预防及治疗坏血病，促进细胞间质生长	枣、猕猴桃、辣椒、菜花、雪里蕻
	维生素P	P	路丁、渗透性维生素、柠檬素	增加毛细血管抵抗力，维持血管正常透射性	柠檬

2.3.8 矿物质

果实和蔬菜中含有各种矿物质，并以磷酸盐、硫酸盐、碳酸盐或与有机物结合的盐的形式存在，如蛋白质中含有硫和磷、叶绿素中含有镁等。其中与人体营养关系最密切的矿物质如钙、磷、铁等，在果蔬中的含量如表 2-3-9 所示。

表 2-3-9 果蔬中(可食部分)主要矿物质含量 单位：mg/100 g

蔬菜名称	钙	磷	铁	果实名称	钙	磷	铁
毛 豆	100*	219	6.4	苹 果	11	9	0.3
豌 豆	13	90	0.8	梨	5	6	0.2
豌豆苗	156	82	7.5	桃	8	20	1.0
马铃薯	11	59	0.9	杏	26	24	0.6
白萝卜	49	34	0.5	葡 萄	4	15	0.2
红萝卜	61	28	0.7	橙	26	15	0.2

(续表)

蔬菜名称	钙	磷	铁	果实名称	钙	磷	铁
胡萝卜(红)	19	23	1.9	黄　瓜	25	37	0.4
球茎甘蓝	22	33	0.3	橘	26	15	0.6
洋　葱	40*	50	1.8	柠　檬	33	24	0.2
蒜	5	44	0.4	柿	10	19	0.5
大白菜	33	42	0.4	枣	14	23	
甘　蓝	62	28	0.7	山　楂	85	25	2.1
菠　菜	70	34	2.5	草　莓	32	41	1.1
芹菜(茎)	160	61	0.5	樱　桃	6	31	5.9
芹菜(叶)	120	71	0.4	香　蕉	10	35	0.8
番　茄	8	37	0.4	李	17	20	0.5

注：* 易与草酸化合生成不溶性的草酸钙，不能为人体利用。

果蔬在储藏过程中矿物质含量变化不大，而且多以弱碱性有机酸盐的形式存在，被人体消化吸收后，分解产生的物质大多呈碱性反应，可以中和粮食和动物食品被消化分解的酸性产物。因此，果蔬有碱性食品之称，经常食用可调节体内酸、碱平衡，有益于身体健康。

果蔬中的钙不但是营养物质，而且对果实自身品质和耐储性影响很大。钙是细胞间中胶层果胶酸钙的组分，起着黏结细胞的作用，维持细胞膜的完整性和稳定性；钙又以游离离子分布于膜内外，对细胞渗透压和离子平衡起到调节作用。缺钙易引起细胞质膜解体，果实抗病性下降；苹果采前和采后的多种生理病害如水心病、红玉斑点病、衰老褐变病等都与果实含钙不足有关。

豆类、花生、谷类、核桃中含磷较多。果蔬中的钾、钠主要存在于细胞液中，参加糖代谢，调节细胞渗透压和细胞膜透性。果蔬中 K^+、Na^+ 进入人体后与 HCO_3^- 结合，使血浆碱性增强。低钾含量可延缓苹果苦痘病的发展和番茄红熟。

此外，果蔬中常残留有在其生长期间所使用的药物，易造成铜、铅、砷等中毒事故，因此食用及加工果蔬时应洗涤干净。

2.3.9 芳香物质

果蔬中普遍含有挥发性的芳香油，由于含量极少，故又称精油，是每种果蔬具有特定香气和其他气味的主要原因。各种果实中挥发油的成分不是单一的，而是多种组分的混合物，主要香气成分为酯、醇、醛、酮、萜及烯等。

水果香气比较单纯，是天然食品中具有高度爽快的香气。其香气成分中以酯类、醛类、萜类为主，其次是醇类、酮类及挥发酸等(表 2-3-10)。水果香气成分随着果实的成熟而增加，而人工催熟的果实不及在树上成熟的水果香气成分含量高。

表 2-3-10 水果的香味物质

水果品种	主体成分	其他
苹果	乙酸异戊酯	挥发性酸，乙醇，乙醛，天竺葵醇
梨	甲酸异戊酯	挥发酸
香蕉	乙酸戊酯、异戊酸异戊酯	乙醇，乙烯醛
香瓜	癸二酸二乙酯	
桃	醋酸乙酯，沉香醇酯内酯	挥发酸，乙醛，高级醛
杏	丁酸戊酯	
葡萄	邻-氨基苯甲酸四酯	C_4～C_{12}脂肪酸脂，挥发酸
柑橘类		
果皮	d-宁、辛醛、癸醛、沉香醇	
果汁	蚁酸、乙醛、乙醇、丙酮、苯乙醇、甲酸、乙酸的酯	

蔬菜的香气不及水果浓，但有些蔬菜具有特殊的气味，如葱、韭、蒜等均含有特殊的辛辣气味。如表 2-3-11 所示。

表 2-3-11 某些蔬菜的香气成分

菜类	化学成分	气味
萝卜	甲基硫醇，异硫氰酸丙烯酯，二丙烯基二硫化物	刺激辣味
蒜	甲基丙烯基二硫化物，丙烯硫醚，丙基丙烯基二硫化物	辛辣气味
葱类	甲基硫醇，二丙烯基二硫化物，二丙基二硫化物	香辛气味
姜	姜酚，水芹烯，姜萜，莰烯	香辛气味
花椒	天竺葵醇，香茅醇，硫氰酸酯	蔷薇香气
芥类	异硫氰酯，二甲基硫醚	刺激性辣味
叶菜类	叶醇，壬二烯-2,6-醛	草草臭
黄瓜	壬烯-2-醛，乙烯-2-醛	青臭气

2.3.10 脂类物质

脂类包括脂肪、蜡质、磷脂、萜类化合物等，其中与果蔬储藏加工关系密切的是脂肪和蜡质。在植物体中，脂肪主要存在于种子和部分果实中，根、茎、叶中含量很少。各种果蔬种子中的脂肪含量都很丰富(表 2-3-12)，它们是提取植物油的极好原料，故在果蔬加工中应重视种子的收集与利用。食用菌中含有高比例的非饱和脂肪酸，是作为健康食品的重要因素之一。

表 2-3-12　几种果蔬种子中的脂肪含量

种子名称	脂肪含量(%)	种子名称	脂肪含量(%)
杏　仁	23	核　桃	65
桃　仁	25	花　生	45
李　仁	30	芥菜籽	20～28
樱桃仁	30	番茄籽	15～20
苹果仁	24	辣椒籽	20～25
梨　仁	16	西瓜籽	19
葡萄籽	10～15	冬瓜籽	29
柑橘籽	20～30	南瓜籽	35

脂肪暴露在空气中会自发进行氧化作用，产生酸臭和口味变苦的现象。温度、光线、水汽、金属等都有促进酸败的作用，故油脂含量高的核桃仁、花生、瓜子等干果类及其制品，在储藏加工过程中应注意这些特征。

植物的茎、叶和果实表面常有一层薄薄的蜡，它的主要成分是高级脂肪酸和高级一元醇所组成的酯。它不仅防止茎、叶和果实的凋萎，而且可防止它们免受病原微生物侵染。果蔬表面覆盖的蜡质堵塞了部分气孔和皮孔，对果蔬的储藏也是极为有利的。因此，果蔬在储藏前的采收、分级、包装操作中，应注意保护这种蜡质。

2.3.11　色素物质

色素物质为表现果蔬色彩物质的总称，虽然大多没有直接的营养价值，但可刺激人们的食欲，有利于对食物的消化吸收。果蔬的色泽也是品质评价的重要指标，它在一定程度上反映了果蔬的新鲜度、成熟度和品质变化等。

2.3.11.1　叶绿素

叶绿素是一切果蔬绿色的来源，它最重要的生物学作用是光合作用。叶绿素是由两种结构相似的成分——叶绿素 a($C_{55}H_{72}O_5N_4Mg$)和叶绿素 b($C_{55}H_{70}O_6NMg$)组成的混合物。a 呈青绿色，b 呈黄绿色，两者大约成 3∶1 的比例。叶绿素在植物细胞中与蛋白质结合为叶绿体。

叶绿素不溶于水，易溶于有机溶剂。在酸性介质中叶绿素分子中镁易被氢取代，形成去镁叶绿素，呈褐色；在碱性条件下，叶绿素可水解为叶绿酸、叶绿醇和甲醇，叶绿酸仍为绿色。叶绿酸与碱反应，生成叶绿酸盐，其绿色更为稳定。这是果蔬加工中保绿的重要理论依据。叶绿素分子中的镁可为铜、锌等所取代。铜叶绿素色泽亮绿，较稳定，食品工业中作为着色剂。

叶绿素不耐热也不耐光。绿色果蔬短时间放于沸水中则绿色转深，这是由于细胞壁中的空气被排除，致使细胞壁更为透明，色泽也就转深。

在正常生长发育的果蔬中，叶绿素的合成作用大于分解作用，外表看不出绿色的变化。当果蔬进入成熟期后和采收以后，合成作用逐渐停止，叶绿素在酶的作用下水解生成叶绿醇和叶绿酸盐等溶于水的物质，加上光氧化破坏继续进行，原有的叶绿素减少或消失，表现出绿色消退，显出其他颜色。这种颜色变化常被用来作为成熟度和新鲜度变化的指标。

2.3.11.2 类胡萝卜素

类胡萝卜素是广泛存在于果蔬中的一大类脂溶性色素，是一类以异戊二烯为残基的具有共轭双键的多烯色素，现已在果蔬中发现了300种以上，主要有胡萝卜素、番茄红素、番茄黄素、叶黄素等。类胡萝卜素常与叶绿素共同存在于植物组织中，其颜色由黄、橙到红。在未成熟果和叶片中，由于叶绿素含量比较高，影响了胡萝卜素的显现，故在感官上难以识别。

(1) 胡萝卜素：胡萝卜素($C_{40}H_{56}$)呈黄色，主要存在于杏、黄桃、胡萝卜、番茄、辣椒中。胡萝卜素本身不具有生理活性，在人和动物肝脏及肠壁中能转化成具生物活性的维生素A。它有α、β、γ三种异构体，其中以β-胡萝卜素的含量最高(占全部胡萝卜素的85%)和维生素A原功效最大。

(2) 番茄红素：番茄红素是胡萝卜素的同分异构体，又称茄红素。在红色番茄中，茄红素与胡萝卜素共同存在，平均含量为4.0%～7.8%，是胡萝卜素平均含量(0.40%～0.75%)的10倍。番茄中这两种色素的含量随着果实的成熟而逐渐增加，至番茄完全成熟时胡萝卜素含量最高，过熟果实中又显著下降(减少25%～40%)。茄红素的产生与温度的高低关系密切，产生的最适温度为24 ℃，30 ℃以上茄红素即不能形成。

(3) 番茄黄素和叶黄素：番茄黄素($C_{40}H_{56}O_4$)和叶黄素($C_{40}H_{56}O_6$)亦呈黄色，是胡萝卜素或茄红素的加氧衍生物，易溶于甲醇和乙醇，难溶于乙醚，利用这一性质可将其与胡萝卜素分开。番茄黄素是黄色辣椒与番茄中的主要色素。苹果成熟时的底色主要是叶黄素的颜色，这在金冠苹果上表现得最为明显。

类胡萝卜素在色素类物质中是性质比较稳定的一类色素，在果蔬储藏加工中不像叶绿素、花青素那样易于发生变化。由于类胡萝卜素不溶解于水而溶于有机溶剂，故果蔬细胞液中不存在此类色素，它们存在于有色体中。类胡萝卜素耐pH变化，在碱性溶液中比在酸性溶液中更稳定，且耐高温，即使在锌、铜、锡、铁、铝等金属存在下也不易被破坏，只有在O_2或强氧化剂存在时才使之破坏褪色，故干制中由于高温及通风易使类胡萝卜素破坏，提取后对光、热、O_2均较敏感。

2.3.11.3 花青素

花青素是果蔬呈现红、紫等绚丽色彩的主要色素，对苹果、葡萄、桃、李、樱桃、草莓、石榴等的外观质量影响很大。花青素是水溶性色素，在果蔬加工时(如水洗、预热)会大量流失，因此操作应轻一些，尽量避免揉捻。

花青素极不稳定，在不同pH下因结构发生变化使显色种类产生差别。与酸作用时呈红色，与碱作用生成盐类而呈蓝色，在中性介质中形成钠盐则又呈紫色。此外，花青素还易受氧化剂、抗坏血酸、温度和光的影响而变色，可与SO_2形成加成物而褪色，但若除去SO_2加热或用SO_2吸收剂，则可恢复原色。果蔬加工时，对含有花青素的原料，为保持其固有的色泽，应注意有关特性。

花青素能与金属离子反应生成盐类。大多数花青素金属盐为灰紫色，因此含花青素多的水果罐藏时宜用涂料罐。铝对花青素的作用不像铁、锡那样显著，因而果蔬加工宜用铝或不锈钢器具。

2.3.11.4 花黄素

花黄素是广泛存在于植物组织细胞中的一类水溶性色素，呈浅黄色至无色，偶尔为鲜橙色。果蔬中花黄素主要有槲皮素、橘皮素、柠檬素、圣黄素等，都具有增加血管渗透性的作用，是维生素P的组成部分。

果蔬的色泽可以从外观上影响产品的质量。根据色泽的变化规律可以使果蔬具备应有的美好色泽，增进外观。在果蔬加工中，要尽量保持原有的色泽，防止变色。花黄素遇碱呈深黄色、橙色至褐色，含花黄素的果蔬(洋葱、荸荠、马铃薯等)在碱性水中预煮时往往发生黄变现象，影响产品质量，生产中可加入少量酒石酸氢钾调节pH来克服。

思考与练习

1. 果蔬有哪些主要的化学成分？各有什么化学特性？

2. 每一种化学成分与储藏加工有什么关系？如何预防储藏加工中的不良化学变化？

2.4 果蔬品质与品质评定

2.4.1 果蔬品质的概念和构成

2.4.1.1 果蔬品质的概念

果蔬品质是指果蔬满足某种使用价值全部有利特征的总和，主要是指食用时果蔬外观、风味和营养价值的优越程度。根据不同用途，果蔬品质可分为鲜食品质、加工品质、内部品质、外部品质、营养品质、销售品质、运输品质和桌面品质等。对不同种类或品种的果蔬均有具体的品质要求或标准，因此品质要求有其共同性，也有其差异性。

外观品质是引起消费者购买欲望的直接因素，但不是唯一因素。果蔬是一种鲜活商品，采收后的外观品质、内部品质、营养品质以及风味品质的特征随时间的推移均会逐渐下降，只是不同品质特征的下降程度不同而已。多数果蔬的营养品质，尤其是维生素 C 含量下降速率比风味品质下降的速率更快，而风味品质比质地品质和外观品质下降得更快。因此果蔬外观品质保持的时间通常比风味品质保持的时间更长。果蔬质地对鲜食和加工来说是非常重要的，也是承受运输压力的影响因素。成熟度高的果实风味品质虽佳，但其质地软化，常会因物理伤害而造成损失，使之不能远运和做某些制品的加工原料(如加工果脯等)，所以在许多情况下，为了安全运输或某些加工，就必须牺牲理想的风味品质而提早采收。但有些加工制品则要求果蔬原料的品质应该达到正常成熟时的最佳品质要求，尤其风味品质更显重要，如制作果汁和果酒等产品。

2.4.1.2 果蔬品质的构成

果蔬品质的构成主要包括感观特性和生化属性两大部分，具体见表 2-4-1。

表 2-4-1 新鲜果蔬的品质构成要素

主 要 素		构 成 要 素
(1) 感官特性	① 外观(视觉)	大小：面积、重量和体积 形状/形式＝直径/长度比，光滑度，坚实度，一致性 颜色：一致性，强度(深浅) 光泽：光面蜡质状况 缺陷：内部和外部缺陷；形态、物理和机械缺陷；生理、病理和昆虫学缺陷
	② 质地(触觉)	坚实度，硬度，软度 脆性 多汁性 粉性，粗细度 韧性，纤维量
	③ 风味(味觉)	甜度 酸度 涩度 苦味 芳香味 异味

（续表）

主 要 素		构 成 要 素
（2）生化属性	① 营养价值	碳水化合物（包括可食纤维） 蛋白质 脂肪 维生素 矿物质
	② 安全性	自然发生的有毒物 污染物（化学残留物、重金属等） 微生物毒素 微生物污染物

2.4.2 果蔬原料的品质评定与检验

果蔬原料的品质评定与检验是指依据一定的标准、运用一定的方法，对果蔬加工原料的质量优劣进行鉴别或检测。对加工原料进行品质评定与检验在加工实践中具有重要意义，也是加工技术人员必须掌握的基本技能。因为果蔬加工原料质量的好坏不仅对所加工出的果蔬制品质量有着决定性的影响，而且若原料遭到污染则可能会危及人体健康。高质量的加工产品必须以优质的加工原料作为基础，所谓优质的果蔬原料必须是有营养的、新鲜的和安全卫生的。所以对果蔬原料的品质进行评定与检验的目的之一，就是要在加工过程中能正确地选用合格的原料。

2.4.2.1 感官评定

感官评定或称感官检验主要是凭借人体自身的感觉器官，即凭借眼、耳、鼻、口和手等，对原料的品质好坏进行判断。

（1）视觉评定或检验：视觉评定或检验是利用人的视觉器官来鉴别原料的形态、色泽、清洁程度等判断原料质量的方法。例如新鲜的蔬菜大都茎叶挺直、脆嫩、饱满、表皮光滑、形状整齐、不抽苔、不糠心，而不新鲜的蔬菜则会干缩萎蔫、脱水变老或抽苔发芽等。视觉检验应在白昼的散射光线下进行，以免灯光隐色发生错觉。检验时应注意整体外观、大小、形态、块形的完整程度、清洁度、表面有无光泽、颜色的色调深浅程度等。

（2）嗅觉评定或检验：嗅觉评定或检验就是利用人的嗅觉器官来鉴别原料的气味，进一步评定其质量。果蔬原料都有正常的气味。当果蔬原料发生变质时就会产生不同的异味，如西瓜变质会带有馊味、核桃仁变质后产生哈喇味、梨变质会嗅到腐烂的异味等等。原料中的气味是一些具有挥发性的物质所产生的，因此在进行嗅觉检验时可适当加热，以增加挥发性物质的散发量和散发速度，最好在15～25℃的常温下进行，因为原料中的挥发物常随温度的高低而增减，从而影响到检验结果的准确性。嗅觉检验时应该注意检验的顺序是先检验气味淡的，后检验气味浓的，以免影响嗅觉的灵敏度。此外，在检验前禁止吸烟，否则会影响检验结果的准确性。

（3）味觉评定或检验：味觉评定或检验是利用人的味觉器官来评定或检验原料的滋味，从而判断原料品质的好坏。例如，新鲜的柑橘柔嫩多汁，滋味酸甜可口，若受冻变质的柑橘则绵软浮水，口味变苦；品质好的葡萄味甜而浓，而品质差的葡萄则味淡且显酸涩。味觉检验的准确性与温度有关，在进行味觉检验时，最好使原料处于24～25℃之间，以免因温度变化而影响检验结果的准确性。对几种不同味道的原料在进行感官评定时，应当按照刺激性由弱到强的顺序，最后检验味道最强烈的原料。

(4) 听觉评定或检验：听觉评定或检验是利用人的听觉器官鉴别原料的振动声音来检验其品质的。原料内部结构的改变，可以从其振动时所发出的声音中表现出来。如挑西瓜时，用手拍打或手指弹西瓜听其发出的声音，来检验西瓜的成熟度。

(5) 触觉评定或检验：触觉评定或检验是通过手的触感检验原料的重量、质感(弹性、硬度、膨松状况)等，从而判断原料的品质，这也是常用的感官检验法之一。如用手摸西瓜表皮，感到光滑、有点硬的是熟瓜；相反，发涩、发黏或发软的是生瓜。

2.4.2.2 理化检验

理化检验是指利用设备和化学试剂对原料的品质好坏进行判断。理化检验包括理化方法和生物学方法两类。理化方法可分析原料的营养成分、风味成分和有害成分的含量等。生物学方法主要是测定原料中有无毒性和生物污染程度。

运用这类方法鉴别检验原料的品质比较精确，能具体而深刻地分析其成分和性质，作出对原料品质和新鲜度的科学结论，还能查出其变质的原因。理化检验比较准确可靠，但运用该法检验时必须具有相应的设备仪器和专业技术人员，且检验周期较长，需花费一定的时间才能得出结论，故此法在果蔬加工行业中对所选原料的把关上使用较少。

2.4.2.3 无损伤检测

国内外在生产上已经开始应用果蔬非破坏性的鉴评或检测方法，包括光学技术(紫外线检验、可见光检验、近红外线检验、红外线检验)、电磁技术、力学技术及放射线技术(X光及CT检验)等。无损伤检测原理可分为两种：一种是在果蔬的外部发出一种能量，从果蔬对能量的输入与输出变化中得到果蔬相关的理化特性；另一种是通过对果蔬本身的化学发光或红外放射的能量等来测定果蔬的质量。

(1) 近红外分析法：目前近红外分析法应用得最多最广，技术相对成熟。近红外分光分析法是基于果蔬内部所含各种成分的分子结构在近红外区域的吸收现象，利用了双回归分析等统计方法及计算机技术进行成分和理化特性分析的方法。其原理是当近红外线照到果蔬时，一部分被反射，一部分被吸收，检测与成分相关的特定的吸收光带，就可算出成分的含量。

近红外分析法在果蔬的检测方面主要用于测量糖度和酸度。如柑橘糖酸度无损伤在线检测装置，主要由光源、光学传感器、数据处理三大部分组成。利用该装置，柑橘在不受任何破坏的情况下即可获得糖酸值。另有携带式糖酸度检测装置，与固定式相比，除可测糖酸度外，还可在果蔬成长过程中随时监测果实内部成分的变化，为栽培管理和适时采收提供科学依据。

此外，利用红外线还可快速测定蔬菜中残留农药的情况，主要是采用类似光传感器的方法，即“傅利叶变换型全反射衰减红外分光法”测出蔬菜表面附着的农药种类及浓度，以便鉴定出残留农药是否超标而不会损伤蔬菜表面。

(2) 力学成熟度空洞分析法：力学成熟度空洞分析法类似于人挑选西瓜时一样，由机械装置向西瓜发出敲打动作，通过传感器检测振动频率或传播速度并由计算机进行波形分析比较，最终判断出西瓜的成熟度。经分析得出，振动频率越低或传播速度越慢的西瓜成熟度越高。目前已有在线西瓜成熟度空洞检测装置。该装置由升降敲打、传感器、托盘、计算机等部分组成。通过波形的频率及相关关系分析，分别判断成熟度和有无空洞现象。

另外还有一种用振动传播速度来判断甜瓜成熟度的携带式检测装置。该装置由敲打装置、信号处理、A/D 转换器及笔记本电脑组成。从检测结果可以得出传播速度与果肉的实际硬度间具有的相关关系，且与品尝实验结果一致。此外，在甜瓜的栽培管理过程中，该装置通过敲打判别果肉软硬度，还可推测网纹形成的时期，从而进行温度和水的管理，以期达到形成最佳网纹的目的。

(3) 可见光成熟度分析法：可见光成熟度分析法是利用菠萝成熟度程度与透光量之间的相关关系以及重病害果实不透光的特性，可对菠萝的成熟度和病害果进行判别。如携带式菠萝成熟度检测装置，以自然光为光源，由检测、信号输出增幅放大、演算、结果显示等几部分组成。经实验，采摘前和采摘后检测分别为 80%和 90%，因此可作为采摘期预测和采摘后的成熟度检测技术普及推广。

(4) 激光糖度分析法：果实的糖度由果实中含有的蔗糖来决定。充分利用蔗糖只吸收特殊光线(激光具有较好的单色性)的性质，通过测量随蔗糖含量而变化的特殊光线量，即可最终确定果实的糖度。已有公司应用该技术开发出激光甜瓜糖度在线检测装置。该装置通过转换开关，还可测量成熟度和西瓜的糖度。

(5) X 射线分析法：X 射线具有穿透能力，而物质的密度大小又影响 X 射线的穿透量的多少，通过对穿透量的分析，就可探明物资内部的情况。因农产品的密度与金属物质比要小得多，所以所需 X 射线强度很弱，通常称其为软 X 射线。应用软 X 射线可以检测如马铃薯、西瓜内部的空洞，柑橘中的皱皮等内部缺损现象。检测装置由 X 射线发射、接受、遮挡罩板、计算机等组成。检测的结果与平时习惯的图像形式不同，而是以波形出现的(这主要是为了减少成像时间，加快检测速度)。正常果实的波形圆滑，而皱皮果由于局部密度的减小，使得波形中产生突变，根据波形中有无突变现象及其大小，即可判断出皱皮发生的情况。

(6) 电子鼻分析法：用电子鼻可测出果蔬腐烂过程中释放出的如一氧化碳、乙烯、硫化氢等气体，将测得的各种气体浓度的相对比例数据输入计算机，与数据库中数据比较即可判断出果蔬是否快要腐烂。

思考与练习

1. 什么是果蔬的品质？它包括哪些内容？
2. 果蔬原料的感官评定包括哪些内容？每一种评定方法如何进行？
3. 什么是果蔬的理化检验？理化检验包括哪些内容？
4. 什么是无损伤检测？无损伤检测的原理是什么？
5. 果蔬的无损伤检测有哪些方法？每一种方法的检测原理是什么？分别针对果蔬的哪些品质进行检测？

3 畜产食品原料

3.1 畜禽的种类及品种

可供人类食肉的畜禽种类主要有猪、牛、羊、鸡、鸭、鹅。另外还有兔、驴、骆驼、鹌鹑、火鸡、鸵鸟、肉鸽等。

3.1.1 猪

3.1.1.1 猪的经济类型

根据生产性能,猪可以划分为脂肪型、腌肉型(瘦肉型)和兼用型(鲜肉型)3 种经济类型。猪的不同经济类型在体质外形、生活习性、对环境条件的要求、生产性能、肉脂品质等各个方面都有不同的特点。

(1) 脂肪型：脂肪型猪的脂肪占胴体比例的 55%～60%,瘦肉占 30%左右。脂肪型猪具有早期沉积脂肪的能力,第 6～7 肋膘厚在 6 cm 以上。广西陆川猪、老式巴克夏猪为典型代表,其外形呈方砖形,体长与胸围相等或体长比胸围长 2～5 cm。

(2) 腌肉型(瘦肉型)：与脂肪型猪相反,瘦肉占胴体比例的 55%～60%,脂肪占 30%左右。第 6～7 肋骨间肥膘厚在 3 cm 以下。传统上我国主要用于腌肉和火腿的加工,我国金华两头乌猪、国外大约克夏猪、长白猪、汉普夏猪等均属这一类型。其外形呈长线条的流线型,前躯轻,后躯重,头颈小,背腰特长,胸肋丰满,背线与腹线平直。体长比胸围长 15～20 cm,生长发育快,但对饲料条件要求高,特别要求高蛋白饲料。

(3) 兼用型(鲜肉型)：该类型主要供鲜肉用,其肉脂品质优良,产肉和产脂性能均较强,胴体中肥、瘦肉各占一半左右。各种生产性能介于前述两类型之间,体型中等,胴体 6～7 肋骨间肥膘厚 3～5 cm。我国地方猪种大多属这一类型。国外猪种如中约克夏猪为典型代表。

3.1.1.2 猪的品种

根据品种的形成,我国猪的品种可以划分为地方良种、改良品种和引入品种 3 种类型。

1) 地方良种

我国地方良种一般都具有较好的脂肪沉积能力、繁殖性能好和适应性强的特点,但体重较小、瘦肉率较低、前躯重和腹部大是其明显缺陷。

(1) 东北民猪：东北民猪原产于东北三省,全身黑色,10 月龄肉猪体重 136 kg,屠宰率 72%。成年公猪体重 200 kg,成年母猪体重 148 kg,耐酷寒为本种的一大特性。

(2) 陆川猪：陆川猪产自广西陆川等县及广东高州、湛江等地,除耳、背、臀和尾为黑色外,其余部位为白色。该品种体躯矮短肥胖,屠宰适期为 8 月龄,体重 70 kg 左右,屠宰率

68%。成年公猪体重 87 kg，成年母猪体重 79 kg。

(3) 荣昌猪：荣昌猪原产于四川荣昌与重庆一带，全身白色，体型中等，较高营养水平下 180 日龄体重可达 90 kg，屠宰率 70%左右，瘦肉率 48%左右。

(4) 内江猪：内江猪原产于四川内江与资中等县，全身黑色，12 月龄肉猪体重约为 124 kg，屠宰率 70%左右，肥膘 5 cm。成年公猪体重 175 kg，成年母猪体重 179 kg。

(5) 金华两头乌猪：金华两头乌猪产自浙江义乌、东阳和金华 3 个县，除头颈和臀尾为黑色外，其他部分均为白色，故有"两头乌"之称。8～9 月龄肉猪体重 63～76 kg，屠宰率 72%。成年公猪体重 140 kg，成年母猪体重 110 kg。

(6) 太湖猪：太湖猪主产区为嘉定、金山、松江等县。被毛全黑，也有四蹄或尾尖白色者。该猪体型较大，6～10 月龄肉猪体重 65～90 kg，屠宰率 67%左右。成年公猪体重 140 kg，成年母猪体重 114 kg。

(7) 八眉猪：八眉猪又名泾川猪或西猪，是西北地区古老猪种，全身被毛黑色，耳大下垂，额有纵行倒"八"字皱纹，属肉脂兼用型，8 月龄体重 75 kg 左右。八眉猪肉质好，色红，呈大理石状，含水率低，系水力良好(5.56±1.05)。

2) 改良品种

改良品种是利用引入品种和地方良种杂交培育而成的品种。

(1) 哈尔滨白猪：哈尔滨白猪系引进巴克夏猪、约克夏猪及前苏联大白猪与东北民猪杂交培育而成，全身被毛纯白，两耳直立，背腰平直，腹不下垂，腿臀丰满，生后 8 月龄体重 120 kg，屠宰率 72%。成年公猪体重 222 kg，成年母猪体重 176 kg。

(2) 汉中白猪：汉中白猪分布于陕西的汉中，系用巴克夏猪及前苏联大白猪与地方猪杂交培育而成的肉脂兼用型猪，被毛全白，成年公猪体重 214 kg，成年母猪体重 167 kg，屠宰率 71%～73%，肉质细嫩。

3) 引入品种

(1) 巴克夏猪：巴克夏猪(Berkshire)原产于英国中南部的巴克县，系用中国华南猪、泰国猪与当地猪杂交育成的脂肪型猪，对世界各国脂肪型猪的发展起了积极作用。20 世纪 60 年代由于市场变化，巴克夏猪已由典型的脂肪型猪向着肉用型方向发展。"六端白全身黑"(即鼻尾四肢六端为白色)为本种的毛色特征。体格中等，头短，耳立向前。8 月龄肉猪体重约为 90 kg，屠宰率 80%左右，臀腿占胴体的 30%左右，胴体瘦肉率约 55%。成年公猪体重 230～280 kg，成年母猪体重 200～250 kg。

(2) 长白猪：长白猪(Landrace)原产于丹麦，对世界肉猪业的"白色化"革命性变化起了重大作用。该猪毛色全白，体躯呈流线型，胸腰椎数 22 个者约占 80%。头轻尾重，后躯特别丰满；头小鼻梁长，两耳大；成年公猪体重 300～350 kg，成年母猪体重 250～300 kg。

(3) 约克夏猪：约克夏猪(Yolkshire)原产于英国的约克县，经不同选育，形成大、中、小 3 型。后因小型不适合生产需要已被淘汰。大、中两型在经济类型、外形、生产性能等方面均有本质差别。

中约克夏(中白猪)：体躯呈方砖形，全身毛白，胸深背臀丰满，生后 215 天平均体重为 90 kg。一般于 80～85 kg 时屠宰，屠宰率高，肥瘦肉比例相当，肉质优良，为鲜肉用的优良品种。成年公猪体重 230～280 kg，成年母猪体重 200～250 kg。

大约克夏：又称大白猪(Largewhite)，全身毛白，背腰长，臀宽长，后躯发育良好，腹线平直。生长发育快，6 月龄平均体重 90 kg。成年公猪体重 300～370 kg，成年母猪体重 250～330 kg。

另外比较著名的猪有美国杜洛克猪、前苏联克未洛夫猪、前苏联大白猪和美国汉普夏猪等。

3.1.2 牛

我国的地方牛是以役用为主的兼用牛，包括黄牛、牦牛和水牛。但随着国外肉、乳用牛的引进，现在我国牛的经济类型分别向肉用和乳用方向发展，形成了乳用品种和肉用品种。

3.1.2.1 兼用牛

1）黄牛

在我国，黄牛是指牦牛和水牛以外的所有家牛，包括蒙古牛、华北牛、华南牛 3 种类型。蒙古牛是指内蒙古高原的牛；华北牛按地区分为东北、山东、河南、关中许多类型；华南牛主要是指两广牛。

我国黄牛的经济用途，除牧区的蒙古牛和云南原邓川牛是乳役兼用外，其他地区黄牛多供役用，不挤奶，老残牛屠宰作肉用。我国黄牛的产肉性能以五大良种黄牛品种(秦川牛、南阳牛、鲁西牛、晋南牛、延边牛)为最高。特别是秦川牛，在中等营养水平条件下，其某些屠宰指标如屠宰率、净肉率已接近或超过国外著名的肉牛品种。

(1) 秦川牛：秦川牛因产于陕西省关中地区的“八百里秦川”而得名，毛色有紫红、红、黄 3 种，紫红和红色占 89%。成年公牛体重 594 kg，成年母牛体重 380 kg，其肉质细致、柔软多汁、大理石纹明显。

(2) 南阳牛：南阳牛产于河南省南阳地区，属大型役肉兼用品种。毛色有黄、红、草白 3 种，深浅不等的黄色占 81%。秦川牛与南阳牛产肉性能见表 3-1-1。

表 3-1-1　22～27 月龄秦川牛与南阳牛产肉性能　　单位：kg，cm^2，%

牛品种	宰前活重	胴体重	屠宰率	净肉重	净肉率	胴体产肉率	脂肪覆盖率	肉间脂肪	腹脂	优质肉块
秦川牛	565.03	363.25	64.22	306.44	54.54	85.21	98.80	8.12	17.70	3.13
南阳牛	508.69	324.55	63.74	275.44	54.24	85.11	98.17	8.02	14.33	2.82

(3) 鲁西牛：鲁西牛主产于山东省西南部菏泽、济宁，被毛从浅黄色到棕红色均有，其中黄色占 70%以上。鲁西牛产肉性能优良，屠宰率 58%，净肉率 51%，骨肉比 1∶6.9，眼肌面积为 94 cm^2。成年公牛体重 640 kg，成年母牛体重 365 kg。

(4) 晋南牛：晋南牛产于山西南部汾河下游的晋南盆地，毛色以枣红为主，属大型役肉兼用品种。成年公牛体重 607 kg，成年母牛体重 340 kg。成年牛屠宰率平均 52%，净肉率 43%。

(5) 延边牛：延边牛主产于吉林省延边朝鲜自治州，属寒温带山区的役肉兼用品种。毛色多呈浓淡不同的黄色。成年公牛体重 466 kg，成年母牛体重 365 kg。18 月龄育成公牛经 180 天肥育，胴体重 266 kg，屠宰率 58%，净肉率 47%，眼肌面积 76 cm^2。

(6) 蒙古牛：蒙古牛原产于蒙古高原地区，毛色多为黑色或黄(红)色，次为狸色、烟熏色。成年公牛体重 300～400 kg，成年母牛体重 270～370 kg。中等营养水平的阉牛平均体重 377 kg±44 kg，屠宰率 53%±2.8%，净肉率 45%±2.9%，骨肉比 1∶5.2±0.5，眼肌面积 56 cm^2±7.9 cm^2，肌肉中粗脂肪含量高达 43%，表明蒙古牛沉积脂肪的能力较强。

2）牦牛

牦牛（Bos Grunniens 或 Yak）起源于我国，因叫声似猪，故又称猪声牛，是生息在我国海拔 3 000～5 000 m 高山草原上的一种特有家畜，是世界屋脊上的一个稀有牛种。

牦牛是我国西南、西北地区饲养历史悠久的乳、肉、毛、皮及役兼用牛。牦牛与当地黄牛进行种间杂交的一代杂种牛称为犏牛。以黄牛为父本者称为真犏牛（或黄犏牛），以牦牛为父本者称为假犏牛（或牦犏牛）。第 1～3 代雄犏牛因睾丸组织不能产生正常活力的精子而无生育力。我国是世界上拥有牦牛最多的国家，主要分布在以青藏高原为中心的青海、四川、甘肃、新疆、云南等省、自治区的高山地区。我国现有 11 个优良牦牛类群，其中四川麦洼牦牛为偏乳用型牦牛，产乳性能较好。

牦牛的外貌与普通牛有较大差异。牦牛全身被毛粗长，其体侧被毛长达 20～28 cm，毛丛中生绒毛。毛色较杂，以黑色、褐色居多，其次为黑白花、灰色及白色。牦牛体质强壮，有角或无角，尾短，但尾毛密长，形如马尾。乳房不够发达，乳静脉不明显，乳头细而短，4 个乳区发育不匀称，前伸后展极差。一般成年公牦牛体重约为 300～450 kg，成年母牦牛体重约为 200～300 kg。

牦牛泌乳期约为 4～5 个月，全期产乳量平均为 450～600 kg，在较好的饲养条件下，可达 800～1 000 kg，干物质 17.31%～18.40%，比其他牛种高。乳脂率 6.5%～7.5%，高者可达 10%，比黑白花牛高出 1 倍以上。乳脂肪球大，适于加工奶油。乳蛋白的含量也很丰富，达 5.00%～5.32%。

牦牛的肉用性能也较好，以九龙牦牛为例，成年阉牦牛体重 471 kg，屠宰率 55%，净肉率 46%，骨肉比 1∶5.5，眼肌面积 89 cm^2。因处高海拔缺氧地带，故牦牛肉呈深鲜红色，蛋白质含量高达 22%，脂肪含量低于 5%。

3）水牛

我国地方良种水牛主要有上海水牛、江苏海子水牛、湖北汉江水牛、湖南滨湖水牛、江西鄱阳湖水牛、安徽东流水牛和四川涪陵水牛等。

大部分水牛全身为深灰色或浅灰色，随着年龄的增长，毛色逐渐由浅灰变为深灰或暗灰色（俗称“石板青”或“瓦灰”）。部分水牛毛为白色。

我国水牛成熟较晚，6 岁以上体尺与体重的生长才能完成。大型公、母牛体重一般在 600 kg 以上，小型公、母牛体重在 500 kg 以下。与世界上同类型相比，我国水牛属中等体型。我国水牛在营养水平较低的牧饲条件下，增重效果仍很好。湖北用 2 岁龄公牛阉割后进行肥育，屠宰率 49%，净肉率 37%，脂肪率 5.4%，骨肉比 1∶3.8，肌肉颜色为暗红色，脂肪为白色，肌纤维较黄牛略粗。我国水牛的产乳性能比黄牛高，泌乳期约 8～10 个月，产乳量为 500～1 000 kg，高产牛达 1 000～1 500 kg，乳脂率 7.4%～11.6%，乳蛋白 4.5%～5.9%，干物质 21.8%。乳汁浓厚，脂肪球大。故有的地区水牛乳价格比黑白花牛乳高 1 倍以上。

4）培育兼用牛

我国以前并无专用牛品种，大约在 19 世纪 70 年代，我国才开始培育乳用牛和乳肉兼用牛。

（1）西门塔尔牛：西门塔尔牛（Simmental，原名红花牛）原产于瑞士西部的阿尔卑斯山区的河谷地带，而以西门塔尔平原的较为著名，因而得名。该品种属大型乳肉兼用品种。西门塔尔牛毛色多为黄白花或淡红白花，额部和颈上部有卷毛。成年公牛体重1 000～1 300 kg，成年母牛体重 650～800 kg。西门塔尔牛泌乳期平均为 285 天(9.5 个月)，平均产乳量3 500～4 500 kg，最高产量达 12 702 kg，乳脂率 3.9%～4.2%，乳蛋白 3.5%～3.9%。

另外，我国引入的国外兼用品种牛还有英格兰的乳肉兼用两个类型的短角牛等。

(2) 三河牛：三河牛是我国最早开始培育的优良的乳肉兼用品种，因产于内蒙古呼伦贝尔盟大兴安岭西麓的额尔古纳右旗三河地区而得名。三河牛毛色为红(黄)白花，成年公牛体重 850～1 000 kg，成年母牛体重 450～550 kg。2～3 岁的育成公牛屠宰率可达 50%以上，净肉率 44%～48%。三河牛年产乳量一般平均为 2 000 kg，单产最高可达 7 000～8 000 kg。乳脂率平均在 4%以上。泌乳期一般为 300 天左右。

(3) 草原红牛：草原红牛主产于内蒙古、吉林、河北等地，是由乳肉兼用短角牛与蒙古牛杂交培育而成的，其被毛为紫红色或红色。草原红牛体格较小，成年母牛体重 453 kg，成年公牛体重 760 kg。据内蒙古报道(1983)，在以放牧为主的条件下，草原红牛屠宰前给予短期肥育后，屠宰率 54%，净肉率 45%。据吉林报道(1982)，经短期肥育的牛，屠宰率和净肉率分别为 58%和 50%。草原红阉牛产肉性能见表 3-1-2。

表 3-1-2　草原红阉牛产肉性能　　单位：kg，%

月龄	肥育方式	宰前体重	胴体重	屠宰率	净肉重	净肉率
9	肥育饲养	218.6	114.5	52.5	92.8	42.6
18	放牧	320.6	163.0	50.8	131.3	41.0
18	短期肥育	378.5	220.6	58.2	187.2	49.5
30	放牧	327.4	192.1	51.6	156.6	42.0
42	放牧	457.2	240.4	52.6	211.1	46.2

(4) 新疆褐牛：新疆褐牛主产于新疆天山北麓，分布于全疆的天山南北，是由瑞士褐公牛和有该牛血液的阿拉塔乌公牛及少量前苏联的科斯特罗姆牛杂交培育而成的。毛色呈深浅不一的褐色。产肉性能见表 3-1-3。

表 3-1-3　新疆褐牛产肉性能　　单位：kg，cm^2，%

性别	年龄	宰前体重	胴体重	屠宰率	净肉重	净肉率	骨重	骨肉比	眼肌面积
阉	1.5 岁	235.4	111.5	47.4	85.3	36.3	24.6	1∶3.5	47.1
公	2.5 岁	323.5	163.4	50.5	124.3	38.4	35.7	1∶3.5	73.4
	成年	433.2	230.0	53.1	170.4	39.3	51.3	1∶3.3	76.6
母	成年	456.9	456.9	52.1	180.2	39.4	52.4	1∶3.4	89.7

3.1.2.2　肉用牛

(1) 海福特牛：海福特牛(Hereford)是英国最古老的早熟中型肉牛品种之一，毛色主要为浓淡不同的红色，并具有“六白”的品种特征。该品种牛体格较小，骨骼纤细，具有典型的肉用体型。在东北地区成年公牛体重 908 kg，成年母牛体重 520 kg，屠宰率可达 67%，净肉率 60%。脂肪主要沉积于内脏，皮下结缔组织和肌肉间脂肪较少，肉质柔嫩多汁。

(2) 夏洛来牛：夏洛来牛(Charolais)起源于法国的夏洛来，毛色白或乳白，有的呈奶油白，其最大特点是生长快。国外纯种成年公牛和母牛体重达 1 044 kg 和 845 kg，在我国饲养的纯种成年公牛和母牛体重分别为 968 kg 和 574 kg。

(3) 和牛：和牛(Wagyu)产于日本，成年公牛体重 800 kg，成年母牛体重 500 kg。和牛以其优良的肉质闻名于世，尤其肌间脂肪(大理石花纹)非常丰富，犹如雪花镶嵌其中，“雪花牛肉”之名由此而来。

3.1.2.3 乳用牛

乳用牛的主要品种是乳用黑白花乳牛(Black and White)，原产于荷兰北部地区的北荷兰省(North Holland)和西弗里斯省(West Friesland)，原称荷兰牛(Holland Friesian)。由于德国北部荷尔斯坦省也有分布，故也称为荷尔斯坦弗里斯牛(Holstein Friesian)，简称荷斯坦牛。因其毛色为黑白花片，故通称黑白花牛，早在 15 世纪即以产乳量高而驰名。黑白花牛是目前世界上产乳量最高、数量最多、分布最广的乳用品种。由于各国对黑白花乳牛的选育方向不同，育成了乳用型黑白花牛和乳肉兼用型黑白花牛。

(1) 乳用型黑白花牛：美国、加拿大等国的黑白花牛属此类型。乳用型黑白花牛体格高大，结构匀称，皮薄骨细，皮下脂肪少，乳房特别硕大，乳静脉明显，后躯较前躯发达，侧望、俯视和从后面看体躯均呈楔形(三角形)，具有典型的乳用型外貌。毛色为明显的黑白花片，腹下、肢端及尾帚为白色。犊牛初生重 40～50 kg，成年公牛体重 900～1 200 kg，成年母牛体重 650～750 kg。乳用型黑白花牛产乳量为各乳牛品种之冠。一般年平均产乳量为6 500～7 500 kg，乳脂率为 3.6%～3.7%。1979 年美国乳牛改良协会登记的128 570头黑白花乳牛，其平均产乳量为 8 096 kg，乳脂率为 3.64%。创世界个体产乳量最高记录者是 1975 年美国印第安纳州的一头黑白花乳牛，365 天产乳量为 25 300 kg，乳脂率为 2.8%。

(2) 乳肉兼用型黑白花牛：以原产地荷兰为代表的欧洲国家如德国、法国、丹麦等国家所饲养的黑白花牛多属此型，毛色同乳用型黑白花牛，头宽颈粗，体躯宽深，乳房发育良好，胸宽而深，全身肌肉较乳用型丰满，有较好的产肉性能，但体格较矮，体重较乳用型小，故在我国习惯上称为小荷兰牛。成年公牛体重一般为 900～1 100 kg，成年母牛体重一般为 550～700 kg，犊牛初生重一般为 35～45 kg。乳肉兼用型黑白花牛年产乳量一般平均为 5 000～6 500 kg，乳脂率 3.8%～4.1%。产肉性能较好，经育肥后屠宰率可达 55%～60%。

(3) 中国黑白花乳牛：中国黑白花乳牛(Chinese Blank and White Dairy Cattle)又称中国荷斯坦牛。早在 19 世纪 70 年代，我国即开始从国外引进黑白花乳牛，除纯种繁殖外，主要用纯种公牛与全国各地的本地黄牛杂交，其后代经过长期相互交配选育而成中国黑白花牛。中国黑白花乳牛是我国唯一的乳用牛品种，现已遍及全国。目前，中国黑白花乳牛多为乳用型，仅少数个体稍偏乳肉兼用型。

中国黑白花乳牛具有明显的乳用特征。毛色呈黑白花，成年公牛体重一般为 1 000～1 100 kg，成年母牛体重一般为 550～650 kg。中国黑白花乳牛平均产乳量一般为 6 000～7 000 kg，个别场平均产乳量在 7 000 kg 以上，并有不少年产乳量在 10 000 kg 以上的个体。如北京东郊农场 71089 号母牛 1985 年 300 天产乳量达 16 090 kg，创当时全国最高记录。平均乳脂率为3.3%～3.4%，脂肪球小，宜作鲜乳或制作干酪。

3.1.3 山羊

3.1.3.1 肉用山羊

（1）波尔山羊：波尔山羊原产于南非，是世界上著名的大型肉用山羊品种，具有生长发育快、适应性强、体形大、产肉多、繁殖力强等特点。波尔山羊初生重3～5 kg，270日龄公羊重69 kg、母羊重51 kg。成年公羊重95～110 kg、母羊重90～100 kg，平均屠宰率48.3%。母羊母性强、产奶量大、产羔多，一般2年可产3胎，一胎多羔。

（2）新疆山羊：新疆山羊主产于新疆各地，具有适应性强、肉用性能好等优点。初生重2.8～3.2 kg，周岁公羊重30.4 kg、母羊重25.7 kg。成年公羊重59.5 kg、母羊重32.4 kg，平均屠宰率41.3%，净肉率28.9%，产羔率106.5%～138.6%。

（3）马头山羊：马头山羊主产于湘鄂西部山区，具有体形大、肥育效果好、屠宰率高、肉质好等特点，适宜于向肥羔羊方向发展。初生重2～2.1 kg，周岁公羊重24.9 kg、母羊重23.2 kg。成年公羊重43.8 kg、母羊重33.7 kg，屠宰率62.6%，净肉率44.5%，产羔率191.9%～200.3%。

3.1.3.2 奶用山羊

奶用山羊是仅次于乳牛的主要乳畜，在世界各国历来被誉为“农家的乳牛”。世界上有60多个奶山羊品种，比较著名的有20多个。其中以萨能奶山羊（Saanen）、吐根堡奶山羊（Togenburg）、奴比亚奶山羊（Nubian）数量多、分布广、产乳量高而闻名于世。关中奶山羊和崂山奶山羊是我国培育的品种。

（1）萨能奶山羊：萨能奶山羊（Saanen）是世界著名的奶山羊品种之一，几乎遍布世界各国。萨能奶山羊原产于瑞士柏龙县萨能山谷，故名萨能羊。萨能奶山羊结构匀称，细致紧凑，具有头长、颈长、躯干长及腿长的“四长”特点。被毛白色，皮薄而柔软，皮肤呈红色，公、母均有髯，多数无角，母羊胸部丰满，后躯及乳房发达，乳房基部宽大呈圆形，乳头大小适中。成年公羊体重为70～90 kg，成年母羊体重为50～60 kg。萨能奶山羊泌乳期300天左右，年平均产乳量为600～1 200 kg，最高可达3 000 kg以上。乳脂率3.3%～4.4%，乳蛋白3.3%，乳糖3.9%，干物质11.28%～12.38%。

萨能奶山羊与其他奶山羊品种比较，汗液膻味较大，乳中往往有膻味。因此，在挤乳时，应特别注意挤乳卫生，避免膻味吸入。

（2）关中奶山羊：关中奶山羊主要产于陕西关中平原地区，是由萨能奶山羊与当地山羊杂交培育而成的，分布于陕西关中平原的渭南、咸阳、宝鸡、西安等地。关中奶山羊基本特征颇似萨能奶山羊，但体型较小，体重较轻。成年公羊体重一般在80 kg左右，成年母羊体重一般为50～60 kg。关中奶山羊产乳量一般为500～600 kg，乳脂率为3.6%～3.8%，蛋白质3.53%，乳糖4.31%，干物质12.8%。

（3）崂山奶山羊：崂山奶山羊产于山东省胶东半岛，主要分布在青岛、烟台等濒临黄海和渤海之滨的平原，丘陵与山地也有分布，其外貌相似于关中奶山羊，与萨能奶山羊相比较，体躯稍短，体格略小。成年公羊体重一般为70～80 kg，成年母羊体重为45～50 kg。泌乳期8～9个月，产乳量450～700 kg，乳脂率3.5%～4.0%。

目前国内较好的奶用山羊类群还有山东的文登奶山羊、河南的开封奶山羊、河北的唐山奶山羊、广东的广州奶山羊及山西的洪洞奶山羊等。

3.1.4 兔

兔有肉用、皮用、皮肉兼用和毛用之分。全世界约有兔品种 60 余种，其中大多为 20 世纪育成品种。我国现有家兔约 20 种，目前饲养较普遍的肉用及兼用兔品种有：

（1）中国家兔：中国家兔又名菜兔、小白兔，系皮肉兼用品种，毛色以纯白为主，也有黑色、灰色、棕色。体型较小，成年兔体重 1.5～2.5 kg。

（2）喜马拉雅兔：喜马拉雅兔又称五黑兔，毛色纯白，唯鼻端、两耳、尾及四肢呈黑褐色，故而得名。原产于喜马拉雅山脉南北地区，是优良的肉用兔，体型中等，成年兔体重 4～5 kg。

（3）青紫蓝兔：青紫蓝兔又称山羊青兔，是优良的皮肉兼用种。由于具有与南美洲所产的一种珍贵皮毛兽"青紫蓝-绒鼠"相似的皮毛，故名"青紫蓝兔"。该兔由法国喜马拉雅兔与其他兔杂交培育而成，有标准型和大型两个品系。标准型公兔体重 2.5～3.0 kg，母兔体重 3.0～3.5 kg；大型公兔体重 4.5 kg，母兔体重 5.0 kg。

（4）大白兔：大白兔是日本用中国兔选育而成的皮肉兼用型兔品种，毛色纯白，成年兔体重 4～6 kg，最高达 8 kg。

（5）巨型兔：巨型兔系自德国引进的皮肉兼用良种，毛色白中间黑，两耳、嘴、眼圈、尾部及背脊部呈黑色。成年兔体重 6～8 kg，是我国现有饲养品种中最理想的兔种之一。

3.1.5 禽

家禽除常见的鸡、鸭、鹅等外，还包括火鸡、鸽、鹌鹑、珠鸡和雉鸡等。

1）鸡

我国鸡种如按经济用途分，大多属兼用型，有的主要用于肉用，少数偏于蛋用。但这与国外标准品种有明显经济用途界限的分类是有差异的。我国地方品种鸡在 19 世纪中叶，产蛋力和产肉力都曾居世界领先水平，如英国从江苏、上海引入的狼山鸡和九斤鸡，随之又从英国引到美国，经繁育后，两国都承认为标准品种，并列入两国标准品种志内。

（1）肉用鸡

① 惠阳胡须鸡：惠阳胡须鸡又名三黄胡须鸡，原产于广东惠阳地区，属中型肉用品种，具早熟易肥、胸肌发达的特点，与杏化鸡、清远麻鸡为广东省三大名鸡，在港澳市场久负盛名。因颌下有张开的髯羽，状似胡须而得名。该鸡具毛黄、喙黄、脚黄的特征。5 月龄公鸡体重为 1.8 kg，半净膛屠宰率 87.5％，全净膛屠宰率 78.7％。

② 清远麻鸡：清远麻鸡原产于广东省清远县，母鸡背侧羽毛有细小黑色斑点，故称麻鸡，以体型小、皮下和肌肉间脂肪发达、皮薄骨软而著称，素为我国活鸡出口的小型肉用名产鸡之一。成年公鸡体重为 2.18 kg，成年母鸡体重为 1.75 kg。6 月龄仔母鸡体重为 1.3 kg，其半净膛屠宰率 85％，全净膛屠宰率 76％；阉公鸡半净膛屠宰率 84％，全净膛屠宰率 77％。年产蛋 70～80 枚。

③ 杏花鸡：杏花鸡因主产地在广东省封开县，建国后易名杏花乡因而得名，当地又称"米仔鸡"，具有早熟、易肥、皮下和肌肉间脂肪分布均匀、骨细皮薄、肌纤维细嫩等特点，宜作白切鸡。杏花鸡属小型肉用优良鸡种，是我国活鸡出口经济价值较高的名产鸡之一，具黄喙、黄羽、黄脚（三黄）的品种特征。112 日龄鸡产肉性能：公、母鸡体重分别为 1.3 kg 和

1.1 kg，半净膛屠宰率为 75%和 76%。

④ 新狼山鸡：新狼山鸡(New Langshan Chickens)是中华人民共和国成立以后第一个育成的兼用鸡种，是利用黑色狼山鸡和澳洲鸡杂交培育而成的，全身羽毛黑色。成年公鸡体重为 3.24 kg，成年母鸡体重为 2.28 kg，年产蛋 180～200 枚。

⑤ 新浦东鸡：新浦东鸡(New Putong Chickens)是由上海以浦东鸡为基础于 1981 年培育成的肉用型鸡新品种，毛色黄色，体型更接近肉用型，成年公鸡体重 4.0 kg，成年母鸡体重 3.26 kg，10 周龄鸡半净膛屠宰率 85%以上，年产蛋 152 枚。

⑥ 科尼什鸡：科尼什鸡(Cornish)原产于英国康瓦耳地区，是典型的肉用鸡品种，共有 3 个变种。我国引入的为深花(常称为"红色")和白色两种。另外还有一种为红羽白边科尼什鸡。该鸡标准体重，公鸡为 4.5～5.0 kg，母鸡为 3.5～4.0 kg。年产蛋 120 枚左右。

另外，我国的丝羽乌骨鸡(Silkes)，因其体躯披有白色的丝状羽，皮肤、肌肉及骨膜皆为乌(黑)色而得名。主产区为江西和福建。是"乌鸡白凤丸"的主要原料。成年公鸡体重 1.8～1.3 kg，半净膛屠宰率为 88%，全净膛屠宰率为 67%；成年母鸡体重为 0.97～1.60 kg，半净膛屠宰率为 84%，全净膛屠宰率为 69%。

国内著名的肉用鸡品种还有江苏的溧阳鸡、云南的武定鸡、湖南的桃源鸡、广西的霞烟鸡、福建的河田鸡等。

(2) 蛋用鸡

① 白来航鸡：白来航鸡原产于意大利，现遍布全世界，为最著名的蛋用型鸡种。来航鸡有多种羽色和两种冠形，共 10 余个品、变种。我国主要引入的是单冠白羽来航鸡，全身羽毛白色而紧贴。冠大鲜红，公鸡的冠较厚而直立，母鸡的冠较薄而倒向一侧。胫、趾和皮肤均呈黄色，耳叶白色。

该品种成熟早，无就巢性，产蛋量高而饲料消耗少。年平均产蛋量为 200 枚以上，优秀品系可超过 300 枚，平均蛋重为 54～60 g，蛋壳白色。标准体重，公鸡 2 kg，母鸡 1.5 kg。

② 洛岛红鸡：洛岛红鸡育成于美国洛德岛州，属兼用型鸡种。我国引入的洛岛红鸡为单冠品变种，羽毛呈深红色，母鸡的性成熟期平均为 180 天，年产蛋量为 160～170 枚，高产者可达 200 枚。蛋重为 60～65 g，蛋壳竭色，但深浅不一。

③ 新汉夏鸡：新汉夏鸡育成于美国新汉夏州，属兼用型鸡种，体型外貌与洛岛红鸡相似，但只有单冠。年产蛋为 180～200 枚，蛋重为 56～60 g，蛋壳褐色。标准体重，公鸡3.0～3.5 kg，母鸡 2.5～3.0 kg。

④ 澳洲黑鸡：澳洲黑鸡属兼用型，体型与奥品顿鸡相似，但体重略轻，全身羽毛黑色而有光泽。母鸡约 6 月龄开产，年产蛋量 160 枚左右，蛋重 60 g。标准体重，公鸡 3.75 kg，母鸡 2.5～3.0 kg。

⑤ 青岛白来航鸡：青岛白来航鸡因在青岛市育成而得名，具有白来航鸡的全部特征，成年公鸡体重为 2.0～2.5 kg、母鸡为 1.8 kg，500 日龄平均产蛋量为 182.6 枚，蛋重为56.8 g。蛋壳白色，蛋壳厚平均为 0.286 mm，蛋形指数为 1.38，哈氏单位为 72。

⑥ 北京白鸡：北京白鸡具有白来航鸡种的外貌特征，年平均产蛋量 196.6 枚，蛋重为 55.8 g，总重为 13.46 kg。

(3) 兼用鸡

① 仙居鸡：仙居鸡又称梅林鸡，是浙江省优良的小型蛋用地方鸡种。主要产区在浙江

省仙居县及邻近县，全身羽毛紧密贴体，外形结构紧凑，具有蛋用鸡的体型和神经类型的特点。雏鸡绒羽黄色，但深浅不同，间有浅褐色。在一般饲养管理条件下年产蛋量为160～180枚，高者可达200枚以上。平均蛋重为42 g左右。壳色以浅褐色为主，蛋形指数为1.36。蛋中蛋白占55.11%，蛋黄占33.7%，蛋壳占11.19%。

② 白耳黄鸡：白耳黄鸡又称白银耳鸡，以其全身为黄色羽毛、耳叶白色而得名，是我国稀有的白耳鸡种。其主产地在江西省。白耳黄鸡体型矮小，体重较轻，属蛋用型鸡种体型。以“三黄一白”为选择外貌的标准，即黄嘴、黄羽、黄脚呈“三黄”，白耳呈“一白”。公、母鸡的皮肤和胫部呈黄色，无胶羽。初生雏绒羽以黄色为主。白耳黄鸡开产日龄平均为151.75天，年产蛋平均180枚。蛋重平均为54.23 g。蛋壳深褐色。蛋壳厚达0.34～0.38 mm，蛋形指数为1.35～1.38，哈氏单位为88.31。

③ 狼山鸡：狼山鸡以体型硕大、羽毛纯黑、冬季产蛋多、蛋大而著称于世，在国外经过进一步选育，并与当地鸡杂交培育成新的品种，如当代著名鸡种黑奥品顿、澳洲黑等。

狼山鸡体格健壮，按体型可分为重型与轻型两种。重型鸡公鸡体重为4.0～4.5 kg，母鸡为3.0～3.5 kg；轻型公鸡体重为3.0～3.6 kg，母鸡为2.0 kg左右。按羽毛颜色可分为纯黑、黄色和白色3种，其中黑鸡最多。狼山鸡的最高年产蛋量为186.66枚，最高个体为282枚。目前平均蛋重达到58.7 g，新鸡开产蛋重平均50.23 g。

④ 大骨鸡：大骨鸡又名庄河鸡，主产于辽宁省庄河县，属兼用型鸡种，体躯硕大，公鸡羽毛棕红色，母鸡多呈麻黄色，单冠。蛋大是大骨鸡的突出优点，蛋重平均为62～64 g，有的蛋重达70 g以上。年平均产蛋量为180枚左右，在较好的饲养条件下，可达180枚以上。蛋壳深褐色，壳厚而坚实，破损率低。蛋形指数为1.35。

⑤ 浦东鸡：浦东鸡多为黄羽、黄脚，故又称“东九斤黄”。由于产地在黄浦江以东的广大地区，故名浦东鸡。该鸡体型较大，呈三角形，偏重产肉，为国内大型鸡种之一。公鸡羽色有黄胸黄背、红胸红背和黑胸红背3种。母鸡全身黄色，有深浅之分。浦东鸡平均开产日龄为208天，最早为150天，最迟为294天。年产蛋量平均为130枚，最高为216枚，最低为86枚。平均蛋重为57.9 g，蛋壳浅褐色。

⑥ 寿光鸡：寿光鸡原产于山东省寿光县稻田乡一带，属肉蛋兼用的优良地方鸡种，体型硕大，蛋大，成年鸡全身羽毛黑色，大型母鸡平均年产蛋量为117.5枚，中型的年产蛋量为122.6枚，最高可达213枚。大型母鸡的蛋重范围为65～75 g，中型的平均蛋重为60 g，蛋壳褐色，蛋壳厚度为0.36 mm。蛋形指数为1.32。

⑦ 九斤鸡：九斤鸡是世界著名的肉鸡品种之一，产于我国，对国外鸡种的改良有很大的贡献。九斤鸡现共有9个变种。羽毛和皮肤黄色，成熟晚，8～9个月开产，年产蛋量约80～100枚，蛋重约55 g，蛋壳黄褐色，肉质嫩滑。成年公鸡体重4.9 kg，母鸡3.7 kg。

2）鸭

我国的鸭品种按经济用途可分为蛋用型、兼用型和肉用型3种类型；按羽色分有麻雀羽、白羽、黑羽等羽色类型。

蛋用型和兼用型品种几乎全部是麻鸭及其品变种，是我国养鸭业使用最广泛的鸭种。我国麻鸭品种属于蛋用型品种的主要有绍兴鸭、金定鸭、攸县鸭等。属于兼用型品种的主要有建昌鸭、高邮鸭、巢湖鸭，昆山鸭和沔阳鸭是培育品种。属于麻鸭的品变种有连城白鸭、莆田黑鸭（福建）和白嗉鸭（黑龙江），其中前两个品种属蛋用型，后者属兼用型。兼用型鸭年产蛋量为140～200枚不等，其中高邮鸭在放牧条件下年产蛋150～160枚，饲料条件优厚时可产蛋200枚以上。

(1) 北京鸭：北京鸭(Beijing Ducks)是现代肉鸭生产的主导品种，具有生长快、繁殖率高、适应性强和肉质好等优点，在国内外享有盛誉。目前几乎遍及世界各地，各国肉鸭生产几乎全都采用北京鸭及其品系杂交鸭。北京雏鸭绒羽金黄色，称为“鸭黄”。随日龄增加颜色逐渐变浅，至4周龄前后变成白色。150日龄鸭的体重，公鸭为3.5 kg，母鸭为3.4 kg，其屠宰性能见表3-1-4。

表3-1-4 北京鸭屠宰性能

屠宰率	性别	半净膛(%)	全净膛(%)	胸腿肌占净膛比例(%)
填鸭	公	80.6	73.8	18.0
	母	81.0	74.1	18.5
自由采食鸭	公	83.6	77.9	21.3
	母	82.2	76.5	22.2

北京鸭有较好的肥肝性能，是国外生产肥肝的主要鸭种。用80～90日龄北京鸭或北京鸭与瘤头鸭的杂交鸭，填饲2～3周，每只可生产肥肝300～400 g，而且填肥鸭的增重快，可达到肝、肉双收的目的。

(2) 高邮鸭：高邮鸭又称台鸭、绵鸭，是我国麻鸭中的大型品种，原产于江苏省高邮县，具有较理想的肉蛋兼用体型。

产蛋性能当地有“春不离百，秋不离六”的说法，即春季产蛋量约100枚，秋季产蛋量约60枚，正常年份产蛋量140～160枚。蛋重为75.9 g，78 g以上的占37.4%，70 g以下的占15.3%。蛋壳有白、青两种，以白壳蛋为主。两种蛋形指数均为1.43。高邮鸭产双黄蛋较多，双黄蛋比例约占总蛋数的千分之三。

(3) 建昌鸭：建昌鸭主产于四川凉山彝族自治州，公鸭“绿头、红胸、银肚、青嘴公”，母鸭以浅褐麻雀色居多，约占65%～70%。建昌鸭500日龄平均产蛋量为144枚，蛋重为72.9 g。青壳蛋占60%～70%，蛋形指数为1.37。

(4) 金定鸭：我国已将金定鸭选育成高产蛋鸭良种，年产蛋280枚，蛋重70 g。

3) 鹅

我国鹅的品种按其来源可分为中国鹅(按国外标准品种命名)和伊犁鹅。中国鹅起源于鸿雁，是我国鹅的主要品种，被引至许多国家并用以改良其他品种；伊犁鹅是我国来源于灰雁的唯一品种，是新疆伊犁哈萨克自治州少数民族直接驯养当地野雁而成的品种。

(1) 狮头鹅：狮头鹅(Lion Head Geese)是我国最大型的鹅种，因成年鹅的头形如狮头而得名，原产于我国广东省平县。狮头鹅头部前额肉瘤发达，羽毛为棕褐色，成年公鹅体重8.85 kg，母鹅7.86 kg，70～90日龄上市未经肥育仔鹅公、母体重分别为6.18 kg和5.50 kg，半净膛屠宰率分别为81.9%和84.2%，全净膛屠宰率分别为71.9%和72.4%。

(2) 太湖鹅：太湖鹅(Taihu Geese)原产于长江三角洲的太湖地区，是中国鹅中数量最多的一个小型高产品种，是生产肉用仔鹅较为理想的母本材料。仔鹅肉质好，加工成苏州“糟鹅”、南京“盐水鹅”均很受欢迎。太湖鹅全身羽毛洁白，其产肉性能见表3-1-5。年产蛋80枚左右。

表 3-1-5 太湖鹅产肉性能

种 类	体重(kg)	半净膛屠宰率(%)	全净膛屠宰率(%)
70 日龄仔鹅	2.50	78.6	64.0
成年公鹅	4.33	84.9	75.6
成年母鹅	3.23	79.2	68.8

4) 鹌鹑

鹌鹑简称鹑，是现代新兴的特种经济禽类。在国外，养鹑数仅次于鸡的饲养数，故有“第二养禽业”之称。世界上比较著名的品种有东北黄鹑，英国白鹑，黑白杂色无尾鹑，北美洲鲍布门鹌鹑，美国加利弗尼亚鹌鹑，菲律宾鹌鹑(小型)，澳大利亚鹑(大型)等品种。麻栗色是鹌鹑的基本毛色。此外，尚有白羽、黑羽、银黄羽、红羽等羽色。我国引入的鹌鹑有肉用型和蛋用型两种。成年蛋用型鹌鹑体重 120～160 g，肉用型鹌鹑体重 220～270 g，母鹑体重大于公鹑。

5) 火鸡

火鸡(Turkey)又名吐绶鸡、七面鸡，成年公火鸡体重 14～25 kg，母火鸡体重 6～12 kg，全程饲养 52～58 周。火鸡屠宰率很高，全净膛屠宰率达 85%～90%，胸、腿肉占活重的 40%～50%。火鸡肉蛋白质含量比鸡肉、牛肉高 20%。除皮肤含脂肪较多外，其他部位脂肪含量都在 10%左右。

思考与练习

试述猪、牛、羊、兔及主要禽类的经济类型、品种、分布及其产肉性能。

3.2 畜禽的屠宰及分割

3.2.1 畜禽宰前的准备和管理

3.2.1.1 宰前的检验和选择

(1) 检验步骤和程序：当屠宰畜禽由产地运到屠宰加工企业以后，在未卸下车船之前，兽医检验人员向押运员索阅当地兽医部门签发的检疫证明书，核对牲畜的种类和头数，了解产地有无疫情和途中病死情况。经过初步视检和调查了解，认为基本合格时，允许卸下赶入预检圈休息。

(2) 宰前临床检验的方法：鉴于送宰的牲畜数目通常较多，待宰的时间又不能过长，尤其在屠宰旺季，实行逐头测温检查实属困难，故生产实践中多采用群体检查和个体检查相结合的办法。其具体做法可归纳为动、静、食的观察三大环节和看、听、摸、检四大要领。首先从大群中挑出有病或不正常的畜禽，然后再逐头检验，必要时应用病原学和免疫学诊断方法。一般对猪、羊、禽等的宰前检验以群体检查为主，个体检查为辅；对牛、马等大家畜的宰前检验以个体检查为主，附以群体检查。

3.2.1.2 宰前病畜禽的处理

宰前检验发现病畜禽时，根据疾病的性质、病势的轻重以及有无隔离条件等作如下处理。

(1) 禁宰：经检查确诊为炭疽、鼻疽、牛瘟、恶性水肿、气肿疽、狂犬病、羊快疫、羊肠毒血症、马流行性淋巴管炎、马传染性贫血等恶性传染病的牲畜，采取不放血法扑杀。肉尸不得食用，只能工业用或销毁。其同群全部牲畜，立即进行测温。体温正常者在指定地点急宰，并认真检验；不正常者予以隔离观察，确诊为非恶性传染病的方可屠宰。

(2) 急宰：确认为无碍肉食卫生的一般病畜及患一般传染病而有死亡危险的病畜，立即开急宰证明单送往急宰。凡疑似或确诊为口蹄疫的牲畜立即急宰，其同群牲畜也应全部宰完。患布氏杆菌病、结核病、肠道传染病、乳房炎和其他传染病及普通病的病畜，均须在指定地点或急宰间屠宰。

(3) 缓宰：经检查确认为一般性传染病，且有治愈希望者，或患有疑似传染病而未确诊的牲畜应予以缓宰。但应考虑有无隔离条件和消毒设备，以及病畜短期内有无治愈的希望、经济费用是否有利成本核算等问题。否则，只能送去急宰。此外，宰前检查发现牛瘟、口蹄疫、马传染性贫血及其他当地已基本扑灭或原来没有流行过的某些传染病，应立即报告当地和产地兽医防疫机构。

3.2.1.3 宰前的管理

(1) 宰前休息：屠畜宰前休息有利于放血和消除应激反应，提高肉的商品价值。因此，不宜采用当日运输当日屠宰的方法。在驱赶时禁止鞭棍打、惊恐及冷热刺激。

(2) 宰前禁食、供水：屠宰畜禽在宰前 12～24 h 断食。断食时间必须适当。一般牛、羊宰前断食 24 h，猪 12 h，家禽 18～24 h。

断食时，应供给足量的 1%的食盐水，使畜体进行正常的生理机能活动，调节体温，促进粪便排泄，以便放血完全，获得高质量的屠宰产品。为了防止屠宰畜禽倒挂放血时胃内容物从食道流出而污染胴体，宰前 2～4 h 应停止供水。

(3) 猪屠宰前的淋浴：水温 20℃，喷淋猪体 2～3 min，以洗净体表污物为宜。淋浴使猪有凉爽舒适的感觉，促使外周毛细血管收缩，便于放血充分。

3.2.2 畜禽的屠宰

3.2.2.1 家畜的屠宰

各种家畜的屠宰工艺都包括有致昏、刺杀放血、煺毛或剥皮、开膛解体、屠体整修、检验盖印等工序。

1) 致昏

应用物理(如机械、电击、枪击)、化学(吸入 CO_2)方法，使家畜在宰杀前短时间内处于昏迷状态，谓之致昏，也叫击晕。击晕能避免屠畜宰杀时嚎叫、挣扎而消耗过多的糖原，使宰后肉尸保持较低的 pH，增强肉的储藏性。

(1) 电击晕：电击晕生产上称作"麻电"，即使电流通过屠畜，以麻痹中枢神经而晕倒。此法还能刺激心脏活动，便于放血。我国使用的麻电器有手握式和自动触电式两种(图 3-2-1)。麻电时，将猪赶至狭窄通道，打开铁门一头一头按次序由上滑下，头部触及自动开闭的夹形麻电器上，倒后滑落在运输带上。

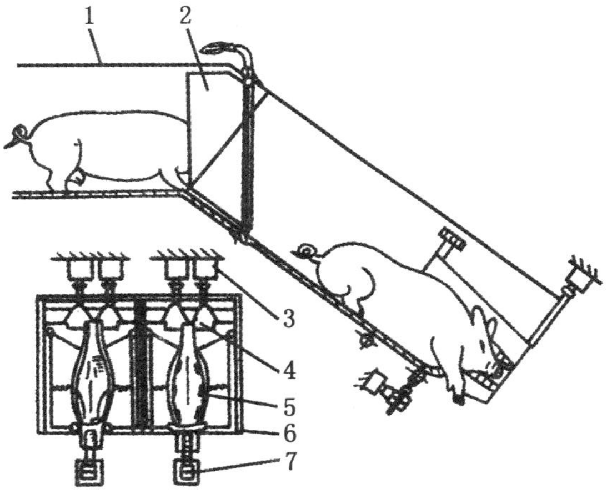

图 3-2-1 猪自动麻电装置结构及工作示意图

1—机架；2—铁门；3—磁力牵引器；4—挡板；5—触电；6—底板；7—自动插销

我国多采用低电压(表 3-2-1)，而国外多采用高电压。低电流短时间可避免应激反应。

表 3-2-1 畜禽屠宰时的电击晕条件

畜 种	电压(V)	电流强度(A)	麻电时间(s)
猪	70～100	0.5～1.0	1～4
牛	75～120	1.0～1.5	5～8
羊	90	0.2	3～4
兔	75	0.75	2～4
家 禽	65～85	0.1～0.2	3～4

(2) CO_2麻醉法：丹麦、德国、美国、加拿大等国应用该法。室内气体组成：CO_2 65%～75%，空气 25%～35%。将猪赶入麻醉室 15 s 后，意识即完全消失。该法使猪在安静状态下进入昏迷，因此肌糖原消耗少，最终 pH 低，肌肉处于弛缓状态，避免肌肉出血。

2) 刺杀放血

家畜致昏后将后腿拴在滑轮的套脚或铁链上。经滑车轨道运到放血处进行刺杀，放血。家畜致昏后应快速放血，以 9～12 s 最佳，最好不要超过 30 s，以免引起肌肉出血。刺颈放血时切断前腔静脉和双颈动脉干，不要刺破心脏和气管。这种方法放血彻底，每刺杀一头猪，刀要在 82℃的热水中消毒一次。

倒悬放血时间：牛 6～8 min，猪 5～7 min，羊 5～6 min，平卧式放血需延长 2～3 min。如从牛取得其活重 5%的血液，猪为 3.5%，羊为 3.2%，则可计为放血效果良好。放血充分与否影响肉品质量和储藏性。

3) 浸烫、煺毛或剥皮

家畜放血后解体前，猪需烫毛、煺毛，牛、羊需进行剥皮，猪也可以剥皮。

(1) 猪的烫毛和煺毛：放血后的猪经 6 min 沥血，由悬空轨道上卸入烫毛池进行浸烫，使毛根及周围毛囊的蛋白质受热变性收缩，毛根和毛囊易于分离。同时表皮也出现分离达到脱毛的目的。猪体在烫毛池内 5 min 左右。池内最初水温以 70℃为宜，随后保持在60～66℃。如想获得猪鬃，可在烫毛前将猪鬃拔掉。生拔的鬃弹性强，质量好。

煺毛又称刮毛，分机械刮毛和手工刮毛。刮毛机国内有三滚筒式刮毛机、拉式刮毛机和螺旋式刮毛机 3 种。我国大中型肉联厂多用滚筒式刮毛机。刮毛过程中刮毛机中的软硬刮片与猪体相互摩擦，将毛刮去。同时向猪体喷淋 35℃的温水。刮毛 30～60 s 即可。然后再由人工将未刮净的部位如耳根、大腿内侧的毛刮去。

刮毛后进行体表检验，合格的屠体进行燎毛、清洗，脱毛检验，从而完成非清洁区的操作。用烤炉或用火喷射燎毛时，温度达 1 000℃以上，时间 10～15 s，可起到高温灭菌的作用。

(2) 剥皮：牛、羊屠宰后需剥皮。剥皮分手工剥皮和机械剥皮两种。

(3) 割颈肉：割颈肉根据 GB 99591 平头规格处理。

4) 开膛解体

(1) 剖腹取内脏：煺毛或剥皮后开膛最迟不超过 30 min，否则对脏器和肌肉质量均有影响。

(2) 劈半：开膛后，将胴体劈成两半(猪羊)或四分体(牛)称为劈半。目前常用的是往复式劈半电锯。

5) 检验、盖印、称重、出厂

屠宰后要进行宰后兽医检验。合格者，盖以"兽医验讫"的印章。然后经过自动吊秤称重、入库冷藏或出厂。

3.2.2.2 家禽的屠宰

(1) 电昏：电压 35～50 V，电流 0.5 A 以下，时间(禽只通过电昏槽时间)：鸡为 8 s 以下，鸭为 10 s 左右。电昏时间要适当，以电昏后马上将禽只从挂钩上取下，若在 60 s 内能自动苏醒为宜。过大的电压、电流会引起锁骨断裂，心脏停止跳动，放血不良，翅膀血管充血。

(2) 宰杀放血：美国农业部建议电昏与宰杀作业之间的时间间距，夏天为 12～15 s，冬天则需增加到 18 s。宰杀可以采用人工作业或机械作业，通常有口腔放血、切颈放血(用刀切断气管、食管、血管)及动脉放血3种方式。禽只在放血完毕进入烫毛槽之前,其呼吸作用应完全停止,以避免烫毛槽内的污水吸进禽体肺脏而污染屠体。

放血时间:鸡一般90~120 s,鸭120~150 s。但冬天的放血时间比夏天长5~10 s。一般血液占活禽体重的8%,放血时约有6%的血液流出体外。

(3)烫毛:水温和时间依禽体大小、性别、重量、生长期以及不同加工用途而改变。

① 高温烫毛:71~82℃,30~60 s。高温热水处理便于拔毛,降低禽体表面微生物数量,屠体呈黄色,较诱人,便于零销。但由于表层所受到的热伤害,反而使储藏期比低温处理的短。同时,温度高易引起胸部肌肉纤维收缩而使肉质变老,而且易导致皮下脂肪与水分的流失,故尽可能不采用高温处理。

② 中温烫毛:58~65℃,30~75 s。国内烫鸡通常采用65℃,35 s;鸭60~62℃,120~150 s。中温处理羽毛较易去除,外表稍黏、潮湿,颜色均匀、光亮,适合冷冻处理,适合裹浆、裹面之炸禽。但由于角质脱落,失去保护层,在储藏期间微生物易生长。

③ 低温烫毛:50~54℃,90~120 s。这种处理方法羽毛不易去除,必须增加人工去毛,而且部分部位如脖子、翅膀需再予以较高温的热水(62~65℃)处理。此种处理禽体外表完整,适合各种包装,而且适合冷冻处理。

(4)脱毛:机械拔毛必须调整好橡胶指束与屠体之间的距离。另外应掌握好处理时间。禽只禁食超过8 h,脱毛就会较困难,公禽尤为严重。若禽只宰前经过激烈的挣扎或奔跑,则羽毛根的皮层会将羽毛固定得更紧。此外,禽只宰后30 min再浸烫或浸烫后4 h再脱毛,都将影响到脱毛的速度。

(5)去绒毛:绒毛去除方法有3种:一为钳毛;二为松香拔毛;三为火焰喷射机烧毛。松香拔毛操作不当,使松香在禽体天然孔或陷窝深处未被除掉,食用时可引起中毒。

(6)清洗、去头、切脚:屠体脱毛后,在去内脏之前须充分清洗。经清洗后屠体应有95%的完全清洗率。一般采用加压冷水(或加氯水)冲洗后去头(取决于产品要求)和切脚。

(7)取内脏:取内脏前须再挂钩。活禽从挂钩到切除爪为止称为屠宰去毛作业,必须与取内脏区完全隔开。此处原挂钩链转回活禽作业区,而将禽只重新悬挂在另一条清洁的挂钩系统上。

(8)检验、修整、包装:掏出内脏后,经检验、修整、包装后入库储藏。库温-24℃情况下,经12~24 h使肉温达到-12℃,即可储藏。

3.2.2.3 宰后检验及处理

1)宰后检验的方法

肉尸和内脏的兽医卫生检验,以感观检查和剖检为主,必要时辅之以细菌学、血清学、病理学、理化学等实验室检查方法。

(1)视检:视检即观察肉尸皮肤、肌肉、胸腹膜、脂肪、骨骼、关节、天然孔及各种脏器的外部色泽、形态、大小、组织性状等是否正常。

(2)剖检:剖检是借助器械,剖开观察肉尸或脏器的隐藏部分或深组织的变化。这对淋巴结、肌肉、脏器、脂肪的检查和疾病的确诊非常必要。

(3)触检:在判定组织、器官的弹性和软硬度,发现组织中每一硬结的病变上具有重要的意义。

(4)嗅检:嗅检是一种必要的辅助检查方法。对于没有显著特征变化的局外气味和病理性气味，均可用嗅觉判定。

2）宰后检验的要点

（1）头部检验：牛头的检查首先观察唇、齿龈及舌面，注意有无水泡、溃疡或烂斑（注意牛瘟、口蹄疫等）。触摸舌体，观察上下颌的状态（注意放线菌）。剖开咽喉内侧淋巴结和扁桃体（注意结核、炭疽），剖开舌肌和内外咬肌（检查囊尾蚴）。

（2）皮肤检验：皮肤检验对于检出猪瘟、猪丹毒等病有意义，而家禽主要检验皮肤病变。

（3）内脏检验：按照脏器在畜体内的自然位置，由后向前分别进行。离体检验可根据脏器摘出的顺序，一般由胃肠开始，依次检查脾、肺、心、肝、肾、乳房、子宫或睾丸。

（4）肉尸检验：通过肉尸检验首先判定其放血程度，同时仔细检查皮肤、皮下组织、肌肉、脂肪、胸腹膜、骨骼，注意可能性的各种变化（出血、皮下和肌肉水肿、肿瘤、外伤、肌肉色泽异常、四肢病变等），并剖开两侧咬肌，检查有无囊尾蚴。猪要剖检浅腹股沟淋巴结，必要时剖检腘淋巴结及深颈淋巴结。牛、羊要剖检股前淋巴结、肩胛前淋巴结，必要时还要剖检腰下淋巴结。

（5）旋毛虫检验：割取左右横膈膜脚肌两块，每块约 10 g，按胴体编号后进行旋毛虫检验。一般送样到检验台，检验员从每块横膈膜脚肌上剪取 1～2 块放于载玻片上，再用另一载玻片压扁，然后用 50～60 倍的低倍显微镜检查。按此方法取样，如每头猪中发现旋毛虫少于 5 个者，则将肌肉切成重小于 2 kg、厚小于 8 cm 的肉块，沸煮 2.5 h 后供食用。如超过 5 个则只能供工业用，肌肉不得食用，肠可制肠衣，其他内脏仍可食用。

3）检验后肉品的处理方法

肉尸和脏器经兽医检验后，常有 4 种不同的处理情况：一是品质良好，可不受限制直接食用；二是患有一般传染病、轻症寄生虫病以及病理损伤的肉尸和脏器，根据病损性质和程度，经过各种无害化处理后，使传染性、毒性消失或使寄生虫全部死亡者，可以有条件的食用；三是患有严重传染病、寄生虫病、中毒和严重病理损伤的肉尸和脏器，不能在无害化处理后食用者，应炼制工业油或骨肉粉；四是患有炭疽病、鼻疽、牛瘟等“肉品卫生检验规程”所列的烈性传染病的肉尸和脏器，必须用焚烧、深埋、湿化（通过湿化机）等方法予以销毁。绝不能用土灶炼制代替湿化处理。具体的处理方法有以下几种：

（1）冷冻处理：猪和牛在规定检验部位上的 40 cm^2 面积内发现囊尾蚴和钙化的虫体在 3 个以下者（包括 3 个），羊肌肉发现 9 个以上（包括 9 个）虫体而肌肉无任何病变者，冷冻处理后出厂。旋毛虫在－17℃以下时 2 天死亡；绦虫类在－18℃时 3 天死亡；囊尾蚴在－12℃时即可完全死亡。

（2）产酸处理：在一定温度下，使糖原分解，产生大量乳酸，从而达到杀灭某些病体的目的。这种方法常用来处理体温正常的口蹄疫患畜及其体温升高的同群畜的肉尸。具体做法是：将肉尸剔骨，在 0～6℃温度下放置 48 h，或在 6～10℃温度下放置 36 h，或在 10～12℃温度下放置 24 h 即可。由于口蹄疫病毒在骨髓中能存活较长时间，加之产酸时乳酸在骨髓中集聚不明显，所以用产酸法处理的肉尸必须剔骨，而骨必须经高温处理后方可出厂。

（3）高温处理：对有条件利用肉均可采用高温处理。其方式有：

① 高压蒸煮：将肉切成重约 2 kg、厚约 8 cm 的肉块，在 1.32×10^5 Pa 压力下蒸煮1.5～2.0 h。

② 常压烧煮：将肉切成上述同样大小的肉块，在普通铁锅内煮沸 2.0～2.5 h，要求肉块

深部的温度达到 80℃以上。

(4) 盐腌处理：此法常用于轻症囊尾蚴病肉的无害化处理，其时间不少于 21 天，食盐用量不小于肉重的 12%。当肉中食盐含量达到 5.5%～7.5%时，囊尾蚴即行死亡。处理布氏杆菌病患畜肉尸时，腌制需经 60 天，其毛皮也应同样处理。由于盐溶液很难渗入脂肪，故腌制时需剔除皮下脂肪以炼制食用油。

(5) 炼制食用油：凡患有重症旋毛虫病、囊尾蚴病和病情虽重但脂肪尚可食用的一般传染病（如猪瘟、猪丹毒、猪肺疫等），以及黄疸的屠畜肉尸和内脏，其脂肪组织均可炼制食用油。炼制时要求温度在 100℃以上，时间 20 min。

3.2.3 畜禽的分割及冷却

肉的分割是按不同国家的分割标准将胴体进行分割以利于进一步加工或直接供给消费者。冷却肉是指屠宰后的胴体迅速进行冷却处理，使胴体温度在 24 小时内降为 0～4℃，并在后续的加工、流通和零售过程中始终保持在 0～4℃范围内的鲜肉。与热鲜肉和冷冻肉相比，冷却肉具有安全卫生、滋味鲜美、口感细腻、营养价值高等优点。

3.2.3.1 猪肉分割及冷却

1) 我国猪肉分割方法及冷却

(1) 我国猪肉分割方法：通常将半胴体分为肩、背、腹、臀、腿五大部分(图 3-2-2)。

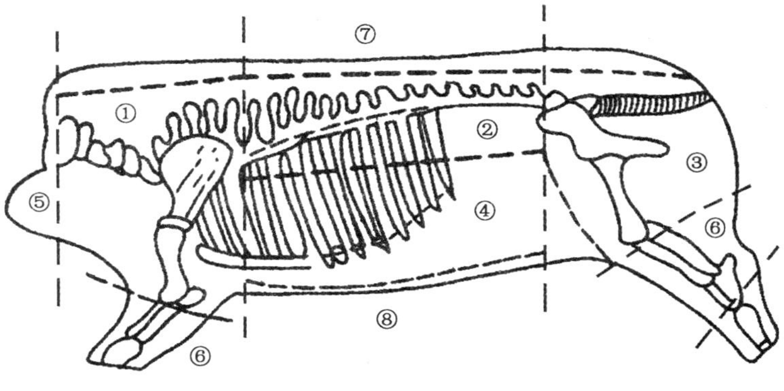

图 3-2-2 猪肉按部位切割分级

①肩臂肉；②背腰肉；③臂腿肉；④肋腹肉；⑤颈肉；⑥肘子肉；⑦肥膘；⑧奶脯

① 肩颈部：肩颈部俗称前槽、夹心、前臂肩，前端从第 1 颈椎，后端从第 4～5 胸椎或第 5～6 根肋骨间，与背线成直角切断。下端如做火腿则从腕关节截断，如做其他制品则从肘关节切断，并剔除椎骨、肩胛骨、臂骨、胸骨和肋骨。

② 臀腿部：臀腿部俗称后腿、后丘、后臂肩，是从最后腰椎与荐椎结合部和背线成直角垂直切断，下端则根据不同用途进行分割：如做分割肉、鲜肉出售，从膝关节切断，剔除腰椎、荐椎骨、股骨、去尾；如做火腿则保留小腿后蹄。

③ 背腰部：背腰部俗称外脊、大排、硬肋、横排，是前面去掉肩颈部，后面去掉臀腿部，余下的中段肉体从脊椎骨下 4～6 cm 处平行切开，上部即为背腰部。

④ 肋腹部：肋腹部俗称软肋、五花，与背腰部分离，切去奶脯即可。

⑤ 前臂和小腿部：前臂和小腿部俗称肘子、蹄膀，前臂上从肘关节下从腕关节切断，小腿上从膝关节下从跗关节切断。

⑥ 颈部：从第1～2颈椎处，或3～4颈椎处切断。

(2) 分割肉的冷却：将修整好的分割肉送入冷却间内进行冷却。冷却间内的温度为−2～−3℃。在24 h内，肉温降至0～4℃。

2) 德国猪肉分割法(图3-2-3)(操作略)

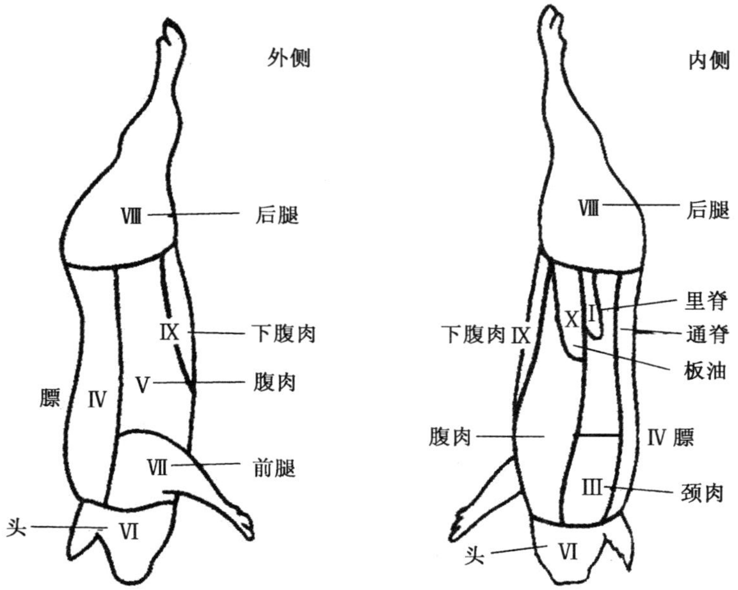

图3-2-3 德国猪肉分割法

3) 美国猪肉分割法

美国猪胴体划分为颊部、前腿、肩胛、肋排、通脊、肋腹和后腿肉(图3-2-4)，操作略。

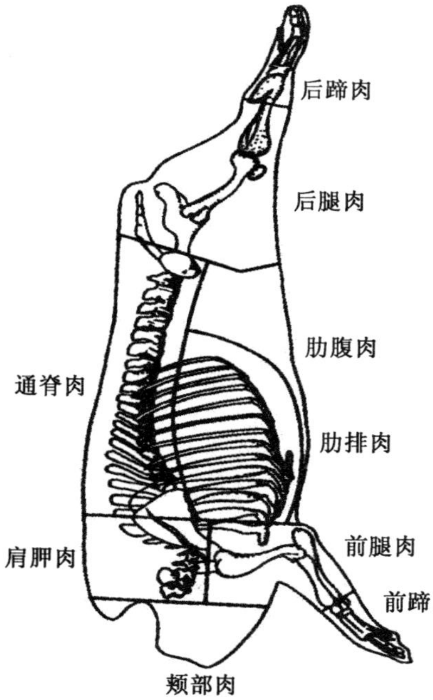

图3-2-4 美国猪胴体分割法

3.2.3.2 牛羊肉分割分级

1）我国牛肉分割方法

我国牛胴体的分割方法是通过国家“九五”攻关课题制定而成的(周光宏,1999)。

将标准的牛胴体二分体分成臀腿肉、腹部肉、腰部肉、胸部肉、肋部肉、肩颈肉、腿肉共7个部分(图3-2-5),再进一步分成牛柳、西冷、眼肉、上脑、胸肉、腱子肉、腰肉、臀肉、膝圆、大米龙、小米龙、腹肉12块不同的零售肉块(图3-2-6)。

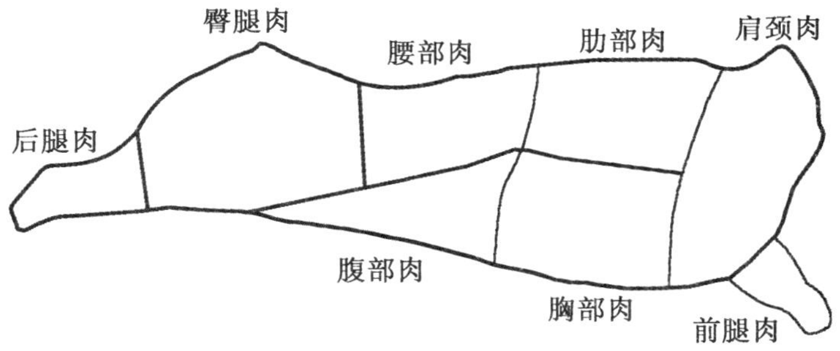

图3-2-5 我国牛胴体部位分割图

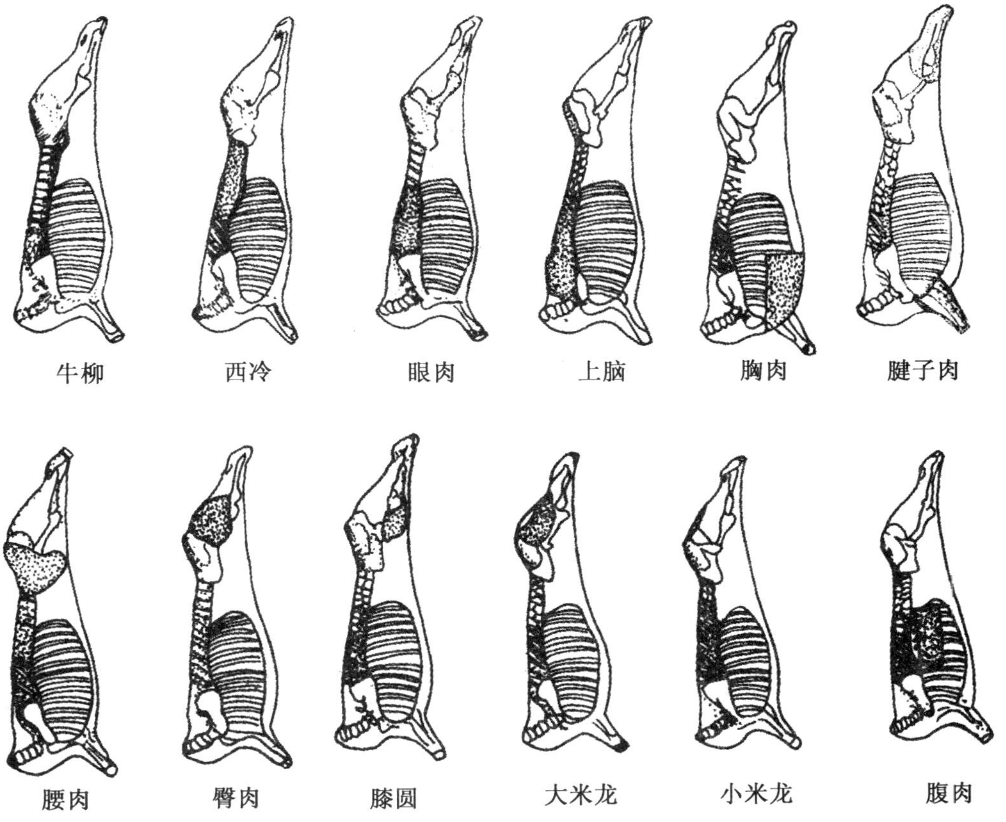

图3-2-6 我国牛肉分割图

① 牛柳：牛柳也叫里脊，即腰大肌。分割时先剥去肾脂肪，沿耻骨前下方将里脊剔出。然后由里脊头向里脊尾逐个剥离腰横突，取下完整的里脊。

② 西冷：西冷也叫外脊，主要是背最长肌。分割时首先沿最后腰椎切下，然后沿眼肌腹壁侧(离眼肌 5～8 cm)切下。再在第 12～13 胸肋处切断胸椎，逐个剥离胸、腰椎。

③ 眼肉：眼肉主要包括背阔肌、肋最长肌、肋间肌等。其一端与外脊相连，另一端在第 5～6 胸椎处。分割时先剥离胸椎，抽出筋腱，在眼肌腹侧距离为 8～10 cm 处切下。

④ 上脑：上脑主要包括背最长肌、斜方肌等。其一端与眼肉相连，另一端在最后颈椎处。分割时剥离胸椎，去除筋腱，在眼肌腹侧距离为 6～8 cm 处切下。

⑤ 胸肉：胸肉主要包括胸升肌和胸横肌等。在剑状软骨处，随胸肉的自然走向剥离，修去部分脂肪即成一块完整的胸肉。

⑥ 腱子肉：腱子分为前、后两部分，主要是前肢肉和后肢肉。前牛腱从尺骨端下刀，剥离骨头；后牛腱从胫骨上端下刀，剥离骨头取下。

⑦ 腰肉：腰肉主要包括臀中肌、臀深肌、股阔筋膜张肌。在臀肉、大米龙、小米龙、膝圆取出后，剩下的一块肉便是腰肉。

⑧ 臀肉：臀肉主要包括半膜肌、内收肌、股薄肌等。分割时把大米龙、小米龙剥离后便可见到一块肉，沿其边缘分割即可得到臀肉。也可沿着被切的盆骨外缘，再沿本肉块边缘分割。

⑨ 膝圆：膝圆主要是臀股四头肌。当大米龙、小米龙、臀肉取下后，能见到一块长圆形肉块，沿此肉块周边(自然走向)分割，很容易得到一块完整的膝圆肉。

⑩ 大米龙：大米龙主要是臀股二头肌。与小米龙紧密相连，故剥离小米龙后大米龙就完全暴露，顺着该肉块自然走向剥离，便可得到一块完整的四方形肉块即为大米龙。

⑪ 小米龙：小米龙主要是半腱肌，位于臀邻。当牛后腱子取下后，小米龙肉块处于最明显的位置。分割时可按小米龙肉块的自然走向剥离。

⑫ 腹肉：腹肉主要包括肋间内肌、肋间外肌等，也即肋排，分无骨肋排和带骨肋排。一般包括 4～7 根肋骨。

2) 美国牛胴体的分割方法

美国牛胴体的批发分割方法是将胴体分成以下几个部分：前腿肉、肩部肉、前胸肉、胸肋肉、肩肋肉、前腰肉、腹肋肉、后腰肉、后腿肉(图 3-2-7)。其零售切割方式是在批发部位的基础上进行再分割而得到零售分割肉块。

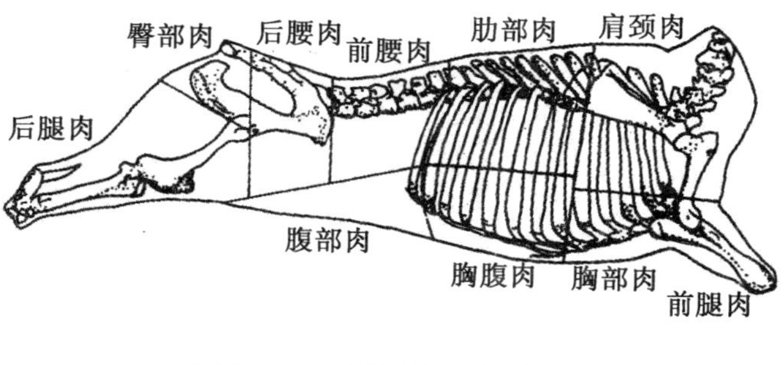

图 3-2-7　美国牛胴体的分割图

3）日本牛胴体的分割方法

日本牛胴体共分为以下几个部分：颈部、腕部、肩部牛排、肋排、背脊牛排、腹肋部、肩胸部、腰大肌、大腿里、大腿外及胚部等肉块。

4）美国羊胴体的分割方法

美国羊胴体可被分割成腿部肉、腰部肉、腹部肉、胸部肉、肋部肉、前腿肉、颈部肉、肩部肉。在部位肉的基础上再进一步分割成零售肉块。美国羊胴体部位分割图见图 3-2-8。

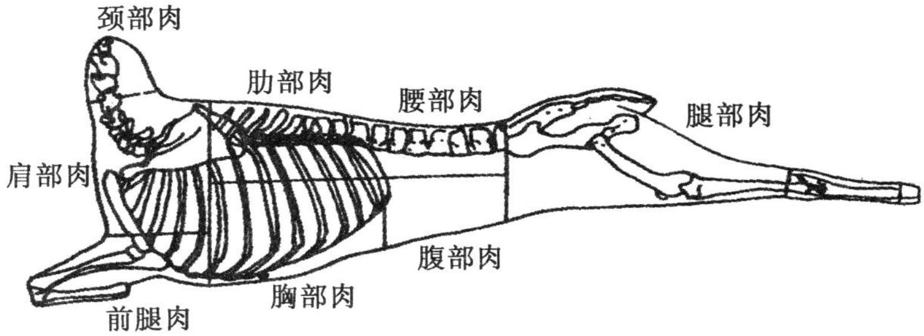

图 3-2-8　美国羊胴体的分割图

3.2.3.3　禽肉的分割

禽肉分割有 3 种方法：平台分割、悬挂分割、按片分割。前两种适于鸡，后一种适于鹅、鸭。如鹅的个体较大，可以分割成 8 件；鸭的个体较小，可以分成 6 件；至于鸡，可以再适当地分成较少的分割件数。

（1）鹅、鸭的分割：鹅分割为头、颈、爪、胸、腿等 8 件；躯干部分成 4 块（1 号胸肉、2 号胸肉、3 号腿肉、4 号腿肉）。鸭躯干部分为 2 块（1 号鸭肉、2 号鸭肉）。

（2）肉鸡的分割：日本将分割鸡肉分为主品种、副品种及二次品种 3 类共 30 种。我国肉鸡分为腿部、胸部、翅爪及脏器类。

思考与练习

1. 畜禽宰杀前检验的具体方法有哪些？发现病畜禽如何处理？
2. 畜禽宰杀前电昏有何好处？电压、电流及电昏时间有何要求？
3. 影响畜禽放血的因素有哪些？放血不良对制品会产生何种影响？
4. 畜禽烫毛对水温有何要求？不同的水温对屠体产生什么影响？
5. 畜禽宰杀后检验的具体内容有哪些？检验后的肉主要有几种处理方法？

3.3 肉的组成及特性

3.3.1 肉的形态结构

从广义上讲，畜禽胴体则是肉。胴体是指畜禽屠宰后除去毛、头、蹄、内脏、去皮或不去皮(猪保留板油和肾脏，牛、羊等毛皮动物还要除去皮)后的部分，因带骨又称其为带骨肉或白条肉。从狭义上讲，原料肉是指胴体中的可食部分，即除去骨的胴体，又称其为净肉。

肉(胴体)由肌肉组织、脂肪组织、结缔组织和骨组织四大部分构成。这些组织的构造、性质直接影响肉品的质量、加工用途及其商品价值，且依动物的种类、品种、年龄、性别、营养状况不同而异。

1) 肌肉组织

肌肉组织是构成肉的主要组成部分，可分为横纹肌、心肌、平滑肌 3 种，占胴体 50%～60%。横纹肌能随动物的意志完成运动，因此又称随意肌。又因其是附着在骨骼上的肌肉，也叫骨骼肌。横纹肌的构成，除由许多肌纤维外，还有少量的结缔组织、脂肪组织、腱、血管、神经纤维、淋巴等，按一定的次序呈立体配列而组成。

(1) 横纹肌的宏观结构：从组织学看，横纹肌由丝状的肌纤维集合而成，每 50～150 根肌纤维由一层薄膜包围形成初级肌束。再由数十个初级肌束集结并被稍厚的膜包围，形成次级肌束。由数个次级肌束集结，外表包着较厚的膜，构成了肌肉。初级肌束和次级肌束外包围的膜称为内肌周膜，也叫肌束膜；肌肉最外面包围的膜叫外肌周膜。这两种膜都是结缔组织。

在每一根肌纤维之间有微细纤维网状组织连接，这个纤维网称为肌内膜。在内外肌周膜中分布着微细血管、神经、淋巴管，通常还有脂肪细胞沉积。而肌内膜沿着肌纤维方向在两端集合成腱，紧密连接在骨骼上。

在肌肉内，脂肪组织容易沉积在外肌周膜间，而难以沉积到内肌周膜和肌内膜处。只有在良好的饲养管理条件下，脂肪才会沉积在内外肌周膜、肌内膜间。结缔组织内的脂肪沉积较多时，使肉呈大理石纹状，能提高肉的多汁性。

(2) 横纹肌的微观结构：构成肌肉的基本单位是肌纤维，也叫肌纤维细胞，属于细长、多核的纤维细胞，长度由数毫米到 20 cm，直径只有 10～100 μm。肌纤维的粗细随动物的种类、年龄、营养状况、肌肉活动情况的不同而有所差异。例如猪肉的肌纤维比牛肉的细，幼龄动物的比老龄的细。

在显微镜下可以看到骨骼肌肌纤维沿纵轴平行的、有规则排列的明暗条纹，所以称横纹肌，其肌纤维由肌原纤维、肌浆、细胞核和肌鞘构成。

(1) 肌原纤维：肌原纤维是构成肌纤维的主要组成部分，是直径为 0.5～2.0 μm 的长丝。肌肉的收缩和延长就是因肌原纤维的收缩和伸长所致。肌原纤维上具有和肌纤维一样的横纹，横纹的结构按一定周期重复，周期的一个单位叫肌节。肌节是肌肉收缩和舒张的最基本的功能单位，静止时约为 2.3 μm。肌节两端是细线状的暗线称为 Z 线，中间是宽约 1.5 μm 的暗带或称 A 带，A 带和 Z 线之间是宽约 0.4 μm 的明带或称 I 带。在 A 带中央还有宽约 0.4 μm 的稍明的 H 区。这就形成了肌原纤维上明暗相间的现象(图 3-3-1)。

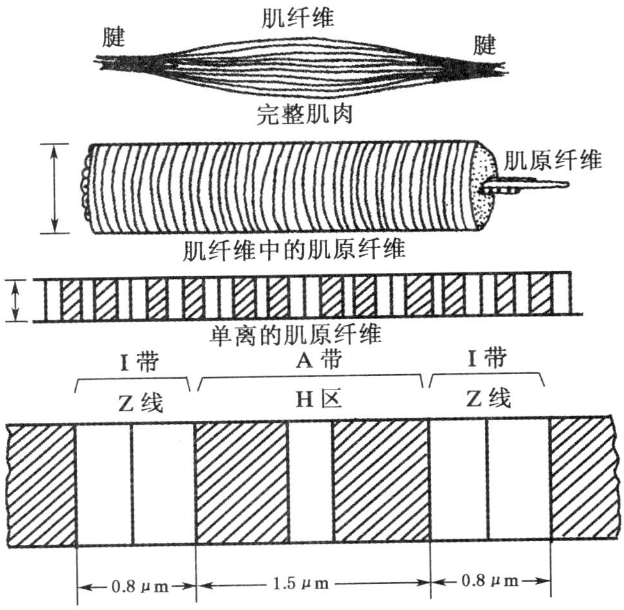

图 3-3-1　不同显微水平的肌肉组织结构

(2) 肌浆：肌浆是充满于肌原纤维之间的胶体溶液，呈红色，含有大量肌溶蛋白质和参与糖代谢的多种酶类。此外，尚含有肌红蛋白。由于肌肉的功能不同，在肌浆中肌红蛋白的数量不同，这就使不同部位的肌肉颜色深浅不一。

肌肉组织生长的最重要阶段是在中胚层发育起来的，以不同的细胞类型发育而形成不同生理功能的两种肌肉，称之为红肌和白肌(慢肌和快肌)。红肌中含有较多的肌红蛋白和肌浆。肌红蛋白可把氧带到肌纤维内部，这使有较大收缩性的肌肉不易疲劳。白肌中肌红蛋白较少，颜色浅，其特点是能快速收缩，但收缩性小，易疲劳。

2) 脂肪组织

脂肪在肉中的含量变化较大，约 15%～45%，取决于动物种类、品种、年龄、性别及肥育程度。脂肪组织是疏松状结缔组织的变形。动物消瘦时脂肪消失而恢复为原来的疏松状结缔组织纤维，这些纤维主要是胶原纤维和少量的弹性纤维。脂肪的构造单位是脂肪细胞，它是动物体内最大的细胞，直径为 30～120 μm，最大可达 250 μm 。脂肪细胞大、脂肪滴多，出油率高。

脂肪在体内的蓄积，依动物的种类、品种、年龄、肥育程度不同而异。猪多蓄积在皮下、体腔、大网膜周围及肌肉间；羊多蓄积在尾根、肋间；牛蓄积在肌肉间、皮下；鸡蓄积在皮下、体腔、卵巢及肌胃周围。脂肪蓄积在肌束内使肉呈大理石状，肉质较好。脂肪的功能一是保护组织器官不受损伤；二是供给体内能源。脂肪组织中脂肪约占 87%～92%，水分占 6%～10%，蛋白质占 1.3%～1.8%。另外还有少量的酶、色素及维生素等。

3) 结缔组织

结缔组织是构成肌腱、筋膜、韧带及肌肉内外膜、血管、淋巴结的主要成分，分布于体内各部，起到支持、连接各器官组织和保护组织的作用，使肌肉保持一定硬度，具有弹性。结缔组织的含量取决于动物的年龄、性别、营养状况及运动等因素。老畜、公畜、消瘦及使役的动物，结缔组织发达。同一动物不同部位其含量也不同。一般地讲，前躯由于支持沉重的头部，结缔组织较后肢发达，下躯较上躯发达。结缔组织为非全价蛋白，不易消化吸收，如牛肉结缔组织的吸收率仅为 25%。

结缔组织由细胞、纤维和无定形基质组成，一般占肌肉组织的 9.0%～13.0%，其含量和肉的嫩度有密切关系。结缔组织的主要纤维有胶原纤维、弹性纤维、网状纤维 3 种，但以前两种为主。

(1) 胶原纤维：胶原纤维(Collagenous Fiber)呈白色，故称白纤维，广泛分布于皮、骨、腱、动脉壁及哺乳动物肌肉组织的肌内膜、肌束膜中。胶原纤维呈波纹状，分布于基质内，直径1～12 μm，有韧性及弹性，每条纤维由更细的原胶原纤维组成。胶原蛋白在白色结缔组织中含量多，是构成胶原纤维的主要成分，约占胶原纤维固形物的 85%。胶原蛋白是机体中最丰富的简单蛋白，相当于机体总蛋白质的 20%～25%。胶原蛋白中含有大量的甘氨酸，约占氨基酸总量的 1/3。另有脯氨酸(12%)及少量的羟脯氨酸。脯氨酸和羟脯氨酸是胶原蛋白特有的氨基酸，可区别于其他蛋白质。色氨酸、酪氨酸及蛋氨酸等必需氨基酸含量甚少，故此种蛋白质是不完全蛋白质。

胶原蛋白质地坚韧，不溶于一般溶剂，但在酸或碱的环境中则可膨胀。它不易被胰蛋白酶、糜蛋白酶所消化，但可被胃蛋白酶及细菌所产生的胶原蛋白酶所消化。因此，胶原蛋白在水中加热至 62～63℃时，发生不可逆收缩，于 80℃水中长时间加热，则形成明胶。

(2) 弹性纤维：弹性纤维(Elastic Fiber)色黄，又称黄纤维。有弹性，直径 0.2～12.0 μm。弹性蛋白在黄色的结缔组织中含量多，为弹性纤维的主要成分，约占弹性纤维固形物的 25%。弹性蛋白在很多组织中与胶原蛋白共存，但在皮、腱、肌内膜、脂肪等组织中含量很少，而在韧带与血管(特别是大动脉管壁)中含量最多。弹性蛋白的弹性较强，但强度不及胶原蛋白，其抗断力仅为胶原蛋白的 1/10。弹性蛋白在化学性质上很稳定，不溶于水，即使在水中煮沸以后，亦不能水解成明胶。弹性蛋白不为胰蛋白酶、胰凝乳蛋白酶、胃蛋白酶所作用，但可被无花果蛋白酶、木瓜蛋白酶、菠菜蛋白酶和胰弹性蛋白酶水解。

弹性蛋白的氨基酸组成中，亦含有约 1/3 的甘氨酸，但羟脯氨酸含量较少，不含羟赖氨酸。从营养上考虑，弹性蛋白也是不完全蛋白质。

(3) 网状纤维：网状纤维(Retcular Fiber) 是一种较细的纤维，分支多并互相连接成网。网状纤维主要存在于网状组织，也分布在结缔组织与其他组织的交界处。网状蛋白为网状纤维疏松结缔组织的主要成分，属于糖蛋白类，为非胶原蛋白。网状蛋白由糖结合黏蛋白和类黏糖蛋白构成，存在于肌束和肌肉骨膜之间，便于肌肉群的滑动。网状蛋白性质稳定，耐酸、碱、酶的作用，经常与脂类、糖类结合存在。

4) 骨组织

猪骨约占胴体的 5%～9%，牛占 15%～20%，羊占 8%～17%，兔占 12%～15%，鸡占 8%～17%。骨由骨膜、骨质及骨髓构成。骨髓分红骨髓和黄骨髓。红骨髓细胞较多，为造血器官，幼龄动物含量多；黄骨髓主要是脂肪，成年动物含量多。骨中水分约占 40%～50%，胶原蛋白约占 20%～30%，无机质占 20%。无机质主要是羟基磷灰石[$Ca_3(PO_4)_2 \cdot Ca(OH)_2$]。

3.3.2 肉的化学组成及性质

畜禽肉类的化学成分受动物的种类、性别、年龄、营养状态及畜体的部位而有所变动，且宰后肉内酶的作用对其成分也有一定的影响(表 3-3-1)。

表 3-3-1 畜禽肉的化学组成

名称	水分(%)	蛋白质(%)	脂肪(%)	碳水化合物(%)	灰分(%)	热量(J/kg)
牛肉	72.91	20.07	6.48	0.25	0.92	6 186.4
羊肉	75.17	16.35	7.98	0.31	1.92	5 893.8
肥猪肉	47.40	14.54	37.34	—	0.72	13 731.3
瘦猪肉	72.55	20.08	6.63	—	1.10	4 869.7
马肉	75.90	20.10	2.20	1.88	0.95	4 305.4
鹿肉	78.00	19.50	2.50	—	1.20	5 358.8
兔肉	73.47	24.25	1.91	0.16	1.52	4 890.6
鸡肉	71.80	19.50	7.80	0.42	0.96	6 353.6
鸭肉	71.24	23.73	2.65	2.33	1.19	5 099.6
骆驼肉	76.14	20.75	2.21	—	0.90	3 093.2

另外，由于部位不同，肉的组成也不一样。猪肉各部位的组成如表 3-3-2 所示。

表 3-3-2 猪肉各部位的化学组成

部位名称	水分(%)	蛋白质(%)	脂肪(%)	灰分(%)
腿肉	74.02	20.52	4.46	1.00
背肉	73.39	22.38	3.20	1.03
里脊	75.28	18.72	5.07	0.93
肋骨肉	65.02	17.05	17.14	0.78
肩肉	61.50	17.47	20.15	0.88
腹肉	58.40	15.80	25.09	0.71

1) 蛋白质

肌肉的蛋白质含量约为 20%，肌肉除去水分后的干物质中 4/5 为蛋白质，依其构成位置和在盐溶液中溶解度可分成 3 种蛋白质：构成肌原纤维与肌肉收缩松弛有关的蛋白质约占 55%；存在于肌原纤维之间溶解在肌浆中的蛋白质约占 35%；构成肌鞘、毛细血管等结缔组织的基质蛋白质约占 10%。这些蛋白质的含量依家畜种类不同而变化(表 3-3-3)。

表 3-3-3 肌肉中蛋白质的构成比例

种类	肌原纤维蛋白质(%)			肌浆蛋白质(%)	基质蛋白质(%)
	肌球蛋白	肌动蛋白	肌动球蛋白质		
家兔肉	2	18	31	34	15
家兔肉*	38	14	—	28	20
小牛肉	30	20	1	24	25
猪肉	19	32	32	20	29
马肉	4	9	35	16	36

* 不同资料来源。

(1) 肌原纤维蛋白质：肌原纤维是肌肉收缩的单位，由丝状的蛋白质凝胶所构成，支撑着肌纤维的形状，参与肌肉的收缩过程，故常称之为肌肉的结构蛋白质或肌肉的不溶性蛋白质。肌原纤维蛋白质的含量随肌肉活动而增加，并因静止或萎缩而减少。而且，肌原纤维中的蛋白质与肉的某些重要品质特性(如嫩度)密切相关。肌原纤维蛋白质占肌肉蛋白质总量的40%～60%，它主要包括肌球蛋白、肌动蛋白、肌动球蛋白和2～3种调节性结构蛋白质。

① 肌球蛋白：肌球蛋白(Myosin)能形成热诱导凝胶，故又称肌凝蛋白，为肉中最多的一种蛋白，约占肌原纤维蛋白质的54%，是粗丝的主要成分，构成肌节的A带，相对分子质量为47万～51万，在离子强度0.2以上的盐溶液中溶解，在0.2以下则呈不稳定的悬浮状态。肌球蛋白具有流动双折射现象。肌球蛋白是肌原纤维中的暗带组成成分，其等电点为pH 5.4。肌球蛋白具有ATP酶的活性，Ca^{2+}可将其激活，而Mg^{2+}起抑制作用。肌球蛋白对热很不稳定，热凝固温度为45～50℃。

② 肌动蛋白：肌动蛋白(Actin)也叫肌纤蛋白，是溶于水的蛋白质，占肌原纤维蛋白质总量的12%～15%，是构成细丝的主要成分，易生成凝胶，凝固温度较低，为30～35℃。它以球状的肌动蛋白(G-肌动蛋白)和纤维状肌动蛋白(F-肌动蛋白)的形式存在，是肌肉收缩的主要蛋白质。肌动蛋白的等电点比肌球蛋白低，为pH 4.7。

③ 肌动球蛋白：肌动球蛋白(Actomyosin)又称肌纤凝蛋白，是由肌球蛋白与肌动蛋白结合构成的蛋白质。肌动球蛋白的溶液有明显的流动双折射性，其黏度非常高。两者结合比大约是1 g肌动蛋白结合2.5～4.0 g肌球蛋白。肌动球蛋白也具有ATP酶的活性，但与肌球蛋白ATP酶有所不同，Ca^{2+}、Mg^{2+}都能使其活化。肌动球蛋白在离子强度为0.4以上的盐溶液中处于溶解状态。浓度高时肌动蛋白溶液易发生凝胶。

④ 肌原球蛋白：肌原球蛋白(Tropomyosin)约为肌原纤维重量的4%～5%，为棒状分子，位于肌动蛋白双股结构的每一段沟槽内，构成细丝的支架。每1分子肌原球蛋白结合6分子肌动蛋白和1分子肌原蛋白。

⑤ 肌原蛋白：肌原蛋白(Troponin)也叫肌钙蛋白，约为肌原纤维重量的5%～6%。肌原蛋白对Ca^{2+}赋予很高的敏感性，并能结合Ca^{2+}。每1个蛋白分子具有4个Ca^{2+}结合位点(Potter等，1974)。肌原蛋白分子具有3个亚基，有自己的机能特性。肌原蛋白-C是Ca^{2+}的结合部位；肌原蛋白-I能高度抑制肌动球蛋白ATP酶的活性，从而阻止肌动蛋白和肌球蛋白结合；肌原蛋白-T能结合肌原球蛋白，起到连接作用。

(2) 肌浆中的蛋白质：肌浆是浸透于肌原纤维内外的液体，含有机物与无机物，一般占肉中蛋白质含量的20%～30%。通常将磨碎的肌肉压榨便可挤出肌浆，其中包括肌溶蛋白、肌红蛋白、肌球蛋白X和肌粒中的蛋白质等。这些蛋白质易溶于水或低离子强度的中性盐溶液，是肉中最易提取的蛋白质。又因其提取液的黏度很低，故常称之为肌肉的可溶性蛋白质。这些蛋白质不是肌纤维的结构成分，将其提取后，肉的特征、形态及性质没有明显的改变。这些蛋白质也不直接参与肌肉收缩，其功能主要是参与肌纤维中的物质代谢。

① 肌溶蛋白质：肌溶蛋白质(Myogen)属清蛋白类的单纯蛋白质，存在于肌原纤维间，因能溶于水，故容易从肌肉中分离出来。等电点pH为6.3，加热到52℃时即凝固。

② 肌红蛋白：肌红蛋白(Myoglobin，Mb)是一种复合性的色素蛋白质，是肌肉呈现红色的主要成分，由一条肽链的珠蛋白和一分子亚铁血色素结合而成。肌红蛋白有多种衍生物，如呈鲜红色的氧合肌红蛋白、呈褐色的高铁肌红蛋白、呈鲜亮红色的NO肌红蛋白等。这些

衍生物与肉及其制品的色泽有直接的关系。肌红蛋白的含量，因动物的种类、年龄、肌肉的部位而不同。凡是动物生前活动较频繁的部位，肌红蛋白含量高，肉色较深。例如四肢肌肉颜色较背部肌肉深。

③ 肌粒蛋白：肌粒蛋白包括肌核、肌粒体及微粒体等，存在于肌浆中。肌粒中的蛋白质可分为肌核、肌粒体及微粒体中的蛋白质，其中肌粒体中的蛋白质包括全部三羧酸循环的酶体系、脂肪 β-氧化酶体系，以及与产生能量有关的电子传递体系及氧化磷酸化酶体系等。微粒体中则含有对肌肉收缩起抑制作用的松弛因素。

(3) 基质蛋白质：基质蛋白质亦称间质蛋白质，是指肌肉组织磨碎之后在高浓度的中性溶液中充分抽提之后的残渣部分。基质蛋白质是构成肌内膜、肌束膜、肌外膜和腱的主要成分，包括胶原蛋白、弹性蛋白、网状蛋白及黏蛋白等，存在于结缔组织的纤维及基质中，它们均属于硬蛋白类。

2) 脂肪

从胴体获得的脂肪称为生脂肪。生脂肪熔炼提出的脂肪称为油。动物性脂肪主要成分是甘油三酯(三脂肪酸甘油酯)，约占 96%～98%，还有少量的磷脂和固醇脂。动物脂肪是混合甘油酯，含饱和脂肪酸多则熔点、凝固点高，含不饱和脂肪酸多则熔点和凝固点低。因此脂肪酸的性质决定了脂肪的性质。肉类脂肪有 20 多种脂肪酸，其中饱和脂肪酸以硬脂酸和软脂酸居多；不饱和脂肪酸以油酸居多，其次是亚油酸。不饱和脂肪酸中亚油酸、次亚油酸、二十碳四烯酸是构成动物组织细胞和机能代谢不可缺少的成分。磷脂以及胆固醇所构成的脂肪酸酯类是能量来源之一，也是构成细胞的特殊成分，对肉类制品的质量、颜色、气味具有重要作用。这些成分是家畜自身不能合成的，必须从植物体中获得，所以这些脂肪酸为必需脂肪酸。

肉中脂肪分两种：一种是皮下脂肪、肾脂肪、网膜脂肪、肌肉间脂肪等称为“蓄积脂肪”；另一类是在肌肉组织内脂肪、神经组织脂肪、脏器脂肪等称作“组织脂肪”。“蓄积脂肪”主要成分为中性脂肪，最常见的脂肪酸为棕榈酸、油酸、硬脂酸，其中棕榈酸占中性脂肪的 25%～30%，其他 70%为油酸、硬脂酸和高度不饱和脂肪酸。“组织脂肪”主要成分为磷脂。肉中磷脂含量和肉的酸败程度有很大关系，因为磷脂含不饱和脂肪酸的百分率比脂肪高得多。

3) 浸出物

浸出物是指蛋白质、盐类、维生素等能溶于水的浸出性物质，包括含氮浸出物和无氮浸出物。浸出物成分中主要有机物为核甘酸、嘌呤碱、胍化合物、氨基酸、肽、糖原、有机酸等。

(1) 核甘酸：核甘酸中最主要的是 ATP。ATP 不仅在机体内与肌肉的收缩有密切关系，而且在加工中也是影响肉的持水性的重要成分。肉中的 ATP 含量因动物的种类、肌肉的部位不同而不同。动物宰杀后，在 ATP 酶的作用下，ATP 分解成 ADP、AMP，AMP 经脱氨基作用生成 IMP(次黄嘌呤核苷酸，或称肌苷酸)。IMP 是肉中的重要呈味成分。

(2) 胍化合物：肉中所含的胍化合物包括胍、甲基胍、肌酸、磷酸肌酸、肌酐等。胍和甲基胍一般含量极微，而肌酸含量相当多。活体的肌肉中肌酸和磷酸结合生成磷酸肌酸，其高能磷酸键储藏能量，在肌肉收缩时具重要作用。在活体的肌肉中含有肌酸和磷酸肌酸的混合物，屠宰后磷酸肌酸放出磷酸而变成肌酸。肌酸在酸性条件下加热时，失去一分子水生成环状结构的肌酐。在活体中，肌酐极微量，但煮肉时，肌酸逐渐减少而肌酐逐渐增加，同时肉的风味变好。

(3) 肽：肉中含有的肽主要是谷胱甘肽、肌肽和鹅肌肽。谷胱甘肽是由谷氨酸、半胱氨酸和甘氨酸结合的三肽；肌肽是β-丙氨酸和组氨酸的结合物，鹅肌肽是β-丙氨酸和甲基组氨酸的结合物，都是两种氨基酸构成的二肽。这些肽类在肉中含量约为0.3%，其中肌肽的含量最高。谷胱甘肽的巯基赋予肉以还原性，腌制过程中有促进肉制品呈色的作用。肌肽和鹅肌肽有缓冲作用，与肉表现的缓冲作用有密切关系。

(4) 非蛋白态含氮化合物：非蛋白态含氮化合物主要包括各种嘌呤碱基、游离氨基酸、核苷、胆碱、尿素、氮等，其含量随屠宰后肉的成熟而增加。在肉开始腐败时，还会产生各种胺类。

(5) 糖、乳酸及其他：肉中的糖以游离的或结合的形式广泛存在于动物的组织和组织液中，例如葡萄糖是动物组织中提供肌肉收缩的能量来源，核糖是细胞核酸的组成成分，葡萄糖的聚合糖——糖原是动物体内糖的主要存在形式，在动物的肝脏中储量可高达2%～8%。肉中糖的含量因屠宰前及屠宰后的条件不同而有所不同。糖原在动物宰杀后的肌肉中进行无氧酵解，生成乳酸，对肉类的性质、加工与储藏都具有重要意义。刚屠宰的动物乳酸含量不过0.05%，但经24 h后增至1.00%～1.05%。除去糖原、乳酸之外，浸出物中还会有微量的丙酮酸、琥珀酸、柠檬酸、苹果酸和延胡索酸等三羧酸循环中的有机酸成分。此外，浸出物中还含有约0.03%的肌醇。

浸出物成分的总含量是2%～5%，以含氮化合物为主，酸类和糖类含量比较少。含氮物中，大部分构成蛋白质的氨基酸呈游离状态。浸出物的成分与肉的风味及滋味、气味有密切关系。浸出物中的还原糖与氨基酸之间的非酶促褐变反应对肉的风味具有很重要的作用。而某些浸出物本身即是呈味成分，如琥珀酸、谷氨酸、肌苷酸是肉的鲜味成分，肌醇有甜味，以乳酸为主的一些有机酸有酸味等。浸出物含量虽然不多，但由于能增进消化腺体活动(如促进胃液、唾液等的分泌)，因而对蛋白质和脂肪的消化起着很好的作用。

4) 矿物质

肉类中的矿物质含量一般为0.8%～1.2%，这些无机盐在肉中有的以游离状态存在，如镁、钙离子；有的以螯合状态存在，如肌红蛋白中含铁、核蛋白中含磷。

肉是磷的良好来源。肉中钙含量较低，而钾和钠几乎全部存在于软组织及体液之中。钾和钠与细胞膜通透性有关，可提高肉的保水性。肉中尚含有微量的锰、铜、锌、镍等。其中锌与钙一样能降低肉的保水性。

5) 维生素

肉中维生素含量不多，主要有A、B_1、B_2、PP、叶酸、C、D等，其中脂溶性维生素较少，但水溶性B族维生素含量较丰富。猪肉中维生素B_1的含量比其他肉类要多得多，而牛肉中叶酸的含量则又比猪肉和羊肉高。此外，某些器官如肝，几乎各种维生素含量都很高。

肉是B族维生素的良好来源，这些维生素主要存在于瘦肉中。猪肉的维生素B_1含量受饲料影响，在0.3×10^{-5}～1.5×10^{-5}之间；羊、牛等反刍动物的肉中维生素含量不受饲料的影响，因为其维生素的来源主要依赖瘤胃(第一胃)内微生物的作用。同种动物不同部位的肉，其维生素含量差别不大，但不同动物肉的维生素含量有较大的差异。

6) 水

水是肉中含量最多的组成成分。水在肉中分布不均匀，其中肌肉含水约70%～80%，皮肤为60%～70%，骨骼为12%～15%。畜禽愈肥，水分的含量愈少，老年动物比幼年动物含量少。肉中水分含量多少及存在状态影响肉的加工质量及储藏性。肉中的水分存在形式大致可分为3种。

(1) 结合水：结合水是指在蛋白质等分子周围，借助分子表面分布的极性基团与水分子之间的静电引力而形成的一薄层水分。结合水与自由水的性质不同，它的蒸汽压极低，冰点约为−40℃，不能作为其他物质的溶剂，不易受肌肉蛋白质结构的影响，甚至在施加外力的条件下，也不能改变其与蛋白质分子紧密结合的状态。肉中结合水的含量，大约占全部水量的15%～25%，通常存在于肌肉的细胞内部。

(2) 不易流动的水(准结合水)：不易流动的水是指存在于纤丝、肌原纤维及膜之间的一部分水。肉中的水大部分以这种形式存在，约占总水分的60%～70%。这些水能溶解盐及其他物质，并可在0℃以下结冰。

(3) 自由水：自由水指能自由流动的水，存在于细胞间隙及组织间，约占总水量的15%。

3.3.3 肉的物理性质

肉的物理性质主要指肉的容重、比热、导热系数、色泽(颜色)、气味、嫩度等。这些性质都与肉的形态结构、动物种类、年龄、性别、肥度、部位、宰前状态、冻结的程度等因素有关。

1) 肉的颜色

肉的颜色对肉的营养价值并无多大影响，但在某种程度上影响食欲和商品价值。如果是微生物引起的色泽变化则影响肉的卫生质量。肉色为红色，其深浅程度受内因和外因的影响。

(1) 影响肉颜色的内在因素

① 动物种类、年龄及部位：猪肉一般为鲜红色，牛肉深红色，马肉紫红色，羊肉浅红色，兔肉粉红色。老龄动物肉色深，幼龄的色淡。生前活动量大的部位肉色深。

② 肌红蛋白(Mb)的含量：肌红蛋白的相对分子质量约为16 700，仅为血红蛋白的1/4，它的每分子珠蛋白仅和一个铁卟啉连接，但对氧的亲和力却大于血红蛋白。肌红蛋白含量多则肉色深，含量少则肉色淡，其量因动物种类、年龄及肌肉部位不同而异。

③ 血红蛋白(Hb)的含量：血红蛋白由4分子亚铁血红素与1分子珠蛋白结合而成，用以运输氧气到各组织。在肉中血液残留多则血红蛋白含量亦多，肉色深。放血充分肉色正常，放血不充分或不放血(冷宰)的肉色深且暗。

屠宰后肌肉在储藏加工过程中颜色会发生各种变化。刚刚宰后的肉为深红色，经过一段时间肉色变为鲜红色，时间再长则变为褐色。这些变化是由于肌红蛋白的氧化还原反应所致。以新鲜牛肉作切片，经不同时间观察可看到上述3种变化，即刚宰后，还原肌红蛋白和亚铁血色素结合，肉色表现为深红色；经十几分钟，亚铁血色素与氧结合，但2价铁未被氧化，为氧合肌红蛋白，肉色表现为鲜红色；再经几小时或几天，亚铁血色素的2价铁被氧化为3价铁，成为高铁肌红蛋白并占优势，肉色表现为褐色。

(2) 影响肌肉颜色的外部因素

① 环境中的氧含量：肌肉色素对氧有显著的亲和力。氧充足则肉色氧化快。如真空包装的分割肉，由于缺氧呈暗红色，当打开包装后，接触空气很快变成鲜艳的亮红色。通常含氧量高于15%时，肌红蛋白才能被氧化为高铁肌红蛋白。

② 湿度：环境中湿度大，则氧化速度慢。因在肉表面有水汽层，影响氧的扩散。如果湿度低且空气流速快，则加速高铁肌红蛋白的形成。

③ 温度：环境温度高则促进氧化，加速高铁肌红蛋白的形成。

④ pH：动物宰前糖原消耗多，宰后最终 pH 高，往往肌肉颜色变暗，组织变硬并且干燥，形成 DFD 肉，在牛肉上则称为 DCB(Dark Cutting Beef)，切面颜色发暗。

⑤ 微生物的作用：储藏时污染微生物也会改变肉表面的颜色。污染细菌会分解蛋白质使肉色污浊；污染霉菌，则在肉表面形成白色、红色、绿色、黑色等色斑或发生荧光。

2）肉的风味

肉的风味是指生鲜肉的气味和加热后肉制品的香气和滋味，其成分复杂多样，含量甚微，用一般方法很难测定。除少数成分外，多数无营养价值，不稳定，加热易破坏或挥发。

（1）气味

气味的成分十分复杂，约有 1 000 多种。肉气味的强弱受动物种类、加热条件等影响。如牛肉的气味及香味随年龄的增长而增强，成熟后的牛肉会改善其滋味。大块肉烧煮时比小块肉味浓。加热可明显地改善和提高肉的气味。虽然牛肉、猪肉、鸡肉等生肉的味道很弱，并有明显的差别，但分析测定结果表明，其气味的主要成分基本上属于同类物质。牛肉的挥发性成分有乙醛、丙酮、丁酮，还有微量的乙醇、甲醇、乙硫醇等。

一般生鲜肉有各自的特有气味。生牛肉、猪肉没有特殊气味，羊肉有膻味(4-甲基辛酸、壬酸、癸酸等)，狗肉、鱼肉有腥味(三甲胺、低级脂肪酸等)，性成熟的公畜有特殊的气味(腺体分泌物)。肉水煮加热后产生的强烈肉香味，主要是由低级脂肪酸、氨基酸及含氮浸出物等化合物产生。

除了固有气味，肉腐败、蛋白质和脂肪分解，则产生臭味、酸败味、苦涩味；如存放在有葱、蒜、鱼及化学药物的地方，则有外加气味。

（2）滋味

滋味是由溶于水的可溶性呈味物质刺激人的舌面味觉细胞——味蕾，通过神经传导到大脑而反应出味感。肉的鲜味(香味)由味觉和嗅味综合决定。味觉与温度密切相关。0～10℃间可察觉，30℃敏锐。肉的滋味，包括有鲜味和外加的调料味。肉的鲜味成分主要有肌苷酸、氨基酸、酰胺、三甲基胺肽、有机酸等。

成熟肉风味的增加，主要是核甙类物质及氨基酸变化所致。牛肉的风味主要来自半胱氨酸，猪肉的风味可从核糖、胱氨酸获得。牛、猪、绵羊的瘦肉所含挥发性的香味成分主要存在于脂肪中，如大理石样肉。脂肪交杂状态愈密风味愈好。因此肉中脂肪沉积的多少，对风味更有意义。

3）肉的热学性质

（1）肉的比热和冻结潜热：肉的比热和冻结潜热随其含水量、脂肪比率的不同而变化。一般含水量越高，则比热和冻结潜热越大；含脂肪率越高，则比热和冻结潜热越小。另外，冰点以下比热急骤地减少，这是由于肌肉中水结成冰而造成的，因肉的比热小于水。肉的种类不同，含水量不同，其比热和冰结潜热则不同。

（2）肉的冰点：肉中水分开始结冰的温度称做冰点，也叫冻结点。它随动物种类、宰杀后条件不同而不同。另外还取决于肉中盐类的浓度。盐类的浓度越高，冰点就越低。通常猪肉、牛肉的冰点在－0.6～－1.2℃之间。

（3）肉的导热系数：肉的导热系数大小取决于冷却、冻结和解冻时温度升降的快慢，也取决于肉的组织结构、部位、肌肉纤维的方向、冻解状态等。因此，准确地测定肉的导热系数是很困难的。肉的导热系数随温度下降而增大，这是因为冰的导热系数比水大 2 倍多，故冻结之后的肉类更易导热。

肉的导热性弱，大块肉煮沸半小时，其中心温度只能达到 55℃，煮沸几小时亦只能达到 77～80℃。

4）肉的嫩度

肉的嫩度（Tenderness）是指肉在咀嚼或切割时所需的剪切力，表明了肉在被咀嚼时柔软、多汁和容易嚼烂的程度。影响肉嫩度的因素很多，除与遗传因子有关外，主要取决于肌肉纤维的结构和粗细、结缔组织的含量及构成、热加工和肉的 pH 等。

肌纤维本身的肌小节连结状态对硬度影响较大。肌节越长肉的嫩度越好。用胴体倒挂等方式来增长肌节是提高肉的嫩度的重要方法之一。

大部分肉经加热蒸煮后，肉的嫩度有很大改善，并且使肉的品质有较大变化。但牛肉在加热时一般是硬度增加，这是由于肌纤维蛋白质遇热凝固收缩，使单位面积上肌纤维数量增多所致。例如当温度达到 61℃时，1 mm^2 面积上有 317 条肌纤维，加热到 80℃时则增加到 410 条。但肉熟化后，其总体嫩度明显增加。

另外，肉的嫩度还受 pH 的影响。pH 在 5.0～5.5 时肉的韧度最大，而偏离这个范围，则嫩度增加，这与肌肉蛋白质等电点有关。

宰杀后鲜肉经过成熟，其肉质可变得柔软多汁，易于咀嚼消化。在 2℃放置 4 天，半腱肌嫩度显著增加，但腰肌变化较小。

5）肉的保水性

（1）保水性的概念：肉的保水性（Water Holding Capacity）即持水性、系水性，是指肉在压榨、加热、切碎搅拌时，保持水分的能力，或在向其中添加水分时的水合能力。这种特性对肉品加工的质量有很大影响，例如肉在冷冻和解冻时如何减少肉汁流失、加工时要加一定量的水、盐浸和干制的脱水保藏等。

（2）影响保水性的主要因素

① 蛋白质：肉中少量的蛋白质结合的束缚水对保水性影响不大，参与肉保水性变化的主要是游离水。水在肉中存在的状况也叫水化作用，与蛋白质的空间结构有关。蛋白质网状结构越疏松，固定的水分就越多，反之则固定的水分较少。蛋白质分子所带的净电荷对蛋白质的保水性具有两方面的意义：其一，净电荷是蛋白质分子吸引水的强有力的中心；其二，由于净电荷使蛋白质分子间具有静电斥力，因而可以使其结构松弛，增加保水效果。对肉来讲，净电荷如果增加，保水性就得以提高；净电荷减少，则保水性降低。

肌肉中水直接结合于蛋白质的亲水基团上，称其为水溶性蛋白质。在水的快速结合上有重大作用的亲水基团有两种形式：一是包括蛋白质侧链的极性基团，如羧基、氨基、羟基及硫氢基等；二是未解离的肽链的羧基与亚氨基。该形式中水的结合作用是因水具有两极性的缘故。羧基在水合作用上的重要性较氨基小，而肽键在水合作用上则无影响。

② pH：通过添加酸或碱调节肌肉的 pH，并借加压方法测定其保水性能实验得知，保水性随 pH 的高低而发生变化。当 pH 在 5.0 左右时，保水性最低。保水性最低时的 pH 几乎与肌动球蛋白的等电点一致。如果稍稍改变 pH，就可引起保水性的很大变化。任何影响肉

pH 变化的因素或处理方法均可影响肉的保水性，尤以猪肉为甚。在实际肉制品加工中常用添加磷酸盐的方法来调节 pH 至 5.8 以上，以提高肉的保水性。

③ 金属离子：肌肉中含有 Ca、Mg、Zn、Fe、Ag、Al、Sn 、Pb、Cr 等多价金属元素，除前 4 种含量较多外，其余均属微量，在 100 g 鲜肉中含量不超过 0.06～0.08 mg。金属元素在肉中以结合或游离状态存在，它们在肉成熟期间会发生变化。这些多价金属在肉中浓度虽低，但对肉保水性的影响却很大。Ca^{2+} 大部分与肌动蛋白结合，对肌肉中的肌动蛋白具有强烈作用。Mg^{2+} 对肌动蛋白的亲和性小，但对肌球蛋白的亲和性则强。Fe^{2+} 与肉的结合极为牢固，即使用离子交换树脂处理也无法分离，这说明 Fe^{2+} 与保水性并无相关性。除去 Ca^{2+}，则使肌肉蛋白的网状构造分裂，将极性基团包围，此时与双极性的水分子结合时，可使保水性增加。Zn 及 Cu 亦具有同样的作用。一价金属如 K 含量多，则肉的保水性低。但 Na 的含量多时，则保水性有变好的倾向。肉中 K 与 Na 的含量较二价金属为多，但它们与肌肉蛋白的溶解性的作用较二价金属小。

④ 动物因素：畜禽种类、年龄、性别、饲养条件、肌肉部位及宰杀前后处理等，对肉保水性都有影响。兔肉的保水性最佳，依次为牛肉、猪肉、鸡肉、马肉。就年龄和性别而论，去势牛＞成年牛＞母牛，幼龄＞老龄，成年牛随体重增加而保水性降低。安藤四郎等试验表明：猪的岗上肌保水性最好，依次是胸锯肌＞腰大肌＞半膜肌＞股二头肌＞臀中肌＞半腱肌＞背最长肌。其他骨骼肌较平滑肌为佳，颈肉、头肉比腹部肉、舌肉的保水性好。

⑤ 宰杀后肉的变化：保水性的变化是肌肉在成熟过程中最显著的变化之一。刚宰杀的肉保水性很高，但几十小时甚至几小时后就显著降低，然后随时间的推移又缓缓地增加。

a. ATP 的作用：牛宰杀后保水性降低的原因有 2/3 是 ATP 的分解所引起，有 1/3 因 pH 的下降所致。

b. 宰杀后僵直：当 pH 降至 5.4～5.5，达到了肌原纤维的主要蛋白质肌球蛋白的等电点，即使没有蛋白质的变性，其保水性也会降低。此外，由于 ATP 的丧失和肌动球蛋白的形成，使肌球蛋白和肌动蛋白间的有效空隙大为减少。这种结构的变化使其保水性也大为降低。而蛋白质的某种程度的变性，也是动物宰杀后不可避免的结果。肌浆蛋白质在高温、低 pH 的作用下沉淀到肌原纤维蛋白质上，进一步影响了后者的保水性。

c. 自溶期：僵直期后（约 1～2 天），肉的保水性徐徐升高，而僵直逐渐解除。一种原因是由于蛋白质分子分解成较小的单位，从而引起肌肉纤维渗透压增高；另一种原因可能是蛋白质净电荷（实效电荷）增加及主要价键分裂的结果。在成熟过程中，肉蛋白质连续释放 Na^{+}、Ca^{2+} 等到肌浆中，结果造成肌肉蛋白质净电荷的增加，使结构疏松并有助于蛋白质水合离子的形成，因而肉的保水性增加。

⑥ 添加剂

a. 食盐：一定浓度的食盐具有增加肉保水能力的作用。这主要是因为食盐能使肌原纤维发生膨胀。肌原纤维在一定浓度食盐存在下，大量氯离子被束缚在肌原纤维间，增加了负电荷引起的静电斥力，导致肌原纤维膨胀，使保水性增强。另外，食盐腌制使肉的离子强度增高，肌纤维蛋白质数量增多。在这些纤维状肌肉蛋白质加热变性的情况下，将水分和脂肪包裹起来凝固，使肉的保水性提高。就生肉及加热肉的保水性用牛肉进行的试验表明，当食盐浓度大约在 4.6%～5.8%（离子强度 0.8～1.0）时，保水性达到最强（当然，受肉本身 pH 的影响也很大）。通常肉制品中食盐含量在 3%左右，因此为提高黏结性和保水性，有必要在制品中添加黏结剂。

b. 磷酸盐：磷酸盐能结合肌肉蛋白质中的 Ca^{2+}、Mg^{2+}，使蛋白质的羰基被解离出来。由于羰基间负电荷的相互排斥作用使蛋白质结构松弛，提高了肉的保水性。较低的浓度下就具有较高的离子强度，使处于凝胶状态的球状蛋白质的溶解度显著增加，提高了肉的保水性。焦磷酸盐和三聚磷酸盐可将肌动球蛋白解离成肌球蛋白和肌动蛋白，使肉的保水性提高。肌球蛋白是决定肉的保水性的重要成分。但肌球蛋白对热不稳定，其凝固温度为 42～51℃，在盐溶液中 30℃就开始变性。肌球蛋白过早变性会使其保水能力降低。聚磷酸盐对肌球蛋白变性有一定的抑制作用，可使肌肉蛋白质的保水能力稳定。

思考与练习

1. 从宏观角度上看，肌肉是如何构成的？
2. 肌肉中的蛋白质分为哪几类？各有何特性？
3. 脂肪的组成如何？影响其特性的因素有哪些？
4. 肌球蛋白和肌动球蛋白的特性有何异同？
5. 肌肉中的糖主要有几种？对肉的质量有何影响？
6. 试述肉的理化性质、影响因素及其与肉制品储藏加工的关系。

3.4 肉的成熟与变质

3.4.1 肉的成熟

畜禽屠宰后，肉内部发生了一系列变化，结果使肉变得柔软、多汁，并产生特殊的滋味和气味。这一过程称为肉的成熟(Aging)。成熟过程可分为尸僵和自溶两个过程。

3.4.1.1 尸僵

1) 尸僵及其主要变化

畜禽屠宰后胴体变硬，这一过程称为尸僵(Rigor Mortis)。尸僵是由于肌肉纤维的收缩引起的，但这种收缩是不可逆的，因此导致尸僵。尸僵期间发生了一系列变化：

(1) ATP的变化：动物屠宰后呼吸停止，失去神经调节，生理代谢机能遭到破坏，维持肌质网微小器官机能的ATP水平降低，势必使肌质网机能失常，肌小胞体失去钙泵作用，Ca^{2+}失控逸出而不被收回。高浓度的Ca^{2+}激发了肌球蛋白ATP酶的活性，从而加速ATP的分解。同时使Mg-ATP解离，最终使肌动蛋白与肌球蛋白结合形成肌动球蛋白，引起肌肉的收缩，表现为僵硬。ATP开始减少时，肌肉的伸展性就开始消失，同时伴随弹性增大，此时即为尸僵的起始点。ATP消失殆尽，粗丝和细丝连接得更紧密，肌肉的伸展性完全消失，弹性达最大，达到最大尸僵期。此时，肌肉最硬。屠宰后马上将肌肉切下，就会出现收缩现象，电镜观察发现此时A带的长度并没有发生变化，但I带缩短了。如果沿纤维方向将肌肉的两端固定，随着时间的延续就产生了张力。以后，由于没有ATP，就将滑入的状态保持下来。滑入时所需能源来自ATP，但是产生的张力大大低于活体肌肉收缩时产生的张力。

刚屠宰后的肌肉中，Ca^{2+}被肌质网收回，给肌肉以电刺激，只要不使Ca^{2+}再释放出来，就不会收缩。宰杀后如果ATP减少或pH降低，则肌质网的机能就会随之降低，释放出Ca^{2+}，这样就有可能产生收缩。但因ATP残留量少，pH较低，产生的张力也小。此时，ATP起增塑剂的作用。

(2) pH的变化：由于动物宰杀后，糖原分解为乳酸，同时磷酸肌酸分解为磷酸，酸性产物的蓄积使肉的pH下降。尸僵时肉的pH降低至糖酵解酶活性消失不再继续下降时，达到最终pH或极限pH。极限pH越低，肉的硬度越大。

(3) 冷收缩和解冻僵直：宰后肌肉的收缩速度未必温度越高，收缩越快。牛、羊、鸡在低温条件下也可产生急剧收缩。该现象红肌肉比白肌肉出现得更多一些，尤其以牛肉最为明显，称为冷收缩(Cold-Shortening)。

从刚屠宰后的牛屠体上切下一块牛头肌肉片，分别在1～37℃的温度下放置，结果表明在1℃储藏的肉收缩最快，在15℃储藏的肉收缩最慢，而且收缩最小。冷收缩最小的温度范围：牛肉为14～19℃，禽肉为12～18℃。因此牛肉与禽肉冷却时应避开冷收缩区的时间和温度(时间在12 h以内，温度低于10℃)。

在还没达到最大僵直期时，冷冻的肌肉随着解冻，残余糖原和ATP的消耗会再次活跃，一直到形成最大僵直。到僵直所需要的时间，先冷冻后解冻的肌肉比未冷冻但处于相同解冻温度中的肌肉要快得多，收缩大，且硬度也高，造成大量汁液流失。这种现象称为解冻僵直(Thaw Rigor)。在刚屠宰后立即冷冻，然后解冻时，这种现象最为明显。因此，要在形成最大僵直后再进行冷冻，以避免解冻僵直的发生。

2) 尸僵开始和持续时间

尸僵的时间，根据动物种类、宰前状态、温度、宰杀方法不同而不同。僵直发生的时间：放血致死为 4.2 h，电致死为 2.0 h，药物致死为 1.2 h。另有研究表明，尸僵开始的时间很大程度上取决于温度。例如牛肉保存在 37℃时，屠宰后 4 h 进入僵直状态。一般在正常屠宰情况下肉在达到最大尸僵以后，即开始软化进入自溶阶段。

3.4.1.2 自溶

1) 自溶过程

肌肉达到最大僵直以后，继续发生着一系列生物化学变化，逐渐使僵直的肌肉变得柔软多汁，并获得细致的结构和美好的滋味，这一过程称为自溶(Autolysis)或僵直解除。尸僵 1～3 天后即开始缓解，肉的硬度降低并变得柔软，持水性回升。

处于未解僵状态的肉加工后，咀嚼有如硬橡胶感，风味低劣，持水性差，不适宜作为肉制品的原料。充分解僵的肉，加工后柔嫩且有较好的风味，持水性也有所恢复。可以说，肌肉必须经过僵直、解僵的过程，才能成为食品原料所谓的“肉”。

2) 自溶机理

自溶机理主要有钙离子说和蛋白酶说两种学说。

(1) 钙离子说：刚屠宰后的肌原纤维和活体肌肉一样，是 10～100 个肌节相连的长纤维状，而在肉成熟时则断裂为 1～4 个肌节相连的小片状。这种肌原纤维断裂现象被认为是肌肉软化的直接原因。宰后肌质网机能被破坏，Ca^{2+} 从网内脱出，使肌浆中 Ca^{2+} 浓度增高。例如刚屠宰后肌浆中 Ca^{2+} 浓度为 1×10^{-6}，成熟时可达 1×10^{-4}，比原来提高 100 倍。高浓度的 Ca^{2+} 长时间作用于 Z 线，使 Z 线蛋白质变性而脆弱，会因冲击和牵引而发生断裂。但 Ca^{2+} 完成这种作用的有效程度取决于屠宰后肌肉收缩产生的张力。

(2) 蛋白酶说：从成熟的肌肉得到的肌原纤维，在十二烷硫酸盐溶液中溶解后，进行电泳分析，发现肌原蛋白 T 减少，出现相对分子质量为 30 000 道尔顿的成分。再从肌肉分离各种蛋白酶作用于肌原纤维，也出现同样现象。这说明成熟中的肌原纤维受蛋白酶即肽链内切酶的作用，引起肌原纤维蛋白分解。有很好的证据表明，Z 线的崩溃是肌肉中的蛋白水解酶，尤其是钙激活中性蛋白酶，又称为钙激活因子(CAF)作用的结果。

组织蛋白酶是另一种在肌肉组织中已知的蛋白酶(如 B、D、H 和 L)。像大多数溶酶体酶一样，它们最适宜的 pH 在酸性范围内。在肉成熟时，由于溶酶体膜破裂，组织蛋白酶逸出而作用于肌肉细胞的组分。当屠宰后肌肉达到极限 pH 时，一些组织蛋白酶似乎具有活性。当用组织蛋白酶 B 作用肌原纤维时，首先观察到的是 Z 线消失，其次是 M 线崩解成为小片状，最后是 A 带密度减少。

升高温度也能促进解僵软化。当把牛肉或羔羊肉保存在高温条件下，并防止其缩短时，发现肌肉的嫩度提高了。此时，也有溶酶体酶释放出来。有人认为，这些酶的释放结合高温条件下的低 pH 导致肌原纤维蛋白的水解和肉嫩度的增加。

3.4.1.3 原料肉成熟的温度和时间

原料肉成熟温度和时间不同，肉的品质也不同(表 3-4-1)。

表 3-4-1　成熟方法与肉品质量

0～4℃	低温成熟	时间长	肉质好	耐储藏
7～20℃	中温成熟	时间较短	肉质一般	不耐储藏
>20℃	高温成熟	时间短	肉质劣化	易腐败

通常在1℃、硬度消失80%的情况下，肉成熟成年牛肉需5～10天，猪肉需4～6天，马肉需3～5天，鸡肉需0.5～1天，羊肉和兔肉需8～9天。

成熟的时间愈长，肉愈柔软，但风味并不相应地增强。牛肉以1℃、11天成熟为最佳；猪肉由于不饱和脂肪酸较多，时间长易氧化使风味变劣；羊肉因自然硬度(结缔组织含量)小，通常采用2～3天成熟。

3.4.1.4　影响肉成熟的因素

1) 物理因素

(1) 温度：温度高，成熟则快。Wilson等试验以455 Gry的γ射线照射牛肉，43℃时24 h即完成成熟。它和低温1.7℃成熟14天获得的嫩度效果相同，而时间缩短10多倍。但这样的肉颜色、风味都不好。高温和低pH环境下不易形成硬直肌动球蛋白。中温成熟时，肌肉收缩小，因而成熟的时间短。Strange等报告指出：牛肉在宰后20℃直接剔骨保持4～6 h与分割肉在3℃成熟20天的嫩度相同。

(2) 电刺激：刚宰的肉尸，经电刺激1～2 min，可以促进软化，同时可以防止“冷收缩”(羊肉)。该方法在国外被广泛应用。Bondll等报道，200 V、216 A、25 Hz电刺激2 min的牛肉，显示出肌肉短缩和CP(磷酸肌酸)显著减少。刺激停止时，肌肉即恢复弛缓状态，此时ATP以与屠体的温度相应的速度分解。由于磷酸肌酸已经消耗尽，ATP水平立即开始下降。因此，电刺激后立即在中温域进入尸僵期，肌肉硬度也较小。电刺激不仅可防止低温冷缩，而且还可促进嫩化。因为电刺激可以引起Z线断裂和“趋收缩”，并促使含组织蛋白酶的溶酶体崩解。

(3) 机械作用：肉成熟时，将跟腱用钩挂起，此时主要是腰大肌受牵引。如果将臀部挂起，不但腰大肌短缩被抑制，而且半腱肌、半膜肌、背最长肌短缩均被抑制，可以得到较好的嫩化效果。

刚屠宰后的牛肉或羊肉，施以98 MPa的压力，在30℃条件下作用1 min以上，则糖酵解加速，其硬度要比对照组小。这是由于在高压下，肌动蛋白与肌球蛋白脱离重合，横桥解离所致。

2) 化学因素

极限pH愈高，肉愈柔软。如果屠宰前人为地使糖原下降，则会获得较高的pH。但这种肉成熟后易形成DFD肉。高pH成熟是由中性氨态酶起促进作用，游离氨基酸多。在极限pH 5.5附近，Ca^{2+}和组织蛋白酶作用，最易使其成熟。在最大尸僵期，往肉中注入Ca^{2+}可以促进软化。刚屠宰后注入各种化学物质如磷酸盐、氯化镁等可减少尸僵的形成量(表3-4-2)。

表 3-4-2　刚宰后牛头肉注入各种药物 24 h 的硬度(剪切力)

试药	P	H	M	P-H	M-M	M-P	P-H-M	CIT
试验	38.03	30.16**	30.43*	29.63**	32.63	36.78	41.92	34.65**
对照	40.25	38.88	38.95	39.93	38.55	43.86	43.37	45.38

注：(1) “*”、“**”与对照组的显著性差异<0.05或<0.01。

(2) P—焦磷酸钠；H—六偏磷酸钠；M—氯化镁；CIT—柠檬酸钠。

试验组注入肉重的0.5 %的浓度为5%的添加剂，对照组注入等量的水。从表中可以看出六偏磷酸钠(Ca^{2+}螯合剂)、柠檬酸钠(糖酵解阻抑剂)、氯化镁(肌动球蛋白形成阻抑剂)等都表现出对尸僵硬度的抑制作用。

3) 生物学因素

肉内蛋白酶可以促进软化。用微生物酶和植物酶也可使固有硬度和尸僵硬度减小。目前国内外常用的是木瓜蛋白酶。可以采用宰前静脉注射或宰后肌肉注射的方法，但宰前注射有时会造成脏器损伤或休克死亡。把木瓜蛋白酶的SH基变成不活化型的二硫化物注入后，再在宰后厌氧条件下使其还原的方法，目前正被开发利用。木瓜蛋白酶的作用最适温度≥50℃，低温时也有作用。为了消除羊肉"冷收缩"引起的硬度增大，在每千克肉中注入30 mg木瓜蛋白酶，在70℃加热后，具有明显的嫩化效果。

另外，在宰前注射肾上腺素，使糖原下降，从而提高肌肉的pH，也可达到嫩化效果。但是，化学方法和生物方法往往造成肉的质量下降。因此，许多类似的方法仍在探讨中。

3.4.1.5 PSE肉和DFD肉

在成熟过程中，为避免微生物繁殖，屠宰后屠体在0～4℃下冷却 。当pH在5.4～5.6之间，温度也达不到37～40℃，此时在成熟中蛋白质不会变性。但有些猪宰杀后的糖酵解速度却比正常的猪进行得要快得多，在屠体温度还远未充分降低时就达到了极限pH，所以就会产生明显的肌肉蛋白质变性。这样的肌肉在僵直后肉色淡(Pale)，组织松软(Soft)，持水性低，汁液易渗出(Exudative)，即所谓PSE肉。这种肌肉肉质差，不适于作精肉。PSE肉多来自猪肉，但牛和羊也会产生PSE肉。一般将屠宰后45 min内背最长肌pH低于5.8的猪肉定为PSE肉。

PSE肉肉色发渍，收缩蛋白质的提取性下降。前者是由于变性的肌浆蛋白质覆盖了肌红蛋白，或是由于肌红蛋白自身变化造成的。后者是由于收缩蛋白被变性肌浆蛋白质覆盖或是被提取的收缩蛋白质机能自身也有所下降，从而导致自体变性引起的。

根据应激反应来分，猪可分为无抗性(Stress-Susceptible Pig, Porcine Stresyndrome即PSS)和有抗性(Stress-Resistant Pig)两种类型。PSE肉易产生于对应激无抗性的猪(猪应激症)。研究表明PSS猪宰杀后，由于肌肉的游离Ca^{2+}浓度增加，从而产生PSE肉。在PSS猪线粒体厌氧条件下Ca^{2+}的释放量是无应激反应猪的2倍。肌质网未收回多余的Ca^{2+}，使肌原纤维的ATP酶活化，加快ATP分解。同时也使磷酸化激酶激活，加快了糖酵解速度。若照此过程进行，就会继续产生高温度下低pH引起的肌质网自体变性，从而进一步释放Ca^{2+}，导致PSE肉的产生。

有时会出现另外一种情况。如果肌肉中糖原含量较正常低，则肌肉最终pH会由于乳酸积累少而比正常情况高些(pH约为6.0)。由于结合水增加和光被吸收，使肌肉外观颜色变深，产生DFD(Dark, Firm, Dry)肉。这种情况主要出现在牛肉中，故又称深色牛肉切块。产生DFD肉的主要原因是宰前长期处于紧张状态，使肌肉中糖原含量减少所致。

3.4.2 肉的变质及检验

3.4.2.1 肉变质的概念

肉的变质(Spoilage)是成熟过程的继续。肌肉中的蛋白质在组织酶的作用下，分解生成水溶性蛋白肽及氨基酸，完成了肉的成熟。若成熟继续进行，蛋白质进一步水解，生成胺、氨、硫化氢、酚、吲哚、粪嗅素、硫化醇，则发生蛋白质的腐败。同时发生脂肪的酸败和糖的酵解，产生对人体有害的物质，称之为肉的变质。

3.4.2.2 肉变质的原因

动物宰后，由于血液循环停止，吞噬细胞的作用亦即停止，使得细菌繁殖和传播到整个组织。但是，动物刚宰杀后，由于肉中含有相当数量的糖原，以及动物宰杀后糖酵解作用的加速进行，因而成熟作用首先发生。特别是糖酵解使肉的 pH 迅速从最初的 7.0～7.4 下降到 5.4～5.5。酸性对腐败菌在肉中的生长不利，从而抑制了腐败的发生。

健康动物的血液和肌肉通常是无菌的，肉类的腐败实际上是由外界污染的微生物在其表面繁殖所致。表面微生物沿血管进入肉的内层，并进而深入到肌肉组织。然而，即使在腐败程度较深时，微生物的繁殖仍局限于细胞与细胞之间的间隙内，亦即肌肉内结缔组织间，只有到深度腐败时才进入肌纤维部分。微生物繁殖和播散的速度，在 1～2 昼夜内可深入肉层 2～14 cm。在适宜条件下，浸入肉中的微生物大量繁殖，以各种各样的方式对肉作用，产生许多对人体有害甚至使人中毒的代谢产物。

许多微生物均优先利用糖类作为其生长的能源。好气性微生物在肉表面生长，通常把糖完全氧化成二氧化碳和水。如果氧的供应受阻或因其他原因氧化不完全时，则可有一定程度的有机酸积累，肉的酸味即由此而来。

微生物对脂肪可进行两类酶促反应：一是由其所分泌的脂肪酶分解脂肪，产生游离的脂肪酸和甘油。霉菌以及细菌中的假单胞菌属、无色菌属、沙门氏菌属等都是能产生脂肪分解酶的微生物。另一种则是由氧化酶通过 β-氧化作用氧化脂肪酸。这些反应的某些产物常被认为是酸败气味和滋味的来源。但是，肉和肉制品中严重的酸败问题并不是由微生物所引起，而是因空气中的氧，在光线、温度以及金属离子催化下进行氧化的结果。由于脂肪水解生成的游离脂肪酸对多种微生物具有抑制作用，因此，腐臭的肉和肉制品其微生物总数可由于酸败的加剧而减少。不饱和脂肪酸氧化时所产生的过氧化物对微生物均有毒害，故亦呈类似的作用。

微生物对蛋白质的腐败作用是各种食品变质中最复杂的一种，这与天然蛋白质的结构非常复杂，以及腐败微生物的多样性密切相关。有些微生物如梭状芽孢菌属、变形杆菌属和假单胞菌属的某些种类，以及其他的种类，可分泌蛋白质水解酶，迅速把蛋白质水解成可溶性的多肽和氨基酸。而另一些微生物尚可分泌水解明胶和胶原的明胶酶和胶原酶，以及水解弹性蛋白质和角蛋白质的弹性蛋白酶和角蛋白酶。

有许多微生物不能作用于蛋白质，但能对游离氨基酸及低肽起作用，将氨基酸氧化脱氨生成胺和相应的酮酸。另一种途径则是使氨基酸脱去羧基，生成相应的胺。此外，有些微生物尚可使某些氨基酸分解，产生吲哚、甲基吲哚、甲胺和硫化氢等。在蛋白质、氨基酸的分解代谢中，酪胺、尸胺、腐胺、组胺和吲哚等对人体有毒，而吲哚、甲基吲哚、甲胺、硫化氢等则具恶臭，是肉类变质臭味之所在。

3.4.2.3 肉的新鲜度检验

肉的腐败变质是一个非常复杂的过程，因此要准确判定腐败的界限是相当困难的，尤其判定初期腐败更是复杂。一般情况下，以测定肉腐败的分解产物及引起的外观变化和细菌的污染程度，同时结合感官检验，对带骨鲜肉、剔骨包装及解冻肉进行新鲜度检查，以决定其利用价值。

1）感官及理化检验

感官及理化检验是新鲜度检查的主要方法。主要从以下几个方面进行：

（1）视觉——组织状态的粗嫩、黏滑、干湿、色泽等。

（2）嗅觉——气味的有无、强弱、香、臭、腥膻等。

（3）味觉——滋味的鲜美、香甜、苦涩、酸臭等。

（4）触觉——坚实、松弛、弹性、拉力等。

（5）听觉——检查冻肉、罐头的声音的清脆、混浊及虚实等。

感官检验方法简便易行，比较可靠。但只有深度腐败时才能被察觉，并且不能反映出腐败分解产物的客观指标。猪肉、牛肉、羊肉及禽肉的感官指标和理化指标见表3-4-3～表3-4-8。

表3-4-3　猪肉感官指标（GB 2707—94）

项　目	鲜猪肉	冻猪肉
色　泽	肌肉有光泽，红色均匀，脂肪洁白	肌肉有光泽，红色或稍暗，脂肪白色
组织状态	纤维清晰，有坚韧性，指压后凹陷立即恢复	肉质紧密，有坚韧性，解冻后指压凹陷恢复较慢
黏　度	外表湿润，不黏手	外表湿润，切面有渗出液，不黏手
气　味	具有鲜猪肉固有的气味，无异味	解冻后具有鲜猪肉固有的气味，无异味
煮沸后肉汤	澄清透明，脂肪团聚于表面	澄清透明或稍有混浊，脂肪团聚于表面

表3-4-4　猪肉理化指标（GB 2707—94）

项　目	指　标
挥发性盐基氮（mg/100 g）	≤20
汞（以Hg计）（mg/kg）	≤0.05

表3-4-5　牛肉、羊肉、兔肉感官指标（GB 2708—94）

项　目	鲜牛肉、羊肉、兔肉	冻牛肉、羊肉、兔肉
色　泽	肌肉有光泽，红色均匀，脂肪洁白或微黄色	肌肉有光泽，红色或稍暗，脂肪洁白或微黄色
组织状态	纤维清晰，有坚韧性	肉质紧密，坚实
黏　度	外表微干或湿润，不黏手，切面湿润	外表微干或有风干膜或外表湿润不黏手，切面湿润不黏手
气　味	具有鲜牛肉、羊肉、兔肉固有的气味，无臭味，无异味	解冻后具有牛肉、羊肉、兔肉固有的气味，无臭味
弹　性	指压后凹陷立即恢复	解冻后指压凹陷恢复慢
煮沸后肉汤	澄清透明，脂肪团聚于表面，具有香味	澄清透明或稍有混浊，脂肪团聚于表面，具特有香味

表 3-4-6 牛肉、羊肉、兔肉理化指标(GB 2708—94)

项 目	指 标
挥发性盐基氮(mg/100 g)	≤20
汞(以 Hg 计)(mg/kg)	≤0.05

表 3-4-7 鲜(冻)禽肉感官指标(GB 2710—1996)

项 目	指 标	项 目	指 标
眼 球	眼球饱满、平坦或稍凹陷	气 味	具有该禽固有的气味
色 泽	皮肤有光泽，肌肉切面有光泽，并有该禽固有色泽	弹 性	有弹性，肌肉指压后的凹陷立即恢复
黏 度	外表微干或微湿润，不黏手	煮沸后肉汤	透明澄清，脂肪团聚于表面，具固有香味

表 3-4-8 鲜(冻)禽肉理化指标(GB 2710—1996)

项 目	指 标
挥发性盐基氮(mg/100 g)	≤20
汞(以 Hg 计)(mg/kg)	≤0.05
四环素(mg/kg)	≤0.25

2) 细菌污染度检验

鲜肉的细菌污染度检验，在我国目前还未列入国家标准。细菌污染检验不但比感官的、化学的方法更能客观地判定肉的鲜度质量，而且能反映出生产、储运中的卫生状况。鲜肉的细菌污染度检验通常包括 3 个方面：菌数测定、涂片镜检和色素还原试验。

3) 生物化学检验

生物化学检验是以寻找蛋白质、脂肪的分解产物为基础进行定性定量分析。常用的有 pH 测定、H_2S 试验、胺测定、球蛋白沉淀试验、过氧化物酶反应、酸度—氧化力测定、挥发性盐基氮测定、挥发性脂肪酸测定、TBA 测定及有机酸的测定等。

思考与练习

1. 试述原料肉成熟过程中发生的变化及其加工储藏的意义。
2. 简述尸僵结束后自溶过程中发生的机理。
3. 试述影响肉成熟的因素及其控制方法。
4. 何谓 PSE 肉和 DFD 肉？
5. 试述肉的变质及检验。
6. 试述肉变质的原因及其控制方法。

3.5 乳的成分及性质

3.5.1 乳的组成及其分散体系

3.5.1.1 乳的组成

家畜泌乳是专门供哺育幼畜之用，所以泌乳期就等于哺乳期。黄牛和水牛的泌乳期约为 90～120 天，而经人工选育的乳用牛泌乳期长达 300 天左右。泌乳初期泌乳量逐渐增加，牛约 3～6 周达到最高月产量，以后逐渐减少。泌乳量及乳的成分随乳腺的状况而异。

乳是哺乳动物分娩后由乳腺分泌的一种白色或微黄色的不透明液体，其中至少含有上百种化学成分，主要包括水分、脂肪、蛋白质、乳糖、盐类、维生素、酶类及气体等。牛乳的基本组成如表 3-5-1 所示。

表 3-5-1 牛乳主要化学成分及含量

成　分	水分	总乳固体	脂肪	蛋白质	乳糖	无机盐
变化范围(%)	85.5～89.5	10.5～14.5	2.5～6.0	2.9～5.0	3.6～5.5	0.6～0.9
平均值(%)	87.5	13.0	4.0	3.4	4.8	0.8

品种对牛乳组成的影响最大，世界上主要乳牛品种乳成分如表 3-5-2 所示。

表 3-5-2 不同品种乳牛乳的平均组成

乳牛品种	比　重	水分(%)	干物质(%)	脂肪(%)	蛋白质(%)	乳糖(%)	灰分(%)
荷兰牛	1.032 4	87.50	12.50	3.55	3.43	4.86	0.68
短角牛	1.032 4	87.43	12.57	3.63	3.32	4.89	0.73
西门达尔牛	1.032 4	87.18	12.82	3.79	3.34	4.81	0.71
爱崖牛	1.031 7	86.89	13.11	4.14	3.58	4.69	0.68
更姗牛	1.033 6	85.13	14.87	5.19	4.02	4.91	0.74
娟姗牛	1.033 1	85.31	14.69	5.19	3.86	4.94	0.70
水　牛	1.029 0	81.41	18.59	7.47	7.10	4.15	0.84
牦　牛	—	81.60	18.40	7.80	5.00	5.00	—

正常牛乳中各种成分的组成(图 3-5-1)大体上是稳定的，但也受乳牛的品种、个体、地区、泌乳期、畜龄、挤乳方法、饲料、季节、环境、温度及健康状态等因素的影响而有差异，其中变化最大的是乳脂肪，其次是蛋白质，乳糖及灰分则比较稳定。不同品种的乳牛其乳汁组成不尽相同。

- 牛乳
  - 水分
  - 乳干物质
    - 脂质
      - 脂肪
      - 磷脂质：卵磷脂、脑磷脂、神经磷脂
      - 脂溶性维生素：维生素 A、维生素 D、维生素 E、维生素 K、胡萝卜素
      - 胆固醇
    - 无脂干物质
      - 蛋白质：乳蛋白、酪蛋白、乳白蛋白、乳球蛋白、非蛋白态氮化合物
      - 糖类：乳糖、葡萄糖
      - 矿物质：主要含钙、磷、钾、氯；少量含钠、镁、硫、铁；微量含锌、铝、铜、硅、碘；痕量含锰、钼、锂、锶、硼、氟
      - 色素：胡萝卜素、叶黄素
      - 水溶性维生素：维生素 B_1、维生素 B_2、维生素 B_6、维生素 B_{12}、维生素 C、烟酸、泛酸、生物素、叶酸
      - 酶类：解酯酶、磷酸酶、过氧化氢酶、过氧化物酶、还原酶、蛋白酶等
      - 气体：二氧化碳、氮
      - 细胞：乳房内部表皮细胞、白血球等

图 3-5-1　牛乳中成分概括图

3.5.1.2　乳的分散体系

牛乳是一种复杂的胶体分散体系，分散体系中分散介质是水，分散质有乳糖、无机盐类、蛋白质、脂肪、气体等。各种分散质的分散度差异很大，其中乳糖、水溶性盐类呈分子或离子状态溶于水中，其微粒直径小于或接近 1 nm，形成真溶液；乳白蛋白及乳球蛋白呈大分子态，其微粒直径约为 15～50 nm，形成典型的高分子溶液；酪蛋白在乳中形成酪蛋白酸钙—磷酸钙复合体胶粒，胶粒平均直径约 100 nm，从其结构、性质和分散度来看，它处于一种过渡状态，属胶体悬浮液范畴；乳脂肪呈球状，直径 100～10 000 nm，形成乳浊液。乳中含有的少量气体，部分以分子状态溶于牛乳中，部分气体经搅动后在乳中形成泡沫状态。所以，牛乳并不是一种简单的分散体系，而是包含着真溶液、高分子溶液、胶体悬浮液、乳浊液及种种过渡状态的复杂的、具有胶体特性的多级分散体系。

3.5.2　乳中化学成分的性质

3.5.2.1　乳脂肪

乳脂肪(Milk Fat or Butter Fat)占乳脂质的 97%～98%，是牛乳的主要成分之一，在乳中的含量一般为 3%～5%。乳脂肪不溶于水，呈微细球状分散于乳浆中，形成乳浊液。

1) 脂肪球及脂肪球膜

乳脂肪球的大小依乳牛的品种、个体、健康状况、泌乳期、饲料及挤乳情况等因素而异，通常直径约为 0.1～10 μm，其中以 0.3 μm 左右者居多。每毫升牛乳中约有 20 亿～40 亿个脂肪球。脂肪球的大小对乳制品加工的意义很大。脂肪球的直径越大，上浮的速度就越快，故大脂肪球含量多的牛乳，容易分离出稀奶油。乳脂肪的比重为0.93，将牛乳放在一容器中静置一段时间后，乳脂肪球逐渐上浮，形成一个脂肪层，称为稀奶油层。当脂肪球的直径接近 1 μm 时，脂肪球基本不上浮，所以生产中可将牛乳进行均质处理，得到长时间不分层的稳

定产品。

在电子显微镜下观察到的乳脂肪球为圆球形或椭圆球形，表面被一层 5～10 nm 厚的脂肪球膜包裹。脂肪球膜主要由蛋白质、磷脂、甘油三酸酯、胆甾醇、维生素 A、金属及一些酶类构成，同时还有盐类和少量结合水。由于脂肪球含有磷脂与蛋白质形成的脂蛋白络合物，使脂肪球能稳定地存在于乳中。磷脂是极性分子，其疏水基朝向脂肪球的中心，与甘油三酸酯结合形成膜的内层；磷脂的亲水基向外朝向乳浆，连着具有强大亲水基的蛋白质，构成了膜的外层。磷脂层间还有胆甾醇和维生素 A。脂肪球膜具有保持乳浊液稳定的作用，即使脂肪球上浮分层，仍能保持着脂肪球的分散形态。在机械搅拌或化学物质作用下，脂肪球膜遭到破坏后，乳脂肪球才会互相聚结在一起。因此，可以利用这一原理生产奶油和测定乳中的含脂率。

2）乳脂肪的化学组成

乳脂肪是由 1 个甘油分子和 3 个脂肪酸分子组成的甘油三酸酯的混合物，其脂肪酸可分为 3 类：第一类为水溶性挥发性脂肪酸，例如丁酸、乙酸、辛酸和癸酸等，其含量较其他油脂高出几倍。由于这些脂肪酸熔点低，易挥发，所以赋予乳脂肪特有的香味和柔润的质体。第二类是非水溶性挥发性脂肪酸，例如十二烷酸等。第三类是非水溶性不挥发性脂肪酸，例如十四烷酸、二十烷酸、十八碳烯酸和十八碳二烯酸等。

牛乳脂肪的脂肪酸种类远较一般脂肪多，这与反刍动物瘤胃中微生物的生物合成密切相关。已发现的牛乳脂肪的脂肪酸多达 60 余种，从理论上讲能构成 216 000 种甘油酯，但实际上很多脂肪酸的含量均低于 0.1%，它们的总量仅相当于全脂肪量的 1%，实际检出的甘油酯的种类也是有限的。与一般脂肪相比，乳脂肪的脂肪酸组成中，水溶性挥发性脂肪酸的含量比例特别高，这是乳脂肪风味良好及易于消化的重要原因。

乳脂肪的组成复杂，在低级脂肪酸中甚至检出了醋酸。另外，还发现含有 C_{20}～C_{26} 的高级饱和脂肪酸。一般天然脂肪中含有的脂肪酸绝大多数是碳原子为偶数的直链脂肪酸，而在牛乳脂肪中已证实含有 C_9～C_{23} 的奇数碳原子脂肪酸，也发现有带侧链的脂肪酸。

乳脂肪的不饱和脂肪酸主要是油酸，约占不饱和脂肪酸总量的 70%左右。由于不饱和脂肪酸双键位置的不同，可构成异构体，例如十八碳烯-9-酸与十八碳烯-11-酸(异油酸)。双键周围空间位置不同可形成几何异构体，如[顺]-十八碳烯-9-酸及[反]-十八碳烯-9-酸(反油酸)。牛乳中含量较高的脂肪酸可见表 3-5-3。

表 3-5-3　牛乳脂肪中的脂肪酸组成和含量

脂肪酸名称	分子式	质量分数(%)	水溶性	挥发性
丁　酸	$C_4H_8O_2$	4.06	溶	挥发
己　酸	$C_6H_{12}O_2$	3.29	微溶	挥发
辛　酸	$C_8H_{16}O_2$	2.00	极溶	挥发
癸　酸	$C_{10}H_{20}O_2$	4.59	极溶	挥发
月桂酸	$C_{12}H_{24}O_2$	5.42	几乎不溶	微挥发
豆蔻酸	$C_{14}H_{28}O_2$	12.95	不溶	挥发
软脂酸	$C_{16}H_{32}O_2$	23.07	不溶	不挥发

（续表）

脂肪酸名称	分子式	质量分数(%)	水溶性	挥发性
硬脂酸	$C_{18}H_{36}O_2$	7.61	几乎不溶	不挥发
花生酸	$C_{20}H_{40}O_2$	—	不溶	不挥发
癸烯酸	$C_{10}H_{18}O_2$	0.62	不溶	不挥发
十二碳烯酸	$C_{12}H_{22}O_2$	0.12	不溶	不挥发
十四碳烯酸	$C_{14}H_{26}O_2$	3.65	不溶	不挥发
十六碳烯酸	$C_{16}H_{30}O_2$	5.12	不溶	不挥发
油　酸	$C_{18}H_{34}O_2$	18.57	不溶	不挥发
亚油酸	$C_{18}H_{32}O_2$	1.9	不溶	不挥发
十八碳三烯酸	$C_{18}H_{30}O_2$	1.53	不溶	不挥发
二十碳五烯酸	$C_{20}H_{30}O_2$	—	不溶	不挥发
二十二碳六烯酸	$C_{22}H_{32}O_2$	—	不溶	不挥发

注：表中所列的脂肪酸可划分为 3 类：

① 水溶性挥发性脂肪酸类，如丁酸、己酸、辛酸等。

② 非水溶性挥发性脂肪酸类，如月桂酸等。

③ 非水溶性不挥发性脂肪酸类，如软脂酸、硬脂酸、花生酸、癸烯酸、十二碳烯酸、十四碳烯酸、十六碳烯酸、油酸、亚油酸等。

3）乳脂肪的理化常数

乳脂肪的组成与结构决定其理化性质，表 3-5-4 是乳脂肪的理化常数。乳脂肪的脂肪酸组成受饲料、营养、环境、季节等因素的影响而变化。一般地说，夏季放牧期间不饱和脂肪酸含量升高，而冬季舍饲期则饱和脂肪酸含量增多，所以夏季加工的奶油其熔点比较低。

表 3-5-4　乳脂肪的理化常数

项　目	指　标	项　目	指　标
比重(d_{15})	0.935～0.943	赖克特—迈斯尔值*	21～36
熔点(℃)	28～38	波伦斯克值**	1.3～3.5
凝固点(℃)	15～25	酸　值	0.4～3.5
折射率(n_D^{25})	1.459 0～1.462 0	丁酸值	16～24
皂化值	218～235	不皂化物	0.31～0.42
碘　值	26～36(30 左右)		

注：* 水溶性挥发性脂肪酸值；** 非水溶性挥发性脂肪酸值。

3.5.2.2　乳蛋白质

牛乳中含有 3.0%～3.5%的乳蛋白(Milk Protein)，占牛乳含氮化合物的 95%，还有 5%为非蛋白态含氮化合物。牛乳中的蛋白质可分为酪蛋白和乳清蛋白两大类，另外还有少量脂肪球膜蛋白质。乳清蛋白中有对热不稳定的各种乳白蛋白及乳球蛋白，还有对热稳定的眎及胨。牛乳蛋白质与人乳蛋白质中含氮物的分布有很大区别，其分布见表 3-5-5。乳蛋白的命名及性质见表 3-5-6。

表 3-5-5　牛乳与人乳中氮的主要分布状态

区　分	牛乳总氮物(%)	牛乳中%(N×6.38)	人乳总氮物(%)	人乳中%(N×6.38)
总　氮	100		100.0	1.16
酪蛋白态氮	78.5	3.18	44.10	0.51
白蛋白态氮	9.2	2.63	3.29	0.38
球蛋白态氮	3.3	0.31		
脎、胨态氮	4.0	0.11	4.30	0.05
非蛋白态氮	5.0	0.13	18.70	

表 3-5-6　牛乳蛋白质的命名及性质

名称	脱脂乳蛋白质中的百分比(%)	电泳的峰(No)	电泳迁移率	等电点(pH)	沉降常数(S_{20})^{n}	相对分子质量	变异体及分离成分
(1) 酪蛋白	(76～86)			(4.6)			
α_s-酪蛋白	45～55	1	−6.7	4.1	3.99	23 000	α-变异体 A、B、C α_{s0} α_{s2} α_{s3} α_{s4} α_{s5}
κ-酪蛋白	8～15	1	−6.7	4.1	1.4	19 000	变异体 K-A、K-B
β-酪蛋白	25～35	2	−3.1	4.5	1.57	24 000	变异体 A_1、A_2、A_3、B、C、D、B_2
γ-酪蛋白	3～7	3	−2.0	5.8～6.0	1.55	21 000	成分 R、S、TS
(2) 乳清蛋白质	(14～24)						
α-乳白蛋白	2～5	4	−4.2	4.2～4.5	1.75	14 440	变异体 A、B
β-乳球蛋白	7～12	6	−5.3	5.3	2.7	36 000	变异体 A、A_{Dr} B、B_{Dr}、C、D A_1、A_2对立基因型
血清白蛋白	0.7～1.3	7	−6.7	4.7	4.0	69 000	
免疫球蛋白 IgG_1	1.2～3.3	1,2	−2.2～−2.5	5.5～6.8	6.5～7.0	161 000～163 000	
免疫球蛋白 IgG_2	0.2～0.7	1	—	7.5～8.3	6.5～7.0	150 000～154 000	
免疫球蛋白 IgM	0.1～0.7	2	—	—	18.2～19.8	1 000 000	
免疫球蛋白 IgA	0.2～0.7	2(?)	—	—	10.8～11.0	385 000～417 000	
脎、胨	2～6	3,5,8	−3.48～9.2	3.3～3.7	0.78～1.6	4 100～40 800	含糖蛋白的复合成分

注：① Committee of the Americandairyscience Assoiation，1970；

② Webb，B. H . et al，1974；

③ Whitney，R. M. et al，1976

除了乳蛋白质外，尚有少量非蛋白态氮，如氨、游离氨基酸、尿素、尿酸、肌酸及嘌呤碱等。这些物质基本上是机体蛋白质代谢的产物，通过乳腺细胞进入乳中。另外还有少量维生素态氮。

1）酪蛋白

在温度 20℃时调节脱脂乳的 pH 至 4.6 时沉淀的一类蛋白质称为酪蛋白（Casein），占乳蛋白总量的 80%～82%。酪蛋白不是单一的蛋白质，而是由 α_s-、κ-、β-和γ-酪蛋白组成的，是典型的磷蛋白。4 种酪蛋白的区别就在于它们含磷量的多寡。α_s-酪蛋白含磷量最多，故又称磷蛋白。含磷量对皱胃酶的凝乳作用影响很大。γ-酪蛋白含磷量极少，因此，γ-酪蛋白几乎不能被皱胃酶凝固。在加工奶酪时，有些乳常发生软凝块或不凝固现象，就是由于蛋白质中含磷量过少的缘故。酪蛋白虽是一种两性电解质，但其分子中含有的酸性氨基酸远多于碱性氨基酸，因此具有明显的酸性。

（1）酪蛋白酸钙—磷酸钙复合体胶粒

乳中的酪蛋白与钙结合成酪蛋白酸钙，再与胶体状的磷酸钙形成酪蛋白酸钙—磷酸钙复合体（Calcium Caseinate - Calciumphosphate Complex），以胶体悬浮液的状态存在于牛乳中，其胶体微粒直径范围在 10～300 nm 之间变化，一般 40～160 nm 占大多数。每毫升牛乳中大约含有$(5\sim15)\times10^{12}$个胶粒。此外，酪蛋白胶粒中还含有镁等物质。

酪蛋白酸钙—磷酸钙复合体的胶粒大体上呈球形，据佩恩斯（Payens，1966）设想，胶体内部由 β-酪蛋白的丝构成网状结构，在其上附着 α_s-酪蛋白，外面由 κ-酪蛋白覆盖，并结合有胶体状的磷酸钙。α_s-酪蛋白和 β-酪蛋白容易受钙离子影响而发生沉淀，而 κ-酪蛋白不仅本身稳定，还具有抑制 α_s-酪蛋白和 β-酪蛋白在钙离子作用下沉淀的作用。因此 κ-酪蛋白覆盖层对胶体起保护作用，使牛乳中的酪蛋白酸钙—磷酸钙复合体胶粒能保持相对稳定的胶体悬浮状态。

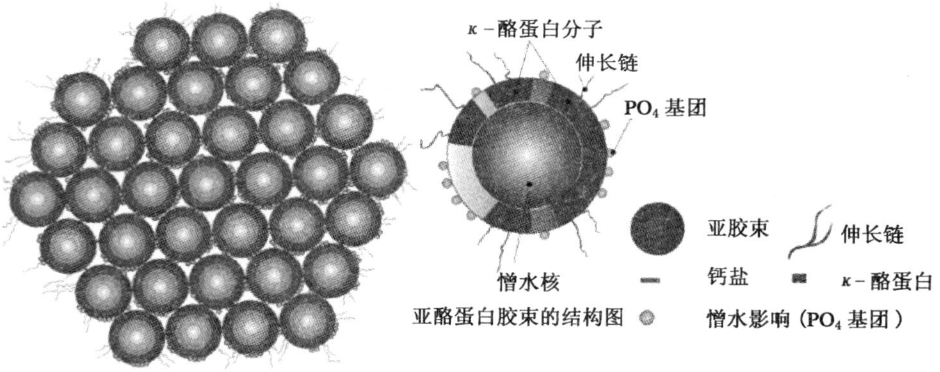

图 3-5-2　酪蛋白胶束的结构及其稳定性

（2）酪蛋白的酸沉淀

酪蛋白胶粒对 pH 的变化很敏感。当脱脂乳的 pH 降低时，酪蛋白胶粒中的钙与磷酸盐就逐渐游离出来。当 pH 达到酪蛋白的等电点 4.6 时，就会形成酪蛋白沉淀。正常情况下，在等电点沉淀的酪蛋白不含钙。但在酪蛋白稳定性受到影响时，在 pH 5.2～5.3 时就发生沉淀。这种酪蛋白沉淀中含有钙，对于制造无灰干酪素等产品极为不利，必须反复进行繁杂的洗涤处理。

为使酪蛋白沉淀，工业上一般使用盐酸。同理，如果由于乳中的微生物作用，使乳中的乳糖转化分解为乳酸，从而使 pH 降至酪蛋白的等电点时，同样会发生酪蛋白的酸沉淀，这就是牛乳的自然酸败现象。酪蛋白的酸凝固过程以盐酸为例如下：

$$酪蛋白酸钙[Ca_3(PO_4)_2]+2HCl \longrightarrow 酪蛋白\downarrow + 2CaHPO_4 + CaCl_2$$

（3）酪蛋白的凝乳酶凝固

牛乳中的酪蛋白在凝乳酶的作用下会产生凝固，奶酪的加工就是利用此原理。酪蛋白在凝乳酶的作用下变为副酪蛋白（Paracasin），在钙离子存在下形成不溶性的凝块，这种凝块叫作副酪蛋白钙，其凝固过程如下：

$$酪蛋白酸钙 + 皱胃酶 \longrightarrow 副酪蛋白钙\downarrow + 糖肽 + 皱胃酶$$

皱胃酶的凝固作用可以分为两个过程：首先磷酸酰胺键的破裂使酪蛋白变成副酪蛋白，副酪蛋白出现两个游离基——一个磷酸基和一个碱性基。由于碱性基的出现，使副酪蛋白的等电点（pH 5.2）向碱性移动。然后副酪蛋白上的 OH 基同钙离子结合（此时的 OH 基比酪蛋白增加了 1 倍，所以副酪蛋白对钙的敏感性比酪蛋白高 1 倍左右），形成副酪蛋白分子间的“钙桥”，于是副酪蛋白的微粒发生团聚作用而产生凝胶体。所以，此时必须存在游离钙才能使酪蛋白凝固。离子交换乳因无钙存在，所以不能凝固。

（4）盐类及离子对酪蛋白稳定性的影响

乳中的酪蛋白酸钙—磷酸钙胶粒容易在氯化钠或硫酸铵等盐类饱和溶液或半饱和溶液中形成沉淀，这种沉淀是由于电荷的抵消与粒子脱水而产生的。

酪蛋白酸钙—磷酸钙粒子对于其体系内二价的阳离子含量的变化很敏感。钙或镁离子能与酪蛋白结合而使粒子凝集。故钙离子与镁离子的浓度影响着胶粒的稳定性。钙和磷的含量直接影响乳汁中酪蛋白微粒的大小，也就是大的微粒要比小的微粒含有较多量的钙和磷。由于乳汁中的钙和磷呈平衡状态存在，所以鲜乳中的酪蛋白微粒具有一定的稳定性。当向乳中加入氯化钙时，则能破坏平衡状态，因此在加热时使酪蛋白发生凝固现象，例如在 90℃时加入 0.12%～0.15%的 $CaCl_2$ 即可使乳凝固。$CaCl_2$ 除了使酪蛋白凝固外，也能使乳清蛋白凝固。

除了上述酪蛋白及乳清蛋白之外，加温至 85℃时，有一部分低分子蛋白质也能沉淀。

利用氯化钙凝固乳时，如加热到 95℃时，则乳汁中蛋白质总含量 97%可以被利用。而此时加入氯化钙的量以每升乳加 1.00～1.25 g 为最适宜。采用钙凝固时，乳蛋白质的利用程度要比酸凝固法高 5%，比皱胃酶凝固法约高 10%以上。

乳汁在加热时，氯化钙的作用不仅能够使酪蛋白完全分离，而且也能够使乳清蛋白等分离。在这方面利用氯化钙沉淀乳蛋白质，要比其他沉淀法有较显著的优点。此外，利用氯化钙沉淀所得到的蛋白质，一般都含有大量的钙和磷。所以钙凝固法，不论在脱脂乳蛋白质的综合利用方面，或是在有价值的矿物质（钙和磷）的利用方面，都比目前生产食用酪蛋白所采用的酸凝固法和皱胃酶凝固法优越得多。

2）乳清蛋白

乳清蛋白是指溶解分散在乳清中的蛋白，约占乳蛋白的 18%～20%，可分为热稳定和热不稳定的乳清蛋白两部分。

（1）热不稳定的乳清蛋白

热不稳定的乳清蛋白是指乳清 pH 4.6～4.7 时，煮沸20 min发生沉淀的一类蛋白质，约占乳清蛋白的 81%。热不稳定的乳清蛋白包括乳白蛋白和乳球蛋白两类。

乳白蛋白是指中性乳清中加饱和硫酸铵或饱和硫酸镁盐析时，呈溶解状态而不析出的蛋白质，约占乳清蛋白的68%。乳白蛋白又包括α-乳白蛋白(约占乳清蛋白的19.7%)、β-乳白蛋白(约占乳清蛋白的43.6%，β-乳白蛋白是一种球蛋白)和血清白蛋白(约占乳清蛋白的4.7%)。乳白蛋白在乳中以1.5～5.0 μm直径的微粒分散在乳中，对酪蛋白起保护胶体作用。这类蛋白常温下不能用酸凝固，但在弱酸性时加温即能凝固，与酪蛋白的主要区别在于该类蛋白不含磷，但含丰富的硫，且不能被皱胃酶凝固。

乳球蛋白是指中性乳清中加饱和硫酸铵或饱和硫酸镁盐析时，能析出的乳清蛋白质，约占乳清蛋白的13%。乳球蛋白又可分为真球蛋白和假球蛋白，这两种蛋白质与乳免疫性有关，即具有抗原作用，故又称为免疫球蛋白。初乳中的免疫球蛋白含量比常乳高。

(2) 热稳定的乳清蛋白

这类蛋白包括蛋白际和蛋白胨，约占乳清蛋白质的19%。

此外还有一些脂肪球膜蛋白，是吸附于脂肪球表面的蛋白质与酶的混合物，其中含有脂蛋白、碱性磷酸酶和黄嘌呤氧化酶等。这些蛋白质可以用洗涤和搅拌稀奶油的方法将其分离出来。在脂肪球膜蛋白中包括有卵磷脂，因此也称磷脂蛋白。在脂肪球膜蛋白中含有大量的硫，当稀奶油进行高温巴氏杀菌时，在风味方面起着很大的作用。在球膜蛋白中含有卵磷脂。卵磷脂在细菌性酶的作用下形成带有鱼腥味的三甲胺而被破坏。

脂肪球膜蛋白由于受细菌性酶的作用而产生的分解现象，是奶油在储藏时风味变劣的原因之一。在脂肪球膜蛋白的分解不显著时，即使有分解产物存在，但对奶油味并无显著影响，因为脂肪能掩盖这种少量的腐败味。

在加工奶油时，大部分脂肪球膜物质集中于酪乳中。故酪乳不仅含有蛋白质，而且含有丰富的卵磷脂，因此酪乳可以加工成酪乳粉而加以利用。

3) 非蛋白含氮物

除蛋白质外，牛乳的含氮物中还有非蛋白态的含氮化物，约占总氮的5%，其中包括氨基酸、尿素、尿酸、肌酸及叶绿素等。这些含氮物是活体蛋白质代谢的产物，从乳腺细胞进入乳中。

乳中约含游离态氨基酸23 mg/mL，其中包括酪氨酸、色氨酸和胱胺酸以及尿素、肌酸及肌酐等蛋白质代谢产物。尿酸在核蛋白分解过程中形成。肌酸也可以在蛋白质代谢过程中由精氨酸形成。叶绿素从饲料进入乳中。

3.5.2.3 乳糖

乳糖(Lactose)是哺乳动物乳汁中特有的糖类。牛乳中约含有乳糖4.6%～4.7%，占干物质的38%～39%。乳的甜味主要由乳糖引起。乳糖在乳中全部呈溶解状态，其甜度约为蔗糖的1/6。

乳糖为D-葡萄糖与D-半乳糖以β-1,4-糖苷键结合而成的双糖，又称为1,4-半乳糖苷葡萄糖。因其分子中有醛基，属还原糖。由于D-葡萄糖分子中游离苷羟基的位置不同，乳糖有α-乳糖(α-Lactaseanhy Dride)和β-乳糖(β-Lactose)两种异构体。α-乳糖极易与一分子结晶水结合，变为乳糖水合物(α-Lactose Monohyctrate)，所以乳糖实际上共有3种形态。甜炼乳中的乳糖大部分呈结晶状态，结晶的大小直接影响炼乳的口感，而结晶的大小可根据乳糖的溶解度与温度的关系加以控制。

乳糖远较麦芽糖难溶于水，饱和溶液在15℃时为14.5%，25℃时为17.8%。乳糖被酸所水解的作用也较蔗糖及麦芽糖稳定，一般在乳糖中加入2%的硫酸溶液加热7 s，或每克乳糖加 10%硫酸溶液 100 mL，加热 0.5～1.0 h，或在室温下加浓盐酸才能完全水解生成 1 分子的葡萄糖和 1 分子的半乳糖。

与酸水解一样，乳糖可以在乳糖酶(Lactase)的作用下被水解成单糖，然后再经各种微生物等的作用水解成酸和其他成分，这种作用在乳品工业上有很大意义。例如，当乳糖水解成单糖后再由酵母的作用生成酒精(如牛乳酒、马乳酒)；也可以由细菌的作用生成乳酸、醋酸、丙酸以及 CO_2 等。这种变化可以单独发生，也可以同时发生。牛乳中乳酸达 0.25%～0.30%时则可感到酸味；当乳酸达到 0.8%～1.0%时，乳酸菌的繁殖停止。通常乳酸发酵时，牛乳中有 10%～30%以上的乳糖不能分解，如果添加中和剂则可以全部发酵成乳酸，所以在生产乳酸时中和具有很大的意义。

乳糖在消化器官内经乳糖酶作用而水解后才能被吸收。如果乳糖直接注射于血管或皮下时则完全从尿中排出。因此可以说凡是双糖类都比单糖类难以被利用，而单糖类中半乳糖最难被利用。

分离奶油时，大部分乳糖存在于脱脂乳中，少部分包含在稀奶油中。稀奶油中的乳糖，在制造奶油时大部分留存在酪乳中，含在奶油中的一部分乳糖则发酵成乳酸。而奶酪生产时乳糖大部分留在乳清中，包含在奶酪中的一小部分乳糖，成熟中发酵而生成乳酸。由于乳酸的形成抑制了杂菌的繁殖，使奶酪产生优良的风味。

乳糖水解比较困难，因此一部分被送至大肠中，在肠内由于乳酸菌的作用使乳糖形成乳酸而抑制其他有害细菌的繁殖，所以对于防止婴儿下痢也有很大的作用。乳糖与钙的代谢有密切关系。如在钙中加入乳糖，可使钙的吸收率增加。同时，血清中钙的含量也显著提高，故乳糖与钙的吸收有密切关系。此外，乳糖对于防止肝脏脂肪的沉积也有重要的作用。

乳中除了乳糖外还含有少量其他的碳水化合物，例如在常乳中含有极少量的葡萄糖(199 mL 中含 4.08～7.58 mg)，而在初乳中可达 15 mg/100 mL，分娩后经过 10 天左右恢复到常乳中的数值。这种葡萄糖并非由乳糖水解生成的，而是从血液中直接转移至乳腺内。除了葡萄糖外，乳中还含有约 2 mg/100 mL 的半乳糖。另外，还含有微量的果糖、低聚糖(Oligosaccharide)、己糖胺(Hexosamine)。

乳糖水解后产生的半乳糖是形成脑神经中重要成分(糖脂质)的主要来源，有利于婴儿的脑及神经组织发育。但一部分人随着年龄增长，消化道内缺乏乳糖酶，不能分解和吸收乳糖，饮用牛乳后会出现呕吐、腹胀、腹泻等不适应症，称其为乳糖不适症(Lactose Intolerance)。在乳品加工中利用乳糖酶，将乳中的乳糖分解为葡萄糖和半乳糖，或利用乳酸菌将乳糖转化成乳酸，不仅可预防乳糖不适应症，而且可提高乳糖的消化吸收率，改善制品口味。

3.5.2.4 乳中的无机物

牛乳中灰分的含量为 0.3%～1.21%(表 3-5-7)。乳中的盐类对乳的热稳定性、凝乳酶的凝固性等理化性质和乳制品的品质以及储藏等影响很大。乳中钙的含量较人乳多 3～4 倍，因此牛乳在婴儿胃内所形成的蛋白凝块比较坚硬，不容易消化。为了消除可溶性钙盐的不良影响，可采用离子交换法，将牛乳中的钙除去 50%，可使乳凝块变得很柔软，和人乳的凝块相近。但在乳品加工上缺乏钙时，对乳的工艺特性会发生不良影响，尤其不利于干酪的制造。乳中钙磷等盐类的构成及其状态对乳的物理化学性质有很大影响，乳品加工中盐类的平衡成为重要问题。乳中的铜铁对储藏中的乳制品有促进发生异常气味的作用。牛乳中铁的含量为 100～900 μg/L，牛乳中铁的含量较人乳中少，故人工哺育幼儿时，应补充铁的含量。

表 3-5-7 牛乳中主要无机成分的含量（100 mL 牛乳中的毫克数）

项　目	钾	钠	钙	镁	磷	硫	氯
乳样 1	158	54	109	14	91	5	99
乳样 2	135	56	108	13	96	105	—
人　乳	66	19	35	4	26	—	47

乳中的矿物质大部分以无机盐或有机盐形式存在，其中以磷酸盐、酪酸盐和柠檬酸盐存在的数量最多。钠中的大部分是以氯化物、磷酸盐和柠檬酸盐的离子溶解状态存在的，而钙、镁与酪蛋白、磷酸和柠檬酸结合，一部分呈胶态，另一部分呈溶解状态。磷是乳中磷蛋白、磷脂及有机酸酯的成分。钾、钠及氯能完全解离成阳离子或阴离子存在于乳清中。在正常 pH 下乳蛋白质尤其是酪蛋白呈阴离子性质，故能与阳离子直接结合而形成酪蛋白酸钙和酪蛋白酸镁。因此，牛乳中的盐类可以区分为可溶性盐和不溶性盐。而前者又可分为离子性盐和非解离性盐。

3.5.2.5 乳中的维生素

牛乳中含有几乎所有已知的维生素，其中部分来自饲料中的维生素，如维生素 E，有的要靠乳牛自身合成，如 B 族维生素。

牛乳中维生素 B_2 含量很丰富，但维生素 D 的含量不多，若作为婴儿食品时应予以强化。初乳中维生素 A 及胡萝卜素含量多于常乳。牛乳中维生素放牧期比舍饲期含量高。

牛乳中维生素的热稳定性不同，维生素 A 、维生素 D、维生素 B_1、维生素 B_2、维生素 B_{12}、维生素 B_6 等对热稳定，维生素 C 等热稳定性差。

乳在加工中维生素都会遭受一定程度的破坏而损失。发酵法生产的酸乳由于微生物的生物合成，能使一些维生素含量增高，所以酸乳是一类维生素含量丰富的营养食品。在干酪及奶油的加工中，脂溶性维生素可得到充分的利用，而水溶性维生素则主要残留于酪乳、乳清及脱脂乳中。

1) 脂溶性维生素

(1) 维生素 A：100 g 乳中维生素 A 的含量为 20～290 IU，平均 100 IU。牛乳中除维生素 A 外，胡萝卜素也可直接吸收一部分，但维生素 A 的数量约比胡萝卜素多 2 倍。山羊、绵羊及印度水牛中维生素 A 的含量却超过牛乳。胡萝卜素易被空气、日光照射氧化而破坏，但对热的稳定性很高，如灭菌乳在 37℃下保持 10 昼夜仅减少 12%。乳在真空锅内加糖浓缩时，则减低 17%；在喷雾干燥制造奶粉时，约减少 10%～20%。

(2) 维生素 D：牛乳中维生素 D 的含量与饲料、品种、管理（日光照射）及泌乳期等直接有关，初乳中含量较高。维生素 D 对热很稳定，在通常杀菌处理的情况下不会被破坏。维生素 D 主要存在于脂肪球中，脱脂乳制品不含维生素 D。

(3) 维生素 E：乳中维生素 E 以 α-生育酚状态存在，其含量为 0.6 mg/L，且与饲料有关。获得青饲料多的乳牛，其乳中维生素 E 的含量高。维生素 E 对热、空气比较稳定，但在碱性和光线照射下不稳定。稀奶油产品储存过程中如果乳脂肪变苦，会形成有机的过氧化物，它能破坏维生素 E，使之失去活性。

2) 水溶性维生素

(1) 维生素 B_1：牛乳中维生素 B_1（$C_{12}H_{17}ClN_4OS$，硫胺素）含量约为 0.3 mg/L，饲料

对其含量并无多大影响。维生素 B_1 在活体内易被磷酸结合，乳中的维生素 B_1 则以游离状态及磷酸化合状态存在。乳中的维生素 B_1 不单从饲料中进入，并可由瘤胃中的细菌合成。维生素 B_1 在 pH 3.5～5.0 时对热比较稳定。此时即使加热至 100℃ 也无变化，在 120℃ 时即行分解。但在中性或碱性时，对热和紫外线极不稳定。山羊乳含维生素 B_1 较牛乳多，平均含 4.07 mg/L。在酸乳制品生产中维生素 B_1 的含量约增加 30%，主要由细菌合成。

(2) 维生素 B_2：牛乳中维生素 B_2($C_{17}H_{20}O_6N_4$，核黄素)含量约为 1～2 mg/L，初乳中含量较高，约为 3.5～7.8 mg/L，泌乳末期为 0.8～1.8 mg/L。受季节影响的变动不大(1.133～1.75 mg/L)。山羊乳中维生素 B_2 的含量比较高，平均约含 3.78 mg/L。

维生素 B_2 使乳清中呈黄绿色，一部分以游离的水溶液状态存在，大部分与磷酸及蛋白质结合而形成氧化酶。维生素 B_2 对酸性条件稳定，但能被碱或紫外线破坏分解，在酸性环境中加热到 120℃ 经数小时仍保持原有性质，因此在一般杀菌的情况下不致被破坏。

(3) 维生素 B_6：牛乳中维生素 B_6(吡哆素)含量约为 2.3 mg/L，其中游离状态为 1.8 mg/L，结合状态为 0.5 mg/L。维生素 B_6 对热的稳定性较大，加热到 120℃ 亦无变化，因此在巴氏杀菌处理、制造炼乳或乳粉时能够全部保存。

(4) 维生素 B_{12}：牛乳中维生素 B_{12}(钴胺素)含量为 0.002～0.01 mg/L，易受强碱及强酸所破坏。但加热至 120℃ 仍无影响，所以对热的抵抗性很高。乳牛品种及季节变化对维生素 B_{12} 含量的影响很小。

(5) 烟酸：牛乳中烟酸($C_6H_5O_2N$)含量为 0.5～4 mg/L，冬季乳中的含量经常高于春夏季乳中的含量。烟酸在加热过程中有很大的稳定性，但在制造干酪过程中烟酸的含量比原料乳中减少 4/5，这是由于在干酪中尼克酸被微生物利用。在制造加糖炼乳时，尼克酸约损失 10%～15%。

(6) 维生素 C：牛乳中维生素 C 含量平均 20 mg/L，绵羊乳含 109 mg/L，马乳含 200 mg/L，山羊乳含 84 mg/L。但喂给山羊青饲料多时，乳中维生素 C 含量可提高数倍。维生素 C 是所有维生素中最不稳定的一种。加热、氧化、紫外线都能使维生素 C 分解而被破坏。如有微量的铜、铁存在时，一经加热即行破坏。但含硫的化合物及含巯基的物质能防止维生素 C 的氧化，食盐也能阻止其氧化。

牛乳经 62～65℃ 30 min 杀菌后，维生素 C 约被破坏 30%～60%。牛乳放在冷藏处保存 6～8 h 后，则维生素 C 减少了 50%。如果把牛乳在日光下照射 15 min，则维生素 C 全部被破坏。加糖炼乳中几乎不含维生素 C，用新法生产的奶粉约含维生素 C 10～18 mg/kg。一般到达消费者手中的乳及乳制品几乎不含维生素 C。因此用乳及乳制品哺育婴儿时，必须补充果汁等含维生素 C 多的食物。

(7) 叶酸：叶酸在牛乳中以游离型和蛋白结合型存在。除了对贫血有治疗效果外，对乳酸菌的繁殖有很大的效果。牛乳中的含量为 0.004 mg/L；初乳中含量为常乳的数倍。在酸性溶液中对热不稳定，煮沸后 97%被破坏。

3.5.2.6 乳中的酶类

牛乳中的酶类来源于乳腺分泌、挤乳后由于微生物代谢而生成和由于白血球崩坏而生成。牛乳中的酶种类很多，但与乳品生产有密切关系的主要为水解酶类和氧化还原酶类两大类。

1）水解酶类

（1）脂酶：牛乳中的脂酶(Lipase)至少有两种，一种是附在脂肪球膜间的膜脂酶(Membrane Lipase)，但常乳中不常见，而在末乳、乳房炎乳及其他一些生理异常乳中常出现。另一种是存在于脱脂乳中与酪蛋白相结合的乳浆脂酶(Plasma Lipase)，通过均质、搅拌、加温等处理被激活，并吸附于脂肪球上，从而促使脂肪分解。

脂酶的相对分子质量一般为 7 000～8 000，最适作用温度为 37℃，最适 pH 为 9.0～9.2，钝化温度至少 80～85℃。钝化温度与脂酶的来源有关。来源于微生物的脂酶耐热性高，已经钝化的酶尚有恢复活力的可能。乳脂肪在脂酶的作用下水解产生游离脂肪酸，从而使牛乳带上脂肪分解的酸败气味(Acid Flavor)，这是乳制品，特别是奶油生产中常见的缺陷。为了抑制脂酶的活性，在奶油生产中，一般采用不低于 80～85℃的高温或超高温处理。另外，加工工艺也能使脂酶活性增加或增加其作用的机会。例如均质处理，由于脂肪球膜被破坏，增加了脂酶与乳脂肪的接触面，使乳脂肪更易水解，故均质后应及时进行杀菌处理。其次，牛乳多次通过乳泵或在牛乳中通入空气剧烈搅拌，同样也会使脂酶的活力增加，导致牛乳风味变劣。

（2）磷酸酶：牛乳中的磷酸酶(Phosphatase)有两种：一种是酸性磷酸酶，存在于乳清中；另一种为碱性磷酸酶，吸附于脂肪球膜处。碱性磷酸酶在牛乳中较重要，其含量因乳牛的个体、泌乳期以及乳牛疾病等状况不同而异。碱性磷酸酶的最适 pH 为 7.6～7.8，经 63℃、30 min 或 71～75℃、15～30 s 加热后可钝化，故可以利用这种性质来检验低温巴氏杀菌法处理的消毒牛乳的杀菌程度是否完全。

近年发现，牛乳经 80～180℃以下瞬间加热杀菌，已使碱性磷酸酶钝化，但若是在 5～40℃放置后，已钝化的碱性磷酸酶又能重新活化。这是由于牛乳中含有可渗析的对热不稳定的抑制因子，和不能渗析的对热稳定的活化因子。牛乳经 63℃、30 min 或 71～75℃、15～30 s加热后，抑制因子不会被破坏，所以能抑制残存磷酸酶的活力。在 80～180℃加热时，抑制因子遭到破坏，而对热稳定的活化因子则不受影响，从而使磷酸酶重新活化。故高温短时杀菌处理的消毒牛乳装瓶后应立即在 4℃条件下冷藏。

（3）淀粉酶：牛乳中存在的是 α-淀粉酶，这种酶在初乳和乳房炎乳中多见。α-淀粉酶的最适 pH 为 7.4，最适温度为 30～34℃，在 65～68℃经 30 min 加热可将其钝化。而钙和氯可使其活化。淀粉酶可将淀粉分解为糊精。

（4）蛋白酶：牛乳中的蛋白酶存在于 α-酪蛋白中，最适 pH 为 9.2，80℃、10 min 可使其钝化，但灭菌乳在储藏过程中蛋白酶有恢复活性的可能。蛋白酶能分解蛋白质生成氨基酸。灭菌乳中的蛋白酶在储藏过程中复活，对 β-酪蛋白有特异作用。细菌性的蛋白酶使蛋白质水解后形成蛋白胨、多肽及氨基酸，是奶酪成熟的主要因素。蛋白酶多属细菌性酶，其中由乳酸菌形成的蛋白酶在乳中，特别是在奶酪加工中具有非常重要的意义。在奶酪成熟时，奶酪中的蛋白质主要靠奶酪中微生物群落分泌的酶分解。乳酸菌，特别是 Bact、Casei 能分泌使乳蛋白质分解的酶，这种酶大部分形成于细菌体内，当细菌细胞衰亡及自溶之后才转入周围环境。

蛋白酶在高于 75～80℃的温度中即被破坏。在 70℃以下时可以稳定地忍耐长时间的加热；在 37～42℃时，这种酶在弱碱性环境中的作用最大，中性及酸性环境中减弱。

（5）乳糖酶：乳糖酶对乳糖分解成葡萄糖和半乳糖具有催化作用。在 pH 5.0～7.5 时反应较弱。一些成人和婴儿由于缺乏乳糖酶，往往产生对乳糖吸收不完全的症状，从而引起下痢。服用乳糖酶则有良好的效果。

2）氧化还原酶：氧化还原酶主要是过氧化氢酶、过氧化物酶和还原酶。

（1）过氧化氢酶：牛乳中的过氧化氢酶(Catalase)主要来自白血球的细胞成分，特别在初乳和乳房炎乳中含量较多。所以，利用对过氧化氢酶的测定可判定牛乳是否为异常乳或乳房炎乳。过氧化氢酶可促使过氧化氢分解为水和氧气，其作用最适 pH 为 7.0，最适温度为 37℃，经 65℃、30 min 加热，95％的过氧化氢酶会钝化；经 75℃、20 min 加热，则 100％钝化。

（2）过氧化物酶：过氧化物酶(Peroxiolese)能促使过氧化物分解产生活泼的新生态氧，从而使乳中的多元酚、芳香胺及某些化合物氧化。过氧化物酶主要来自于白血球的细胞成分，其数量与细菌无关，是乳中原有的酶，它在乳中的含量受乳牛的品种、饲料、季节、泌乳期等因素影响。

过氧化物酶作用的最适温度为 25℃，最适 pH 是 6.8，钝化温度和时间大约为 76℃、20 min或 77～78℃、5 min 或 85℃、10 s。通过测定过氧化物酶的活性可以判断牛乳是否经过热处理或判断热处理的程度。但经过 85℃、10 s处理后的牛乳，若在 20℃储藏 24 h 或 37℃储藏4 h，会发现已钝化的过氧化物酶重新活化的现象。

（3）还原酶：上述几种酶是牛乳中固有的酶，而还原酶(Reductase)则是挤乳后进入乳中的微生物的代谢产物。还原酶能使甲基蓝还原为无色。乳中的还原酶的量与微生物的污染程度成正比，因此可通过测定还原酶的活力来判断牛乳的新鲜程度。

乳中的各种酶类钝化所需的加热温度—时间关系见图 3-5-3。

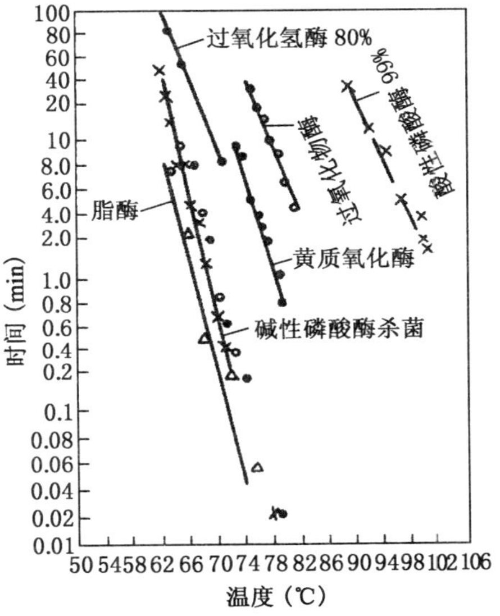

图 3-5-3　乳中酶类钝化所需之加热温度—时间关系

* 如为刃天青试验时，则称取 11 mg 刃天青色素。

* * 刃天青试验时可按下列变色阶段分类：青→紫→紫红→红→白。

3.5.2.7　乳中的生物活性物质

1）免疫球蛋白

免疫球蛋白是一类具有抗体活性或化学结构与抗体相似的球蛋白(Immunoglobulin，简称 Ig)。牛乳中含有免疫球蛋白 IgG_1、IgG_2、IgG_M 和 IgG_A。特别是初乳中含有非常丰富的球蛋白和清蛋白，可以增强抵抗疾病的能力。但初乳中 α-乳白蛋白、β-乳球蛋白和血清白蛋白等都是热敏性的生物活性物质，其变性温度约在 60～72℃，这些生物活性物质一旦变性，其活性就会丧失，初乳即无开发利用价值，故初乳不适宜与常乳混合生产乳制品，应单独进行加工。

2）乳铁蛋白

人乳和牛乳中含有两种铁结合蛋白，即转铁蛋白和乳铁蛋白。乳铁蛋白(Lactoferrin，简称 LF)和转铁蛋白(Transferrin，简称 TF)是初乳形成阶段、泌乳期、干乳期和患乳房炎期间乳牛乳房腺体分泌物中主要的糖蛋白。

LF 的相对分子质量是 77 000±2 000，它是一种铁结合糖蛋白，1 分子 LF 能结合两个铁离子，含 15～16 个甘露糖，5～6 个半乳糖，10～11 个乙酰葡萄糖胺，其中中性糖 8.5％，牛 LF 的等电点为 8，比人 LF 高 2 个 pH 单位，它的氨基酸中谷氨酸、天冬氨酸、亮氨酸和丙氨酸含量较高，除少量半胱氨酸外，几乎不含其他含硫氨基酸，其N端为丙氨酸，由单一肽链构成。乳清LF和初乳LF有相同的性质，其主体呈无柄银杏叶并列状结构，铁离子结合在两叶的切入部位，铁离子间2.8～4.3 nm，椭圆形叶的大小为5.5 nm×3.5 nm×3.5 nm。乳铁蛋白由乳腺中合成，分娩后乳腺合成LF的能力减弱，故其含量在分娩几天后迅速下降，转铁蛋白是由血清中转移而来。现已证明乳铁蛋白有两种分子形态，相对分子质量为86 000和82 000，其主要差别在于它们所含糖类的不同，经溴化氰切断和脱糖化实验证实LF是以复相分子形式存在的，它们的生理功能差别尚不清楚。

3）生物活性肽

乳蛋白质除了作为重要的蛋白源之外，还是许多生物活性肽的来源。

（1）脯氨酸多肽（Proline-Rich Polypeptide，PRP）：脯氨酸多肽因富含脯氨酸肽（22%）而得名，是具有免疫调节、增加皮肤脉管的渗透性、在鼠实验中诱导胸腺细胞成熟、转化成具有促进或抑制成熟功能的细胞。重要的是PRP经过胰凝乳蛋白酶水解，产生小肽片段，具有与PRP类似的生物活性。这样，PRP在体内降解后仍可发挥免疫调节等生物功能。

（2）吗啡样活性肽（Opioid Peptide）：吗啡样活性肽（Opioid Peptide）来自于酪蛋白的酶解。吗啡样活性肽与吗啡一样，具有镇静、催眠、抑制呼吸、调节胃蠕动、调节免疫系统的作用。

（3）抗高血压肽（Antihypertensive Peptide）：抗高血压肽是从乳蛋白质中分离出的具有抑制血管紧张肽Ⅰ转化酶（Angiotensin I-Converting Enzyme，ACE）活性的肽，从而可降低血压。

（4）免疫调节肽（Immunomodulating Peptide）：乳蛋白质进入婴儿消化道后，被酶消化会产生一些具有生物活性的肽，其中有一些具有免疫刺激作用的肽。

（5）抗血栓肽（Antithrombotic Peptide）：牛乳中的κ-酪蛋白与人血纤维蛋白原（Fibrinogen）γ-链在结构上具有相似性。在血小板凝集过程中，血纤维蛋白原分子上有两个结合位点，一个为血纤维蛋白γ-链的C-末端序列，另一个（或两个）为血纤维蛋白原α-链上572～575或95～98氨基酸序列的四肽，这些肽可抑制血小板的凝集和血纤维蛋白原结合到ADP激活的血小板上。

（6）酪蛋白磷酸肽（Casein Phosphopeptide）：乳中酪蛋白胶粒结构的组合使哺乳动物乳腺细胞能够分泌高浓度的蛋白质、钙、磷溶液（乳汁），其中在亚胶粒之间存在着酪蛋白磷酸肽，使酪蛋白中大量的磷酸丝氨酸残基能够结合二价的金属离子，如Ca^{2+}、Zn^{2+}、Cu^{2+}和Fe^{2+}。酪蛋白磷酸肽可与Ca^{2+}结合形成可溶性复合物，增加了可溶性钙的浓度，防止在中性到偏碱性的小肠环境内不溶性磷酸钙的沉淀。酪蛋白磷酸肽除可以促进Ca^{2+}的吸收外，还可与微量元素如Fe、Mn、Cu和Se形成有机磷酸盐，作为矿物质元素的载体。

（7）抗菌肽（Antibacterial Peptide）：牛乳铁蛋白（Lactoferrin）在酸性条件下加热产生的水解物（肽）具有抗菌活性，这一活性的最佳水解度约为10%（pH 2.0，120℃时加热15 min水解）。但这些水解物没有结合铁的能力，抗原性较低（约为1×10^{-6}），且在富含铁的基质中也能很好地保持活性，其抗菌活性与铁的螯合无关，因此其抗菌机理不同于乳铁蛋白。具有抗菌活性的肽可作为食品的天然防腐剂，也可作为新一代疗效性食品的功能组分，或用于胃肠疾病的治疗。

（8）抗癌细胞肽（Anticancer Peptide）：乳酸菌胞外蛋白酶会分解乳蛋白产生一些活性物质，例如，Ruth等人利用体外细胞培养模型发现，酸奶发酵剂分解酪蛋白产生的肽类物质会影响直肠细胞生长的动力学，因此经常饮用发酵乳的人群直肠癌及其他癌症发病率较低。

4）生物活性酶类

乳中的大部分酶对乳自身并无作用，只有少部分起作用，但母乳中的酶对乳腺和婴儿的营养素的消化吸收或转移、胃肠功能以及对感染的防御功能等方面有一定的关系，这些具有特殊生理功能的酶类即为生物活性酶。

(1) 乳过氧化物酶(Lactoperoxidase，LP)：乳过氧化物酶是一种糖蛋白，相对分子质量为78 000，含有一个血红素基团，铁含量为0.068%～0.071%，碳水化合物含量为9.9%～10.2%。

LP与H_2O_2、SCN^-共同组成了具有抑菌和杀菌作用的LP体系。LP体系对许多细菌都可产生影响，对各种类型的哺乳动物没有任何的毒性作用。LP体系在乳腺中可以防止H_2O_2等过氧化物的积累，从而避免了过氧化物引起的细胞损伤，起到保护乳腺细胞的作用。

(2) 溶菌酶(Lysozyme，LZ)：溶菌酶又称胞壁质酶或N-乙酰胞壁水解酶，作为乳中抗菌体系的一个成分，可以影响新生儿肠道菌群组成。LZ和LP以及LF在抗菌时有协同作用。溶菌酶也可以通过对白细胞起作用而提高机体的免疫力，可以抑制孢子和其他植物性细胞(Vegetative cell)的生长。

(3) 超氧化物歧化酶(Superoxidedismutase，SOD)：超氧化物歧化酶为一种金属酶，牛乳中的SOD含有Cu^{2+}和Zn^{2+}，其相对分子质量、层析性质、电泳性质与红细胞中的SOD相似，可催化超氧离子自由基发生歧化反应，生成O_2和H_2O，具有维持生物体内超氧离子自由基的产生和消除自由基的作用，可以防御自由基引起的细胞损伤，延长细胞寿命，还可以增强机体抗辐射损伤的能力。

(4) 巯基氧化酶：在乳中巯基氧化酶(SOX)位于脱脂乳中的膜物质中，在乳腺组织中，SOX与浆膜成分紧密连接。巯基氧化酶可催化巯基的氧化反应产生二硫键，其作用底物可以是小分子的巯基化合物也可以是大分子的含巯基蛋白。在有氧存在时，该酶对谷胱甘肽的亲和力大，可将还原型谷胱甘肽转变为氧化型谷胱甘肽。此外，SOX还可以氧化还原型核酸酶。SOX对含—S—S—蛋白的产生及其四级结构的维持起非常关键的作用。因此，乳中的SOX可维持乳中活性蛋白(包括免疫球蛋白等)的结构和功能的完整性。

3.5.2.8 乳中的其他成分

除上述成分外，乳中尚有少量的有机酸、气体、色素、免疫体、细胞成分、风味成分及激素等。

(1) 有机酸：乳中的有机酸主要是柠檬酸，此外还有微量的乳酸、丙酮酸及马尿酸等。在酸败乳及发酵乳中，在乳酸菌的作用下，马尿酸可转化为苯甲酸。

乳中柠檬酸的含量为0.07%～0.40%，平均为0.18%，以盐类状态存在。除了酪蛋白胶粒成分中的柠檬酸盐外，还存在有分子、离子状态的柠檬酸盐，主要为柠檬酸钙。柠檬酸对乳的盐类平衡及乳在加热、冷冻过程中的稳定性均起重要作用。同时，柠檬酸还是乳制品的芳香成分丁二酮的前体。

(2) 气体：主要为CO_2、O_2和N_2等。牛乳中的气体在乳房中即已含有，其中CO_2、O_2最少。在挤乳及储存过程中，CO_2由于逸出而减少，而O_2、N_2则因与大气接触而增多。牛乳中氧的存在会导致维生素的氧化和脂肪的变质，所以牛乳在输送、储存处理过程中应尽量在密闭的容器内进行。

（3）细胞成分：乳中所含的细胞成分主要是白血球和一些乳房分泌组织的上皮细胞，也有少量红血球。牛乳中细胞数含量的多少是衡量乳房健康状况及牛乳卫生质量的标志之一。一般正常乳中细胞数不超过 50 万个/mL，平均为 26 万个/mL。

3.5.3 乳的物理性质

1）乳的色泽及光学性质

新鲜正常的牛乳呈不透明的乳白色或稍带淡黄色。乳白色是乳的基本色调，这是由于乳中的酪蛋白酸钙—磷酸钙胶粒及脂肪球等微粒对光的不规则反射的结果。牛乳中的脂溶性胡萝卜素和叶黄素使乳略带淡黄色。而水溶性的核黄素使乳清呈荧光性黄绿色。

牛乳对光的不规则反射，其反射量较均质乳少，较脱脂乳多。在波长为 578 nm 时，牛乳的反射光量约 70%。反之，牛乳对光的透射量较脱脂乳少，较均质乳多。在波长为 578 nm 时，牛乳透射的有效深度为 24 mm，在该深度内受到照射的维生素 B_2、B_6、C 等会有损失。

牛乳的折射率由于有溶质的存在而比水的折射率大，但全乳在脂肪球的不规则反射影响下不易正确测定。由脱脂乳测得的较准确的折射率为 $n_D^{20}=1.344\sim1.348$，此值与乳固体的含量有比例关系，以此可判定牛乳是否掺水。

2）乳的热学性质

牛乳的热学性质主要有冰点、沸点和比热。由于有溶质的影响，乳的冰点比水低而沸点比水高。

（1）冰点：牛乳的冰点为−0.525～−0.565℃，平均为−0.540℃。牛乳中的乳糖和盐类是导致冰点下降的主要因素。正常的牛乳其乳糖及盐类的含量变化很小，所以冰点很稳定。如果在牛乳中掺 10%的水，其冰点约上升 0.054℃。可根据冰点变动用下列公式来推算掺水量：

$$X=\frac{T-T_1}{T}\times100$$

式中：X——掺水量（%）；

T——正常乳的冰点；

T_1——被检乳的冰点。

如果以重量百分率计算加水量，则按下式计算：

$$W=\frac{T-T_1}{T_1}\times(100-TS)$$

式中：TS——被检乳的乳固体；

W——以重量计的掺水量。

酸败的牛乳其冰点会降低，所以测定冰点时要求牛乳的酸度在 20°T 以内。

（2）沸点：牛乳的沸点在 101.33 kPa（1 个大气压）下为 100.55℃，乳的沸点受其固形物含量影响。浓缩过程中沸点上升，浓缩到原体积一半时，沸点上升到 101.05℃。

（3）比热：牛乳的比热为其所含各成分比热的总和。牛乳中主要成分的比热为：乳蛋白 2.09 kJ/(kg·K)、乳脂肪 2.09 kJ/(kg·K)、乳糖 1.25 kJ/(kg·K)、盐类 2.93 kJ/(kg·K)，由此计算得牛乳的比热大约为 3.89 kJ/(kg·K)。

牛乳的比热随其所含的脂肪含量及温度的变化而异。在 14～16℃的范围内，乳脂肪的一部分或全部还处于固态，加热的热能一部分要消耗在脂肪融化的潜热上，故在此温度范围内，其脂肪含量越多，使温度上升1℃所需的热量就越大，比热也相应增大。在其他温度范围内，因为脂肪本身的比热小，故脂肪含量越高，乳的比热就越小。表3-5-8为乳和乳制品的比热。

表3-5-8 乳和乳制品的比热①

种 类	脂肪含量	比热[kcal/(kg·℃)]			比热[kJ/(kg·K)]②		
		15～18℃	32～35℃	40～43℃	15～18℃	32～35℃	40～35℃
脱脂乳	—	0.946	0.935	0.928	3.961	3.915	3.885
全脂乳	3.5	0.941	0.926	0.917	3.940	3.877	3.839
稀奶油	18	1.032	0.905	0.862	4.321	3.789	3.609
稀奶油	25	1.108	0.894	0.822	4.639	3.743	3.442
稀奶油	33	1.136	0.851	0.773	4.756	3.563	3.236
稀奶油	40	1.147	0.814	0.720	4.802	3.408	3.014

注：① Ъазаβлук，В. 1949； ② 编者换算的国际单位制。

乳和乳制品的比热，在乳品生产过程中常用于加热量和制冷量计算，可按照下列标准计算：牛乳为3.94～3.98 kJ/(kg·K)，稀奶油为3.68～3.77 kJ/(kg·K)，奶酪为2.34～2.51 kJ/(kg·K)，炼乳为2.18～2.35 kJ/(kg·K)，加糖乳粉为1.84～2.01 kJ/(kg·K)。

3）乳的滋味与气味

乳中含有挥发性脂肪酸及其他挥发性物质，所以牛乳带有特殊的香味。乳经加热后香味增强，冷却后减弱。牛乳除了原有的香味之外很容易吸收外界的各种气味，所以挤出的牛乳如在牛舍中放置时间太久即带有牛粪味或饲料味，与鱼虾类放在一起则带有鱼腥味，储存器不良时则产生金属味，消毒温度过高则产生焦糖味。总之，乳的气味易受外界因素的影响，所以每一个处理过程都必须注意周围环境的清洁以及各种因素的影响。

新鲜纯净的乳稍带甜味，这是由于乳中含有乳糖的缘故。乳中除含有甜味外，因其中含有氯离子，所以稍带咸味。常乳中的咸味因受乳糖、脂肪、蛋白质等所调和而不易觉察，但异常乳，如乳房炎乳，氯的含量较高，故有浓厚的咸味。

4）乳的酸度和氢离子浓度

乳蛋白分子中含有较多的酸性氨基酸和自由的羧基，而且受磷酸盐等酸性物质的影响，故乳是偏酸性的。刚挤出的新鲜乳的酸度称为固有酸度或自然酸度。若以乳酸百分率计，牛乳的自然酸度为0.15%～0.18%。挤出后的乳在微生物的作用下发生乳酸发酵，导致乳的酸度逐渐升高。由于发酵产酸而升高的这部分酸度称为发酵酸度或发生酸度。固有酸度和发酵酸度之和称为总酸度。一般情况下，乳品工业所测定的酸度就是总酸度。

乳品工业中的酸度是指以标准碱液用滴定法测定的滴定酸度。我国《乳、乳制品及其检验方法》就规定测定酸度以滴定酸度为标准。滴定酸度亦有多种测定方法及其表示形式。我国滴定酸度用吉尔涅尔度简称“°T”(TepHep度)或乳酸百分率(乳酸%)来表示。

(1) 吉尔涅尔度(°T)

取10 mL牛乳，用20 mL蒸馏水稀释，加入0.5%的酚酞指示剂0.5 mL，以0.1 mol/L氢氧化钠溶液滴定，将所消耗的NaOH毫升数乘以10，即为中和100 mL牛乳所需的0.1 mol/L氢氧化钠毫升数，消耗1 mL为1°T，也称1度。

正常牛乳的酸度为16～18°T。这种酸度与储存过程中因微生物繁殖所产生的乳酸无关。自然酸度主要由乳中的蛋白质、柠檬酸盐、磷酸盐及 CO_2 等酸性物质所构成。例如新鲜的牛乳自然酸度为 16～18°T，其中 3～4°T 来源于蛋白质，约 2°T 来源于 CO_2，10～12 °T 来源于磷酸盐和柠檬酸盐。

(2) 乳酸度(乳酸%)

用乳酸量表示酸度时，按上述方法测定后用下列公式计算：

$$乳酸(\%)=\frac{0.1\ \text{mol/L NaOH}\ 毫升数\times 0.009}{(乳样毫升数\times 比重)供试牛乳重量(\text{g})}\times 100\%$$

正常牛乳的乳酸度为 0.15%～0.17%。此法为日本、美国采用，但美国用 9 g 牛乳代替 10 mL牛乳。

德国用苏克斯列特—格恩克尔度(°SH)表示，其滴定方法与°T 相同，只是所用的 NaOH 溶液的浓度不一样，°SH 所用的 NaOH 溶液为 0.25 mol/L，乳酸(%)＝0.0225×°SH。

法国用道尔尼克度(°D)表示。取 10 mL 牛乳不稀释，加 1 滴 1%酚酞的酒精溶液指示剂，用 1/9 mol/L 氢氧化钠溶液滴定，其毫升数的 1/10 为 1°D。

荷兰用荷兰标准法(°N)表示。取 10 mL 牛乳，不稀释，用 0.1 mol/L 氢氧化钠溶液滴定，其毫升数的 1/10 为 1°N。

以上讨论的是牛乳的滴定酸度，若从酸的含义出发，酸度可用氢离子浓度指数(pH)表示。pH 为离子酸度或活性酸度。正常新鲜牛乳的 pH 为 6.4～6.8，一般酸败乳或初乳的 pH 在 6.4 以下，乳房炎乳或低酸度乳的 pH 在 6.8 以上。

活性酸度(pH)反映了乳中处于电离状态的所谓活性氢离子的浓度，但测定滴定酸度时，氢氧离子不仅和活性氢离子相作用，而且也和潜在的，也就是在滴定过程中电离出来的氢离子相作用。乳挤出后，在存放过程中由于微生物的作用，使乳糖水解为乳酸。乳酸是一种电离度小的弱酸，而且乳是一个缓冲体系，蛋白质、磷酸盐、柠檬酸盐等物质具有缓冲作用，可使乳酸保持相对稳定的活性氢离子浓度。所以在一定范围内虽然产生了乳酸，但乳的 pH 并不相应地发生明显的变动。测定滴定酸度时，则按质量作用定律，随着碱液的滴加，乳酸也继续电离，由乳酸带来的活性的和潜在的氢离子均陆续与氢氧离子发生中和反应，所以滴定酸度可以及时反映出乳酸产生的程度，而 pH 则不呈现规律性的关系，因此生产中广泛地采用测定滴定酸度来间接掌握乳的新鲜度。乳酸度越高，乳对热的稳定性就越低。

5) 乳的电学性质

(1) 导电率：乳中含有电解质因而能传导电流。牛乳的导电率与其成分，特别是氯离子和乳糖的含量有关。正常牛乳在 25℃时，导电率为 0.004～0.005 S(西门子)。乳房炎乳中 Na^+、Cl^- 等离子增多，导电率上升。一般导电率超过 0.06 S 即可认为是病牛乳。故可应用导电率的测定进行乳房炎乳的快速鉴定。

(2) 氧化还原电势：乳中含有很多具有氧化还原作用的物质，如维生素 B_2、维生素 C、维生素 E、酶类、溶解态氧、微生物代谢产物等。乳中进行氧化还原反应的方向和强度取决于这类物质的含量。氧化还原电势可反映乳中进行的氧化还原反应的趋势。一般牛乳的氧化还原电势(Eh)为＋0.23～＋0.25 V(伏特)。乳经过加热则产生还原性的产物而使 Eh 降低，Cu^{2+} 的存在可使 Eh 增高。牛乳如果受到微生物污染，随着氧的消耗和还原性代谢产物的产生，可使其氧化还原电势降低，当与甲基蓝、刃天青等氧化还原指示剂共存时可显示其褪色，此原理可应用于微生物污染程度的检验。

6）乳的比重和密度

乳的比重是15℃时一定容积牛乳的重量与同容积同温度水的重量比。正常乳的比重平均为$d_{15}^{15}=1.032$；乳的相对密度指乳在20℃时的质量与同容积水在4℃时的质量之比。正常乳的密度平均为$D_{20}^{4}=1.030$。乳的比重和密度在同温度下其绝对值相差甚微，因乳的密度较比重小0.001 9，乳品生产中常以0.002的差数进行换算。

乳的相对密度在挤乳后1 h内最低，其后逐渐上升，最后可升高0.001左右，这是由于气体的逸散、蛋白质的水合作用及脂肪的凝固使容积发生变化的结果，故不宜在挤乳后立即测试比重。乳的比重与乳中所含的乳固体含量有关。乳中各种成分的含量大体是稳定的，其中乳脂肪含量变化最大。如果脂肪含量已知，只要测定比重，就可以按下式计算出乳固体的近似值：

$$T = 1.2F + 0.25L + C$$

式中：T——乳固体(%)；

F——脂肪(%)；

L——牛乳比重计的读数；

C——校正系数，约为0.14。

为了使计算结果与各地乳质相适应，C值需经大量试验数据取得。

7）乳的黏度与表面张力

牛乳大致可认为属于牛顿流体。20℃时水的绝对黏度为0.001 Pa·s(帕斯卡·秒)。正常乳的黏度为0.0015～0.002 Pa·s。牛乳的黏度随温度升高而降低。在乳的成分中，脂肪及蛋白质对黏度的影响最显著。在一般正常的牛乳成分范围内，非脂乳固体含量一定时，随着含脂率的增高，牛乳的黏度亦增高。当含脂率一定时，随着乳固体的含量增高，黏度也增高。初乳、末乳的黏度都比正常乳高。在加工中，黏度受脱脂、杀菌、均质等操作的影响。

黏度在乳品加工中有重要意义。例如在浓缩乳制品方面，黏度过高或过低都不是正常情况。以甜炼乳而论，黏度过低可能发生分离或糖沉淀，黏度过高则可能发生浓厚化。储藏中的淡炼乳，如黏度过高则可能产生矿物质的沉积或形成冻胶体(即网状结构)。此外，在生产乳粉时，如黏度过高可能妨碍喷雾，产生雾化不完全及水分蒸发不良等现象。

牛乳的表面张力与牛乳的起泡性、乳浊状态、微生物的生长发育、热处理、均质作用及风味等有密切关系。测定表面张力的目的是为了鉴别乳中是否混有其他添加物。

牛乳表面张力在20℃时为0.04～0.06 N/cm(牛顿/厘米)。牛乳的表面张力随温度的上升而降低，随含脂率的减少而增大。乳经均质处理，则脂肪球表面积增大，由于表面活性物质吸附于脂肪球界面处，从而增加了表面张力。但如果不将脂酶先经热处理而使其钝化，均质处理时会使脂肪酶活性增加，使乳脂水解生成游离脂肪酸，使表面张力降低，而表面张力与乳的泡沫性有关。加工冰淇淋或搅打发泡稀奶油时希望有浓厚而稳定的泡沫形成，但运送、净化、稀奶油分离、杀菌时则不希望形成泡沫。

3.5.4 异常乳

3.5.4.1 异常乳的概念和种类

1）异常乳的概念

正常乳的成分和性质基本稳定，因此可以根据成分和性质来判断乳的质量。当乳牛受到饲养管理、疾病、气温以及其他各种因素的影响时，乳的成分和性质往往发生变化，这时与常乳的性质有所不同，也不适于加工优质的产品，这种乳称作异常乳（Abnormal Milk）。异常乳的性质与常乳有所不同，但常乳与异常乳之间并无明显区别。国外将不适合作饮用的乳（市乳）或不适合用作生产乳制品的乳都称作异常乳，其中包括初乳、末乳、盐类不平衡乳、低成分乳、细菌污染乳、乳房炎乳、异物混入乳等。

2）异常乳的种类

一般情况下，异常乳可分为下列几种：

- 异常乳
  - 生理异常乳——营养不良乳、初乳、末乳
  - 化学异常乳
    - 酒精阳性乳
    - 低成分乳
    - 混入异物乳
    - 风味异常乳
  - 微生物污染乳
  - 病理异常乳——乳房炎乳、其他病牛乳

3.5.4.2 异常乳的产生原因和性质

1）生理异常乳

（1）营养不良乳：饲料不足、营养不良的乳牛所产的乳对皱胃酶几乎不凝固，所以这种乳不能制造奶酪。当喂以充足的饲料，加强营养之后，牛乳即可恢复正常，对皱胃酶即可凝固。

（2）初乳：乳牛分娩后最初3～5天所产的乳称为初乳。初乳色黄而浓稠，稍有咸味和臭味，黏度大，煮沸时易凝固。初乳中各种成分的含量与常乳相差悬殊。脂肪、蛋白质，特别是乳清蛋白质含量高，乳糖含量低，灰分和维生素含量一般也较常乳高。

初乳中含有初乳球。初乳球可能是脱落的上皮细胞，也许是白血球吸附于脂肪球处而形成的，在产犊后2～3周消失。初乳中还含有大量的抗体。初乳中含有非常丰富的球蛋白和清蛋白。摄食初乳后，这些蛋白能透过初生仔畜的肠壁而被吸收入血液，有利于迅速增加幼畜的血浆蛋白。初乳中含有大量的免疫体及白细胞、酶、维生素、溶菌素等。由于各种家畜的胎盘不能转送抗体，新生幼畜主要依赖初乳内丰富的抗体或免疫球蛋白（r-球蛋白）形成机体的被动免疫性，以增强幼畜抵抗疾病的能力。初乳中α-乳白蛋白、β-乳球蛋白和血清白蛋白等都是热敏性的生物活性物质，其变性温度约在60～72℃。这些生物活性物质一旦变性，其活性就会丧失，初乳即无开发利用价值，故初乳不适宜与常乳混合生产乳制品，应单独进行加工。我国轻工业部部颁标准规定产犊后7天内的初乳不得作为原料乳使用。

初乳中维生素A和维生素C含量比常乳多10倍，维生素D含量多3倍，维生素B_2在初乳中有时较常乳中含量高出3～4倍，尼克酸在初乳中含量也比常乳高。初乳中含有较多的无机盐，其中特别富含镁盐。镁盐的轻泻作用能促进肠道排除胎粪。初乳中含铁量约为常乳的3～5倍，铜含量约为常乳的6倍。

（3）末乳：泌乳期结束前1周所分泌的乳称为末乳，一般指产犊8个月以后泌乳量显著减少，1天的泌乳量在0.5 kg以下者，其乳的化学成分有显著异常。当1天的泌乳量在2.5～3.0 kg以下时乳中细菌数及过氧化氢酶含量增加，酸度降低。泌乳末期乳pH达7.0，细菌数达250万/mL，氯离子浓度为0.16%左右。这种乳不适于作为乳制品的原料乳。

2）化学异常乳

(1) 酒精阳性乳：乳品厂检验原料乳时，一般先用68%或70%的中性酒精进行检验，凡产生絮状凝块的乳称为酒精阳性乳。酒精阳性乳有下列几种：

① 高酸度酒精阳性乳：一般酸度在24°T以上时的乳酒精试验均为阳性，称为高酸度酒精阳性乳。其原因是牛奶在收购、运输、储藏过程中容器清洗不净，卫生消毒不严，冷却不及时等，使乳中微生物大量繁殖，乳糖分解成乳酸，使乳酸度增高，这种乳加热时出现凝固。

② 低酸度酒精阳性乳：有些鲜乳虽然酸度较低(11～18°T)，但酒精试验也产生细小絮状凝块而呈阳性，称为低酸度酒精阳性乳。这种乳加热不凝固，刚从乳房挤出来就会出现酒精阳性反应。低酸度酒精阳性乳可能与应激反应、日粮营养不平衡、钙和磷不足或比例失调以及泌乳生理末期或疾病等原因有关。

③ 冷冻乳：冬季因受气候和运输的影响，鲜乳产生冻结现象，这时乳中一部分酪蛋白变性。同时，在处理时因温度和时间的影响，酸度相应升高，以致产生酒精阳性乳。但这种酒精阳性乳的耐热性要比因其他原因而产生的酒精阳性乳高。

(2) 低成分乳：有时因为饲养管理及榨乳、收纳、储存等环节控制不当，造成乳成分低于正常值。

(3) 混入异物乳：混入异物乳是指在乳中混入原来不存在的物质的乳，其中有人为混入的异常乳和因预防治疗、促进发育使用抗生素和激素等而进入乳中的异常乳。此外，还有因饲料和饮水等使农药进入乳中而造成的异常乳。

(4) 风味异常乳：造成牛乳风味异常的因素很多，主要有通过机体转移或从空气中吸收而来的饲料臭，由酶作用而产生的脂肪分解臭，挤乳后从外界污染或吸收的牛体臭或金属臭等。风味异常乳主要包括：① 生理异常风味；② 脂肪分解味；③ 氧化味；④ 日光味；⑤ 蒸煮味；⑥ 苦味；⑦ 酸败味。

3）微生物污染乳

由于挤乳前后的污染、不及时冷却和器具的洗涤杀菌不完全等原因，使鲜乳被大量微生物污染，以致不能用作加工乳制品的原料。

(1) 原料乳的微生物污染状况：刚挤下来的鲜乳，如果挤乳时的卫生条件比较好，则每毫升乳中的细菌数约为300～1 000个。这些细菌主要从乳头管侵入乳房。挤乳过程中，如果使用不清洁的挤乳用具和盛乳容器，那么细菌污染就比较严重。一般每毫升乳中可达1万～10万个。在冷却阶段细菌继续增多，每毫升可达10万个以上，这种情况夏季尤为严重。菌数较低的鲜乳中以微球菌为最多，而菌数多的原料乳中则以长杆菌、微球菌、大肠菌、革兰氏阴性杆菌占优势。

通常在20～30℃长时间保存时，鲜乳容易由乳酸菌产酸凝固，由大肠菌产生气体，由芽孢杆菌产生胨化和碱化，并发生异常风味(腐败味)。低温菌也可能产生胨化和变黏。尤其是在不符合卫生要求和不彻底冷却时，除了这些变化之外，还可由于脂肪的分解而发生脂肪分解味、苦味和非酸凝固。

(2) 乳中微生物的来源及控制：乳中微生物从挤乳、收乳到加工的每一个过程都发生变化，主要原因系受外界微生物的污染。污染途径如下：

① 乳房：乳房中微生物的多少取决于对乳房的清洗程度。乳房的外部沾污着大量粪屑等杂质。这些粪屑中的微生物，从乳头端部侵入乳房，由于本身的繁殖和乳房的物理蠕动而

进入乳房内部。第一股乳流中，微生物的数量最多，因此，挤乳时应废弃第一股乳。

② 牛体：牛舍空气、垫草、尘土以及本身的排泄物中的细菌大量附着在乳房的周围，当挤乳时就混入牛乳中。这些污染菌中，多数属于带芽孢的杆菌和大肠菌等。所以在挤乳时，必须用温水严格清洗乳房和腹部，并用清洁的毛巾擦干。

③ 空气：挤乳及收乳过程中如果原料乳经常暴露于空气中，则会受空气中微生物的污染，尤其是牛舍内每毫升空气中细菌多达 50～10 个，灰尘多时可达 10 000 个，其中以带芽孢的杆菌和球菌属居多，此外霉菌的孢子也很多。

④ 挤乳用具和乳桶等：挤乳时所用的乳桶、挤乳机、过滤布以及洗乳房用布等如果不事先进行清洗杀菌，则通过这些用具也使鲜乳受到污染。各种挤乳用具和容器中所存在的细菌，多数为耐热的球菌属（平均占 70%），其次为八链球菌和杆菌。所以这类用具和容器如果不严格清洗杀菌，则鲜乳污染后，即使用高温瞬时杀菌也不能消灭这些耐热性的细菌，结果使鲜乳变质，甚至腐败。

⑤ 其他：挤乳员的手不清洁，或者混入苍蝇及其他昆虫等，都是污染的原因。因此必须严加注意。此外，还须注意勿使污水溅入乳桶中，并防止其他直接或间接的原因从桶口侵入微生物。

4）病理异常乳

（1）乳房炎乳：由于外伤或者细菌感染使乳房发生炎症时分泌的乳称为乳房炎乳，其成分和性质都发生变化。例如乳糖含量降低，氯含量增加及球蛋白含量升高，酪蛋白含量下降，并且细胞（上皮细胞）数量增多（故近年为了保证原料乳质量，开始检测原料乳中的体细胞数量），以致无脂干物质含量较常乳少。另外，乳房炎乳凝乳张力下降，用凝乳酶凝固乳时所需的时间较常乳长，这是因乳蛋白异常所致。虽然乳房炎对乳中维生素 A、维生素 C 的影响不大，但维生素 B_1、B_2 含量减少。据报道，非临床性乳房乳中维生素 B_1 比健康乳牛分泌的乳中要少 10%～15%，维生素 B_2 减少 35%。造成乳房炎的原因主要是乳牛体表和牛舍环境卫生不符合卫生要求，挤乳方法不合理，尤其是使用挤乳机时使用不合理或不彻底清洗杀菌，使乳房炎发病率升高。

（2）其他病牛乳：主要是由患口蹄疫、布氏杆菌病等的乳牛所产的乳，乳的质量变化大致与乳房炎乳类似。另外，患酮体过剩、肝机能障碍、繁殖障碍等的乳牛，易分泌酒精阳性乳。

思考与练习

1. 简述乳的概念和性质。
2. 简述乳的主要成分及含量。
3. 简述影响乳脂肪稳定性的因素及其控制方法。
4. 简述酪蛋白的酸凝固和酶凝固机理及其应用。
5. 试述乳中含氮化合物的种类、性质和含量。
6. 简述乳中的功能性成分及其性质。
7. 论述乳的理化特性及其在加工中的应用。
8. 试述乳中微生物的来源及控制方法。

3.6 乳的生成及其影响因素

3.6.1 乳腺的结构和发育

3.6.1.1 乳腺的结构

牛有2对乳腺，马、羊仅有1对。牛的乳房靠中悬韧带固定在后腹下，中悬韧带又沿乳房中部向下延伸至乳房底部，并将乳房分成左右2个房室。每个房室又被结缔组织分为前后两部分，且各部分均与尖端乳头相通。左右2个房室由结缔组织薄膜分开而互不相同，前后两部分的每个房室有一条单独的乳腺，即乳汁分泌系统。

乳房内主要有2种组织：一种是由乳腺泡和导管系统构成的腺体组织或称实质，另一种是由纤维结缔组织和脂肪组织构成的间质，它保护和支持腺体组织。乳腺泡由一层分泌上皮构成，是生成乳汁的部位。每个腺泡像一个小囊，由一条细小的乳导管通出（图3-6-1）。导管系统包括一系列复杂的管道与腔道。导管起始于与腺泡腔相连的细小乳导管，相互合成中等乳导管。后者再汇合成粗大的乳导管，最后汇合成乳池。乳池是乳房下部及乳头内储藏乳汁的较大腔道，经乳头末端的较大腔道向外界开口（图3-6-2）。牛羊的每个乳腺各有一个乳池和乳头管，而马每个乳头有前后2个乳池及乳头管。乳池壁内常分布有不发达的附加乳腺，分泌少量乳汁并由乳头四周的小管直接排出。

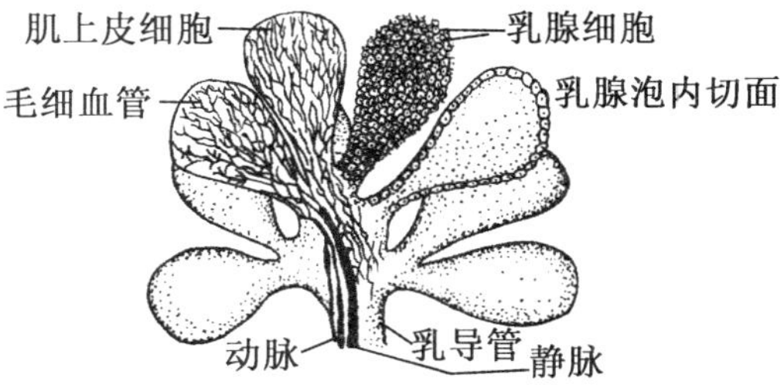

(a) 乳腺泡丛简图

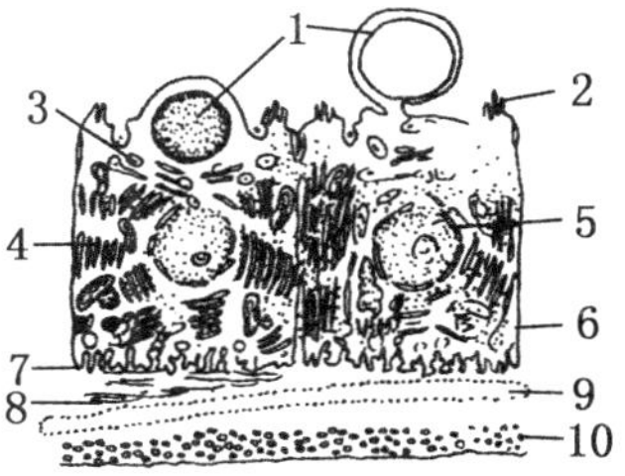

(b) 乳腺分泌细胞的超显微结构模式图

图3-6-1 奶牛乳房结构图

1—脂肪小球；2—微绒毛；3—高尔基体（内含蛋白质颗粒）；4—粗内质网；5—核；6—线粒体；7—细胞膜；8—肌丝；9—基底膜；10—毛细血管壁

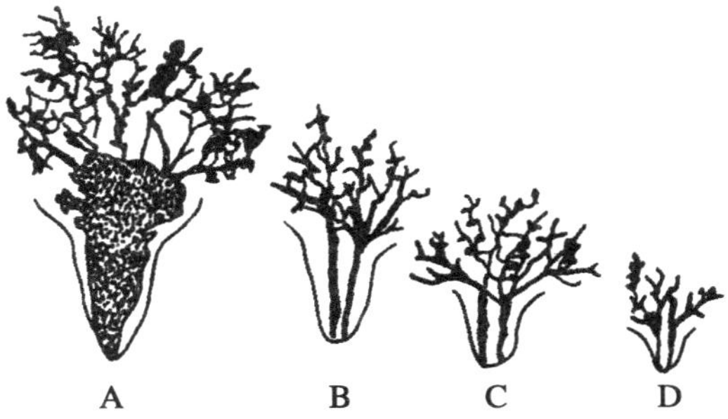

图3-6-2 家畜乳腺的容纳系统模式

A—牛；B—马；C—猪；D—大白鼠

腺泡和细乳导管的外层围绕有一层星状的肌上皮细胞，互相联结成网状。当这些细胞收缩时，可使蓄积于腺泡中的乳排出。较大的乳导管和乳池由平滑肌构成，这些肌肉的收缩参与乳的排出过程。围绕乳头管的平滑肌纤维在乳头末端排列成环，形成乳头管括约肌，使乳头在不排乳时保持闭锁状态。

乳腺有丰富的血管供应，每一腺泡都被稠密的毛细血管网包围着。因此，血液可以充分将营养物质和氧带给腺泡，以供生成乳的需要。

乳房的外面被覆以柔软的皮肤，皮下为浅筋膜，浅筋膜下为深筋膜。深筋膜和结缔组织及脂肪组织穿进腺体部将乳腺分成若干小叶。各小叶间的结缔组织含有丰富的弹性纤维，可随乳腺内乳汁的积蓄而使整个乳房扩张。

乳房和乳头皮肤中存在着机械和温度等外感受器，而乳腺内的腺泡、血管、乳导管等则具有丰富的化学压力等内感受器，保证对泌乳的反射性调节。

3.6.1.2 乳腺的发育

幼畜的乳腺未发育，雌雄两性的乳腺也没有明显的差别。随着雌畜的生长，乳腺中的结缔组织和脂肪组织逐步增加。犊牛到初情期时，乳腺的导管系统开始生长，形成分支复杂的细小导管系统，但腺泡一般还未形成，这时乳房的体积开始膨大。随着每次发情周期的出现，乳房继续发育。

母牛妊娠时，乳腺组织生长迅速，乳腺导管的数量继续增加，并且每个导管的末端开始形成没有分泌腔的腺泡。到妊娠中期，腺泡出现分泌腔，腺泡和导管的体积不断增大，逐渐代替脂肪组织和结缔组织，乳房内的神经纤维和血管数量也显著增多。到了妊娠后期，腺泡的分泌上皮开始具有分泌能力，乳房的结构也达到了活动乳腺的标准状态。临产前，乳腺分泌初乳。分娩后乳腺开始正常的泌乳活动。

经过一定时期的泌乳活动后，腺泡的体积又重新逐渐缩小，分泌腔逐渐消失，与腺泡直接相连的细小乳导管重新萎缩，腺组织被结缔组织和脂肪组织所代替。于是，泌乳量逐渐减少，乳房体积缩小，最后泌乳活动停止。

当第二次妊娠时，乳房的腺组织重新生长发育，并在分娩后开始第二次分泌活动。为了完成乳腺的改建工作，母牛需要 40～60 天的干乳期。当母牛在第 6～8 次泌乳期中达到乳腺的最大发育程度和产乳量的最高峰后，随着母畜年龄的增长，每次分娩后的产乳量逐渐减少，乳腺的发育程度逐渐减退。上述情况表明乳腺的生长发育呈现明显的周期性变化，这些变化与卵巢的发育和周期性活动及妊娠过程密切相关。

山羊和绵羊出生后乳腺生长的情况与母牛相同。未妊娠的雌性山羊羔的乳腺发育程度个体间差异较大。一般来说，山羊乳房紧实，具有明显的乳池和不发达的导管系统。妊娠后半期(80～100 天)，小叶—腺泡组织迅速增加，乳腺泡膨大，充满富有脂肪小球的分泌物，说明此时已具有明显的分泌能力。

3.6.2 乳的生成

乳的生成过程在乳腺泡和细小乳导管的分泌上皮细胞内进行，包括一系列的选择性吸收过程和新物质的合成过程。如果把乳汁的成分和血液比较，可以看出虽然两者具有大致相同的渗透压，但化学成分却差异很大(表 3-6-1)。

表 3-6-1 血浆与牛乳主要化学成分

血浆		牛乳		血浆		牛乳	
水分	91.00	水分	87.00	胆甾醇酯	0.17	胆甾醇脂	痕量
葡萄糖	0.05	乳糖	4.90	钙	0.009	钙	0.12
血清白蛋白	3.20	乳白蛋白	0.52	磷	0.011	磷	0.10
血清球蛋白	4.40	乳球蛋白	0.05	钠	0.34	钠	0.05
氨基酸	0.003	酪蛋白	2.90	钾	0.03	钾	0.15
中性脂肪	0.06	中性脂肪	3.70	氯	0.35	氯	0.11
磷脂类	0.24	磷脂类	0.04	柠檬酸	痕量	柠檬酸	0.20

与血液相比较，牛乳中含有血液中 90 倍的糖，132 倍的钙，10 倍的磷，5 倍的钾；但乳中的蛋白质较血液中少一半，钠仅为血液中的 1/7。此外，乳中的蛋白质主要是酪蛋白，清蛋白的含量较少，而清蛋白和球蛋白是血浆中的主要蛋白。乳中的酯类以甘油三酸酯最多，而磷脂和胆固醇是血液酯类的主要成分。当乳腺生成乳汁时，只有大量的血液流经乳腺，才能保证供应足够的原料。生成 1 L 乳汁，大约需要有 400～500 L 的血液流过乳房。乳的生成包括选择性吸收和合成两个过程。

1）乳腺的选择性吸收

乳中的球蛋白、酶、激素、维生素、无机盐和某些药物由血液中原有物质进入乳中，是乳腺的分泌上皮细胞对血浆进行选择性吸收的结果，其中某些物质被乳腺吸收和浓缩，而另一些物质则完全或部分地被阻止。

2）乳腺的合成

乳中的蛋白质、脂肪和糖与血浆比较，不仅数量有明显差异，而且性质也不同。乳中的这些营养成分是乳腺从血液中吸收原料，经过复杂的生化过程合成的。

(1) 乳蛋白质的合成

牛乳中蛋白质的种类及来源见表 3-6-2。

表 3-6-2 牛乳中主要蛋白质的种类和来源

乳蛋白	占全乳蛋白(%)	来源
酪蛋白	80	重新合成
α	56	重新合成
β	20	重新合成
γ	4	重新合成
乳清蛋白	18～20	重新合成
β-乳球蛋白	10	重新合成
α-乳清蛋白	3	重新合成
血清白蛋白	1～2	来自血液
免疫球蛋白	4～5	来自血液

乳中的蛋白质有两类：一类是由乳腺泡上皮细胞合成的蛋白质，包括酪蛋白、β-乳球蛋白、α-乳清蛋白；另一类是与血浆中蛋白相似的蛋白，主要是免疫球蛋白。

乳中蛋白质的合成机理与机体中蛋白质的合成方式基本相同。乳腺上皮细胞选择性地从血液中吸收氨基酸后在高尔基体内合成。这些氨基酸首先在乳腺细胞中与腺苷三磷酸(ATP)和氨基酸活化酶形成腺苷磷酸(AMP)氨基酸和酶的复合体，并使其活化。这种复合体的氨基酸部分在细胞质内与转移核糖核酸(tRNA)结合，形成氨基酰核糖核酸。氨酰转移核糖核酸(氨酰 tRNA)附着于细胞质核糖体(Ribosome)表面，根据信使核糖核酸(mRNA)所传递的信息依次排列，形成多肽的一级结构、二结构和三级结构，从而形成立体的乳蛋白分子，并依次从核糖体分离。

(2) 乳脂肪的合成

乳脂的组成中甘油三酯占99%，其余的1%中大部分是磷脂(卵磷脂、脑磷脂及神经磷脂)和微量的胆固醇及其他脂类。乳脂的脂肪酸成分与体内脂肪酸有很大差异。例如反刍动物体内脂肪中缺乏脂肪酸，而乳脂中含有较多的短链脂肪酸。牛乳中丁酸是最多的脂肪酸。反刍动物乳脂短链脂肪酸含量很高，这是由于瘤胃吸收了大量挥发性脂肪酸的缘故。反刍动物乳脂中长链脂肪酸显然比饲料中的长链脂肪酸更饱和，这是因为瘤胃微生物能使饲料中绝大多数不饱和脂肪酸变为饱和脂肪酸。

① 乳脂中脂肪酸的来源：乳脂中的脂肪酸可直接来自血液，或在腺泡腔上皮细胞由乙酸、β-羟丁酸和葡萄糖合成。

a. 乳腺内脂肪酸的合成：反刍动物瘤胃发酵产生酸，由此而来的酸在乳腺中合成乳脂的短链脂肪酸。几乎所有的十四酸(豆蔻酸)以下的脂肪酸和一半的十六酸(软脂酸)是由乙酸合成的，少量的由β-羟丁酸合成。反刍动物的乳腺中有乙酰-CoA合成酶，因此能使从血液中来的酸直接生成乙酰-CoA。反刍动物利用乙酸合成乳脂中四至十六碳链脂肪酸的步骤概括如下：

$$\text{乙酸}+\text{CoA}\xrightarrow[\text{乙酰-CoA合成酶}]{\text{ATP}}\text{乙酰-CoA}$$

$$\text{乙酰-CoA}+CO_2\xrightarrow[\text{乙酰-CoA羧化酶}]{\text{ATP}}\text{丙二酸单酰-CoA}$$

$$\text{乙酰-CoA}+n\,\text{丙二酸单酰-CoA}\xrightarrow[\text{脂肪酸合成酶}]{NADPH_2}\text{长链脂肪酸}$$

b. 来自血液的脂肪酸：反刍动物乳腺中近一半的十六酸(软脂酸)和全部更长碳链的脂肪酸来自血液，这些脂肪酸按重量约占乳脂中脂肪酸的60%。长链脂肪酸主要来源于循环血中的低密度脂蛋白。血液中的脂肪不能直接被乳腺的腺状上皮细胞所吸收。为了能通过其细胞壁，必须先水解为脂肪酸。被乳腺摄取的甘油三酯在血液中以乳糜微粒和前β-脂蛋白的形式运输。乳糜微粒主要是吸收饲料中的长链脂肪酸形成的，并经过淋巴运至血液中。在乳腺组织中有脂蛋白脂酶，当乳糜微粒及低密度脂蛋白将要通过乳腺细胞壁时，被存在于细胞壁处的酶分解生成长链脂肪酸，并为乳腺上皮细胞所吸收，用于合成脂肪。

② 甘油的来源及甘油三酯的生成：乳脂主要是甘油三酯。乳脂中的甘油一部分在乳腺组织中由葡萄糖合成，其余均由血液中的脂肪水解而成。甘油由于甘油激酶的作用而形成

磷酸甘油，或者从葡萄糖的酵解途径，以中间产物甘油糖-3-磷酸为起点，经过还原形成磷酸甘油。磷酸甘油在线粒体或微粒体中与脂肪酸酰基辅酶A反应，经由磷脂酸和甘油二级酯形成甘油三酯。乳腺摄取的血脂间的关系如图3-6-3。除脂肪外，磷脂和胆甾醇也是在乳腺内合成的。

③ 脂肪球的形成

脂肪酸的酯化作用发生在粗面内质网上，在这个位置上发生脂类聚集形成乳脂小球。当脂肪小球成长并移向细胞的顶端部位时，就被一层薄膜所包围而形成脂肪球。随后脂肪球被挤出而进入泡腔中。

(3) 乳糖的合成

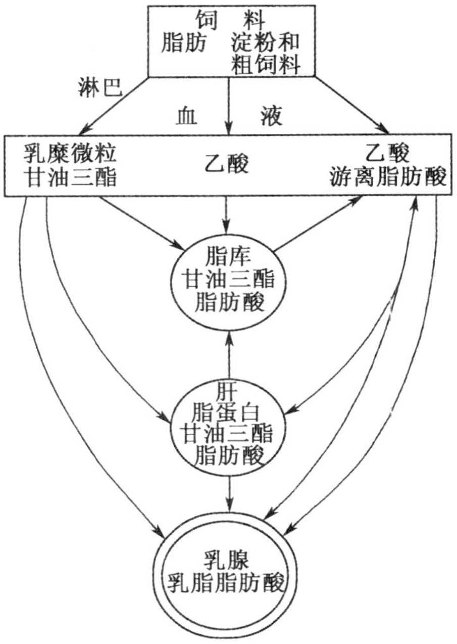

图3-6-3 乳牛乳腺摄取的血脂之间的相互关系

乳糖是由一分子葡萄糖和一分子半乳糖结合而成。所以，乳糖最重要的前提物是血液中的葡萄糖。乙酸也可以形成乳糖。放射性同位素^{14}C示踪原子测定，构成乳糖的葡萄糖中有8%来源于血液，进入乳腺的葡萄糖中约有一半形成半乳糖。乙酸则只有1.8%被乳腺吸收，但吸收于乳腺细胞中的乙酸中有90%形成半乳糖。

血液中的葡萄糖在肝脏中缩合成为糖原而储藏起来。在组织中葡萄糖以与蛋白质结合的形式存在。必要时分解为葡萄糖，再转移到血液中作为能源，或用于乳的合成。血液中的葡萄糖被乳腺吸收而成为糖原。如果将乳腺进行组织培养就会发现该糖原经由葡萄糖而转变为乳糖。糖原在乳中并不存在，但存在于乳腺中，由乳腺上皮细胞用以合成乳。因此，糖原是葡萄糖的存在形式，间接用于乳糖合成。由葡萄糖生成乳糖的反应如下：

$$\text{葡萄糖} + \text{ATP} \xrightarrow{\text{己糖激酶}} \text{葡萄糖-6-磷酸} + \text{ADP}$$

$$\text{葡萄糖-6-磷酸} \xrightarrow{\text{葡萄糖磷酸变位酶}} \text{葡萄糖-1-磷酸}$$

$$\text{葡萄糖-1-葡萄糖} + \text{UTP}^{*} \xrightarrow{\text{UDP}^{**}\text{-葡萄糖-焦磷酸化酶}} \text{UDP-葡萄糖} + \text{PPi}$$

$$\text{UDP-葡萄糖} \xrightarrow{\text{UDP-半乳酶-4-差向酶}} \text{UDP-半乳糖}$$

$$\text{UDP-半乳糖} + \text{葡萄糖} \xrightarrow{\text{乳糖合成酶}} \text{乳糖} + \text{UDP}$$

*：UTP 尿苷三磷酸；**：UDP 尿苷二磷酸。

现将乳腺中脂肪、乳糖和蛋白质的合成途径概括如图3-6-4。

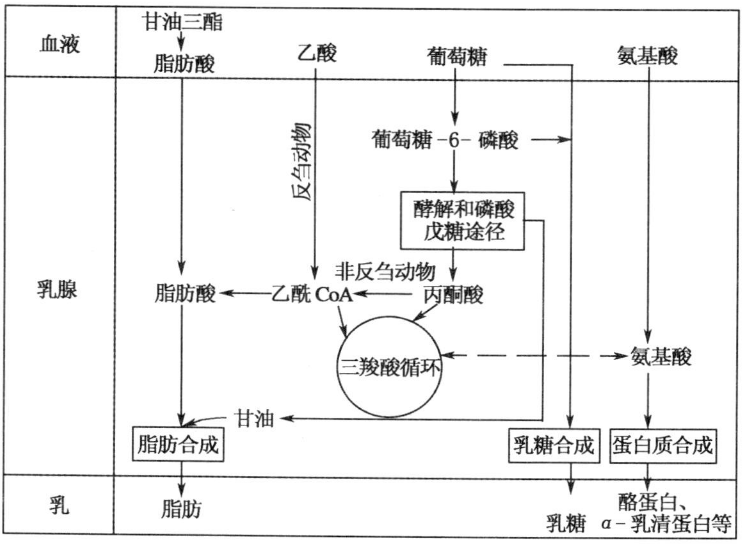

图 3-6-4 乳腺中主要代谢途径图解

(4) 无机成分的形成

乳中无机成分来自血液,它可以直接在乳腺细胞内外渗透,以参与物理化学作用。其中除一部分作为酶的辅基,其余则与细胞内合成的有机成分如酪蛋白和磷蛋白结合。此外,酪蛋白胶束是酪蛋白与磷酸钙的复合体,其中存在着无机成分。这些钙与磷均来自血清中的无机性和超滤性的钙与磷。

3.6.3 乳的蓄积与排出

3.6.3.1 乳的蓄积

乳在乳腺泡的上皮细胞内形成后,连续地分泌入腺泡腔。当乳充满腺泡腔和细小乳导管时,依靠腺泡周围的肌上皮和导管系统的平滑肌的反射性收缩,将乳周期性地转移入乳导管和乳池内。乳腺的全部腺泡腔、导管、乳池构成蓄积乳的容纳系统。挤乳后 5～8 h 内,乳在乳腺系统逐渐蓄积,刺激压力感受器,反射性使乳腺肌肉组织的紧张性下降,这时乳房内压并不明显升高。但当乳腺容纳系统被乳充满到一定程度后,乳汁继续积聚就将使乳腺容纳系统被扩大,内压迅速升高,以致压迫乳腺中的毛细血管和淋巴管,阻碍乳腺的血液供给,结果使乳的生成速度显著减弱。乳腺内乳汁积聚的程度不但影响乳的生成速度,而且也影响乳的成分。当挤乳或哺乳时才开始排乳。排乳后乳房内压下降,乳的生成加快。挤乳后最初 3～4 h,乳的生成最为旺盛,以后逐渐减弱。因此,乳的生成过程与乳的排出过程间存在着密切的相互联系又相互制约的关系。

3.6.3.2 乳的排出

挤乳或哺乳引起乳房容纳系统紧张度改变,使蓄积在腺泡和导管系统内的乳汁迅速流向乳池,这一过程称为排乳。排乳是一种复杂的反射过程。挤乳或哺乳刺激母畜乳头的感受器,反射性地引起腺泡和细小乳导管的肌肉上皮收缩,腺泡乳就流入导管系统。然后大导管和乳池的平滑肌强烈收缩,乳池内压迅速升高,乳头括约肌开放,乳汁排出体外。在挤乳期间，乳池内压力保持较高水平(4 500～7 000 Pa)，并有 800～1 600 Pa 的规律性波动，从而保证腺泡乳不断流入导管和乳池。

在排乳过程中最先排出的乳是乳池内的乳。当乳头括约肌开放时，乳池乳只需借本身的重力作用就可以排出。乳牛乳池乳一般约占泌乳量的 1/3～1/2。我国黄牛、水牛、牦牛的乳池甚少，有的甚至没有。

由排乳反射从腺泡及乳导管所获得的乳称为反射乳，约占总乳量的 1/2～1/3。黄牛和牦牛的反射乳不能一次排尽，一般达 2～3 期之多。挤乳或哺乳刺激乳房不到 1 min，就可能引起牛的排乳反射。挤乳或哺乳后乳房内还有一部分乳汁未能挤尽，这部分乳称为残留乳。残留乳与新生成乳汁混合，在下次挤乳或哺乳时排出。

挤乳开始时，乳腺泡的肌上皮细胞与各种乳导管平滑肌剧烈收缩。乳牛一般持续 3～5 min，所以挤乳必须迅速进行，尽量使乳房中的乳汁比较彻底地排出。这不但直接提高本次的挤乳量和含脂率，而且还促进乳生成的速度及提高乳脂的含量。

排乳过程是由条件和非条件反射组成的复合反射。非条件反射从乳房的感受器开始，在牛经 20～25 s 后引起腺泡和细小乳导管的上皮收缩，使腺泡乳排出。排乳过程中各个环节都能形成条件反射。挤乳的地点、时间、各种挤乳设备、挤乳操作及挤乳员都能作为条件刺激物形成乳牛的条件反射。这些条件反射对排乳活动有着明显的影响。异常的刺激如喧扰、闲人、新挤乳员、不正确的操作等都能抑制排乳反射，使乳产量下降。排乳抑制反应与动物的神经类型有密切关系。不均衡和弱型的乳牛，乳产量下降较多。我国的黄牛、水牛和牦牛，如管理不当，容易出现明显的排乳抑制现象。

3.6.4 影响泌乳量及其成分的因素

乳牛的产乳量及其组成受许多因素的影响，这既取决于乳畜的生理状况，又取决于外界环境条件，例如品种、地区、泌乳期、个体、年龄、挤乳方法、饲料、季节、环境、温度以及健康状况等。

(1) 品种：品种对牛乳组成的影响最大，荷兰牛的乳最稀薄，更姗牛的乳最浓厚。我国的水牛、牦牛所产的乳干物质含量最高。在干物质中，脂肪的变化最大，蛋白质次之，而乳糖和灰分的变化很小。

此外，无脂干物质与乳脂的比例品种间变化也很大。凡是脂肪含量高的乳，其脂肪球也较大，因此奶油加工容易且产量也较高。

(2) 泌乳期：乳牛自分娩后产乳起至泌乳终止称为一个泌乳期。乳牛的泌乳期通常为 250～300 天。在同一个泌乳期的不同时间，初乳、常乳和末乳的组成、性质和产量有显著变化。

(3) 年龄：乳牛的年龄对泌乳量及乳的成分有明显影响。随着胎次的增加泌乳量逐渐增加，一般第 7 胎次时达到高峰，而含脂率和非脂乳固体在初产期最高，以后逐渐下降。我国良种登记黑白花牛各胎次的平均产乳性能见表 3-6-3。

表 3-6-3 中国黑白花牛各胎次产乳性能

胎　次	一	二	三	四	四以上
平均产乳量(kg)	6 332	7 100	7 505	7 554	7 732
乳脂率(%)	3.59	3.55	3.56	3.53	3.57

(4) 饲养管理：正常的饲养管理不仅能提高产乳量，而且可以增加乳中的干物质。饲料中蛋白质含量不足时，不但会引起挤乳量下降，而且会导致乳中蛋白质含量降低。饲料对乳脂及其性质有显著影响。优良的干草可以提高乳脂率，大量饲喂新鲜牧草，则乳脂比较柔软，制成的奶油熔点低；若喂以棉籽饼，可以生成熔点很高的橡皮状奶油；多喂不饱和脂肪酸丰富的饲料，则乳脂中的不饱和脂肪酸含量增加；饲料中维生素含量不足时，不但使产乳量降低，而且使乳中维生素含量减少。经常受日光照射及放牧的牛，乳中维生素含量较高。饲料中无机物不足时，不但减少产乳量，而且消耗体内储存的无机盐。

(5) 挤乳操作：母牛通常每天挤乳 2 次。若每天挤乳 3 次，则产乳量增加 10%～25%；若每天挤 4 次能刺激产乳量再增加 5%～15%。最初挤出的牛乳含脂率(1%～2%)比最后挤出的乳含脂率(7%～9%)低得多。这种差异的原因还不甚清楚。曾有人假设，脂肪球聚在腺泡内阻碍其向乳头排出，而液体部分则容易绕过脂肪球向乳房基部和乳头排出。因此，在开始挤乳时，储存于乳腺较大管道中的乳比腺泡中的乳含脂率低。

每天以 10 h 与 14 h 的间隔挤乳 2 次的母牛，平均比 12 h 与 12 h 的间隔挤乳的母牛少产乳 1%；在全泌乳期每次挤乳 4 min 的牛比每次挤乳 8 min 的牛产乳量少，特别是在泌乳初期，每次挤乳 4 min 则挤乳不完全，而每次挤乳 8 min 又稍过度。通常，大多数牛的挤乳时间在 5～6 min 可得到最大的泌乳量。

(6) 环境温度：黑白花牛和瑞士牛当环境温度超过 26.7℃，娟姗牛环境温度超过 29.4℃和婆罗门牛环境温度超过 32.3℃时，产乳量下降。对于欧洲品种的牛，最适的环境温度约 10℃。环境温度升高至 10℃以上比降低到 10℃以下影响要大得多。当环境温度超过 23.9℃时，高湿度对产乳量有不利影响。

乳脂肪和无脂干物质一般在冬季最高，夏季最低。在环境温度很高(超过 29.4℃)的情况下，产乳量的减少常比产脂量多，以致乳的含脂率可能略有增加。在这样的高温下，乳的含氯量有所增加而乳糖和蛋白质的含量有所减少。

当环境温度升高时，产乳量和耗料量就自动减少，食欲下降是其主要原因。热的逆境对高产牛的影响大于低产牛，特别是在泌乳高峰期更为显著。提供凉棚、使用风扇、淋浴或冷气可以减轻热的逆境压力。美国佛罗里达州的试验表明，给母牛进行空气调节能使产乳量增加 10%。在热而干燥的气候地域，与无凉棚的牛比较，给母牛提供凉棚能使产乳量增加 7%。在亚热带潮湿气候地域，使用绝热屋顶的凉棚使母牛在一天最热的时候不必离开凉棚，则能使产乳量增加 11%。适度的运动有助于提高产乳量，但运动过度则会影响产乳量。

(7) 疾病与药物：乳牛的健康状况对乳的产量和成分均有影响。患有一般消化道疾病或足以影响产乳量的其他疾病时，乳的成分也会发生变化，如乳糖含量减少，氧化物和灰分增加。当乳牛体温高于 39.1℃时，乳量和非脂乳固体均会降低，但乳脂率变化不大。

乳牛患有乳房炎时，除产量明显下降外，非脂乳固体也有下降。通常乳房炎乳中钠、氯、非酪蛋白态氮、过氧化氢、白细胞数、pH 均比正常乳增加，而钙、磷、镁、乳糖、脂肪、酸度均有减少，且维生素含量也有很大变化。这些异常变化是由于侵入乳房的细菌引起乳腺细胞的通透性增加，影响乳汁的正常生成所致。

包括杀菌剂、抗菌素在内的许多用于治疗牛病的药物都可能进入乳中而改变乳的正常组成。母牛服用药后多久的乳才能作为食品加工原料乳因药物的种类而异，一般是停药后 3～7 天。

思考与练习

1. 世界著名的乳用牛及兼用牛品种有哪些?

2. 简述中国黑白花乳牛体型外貌和生产性能。

3. 我国引进与培育的奶山羊品种有哪些?其生产性能和外貌特征有何差异?

4. 牛乳的主要化学成分包括哪些?影响牛乳成分的因素有哪些?

5. 简述乳脂肪在乳中的存在状态。乳脂肪球膜的构造如何影响乳脂肪的稳定性?

6. 试述酪蛋白在乳中的存在状态。影响酪蛋白胶粒稳定性的因素有哪些?

7. 试述乳的物理性质及其对判断牛乳的品质好坏和确定合理的加工工艺的作用。

8. 异常乳的种类及特性有哪些?

3.7 禽蛋的组成、特性及分级

3.7.1 禽蛋的组成和理化特性

禽蛋是一个完整的、具有生命的活卵细胞，包含着自胚发育、生长成幼雏的全部营养成分，同时还具有保护这些营养成分的物质。禽蛋中蛋壳及蛋壳膜重量占全蛋的12%～13%，蛋白占55%～66%，蛋黄占32%～35%，禽蛋的化学成分如表3-7-1。

表3-7-1 不同禽蛋的化学成分组成

蛋 别	水分(%)	固形物(%)	蛋白质(%)	脂肪(%)	灰分(%)	碳水化合物(%)
鸡全蛋	72.5	27.5	13.3	11.6	1.1	1.5
鸭全蛋	70.8	29.2	12.8	15.0	1.1	0.3
鹅全蛋	69.5	30.5	13.8	14.4	0.7	1.6
鸽 蛋	76.8	23.2	13.4	8.7	1.1	—
火鸡蛋	73.7	25.7	13.4	11.4	0.9	—
鹌鹑蛋	67.49	32.27	16.64	14.4	1.203	—

禽蛋的构造如图3-7-1所示。

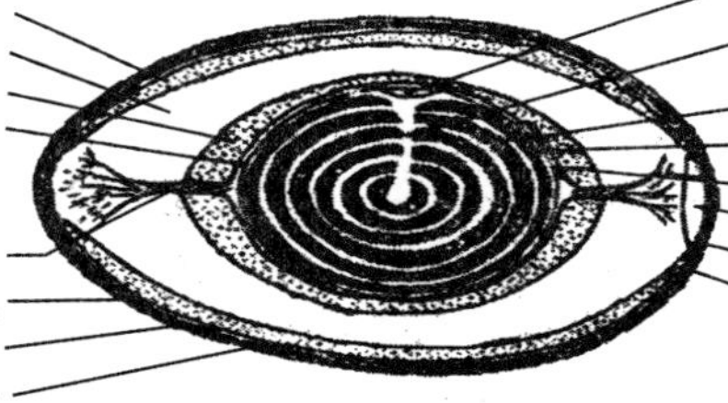

图3-7-1 蛋的结构示意图

3.7.1.1 壳外膜

壳外膜也称壳上膜，是蛋壳表面的一层无定形可溶性胶体，可以保护蛋不受微生物侵入，防止蛋内水分蒸发和CO_2逸出而起护蛋的作用。蛋壳外膜的成分为黏蛋白质，易脱落，尤其在水洗情况下更易消失，故可据此判断蛋的新鲜度。

3.7.1.2 蛋壳

蛋壳是包裹在鲜蛋内容物外面的一层硬壳，具有固定禽蛋形状并起保护蛋白、蛋黄的作用，厚度一般为270～370 μm(平均300 μm)，占整个蛋重的12%左右，能经受3 mPa压力。蛋壳的纵轴较横轴耐压，因此，在储藏运输时竖放为宜。蛋壳有透视性，故在灯光下可以观察蛋的内部状况。蛋壳表面有许多肉眼看不见的微小气孔，且分布不均匀，蛋的大头为300～370个/cm^2，小头最少为150～180个/cm^2。这些气孔是蛋本身进行蛋内气体代谢的通道，且对蛋品加工有一定的作用。但若壳外膜脱落，细菌、霉菌均可通过气孔侵入蛋内，造成鲜蛋的腐败或质量降低。

蛋壳中的无机物约占整个蛋壳的94%～97%，有机物约占蛋壳的3%～6%。无机物中主要是碳酸钙(约占93%)，其次有少量的碳酸镁(约占1.0%)及磷酸钙、磷酸镁。有机物中主要为蛋白质，属于胶原蛋白，其中约有16%的氮、3.5%的硫。蛋壳中含有少量的胱氨酸与硫酸软骨素形成复合物。蛋壳中的色素主要是卟啉色素，碳水化合物主要是半乳糖胺、葡萄糖胺、糖醛酸及唾液酸等，35%的多糖类以4-硫酸骨素和硫酸软骨素状态存在。

3.7.1.3 蛋白膜、壳内膜

刚生下的蛋蛋白膜及壳内膜紧密结合，合称为壳下膜，是一种能透水和空气的紧密而有弹性的薄膜。壳下膜不溶于水、酸、碱类及盐类溶液，其中蛋壳内膜厚41.1～60.0 μm，蛋白膜厚12.9～17.3 μm，两层膜在蛋的钝端分离形成气室。气室的大小与蛋的新鲜程度有关，是鉴别蛋新鲜度的主要标志之一。在蛋储藏期间，当蛋白酶破坏了蛋白膜以后微生物才能进入蛋白内。因此，蛋壳膜有保护蛋内容物不受微生物侵蚀的作用。

3.7.1.4 气室

新生的蛋没有气室，冷却后蛋内容物收缩而形成气室。气室的大小与蛋的新鲜程度有关，是鉴别蛋新鲜度的主要标志之一。

3.7.1.5 蛋白

蛋白位于蛋白膜的内层，系白色透明的半流动体，并呈不同浓度层：最外层(稀薄层)占全蛋的20%～55%，次层(浓厚层)占全蛋的27%～57%，最内层(稀薄层)占全蛋的11%～36%。蛋白中含量最多的浓厚蛋白与蛋的质量、储藏、蛋品加工关系密切。

1) 蛋清中的水分

蛋清中含水量为85%～88%，其中少部分水与蛋白质结合，大部分水以溶剂的形式存在。

2) 蛋清中的蛋白质

蛋清中蛋白质的含量为11%～13%，目前在蛋清中已经发现近40种不同的蛋白质，其中蛋白质的种类有卵白蛋白、卵球蛋白、卵黏蛋白、类黏蛋白和卵伴白蛋白等。这些蛋白质可以归纳为两类，即简单蛋白类和糖蛋白类。简单蛋白类有卵白蛋白、卵球蛋白和伴白蛋白；糖蛋白类包括糖蛋白、类黏蛋白等。

(1) 卵白蛋白：卵白蛋白又称为卵清蛋白，约占蛋白中总蛋白质的54%～69%，相对分子质量约为45 000，主要有A_1、A_2、A_3三种成分，其差别主要在于含有的磷酸基的数量不同。A_1和A_2分别含有两个和一个磷酸根，而A_3不含磷酸根，三者之比为85∶12∶3。在蛋清储存期间，卵清蛋白转变为S-卵清蛋白，即一种更为热稳定的蛋白质。

卵白蛋白等电点pI为4.5～4.8，热凝固点为60～65℃。卵白蛋白中糖的含量为3.2%，其中含D-甘露糖2%，N-乙酰葡萄糖胺1.2%，通过N-键结合于天冬氨酰胺残基上，由于它含有糖和磷酸基，故属磷质糖蛋白。在pH为9时，62℃加热3.5 min，只有3%～5%卵白蛋白发生热变性；pH为7时，几乎不发生热变性。

(2) 卵伴白蛋白：卵伴白蛋白又称卵转铁蛋白，占蛋清中蛋白质总量的9%，基本与卵白蛋白相同，相对分子质量为70 000～78 000，等电点pI为5.8～6.0，热凝固温度为58～67℃。卵伴白蛋白是一种易溶解性非结晶蛋白，遇热易变性，但与金属形成复合体后，对热变性的抵抗性增强，对蛋白分解酶的抵抗性也有所提高。

(3) 卵黏蛋白：卵黏蛋白占蛋清中蛋白质总量的2.0%～2.9%，浓厚蛋白层中卵黏蛋

白含量达8.0%，而稀薄蛋白层含量为0.9%，其中含有硫酸酯、半乳糖胺及占蛋清中唾液酸总量约为50%的唾液酸。该蛋白质呈纤维状结构，等电点pI为4.5～5.1。卵黏蛋白在溶液中显示较高的黏度，能够维持浓厚蛋白组织状态，阻止蛋白的起泡性。鲜蛋在储存过程中浓厚蛋白发生水样化，主要是与卵黏蛋白的变化有关。卵黏蛋白的热抗性极强，在pH为7.1～9.1时，90℃加热2 h，卵黏蛋白溶液不发生变化。

(4) 卵类黏蛋白：卵类黏蛋白属于糖蛋白类的复合蛋白质，占蛋清中蛋白质总量的11.0%，仅次于卵白蛋白。相对分子质量为28 000，等电点pI为3.9～4.3，溶解度比其他蛋白质大，在等电点时仍可溶解。卵类黏蛋白对胰蛋白酶有抑制作用，能够抑制细菌性蛋白酶，其热稳定性较高，在pH 3.9下，100℃加热60 min不发生变性现象；在pH 7以下加热，其抗胰蛋白酶的活性比较稳定。

(5) 卵球蛋白 G_2 和 G_3：卵球蛋白是一种典型的球蛋白，相对分子质量为36 000～45 000，G_2 等电点为5.5，G_3 等电点为5.8。在蛋清中，G_2 和 G_3 占蛋白质总量的4%，具有极好的发泡特性，是食品加工中优良的发泡剂。

(6) 卵抑制剂：卵抑制剂占蛋白中蛋白质总量的1.5%，相对分子质量为49 000，等电点pI为5.1～5.2，含糖量为5%～10%，属糖蛋白。卵抑制剂具有对多种蛋白酶活性的抑制作用，对热和酸非常稳定。

(7) 溶菌酶：溶菌酶占蛋清中蛋白质总量的3%～4%，主要存在于蛋清中的浓厚蛋白中，尤其是在系带膜状层中，比其他蛋白质至少多2～3倍。

溶菌酶是一种碱性蛋白酶，主要与卵黏蛋白结合存在，对维持浓厚蛋白结构起重要作用，能够溶解细菌细胞壁。溶菌酶的相对分子质量为14 300～17 000，等电点pI为10.5～11.0，在蛋白中等电点在pH 10.7，比其他蛋清蛋白质的等电点高得多，而其相对分子质量却是最低的。溶菌酶的热稳定性受多种因素影响，在pH 4.5时加热1～2 min仍稳定，在pH>9以上稍不稳定，尤其是有微量元素Cu存在时，溶菌酶很不稳定。在鸡蛋蛋清中的溶菌酶比单独存在于pH 7～9的磷酸盐缓冲液中的溶菌酶对热更敏感。当鸡蛋蛋清在63.5 ℃加热10 min时，犹如pH高于7时一样，其中的溶菌酶在很大程度上失活。

溶菌酶的含量、活性与浓厚蛋白的含量成正比。刚生的鲜蛋，浓厚蛋白含量高，溶菌酶含量多，活性也强，蛋的质量好，耐储藏。而随外界温度的升高和储藏时间的延长，首先浓厚蛋白被蛋白中的蛋白酶迅速分解变为稀薄蛋白，其中的溶菌酶也随之被破坏，失去杀菌能力，蛋的耐储性大为降低。因此，愈是陈旧的蛋，浓厚蛋白含量愈低，稀薄蛋白含量愈高，愈容易感染细菌，造成腐败蛋。可见浓厚蛋白含量的多少也是衡量蛋质量的重要标志。

(8) 抗生物素蛋白：抗生物素蛋白属于糖蛋白，在蛋清蛋白中占蛋白质总量的0.05%，相对分子质量为53 000，等电点pI为9.5，与生物素结合成为极稳定的复合体，对热极为稳定，85℃条件下不发生变化。

(9) 黄素蛋白：黄素蛋白主要是由核黄素和所有的脱辅基蛋白结合而成，约占蛋清中蛋白质的0.8%～1.0%，相对分子质量为32 000～36 000，等电点pI为3.9～4.1。

(10) 无花果蛋白酶抑制剂：无花果蛋白酶抑制剂约占蛋白中蛋白质总量的1%，是非糖类蛋白质，相对分子质量为12 700，等电点pI为5.1，热稳定性较高。能够抑制无花果蛋白酶、番木瓜蛋白酶及菠萝蛋白酶，此外还能抑制组织蛋白酶B和组织蛋白酶C。

3）蛋清中的碳水化合物

蛋清中的碳水化合物中一种呈结合态存在，与蛋白质结合，在蛋白中含 0.5%，例如与卵黏蛋白和类黏蛋白结合的碳水化合物；另一种呈游离状态存在，在蛋清中含 0.4%，游离糖中的 98%为葡萄糖，其余为果糖、甘露糖、阿拉伯糖、木糖和核糖。虽然蛋清中的碳水化合物的含量很少，但是在蛋品加工中，尤其是在加工蛋白粉、蛋白片等产品中，对产品的色泽有很大的影响。

4）蛋清中的脂质

新鲜蛋清中含极少量脂质（约为 0.02%），其中性脂质和复合脂质的组成比是 6∶1。中性脂质中蜡、游离脂肪酸和醇为主要成分，而复合脂质中神经鞘磷脂和脑磷脂为主要成分。

5）蛋清中的维生素及色素

蛋清中的维生素比蛋黄中略少，其主要种类有维生素 B_2（240～600 mg/100 g）、维生素 C（0.21 mg/100 g）、烟碱酸（5.2 mg/100 g）、泛酸（在干燥的蛋清中含有 0.11 mg/100 g）。蛋清中的色素极少，其中含有少量的核黄素，因此干燥后的蛋清带有浅黄色。

6）蛋清中的无机成分

蛋清中 K、Na、Cl 等离子含量较多，而蛋清中 P、Ca 含量少于蛋黄 P、Ca 含量。蛋清中的主要无机成分含量如表 3-7-2 所示。

表 3-7-2　蛋清中无机成分含量

无机物	含量(mg/100 g)	无机物	含量(mg/100 g)	无机物	含量(mg/100 g)
K	138.00	Cl	172.10	Zn	1.500
Na	139.10	Fe	2.25	I	0.072
Ca	58.50	S	165.30	Cu	0.062
Mg	12.41	P	237.90	Mn	0.041

7）蛋清中的酶

蛋清中不仅含有蛋白分解酶、淀粉酶和溶菌酶等，而且最近还发现有三丁酸甘油酶、肽酶、磷酸酶、过氧化氢酶等。

3.7.1.6　系带

在蛋黄两边各有一条浓厚的带状物即为系带。其重量为蛋白的 1%～2%，约占全蛋的 0.7%。系带的作用为固定蛋黄。系带的组成同浓厚蛋白基本相似，新鲜蛋系带白而粗，且富有弹性。新鲜蛋系带上附着溶菌酶，其含量是蛋白中溶菌酶含量的 2～3 倍，甚至多达 3～4 倍。同浓厚蛋白一样，随着温度的升高，储藏时间的延长，受酶的作用会发生水解，逐渐变细，其中的溶菌酶也随之消失，使蛋的耐储性降低。当系带完全消失，会造成贴壳蛋。因此，系带状况也是鉴别蛋的新鲜程度的重要标志之一。

3.7.1.7　蛋黄膜

蛋黄膜是一层微细而紧密的薄膜，其厚度为 16 μm 左右，质量为蛋黄的 2%～3%。蛋黄膜又可分为 3 层，内外两层为黏蛋白，中间层为角蛋白。蛋黄膜富有弹性，起着保护蛋黄和胚胎的作用，防止蛋黄和蛋白混合。

蛋黄膜含水量为 88%，其干物质中 87%是蛋白质、3%为脂质、10%为糖。其蛋白质属于糖蛋白，含已糖 8.5%、已糖胺 8.6%、唾液酸 2.9%，还含有 N-乙酰已糖胺。蛋黄膜中脂质分为中性脂质和复合脂质，其中中性脂质由甘油三酯、醇、醇酯以及游离脂肪酸组成，而复合脂质主要成分为神经鞘磷脂。

3.7.1.8 蛋黄

蛋黄是蛋中最富有营养的部分。禽蛋孵化时，蛋白中的营养成分可以通过蛋黄膜而透入蛋黄内，以供胚胎发育。蛋黄一侧表面的中心有一个 2～3 mm 的白点，即胚盘。胚盘的下部到蛋黄的中心有一细长近似白色的部分，称为蛋黄芯(Latebra)。整个蛋黄由黄色蛋黄与白色蛋黄交替组成。

新鲜蛋打开以后蛋凸出，陈蛋则呈扁平状。这是由于蛋白、蛋黄的水分和盐类浓度不一样，两者之间形成渗透压的原因。蛋白的渗透压为 5.5×10^2 kPa，蛋黄的渗透压为 7.2×10^2 kPa。因此，蛋白中的水分不断向蛋黄中渗透，蛋黄中的盐类以相反方向渗透。于是，蛋黄体积不断增大，且蛋黄膜弹性减弱，当体积大于一定程度时则破裂，形成散黄蛋。当然，蛋黄膜的破裂同酶的作用也有关。根据蛋黄的凸出程度即可判断蛋的新鲜程度。

$$\text{蛋黄指数} = \frac{\text{蛋黄高度}}{\text{蛋黄直径}}$$

蛋黄指数越小，蛋就越陈旧。

蛋黄的化学成分：蛋黄中富含蛋白质、脂质、维生素和矿物质等多种营养物质(表 3-7-3)。

表 3-7-3 蛋黄的化学成分含量 单位：%

种类	水分	脂肪	蛋白质	卵磷脂	脑磷脂	矿物质	葡萄糖及色素
鸡蛋	47.2～51.8	21.3～22.8	15.6～15.8	8.4～10.7	3.3	0.4～1.3	0.55
鸭蛋	45.8	32.6	16.8	—	2.7	1.2	—

(1) 蛋黄中的脂质：蛋黄中的脂质约占蛋黄总重的 30%，以甘油三酸酯为主的中性脂质约为 65%，磷脂质约为 30%，胆固醇约为 4%。

(2) 蛋黄中的蛋白质：蛋黄中蛋白质的生化功能几乎和卵清中蛋白质一样，其大多为磷蛋白和脂肪结合而形成的脂蛋白。蛋黄中的蛋白质大部分是脂质蛋白质，包括低密度脂蛋白、卵黄球蛋白、卵黄高磷蛋白和高密度脂蛋白等，其组成如表 3-7-4 所示。

表 3-7-4 蛋黄中的蛋白质组成 单位：%

低密度脂蛋白	卵黄球蛋白	卵黄高磷蛋白	高密度脂蛋白	其他
65.0	10.0	4.0	16.0	5.0

(3) 蛋黄中的碳水化合物：蛋黄中的碳水化合物约占蛋黄重的 0.2%～1.0%，以葡萄糖为主，还有少量乳糖。蛋黄中的碳水化合物主要与蛋白质结合存在，例如葡萄糖与卵黄高磷蛋白、卵黄球蛋白等结合存在，而半乳糖与磷脂结合存在。

(4) 蛋黄中的色素：蛋黄含有较多的色素，所以蛋黄呈黄色或橙黄色。其中色素大部分是脂溶性的，如胡萝卜素、叶黄素；水溶性色素主要以玉米黄色素为主。每 100 g 蛋黄中含有约 0.3 mg 叶黄素、0.031 mg 玉米黄素和 0.03 mg 胡萝卜素。

(5) 蛋黄中的酶：蛋黄中含有淀粉酶、三丁酸甘油酶、胆碱酯酶、蛋白酶、肽酶、磷酸酶、过氧化氢酶等。禽蛋的腐败变质与其中酶的活性增强有着密切的关系。

(6) 蛋黄中的维生素：鲜蛋中的维生素主要存在于蛋黄中(表 3-7-5)。

表 3-7-5 蛋黄的维生素组成

维生素	含量(μg /100 g)	维生素	含量(μg /100 g)
A	200～1 000	B_1	49.0
D	20.0	B_2	84.0
E	15 000.0	B_6	58.5
K_2	25.0	B_{12}	342.0
泛酸	580.0	叶酸	4.5

(7) 蛋黄中的灰分：蛋黄中含有 1.0%～1.5%的矿物质，其中以磷最为丰富，占无机成分总量的 60%以上，钙次之占 13%，此外还含有 Fe、S、K、Na、Mg 等。蛋黄中的 Fe 易被吸收，常作为婴儿早期的补铁食品。

3.7.2 禽蛋的加工特性

3.7.2.1 禽蛋的凝固性

当禽蛋蛋白受热、盐、酸或碱及机械作用则会发生凝固，这是卵蛋白质分子结构变化的结果。

1) 禽蛋的热凝性

卵蛋白质中伴白蛋白热稳定性最低，其凝固温度是 57.3℃；卵球蛋白和卵白蛋白的凝固温度是 72℃和 71.5℃；卵黏蛋白和卵类黏蛋白热稳定性最高，不发生凝固；而溶菌酶凝固后强度最高。蛋黄在 65℃开始凝固，70℃失去流动性，并随温度升高而变得坚硬。

在蛋中添加盐类可以促进蛋的凝固，这是由于盐类能降低蛋白质分子间的排斥力。因此，禽蛋在盐水中加热，蛋凝固完全且易去壳。在蛋液中加糖可使凝固温度升高，凝固物变软。在蛋液中加糖、表面活性剂或用琥珀酰基、碳化二亚胺和 3,3-二甲基戊二酸酐修饰蛋白，增加了蛋白的热稳定性。用蛋白分解酶处理蛋后加热则不形成坚硬凝固物。

2) 禽蛋的酸碱凝胶化

禽蛋在一定的 pH 条件下会发生凝固，利用这种特性可以加工变蛋。研究表明 pH 在 2.3 以下时或 pH 在 12.0 以上时会形成凝胶。在 2.3＜pH＜12.0 之间则不发生凝胶化。碱性凝胶化是因蛋白质分子的凝集所致，但也与蛋白质成分间相互作用有关。有研究表明蛋白中卵白蛋白和伴白蛋白均可单独用碱处理而凝固，而其他成分则不凝固。卵白蛋白或伴白蛋白与蛋清中其他蛋白在碱性条件下结合可提高凝胶强度，这是由于卵白蛋白与伴白蛋白用碱处理时，其蛋白质的分子构型受碱作用而展开，然后再相互凝结成立体的网状结构，并吸收水而形成透明凝胶，这种凝胶可发生自行液化，而酸性凝固的凝胶呈乳浊色，不会自行液化。

蛋白碱性凝胶的形成时间及液化时间受 pH、温度及碱浓度影响。如果碱浓度过高，变蛋腌制时很容易烂头，甚至液化，这时如果热处理则蛋白发生凝固而制成热凝固皮蛋。

3) 蛋黄的冷冻胶化

蛋黄在冷冻时黏度剧增，形成弹性胶体，解冻后也不能完全恢复蛋黄原有状态，这使冰蛋黄在食品中的应用受到很大限制。蛋黄于－6℃以下冷冻或储藏时常发生这种现象，且在一定温度范围，温度越低则凝胶化速度越快，这是由于蛋黄由冰点－0.58℃降至－6℃时，水形成冰晶，其未冻结层的盐浓度剧增，促进蛋白质盐析或变性所致。为了抑制蛋黄的冷冻凝胶化，可在冷冻前添加2%食盐或8%蔗糖、糖浆、甘油及磷酸盐类，用蛋白酶(以胃蛋白酶最好)、脂肪酶处理蛋黄也可抑制蛋黄的冷冻凝胶化。机械处理如均质、胶体研磨可减少蛋黄黏度。

3.7.2.2 蛋白的起泡性

蛋白的发泡性受酸、碱影响很大。在等电点或强酸、强碱条件下，因蛋白质变性并凝集故起泡力最大。研究表明球蛋白、伴白蛋白主要起发泡作用，而卵黏蛋白、溶菌酶则起稳定作用。

蛋清的发泡能力受许多加工因素的影响。当蛋清搅拌到相对密度为0.15～0.17时，泡沫既稳定又可使蛋糕体积最大。蛋白经加热(＞58℃)杀菌后，会不可逆地使卵黏蛋白与溶菌酶形成的复合体变性，延长起泡所需时间，降低发泡力。另外，调整pH至7.0并增加金属盐如Al^{3+}等以提高蛋白的热稳定性。在机械打蛋时，蛋清中可能混有0.01%～0.20%的蛋黄，这些少量脂类的存在会降低蛋清发泡力。添加脂酶可以有效恢复蛋黄污染蛋清导致的发泡力下降。

3.7.2.3 禽蛋的乳化性

禽蛋的乳化性来源于蛋黄。蛋黄中的卵磷脂、胆固醇、脂蛋白与蛋白质使蛋黄具有乳化力。向蛋黄中添加少量食盐和糖可以提高乳化容量。酸能降低蛋黄乳化力，但各种酸对其影响程度不同。强酸影响较大，在pH 5.6时就会使其稳定性急剧下降；而弱酸则在pH 4.0以下才会对其乳化容量有显著的影响。

蛋黄冷冻会发生胶化，解冻后无法完全恢复其乳化力，可在蛋黄冷冻前添加糖、食盐等以降低胶化，保持蛋黄的乳化性。蛋黄经干燥处理后溶解度降低，这是由于干燥过程中随着水分的减少其脂质由脂蛋白中分离出来且存在于干燥蛋黄表面，因此严重损害其乳化性。干燥前加糖类，则分子中的—OH替代脂蛋白的水，保护脂蛋白。干燥后加水可再将糖置换，恢复原来脂蛋白的水合状态。另外，储藏蛋的乳化力也会下降。

3.7.3 禽蛋的质量指标及分级

3.7.3.1 禽蛋的质量指标

(1) 蛋形指数：蛋的纵径与横径之比表示蛋的形状，亦有用蛋的横径与纵径之比的百分率表示。正常蛋为椭圆形，蛋形指数为1.30～1.35。圆筒形蛋耐压程度最小，球形蛋耐压程度最大。

(2) 蛋壳厚度和强度：蛋壳厚度在0.35 mm以上时，具有良好的可运性和保存性，耐压性好。蛋壳强度取决于蛋的形状、壳的厚度和均匀性。禽蛋纵轴的耐压性大于横轴，所以运输和储藏禽蛋时，以竖放为佳。

(3) 蛋重：很多国家以蛋重作为区分等级的标准。鸡蛋的国际重量标准为58 g/枚。

(4) 蛋的比重：蛋的比重以食盐溶液对蛋的浮力来表示，并分为9级。在1 000 mL水中加入氯化钠68 g为0级，每增加4 g级别增加一级，测定最适温度为34.5℃。

蛋的比重是区别蛋的新鲜程度的重要标准。禽蛋存放时间愈长，蛋内水分蒸发愈多，气孔愈大，内容物重量减轻，其比重变小。比重在1.08以上的蛋为新鲜蛋，比重在1.06以上的蛋为次鲜蛋，比重在 1.05 以上的蛋为陈次蛋，比重在 1.05 以下的蛋为变质腐败蛋。在商业上，常配置 1.08、1.07、1.06 和 1.05 四种比重的盐水测定蛋的比重。

(5) 气室高度：产后约 14 天内的新鲜蛋气室高度在 5 mm 以内。存放愈久，水分蒸发愈多，气室愈大。我国及其他许多国家以气室高度作为评定鲜蛋等级的重要依据。

(6) 蛋白指数：蛋白指数是指浓厚蛋白与稀薄蛋白的质量之比，浓厚蛋白愈多则蛋愈新鲜。新鲜蛋的蛋白指数为 6∶4 或 5∶5。

(7) 蛋黄指数：蛋黄指数用蛋黄高度与蛋黄直径的比值或用百分率表示，代表蛋黄的品质和禽蛋的新鲜程度。新鲜蛋的蛋黄指数为 0.38～0.44，合格蛋的蛋黄指数为 0.30 以上。当蛋黄指数小于 0.25 时，蛋黄膜破裂，出现“散黄”。

(8) 哈夫单位(Haugh Unit)：哈夫单位是根据蛋重和浓厚蛋白的高度计算出的衡量禽蛋新鲜度的一个方法，在国外最为常用。新鲜蛋的哈夫单位在 72 以上。随着存放时间的延长，由于蛋白质的水解，会使浓厚蛋白变稀，蛋白高度下降，哈夫单位变小。

(9) 蛋黄色泽：蛋黄色泽是指蛋黄颜色的深浅。国际上通常用罗氏(Roche)比色扇的 15 种不同黄色色调等级比色，要求出口鲜蛋和再制蛋的蛋黄色泽达到 8 级以上。饲料是影响蛋黄色泽的主要因素。

3.7.3.2 禽蛋的新鲜度鉴别

禽蛋的新鲜度除了可以用蛋的比重、气室高度、蛋白指数、蛋黄指数和哈夫单位等指标衡量外，在实际生产中多用感官鉴别法和光照透视鉴别法。

1) 感官鉴别法

(1) 看：用肉眼观察蛋壳色泽、形状、壳上膜、蛋壳清洁度和完整情况。新鲜蛋壳比较粗糙，表面干净，附有一层霜状胶质薄膜。如果胶质脱落、不清洁、乌灰色或有霉点为陈蛋。

(2) 听：敲击时新鲜蛋发出的声音坚实，裂纹蛋发音沙哑，大头有空洞声的是空头蛋，钢壳蛋发音尖细；振摇时没有声响的为新鲜蛋，有声响的是散黄蛋。

(3) 嗅：用鼻子嗅时新鲜鸡蛋无异味，新鲜鸭蛋有轻微的腥味。

2) 光照透视鉴别法

禽蛋蛋壳具有透光性，在灯光透视下，可观察蛋壳、气室高度、蛋白、蛋黄、系带和胚胎状况，对蛋的品质作出综合评定。该法准确、快速、简便。我国和世界各国经营鲜蛋和蛋品加工时普遍采用这种方法。

新鲜蛋光照时蛋内完全透明，并呈淡橘红色，气室高度不超过 5 mm，略微发暗，不移动。蛋白浓厚澄清，无色，无任何杂质。蛋黄居中，蛋黄膜裹得很紧，呈现朦胧暗影。蛋转动时，蛋黄也随之转动，其胚胎看不出。系带在蛋黄两端，呈现淡色条状带。通过照检，还可以看出蛋壳上有无裂纹，蛋内有无血丝、血斑、肉斑、异物等。

光照透视鉴别法通常采用日光鉴别法和灯光鉴别法，但现在已有机械电子自动照蛋法，是运用光学原理，由光电元件代替人的肉眼，以机械手代替手工操作，以机械运输代替人力搬运，从而实现自动鉴别鲜蛋的科学方法。机械电子自动照蛋有两种方法，一种方法是应用光谱变化的原理进行，即蛋腐败后氨气增加，引起光谱变化。如使用荧光灯照验鲜蛋，新鲜蛋发出深红、红、淡红色的光线，而变质的蛋则发出紫、青、淡紫色的光线。另一种方法是根据鲜蛋变质后蛋黄的位置、蛋白和蛋黄的体积、形态以及色泽变化，在光照下透光度有差异，导致光通量变化来分辨蛋的质量。

3.7.3.3 禽蛋的分级

1）内销鲜蛋的质量标准

我国国家标准或部颁标准制定的鲜蛋质量标准包括产品品种规格、感官指标、卫生指标三部分。其中蛋重是主要衡量标准，只有蛋重达标后才进一步考虑感官指标和卫生指标。制定标准多以鸡蛋为例，其他禽蛋可参照鲜鸡蛋的标准执行。

内销鸡蛋包括鲜鸡蛋、冷藏鲜鸡蛋两类，规格分为 3 个等级。一级蛋重要求每 10 枚大于或等于 625 g；二级蛋重要求每 10 枚大于或等于 500 g；三级蛋重每 10 枚小于 500 g。另外，同等级的蛋中所含上、下邻级蛋的总数不得超过 10%，每千克鲜蛋计量允许差值±10g。

鲜鸡蛋感官指标见表 3-7-6，冷藏鲜鸡蛋感官指标见表 3-7-7。

表 3-7-6 鲜鸡蛋感官指标(GB 2748—1996)

项 目	指 标		
	一 级	二 级	三 级
蛋 壳	清洁，有外蛋壳膜，不破裂，蛋形正常，色泽鲜明	清洁，不破裂，蛋形正常	不破裂
气 室	完整，深度不超过 7 mm，无气泡	完整，深度不超过 7 mm，无气泡	可移动，深度不超过 9 mm，无气泡
蛋 白	浓厚	浓厚	较浓厚，允许存在少量血斑
蛋 黄	居中，轮廓明显，胚胎未发育，蛋黄系数≥0.40*	居中，轮廓明显，胚胎未发育，蛋黄系数 0.39～0.36*	居中或稍偏，轮廓明显，胚胎未发育，蛋黄系数≤0.35*

注：* 此项指标为参照指标。

表 3-7-7 冷藏鲜鸡蛋感官指标(GB 2748—1996)

项 目	指 标		
	一 级	二 级	三 级
蛋 壳	清洁，不破裂，外形正常，色泽鲜明	清洁，不破裂，外形正常，色泽鲜明	清洁，不破裂，外形正常，色泽鲜明
气 室	完整，深度不超过 9 mm，无气泡	完整，深度不超过 9 mm，无气泡	移动，深度不超过 9 mm，或有气泡
蛋 白	浓厚	较浓厚	较浓厚或稀薄，允许存在少量血斑
蛋 黄	居中或稍偏，轮廓明显，胚胎未发育，蛋黄系数≥0.30*	稍偏，轮廓明显，胚胎未发育	游离，轮廓显著，不与蛋白相混

注：* 此项指标为参照指标。

2）出口鲜蛋标准

出口鲜蛋要求品质新鲜，蛋壳清洁、完整，蛋白浓厚或稍稀薄，蛋黄居中或稍偏。根据重量，鸡蛋分为 5 个等级，鸭蛋分为 4 个等级，同级蛋的大小或重量应大体一致，不能混级。不合格蛋不得输出。重量分级标准可参考表 3-7-8 和表 3-7-9。

表 3-7-8 出口鲜蛋的重量分级标准(SN/T 0422—1995)

类别	级别	每箱净重(kg)	任取 10 枚蛋重(g)
鸡蛋	特级	300 枚装 净重 19.5 以上	≥650
	超级	300 枚装 净重 18.0 以上	≥600
	大级	300 枚装 净重 16.5 以上	≥550
	一级	360 枚装 净重 18.0 以上	≥500
	二级	360 枚装 净重 16.2 以上	≥450
	三级	360 枚装 净重 14.4 以上	≥400
鸭蛋	一级	300 枚装 净重 22.5 以上	≥750
	二级	300 枚装 净重 19.5 以上	≥650
	三级	300 枚装 净重 16.5 以上	≥550

表 3-7-9 输往港、澳的鲜蛋重量分级标准

类别	级别	每箱净重(kg)	每千枚重量(kg)
鸡蛋	大超级	300 枚装 净重 16.75 以上	55.5 以上
	一级	300 枚装 净重 15 以上	50 以上
	二级	300 枚装 净重 14 以上	46.5 以上
	三级	360 枚装 净重 15.75 以上	43.5 以上
	四级	360 枚装 净重 13.75 以上	38 以上
鸭蛋	超级	240 枚装 净重 16.75 以上	70 以上
	一级	240 枚装 净重 15.25 以上	64 以上
	二级	240 枚装 净重 13.5 以上	56.5 以上
	三级	240 枚装 净重 12 以上	50 以上

3) 国外鲜蛋的分级标准

(1) 美国鲜蛋的分级标准：美国鲜蛋的分级标准较细，有的按单个蛋的质量，有的按蛋重，也有按蛋的破损程度等加以区分。表 3-7-10 介绍美国官方质量标准。

表 3-7-10 美国不同等级鸡蛋的质量标准

质量因素	质量规格		
	AA 级	A 级	B 级
蛋壳	清洁、无裂纹，蛋形接近正常	清洁、无裂纹，蛋形接近正常	清洁或稍有不洁，无裂纹，形状可能不正常
气室	深度≤3.0 mm，可以移动，有或没有小泡	深度≥4.8 mm，可以自由移动，有或没有小泡	深度>4.8 mm，可以自由移动，有或没有小泡

（续表）

质量因素	质量规格		
	AA级	A级	B级
蛋　白	清亮，有硬度，哈夫单位≥72	清亮，有一定硬度，哈夫单位60～72	清亮，可能略有混浊或水样，有血斑和肉斑，哈夫单位30～60
蛋　黄	总体很好	好，无缺陷	眼观正常或扩大和扁平，可能有一定缺陷，可见细菌繁殖，但繁殖不需血液

资料来源：美国农业部。

AA级和A级禽蛋可以作为鲜食蛋销售，但B级禽蛋只能用作加工蛋而不能用作鲜食蛋。

(2) 日本鲜蛋分级标准：日本鸡蛋分级除去外观检查和光照检查外，还进行打开蛋液的检查，其分级标准见表3-7-11。

表3-7-11　日本鸡蛋的分级标准

项目		特级	一级	二级	三级
光照检查	蛋　壳	清洁，无伤，正常	基本清洁，无伤，稍有异常	不太清洁，无伤，有异常	有伤，不清洁，形状异常
	蛋　黄	位于中心，轮廓稍见	基本位于中心，轮廓大体上无明显缺欠，稍扩大，有点扁平	偏离中心，严重扩大扁平，有若干缺欠	有异常现象，有血块或异物，稍有臭味
	蛋　白	透明，坚实	透明，稍软弱	软弱，呈液状	异常，水样
	气　室	深度4 mm以内，不移动	深度8 mm以内，稍移动	深度8 mm以上，有气泡，移动自如	
打开检查	扩散面积	小	一般	相当大	
	蛋　黄	圆形	稍扁平	扁平	
	浓厚蛋白	含量多，包围卵黄	量少，扁平	几乎没有	
	稀薄蛋白	量少	一般	量多	

另外，商品蛋按照单个蛋重分级。特大蛋：69～75 g；大蛋：63～69 g；中等蛋：53～63 g；中小蛋：51～53 g；小蛋：45～51 g；特小蛋：39～45 g。

思考与练习

1. 试述禽蛋的构造及其在加工储藏中的意义。
2. 试述禽蛋的化学组成、理化特性及其在加工储藏中的应用。

4 水产食品原料

4.1 水产食品原料的种类及特性

占地球表面70%的水域蕴藏着丰富的水产生物资源，因其特殊的生长环境，其营养成分的组成往往与陆上动植物不同，甚至含有陆上动植物未见的生理活性物质，但水产动物却比陆上动物更易腐败变质。为了掌握水产动植物的食品化学特性及其加工特性，以及在加工储藏过程中发生的成分变化和机理，从而确定保持品质、提高质量的方法，有必要对水产动植物的主要品种有所认识。

按生物学分类法，水产食品原料可分为水产动物和藻类两大类。水产动物包括爬行类动物、鱼类、棘皮动物、甲壳动物、软体动物、腔肠动物等。藻类主要包括大型海藻类和微藻类植物。爬行类有中华鳖、海龟等，鱼类包括海水鱼和淡水鱼，棘皮动物中有海参、海胆、海星等，甲壳动物主要是虾、蟹，软体动物主要有瓣鳃类的文蛤、贻贝和毛蚶等，腹足类有鲍鱼和香螺等，头足类有章鱼和乌贼等，藻类植物有海带、裙带菜、紫菜等。

4.1.1 水产动物原料的种类及特性

4.1.1.1 海水鱼类

(1) 带鱼[Trichiurus Haumela (Forsskāl)]：带鱼科，又名刀鱼、牙鱼、白带鱼。鱼体侧扁、延长呈带状，尾细似鞭、口大，下颌突出，牙齿发达尖锐，侧线在胸鳍上方显著弯曲，眼间隔平坦，背鳍很长，占鱼体整个背部，臀鳍不明显，无腹鳍，体表光滑，鳞退化呈表皮银膜，体长60～120 cm。带鱼属暖水性中下层结群性洄游鱼类，我国沿海均有分布。东南沿海春夏汛为5月～7月，冬汛为11月～次年1月。

带鱼系多脂鱼类，肉质肥嫩，经济价值很高，除鲜销外，可加工成罐头制品、鱼糜制品、盐腌品及冷冻小包装食品。从表皮银膜中提取咖啡因，可供医药和工业用；提取6-硫代鸟嘌呤制成药可治急性白血病、胃癌及淋巴肿瘤等。

(2) 大黄鱼[Pseudosciaena Crocea (Richardson)]：石首鱼科，又名黄鱼、大王鱼、大鲜、大黄花鱼、黄金龙、桂花黄鱼等。鱼体长椭圆形，侧扁，尾柄细长，头大而尖突，体色金黄，一般体长为30～40 cm，体重约为400～800 g。属暖性中下层结群性洄游性鱼类，分布在我国黄海南部、福建和江浙沿海。春汛为4月下旬～6月中旬，秋汛在9月，俗称桂花黄鱼汛，但是由于资源变化该鱼几乎形成不了鱼汛。

大黄鱼经济价值很高，目前主要供市场鲜销或冷冻小包装流通；淡干品、盐干品等亦是餐桌上的佳肴。其耳石具清热作用，鳔有润肺健脾、补气活血之功能。

(3) 小黄鱼[Pseudosciaena Polyactis (Bleeker)]：石首鱼科，又名黄花鱼、小鲜、花鱼、小黄瓜、古鱼、黄鳞鱼、小春鱼、金龙、厚鳞仔。小黄鱼与大黄鱼外形相似，但它们是两个独立种，其主要区别是大黄鱼的鳞较小，背鳍起点到侧线间有 8～9 个鳞片；而小黄鱼的鳞片较大，在背鳍起点间有 5～6 个鳞片。其次是大黄鱼的尾柄较长，其长度为高度的 3 倍多；而小黄鱼的尾柄较短，其长度仅为高度的 2 倍多，一般体长为 16～25 cm。小黄鱼属温水近海底结群性洄游鱼类。分布于我国渤海、黄海和东海，春汛为 3 月～5 月，秋冬汛为 9 月～12 月。

小黄鱼的加工利用与大黄鱼相似，在日本是生产高级鱼糜制品的原料。也是婴幼儿疾病后体虚者的滋补和食疗佳品。

(4) 蓝点马鲛[Scomberomorus Niponius (Cuvier)]：鲅科，又名鲅鱼、条燕、板鲅、尖头马加、竹鲛、马鲛、青箭。体长而扁侧，呈纺锤形，一般体长为 25～50 cm、体重 300～1 000 g，最大个体长可达 1 m、重 4.5 kg 以上。尾柄细，每侧有 3 个隆起脊，以中央脊长而且最高。头长大于个体高。口大，稍倾斜，牙尖利而大，排列稀疏。体被细小圆鳞，侧线呈不规则的波浪状。体侧中央有黑圆形斑点，鳍 2 个，第一背鳍长，有 19～20 个鳍棘，第二背鳍较短，背鳍和臀鳍之后各有 8～9 个小鳍；胸鳍、腹鳍短小无硬棘；尾鳍大、深叉形。

蓝点马鲛分布于北太平洋西部。我国产于东海、黄海和渤海。主要渔场有舟山、连云港外海及山东南部沿海。每年的 4 月～6 月份为春汛，7 月～10 月份为秋汛，5 月～6 月份为旺季。肉坚实味鲜美，营养丰富。除鲜食外，也可加工制作罐头和咸干品。其肝是提炼鱼肝油的原料。

(5) 鲐鱼[Pneumatophorus Japonicus (Houttyn)]：鲭科，又名鲐巴鱼、鲭鱼、青花鱼、油胴鱼、花池鱼、花巴、花鳀、青占、花鲱、巴浪。鱼体呈纺锤形，粗壮微扁，头中大，前端尖细，呈圆锥形，尾柄两侧各具有一个隆起嵴，背侧青黑色，有深蓝色不规则斑纹，腹部微带黄色，体长一般为 25～47 cm。属暖水性中上层结群洄游鱼类，分布于太平洋西部。我国近海均产，系我国重要的中上层经济鱼类之一。东海春汛 4 月～5 月，夏秋汛 8 月～11 月，黄海 5 月～9 月。

鲐鱼产量较多，已成为水产加工的主要对象之一，油脂含量高，适于加工油浸、茄汁类罐头、腌制品等。

(6) 竹荚鱼[Trachurus Japonicus (Temminck et Schlegel)]：鲹科，又名巴浪、刺鲅、山鲐鱼、黄占、大目鲭、竹签、吹鱼、大目鳀、阔目池、山舌鱼、豹目鳀、刺公等。体呈纺锤形，稍侧扁，一般体长 20～35 cm，体重 10～300 g。脂眼睑发达。体被小圆鳞，侧线上被高而强的棱鳞，所有棱鳞各具一向后的锐棘，形成一条锋利的隆起脊。体背部青绿色，腹部银白色，腮盖骨后缘有一黑斑。有 2 个分离背鳍；胸鳍特别大，镰刀状；胸及尾鳍土黄色，背及臀鳍淡黄色。

竹荚鱼分布于太平洋西部。我国沿海均产，且渔场分布广。主要渔场和渔期是：南海的万山群岛一带为 12 月至次年 4 月份；东海的马祖、大陈岛、嵊山等渔场为 4 月～10 月份；黄海的大沙、海洋岛及烟台威海渔场为 4 月～9 月份，尤以 9 月份为旺汛。为我国一般的经济鱼类。可供鲜食，也可加工制罐头或咸干品。

(7) 银鲳[Pampus Argenteus (Euphrasen)]：鲳科，又名平鱼、白鲳、长林、车片鱼、鲳鱼、鳊鱼、乌伦、枫树等。体呈卵圆形，侧扁，一般体长 20～30 cm，体重 300 g 左右。头较小，吻圆钝略突出。口小，稍倾斜，下颌较上颌短。体被小圆鳞，易脱落，侧线完全。体背部微呈青灰色，胸、腹部为银白色，全身具银色光泽并密布黑色细斑。无腹鳍，尾鳍深叉形。

银鲳分布于印度洋和太平洋西部。我国沿海均产，东海与南海较多。渔期自南往北逐渐推迟，广东及海南岛西部渔场为 3 月～5 月份；闽东渔场为 4 月～8 月份；舟山及吕泗渔场为 4 月～6 月份；渤海各渔场为 6 月～7 月份。银鲳系名贵的海产食用鱼类之一，每百克肉含蛋白质 15.6 g、脂肪 6.6 g。肉质细嫩且刺少，尤其适于老年人和儿童食用。加工制品有罐头、咸干、糟鱼及鲳鱼鲞等。对于消化不良、贫血、筋骨酸痛等病症有辅助疗效。

(8) 海鳗[Muraenesox Cinereus (Forsskāl)]：海鳗科，又名狼牙鳝、牙鱼、鳗鱼、门鳝、长鱼、即勾、勾鱼等，在我国常见的还有星鳗。海鳗体延长，躯干部分近圆形，尾部侧扁，肛门位于体中部前方，背鳍后连尾鳍与臀鳍，无腹鳍。头长，吻突出。牙尖锐，全身光滑无鳞，有侧线。体背侧银灰色，腹部近乳白色，一般体长 35～45 cm，大者可达 100 cm 以上，重 10 kg 以上。海鳗属近海底层鱼类，我国沿海均有分布。辽宁、山东和浙江沿海，夏、秋、冬均有捕获，渔期以冬至前后为最盛。

海鳗除鲜销外，其干制品"鳗鲞"驰名中外，还可用于加工油浸、烟熏鳗鱼罐头及冷冻鳗鱼片出口等。由鳗鱼制成的鳗鱼鱼糜制品色白、弹性好、口味鲜美。对面部神经麻痹、神经衰弱及贫血等症有辅助疗效。

(9) 绿鳍马面鱼鲀[Navodon Septentrionalis (Günther)]：革鲀科，又名象皮鱼、剥皮鱼、孜孜鱼、面包鱼、烧烧鱼、老鼠鱼、沙猛等。鱼体扁平，呈长椭圆，体长为体高的 2 倍多，鳞细小，具小刺，无侧线，口小，牙呈门状，第一背鳍有二鳍棘，第一鳍棘粗大，有倒刺，腹鳍退化成一短棘。体呈蓝灰色，各鳍呈绿色，体长一般不超过 20 cm。马面鱼鲀属外海暖水性底层鱼类，有季节洄游性，分布在北太平洋西部，我国沿海均有。具有从北向南的洄游规律，1 月～5 月均可捕获，一般 2 月～4 月为旺汛。近年资源下降幅度较大。

马面鱼鲀肉质结实，多制成调味干制品(马面鱼鲀鱼片干)。此外，还可以加工为罐头食品及鱼糜制品。鱼肝占体重的 4%～10%，且出油率高，可达 50%以上，多用于鱼肝油制品的油脂来源。

(10) 河豚：河鲀，鲀科。又名河豚、艇巴鱼、腊头鱼、街鱼、乖鱼、鸡抱、龟鱼、乌狼。种类很多，常见的有以下几种：弓斑东方鲀[Fugu Ocellatus (Linnaeus)]、暗纹东方鲀[Fugu Obscurus (Abe)]、虫纹东方鲀[Fugu Vermicularis (Temminck et Schlegel)]、铅点东方鲀[Fugu Alboplumbeus (Richardson)]、星点东方鲀[Fugu Niphobles (Jordan et Snyder)]、条纹东方鲀[Fugu Xanthopterus (Temminck et Schlegel)]、黑鳃兔头鲀[Lagocephalus Inermis (Temminck et Schlegel)]。

这类鱼一般体呈长椭圆形，不侧扁，无鳞，而是着甲鳞变成的小刺。头体粗圆，唇发达。上下锋颌明显，上下颌骨成四大牙状，无真正牙齿，有气囊，遇敌害时，能使腹部相当膨胀。体长一般为 15～35 cm。

河豚为底层鱼类，生活在海洋港湾的咸水域中，少数品种也能进入江湖等淡水中。我国沿海各个海域和内陆各大河流均有河豚分布。一年四季均可捕到，但从惊蛰到春分是旺季。河豚肉质鲜美，但其肝脏和卵巢等内脏有毒，误食会中毒，故我国规定，河豚鱼必须经专人处理，除去内脏、血液、表皮，整条河豚不得上市场出售。河豚经过严格去毒处理后，可加工成鲜鱼片、腌干制品、熟食品等。从河豚鱼中提取的河豚毒素，是一种珍贵的药品。

(11) 鳕鱼[Gadus Macrocephalus (Tilesius)]：鳕科，又名大头鱼、大口鱼、大头青、明太

鱼、阔口鱼、石肠鱼等。鱼体长，稍侧扁，尾部向后渐细，头长大，下颌有一触须，腹鳍喉位鳞细小，侧线不明显，体灰褐色，具有不规则的暗褐色斑点和斑纹。体长一般为 20～70 cm。为冷水性底层鱼类。分布于北太平洋，我国产于黄海和东海北部。夏汛 4 月～7 月，冬汛 12 月～次年 2 月。

鳕鱼除鲜销外可加工成鱼片、鱼糜制品、咸干鱼、罐头制品等。肝含油量为 20%～40%，并富含维生素 A、D，是制作鱼肝油的原料。鳕鱼加工的下脚料是白鱼粉的主要原料。

(12) 鲻鱼(Mugil Cephalus Linnaeus)：鲻科，又名乌支、田鱼、乌头、脂鱼、白眼、丁鱼、黑耳鲻等。体延长，前部近圆桶形，后部侧扁，一般体长为 20～40 cm，体重为 500～1 500 g。全身被圆鳞，眼大、眼睑发达。牙细小成绒毛状，生于上下颌的边缘，背鳍两个，臀鳍有 8 根鳍条，尾鳍深叉形。体、背、头部呈青灰色，腹部白色。鲻鱼外形与梭鱼相似，主要区别是鲻鱼肥短，梭鱼细长；鲻鱼眼圈大而内膜与中间带黑色，梭鱼眼圈小而眼睛液体呈红色。

鲻鱼广泛分布于大西洋、印度洋和太平洋。我国沿海均产，尤以南方沿海较多，而且鱼苗资源丰富，是南海及东海的养殖对象。主要渔场在沿海各大江河口区，汛期自 10 月至次年 12 月。鲻鱼是优质经济鱼类之一，肉细嫩，味鲜美，多供鲜食。鱼卵可制作鱼子酱。此外，鲻鱼肉味甘平，对消化不良、小儿疳积、贫血等病症有一定的辅助疗效。

(13) 沙丁鱼类：沙丁鱼类包括远东拟沙丁鱼[Sardinops Melanostictus (Temminck et Schlegel)]、脂眼鲱[Etrumeus Micropus (Temminck et Schlegel)]和日本鳀[Engraulis Japonicus (Temminck et Schlegel)]。

远东拟沙丁鱼：体形扁平，沿体侧面有 7 个黑点，2 年成鱼，体长 18～25 cm，主食植物性浮游动物，沿海岸表层面群体洄游，春季产卵。主要分布在东海、日本沿海、朝鲜东部沿海等。

脂眼鲱：眼泡肿大，体呈圆形，2 年成鱼，体长可达 30 cm，背鳍比腹鳍长得靠前很多，主食动物性浮游生物。产卵期 4 月～6 月，虽群体洄游，但结群比拟沙丁鱼要小，主要分布在朝鲜、中国、澳大利亚、南非等沿海。

日本鳀：成鱼体长只有 15 cm，上颌比下颌突出，背侧呈青黑色，腹部呈银白色，主食浮游生物，在沿海岸表层群体洄游，产卵期从春季可延伸到夏季，暖水性鱼，主要分布在日本、朝鲜、中国沿海等地。

小沙丁鱼可用于制作煮干品、鱼露；成鱼可加工生鱼片、酒渍鱼、罐头制品、熏制品、鱼糜制品等；鱼油可提取 EPA、DHA。

(14) 鲱鱼[Clupea Pallasi (Cuvier et Valenciennes)]：鲱科，又名青条鱼、青鱼、红线、海青鱼。体延长而侧扁，口小而斜，眼有脂膜，体鳞为圆形，无侧线。腹缘有弱小棱鳞，尾鳞呈叉形，背侧蓝黑色，腹侧银白色，体长一般为 25～36 cm，体重 20～80 g。属冷水性中上层鱼类，分布于西北太平洋，我国产于黄海和渤海。渔期为 12 月至次年 4 月。

鲱鱼产量大，肉质肥嫩，脂肪含量高。主要用于加工罐头、熏制品、盐干品及鱼松等，鲱鱼籽的加工品味美价高。

(15) 石鲽[Kareius Bicoloratus (Basilewsky)]：鲽科，又名石板、石岗子、石江子、石镜、石夹。石鲽鱼与高眼鲽外形近似。一般体长 20～30 cm，体重 250～400 g。其区别于高眼鲽的主要特征是：背鳍腹鳍边缘均有坚硬状不规则的石骨数块，故名“石岗鱼”。石骨与鱼体大小有关，鱼大则石骨大，鱼小则石骨小，一般大者如蚕豆大。牙小，上下颌各一行。头小，略扁。两眼均在头的右侧。侧线较直、明显、前部微突起。有眼一侧被栉鳞、呈褐色或灰褐色；无眼一侧被圆鳞，呈银白色，有的身上和鳍上有小型暗色斑纹。

石鲽鱼主要分布于温带及寒带地区，我国主要产于黄海、渤海。以海洋岛渔场、石岛渔场和辽东湾渔场产量较多。生产季节为春秋两季，以秋季产量较大。辽宁长海县盛渔期为9月～10月份，产量颇丰。石鲽鱼肉质细嫩，以鲜食为主。鲜鱼比较耐储藏。食用方法多以红烧、清蒸、清炖为主，尤以清蒸味道鲜美。石鲽鱼也是出口创汇商品。

(16) 鲨鱼：鲨鱼属于软骨鱼类，种类较多，常见的有以下几种：扁头哈那鲨[Notorynchus Platycephalus (Tenore)]、欧氏锥齿鲨[Carcharias Owstoni (Garman)]、灰星鲨[Mustelus Griseus (Pietschmann)]、白斑星鲨[Mustelus Manazo (Bleeker)]、黑印真鲨[Carcharinus Menisorrah (Müller et Henle)]、白斑角鲨[Squalus Acanthias (Linnaeus)]、皱唇鲨[Triakis Scyllium (Müller et Henle)]、双髻鲨[Sphyrna Lewini (Griffith)]和鲸鲨[Rhincodon Typus (Smith)]。

鲨鱼由于种类大小不同，体重可由数千克到数吨重(鲸鲨)，体表为盾鳞覆盖(皮齿)，皮较粗厚，口位于头的腹面。在头的两侧各有5～7个鳃裂，无鳃盖，内骨骼为软骨，鳍条为角质软条，无鳔也无肺。卵大，体内受精，卵生、卵胎生或胎生。在我国沿海均有分布，一般长年均可捕到，以3月～5月捕获较多。

鲨鱼的经济价值较高，几乎各个部分都可利用：肉可鲜食或加工成鱼糜制品及其他制品；鳍可制成鱼翅，为名贵海味；软骨可制明骨，亦为名贵食品；皮可制革、制胶；鱼肝中脂肪含量高，并含有维生素A、D，是生产鱼肝油制品的原料。最近还用鲨鱼油提炼出保健药品角鲨烯，具有抗衰老功效。鲨鱼软骨亦有抗癌作用。

4.1.1.2 淡水鱼类

我国的淡水鱼种类繁多，主要有青鱼、草鱼、鲢鱼、鳙鱼、鲤鱼、鲫鱼、凤尾鱼、鲥鱼、鲶鱼等。现就有加工价值的鱼种分述如下。

(1) 青鱼[Mylopharyngodon Piceus (Richardson)]：鲤科，又名乌青鱼、青鲩、黑鲲、青棒、钢青。体延长，躯干圆筒形而略侧扁，鳞片大而薄，侧线完全。体背青黑色，腹部灰白色。大者可长1 m多，重50 kg，常见个体3～4 kg。

青鱼生活在水中下层，主食螺蛳、蚌等软体动物和水生昆虫。为我国淡水养殖的主要品种，分布于我国各大水系，主产于长江以南平原地区水域。青鱼肉质鲜美，营养丰富。除鲜销外，可加工成罐头、熏制品及其他调味熟食品，鳞可制胶，皮可制革。

(2) 草鱼[Ctenopharyngodon Idellus (Cuvier et Valenciennes)]：鲤科，又名鲩、草鲩、草棍、白鲩、草包鱼、白鲜等。体近圆筒形，头部扁平，腹部圆。鳞稍大，背部青黄色，腹部灰白色，鱼体长可达1 m，重35 kg以上，一般也有2.0～2.5 kg。

草鱼栖于中下层和近岸多水草的水域，以食草得名，是淡水养殖的主要品种。草鱼与青鱼相似，但其肉质稍逊于青鱼。其鱼头在广东比鱼肉更受欢迎。

(3) 鲢鱼[Hypophthalmichthys Molitrix (Cuvier et Valenciennes)]：鲤科，又名白鲢、鲢子、白胖头、竹叶鲢、跳鲢、家鱼等。体侧扁，背部圆，腹部窄有腹棱，鳞小，侧线完全。背部青灰，腹部银白，各鳍均呈灰白色。鱼体一般在1～2 kg，大者可达15～20 kg。

鲢鱼栖息于水的中上层，以浮游生物为食，为我国淡水养殖的主要品种。鲢鱼以鲜食为主，也可加工成罐头熏制品及鱼糜制品。用鲢鱼加工的鱼糜制品色白、弹性好。

(4) 鳙鱼[Aristichthys Nobilis (Richardson)]：鲤科，又名花鲢、胖头鱼、大头鱼、黑胖

头、黄鲢、黑鲢等。体侧扁而厚，腹部自腹鳍后有棱。头特大，背部及体两侧上半部暗黑色，有不规则小黑斑，腹部银白色。鱼体一般为 1～2 kg，大者可达 30 kg。一般生活在中上层，以浮游生物为食，是淡水养殖的主要品种。

鳙鱼以鲜销为主，也有加工成熏制品、盐干品、鱼糜制品和罐头制品。

(5) 鲫鱼［Carassius Auratus (Linnaeus)］：鲤科，又名鲫瓜子、鲋鱼、刀子鱼、鲫壳子等，一般体长 15～20 cm。体侧扁而高，腹部圆，头短小，无须。背鳍长，外缘较平直。背鳍、臀鳍第 3 根硬刺较强，后缘有锯齿。胸鳍末端可达腹鳍起点。尾鳍深叉形。一般体背面灰黑色，腹面银灰色，各鳍条灰白色。因生长水域不同，体色深浅有差异。

我国除西部高原之外，全国各地水域均有分布。鲫鱼为我国重要食用鱼类之一。肉质细嫩，肉味甜美，营养价值高。鲫鱼性味甘、平、温，入胃、肾，具有和中补虚、除湿利水、补虚羸、温胃进食、补中生气之功效，尤其是活鲫鱼汆汤有通乳作用。

(6) 鲤鱼［Cyprinus Carpio (Linnaeus)］：鲤科，又名鲤拐子、朝仔、毛鱼、花鱼等。体长，略侧扁，背部在背鳍前稍隆起。有吻须一对，较短；颌须一对，其长度为吻须的 2 倍。鳃耙短，腹部圆，鳞片大而圆。侧线明显，微弯，侧线鳞 36 枚。背鳍长，臀鳍短。

鲤鱼适应性强，可在各类水域中生活，为广布性鱼类。是养殖的主要对象，全年均有生产，以春秋两季产量较高。鲤鱼为我国主要淡水经济鱼类之一，也是淡水鱼中总产量最高的一种。其外形美观，营养丰富，整条、切块烹调均佳，盐渍、风干也别有风味。鲤鱼药用价值亦高。其性味甘、平，具有清热解毒、健胃止咳、利尿消肿、安胎通气之功效。药用一般做汤淡食或配某些中药同服。

(7) 凤鲚［Coilia Mystus (Linnaeus)］：鳀科，又名凤尾鱼、黄鲚。雌体也称籽鲚、拷籽鱼，雄体亦称小鲚鱼。体延长侧扁，向后渐细长，鳞呈圆形，无侧线。腹部棱鳞显著。体背淡绿色，两侧及腹部银白色。雌体体长一般 15～18 cm，雄体长一般 10～13 cm。

凤尾鱼是洄游性小型鱼。平时栖息于浅海，春末夏初由海集群游向河口产卵，形成鱼汛。渤海、黄海、东海均有分布。为我国河口区的主要经济鱼类，它与银鱼、鲥鱼等同属海淡水洄游性经济鱼类。凤尾鱼怀卵饱满，美味可口，除鲜销外，多用于冷冻小包装、罐头制品等，上海鱼品厂的凤尾鱼罐头闻名于国内外市场。

(8) 鳗鲡［Anguilla Japonica (Temminck et Schlegel)］：鳗鲡科，又名青鳝、河鳗、淡水鳝。体细长，蛇形，前端近圆筒形，尾部稍侧扁。背部为深灰色，腹部银灰色。养殖的鳗鲫体重一般为 200～600 g，最大的可达 75 cm。

鳗鲡分布在我国、朝鲜和日本沿海，是降河性洄游鱼类。人工养殖主要集中在福建、广东、江苏、浙江等省，最近江西、广西、湖南等省也相继引进养殖。鳗鲡为高级食用鱼，除保活运销外，可加工成罐头制品、烤鳗和冻鳗。是淡水鱼制品中经济价值最高、出口创汇最多的品种之一。

(9) 鲥鱼［Hilsa Reevesii (Richdson)］：鲱科，又名时鱼、三黎鱼、池鱼、鲥刺等。此外，本属鱼还有花点鲥，但较少。体呈长椭圆形，较侧扁，一般体长为 25～40 cm。口大，脂眼睑发达，几乎遮盖眼的一半。体背和头部为灰色，略带蓝色光泽，体两侧和腹部为银白色。腹鳍、臀鳍灰白色，其他各鳍暗蓝绿色。

鲥鱼为洄游性鱼类，入江河产卵时鱼群集中，形成捕捞旺季。主要产地在长江流域，以下游镇江、南京产量较多，产季为 4 月～5 月份；芜湖、安庆等地水域产季为 5 月～6 月份；鄱阳湖产季为 6 月份。鲥鱼肉细嫩，脂肪厚，味鲜美，营养丰富，每百克肉含蛋白质 16.9 g、脂肪 17 g，是我国的名贵经济鱼类之一。

(10) 太湖新银鱼[Neosalanx Taihuensis (Chen)]：银鱼科，又名小银鱼、面丈鱼、面条鱼，个体小，细长近圆筒状，一般体长 6～8 cm，体裸出透明。头甚平扁，吻短，吻的两侧稍向内凹。眼小，似嵌在鱼体上的两个黑点。侧线平直。背鳍位于臀鳍和腹鳍中间的上方。有一极小脂鳍。尾鳍叉形。

银鱼分布于长江中下游及附属湖泊，如太湖、洪泽湖、鄱阳湖、巢湖、洞庭湖，以及云南滇池，产季多在 5 月～8 月份。银鱼个体小但繁殖力强，产量大。无骨无刺，100%可食，味鲜美。鲜品多与鸡蛋同炒或汆汤。冻品和淡干品都畅销国内外。

(11) 尼罗罗非鱼[Tilapia Nilotica (Linnaeus)]：丽鱼科，又名非洲鲫鱼，原产于约旦的坦噶尼喀湖，已广泛为其他地区所引进，我国于 1978 年从泰国引进并推广养殖，外形类似鲫鱼。体侧扁，背较高。头中等大小，鳞大，圆形。侧线分上下两段，背、胸、腹、臀、尾鳍都较大。背鳍发达，尾鳍末端钝圆形。体色因环境(或繁殖季节)而有变化，在非繁殖期间为黄棕色。头下侧、口下面、体下半部为白色。体侧有 8～10 条不明显的黑色纵纹带。尾鳍上有 10 条左右黑色条纹。在繁殖期间，雄鱼的纵斑带消失，体色呈灰黑色，腹部黑色，头部淡红色，背、胸、尾鳍的边缘呈淡红色。大型雌鱼的尾鳍也是淡红色。

尼罗罗非鱼是长江以南的高产养殖品种，南方 9 月～10 月份起水，北方更早。尼罗罗非鱼是罗非鱼中最大型的品种，而且骨刺少，肉质细嫩且富于弹性，味道鲜美，其风味可与海洋鲷鱼、比目鱼媲美，营养价值亦高。近年，冷冻鱼片大量出口欧美。

(12) 短盖巨脂鲤[Colossoma Brachypomum (Cuvier)]：脂鲤科，又名淡水白鲳，淡水鲳。体侧扁，盘状，形似海产银鲳。背部较厚，头较小，口端位，眼中大。背部有脂鳍，起点与腹鳍起点相对。尾鳍上叶稍长于下叶，边缘呈黑色。体呈银灰色，胸、腹、臀鳍呈红色，体被细小圆鳞。原产于南美洲亚马孙河，1985 年引入广东等地进行人工养殖，目前已在广东、浙江、福建、河南等近 10 个省(市、区)进行商业性养殖生产。生产季节与青、草、鲢相近，一般放养时间为 5 月～6 月份，商品鱼起捕上市为 9 月～10 月份。

淡水白鲳是热带和亚热带食用和观赏兼备的大型热带鱼类，它除了具有罗非鱼的优点外，还有比罗非鱼生长快、耐低氧、易捕捞等特点。淡水白鲳可用汽车、轮船和飞机进行长距离活鱼运输，一般运输成活率都很高。该鱼肉质细嫩鲜美，属名贵淡水鱼类。

(13) 大麻哈鱼[Oncorhynchus Keta (Walbaum)]：鲑科，又名麻哈鱼、马哈鱼、鲑鱼、麻糕鱼。一般体长 60 cm 左右。体延长而侧扁，头后逐渐隆起。头大而侧扁，口大，眼小，鳃孔大，鳞细小，侧线明显。体色变化较大，自海洋进入淡水之初，背和体侧黄绿色，逐渐转为青黑色，腹部银白色，两侧有 10～12 条橙红色斑纹。

大麻哈鱼洄游进入我国黑龙江、图们江等水系，乌苏里江较多，9 月～10 月份为生产旺季。是名贵的大型经济鱼类。体大肥壮，肉味鲜美，可鲜食，也可腌制、熏制及加工罐头，都有特殊风味。盐渍鱼卵即有名的“红鱼籽”，营养价值很高，为出口品种，在国际市场上享有盛誉。

(14) 鲶鱼[Silurus Asotus (Linnaeus)]：鲶科，又名土鲶、鲇鱼、年鱼、塘虱鱼等。体延长，一般体长 25～40 cm，前部呈圆筒形，后部侧扁。头大，宽而扁平。口宽大，弧形，口角唇褶发达。眼小，眼间距宽。须 2 对，上颌须长达胸鳍末端。体无鳞光滑，侧线平直，有黏液孔。体背面及侧面为灰黑色或黑褐色，腹面灰白色，背鳍、臀鳍、尾鳍灰黑色，胸鳍、腹鳍灰白色。

鲶鱼分布于全国各主要水系，全年均有生产，以春秋两季较多。鲶鱼刺少肉多，脂肪多，营养价值较高，身体虚弱者、老人、手术后的病人食之对恢复体力有较好的辅助作用，产妇食用可起催乳、增乳作用。

(15) 泥鳅[Misgurnus Anguillicaudatus (Cantor)]：鳅科，又名鳅、鳝、土溜、长鱼。小型鱼。体圆筒形，后部侧扁，腹部圆。须有 5 对，口须最长。鳞小，埋于皮下，头部无鳞。侧线不显著，尾鳍圆形。体背及两侧灰黄色或暗褐色，体侧下半部白色或浅黄色。头、体及各鳍均有许多不规则的黑色斑点，背鳍及尾鳍膜上的斑点排列成行。

泥鳅除西部高原外，各地淡水水域中均产，以南方河网地带较多。一年四季均可捕到，春季较多。泥鳅肉质细嫩，营养价值很高，每百克肉含蛋白质 22.6 g、脂肪 2.9 g。家常食用红烧、打卤、炖豆腐均宜。

4.1.1.3 软体动物

(1) 扇贝：虾夷扇贝[Patinopecten Yessoensis (Jay)]，扇贝科，又名帆立贝，双壳类贝类，下壳表面有 25～36 根放射肋，灰白色，上壳表面呈紫褐色，内侧呈白色，肉呈柱状。

扇贝性寒，一般生长在北方沿海 10～30 m 水深处的沙底，一半身躯埋在沙底内。产卵期为 2 月～3 月期，幼贝一般附着于海藻上，一年后栖入沙底，4 年成熟，我国渤海、黄海沿海盛产。扇贝肉，特别贝柱肉是十分受欢迎的高档水产食品，加工多用于冻制品、干制品、熏制品和其他调味制品。近年，利用贝柱肉加工的半干食品在国外很受欢迎。

(2) 牡蛎：长牡蛎[Crassotrea Gigas (Thunberg)]，牡蛎科，属软体动物，双壳类贝类，上下两壳不对称，鼓胀的面贴在岩礁上，分幼生种和卵生种两类，幼生种在体内受精，卵生种在水中受精，壳呈椭圆形，表面呈深灰色或灰褐色，有紫色放射带。我国沿海地带均有分布。

牡蛎肉中糖原含量高达 4%以上，用其加工成蚝油被誉为调味料中的极品，亦可用于制作罐头、熏制品、冷冻制品。此外，其牛磺酸、微量元素等含量高，是海洋功能食品的原料。

(3) 贻贝：紫贻贝[Mytilus Edulis (Linnaeus)]，贻贝科，又名海红。双壳贝类，体成楔形，壳薄呈黑紫色。壳内表面呈灰白色。为寒温带种类，分布于我国黄海、渤海东海，一般生活在水深 3 m 左右清澈的岩礁上，为我国养殖贝类之一，产量最高。

翡翠贻贝[Perna Viridis (Linnaeus)]，贝壳较大，壳长达 13～14 cm。壳长，壳长是壳高的 2 倍。壳顶位于贝壳的最前端，喙状。背缘弧形，腹缘直或略凹。壳较薄，壳面光滑，翠绿色，前半部常呈绿褐色，生长纹细密，前端具有隆起肋。壳内面呈瓷白色，或带青蓝色，有珍珠光泽。铰合齿左壳 2 个，右壳 1 个。分布于东海南部和南海沿岸，是我国南方养殖贝类之一。

鲜活贻贝是大众化的海鲜品。可以蒸、煮食之，也可剥壳后和其他青菜混炒，味均鲜美。其煮熟晒干品为淡菜。贻贝还用于冷冻等加工品的生产。蒸煮贻贝的汤汁经浓缩制成“贻贝油”可作为调味料。

(4) 栉江珧[Pinna(Atrina) Pectinata (Linnaeus)]：江珧科，又名大海红、大海荞麦，贝壳极大，一般长达 30 cm，壳呈直角三角形。壳顶尖细，位于壳的最前端。背缘直或略弯；腹缘前半部较直，后半部逐渐突出；后缘直或略呈弓形。壳表面一般约有 10 余条放射肋，肋上具有三角形略斜向后方的小棘。棘状突起在背缘最后一行多变成强大的锯齿状。壳表面颜色，幼体多呈白色或浅黄色，成体多呈浅褐色或褐色。壳顶部常被磨损而露出珍珠光泽。壳内颜色与壳表略同，其前半部具珍珠光泽。韧带发达，淡褐色，其高度与背缘相等，从壳顶至背缘 2/3 处韧带较宽，颜色亦较深。闭壳肌巨大。我国黄海、东海、南海均有分布，以福建东南海域产量较多。渔民多在 1 月～3 月份采捕生产。

栉江珧是一种很有加工利用的贝类。其后闭壳肌(肉柱)极发达，约占体长的 1/4 和体重的 1/5，且味鲜美，营养丰富。除鲜食外，可加工干制成著名的“干贝”，也可制作罐头。贝壳可做贝雕原料。

(5) 文蛤[Meretrix Meretrix (Linnaeus)]：帘蛤科，属软体动物，双壳类贝类，壳表面有光泽，呈淡黄色或淡褐色，多栖于 10 m 以上的浅水沙泥中。我国沿海均有分布。文蛤适用于加工罐头制品、调味品及带壳鲜销，其冻煮肉、冻文蛤肉串是出口日本的创汇产品。

(6) 鲍鱼：我国主要有皱纹盘鲍、耳鲍和杂色鲍 3 种。

① 皱纹盘鲍[Haliotisdiscus Hannai (Linnaeus)]：鲍科，又名鲍鱼、紫鲍，贝壳大，椭圆形，较坚厚。向右旋。螺层 3 层，缝合不深，螺旋部极小。壳顶钝，微突出于贝壳表面，但低于贝壳的最高部分。从第二螺层的中部开始至体螺层的边缘，有一排以 20 个左右凸起和小孔组成的旋转螺肋，其末端的 4～5 个特别大，有开口，呈管状。壳面被这排突起和小孔分为右部宽大、左部狭长的两部分。壳口卵圆形，与体螺层大小相等。足部特别发达肥厚，腹面大而平，适宜附着和爬行。壳表面深绿色，生长纹明显。壳内面银白色，有绿、紫、珍珠等彩色光泽。

皱纹盘鲍分布于我国北部沿海，山东、辽宁产量较多。产季多在夏秋季节。近年人工养殖发展，威海、长岛及长山岛等地已成为鲍鱼养殖基地，一年四季出产。

② 耳鲍[Haliotis Asinine (Linnaeus)]：鲍科，又名海耳，贝壳狭长，螺层约 3 层，螺旋部很小，体螺层大，与壳口相适应，整个贝壳扭曲成耳状。壳面左侧有一条螺肋由一列约 20 个左右排列整齐的突起组成，其中 5～7 个突起有开口。肋的左侧至贝壳的边缘具 4～5 条肋纹。生长纹细密。壳表面光滑，为绿色、黄褐色，并布有紫色、褐色、暗绿色等斑纹。壳内银白色，具珍珠光泽。足极发达，不能完全包于壳中。主要产于我国台湾、海南等地，产季多在夏秋季。

③ 杂色鲍[Haliotis Diversicolor (Reeve)]：鲍科，又名九子螺、九孔鲍，贝壳坚硬，螺旋部小，体螺层极大。壳面的左侧有一列突起，约 20 余个，前面的 7～9 个有开口，其余皆闭塞。壳口大，外唇薄，内唇向内形成片状边缘。壳表面绿褐色，生长纹细密，生长纹与放射肋交错使壳面呈布纹状。壳内面银白色，具珍珠光泽。足发达。杂色鲍我国东南沿海有分布，以海南岛及广东的硇州岛产量较多，产期多在秋季。不少地方已进行人工养殖。

鲍鱼肉特别鲜美，多用于高档宴席及鲜销，亦可制成罐头制品及干制品。皱纹盘鲍是我国所产鲍中个体最大者，鲍肉肥美，为海产中的珍品；耳鲍、杂色鲍虽不及皱纹盘鲍口感好，但也是鲍中较好的品种。鲍贝壳即有名的中药石决明，也是制作贝雕的重要材料。

(7) 乌贼：曼氏无针乌贼[Sepiella Maindroni (Rochebrune)]，乌贼科，又名墨鱼、目鱼。乌贼分头、足、胴体三部分，头部前端中央有口，周围有 8 条腕，4 列吸盘。另有较长的触腕一对，上有许多小吸盘。头部两侧各有一极发达的眼睛，头颈之腹面有一漏斗形喷水孔。体内有墨囊，遇敌就喷出墨汁逃走。胴体呈卵圆形，长为宽的 2 倍，左右参称，两侧全缘有肉鳍。整个背部有埋没在外套膜下的略呈椭圆形的石灰质内壳，胴体背部白花斑显著，雄性斑大，雌性斑小。

乌贼为暖水性中下层动物，我国沿海均有分布，以东海产量最高。乌贼的可食部分比例很高，达 92%，除鲜销外，可加工冻品罐头、鱼糜制品，其干制品“螟蛸鲞”是我国传统特产。调味干制品鱿鱼丝是受欢迎的休闲食品。其缠卵线干品“目鱼蛋”是名贵海味。海螵蛸亦是重要的中药原料。

(8) 章鱼：章鱼种类也很多，至少有 30 种以上，以真蛸[Octopus Vulgaris (Cuvier)]最多，属软体动物头足纲。章鱼有 8 只足，体色暗褐色，体表有褐色、黄色、青色的斑点。多栖于 20 m 左右的海底岩礁地带，主食鱼类、甲壳类。太平洋沿岸、红海、地中海均有分布。

章鱼加工利用主要以冷冻品、煮干品、熏制品及其他调味加工品为主。

4.1.1.4 甲壳类

(1) 中国对虾[Penaeus(Fenneropenaeus) Chinensis (Osbeck)]：对虾科，又名大虾、对虾、黄虾(雄)、青虾(雌虾)、明虾等，体长大而侧扁。雌体长 18～24 cm，雄体长13～17 cm。甲壳薄，光滑透明，雌体呈青蓝色，雄体呈棕黄色。通常雌虾个体大于雄虾。对虾全身由 20 节组成，头部 5 节、胸部 8 节、腹部 7 节。除尾节外，各节均有附肢一对。有 5 对步足，前 3 对呈钳状，后 2 对呈爪状。头胸甲前缘中央突出形成额角。额角上下缘均有锯齿。

中国对虾主要分布于我国黄渤海和朝鲜西部沿海。我国的辽宁、河北、山东省及天津市沿海是对虾的重要产地。捕捞每年有春、秋两季，10 月中下旬为旺汛期。20 世纪 70 年代开始进行养殖。对虾肉质鲜嫩味美，是高蛋白营养水产品。虾干、虾米等干品为上乘的海珍品。其带头、无头或虾仁的冷冻品是我国出口的主要水产品。虾头可生产味道鲜美的海鲜调味料，虾壳可提取甲壳素、壳聚糖。

(2) 斑节对虾[Penaeus Monodon (Fabricius)]：对虾科，又名草虾、花虾、牛形对虾，联合国粮农组织通称大虎虾。体被黑褐色、土黄色相间的横斑花纹。额角上缘 7～8 齿，下缘 2～3 齿。额角侧沟相当深，伸至胃上刺后方，但额角侧脊较低且钝，额角后脊中央沟明显。有明显的肝脊，无额胃脊。该虾是对虾中个体最大的一种，发现的最大个体长达 33 cm，体重 500～600 g。成熟虾一般体长 22.5～32.0 cm，体重 137～211 g。

斑节对虾分布区域甚广，日本南部、韩国、我国沿海、菲律宾、印尼、澳大利亚、泰国、印度至非洲东部沿岸均有分布。我国沿海每年有 2 月～4 月和 8 月～11 月两个产卵期。该虾生长快，适应性强，食性杂，为当前世界上养殖最普遍的品种，我国南方沿海可以养两茬。广东湛江地区养殖产量达全国总产量的 1/4。

斑节对虾味鲜美，营养丰富。鲜食为桌上佳肴，是深受消费者欢迎的名贵虾类。冷冻斑节对虾是目前我国外销的大宗虾类品种。

(3) 日本对虾[Penaeus(Marsupenaeus) Japonicus Bate]：对虾科，又名花虾、竹节虾、花尾虾、斑节虾、车虾。体被蓝褐色横斑花纹，尾尖为鲜艳的蓝色。额角微呈正弯弓形，上缘 8～10 齿，下缘 1～2 齿。第一触角鞭甚短，短于头胸甲的 1/2。成熟虾雌大于雄。

日本对虾分布极广，日本北海道以南、中国沿海、东南亚、澳大利亚北部、非洲东部及红海等均有栖息。我国沿海 1 月～3 月及 9 月～10 月均可捕到，产卵盛期为每年 12 月至次年 3 月。虾汛旺季为 1 月～3 月。常与斑节对虾、宽沟对虾混栖。日本对虾是日本最重要的对虾养殖品种，我国福建、广东等南方沿海也有养殖。该虾甲壳较厚，适于活体运销，利润较高。营养价值与其他主要虾类相近。

(4) 墨吉对虾[Penaeus(Fenneropenaeus)Merguiensis (De Man)]：对虾科，又名大虾、明虾、黄虾、大白虾、大明虾，联合国粮农组织统称香蕉虾，体淡棕黄色，透明甲壳较薄。额角上缘 8～9 齿，下缘 4～5 齿。额角基部很高，侧视呈三角形。额角后脊伸至头胸甲后缘附近，无中央沟。第一触角鞭与头胸甲大致等长。性成熟的雌虾大于雄虾。墨吉对虾分布甚广，在南半球由东非至澳大利亚；在北半球由东南亚及印度洋；在我国广东、海南及广西沿海均有分布。主要产卵期为 3 月～6 月，产卵盛期为 4 月～5 月。虾汛旺季为 10 月至次年 1 月。我国广东湛江市沿海为主要产区，也是广东沿海的主要养殖品种之一。

该虾生长较快，160～180 天体长可达 12 cm 以上。自然捕捞大者体长 20 cm，体重 100 g。该虾虾体离水后很快死亡，销售活虾较难，主要为冷冻虾。营养价值与其他主要虾类相近。

(5) 南美白对虾[Penaeus Vannamei (Boone)]：对虾科，又名白对虾、万氏对虾、凡纳对虾，虾体外形洁白透明，尾伞最外缘带状红色，前端两条长形为粉红色，额角上缘有 8～9 齿，而下缘为 2 齿。野生原种分布于北至墨西哥、南至智利的太平洋沿岸海域，栖息深度为 30～70 m 深的大陆架，栖息水域水温常年在 20℃以上。具有环境适应力强、成长速度最快、抗病能力强等优点。1988 年引进我国，目前养殖规模仅次于斑节对虾。

南美白对虾肉质鲜美，营养丰富，口感好，深受消费者喜爱。冷冻白对虾主要出口欧美市场，经济价值比同类虾高，是出口创汇的优良品种。

(6) 鹰爪虾[Trachypenaeus Curvirostris (Stimpson)]：对虾科，又名鸡爪虾、厚壳虾、红虾、立虾等，体较粗短，甲壳很厚，表面粗糙不平。体长 6～10 cm，体重 4～5 g。头胸甲的触角刺具较短的纵缝。腹部背面有脊。尾节末端尖细，两侧有活动刺。体红黄色，腹部各节前缘白色，后背为红黄色，弯曲时颜色的浓淡与鸟爪相似。我国沿海均有分布，东海及黄渤海产量较多。东海虾汛期为 5 月～8 月；黄渤海虾汛期为 6 月～7 月(夏汛)及 10 月～11 月(秋汛)。

鹰爪虾出肉率高，肉味鲜美。产区以鲜销为主，运销内地则多数为冻虾仁。鹰爪虾是加工虾米的主要原料，经过煮熟晾晒去壳后便是颇负盛名的“金钩海米”。

(7) 中国毛虾[Acetes Chinensis (Hansen)]：樱虾科，又名毛虾、红毛虾、虾皮、水虾、小白虾等，体形小，侧扁，体长 2.5～4 cm。甲壳薄。额角短小，侧面略呈三角形，下缘斜而微曲，上缘具两齿。尾节很短，末端圆形无刺；侧缘的后半部及末缘具羽毛状。仅有 3 对步足并呈微小钳状。体无色透明，第六腹节的腹面微呈红色。我国沿海均有分布，尤以渤海沿岸产量最多。产地主要有辽宁、山东、河北、江苏、浙江、福建沿海。虾汛期渤海为3 月～6 月及 9 月～12 月；浙江为 3 月～7 月；福建为 1 月～4 月和 11 月～12 月。

中国毛虾因体小壳薄肉嫩，适于加工成干品虾皮或调味料虾酱。儿童常食之有助于骨骼和牙齿的发育生长；老年人多食用也有良好的保健作用。

(8) 口虾蛄[Oratosquilla Oratoria (De Haan)]：虾蛄科，又名皮皮虾、虾耙子、虾公驼子、东方虾蛄。头部与腹部的前四节愈合，背面头胸甲与胸节明显。腹部 7 节，分界亦明显，而较头胸两部大而宽，头部前端有大型的具柄的复眼 1 对，触角 2 对。第 1 对内肢顶端分为 3 个鞭状肢，第 2 对的外肢为鳞片状。胸部有 5 对附肢，其末端为锐钩状，以捕挟食物。胸部 6 节，前 5 节的附属肢具鳃，第 6 对腹肢发达，与尾节组成尾扇。虾蛄雌雄异体，是沿海近岸性品种。虾蛄喜栖于浅水泥沙或礁石裂缝内，我国南北沿海均有分布。口虾蛄为渤海湾特有品种，产量较多，产期为每年 4 月～5 月。

虾蛄味道鲜美，价格低廉，为沿海群众喜爱的水产品，现在也成为沿海城市宾馆饭店餐桌上受欢迎的佳肴。

(9) 中华绒螯蟹[Eriocheir Sinensis (H. Milne - Edwards)]：方蟹科，又名河蟹、螃蟹、毛蟹、清水蟹，身体分两部分：头胸部和腹部，附有步足 5 对。头胸部的背面为头胸甲所包盖。头胸甲墨绿色，呈方圆形，俯视近六边形，后半部宽于前半部，中央隆起，表面凹凸不平，共有 6 条突起为脊，额及肝区凹陷，其前缘和左右前侧缘共有 12 个棘齿。额部两侧有一对带柄的复眼。头胸甲的腹面，除前端为头胸甲所包裹外，大部分被腹甲，腹甲分节，周围密生绒毛。腹部紧贴在头胸部的下面，周围有绒毛，共分 7 节。雌蟹的腹部为圆形，俗称“团脐”；雄蟹的腹部呈三角形，俗称“尖脐”。第一对步足呈棱柱形，末端似钳，为螯足，强大并密生绒毛；第四、五对步足呈扁圆形，末端尖锐如针刺。广泛分布于我国南北沿海各地湖泊，以江苏阳澄湖所产最著名。20 世纪 60 年代以后产量锐减，近年实行人工移苗放流，产量有所恢复。7 月～9 月为生产旺季。

中华绒螯蟹肉味鲜美，营养丰富，每 100 g 含蛋白质 14 g、脂肪 5.9 g，经济价值很高。此蟹只可活食，因死蟹体内的蛋白质分解后会产生蟹毒碱。

(10) 三疣梭子蟹[Portunus Trituberculatus (Miers)]：蝤蛑科，又名梭子蟹、枪蟹、海蟹。蟹体分头胸部和腹部。外壳呈菱形，稍隆起，前侧左右缘各有 9 个锯齿，最后一个锯齿特别大，背面有 3 个隆起，甲壳呈茶绿色，腹面扁平，呈灰白色，蟹足 1 对，步足 4 对，成蟹体长 17～19 cm。三疣梭子蟹为近海底栖动物，我国沿海均有分布。一般全年可捕到，而以春夏之交产量最大。

三疣梭子蟹肉多，脂膏肥满，肉味鲜美，除鲜销外，可加工成枪蟹、蟹酱、蟹糊和蟹肉干等海味极品，以活蟹出口，经济价值更高。

(11) 锯缘青蟹[Scylla Serrata (Forskâl)]：蝤蛑科，又名青蟹、闸蟹，头胸甲长约 9～10 cm，宽 13～14 cm。外形近似梭子蟹。头胸甲隆起而光滑，呈青绿色，胃区与心区间有明显的“H”形凹痕。螯足强大，不对称。前 3 对步足指节的前，后缘具刷状短毛。锯缘青蟹分布于东海和南海。以浙江、福建、台湾、广东等地沿海产量较多。产期多在 9 月～11 月。

锯缘青蟹是一种味道鲜美、营养丰富的食用蟹。捕捞未怀卵和体质瘦的天然蟹，经过短时间的人工饲养，促使雌蟹怀卵成熟，叫做膏蟹；雄蟹增肉，叫做肉蟹。锯缘青蟹的最大特点是离水后不易死亡，可就近或远销活蟹。它也是传统的出口水产品，经济价值和营养价值高。

4.1.1.5 其他类

(1) 海胆：海胆种类很多，我国主要产紫海胆[Anthocidaris Crassispina (A. Agassiz)]，长海胆科。体半球形，棘长，壳径 3～10 cm，高 1.5～5 cm。体色暗紫色，生殖巢为黄白色，食海藻，产卵期为 6 月～8 月。太平洋沿岸均有分布。海胆食用生殖巢，生食或盐渍罐藏作调味料。用其加工成海胆酱，风味独特，营养价值很高。

(2) 海参：海参种类繁多，我国主要产刺参[Apostichopus (Stichopus) Japonicus (Selenka)]，刺参科，体圆柱形，似黄瓜。前端口周生有 20 个触手，背面略隆起，有圆锥形肉刺排列成 4～6 不规则行。腹面有三行管足。体色黄褐、黑褐或绿褐，长 20～40 cm。海参栖息于水流缓慢、海藻丰富的细沙底或岩礁底。我国北方沿海产量较高，目前人工养殖刺参发展很快。海参干制品是名贵海味，经济价值高，也可用于罐头制品。从刺参中提取的多糖具有抗肿瘤作用。

(3) 海蜇[Rhopilema Esculenta (Kishinouye)]：根口水母科，又名水母，属腔肠动物类，全身分伞体和口腕两部，伞体半球形，伞径一般为 30～45 cm，大者可达 1 m。口腕在伞体的下面，依靠口腕上的吸口及周围的小触指捕食，体色变化很大，多为青蓝色，触指呈白色。海蜇暖水性，生活在河口附近，自泳能力很差，常随潮汐、风向、海流而漂流。我国沿海均产。广东渔期为 4 月～6 月，福建、浙江、江苏为 6 月～8 月，山东、河北、辽宁为8 月～9 月。

由于新鲜海蜇体内水分特别多，一般在 90%以上，渔期又在气温较高的夏秋季节，因此必须用强力脱水剂明矾和食盐混合腌渍，腌渍 3 次者，称之为三矾海蜇。加工后的伞体部分叫海蜇皮，口腕部分叫海蜇头。加工后的海蜇皮是国内外市场的畅销货。

(4) 鳖[Trionyx Sinensis (Wiegmann)]：鳖科，属爬行类，又名中华鳖、甲鱼、团鱼、王八等。全身分为头、颈、躯干、四肢和尾五部分。头部略呈三角形，眼小，颈长。躯干略呈圆形。背部隆起有骨质甲，甲外裹以柔软的皮，皮肤上有颗粒状小疣，排成纵行棱起。腹面由竖骨一根、横骨数根组成，骨间由肌肉连成一体；表层也裹有软皮。体边缘部分柔软，称裙边。头和颈能完全缩入甲内。四肢肥壮，各有 5 指(趾)，其中 3 指(趾)有爪，指(趾)间有发达的蹼。尾短小，四肢和尾也有较强的伸缩力。背部橄榄色，有黑斑；腹面肉黄色，有浅绿色斑；颈、尾及四肢的背面为褐色。

全国各地均有出产，以湖南、湖北、安徽、江西等省为多。每年春秋为生产捕捞旺季，已可进行人工养殖。鳖肉味鲜美，营养价值很高，是滋补珍品。鳖甲可入药。鳖是传统的出口水产品之一，畅销国际市场。

4.1.2 水产植物原料(海藻类)的种类及特性

海洋藻类多数为单细胞个体，少数为多细胞群体或叶状体，没有真正意义上的根、茎、叶器官分化。迄今知道的藻类约有 4 万余种，其中微藻约占 80%，有 3 万余种。目前世界上以各种形式利用的海藻有 221 种，其中绿藻 32 种，褐藻 64 种，红藻 125 种。藻类为人类认识并用作食品已有近 3 000 年历史，工业化利用也已有 300 多年。并且随着对藻类认识的深入，藻类应用也越来越广。本节主要介绍常见的大型海藻和目前在国内外大量培养、利用的微藻。

4.1.2.1 褐藻

(1) 海带：海带品种亦有多种，我国的海带是属真海带[Laminaria Japonica (Aresch)]，海带科，又名昆布。海带分为叶片、叶柄和固着器 3 个部分。藻体叶片呈带状，褐色有光泽，表面附着胶质层。叶片边缘呈波褶状，薄而软，叶柄粗短，圆柱状。固着器位于叶柄基部，由许多从叶柄基部生出的分枝假根组成，用以附着于海底岩石或其他固定物上，一般长约 2～4 m，最长可达 7 m。海带生活在水温较低的海中，我国沿海由北至南方的福建均产，为主要养殖品种。海带收割期，北方沿海一般在 6 月～7 月，南方为 5 月～6 月。

海带一般在收割期时晒干成干制品、盐渍制品及加工成各种食品(佃煮食品、调味干制品、即食海带等)，由于富含碘和褐藻胶质，可用于工业提取碘、褐藻胶、甘露醇等。可防治动脉硬化、甲状腺肿大等。

(2) 裙带菜[Undaria Pinnatifida (Harv.) Suringar]：翅藻科，又名海芥菜、裙带。叶似

破芭蕉叶扇子，但生长在大连、山东沿海的，叶上缺刻深，叶形较细长；生长在浙江海区的则反之。叶基部也是叶柄和固着器，固着器多叉状假根。叶高 1～2 m，宽 50～100 cm。叶中央由柄延伸成中肋直抵叶端，叶面上散布着许多黑色小斑，叶表生有无色丛毛。藻体快成熟时，柄边缘狭长的龙根部生长快速，形成许多木耳状重叠皱褶。鲜藻体浓褐色、褐绿色，加工脱水后呈茶褐色、黑褐色。

裙带菜在辽宁、山东沿海及浙江省舟山嵊泗列岛均有分布，有些地区现已发展养殖。收割期从 3 月中旬前后开始，4 月中旬结束。裙带菜是一种美味适口、营养丰富的海藻，其中除含碘量较海带少外，其他成分均不亚于海带，适宜于鲜食。加工品种主要为盐渍品、即食裙带菜、汤料等。

(3) 羊栖菜[Sargassum Fusiforme (Harv.)Setch]：马尾藻科，又名海大麦、海栖、海菜。藻体棕褐色，以主干分枝、互生细叶及气囊形成藻体，由于其气囊为麦粒状，故沿海居民多俗称"海大麦"。羊栖菜为马尾藻科的中小型海藻，成体长 0.4～0.8 m，大的可超过 1 m。多生长在风浪较大、水质清净的低潮带岩石上，全年可见，生长盛期在春夏季。为北太平洋西部特有的暖温带海藻，我国南北沿海均有分布。目前浙江、山东沿海均有人工养殖。羊栖菜为传统的海洋生物药物，中药名叫海菜，具有软坚散结、利水消肿、泄热化痰等功效，可用于治疗甲状腺肿大、颈淋巴结肿、浮肿、脚气病等。

4.1.2.2 红藻

(1) 紫菜：紫菜属红藻门、红毛菜料、紫菜属，常见的有坛紫菜和条斑紫菜。坛紫菜[Porphyra Haitanensis (Rhodophyta)]，红毛菜科，藻体片状膜质，呈紫红色或青紫色，藻体较薄。我国长江以南沿海均有分布，为江南主要养殖品种。条斑紫菜(Porphyra Yezoensis)，藻体卵形，一般呈紫黑色，长江以北均有分布，为江北的主要养殖品种。

福建、浙南沿海多养殖坛紫菜，北方则以养殖条斑紫菜为主。紫菜是分期采割的。叶长 15～20 cm 即可采收一次，从秋后开始可持续到次年 3 月～5 月。紫菜采收期：初期从 9 月中旬至 11 月下旬；中期从 12 月上旬至次年 2 月下旬，后期从 3 月上旬至 4 月上旬。条斑紫菜则从 12 月上旬开始到次年 5 月份止。

紫菜味鲜美，蛋白质含量高，营养丰富。一般加工成紫菜干品或调味紫菜食用，亦可加工成佃煮食品。具有降低人体血清中胆固醇、预防动脉硬化、补肾利尿、清凉宁神、防治夜盲、发育障碍等功效。亦可用于提取琼胶。

(2) 江篱[Gracilaria Verrucosa (Huds.)Papenfuss]：江篱科，又名龙须菜、海面线、粉菜、海菜、蚝菜、沙尾菜。藻体呈圆柱形、线形分枝，分枝互生、偏生，其基部稍有缢缩(这是鉴定不同品种的特征)。每株基部为小盘状固着器，主枝较分枝粗，直径 0.5～1.5 mm，大的可达 4 mm，株高 10～50 cm，高的可达 1 m，人工养殖的更高。藻枝肥厚多汁易折断。颜色有红褐、紫褐色，有时带绿或黄，干后变为暗褐色，藻枝收缩。

我国沿海各地均有江篱资源，现广东、广西等南方沿海已发展养殖。采收江篱在两广从 3 月开始，福建沿海要推迟 1 个月才开始收获。江篱体内充满胶质，含胶达 30%以上，是制造琼胶的重要原料之一。广泛应用于工、农、医药业，作为细菌、微生物的培养基。沿海群众用其胶煮凉粉食用，或直接炒食。煮水加糖服用，具有清凉、解肠热、养胃滋阴的功效。

(3) 石花菜[Gelidium Amansii (Lamouroux)]：石花菜科，又名鸡毛菜，藻体分主枝、分枝、小枝，直立丛生。枝体扁平，分枝渐细，呈羽状互生、对生，枝端急尖。主枝基部是固着器。每株高 10～20 cm，大者可达 30 cm。颜色随海区环境、光照的不同而有变化，有紫红色、棕红色、淡黄色等。

石花菜分布于我国北部沿海，浙江、福建、台湾也有生长。人工筏式养殖的石花菜，春茬在 7 月上旬收获，秋茬在 12 月初收获。自然增殖的石花菜多在 6 月～7 月间采收。石花菜也是一种重要的经济藻类，藻体细胞空隙间充满胶质，是制作凉粉、琼胶的理想原料。

(4) 角叉菜[Chondrus Ocellatus (Holmes)]：属杉藻科。藻体丛生，深紫红色或稍带棕绿色，固着器壳状；藻体的基部呈亚扁形，向上则扁平叉开，数回叉状分枝，腋角宽圆，顶端钝形。藻体革质型，具光泽。角叉菜多生长在潮间带岩石上，属暖温带海藻。广东、福建和海南省沿海均有分布，是制作卡拉胶的主要原料。

4.1.2.3 绿藻

(1) 孔石莼[Ulva Pertusa (Kjellm)]：石莼科，又名海波菜、海条、猪母菜。藻体有卵形、椭圆形、圆形和披针形。叶片上有形状、大小不一的孔，这些孔可使叶片分裂成几个不规则裂片。叶边缘略有皱褶或呈波状。叶基部有盘状固着器，但无柄。株高 10～40 cm。颜色碧绿，干后浓绿色。辽宁、河北、山东和江苏省沿海均有分布，长江口以南沿海虽也有生长，但逐渐稀少。孔石莼全年均有，繁殖生长期主要在冬春季，春末夏初是采收盛期。

孔石莼的化学成分很复杂，是药用海藻，在福建、广东各地的中药店内称昆布。其性味咸寒，能清热解毒、软坚散结、利水降压，可治中暑、水肿、小便不利、颈部淋巴结肿、单纯性甲状性肿、疮疥和高血压，亦可做菜吃。

(2) 条浒苔[Enteromorpha Clathrata (Roth) Greville]：石莼科，又名海青菜、苔菜、苔条。藻体管状中空，分枝细长众多，主干不明显。株高可达 40 cm。鲜藻鲜绿色，干后暗绿色、浓绿色。我国沿海均有出产，但东海沿岸产量最大。藻体全年生长，春季为旺期，这时可以开始采收。

条浒苔可以鲜食，也可晒干储存，还可以腌食。江浙、上海等地把苔条拌入面粉中作苔条饼，既增色又具独特的清香味。闽南一带以苔条作为春饼的调味剂。浒苔藻含有大量的抗溃疡性物质，对胃溃疡患者和十二指肠患者有疗效，还有解毒、增强肝脏机能的作用。

(3) 刺松藻[Codium Fragile (Sur.) Hariot]：松藻科，又名鼠尾藻、软软菜、刺海松。藻体深绿至墨绿色，呈树枝状，多为鹿角形分枝、圆柱形枝体，内部为海绵形结构，由管状丝状体交织组成，成直立或匍匐状生长，高 20～40 cm。多生长在中、低潮带岩石上或石沼中，为多年生绿藻，生长盛期 7 月～9 月。我国沿海均有分布，为浙江沿海优势藻种。

可供食用和药用。过去我国南方沿海渔民常用其炖水煎服，以驱蛔虫、清肠胃等，还有清热解毒等功效。

4.1.2.4 微藻

微藻不是分类学上的名称，而是对那些肉眼看不到，需在显微镜下才能辨别其形态的微小的藻类类群的统称。

(1) 螺旋藻(Spirulina sp.)：属于蓝藻门、颤藻科、螺旋藻属，是一种多细胞的丝状蓝绿藻。螺旋藻属于原核生物，细胞结构简单，个体成螺旋形丝状，藻丝长 50～500 μm，直径约 1～12 μm。丝状体一般没有覆盖黏性鞘，因而藻体细胞上没有附着细菌或其他微生物。细胞内有气泡，因而易上浮，易于采集；螺旋藻的形状受环境影响较大，形状多变。根据化石分析，螺旋藻距今已生存了约 35 亿年。其分布范围很广，在土壤、沼泽、淡水、海水和温泉中都有发现，在一些高盐碱度的湖泊也能生长。目前国内外工厂化生产的螺旋藻有钝顶螺旋藻[S. Plantensis (Geitl)]、极大螺旋藻[S. Maxima (Setch. et Gardn)]等。

(2) 小球藻：小球藻[Chlorella Vulgaris (Beij.)]，属绿藻门的绿球藻目、小球藻科。为小型单细胞，呈球形，壁很薄；色素体杯状，占细胞的大部分，有 1 个蛋白核有时不很明显，直径 5～10 μm，生殖个体直径可达 23 μm。

小球藻是一种营养全面的微藻。藻体中蛋白质含量 40%～50%，脂肪 10%～30%，碳水化合物 10%～25%，灰分 6%～10%，并含有 8 种必需氨基酸和高含量的维生素。与富含维生素的普通陆生植物相比，小球藻中维生素 A 的含量通常要高出 500 倍，维生素 B_2 和维生素 B_6 高出 4 倍，维生素 C 高出 800 倍。小球藻细胞壁薄，纤维素量低，易于消化吸收，是一种优良的功能性食品资源。

(3) 杜氏藻[Dunaliella Salina (Teod.)]：属于绿藻门团藻目，多毛藻科。由于有些种类能在含盐量很高的水体中生存，又称盐藻。杜氏藻为无细胞壁的单细胞，形态多变，有卵形、球形、圆柱形、椭圆形、梨形、纺锤形等，顶端有两条等长鞭毛，具 1 个杯状色素体。嗜盐的海产种类有一个中央位的蛋白核，色素体前端有 1 个红色眼点，在高浓度盐水中无收缩泡，但在低浓度盐水中有收缩泡存在。

目前，全世界大多数的天然胡萝卜素产品都是通过大面积培养盐生杜氏海藻后提取制得，澳大利亚、以色列和美国已进入商业化生产阶段。光强增加超过正常生长所需，以及在缺 N、P 和低溶解氧的条件下，杜氏藻都会积累大量的类胡萝卜素，以保护细胞免受高光强辐射引起的损伤。由此，杜氏藻生产 β-胡萝卜素的条件应包括强辐射、较高的温度、高盐、低营养和低溶解氧等，因此非常适合于进行大规模培养，那些靠近盐湖或海边具有强烈光辐射的干旱、沙漠地区，均可作为杜氏藻培养的场地。

思考与练习

1. 常见海产鱼的种类有哪些？各有何特点？
2. 常见的虾、蟹类有哪些？各有何特征？
3. 简述海藻的主要种类、特征及特点。
4. 简述螺旋藻的功能特征。

4.2 水产食品原料的化学成分及特性

水产食品原料具有许多固有的特性，例如种类性质上的多样化，化学组成上的种特异性，易腐败、变质，有毒种类、生理活性物质存在等，这些特性是水产食品原料加工利用的基础。

4.2.1 水产动物原料的化学成分及特性

4.2.1.1 肌肉组织

1）体侧肌和肌节

鱼体的肌肉组织是主要的可食部分，对称地分布在脊背的两侧，一般称为体侧肌。每侧体侧肌再由水平隔膜划分为背肌和腹肌。如图 4-2-1 所示，从鱼体前部到尾部连续排列成M型的很多肌节，每一肌节是由无数平行的肌肉纤维纵向排列，并前后连接在许多称为肌隔的结缔组织膜上形成的。各种鱼体所具有的肌节数量是一定的，从体侧肌的断面图（图 4-2-2）看，背肌和肌节都是作同心圆形状排列的。

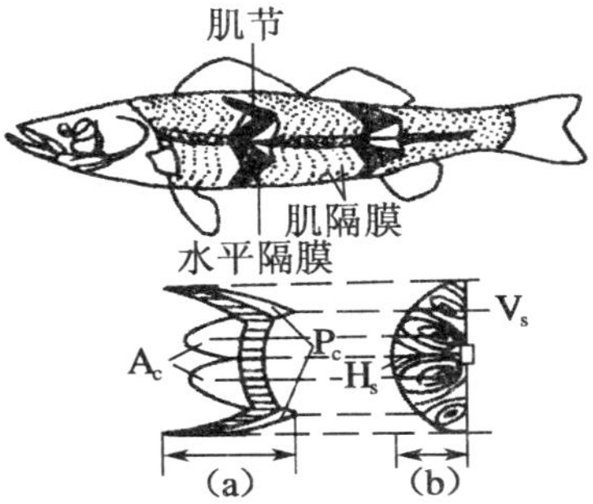

图 4-2-1 鱼类的体侧肌和肌节

（a）肌节的侧面 （b）断面体侧肌

A_c—前向维体；H_s—水平隔膜；P_c—后向维体；V_s—垂直隔膜

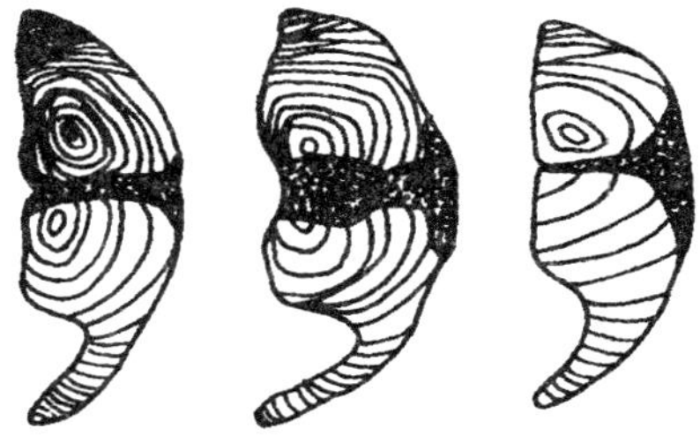

图 4-2-2 鱼类体侧肌组织断面

2）暗色肉与红色肉

暗色肉存在于体侧线的表面及背侧部和腹侧部之间，其肌纤维稍细，富含血红蛋白和肌红蛋白等色素蛋白质及各种酶蛋白。鱼体暗色肉的多少因鱼种而异。一般活动性强的中上层鱼类，如鲱、鲐、沙丁鱼和鲣、金枪鱼等的暗色肉多，由鱼体侧线下沿水平隔膜两侧的外部伸向脊骨的周围。分布在外侧的称为表层暗色肉，靠近脊骨的为深层暗色肉。活动性不强的底层鱼类的暗色肉少，并限于为数不多的表层暗色肉，如鳕、鲽、鲷、鲤等。在运动性强的洄游性鱼类，如鲣、金枪鱼等的普通肉中也含有相当多的肌红蛋白和细胞色素等色素蛋白质，因此也带有不同程度的红色，一般称为红色肉，有时也把这种鱼类称为红肉鱼，而把带有浅色普通肉或白色肉的鱼类称为白肉鱼类。暗色肉除比普通肉含有较多的色素蛋白质之外，还含有较多的脂质、糖原、维生素和酶等，在生理上可以适应缓慢持续性的洄游运动；而普通肉则与此相反，主要适宜于猎食、跳跃、避敌等的急速运动。在食用价值和加工储藏性能方面，则暗色肉低于白色肉。

鱼类等脊椎动物的肌肉是由横纹肌组成的，鱼类以外的水产无脊椎动物中，虾、蟹等同样为横纹肌。其余如贝类、乌贼、章鱼等的肌肉组织中，既存在着横纹肌，也存在着斜纹肌和无纹肌（平滑肌），如扇贝等的闭壳肌是由横纹肌组成的，而乌贼的外套膜、牡蛎的半透明闭壳肌则主要是由斜纹肌所组成。

4.2.1.2 蛋白质

海产动物的肌肉及其他可食部分富含蛋白质，并含有脂肪、多种维生素和无机质，含少量的碳水化合物（表4-2-1）。

表4-2-1 常见鱼类和其他水产动物一般营养成分 单位：%

种类	名称	水分	粗蛋白质	粗脂肪	碳水化合物	无机盐
海水鱼类	大黄鱼	81.1	17.6	0.8	—	0.9
	带鱼	74.1	18.1	7.4	—	1.1
	鳓	73.2	20.2	5.9	—	1.1
	鲐	70.4	21.4	7.4	—	1.1
	海鳗	78.3	17.2	2.7	0.1	1.7
	牙鲆	77.2	19.1	1.7	0.1	1.0
	鲨鱼	70.6	22.5	1.4	3.7	1.8
	马面	79.0	19.2	0.5	0.0	1.7
	蓝圆	71.4	22.7	2.9	0.6	2.4
	沙丁鱼	75.0	17.0	6.0	0.8	1.2
	竹鱼	75.0	20.0	3.0	0.7	1.3
	真鲷	74.9	19.3	4.1	0.5	1.2
淡水鱼类	鲤	77.4	17.3	5.1	0.0	1.0
	鲫	85.0	13.0	1.1	0.1	0.8
	青鱼	74.5	19.5	5.2	0.0	1.1
	草鱼	77.3	17.9	4.3	0.0	1.0
	白鲢	76.2	18.6	4.8	0.0	1.2
	花鲢	83.3	15.3	0.9	0.0	1.0
	鲂	73.7	18.5	6.6	0.2	1.0
	鲥	64.7	16.9	17.0	0.4	1.0
	大麻哈鱼	76.0	14.9	8.7	0.0	1.0
	鳗鲡	74.4	19.0	7.8	0.0	1.0
甲壳类	梭子蟹(海产)	76.0	20.0	0.5	1.5	2.0
	中华绒螯蟹	71.0	14.0	5.9	7.4	1.8
	对虾	77.0	20.6	0.7	0.2	1.5
	青虾	81.0	16.4	1.3	0.1	1.2
贝类	文蛤	84.8	10.0	0.6	1.8	2.2
	鲍鱼	73.4	23.5	0.4	0.7	2.0
	牡蛎	80.5	11.3	2.3	4.3	1.6
	蚶	88.9	8.1	0.4	2.0	0.6
其他	乌贼	80.3	17.0	1.0	0.5	1.2
	海参	91.6	2.5	0.1	1.5	4.3
	中华鲟	79.3	17.3	4.0	0.0	0.7

一般鱼肉含有约 15%～22%的粗蛋白质，虾、蟹类与鱼类大致相同，贝类含量较低为 8%～15%，鱼类和虾、蟹类的蛋白质含量与牛肉、半肥瘦的猪肉、羊肉相近，不同的是脂肪、碳水化合物含量低。因此水产品是一种高蛋白、低脂肪和低热量食物。

1）鱼贝类蛋白质的组成

鱼贝类蛋白质
- 细胞内蛋白
  - 肌原纤维蛋白
  - 肌浆蛋白
- 细胞外蛋白——肌基质蛋白

鱼贝类肌肉蛋白质大致分为肌原纤维蛋白、肌浆蛋白和肌基质蛋白三大部分；也可根据其对不同溶剂的溶解性而分为水溶性蛋白、盐溶性蛋白、不溶性蛋白。其组成见表 4-2-2。

表 4-2-2　鱼贝类肌肉的蛋白质组成

种　类	肌浆蛋白	肌原纤维蛋白	肌基质蛋白
鲐	38	60	1
远东拟沙丁鱼	34	62	2
鳕	21	70	3
星鲨	21	64	7
鲤	33	60	4
鳙	28	63	4
团头鲂	32	59	4
乌贼	12～20	71～85	2～3
文蛤闭壳肌	41	57	2
文蛤足肌	56	33	11
蝾螺足肌	12	36	39
蝾螺鳃肌	15	45	27

（1）肌原纤维蛋白：肌原纤维蛋白由肌球蛋白、肌动蛋白以及称为调节蛋白的原肌球蛋白与肌钙蛋白所组成。肌球蛋白和肌动球蛋白是构成肌原纤维粗丝与细丝的主要成分。两者在 ATP 的存在下形成肌动球蛋白，与肌肉的收缩和死后僵硬有关。肌球蛋白的相对分子质量约为 5.0×10^{5}，肌动蛋白约为 4.5×10^{4}，是肌原纤维蛋白的主要成分。其他属于调节蛋白的原肌球蛋白等数量较少，与加工储藏中鱼肉质量变化的关系不大。肌球蛋白分子由重链与轻链两个部分所组成，每一肌球蛋白分子上有 2 根或 3 根（白色肉为 3 根，暗色肉为 2 根）相对分子质量不同的轻链。将从肌肉制备的肌原纤维用 SDS－PAG（十二烷基硫酸钠—聚丙烯酰胺）凝胶电泳进行分离测定，可以看到按相对分子质量大小次序排列的肌原纤维蛋白组分的电泳谱。不同鱼类的 3 根轻链的相对分子质量大小不尽相同，但对于同一鱼种是一定的。利用这种轻链的种特异性可以进行鱼种分类的鉴别。作为肌球蛋白和肌动蛋白的重要生物活性之一，是它具有分解腺苷三磷酸酶（ATPase）的活性，是一种盐溶性蛋白。当两种蛋白质在冻藏、加热过程中产生变性时，会导致 ATP 酶活性的降低或消失。同时，肌球蛋白在盐类溶液中的溶解度降低。这两种性质是用于判断肌肉蛋白变性的重要指标。在鱼糜制品加工过程中加2.5%～3.0%的食盐进行擂溃的作用，主要是利用氯化钠溶液从被擂溃破坏的肌原纤维细胞溶解出肌动球蛋白使之形成弹性凝胶。此外，在贝类、乌贼等无脊椎动物肌肉的肌原纤维蛋白中还存在一种副肌球蛋白，相对分子质量约 1.0×10^{5}，与肌球蛋白共同构成肌原纤维的粗丝，与贝类闭壳肌的收缩作用有关。

(2) 肌浆蛋白：肌浆蛋白是存在于肌肉细胞肌浆中的水溶性(或稀盐类溶液中可溶的)各种蛋白的总称，种类复杂，其中很多是与代谢有关的酶蛋白。现时常利用一些如乳酸脱氢酶、磷酸果糖激酶、醛缩酶等同工酶的种类特异性，来进行鱼种或原料鱼的种类鉴定。各种肌浆蛋白的相对分子质量一般在 $1.0\times10^4\sim3.0\times10^4$ 之间。在低温储藏和加热处理中，较肌蛋白稳定，热凝温度较高。此外，色素蛋白的肌红蛋白亦存在于肌浆中。运动性强的洄游性鱼类和海兽等暗色肌或红色肌中的肌红蛋白含量高，是区分暗色肌与白色肌(普通肌)的主要标志。

(3) 基质蛋白：基质蛋白包括胶原蛋白和弹性蛋白，是构成结缔组织的主要成分。两者均不溶于水和盐类溶液，在一般鱼肉结缔组织中的含量，前者高于后者约 4～5 倍。胶原是由多数原胶原分子组成的纤维状物质，当胶原纤维在水中加热至 70℃以上温度时，构成原胶原分子的 3 条多肽链之间的交链结构被破坏而成为溶解于水的明胶。在肉类加热或鳞皮等熬胶的过程中，胶原被溶出的同时，肌肉结缔组织被破坏，使肌肉组织变得软烂和易于咀嚼。此外，在鱼肉细胞中还存在一种称为结缔蛋白的弹性蛋白，以及鲨鱼翅中存在的类弹性蛋白，都同样是与胶原近似的蛋白质。

2) 鱼贝类蛋白质的营养价

鱼贝类蛋白质含有的必需氨基酸的种类、数量均一平衡。以食物蛋白质必需氨基酸化学分析的数值为依据，FAO/WHO 1973 年提出了氨基酸计分模式(AAS)，对各种鱼类和虾、蟹、贝类蛋白质营养值的评定结果显示(表 4-2-3)，多数鱼类的 AAS 值均为 100，和猪肉、鸡肉、禽蛋相同，而高于牛肉和牛奶。但鲣、鲐、鱼师、鲆、鲽等部分鱼类以及部分虾、蟹、贝类的 AAS 值低于 100，约在 76～95 的范围。它们的第一限制氨基酸大多是含硫氨基酸，少数是缬氨酸，鱼类蛋白质的赖氨酸含量特别高。因此，对于米、面粉等第一限制氨基酸为赖氨酸的食品，可以通过互补作用，有效地改善食物蛋白的营养。此外，鱼类蛋白质的消化率达 97%～99%，和蛋、奶相同，而高于畜产肉类。鱼肉基质蛋白质中 8 种必需氨基酸含量相对较少，缺少色氨酸、胱氨酸等，是一种不完全蛋白质(表 4-2-4)。

表 4-2-3　几种鱼虾蟹贝的氨基酸含量(mg/g N)和氨基酸计分值

品种	异亮氨酸	亮氨酸	赖氨酸	蛋氨酸＋胱氨酸	酪氨酸＋苯丙氨酸	苏氨酸	色氨酸	缬氨酸	AAS 值(1973)
沙丁鱼	371	575	680	223*	563	346	80	458	100
竹荚鱼	379	566	665	224*	596	348	81	442	100
真鲷	395	562	618	229*	581	352	86	426	100
狭鳕	441	508	673	220*	502	355	73	349	100
鲐	463	463	625	200*	525	325	75	488	—
鲣	408	551	693	217*	538	359	80	582	—
对虾	239	539	589	248	532	256	63	274	88(Val)
梭子蟹	291	560	556	290	591	323	101	310	100
柔鱼	378	568	602	304	598	334	92	318	100
蛤蜊	321	558	506	282	562	306	99	339	100
蝾螺	262	516	461	252	439	280	50	267	83(Trp)
鲍	251	514	425	231	462	293	44	260	73(Trp)

注：(1) 有“*”号为缺胱氨酸分析值，鲐、鲣因缺胱氨酸分析值故未计算 AAS 值。

(2) AAS 值后括号内为第一限制氨基酸。

表 4-2-4 鱼肉蛋白质的氨基酸组成(g/100 g 蛋白质)

种类	鱼肉蛋白质平均氨基酸含量			
	鱼肉	肌球蛋白	肌动蛋白	基质蛋白
半胱氨酸	1.4	0.9	1.4	0.0
组氨酸	3.6	2.1	3.3	1.2
异亮氨酸	5.0	4.6	7.7	1.7
亮氨酸	9.2	9.4	6.6	3.2
赖氨酸	10.6	10.6	6.5	3.7
蛋氨酸	2.7	3.0	4.1	2.0
苯丙氨酸	4.7	3.9	4.6	2.0
苏氨酸	5.5	4.3	6.9	0.6
色氨酸	1.4	0.8	1.6	0.0
缬氨酸	5.2	5.3	5.9	2.3

4.2.1.3 脂肪

鱼贝类组织中的脂肪一般分为积累脂肪(Depot Lipid)和组织脂肪(Tissue Lipid)。

积累脂肪主要分布于皮下组织和肠等,其主要成分为甘油三酯,作为动物的能源积累或消耗,易随季节、年龄、营养状态的变化而变化。图 4-2-3 为沙丁鱼脂肪含量的周年变化。鱼类脂肪积累的方式因鱼种而异,金枪鱼、鲐鱼、秋刀鱼等红肉鱼的肌肉中含脂肪量高,肝脏含量少;而鳕鱼、鲨鱼、乌贼等肝脏中脂肪含量高,肌肉中含量少。鱼类的脂肪含量不仅因鱼种而异,即便是同种鱼,也因季节、年龄、营养状态而异,一般洄游性鱼类比底栖鱼类的季节变化来得大,但两者均在产卵之后其脂肪含量达到最低水平。鱼肉的水分和脂肪的增减是逆相关系,脂肪积累时水分减少,脂肪减少时水分增多,二者之和约为 80%。沙丁鱼肌肉中水分与脂肪之间的关系如图 4-2-4 所示。

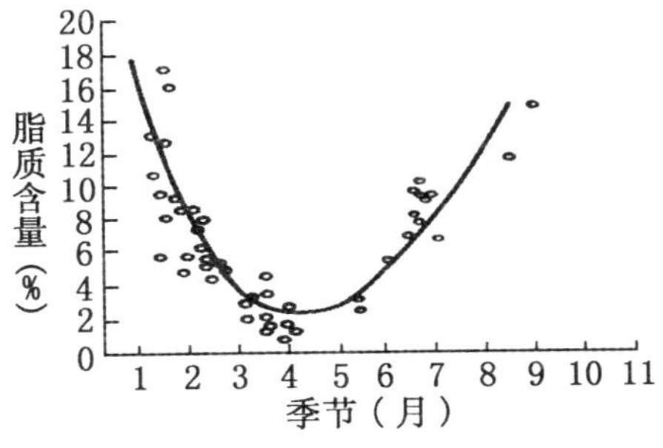

图 4-2-3 沙丁鱼脂肪含量的周年变化

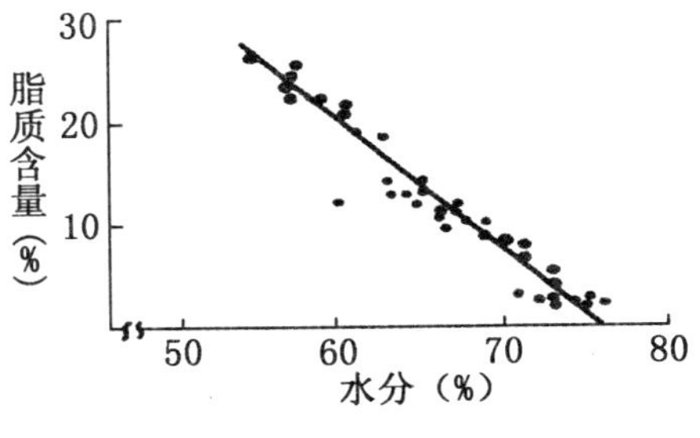

图 4-2-4 沙丁鱼肌肉中脂肪含量同水分的关系

组织脂肪主要含于肌肉细胞膜、脑等组织中,主要成分为磷脂、糖脂、胆固醇等复合脂肪,同季节、营养状态等无关,基本上是按一定量分布于组织中的。海产动物的脂质在低温下具有流动性,并富含多不饱和脂肪酸和非甘油三酯等。同陆上动物的脂质有较大的差异,这是海产动物脂质的重要特性之一。

1）脂质成分的种类

鱼贝类脂质大致可分为非极性脂质（Nonpolar Lipid）和极性脂质（Polar Lipid），或积累脂肪和组织脂肪。非极性脂质中含有中性脂质（Neutral Lipid，单纯脂质），衍生脂质（Derived Lipid）及烃类。中性脂质是甘油三酯（Triglyceride，TG）、甘油二酯（Diglyceride，DG）及甘油单酯（Monoglyceride，MG）的总称。衍生脂质是脂质分解产生的脂溶性衍生化合物，如脂肪酸、多元醇、固醇、脂溶性维生素等。但是鱼贝类的脂质中也有以游离状态存在的。

而极性脂质又称复合脂质（Conjugated Lipid）。磷脂（甘油磷脂）、鞘磷脂、糖脂质、磷酰脂及硫脂等属此类。大部分的脂质组成中含有脂肪酸形成的酯。鱼贝类的器官和组织内，脂质也有以游离状态存在的，但也有和其他物质结合存在的如脂蛋白（Lipoprotein）、蛋白脂（Proteolipid）、硫辛酰胺（Lipoamide）等具有亲水性的复合脂质。

2）脂肪酸

鱼贝类中的脂肪酸大都是 C_{14}～C_{20} 的脂肪酸，大致可分为饱和脂肪酸、单烯酸、多烯酸（表 4-2-5）。一般将具有 2 个以上双键结合的脂肪酸称作多不饱和脂肪酸（Polyunsaturated Fatty Acids，PUFA）。

脂肪酸的组成因动物种类、食性而不同，也随季节、水温、饲料、生息环境、成熟度而变化。脂肪酸大都为直链脂肪酸，含奇数碳原子数的脂肪酸和侧链脂肪酸的量甚微。不饱和脂肪酸的双键大都为顺式（Cis）的，多烯型酸都具有庚二烯共轭双键的结构。

表 4-2-5　鱼贝类脂质的脂肪酸组成　　单位：%

脂肪酸	香鱼背肌		鱼背肌	真鲷背肌	狭鳕鱼	乌贼	日本对虾	蛤仔
	天然	养殖	（天然）	（天然）	肝油	肝油	（天然）	
14:0	4.0	5.6	6.6	1 6	5.8	5.7	0.7	3.6
16:0	26.0	29.5	24.0	21 6	10.8	16.2	15.6	19.1
16:1	16.7	16.2	8.8	5 4	7.7	6.5	3.6	8.4
18:0	3.4	4.6	3.0	7 6	3.3	1.8	9.2	6.3
18:1	25.6	13.1	16.1	14.7	13.7	18.6	0.9	9.0
18:2	10.0	3.5	1.3	1.0	0.8	1.9	6.6	0.7
18:3	4.9	8.6	0.9	1.9	0.3	1.4	0.5	0.9
20:1			3.5		20.1	5.7	0.9	5.6
20:4	1.5	1.0	1.9	4.7	0.3	0.9	9.9	
20:5	1.9	5 0	10.8	8.5	9.7	12.5	14.0	11.8
22:1			1.4		14.6	6.3		
22:5	0.4	4.0	3.5	6.0	0.7	0.6	2.5	1.0
22:6	2.3	1.7	11.2	19.3	5.7	13.3	11.7	8.4

鱼贝类脂质的特征之一是富含 $n-3$ 系的多不饱和脂肪酸（PUFA），如二十碳五烯酸（EPA，$C_{20:5}n-3$）、二十二碳六烯酸（DHA，$C_{22:6}\ n-3$）。而且这种倾向海水性鱼贝类比淡水性鱼贝类更显著。此外，磷脂中 $n-3$ PUFA 的含有率比中性脂质高。因此，越是脂质含量低的种属，其脂质中的 $n-3$ PUFA 的比例就越高。1970 年以来，EPA、DHA 在降低血

压、胆固醇、防治心血管病等方面的生理活性被逐步认识，大大提高了鱼贝类的利用价值。

3）磷脂

磷脂可分为甘油磷脂肪(Glycerophospholipid)和鞘磷脂(Sphingophospholipid)。磷脂质和胆固醇作为组织的脂肪分布于细胞膜和颗粒体中。磷脂质的组成，不因动物种类而有大的变动。鱼贝类存在的主要磷脂质也同其他动物一样，有磷脂酰胆碱(Phosphatidylcholine，PC)、磷脂酰乙醇胺(Phosphatidylethanolamine，PE)、磷脂酰丝氨酸(Phosphatidylserine，PS)、磷脂酰肌醇(Phosphatidylinositol，PI)、鞘磷脂(Sphingomyelin，SM)等。鱼类肌肉磷脂质的75%以上是PC和PE。PC的1位多为16:0、18:1等饱和脂肪酸和单烯酸；2位往往结合20:5、22:6等 $n-3$ PUFA。贝类的复合脂质中检出具有C－P结合的磷酸脂(Phosphonolipid，PnL)。PnL又可分为甘油磷酸酯和鞘磷脂(Sphingophosphonolipid，SPnL)。牡蛎、鲍鱼和扇贝等含有大量的SPnL(占磷脂中的9%～36%)，主要分布于内脏、外套膜腮等组织，而闭壳肌含量最多。

4）其他成分

(1) 烃类：硬骨鱼类、动物性浮游生物的脂质中烃的含量低，一般在3%以下。拟灯笼鲨、尾鲨等深海鲨类的肝脏除含有大量的角鲨烯之外，还发现姥鲛烷(Pristane，$C_{18}H_{38}$)、鲨烯(Zamene，$C_{19}H_{38}$，有双键结合位置不同的异构体)、植物烷(Phytane，$C_{20}H_{42}$)等烃类。桡足类(Copepods)含有丰富的姥鲛烷等烃类。

(2) 蜡酯：生息于表层的鱼类热能储存形式多为中性脂肪，而中层及深层鱼类的TG含量低，以脂肪酸和高级醇形成的蜡酯(WE)来取代TG作为主要的储藏脂质。如桡虫类、南极磷虾类(Euphausilds)、糠虾类(Mysids)、甲壳类、矢虫类及乌贼的体组织中存在着大量的脂质及维生素E。

(3) 二酰甘油醚：甘油醚(GE)是甘油1位的—OH基同一元醇形成的醚。醚脂质在自然界以二酰甘油醚型和磷脂型而存在。在板鳃类的体油及肝油的不皂化物中存在着多量的甘油醚(Glyceryl Ether)。最近已查清各种鱼类肌肉中所含有的二酰甘油醚其结构脂肪酸及醇类的组成，无论何种都是以鲨油醇(Selaehyl Alcohol)和银鲛肝醇(Chimyl Alcolhol)为主的甘油醚，其次鳐肝醇(Batyl Alcohol)也比较多。此外，长鲳科的Seriollela sp.和S. Punctata等中含有 C_2 0:1醇的甘油醚也比较多。作为特殊的甘油醚，Hayashi等在深海鱼Seriollela sp.肌肉脂质的不皂化物中检查出有1－O－(2－甲氧基－十六烷基)－甘油－[1－O－(2－methoxy－hexadecyl)－glycerol]。

二酰甘油醚的脂肪酸组成与甘油三酯有许多类似之处。甘油醚通常在深海鱼的肌肉中含量比较多，食用这种鱼肉有时会引起腹泻，须加注意。

(4) 固醇及固醇脂：固醇在鱼贝类中以游离形或脂肪酸的形式存在。鱼类固醇成分大都是 C_{27} 的胆固醇(Cholesterol)。海产无脊椎动物的固醇因种类而异，有些含复杂的固醇混合物。乌贼、章鱼、龟及虾类的胆固醇含量较鱼肉高。

4.2.1.4 碳水化合物

鱼贝类组织中含有各种碳水化合物，但主要是糖原(Glycogen)和黏多糖，也有单糖、二糖。

1）糖原

鱼贝类和高等动物一样，糖原储存于肌肉或肝脏中，其含量同脂肪一样因鱼种生长阶段、营养状态、饵料(饲料)组成等而不同。鱼类组织中是将糖原和脂肪共同作为能源来储存的，而贝类特别是双壳贝却以糖原作为主要能源储存，所以贝肉的糖原含量高于鱼肉。一般如鲣、金枪鱼一类的洄游性鱼类在肌肉中含1%糖原，而如牙鲆、鳕鱼等低栖鱼类只含0.3%～0.5%。鱼类肌肉糖原含量还与其致死方式密切相关，速杀时较高，而挣扎致死时会消耗体内储存的糖原，而使含量下降。此外，暗色肉比普通肉糖原含量低，而贝类含量有的比鱼类高出10倍。几种常见贝类的糖原含量中最高的为牡蛎(4.2%)。贝类的糖原含量有显著的季节性变化，一般在产卵期最少，产卵后急剧增加。

鱼类运动时体内的糖原在酶的作用下，有氧氧化生成丙酮酸和乳酸，并供给能量。生成的乳酸等产物经血液至肝脏，再次合成为糖原而储存。刚捕获的鱼，激烈挣扎，死后体内糖原在无氧状态下经糖酵解而分解生成乳酸。鲣、金枪鱼等红肉鱼的乳酸生成量较多.因此，肌肉的pH也急剧下降，死后僵硬最盛期，肌肉的pH达5.6～5.8；而牙鲆、鳕鱼等白肉鱼乳酸生成最少，肌肉的pH在6.0～6.4。贝类糖原糖酵解后生成的代谢物为琥珀酸，它和乳酸一样，随贝类采捕后的时间及放置时间的不同，其含量有显著的差异。

2）其他糖类

海洋动物的碳水化合物中除了糖原之外，还有黏多糖(Mucopolysaccharide或者Glycosaminoglycan)一类的动物性多糖类，包含甲壳类的壳和乌贼骨中所含的甲壳质(Chitin，几丁质、甲壳素、壳多糖)一类的中性黏多糖(详见4.2.3节内容)，以及硫酸软骨素(Chondroifin Sulfate，ChS)、硫酸乙酰肝素(Heparan Sulfate)、乙酰肝素(Heparan)、多硫酸皮肤素(Dermatan Sulfate，ChS－B)、硫酸角质素(Keratan Sulfute)、透明质酸(Hyaluronic Acid)和软骨素等酸性多糖。酸性黏多糖中又按硫酸基的有无分为硫酸化多糖和非硫酸化多糖。

硫酸软骨素因硫酸基的含量和结合位置不同，存在着多种化合物。如ChS－A主要存在于哺乳类软骨，ChS－C主要存在于软骨鱼类的软骨中，ChS－D在鲨鱼软骨中，ChS－E在鱿鱼软骨中，ChS－K在鲎软骨中，七鳃鳗外皮、鲨鱼外皮分别含有ChS－B、ChS－H和硫酸角质素。非硫酸化黏多糖的透明质酸和软骨素存在于金枪鱼眼球的玻璃体和鲨鱼皮中。另外，软骨素大量存在于头足类的外皮中。黏多糖一般与蛋白质以共有键形成一定的架桥结构，以蛋白多糖(Proteoglycan)的形式存在，作为动物的细胞外间质成分广泛分布于软骨、皮、结缔组织等处，同组织的支撑和柔软性有关。

4.2.1.5 抽提物成分

一般将游离氨基酸、低分子肽、核苷酸关联化合物、有机盐基类、有机酸、低分子碳水化合物等水溶性成分总括为抽提物成分，也有称为提取物成分和浸出物成分的。抽提物成分中，又可将其分为含氮成分和非含氮成分的。含氮成分即非蛋白氮的部分，与呈味、腐败变质等有关。

- 抽提物成分
  - 含氮成分
    - 游离氨基酸
    - 低聚肽
    - 核苷酸及其关联化合物
    - 有机盐基类(甜菜碱胍基化合物等)
    - 其他低分子成分
  - 非含氮成分
    - 有机酸
    - 糖类

1）含氮成分

鱼贝类抽提物中发现含氮成分比无氮成分高得多，且含氮成分中含有各种呈味物质，因此，抽提物的氮往往也可作为抽提物量的指标。

表 4-2-6 列出了有代表性鱼贝类的抽提氮的含量。由表中可知，软骨鱼类含量最高，在 1 000～1 500 mg/100 g，红肉鱼在 500～800 mg/100 g，白肉鱼为 200～400 mg/100 g，软体动物、甲壳类为 600～900 mg/100 g，贝类为 300～500 mg/100 g。

鱼贝类抽提物成分的组成因种类而异，有如下特征：① 软骨鱼类中含有大量的尿素、氧化三甲胺，而使其含氮量高。② 脊柱动物肌酸多，而无脊柱动物精氨酸含量多。③ 洄游性鱼类中，组氨酸含量高。因种类不同，有的存在大量的鹅肌肽和肌肽，这些咪唑化合物含量可达非蛋白氮总量的 50%以上。④ 软体动物和甲壳类的游离氨基酸和甜菜碱含量高，牛磺酸含量亦高等。除上述组成上的特征之外，鱼贝肉肌肉抽提物成分的组成往往因季节（渔期）、年龄（大小）、环境（渔场）、部位、性别等因素而变动。

表 4-2-6 水产动物的抽提氮含量

鱼类	抽提物(mg/100 g)	贝类甲壳类	抽提物(mg/100 g)
鲣鱼	745～820	长枪乌贼	884
金枪鱼	680～800	斯氏鱿鱼	728
犬目金枪鱼	652	日本栉江珧	787
黄鳍金枪鱼	614～739	蝾螺	507
鱼师	474～700	鲍鱼	506
鲐鱼	434～581	墨鱼	831
马鲛鱼	447	牡蛎	311
远东拟沙丁鱼	516	文蛤	450
日本鲲鱼	481	蛤蜊	311
竹荚鱼	385～423	翡翠贻贝	326
鲻鱼	321	马氏珠母贝	365
真鲷	355～396	波纹巴非蛤	664
河鲀	300～442	龙虾	803
鮟鱇	253	日本对虾	766
鲈鱼	383	雪蟹	618
牙鲆	348	三疣梭子蟹	564
鲤鱼	359	鲜沙虫	576
香鱼	300～381		
鳗鲡	290		
星鲨	1 010～1 420		
灰星鲨	1 410		
鼠鲨	1 450		
角鲨	1 470		
赤鲨	1 400		
抹香鲸	440～780		

(1) 游离氨基酸：水产动物中的抽提氮成分中，游离氨基酸(Free Amino Acid,FAA)是最主要的成分，一般各种水产动植物或多或少都能检出构成蛋白质的20种氨基酸以及牛磺酸等特殊氨基酸。鱼贝类常见的非蛋白质构成氨基酸的有牛磺酸、β-丙氨酸、肌氨酸、α-氨基丁酸、β-氨基丁酸、γ-氨基丁酸、鸟氨酸、瓜氨酸。

无脊柱动物与鱼肉肌肉相比，所有的种类都富含游离氨基酸，其中呈味性氨基酸如Glu、Ala、Gly等含量较高，赋予了无脊柱动物丰富的呈味性。此外，精氨酸含量较多，这是因为磷酸原(Phosphagen)和磷酸精氨酸(Phcsphoarginine)在储藏和供给高能磷酸的代谢过程中生成。牛磺酸在软体动物、甲壳类中含量较高，鱼类的含量低，白肉鱼略高于红肉鱼。组氨酸含量在红肉鱼特别是洄游性的金枪鱼、鲣鱼中要高于其他鱼贝类、甲壳类。据认为红色鱼肉中的组氨酸及其他咪唑化合物是作为支撑鱼类活泼运动时的缓冲物质而发挥作用的。

(2) 肽：已知鱼贝类肌肉中含有二肽和三肽，由β-丙氨酸与组氨酸或甲基组氨酸构成的二肽有肌肽、鹅肌肽及鲸肌肽，分布具有特异性，因动物种类的不同，某些鱼类大量含有其中的一种或两种。三肽常见的为谷胱甘肽。这些咪唑化合物一般在游泳能力强的鱼类及鲸类肌肉中含量较多，因为咪唑环的pK在生理pH附近，所以被认为具有作为缓冲物质的作用。即在捕食或逃避等激烈的厌气运动时，由糖酵解反应过程中生成的ATP，其进一步水解生成的氢离子会使肌肉pH下降。为了抑制pH变动使厌气运动能力维持在一定水平，咪唑化合物可以起到缓冲物质的作用。但在贝类、乌贼、章鱼类、虾蟹类中，几乎没有这类二肽物质的检出。

(3) 核苷酸及其关联化合物：水产动物中分布着各种核苷酸及其关联化合物，最有代表性的是三磷酸腺苷(ATP)，二磷酸腺苷(ADP)，腺苷酸(AMP)，肌苷酸(IMP)，腺苷(HxR)，次黄嘌呤(6-hydroxypurine)。这些物质是在鱼贝类死后由ATP分解途径产生的。

1分子ATP含有2个高能磷酸键，水解时所放出的能量与体内成分的代谢和肌肉的运动有关。鱼类与陆上脊椎动物一样，死后由ATP或ADP经脱氨基分解生成IMP，再进一步分解为HxR和Hx，而无脊柱动物则大多经脱磷酸生成腺嘌呤核苷(Adenosine)后分解为HxR和Hx。但最近的研究发现在贝类、虾蟹类中也存在着经由IMP途径的。因此，不能单纯地把ATP代谢途径分为鱼类型和无脊柱动物型。

(4) 甜菜碱类：所谓甜菜碱类，狭义的是指甘氨酸甜菜碱，广义的是指季铵、硫碱等以分子内盐而形成两性离子的化合物。鱼类肌肉中常见的属于广义甜菜碱类有直链化合物的甘氨酸甜菜碱、环状化合物的龙虾肌碱。此外，还有β-丙氨酸甜菜碱[β-alanine betaine,别名为β-高甜菜碱(β-homobetaine)]、γ-丁氨酸甜菜碱(γ-butyrobetaine)、肉碱(Carnitine)、江珧肌碱(Atrinine)、海鞘肌碱(Halocynine)、N-甲基烟酰内盐(葫芦巴碱，Trigonelline)、脯氨酸二甲基内盐(水苏碱，Stachvdrine)等等。如表4-2-7所示，甘氨酸甜菜碱在海产甲壳类、软体类肌肉中含量较多，也广泛分布于内脏中，是重要的含氮抽提成分之一。鱼类中海产软骨鱼含量较高。β-丙氨酸甜菜碱以前曾在海鞘肌肉中发现过，之后在江珧、扇贝、几种虾蟹类、一部分鱼类肌肉中也检出过。γ-丁氨酸甜菜碱则在毛蚶、河鳗、江珧、雪蟹等肌肉中有少量存在。肉碱又名为维生素BT，是在脂肪酸代谢中起重要作用的成分，许多水产动物中都含此成分。江珧肌碱是肉碱的异构体，最早从江珧闭壳肌中分离得到。海鞘肌碱则是由海鞘肌肉分离而得的，具有和狭叶海带中分离出的甜菜碱—海带氨酸相似的结构。

表 4-2-7 无脊椎动物肌肉的甘氨酸甜菜碱含量

(鸿巢等,1961,1978,1986)

无脊椎动物	含 量(mg/100 g)	无脊椎动物	含 量(mg/100 g)
龙 虾	343	章 鱼	821
日本对虾	640	斯氏鱿鱼(外套膜肌)	571
三疣梭子蟹	646	日本栉江珧(闭壳肌)	1 052
雪 蟹	357	巨虾夷扇贝(闭壳肌)	339
毛 蟹	711	文 蛤(闭壳肌)	808

龙虾肌碱是N-甲基嘧啶甲酸的甜菜碱,广泛分布于海产动物中。如表4-2-8所示,可看出内脏、脑中含龙虾肌碱量比肌肉多,精巢的含量高于卵巢。淡水产动物几乎不含有龙虾肌碱。N-甲基烟酸内盐是龙虾肌碱的异构体,是N-甲基烟酸的甜菜碱。它在海产无脊椎动物中的含量比龙虾肌碱低,生殖腺中含量较多。在淡水产动物中含有N-甲基烟酸内盐,含量比龙虾肌碱的含量高。脯氨酸二甲基内盐除双壳贝 Arca Noae 以外,从江珧的闭壳肌中也曾检出。

表 4-2-8 无脊椎动物的龙虾肌碱和N-甲基烟酸内盐含量

(平野氏,1985)

无脊椎动物		龙虾肌碱(mg/100 g)	N-甲基烟酸内盐(mg/100 g)	无脊椎动物		龙虾肌碱(mg/100 g)	N-甲基烟酸内盐(mg/100 g)
龙虾	肌肉	294	19	文蛤	闭壳肌	66	+
	中肠腺	204	15		中肠腺	142	16
三疣梭子蟹	脚肉	146	32	日本沼虾*	肌肉	+	13
	中肠腺	136	24		内脏	4	23
章鱼	足肌	141	14	韩氏溪	脚肉	+	13
	肝脏	156	12		中肠腺	9	13
斯氏鱿鱼	外套膜肌	111	3	背角无齿蚌	闭壳肌	16	0
	肝脏	103	1		中肠腺	2	0

注:"+"表示1 mg/100 g以下;"*"表示淡水产。

已知甘氨酸甜菜碱是蛋氨酸的甲基供给体、氧化三甲胺的前体以及调节体内渗透压的物质。龙虾肌碱及N-甲基烟酸内盐也参与渗透压的调节,但甜菜碱类的生理作用还有许多不明之处。

此外,有一种特殊的甜菜碱,是以砷代替了甘氨酸甜菜碱中氮的偶砷甜菜碱(Arsenobetine),这种物质从施氏黄盖鲽、章鱼、一种蛾螺(Buccinum Striatimum)、樱虾(Sergestes Lucens)、刺参等中分离得到。

(5) 胍基化合物:鱼贝类中具有胍基的一类物质,如精氨酸、肌酸(Creatlne)、肌酸酐

(Creatinine)等称为胍基化合物(Guanidino Compourds)。

如前所述,精氨酸多存于无脊柱动物肌肉中,参与能量的储存和释放过程。肌酸则多分布于脊柱动物中,也是同能量储存和释放相关的重要物质。肌酸来自于磷酸肌酸(Phosphocreatine),在鱼类肌肉中含量较高,血合肉比普通肉含量低。有报道环状动物、棘皮动物、软体动物、甲壳类亦有检出。休息肌肉中的大部分肌酸及精氨酸,分别以磷酸肌酸、磷酸精氨酸作为磷酸原储藏和提供高能磷酸。

肌酸酐是由肌酸脱水而成,在新鲜肌肉中肌酸酐的含量显著比肌酸少,但发现在加热肉中,随着肌酸的减少而增加。

(6) 冠瘿碱类(Opines):冠瘿碱类是指分子内具有共同的D-丙氨酸骨架,并分别与L-精氨酸、L-丙氨酸、甘氨酸、牛磺酸及β-丙氨酸以共有亚氨基的形式相结合的结构的一类物质,有的书译为奥品类。除棘皮动物、节足动物之外的无脊柱动物,特别是软体动物、环形动物一类的海产种类中存在着章鱼肌碱、丙氨奥品(Alanopine)、甘氨奥品(Strombine)、牛磺奥品(Tauropine)及β-丙氨奥品(β- alanopine)等,这5种物质均具有D-丙氨酸骨架,并分别与L-Arg、L-Ala、Gly、Tau及β-Ala以共有的亚氨基形式相结合的结构。章鱼肌碱在乌贼、章鱼类、扇贝、滑顶薄壳乌蛤、贻贝等组织中含量高。当强制性地使乌贼或扇贝运动时,磷酸精氨酸急剧减少,精氨酸和章鱼肌碱随之增加;当疲劳消失时,又恢复到原来水平。这些冠瘿碱类同维持嫌气条件下细胞内的氧化还原平衡、抑制渗透压的上升和pH变化等方面相关,其生理作用尚有许多未明之处。

(7) 尿素、氧化三甲胺:在软骨鱼类,如鲨鱼、鳐鱼中富含氧化三甲胺(TMAO)和尿素。在肌肉中,前者14~21 g/kg,后者10~15 g/kg,对维持鱼体渗透压起重要作用。

在海产软骨鱼类中,除通过肝脏尿素循环之外,有部分是通过嘌呤循环所合成的尿素,大部分由肾脏的尿细管再吸收而分布于体内。在其他鱼贝类组织中仅有微量检出。动物死后,尿素由细菌的脲酶(Urase)分解而生成氨。鲨、鳐鱼等软骨鱼类随鲜度下降生成大量的氨和TMAO生成的TMA一起使鱼体带有强烈的氨臭味。同尿素不同的是TMAO广泛分布于海产动物组织中,除软骨鱼类外,乌贼类富含TMAO的种类较多。在虾、蟹类中含量也较高,在鱼肉中一般白肉鱼比红肉鱼多,而贝类有的多量,有的几乎未检出,淡水鱼中也几乎不含TMAO。TMAO在动物死后,主要被细菌的TMAO还原酶还原而生成三甲胺(TMA),使之产生鱼腥味。但在一部分鱼种的暗色肉中也含有该酶,因此暗色肉更易于带有鱼腥味。此外,在鳕鱼中,由于组织酶的作用,TMAO分解生成二甲胺(DMA),产生特殊的臭气。此外高温加热鱼肉时也会生成DMA。由于海产软骨鱼类在鲜度很好的条件下也因含有大量的尿素和TMAO而极易生成挥发性含氮成分,因此作为鲜度指标的VBN法不适于这类鱼种。

2) 非含氮成分

(1) 糖:提取物中的糖主要有游离糖和磷酸糖苷,同时亦含有糖原,在讨论提取物同呈味关系时,往往归入提取物成分中,但通常不作为提取物成分。许多鱼体内都含有游离的葡萄糖,据报道太平洋鲱和鳕鱼肌肉中为3~32 mg/100 g,罗非鱼为2~70 mg/100 g,5种煮熟的蟹为3~9 mg/100 g,双壳贝为300 mg/100 g。此外,还含有微量的核糖、阿拉伯糖、半乳糖等。另外,还存在糖酵解过程中产生的葡萄糖-1-磷酸(G1P)、葡萄糖-6-磷酸(G6P)等磷酸糖苷。

(2) 有机酸：鱼贝类中已知的有机酸有醋酸、丙酸、丙酮酸、乳酸等，其主要成分是丙酮酸、乳酸和琥珀酸。丙酮酸及乳酸主要是糖原经糖酵解反应生成的。这是鱼类死后的化学反应之一，而糖原在贝类死后的代谢中则生成琥珀酸。

4.2.1.6 维生素

水产动物的可食性部分含有的维生素主要包括脂溶性维生素 A、D、E 和水溶性维生素 B 族和 C，是维生素的良好供给源，其分布依种类和部位而异。

维生素 A 在鱼类各类组织中的含量以肝脏为最多，因此鱼肝曾是鱼肝油维生素 A、D 的供给源，但目前多为合成品。一般肌肉较少，但也有个别例外，如八目鳗为 15 000～80 000 IU/100 g，河鳗为 700～12 000 IU/100 g，白斑角鲨为 1 000～5 000 IU/100 g。海水鱼的肝脏多含维生素 A_1，而淡水鱼多含维生素 A_2。鱼类肝油中维生素 D 的含量也较高(80～264 000 μg/kg)，而且肌肉中的含量也相当高，特别是远东拟沙丁鱼、鲣、鱼师、秋刀鱼、鲐等红肉鱼类，而在白肉鱼类肌肉中含量较少，软骨鱼类、圆口类、软体动物、甲壳类可食部的维生素 D 也较低。香鱼、河鳗、蝾螺、长枪乌贼、甲壳类中的总生育酚(维生素 E)含量较高。海产鱼中 α-生育酚的含量占 90%以上，但淡水鱼中 γ-生育酚的比例最高，有的贝类含 δ-生育酚比率高。维生素 B_1 在鱼类组织的肝脏、卵巢、暗色肉中含量较多，普通肉中含量较少，眼球中含量高达 10～200 mg/kg。因鱼种不同，其含量有相当大的差异，但一般都在10 mg/kg 以下。许多鱼、贝类、甲壳类中含有维生素 B_1 分解酶——硫胺酶(Thiaminase)，特别是在蛤子、真蚬、丽文蛤等贝类及鲤、鲫、泥鳅等淡水鱼内脏中含量很高，会使维生素 B_1 失去生理功能，该酶加热则失去活性。维生素 B_2 在鱼类的肝脏、肾脏、卵巢等处含量较多，在肌肉中含量较低，肝脏中的含量在鱼种之间也无太大差异，一般在 10 mg/kg 左右。维生素 B_5 在鱼类肌肉中的含量要比肝脏中高，肝脏含量通常为 30～100 mg/kg，但在乌贼中则相反，中肠腺的含量较高。维生素 B_6 在肝脏的含量是 2～20 mg/kg，通常比肌肉中含量高，在生物体内吡哆胺型存在的为多。已知金枪鱼、鲐、鱼师、沙丁鱼等红肉鱼的肝脏中泛酸含量相当高，为 10～30 mg/kg。

4.2.1.7 无机质

鱼贝类的无机质含量在骨、鳞、甲壳、贝壳等硬组织含量高，特别是贝壳高达 80%～99%，而肌肉相对含量低，在 1%～2%左右，但作为蛋白质、脂肪等组成的一部分，在代谢的各方面发挥着重要的作用。体液的无机质主要以离子形式存在，同渗透压调节和酸碱平衡相关，是维持鱼贝类生命的必需成分。

总体来看，Na 的含量软体动物、甲壳类高于海水鱼，海水鱼又高于淡水鱼。K 的含量各鱼种都较高。Ca 的含量鱼类中真鲷含量最高，达 186 mg/100 g；贝类的鲍鱼和牡蛎分别达 266 mg/100 g 和 131 mg/100 g；甲壳类的梭子蟹为 280 mg/100 g，青蟹为 228 mg/100 g。Mg 的含量各鱼种差异不大，在 20～80 mg/100 g 范围内。P 的含量除个别如鲷(304 mg/100 g)和乌贼(19 mg/100 g)之外，大致在 130～250 mg/100 g 范围。此外，贝类中富含 Zn、Se、Fe、Mn 等微量元素。

我国南方常见的几种贝类的微量元素含量如铁、锰、硒等在贝类均有一定量，较为突出的是锌。除翡翠贻贝外，珍珠贝肉和牡蛎肉中锌的含量较高。已知锌具有参与酶、核酸等的合成，可促进机体的生长发育、性成熟和生殖过程、生血等多种生理功能。国外生产的牡蛎保健食品锌含量是其重要指标之一。

4.2.1.8 色素物质

1) 体色

在海水表层游泳的鱼类大都是背侧深蓝绿色而腹部为银白色，深海鱼一般为黑褐色和红色，而沿岸鱼类则往往色彩缤纷，且具有斑纹。此外，无脊柱动物的体表则各具独特的体色。鱼类的体色由存在于皮肤的真皮或鳞周围的色素胞和存在于真皮深处结合组织周围的光彩胞，二者的排列收缩和扩张使鱼体呈现出微妙的不同色彩。色素胞主要有黑色色素胞、胞黄色色素胞、红色色素胞；其主要成分有黑色素、叶黄质、虾黄质、类胡萝卜素。光彩胞主要有银白光彩胞、蓝青光彩胞、绿青光彩胞；其主要成分有鸟嘌呤、腺嘌呤、嘌呤。

(1) 黑色素、眼色素：黑色素是分布于鱼皮和乌贼墨囊中的黑色或黑褐色的色素，已知有2～3种。一般的真黑色素(Eumelanin)是以酪氢酸为出发点，经多巴吲哚醌聚合而成的复杂化合物与蛋白质结合而存在。当黑色素细胞向皮肤深层扩散时，经白光照射发生漫反射，肉眼仅能辨出蓝色。鲣、鲐等所有鱼类的蓝色就是由此产生的，这种色调叫构造色(Structural Color)。在鱼师的皮中，它与含有大量的金枪鱼黄质等黄色类胡萝卜素共存时往往呈绿色。皮中的黑色素起吸收过量光线的作用。栖息在较深水域的真鲷，如在浅水域内养殖，皮内就会合成大量的黑色素，作用是防止强烈的阳光照射。养殖真鲷比天然真鲷色黑的原因就在于此。过剩的黑色素沉积在肌肉毛细血管壁上，使养殖的真鲷的肌肉也变黑。

此外，乌贼和章鱼的表皮过去也认为是黑色素，最近研究发现，它与昆虫中的眼色素是同样的物质。眼色素的母体也是以酪氨酸为出发物质的3-羟基犬尿氨酸。类胡萝卜素类(Carotene)虾青素亦称甲壳黄质(Astaxanthin)，是甲壳类以及真鲷一类红色鱼类体表的重要色素，它的两个紫罗酮环上各有一个酮基和醇基，一般呈鲜红色，但在虾蟹壳中与蛋白质结合的复合体称为甲壳蓝蛋白(也称虾青蛋白)。在甲壳类壳中存在着游离的虾青素和甲壳蓝蛋白，两者以不同的比例存在而使甲壳呈现黄、红、橙、褐、绿、蓝、紫等不同颜色。加热时，由于蛋白质的变性，使虾青素游离出来而呈现原有的红色，这就是为什么虾蟹加热后变红的缘故。真鲷等红肉鱼类皮肤中，除多量的虾青素之外，还有1/3～2/3的金枪鱼黄质，在多数呈黄色的海鱼中，主要是叶黄素(Lutein)、玉米黄质(Zeaxanthin)、别黄质(Alloxanthin)。鲑鳟鱼的红色主要是虾青素和鲑黄质以及叶黄素、玉米黄质等。淡水鲤科体表的黄红色，主要是叶黄质、别黄质、玉米黄质、金枪鱼黄质等。

(2) 其他体表色素：光彩胞中，含有大量的胍、嘌呤、尿酸等物质以结晶的形式存在，使带鱼体表或其他一些鱼类的腹部呈银色，多数嘌呤还会发荧光。海胆的棘、壳中存在的海胆色素是一种萘醌衍生物，可呈红、蓝、紫等不同颜色。

2) 肌肉色素

鱼类的肌肉色素主要是由肌红蛋白(Myogobin，Mb)和血红蛋白(Hemoglobin，Hb)构成，绝大部分是肌红蛋白，极个别鱼类的肌肉色素是β-胡萝卜素类，如鲑、鳟等。肌红蛋白和血红蛋白都是由色素部分的血红素(Hemo)和蛋白质部分的珠蛋白(Globin)构成的色素蛋白质(Chromoprotein)。

红肉鱼的色素蛋白质比白肉鱼的多，同一种鱼的暗色肉的色素蛋白质比普通肉要多得多，无论哪种情况都是肌红蛋白占了色素蛋白质的大部分。肌红蛋白和血红蛋白两者的化学性质相似，以肌红蛋白为例来说明鱼类肌肉的颜色变化。刚捕获的极为新鲜的金枪鱼、鲣鱼等的肌肉内部呈深的红紫色，这是肌红蛋白以脱氧肌红蛋白(Deoxymyoglobin)的形式存在的缘故。将肌肉切开后接触到空气，肌肉的颜色很快就变为鲜红色，这是由于还原型肌红蛋白同氧结合形成氧合肌红蛋白(Oxymyoglobin)，但继续长时间在空气中放置的话，氧合肌红蛋白会自动氧化形成变肌红蛋白(Metmyoglobin)，肉色又变为暗褐色。这种肉色的变化温度越高越易发生，酸类、光线等会促进这种变色。一般这类肌红蛋白容易被氧化，其速度达到牛、马的2.5～4.0倍。

鲑、鳟类的肌肉呈红色，其色素同其他鱼类不同，大部分为虾青素。就组成来说，它的异构体中全反式型约占90%，9-顺式型占2%～7%，13-顺式型占3%～9%。这种组成据认为在鱼种及雌雄个体间不存在差别，其体内不能合成类胡萝卜素，一般均来自于饵料。因此可以对虹鳟、银大麻哈鱼等养殖鱼类投入含有胡萝卜素类的饵料来增强体色，提高其商品价值。

贝类肌肉中主要含类胡萝卜素，因种类而异，极其多样化。在螺类的蝾螺中，β-胡萝卜素和叶黄素是主要成分。在盘鲍中，玉米黄质是主要成分。此外，在双壳贝的魁蚶中，检出有扇贝黄酮(Pectenolone)和扇贝黄质(Pectenoxanthin＝Alloxanlhin，别黄质)；在贻贝中检出有扇贝黄质和贻贝黄质(Mytiloxanthin)；在蛤子和中国蛤蜊中，检出有岩藻黄醇(Fucoxanthinol)。此外，螺的肌肉往往也呈绿色或淡绿色，这种绿色素被认为是胆汁色素或其近缘化合物。

3) 血液色素

海产动物的种类不同，血液色素也显著不同。鱼类的血液色素与哺乳动物相同，是含铁的血红蛋白(Hb)。而软体动物、节足动物的血液色素是含铜的血蓝蛋白，它占动物体液(血液、淋巴液)中总蛋白的90%～95%，含有铜，每一分子中含铜的量甲壳类为0.18%、软体动物为0.25%左右。相对分子质量的大小因种类而异，为38万到900万的巨大分子。生理上和血红蛋白相同，是具有运送氧功能的呼吸色素蛋白质，2个铜原子和1个氧分子可逆结合，没有结合氧的血蓝蛋白无色，结合氧后呈蓝色，在可见光吸收光谱345 nm及580 nm处有最大吸收峰。捕捞后，缺氧状态的乌贼、蟹的体液为无色，死后逐渐吸收空气中的氧而带有蓝色。

4.2.1.9 挥发性物质

一般刚从海上捕获的鱼大多不带气味，即使有也不难闻。有些淡水鱼往往带有清淡的植物性的气味，但是，随着放置时间的推移，鱼的鲜度下降，产生了难闻的特殊气味，一般将鱼类的这种气味称为鱼腥味。鱼腥味大致可分为海水鱼气味和淡水鱼气味，或非加热鱼香味及加热鱼香味等，本书只局限于原料原有的气味来加以论述。目前已知的鱼腥味成分有① 挥发性含硫化合物；② 挥发性含氮化合物；③ 挥发性脂肪酸；④ 挥发性羧基化合物等；⑤ 非羰基中性化合物。这些物质以不同的浓度和阈值，构成了鱼类的各种特征气味。

1) 含硫化合物

含硫化合物一般阈值较低，因此即便含量较低也易被感知。鱼贝类随着鲜度下降，生成各种挥发性含硫化合物，如硫化氢、甲硫醇、二甲基硫等。Herbert等推测鳕鱼储藏中生成的硫化氢、甲硫醇和二甲基硫是由前体物质半胱氨酸、胱氨酸、蛋氨酸等含硫氨基酸生成的。

这些含硫化合物在无菌储藏时不产生，因此可以认为是由于微生物的作用产生的。Miller等对含硫化合物生成的微生物作用进行了详细的报告，发现所生成的挥发性含硫化合物因细菌种类而异，如腐败假单胞菌生成甲硫醇、二甲基硫、二甲基三硫和硫化氢，而荧光假单胞菌与无色杆菌却只生成甲硫醇和二甲基硫。

二甲基硫除了上述在微生物作用下由含硫氨基酸生成外，主要还有从二甲基-β-丙基噻亭(dimethyl-β-propiothetin，DMPT)生成的途径。DMPT是在单胞藻类中合成的，经食物链被摄入鱼贝类体内，DMPT、很容易被分解为二甲基硫。二甲基硫微量时产生矶香，但多食海产浮游植物的鱼类，如鳕鱼、鲐等二甲基硫浓度高，往往形成异臭。

2）挥发性含氮化合物

挥发性含氮化合物包含了最具鱼腥味特征的三甲胺(TMA)、二甲胺(DMA)和氨等胺类物质。即便是在刚死的新鲜鱼贝类中也存在氨，这是ATP死后变化过程中，由AMP转变为IMP时产生的，而在其后的储藏过程中，由于微生物的作用，发生游离氨基酸脱氨基反应而使氨逐渐增加。

TMA、DMA是由海产鱼贝类抽提物中广泛分布的氧化三甲胺(TMAO)生成的。这些胺类的阈值低，所以是同鱼臭相关的重要成分。由TMAO生成TMA主要是由于微生物酶的还原作用，也有由暗色肉或内脏各器官的酶作用下生成的。而DMA的生成，对与微生物是否相关尚不很明确，大都是暗色肉等组织酶作用下生成的。

另有报道，在鲜度降低的持续阶段，胆碱也可以成为生成DMA和TMA的母体。此外，甲胺、丙胺、二乙胺等直链胺及哌啶、吡啶类、吡嗪类、吲哚等环状胺在各种鱼贝类中均有检出。

哌啶呈腥味，主要分布于鱼皮中，是河鱼臭的主体。吡啶类及吡嗪类在南极磷虾的新鲜冻品及煮熟冻品中均被检出，而且新鲜冻品中居多。吲哚以色氨酸为主体分解生成，带有粪臭与腐败臭。

3）挥发性脂肪酸

非常新鲜的鱼贝类中只有微量的乙酸存在，但随着鲜度下降，各种挥发性酸大大增加。有关此变化的研究较多，如Hughes对即杀的虹鳟只检出10 mg/100 g左右的乙酸、约1 mg/100 g的甲酸、0.4 mg/100 g的丙酸，但在储藏中这些物质都显著增加。一般认为挥发性酸的总量超过25 mg/100 g时，就可以感到异臭，但挥发性酸的阈值差别显著，酸的组成似乎比量显得更为重要。

这些挥发性酸是在鲜度下降过程中，因微生物的脱氨作用，由游离氨基酸分解生成的，也有由脂质的氧化分解物醛的氧化而生成的。有关挥发性酸类、胺类与鱼肉的鲜度低下臭和腐败臭之间的关系如下：当将金枪鱼、鲭的新鲜肉保存于5～7℃，测定其挥发性盐基氮(Volatile Basic Nitrogen，VBN)量和挥发性酸(Volatile Acid，VA)量时，发现当VBN超过300 mg/kg、VA超过250 mg/kg时，明显地感到有不快臭。另一方面，当金枪鱼、鲭、大麻哈鱼等水煮罐头的VBN相当于生鲜鱼肉初期腐败值的200～400 mg/kg，而VA低于100 mg/kg时，并没有不快臭味。但在其中加进醋酸，使VBN与酸的量比接近1∶1时，则产生生鲜鱼肉鲜度低下时的不快臭。因此可知挥发性酸的共存是产生不快臭的重要因素。事实上在鲜度低下、开始产生不快臭的鞯肉中，蚁酸、醋酸、丙酸、异戊酸的量比新鲜肉增多，其中醋酸占了主要部分。若用这些酸类及挥发性胺类的含量对阈值的比，求其对臭气所起的作用大小程度，醋酸为158/34.2，异戊酸为5/1.7，TMA为20/0.6。异戊酸尽管含量低，但对臭气有相当大的作用。在胺类中，TMA的阈值较低，故其作用也大。

由于这些挥发性成分的挥发性大小因pH而异，故对臭气的作用大小也因pH而不同。菊池氏等调查了各种胺在pH 6～8时的挥发性，发现在pH 6以下不挥发。此外，浅川使用印度金枪鱼调查挥发性酸的存在状态，发现与臭气直接有关的游离型在鲜度良好时很少，在鲜度低下时其绝对量及所占比例均增加。

4）挥发性羰基化合物

大多数新鲜的鱼贝类中几乎未检出挥发性羰基化合物，因此，有关羰基化合物的研究大都同鱼贝类的储藏、加热、干燥等各种处理条件有关。冷冻鱼品质的主要问题是冷冻臭，这种气味可以用Rancid或Painty来表述，是由脂质自动氧化而产生的醛类、酮类、醇类、酸类等挥发性物质形成的。McGill等在－15℃、储藏2年的鳕鱼中检出饱和、不饱和醛53种，其中反－4－庚烯醛（E－4－heptenal）、顺－2－庚烯醛（Z－2－heptenal）、反－2、顺－4－庚二烯醛等被认为是其冷冻臭的主要相关物质。中村等确认，沙丁鱼和鲐鱼中的烘臭成分主要是C_2～C_9的饱和及不饱和醛，这些醛类对特有烘臭的发生起重要作用。由于在焙烧沙丁鱼的脂质时也检出有同样的羧基化合物，故可知这些成分是脂质热分解而生成的。

此外，香鱼、胡瓜鱼等淡水鱼在生鲜状态时就具有一种清香。平野、章超桦等的研究表明，这些香气成分的主要相关物质是C_9的羰基化合物，即反－2－壬烯醛（E－2－nonenal）、反－2，顺－6－壬二烯醛（E,Z－2,6－nanadienal），其中后者同香鱼、胡瓜鱼的香味最为相关。其他淡水鱼，如虹鳟、白鲢、鲫鱼等在鲜度良好的状态下，也可以感到强烈的植物性气味，而与之相关的主要成分是C_5～C_8的羰化合物，如1－戊烯－3－酮（1－penten－3－one），2,3－戊二酮（2,3－petanedione），反－2，顺－4－庚二烯醛（E、Z－2,4－heptadinal），己醛（Hexanal）等，而己醛被认为是同这些淡水鱼的草臭味最为相关的物质。已有实验证明同香鱼相关的C_9化合物是在类脂肪酸氧合酶（Lipoxygenase－Like）作用下，由$n-3$系的EPA或DHA生成，而C_6等同白鲢、鲫鱼气味呈主要相关的气味物质的生成途径尚不清楚。

5）非羰基中性化合物

各种调味加工品及熏制品中往往检出高浓度的醇类和酚类，但这大都是在处理加工过程中二次生成的，大部分鲜鱼中很少检出醇类，但在生鲜状态就具有特殊芳香的牡蛎、香鱼等都能检出醇类。Josephson等把淡水鱼具有的香菇味、青瓜味等植物性气味同鲜度下降产生的腥臭味区别开来，认为是淡水鱼鲜活时所具有的气味。这些特征气味物质包括了羰基化合物和醇类，主要是己醛、1－辛烯－3－醇、1,5－辛二烯－3－醇（1,5－octen－3－ol）、2,5－辛二烯－1－醇（2,5－octen－1－ol）等。平野等人对香鱼、胡瓜鱼的研究亦表明，除前述的C_9羰基化合物之外，C_9的醇类如反－2－壬烯醇（E－2－nonend）、3,6－壬二烯－1－醇也是其主要的香气构成成分。此外，C_6、C_8羰基化合物和醇类也同样被检出，对植物性气味形成亦有贡献。新鲜白鲢、鲫鱼中也检出许多种C_5～C_8的羰基化合物和醇类。从阈值来看，一般醛类低于醇类，所以在这些淡水鱼类中，往往以某几种具有特征气味的羰基化合物形成了其独特的气味特征，而醇类起到协同作用。如香鱼、胡瓜鱼主要是以C_9羰基化合物为主、C_9醇类为辅，而形成其特有的青瓜香味的。香鱼、胡瓜鱼的C_8、C_9醇类与C_8、C_9的羰基化合物一样，是由$n-3$脂肪酸在脂肪氧化酶作用下生成的。

4.2.1.10 呈味物质

鱼贝类的呈味物质主要有游离氨基酸、低分子肽及其核苷酸关联化合物、有机盐基化合物、有机酸等。其中鱼类呈鲜味的是谷氨酸(Glu)和肌苷酸(IMP),无脊椎动物的鲜味主要是Glu和腺苷酸(AMP)。各种鱼有其自身特有的呈味特征是因为其各自的呈味成分的组成不同,对鲜味所起的作用不同。例如贝类有高含量的琥珀酸,同贝类的鲜味有十分重要的关系。此外,甲壳类肌肉多呈甘味,这也是同其富含甘氨酸、丙氨酸、甜菜碱等甘味成分相关的。

除了上述的呈鲜、呈甘物质之外,无机离子如Na^+、Cl^-等对味的呈现也是必需的。此外,蛋白质、脂质、糖原等高分子成分虽然大都无味,但对食物的质构(Texture),如舌感、咀嚼感、黏弹性以及味的综合感觉起着非常重要的作用,特别是鱼肉的鲜味同脂肪含量关系密切。如金枪鱼含脂高的腹侧肉比含脂低的背肌肉更为美味,两者的呈味成分的分布并无本质上的不同,只是在脂质含量上有差异。此外,蚝油因含有较多的糖原,使得鲜味更加浓醇和持久。

1) 鱼类的味

鱼类的呈味性取决于肌苷酸、游离氨基酸、有机酸等的组成,一般红肉鱼类肉味浓厚,而白肉鱼类肉味淡泊。清水等人研究认为两者呈味差异在于组氨酸含量的不同。但组氨酸本身并不呈鲜味,而且鸿巢等人在调查各种氨基酸对IMP鲜味影响的实验中,发现缺乏组氨酸对鲜味无太大的影响,因此组氨酸是否起到呈味作用受到质疑。组氨酸虽然不是呈鲜物质,但其与味的强化有关,这一点得到大多数研究者的认同。此外,鱼肉中存在肌肽和鹅肌肽,带有微弱的甘味和少许苦味,其作用也在于使鲜味突出、味变浓厚。鱼虾中带有Glu、Asp的酸性肽具有类似Glu的鲜味,并可增加味的浓厚感。

鱼类种类繁多,而且各具风味,且即便是同种鱼类,也往往因大小、季节、鲜度而风味不同。新鲜的鱼类,肌肉坚实,色泽好,美味,没有鱼腥臭。但鲜度差的鱼类,肉质松软,且有腥味。此外,鱼的味道大都因季节而异,其理由之一是随着不同的季节,饵料的质和量影响了鱼的肥满度。鱼的肥满度增大,其脂肪量增加。同季节相关的另一个重要因素是产卵期,一般鱼类在产卵期前后味道显著不同,产卵后的鱼无一例外味差。这是因为生殖腺的发达和产卵活动而使鱼体的美味成分消耗。

2) 贝类、甲壳类

贝类具有特殊的风味,贝类抽提物中富含糖原、有机酸(主要为琥珀酸)、游离氨基酸(Glu、Gly、Ala、Arg等)等。牡蛎在贝类中含糖原最高,达4.2%,其他贝类在1%左右。渡边等人研究了糖原与呈味的关系,认为其具有调和抽提物成分的鲜味,增强浓厚感,并使之产生鱼贝类特有风味的作用。蚝油是利用煮蚝得到的浓缩蚝水经调配而成的海鲜调味料,其特有的风味同糖原含量也有一定的关系。

琥珀酸被认为是贝类中重要的呈鲜成分。福家等对菲律宾蛤仔的呈味成分进行的研究表明,Glu、Ala、Arg、AMP、琥珀酸、Na^+、K^+、Cl^-为其呈味的有效成分。但也有研究结果认为琥珀酸是否是鲜味剂还需进一步探讨,但对琥珀酸是构成贝类风味的重要成分这一点并无非议。扇贝闭壳肌(干贝)的主要呈味成分为Gly、Ala、Glu、Arg、AMP、Na^+、K^+、Cl^-等,盘鲍的主要呈味物质是Gly、Glu、甘氨酸、甜菜碱、AMP等。

从虾蟹的抽提物组成来看,含有较多的Gly、Ala、Pro、甘氨酸、甜菜碱之类具有甘味的成分，是构成虾蟹肉甘味的主体。林哲仁等人对蟹腿肉的呈味成分进行了研究，认为 Gly、Glu、Arg、AMP、GMP、Na^+、K^+、Cl^- 等为蟹肉呈味的主体，其他成分如 Ala、甘氨酸、甜菜碱起协同作用。

无脊柱动物中富含牛磺酸和 TMAO，但被判定同呈味无关，但甘氨酸、甜菜碱不仅同甘味有关，而且还有赋予水产品特有风味的作用。此外，精氨酸在无脊动物中含量高，其本身为一种苦味氨基酸，但在各种呈味成分中，精氨酸的存在反而使鲜味突出。据分析雪蟹的肉和扇贝贝柱的混合提取物中，精氨酸不呈苦味，却有增加呈味的复杂性程度以及提高鲜度的作用。

3）其他海产品

海胆生殖腺的盐产品具有浓厚的独特风味，其呈味的主要成分是 Gly、Ala、Val、Glu、Met、IMP 和 GMP。Val 赋予海胆特有的苦味；如果缺少，其味的性质则完全不同。Met 的作用也非常重要，可以说是海胆独有风味的关键物质。此外，含量较多的糖原起调和呈味的功能。乌贼类的味同 Gly 的含量密切相关，其他成分，如核苷酸、糖、有机酸等抽提物组成同呈味之间的关系还有待进一步研究。

4）主要呈味成分的作用

在上述各种水产食品呈味成分的研究和其他研究结果的基础上，特别应该强调的是谷氨酸和核苷酸两种鲜味成分以及精氨酸和无机成分的作用。

谷氨酸和核苷酸都是呈味构成的主要成分，两者不仅因相乘作用而使鲜味增强，而且赋予了食品味道的持续性和复杂性，产生浓厚圆和之感，具有提高整体呈味效果的作用。

精氨酸尽管本身呈苦味，但大量加入时不会产生苦味，所以说它和上述鲜味成分一样，对味道的持续性、复杂性和浓厚感的产生具有重要作用。无机成分，特别是 Na^+ 和 Cl^- 的作用如前所述，它们的存在与否对呈味影响很大。对食品的呈味成分，往往只注重有机成分，但实际上可以说有机无机成分的共存才能充分发挥有机成分的呈味效果。

据对水产无脊椎动物的测定，抽提液中所含的成分种类大致相同。起呈味作用的有氨基酸中的甘氨酸、丙氨酸、谷氨酸、精氨酸，核苷酸中的 IMP、GMP、AMP 等，Na^+、Cl^-、K^+、PO_4^{3-} 等无机成分也几乎一样。尽管如此，各种食品独特的风味，除了与组成成分量不同以外，还与香味成分组织结构等其他因素有关，这些问题有待于今后进一步研究。

4.2.2 藻类原料的化学成分及特性

海藻化学组成往往随着海藻的种类、生长海区、季节变化及环境因子（如生长基质、温度、光照、盐度、海流、潮汐及人为的条件等）不同而有显著的变化。近 10 多年来，海藻化学的发展尤为迅速，所取得的研究成果为海藻的利用提供了重要的依据。

4.2.2.1 碳水化合物

海藻中的碳水化合物占其干重的 50%以上，是海藻的主要成分，其中不仅含有红藻淀粉、绿藻淀粉、海带淀粉等不同于陆上植物的储藏多糖，亦含有琼胶、卡拉胶、褐藻酸等陆上植物未见的海藻多糖。海藻多糖类分为最外层支撑细胞壁的骨架多糖类（Structural Polysaccharide），细胞间质的黏质多糖类（Mucilaginous Polysaccharide）及原生质内的储藏多糖（Storage Polysaccharide）。

1）骨架多糖类

海藻的骨架多糖类因海藻种类不同存在一些差别。一般绿藻与陆地植物相同，葡聚糖分子平行排列，以X光衍射像明显的纤维素Ⅰ为主要成分。褐藻和红藻中，有些葡聚糖分子为反向排列，含有较多X光衍射像不明显的纤维素Ⅱ。但是，绿藻类水松中代替纤维素的是甘露聚糖(Maannan)，岩藻、羽藻中含有木聚糖(Xylan)。红藻的紫菜其骨架多糖也是由甘露聚糖和木聚糖构成的。

2）黏质多糖类

孔石莼、浒苔等绿藻内除有硫酸酯外，还含有D-葡萄糖醛酸和D-木聚糖、L-鼠李糖为主要成分的水溶性糖醛酸多糖。裙带菜、海带等褐藻的细胞间，存在着能用稀碱萃取的岩藻聚糖(Fucoidan)。

红藻的石花菜科、江蓠科分布有黏质多糖的琼胶，琼胶中糖的组成以D-半乳糖(52.5%)、3,6-脱水-L-半乳糖(34%)为主要成分，也含有少量6-O-甲基-D-半乳糖、硫酸酯基等。琼胶不是单一的多糖，而是由约70%的琼脂糖和约30%的琼脂胶两种多糖组成的。琼脂糖是由D-半乳糖和3,6-脱水-D-半乳糖组成的琼脂二糖为构成单位组成的。石花菜科的琼脂含量相当于干物质的33%～35%，并随季节而变化。

卡拉聚糖(Carrageenan，卡拉胶)广泛分布于杉藻目的麒麟菜、角叉藻属及杉藻属中。化学结构类似于琼胶，但其不同点在于脱水半乳糖在琼脂中是L型，而在卡拉胶聚糖中为D型；硫酸基的含量高达20%～30%等等。卡拉聚糖因硫酸基的位置、数量可分为κ型、λ型、μ型、τ型、υ型等数种。曾有报告提出角叉藻属和杉藻属的卡拉聚糖含有40% κ-卡拉聚糖，60% λ-卡拉聚糖。

褐藻酸是由糖基的C_6位上形成—COOH的酸性多糖，由D-甘露糖醛酸和L-古罗糖醛酸组成的聚糖醛酸苷。褐藻酸分子包括以下三部分，仅由D-甘露糖醛酸基(M)组成的部分(M块)，仅由L-古罗糖醛酸基(G)组成的部分(G块)及两个基团交错组成的部分(MG块)。褐藻酸的含量，因藻种、生长场所、季节、部位的不同而有所差异。但海带、裙带菜、黑海带、鹅掌菜等的含量为各自干物质的10%～30%，夏季其含量更高。

将裙带菜的有孢子叶体和根海带等用水萃取就会得到黏稠液。浸出液中的主要成分为岩藻聚糖，这种物质以L-岩藻糖和硫酸酯为主要成分，但因种类不同，其组成有所差别，并含有半乳糖、木聚糖及少量的葡萄糖醛酸。以裙带菜为例，岩藻糖为13%～27%，硫酸基为5%～25%，糖醛酸为3%～11%，半乳糖为23%～24%，另外还含有少量的木糖、甘露糖及鼠李糖。以在L-岩藻糖-4-硫酸的1,2-位上结合为主体，也含有在1,3-位、1,4-位结合的，相对分子质量为133 000±20 000。紫菜属的海藻中含有大量的具有硫酸基半乳糖的紫菜聚糖(Porphyran)，它是由3,6-脱水L-半乳糖(5%～19%)，D-半乳糖(24%～45%)，L-半乳糖、6-O-甲基-D-半乳糖(3%～38%)及L-硫酸半乳糖(6%～11%)构成的。紫菜聚糖的数量和各个组成糖的比率与个体、季节或生长的环境有关。从某种紫菜中检出的紫菜聚糖的含量约为干物质的36%。

3）储藏多糖

绿藻的储藏多糖是淀粉，它与陆上植物在直链淀粉和支链淀粉组成方面及其化学结构方面等本质上是相同的。褐藻的储藏多糖是D-葡萄糖的β-1,3-结合构成的海带聚糖，在黑海带中约为1%。红藻的储藏多糖与淀粉相似，能发生碘变色反应，故被称为红藻淀粉(Floridean Starch)。红藻淀粉可能具有支链淀粉和糖原的中间构造，约占干燥藻体的2%～3%。

4.2.2.2 抽提物含氮成分

1) 游离氨基酸

藻类中检出许多特殊氨基酸，主要有L-a-红藻氨酸、异红藻氨酸、软骨藻酸、海带氨酸、肉质蜈蚣藻氨酸等，这类特殊氨基酸往往具有一定的生理或药理功能。

2) 肽

海藻中分离得到一些特殊结构的肽，如石纯目的孔石莼、绿管浒苔中含有精氨酰谷氨酰胺，是孔石莼的主要成分。褐藻中发现羽叶藻肽及帚状鹿角莱肽。红藻的蜈蚣藻属中存在着一种二肽——L-瓜氨酸-L-精氨酸(Cit-Arg)，此外还存在Cit-Cit-Arg、Cit-Cit-Cit-Arg、Cit-Orn-Arg等以瓜氨酸、精氨酸及鸟氨酸为构成成分的多种瓜氨酸肽。海藻中的这些肽的生理活性尚不清楚。

4.2.2.3 维生素

海藻主要以富含水溶性维生素为特征。红藻中维生素B_1含量较多，褐藻类中较少，干海藻含量在0.3～4.6 mg/kg。维生素B_2在一般藻类中低于10 mg/kg，但一等紫菜中的含量与酵母中含量相当，海藻中的维生素B_2大都是以FAD(Flavin Adenine Dinudeotide)形式存在。海藻中还含有维生素B_{12}，不同藻类中含量相差较大，但大多数海藻的B_{12}含量相当于一般动物内脏中的含量。此外，海藻中富含维生素C，在1 000 mg/kg以上。关于维生素E，Jensen以北欧产的18种海藻作了分析，发现大部分海藻只有α-生育酚，含量为7～92 mg/kg。但褐藻墨角科的海藻中存在有α-、γ-、δ-三种生育酚，而且维生素E的总量也多。维生素E在海藻中含量的季节性变化十分显著。

4.2.2.4 无机质

藻类灰分含量10%～20%，在日本常食用的海藻类中无机质含量多在30%以上。藻类的无机质成分中，以Na、Mg、Ca、K含量较高，藻体内Na、K主要是以氯化物或硫酸盐的形式存在，与细胞内的生理功能有关。钙在褐藻中特别多，12～31.9 mg/g干物。Mg是陆地植物中含量较多的元素，绿藻类的镁含量也较高，为11.3%～36.5%。海藻中的这些无机质是从海水元素中吸附浓缩得来的。不破等研究了部分海藻的无机质浓缩系数，发现海水中含量较多的Na、K、Ca、Cl等元素的浓缩系数是0.1%～100%左右，而含量较少的微量元素的浓缩系数却相差悬殊。藻体吸收离子，不仅仅是简单的浓度差引起的扩散渗透作用，而应看作是对特定的离子具有高度选择性，并通过细胞膜功能的传递，即一种不可逆的吸收，但有关各种元素的吸收机理尚不清楚。

海藻是碘(I)的重要来源，海带的总碘量为1.45 mg/g干物，腔昆布为3.15 mg/g，裙带菜为0.06 mg/g，其含碘量因种类不同而有明显的差别，但比起陆上动植物都要高上几十甚至几百倍，碘在人体内主要参与甲状腺的生成。缺碘在成年人可引起甲状腺肿大，胎儿期和新生儿期可引起呆小症。

海藻中的Se、Zn含量也较高，堀口对多种海藻的风干品进行的分析表明硒的含量在0.1～1.1 μg/g，而粗蛋白含量高的海藻中硒含量也高，两者之比大致在1.04～1.31，可以推定藻体中的Se大部分是与蛋白质结合而存在的。硒具有抗肿瘤、抗氧化、抗衰老、抗毒性等重要作用，是人体内重要的必需微量元素之一，吃海藻即可得到硒的补充。此外，Zn

和 Se 一样同蛋白质含量呈正相关，锌具有参与酶、核酸的合成，可促进机体的生长发育、性成熟和生殖过程，参与人体免疫功能，维护和保持免疫细胞的复制等多种生理功能。

4.2.2.5 脂肪酸和甘油基类脂物

海藻中发现的最简单形式的甘油基类脂物是三甘油酯，其中 3 个羟基都被脂肪酸所酯化。海藻的细胞膜主要是甘油基类脂物，在甘油上的 C_1 和 C_2 羟基被脂肪酸酯化成二甘油酯。而 C_3 羟基被一个磷脂酰酯化成一个配糖体。海藻中主要磷脂是磷脂酰胆碱(PC)，并含有少量的磷脂酰乙醇胺(PE)、磷脂酰甘油(PG)、磷脂酰丝氨酸(PS)、磷脂酰肌醇(PI)和二磷脂甘油(DPG)。因含量少，鉴定比较困难。海藻中含有 3 种主要糖脂，它们是单半乳糖二酰甘油酯(MGDG)、双半乳糖二酰甘油酯(DGDG)和植物硫脂(SL)。在蓝绿藻中只包括含磷脂酰甘油、单半乳糖二酰甘油酯、双半乳糖二酰甘油酯和植物硫脂。

4.2.2.6 苯酚化合物

海藻的苯酚组分可分为两大类，即褐藻的多间苯三酚和红藻的溴苯酚。在大部分褐藻中都存在着多间苯三酚，主要的多间苯三酚有 9 种，除此之外，更复杂的多间苯三酚也存在于某些海藻中。现在分析多间苯三酚的方法只达到测四聚体的水平。较高聚合物的异构体至今还不能色谱分离。例如在墨角藻和泡叶藻中，大多数多间苯三酚是复杂的高相对分子质量的聚合物，至今尚未能分析。据报道，在等鞭金藻和舟形藻中酪氨酸通过一系列的苯酚中间体进行生物代谢作用。从已经分类的褐藻、红藻、蓝藻、绿藻、硅藻、黄藻和金藻中已发现约 50 种苯酚化合物。

红藻的溴苯酚主要以硫酸酯形式存在，但游离苯酚硫酸酯是相当困难的，所以只研究水解硫酸酯后游离的苯酚。目前已报道了大约 20 种红藻的溴苯酚。

4.2.2.7 色素

绿藻的主要色素是叶绿素(Chlorophyll)，其中叶绿素 a 是负责光合作用的主要色素，叶绿素 b、叶绿素 c、叶绿素 d 和类胡萝卜素、藻胆色素(Phycobilin)等都作为辅助色素，在接受光照的能量后，高效率地将光能传递给叶绿素 a。叶绿素 a 是所有藻类都含的成分，但其他色素在不同种的藻类之间有显著的差异。叶绿素 a、b、c、d 都是以镁配位的金属卟啉色素，卟啉的丙酸侧链和多烯醇—叶绿醇(Phtol)形成酯的结构。此外，叶绿素 b 只存在于绿藻中。深海型的绿藻的叶绿素 a/b 比值比浅海型生长的绿藻高。

海带、裙带菜等褐藻中含有大量类胡萝卜素的衍生物——岩藻黄质，吸收了绿蓝色，故显其互补色褐色。此外，含有叶绿素 a 和叶绿素 c。褐藻经醋渍后带青色是由于岩藻黄质被分解而变为青绿色的缘故。

红藻中有叶绿素 a，个别测出有叶绿素 d，类胡萝卜素有 β-胡萝卜素和叶黄素。红藻的主要特征是含有水溶性的藻胆色素，藻胆色素和水溶性蛋白质牢固结合，可见光中的蓝绿色和橙色被鲜红色的藻红蛋白(Phycoerythrin)、蓝色的藻蓝蛋白(Phycocyanin)、蓝绿色的异藻蓝蛋白(Allophycocyalin)3 种色素所吸收的结果，使藻体的颜色变为紫红色。

4.2.3 海洋生物活性物质

海洋生物中存在着广泛的生理活性物质，这一点已经被越来越多的研究工作所证实。如美国加州大学的 R. Jabobs 研究发现，400 多种分离的天然产物中，具有各种生理活性的物质约占25%。概括起来，研究较多的海洋活性化合物主要有氨基酸类、多肽类、多烯脂肪酸类、多糖类、甾醇类、萜类、皂甙类、糖蛋白类、氨基糖苷类、生物碱类等几大类。

4.2.3.1 牛磺酸

牛磺酸(Taurine，Tau)是一种非蛋白质结构氨基酸的特殊氨基酸。其分子式为$C_2H_7NO_2S$，分子量为125。是柱状结晶体，熔点为310℃。它以游离氨基酸的形式普遍存在于动物体内各种组织，并以小分子二肽或三肽的形式存在于中枢神经系统，但不参与蛋白质合成。最早是1827年从牛的胆汁中发现了这种含硫氨基酸，故称为牛胆碱、牛胆素。

牛磺酸在鱼贝类中含量十分丰富，软体动物中尤甚。此外，一些海藻中也含有不少牛磺酸。可以说海洋生物是牛磺酸的天然宝库(表4-2-9)。

表4-2-9 水产动植物中的牛磺酸含量

名称	水分(%)	含量(mg/100 g)	名称	水分(%)	含量(mg/100 g)
竹荚鱼	77.8	206	红鱿鱼	80.6	160
黄鲷	76.3	347	枪乌贼	77.9	342
鲱鱼	60.0	106	赤贝	85.4	427
多春雨	76.4	65	蛤蜊	85.9	211
绿鳍鱼	74.2	227	紫贻贝	78.9	440
远东多线鱼	71.6	216	蝾螺	78.0	945
真鲷	77.4	230	扇贝	82.4	116
日本对虾	76.9	199	姥蛤	79.4	571
雪蟹	81.8	450	海松贝	81.7	638
沙虫干	11.8	1 837	牡蛎		800～1 200
稠密刚毛藻*		225	马氏珠母贝	80.9	1 383
铁钉菜**		542	翡翠贻贝	82.4	802

注：* Cladop Hora Densa；* * S higeokamurai。

贝类、鱿鱼、甲壳类等的牛磺酸含量较高，其中马氏珠母贝中含量更是高达1 383 mg/100 g，牡蛎、沙虫干和翡翠贻贝中含量也不少。按其干基比较的话，牛磺酸含量由高至低分别为马氏珠母贝、牡蛎、蝾螺、沙虫干等。而鱼类的牛磺酸含量在100～300 mg/100 g，干基约为0.5%～1.5%。

牛磺酸在鱼贝类的不同组织内含量也有所不同。一般来说，金枪鱼、鲐鱼等红肉鱼的血合肉中牛磺酸含量比普通肉高，而真鲷、比目鱼等白肉鱼的各种组织中牛磺酸含量则没有明显的不同。小昭夫等对几种鱼贝类不同组织的牛磺酸含量研究(表4-2-10)表示，鱼体内脏中牛磺酸含量明显高于其肌肉组织中的含量。而牛磺酸含量在内脏中的分布也因鱼种的不同而不同，但差别不大。一般来说，心脏、脾脏中含量较多，而鳃中则含量较少。

表 4-2-10 鱼体内不同组织的牛磺酸含量 单位：mg/100 g

组织	蓝鳍金枪鱼	太平洋鲐鱼	大麻哈鱼	比目鱼	阿拉斯加绿鳕	红鳟
背部肉	61	24	20	134	93	14
腹部肉	—	44	35	105	104	12
血合肉	954	293	—	—	241	189
心脏	658	579	220	326	363	452
胃	392	146	164	105	307	156
幽门	265	302	135	—	326	172
肠	256	173	16	84	246	220
肝	178	143	41	186	179	160
苦胆	245	150	109	197	285	201
脾	—	—	168	706	214	289
肾	—	97	80	98	420	186
睾丸	161	—	—	—	342	273
卵巢	—	—	129	67	296	166
脑	136	111	115	116	363	54
鳃	73	87	65	84	163	170

此外，坂口等的研究表明，海水鱼和淡水鱼之间牛磺酸含量没有明显的不同。通过在人工养殖的鲑鱼和鳗鱼饲料中添加牛磺酸，发现在鱼的各组织中牛磺酸的含量明显升高，表明鱼饵料中的牛磺酸在鱼体中具有蓄积的可能性。

鉴于牛磺酸的生物活性及在海洋生物中的高含量，对于它在保健食品和药物方面的开发有着广阔的前景和不可低估的价值。目前，在美国、日本等一些发达国家，牛磺酸已被作为一种新型的食品添加剂广泛应用，如在婴幼儿奶粉、饮料及保健食品中用作强化剂等。因牛磺酸对心血管系统具有一系列独特的功能，主要是加强心室功能、增加心肌缩力、抗心律失常、防止充血性心力衰竭和降低血压、抗血乳酸的积累等，因而被定为运动饮料的成分。牛磺酸在其他方面也有着广泛的应用。如王顺年等人对珍珠药效成分的研究表明：牛磺酸是其主要药效成分，并在治疗病毒性肝炎和功能性子宫出血方面得到临床应用。日本学者报道用牡蛎肉提取粉末（主要含牛磺酸和锌的螯合物）治疗精神分裂症患者。在老年保健方面，海洋生物中富含的牛磺酸有望作为一种抗智力衰退、抗疲劳、滋补强身的有效成分。

4.2.3.2 活性肽

活性肽（Activated Peptide）是指那些有特殊生理功能的肽。目前，除了从天然蛋白质获得多种活性肽之外，借助生物工程技术的研究开发备受重视，如利用蛋白酶作用于蛋白质形成一种低相对分子质量的活性肽。已知的活性肽包括促钙吸收肽、降血压肽、降血脂肽、免疫调节肽、抗肿瘤活性肽等，本书就海产生物中活性肽做一简单概述。

1）降血压肽

鱼贝类中已被证实具有降血压作用的肽包括以下几种：

C_3 肽(南极磷虾)Leu - Lys - Tyr

(鲣鱼内脏)Lys - Glu - Tyr

C_8 肽(沙丁鱼)Leu - Lys - Val - Gly - Val - Lys - Gln - Thr

(金枪鱼)Pro - Tyr - His - Ile - Lys - Trp - Gly - Asp

C_{11} 肽(沙丁鱼)Tyr - Lys - Ser - Phe - Ile - Lys - Gly - Tyr - Pro - Val - Met

这些活性肽通常是由体内蛋白酶在温和条件下水解蛋白质而获得的,食用安全性高。其降血压作用主要是通过抑制血管紧张素转换酶(Angtotensin Corverting Enzyne,ACE)的活性来实现的。因为 ACE 可使血管紧张素 X 转化为血管紧张素 Y,后者会使末梢血管收缩而导致血压升高。海洋生物中的这类活性肽最大的优点是对正常血压的人无降压作用。

从上述降血压活性肽的构成氨基酸来看,发现均含有 1~2 个 Lys 残基。家森等进行的动物实验表明:Lys 不仅有一定的降血压作用,而且对抑制脑溢血的发生非常有效。海产动物蛋白质的氨基酸组成中,富含 Lys,活性肽的降血压作用很可能同 Lys 有关。

2) 抗肿瘤活性肽

海洋生物是新型的肽类次级代谢的丰富来源,现已从多种生物中发现一系列高活性的抗肿瘤、抗病毒、抗微生物及抗心血管病的活性多肽,其中以抗肿瘤活性肽尤为引人注目。

(1) 海兔活性肽:Pettil 等从印度洋产的耳状截尾海兔(Dolabella Auricu - Ara)分离出具有强力抗肿瘤活性的截尾海兔肽 1~15,其中活性最强的是 dolastatin 10。

对黑素瘤的半数有效剂量 ED_{50} 为 0.008 5 mg/L,对 PS 白血病细胞接种小白鼠进行1~4 μg/kg 的投与实验,显示 69%~102%的延命效果(ED_{50}:0.04 mg/mL,活体外实验),最具医学发展潜力。

最近,日本学者从海兔中提取并合成了新的海兔毒素 Dolastatin H 与 Isodolastatin H。前者的活性较差,后者对 P338 的活性只有 Dolastatin 10 的千分之一。

(2) 海绵活性肽:海绵是一类最原始、最低等的多细胞动物,品种繁多,许多微生物寄生于其中,因此海绵的代谢物主要是来自于共生的微生物。目前已从海绵中提取了 70 多种肽类,均具有显著的抗肿瘤、抗菌活性。大部分为环肽与脂肽,分子中富含特殊氨基酸,如羟基氨基酸、α -酮基氨基酸及烯键、炔键等。表 4 - 2 - 11 列出了一些重要海绵活性肽的抗肿瘤活性。

表 4-2-11　海绵肽的抗肿瘤活性

海绵肽类	细胞谱系	IC_{50} 或 ED_{50}(mg/L)
Jaspamide	larynx epit hlia carcinoma	0.32
Discoder mins	L1210	
Polydiscamide A	肺癌 A549	0.7
p hakellistatins	P388 白血病	0.2~10
axinastatin 4	P338 白血病	0.057
hymenistatins 1	P388 白血病	0.26
aciculitins (A - C)	HCT - 116	0.5
arenastatin A	HCT - 116	5×10^{-6}

海绵肽对肿瘤的抑制活性总体上不如海兔肽高，其抑制作用也不清楚，但从活性较高的环肽结构来看，Pro、Phe、Leu 等出现的频率很高，与某些 DNA 靶向剂结构有关。

(3) 海藻活性肽：20 世纪 80 年代以来，Moore 从蓝绿藻 Lyngbya Majuscula 中分离到抗癌活性的环肽 Majusculamide C、D, Deoxymajusculamide D 等，其中 Majusculamide 对骨髓瘤阻断效果达 35%。20 世纪 90 年代以来，Moore 等人又从蓝绿藻分离到中等细胞毒性的十八肽 Westiellamide。Koehn 从委内瑞拉水域中巨大鞘丝藻中分离到结构新颖的脂肽 Micrlcolin A、B，它们能抑制双向小鼠混合淋巴细胞反应，Micrlcolin A 的有效浓度(EC_{50})和相关浓度(TC_{50})为1.5 nmol/L和 22.6 nmol/L，Microcolin B 分别为 42.7 nmol/L 和 191.1 nmol/L。红藻的肉质蜈蚣藻肽也具有抗肿瘤活性。迄今为止，从海藻中获得的抗癌肽较少，对其作用机制的研究更少。

(4) 海鞘活性肽：Rine hart 等于 20 世纪 80 年代初从加勒比海产的海鞘(Caribbean Tunicates)中分离出具有显著抗病毒和抗肿瘤活性的 5 种肽，命名为膜海鞘肽(Didemnin) A、B、C、D、E。其中研究最多的是 Didemnin B，可抑制黑色瘤、卵巢癌、乳腺癌、肾癌等，目前处于Ⅱ期临床试验阶段。药理研究表明，Didemnin B 抑制蛋白质合成的作用比抑制 DNA 与 RNA 的更强，属周期性非特异药，又可抑制 G1 期向 S 期过渡。最近研究显示，Didemnin B 主要阻止真核延长因子 2(eEF－2)的转移，对氨酰 RNA 运输或肽转移酶活性没有抑制作用。

4.2.3.3 PUFA

多不饱和脂肪酸(Polyunsaturated Fatty Acid，PUFA)分子中从末端甲基数起，双键始于第 6 个碳原子的称为 $n-6$(或 $\omega-6$)多不饱和脂肪酸，而双键在甲基端第 3 个碳原子的称为 $n-3$(或 $\omega-3$)多不饱和脂肪酸，$n-6$ 系列的有亚油酸($C_{18:2}$ $n-6$)、γ-亚麻酸($C_{18:3}$ $n-6$)和花生四烯酸($C_{20:4}$ $n-6$)，$n-3$ 系列的有亚麻酸($C_{18:3}$ $n-3$)、EPA($C_{20:5}n-3$)及 DHA($C_{20:6}$ $n-3$)。这些 PUFA 作为细胞膜的主要构成成分，同膜流动性的调节有关，在体内代谢中显示各种功能，同时，又是前列腺素直接的前驱体，起着重要的生理作用。因此，摄取富含亚麻酸及亚油酸食物，可通过体内的 $n-3$ 及 $n-6$ 合成途径生成 PUFA，发挥各自的生理功能。

1) EPA、DHA 的生理功能

自 1970 年以来，各国均开展 EPA、DHA 生理功能的研究，概括起来，主要有如下几个方面：

(1) 降低血脂、胆固醇和血压，预防心血管疾病。

(2) 抑制血小板凝集，防止血栓形成与中风，预防老年痴呆症。

(3) 预防炎症和哮喘。

(4) 降低血糖，抗糖尿病。

(5) 抗过敏。

(6) 抑制促癌物质前列腺素的形成，能够防止乳腺癌、直肠癌等的发生。

(7) 增强视网膜的反射能力，预防视力退化。

(8) 增强记忆力，提高学习效果。

前 5 项，EPA 和 DHA 都有效，DHA 的防癌作用比 EPA 更有效。此外，DHA 还具有增加视力和提高学习、记忆能力的作用。关于摄取多少鱼油才能发挥其功效，目前尚未有比较明确的研究数据，而且还存在着一个 $n-3$ 和 $n-6$ PUFA 摄取比的问题。据对 36 种哺乳动物的分析，$n-6/n-3$ 除大脑为 1 之外，一般以 $n-6$ 为多。而对 2 000 多母乳试料的脂肪酸组成的分析表明，$n-6/n-3$ 的平均值为 4.8∶1。有报告认为 $n-6/n-3$ 的比值大小同炎症、血栓性疾病、过敏性等的发生有关。因此，过分强调 $n-3$ 的摄取也并不科学。在前列腺素代谢过程，$n-6$ 系列的花生四烯酸和 $n-3$ 系列的 EPA 和 DHA 会发生底物阻碍反应，就如同二者争夺一个座位一样。二者在前列腺素代谢中的产物不同，其生理活性亦不同，如同血液凝集能相关的是前列腺素 PGI2、TXA2（花生四烯酸的代谢产物）、PGI3、TXA3（EPA 的代谢产物）。由于 $n-3$ 的摄入，使细胞膜中花生四烯酸减少，导致 TXA2 和 PGI2 的产生下降，使出血时间延长和血小板凝集能下降。此外，由 EPA 生成了对血小板凝集无活性的 TXA3，抑制了有凝集活性的 TXA2 的生成，从而防止了血栓的生成，相反，也延长了出血时间。

必须注意的是，EPA 和 DHA 很容易氧化，氧化后的鱼油对消化器官有局部刺激作用，还会引起肠道发炎、损坏胃肠道黏膜直至造成溃疡。其过氧化物还被认为是致癌物质，因此 $n-3$、$n-6$ PUFA 在食品的应用过程中，必须充分做好防止氧化的措施。

2）海洋生物中的 PUFA 分布

陆地植物上几乎不含 EPA 和 DHA，在一般陆地动物油中其含量也测不出来，但在一些高等动物的重要器官和组织中，如眼、脑、睾丸及精液中都含有较高的 DHA，而在海洋生物中，如藻类及海水鱼类都含有较高含量的 EPA 和 DHA。EPA 和 DHA 可以在动物体内由亚麻酸转化而成。但这一过程在人体内非常缓慢，而在一些海鱼和海藻中的转化量较大。

EPA、DHA 在低温下呈液状，故一般冷水性鱼贝类中的含量较高，各种水产动物油脂中的 EPA 及 DHA 含量如表 4-2-12 所示。

表 4-2-12　各种鱼油的 EPA 及 DHA 的含量

原　料	EPA(%)	DHA(%)	原　料	EPA(%)	DHA(%)
远东拟沙丁鱼	16.8	10.2	鱿	11.7	33.7
大马哈鱼	8.5	18.2	乌贼	14.0	32.7
秋刀鱼	4.9	11.0	对虾	14.6	11.2
狭鳕肝	12.6	6.0	梭子蟹	15.6	12.2
黄鳍金枪鱼	5.1	26.5	马面鲀肝	8.7	20.4
黑鲔	8.7	18.8	鲨	5.1	22.5
大目金枪鱼	3.9	37.0	牡蛎	25.8	14.8
鲐鱼	8.0	9.4	缢蛏	15.0	20.6
大西洋油鲱	12.8	7.4	扇贝	17.2	19.6
马鲛	8.4	31.1	毛蚶	23.1	13.5
带鱼	5.8	14.4	文蛤	19.2	15.8
鲳	4.3	13.6	青蛤	18.4	11.3
海鳗	4.1	16.5	螺旋藻	32.8	5.4
小黄鱼	5.3	16.3	小球藻	35.2	8.7

鱼类中除多获性鱼类沙丁鱼油和狭鳕肝油中的 EPA 含量高于 DHA 之外，其他鱼种一般是 DHA 含量高，且洄游性鱼类如金枪鱼类的 DHA 含量高达 20%～40%。贝类中除扇贝和缢蛏之外，EPA 含量均高于 DHA，而螺旋藻、小球藻 EPA 含量达 30% 以上，远高于 DHA。

最近的研究发现金枪鱼、鲣鱼等大型洄游性鱼的眼窝脂肪中含有高浓度的 DHA，如表 4-2-13所示。其含量高达 30%～40%。而 EPA 的含量却较低，在 5%～10%。

表 4-2-13 各鱼种的眼窝脂肪中的 EPA、DHA 含量

鱼种	EPA(%)	DHA(%)	鱼种	EPA(%)	DHA(%)
大目金枪鱼①	6.9	30.4	箭鱼	3.4	9.6
②	7.6	35.3	黄条鰤	3.3	1.1
黑鲔	6.1	28.5	红鰤	6.5	20.5
黄鳍金枪鱼①	6.2	40.1	竹荚鱼	15.3	15.3
②	4.5	28.9	沙丁鱼	22.6	12.1
鲣鱼①	9.5	42.5	虎纹猫鲨	3.4	12.5
②	10.2	34.7	宽纹虎鲨	3.0	29.0
条纹四鳍枪鱼	3.9	28.4			

4.2.3.4 海藻膳食纤维

1) 膳食纤维(Dirtary Fiber,DF)

膳食纤维是指人体不能利用的多糖类,如纤维素、半纤维素等,食品成分表中一般称为粗纤维。膳食纤维具有改善耐糖性、抑制大肠癌发生、防止胆结石等营养功能,被称为第七营养素。根据其物性一般分为水溶性膳食纤维(Water-Soluble Dirtary Fiber,SDF)和水不溶性膳食纤维(Water-Insoluble Dirtary Fiber,IDF)。SDF 主要在耐糖性改善、胰岛素分泌节约、胆固醇代谢正常化等方面起作用,而 IDF 主要表现在对有毒成分的吸附排出、整肠作用、防止大肠癌等方面。但并不是所有的膳食纤维都同时具备上述生理功能。因为膳食纤维的来源广泛,各种不同品种的膳食纤维制品,其生理功能的多少和程度都是不一样的。

2) 海藻膳食纤维的种类及其生理功能

海藻细胞壁结构多糖由纤维素、半纤维素等构成,基本上同陆上植物一样,但也有甘露聚糖、木聚糖等特例。藻类的储藏多糖中,除红藻淀粉、绿藻淀粉同陆上植物淀粉相似之外,褐藻淀粉主要为 β-1,3-糖苷键的海带聚糖,因此,褐藻淀粉也属于 DF 的范畴。此外,藻类植物细胞间质多糖,如琼胶、卡拉胶、褐藻胶、马尾藻聚糖、岩藻聚糖、硫酸多糖等都属于海藻 DF 的成分。同陆上植物比较,以干基计,谷物最低为 0.8%~5%,蔬菜 15%~35%,菌菇类 20%~45%,海藻类 30%~65%。由此可见,海藻是 DF 高含量的食品。海藻 DF 的生理功能主要表现为以下几个方面:

(1) 抗凝血作用及降低血液中的中性脂肪:海藻中的硫酸多糖、岩藻聚糖、卡拉胶和马尾藻聚糖具有较强而持续的抗凝血作用和降低血液中的中性脂肪效果。中国海洋大学管华诗院士利用褐藻酸开发的海藻双酯钠(PSS),具有降低血液黏度和促使红细胞解聚作用,同时具有抗凝血作用,其效力相当于肝素的一半,还有明显的降血脂、扩张血管、改善微循环、降血压和降血糖等多种类肝素功能,但无肝素的毒、副作用,临床效果好,作用全面,对治疗脑梗死症、高血黏度综合征等有显著疗效,也是我国首创的新型类肝素半合成海洋药物。

浒苔、甘紫菜及麒麟菜可降低血浆中的胆固醇,海带对降低副肾胆固醇有效,其有效组分是酸性多糖和生物碱类。褐藻酸具有降低血中胆固醇的作用。

(2) 抗肿瘤作用:褐藻的海带、马尾藻、铜藻、半叶马尾藻提取的硫酸多糖或从绿藻的刺核藻提取的葡萄糖醛硫酸对肉瘤(Sarcoma)及欧利希氏癌(Ehrlich Carcinoma)的腹水、固形癌等移植癌有抑制效果,从狭叶海带、羽叶藻、海带等褐藻中提取的粗岩藻聚糖对患L-1210

白血病的小鼠有延长生命25%以上的效果。绿藻中的硫酸多糖、褐藻酸、κ-卡拉胶、λ-卡拉胶、紫菜聚糖经口服对欧利希氏固形癌也有抑制效果，并对Met hA固形肿瘤有防止作用。

(3) 重金属的排出作用和放射性元素的阻吸：褐藻酸钠对重金属有吸附排出的作用，我国学者利用褐藻酸钠的这一特性开发的排铅奶粉，具有很好的排铅效果，是触铅人员的保健食品。据研究，以含L-古罗糖醛酸多者效果更佳。此外，褐藻酸钠还具有对放射线元素的阻吸作用，许多国家的学者经过多年的研究工作，对鼠、猫、牛、鸡等多种动物进行实验，都证明褐藻酸钠确实能降低放射线锶的吸收，并能将原存于动物骨中的放射性锶吸收并排出体外。此外，褐藻酸钠对放射性镭也可抑制吸收。

(4) 抗HIV作用：红藻和绿藻、褐藻都含有硫酸多糖，这是一种生物多聚物，具有多种生物活性，可视为一种极性免疫调节剂。Ehresmam发现海藻中的硫酸多糖能干扰HIV病毒的吸附及渗入细胞的过程，且与之形成一种无感染力的多糖—病毒复合物。近年的研究证实，海藻硫酸多糖在体外尚能抑制HIV的复制，其中有些对HIV复制的早期起作用，有些则在复制的后期起作用（如红藻的角叉菜胶）。此外，Franz发现，某些海藻多糖可作为生物应答改良剂(BRM)，通过激活机体的免疫系统或改善机体的生物应答作用而提高机体的免疫机能。此外，属于海藻DF的海藻多糖还具有抗病毒、抗溃疡、清除自由基和抗脂质过氧化作用等生理功能。

4.2.3.5 甲壳质及其衍生物

甲壳质(Chitin)，又称几丁质、甲壳素或壳多糖等，是自然界仅次于纤维素的第二大丰富的生物聚合物。据估计每年的生物合成量超过10亿吨，是一种巨大的再生资源。壳聚糖(Chitosan)，又名水溶性甲壳素、甲壳胺，是甲壳质的脱乙酰衍生物，它们是天然多糖中少见的带正电荷的高分子物质。甲壳质和甲壳胺及其改性后的衍生物具有独特的丰富的功能性质，在医药、化工、生物、农业、纺织、印染、造纸、环保等众多领域中均具有极其重要的作用。

1) 结构和性质

甲壳质是由N-乙酰基-D-氨基葡萄糖(2-acetamido-2-deoxy-D-glucose)，通过β-1,4-糖苷键连接而成的聚合物，分子式为$(C_8H_{13}O_5N)_n$，相对分子质量达几十万至几百万。已知存在的有α、β、γ三种立体异构体，其中α-甲壳质是自然界存在的主要形式，由15～30条多糖链形成胶束，链间以稳定的氢键相结合，其周围为蛋白质包裹物。

壳聚糖即β(1,4)-2-氨基-2-脱氧-β-D-葡聚糖，是甲壳素的脱乙酰产物。纤维素、甲壳质及壳聚糖的分子结构相似。由于现有技术尚无法将甲壳质完全脱去乙酰基变成100%的壳聚糖，故壳聚糖分子链中通常含有2-N-乙酰基葡萄糖和2-氨基葡萄糖两种结构单元，两者比例随脱乙酰度不同而异。作为功能性食品原料的壳聚糖要求脱乙酰度在85%以上。

甲壳质不溶于水、稀酸、稀碱及醇、醚等有机溶剂，对氧化剂也很稳定，这是制约其长期得不到开发的重要原因。但在特定的条件下，甲壳质能与多种化合物起反应：

(1) 主链的水解。在盐酸中，于100℃进行水解，可得到葡萄糖胺盐酸盐。

(2) 脱乙酰基反应。将甲壳质放入浓度为40%～60%的NaOH或KOH溶液中，加热至100～180℃，可脱去乙酰基得到壳聚糖（亦称水溶性甲壳质）。壳聚糖为无色（或微黄色）

非结晶片状或粉末，微碱性，不溶于水和碱溶液，溶于稀醋酸而成透明的黏稠液体。

(3) 酰化反应。与羧基化合物(一般多使用脂肪酸类的酸酐)反应，其 C_3 和 C_6 上的羟基(以醋键结合)酰化，可制备许多有用的衍生物。

(4) 羟乙基化反应。在碱性溶液中和环氧乙烷反应得到羟乙基甲壳质，可溶于水，在科研中用来测定酶的活性。

(5) 羧甲基化反应。在碱性溶液中与氯醋酸进行羧甲基化反应，可得可溶性衍生物，反应点在 C_6 上。在反应过程中，大约 50%的乙酰氨基由于水解变成氨基，作为高分子两性电解质，能溶于水，溶液具有很大的黏性。这种水溶性衍生物是研究溶菌酶水解过程的良好底物。

(6) 硫酸酯化反应。甲壳质的羟基被取代生成硫酸酯，而壳多糖则是游离的氨基参与反应生成硫胺键。甲壳素与壳多糖的硫酸酯在结构上与肝素相似，也具有抗凝血作用，被认为是价廉易取的抗凝血多糖。其他尚有醛化、硝化、丙烯腈化、烷基化、脱氨等反应，可为甲壳质的利用提供广阔前景。

2) 生理功能

壳聚糖几乎不被人体消化吸收，是海产动物源膳食纤维，因而具有 DF 的物化特性，诸如保水性、膨胀性、吸附性和难消化吸收性等，其功能主要表现在以下方面。

(1) 降低血清胆固醇：Sugano 等人以大鼠为对象进行长期试验，表明壳聚糖对血液和肝脏中胆固醇水平的上升有抑制作用。Maezaki 等人的人体试验表明摄取壳聚糖后，粪便中一次胆汁酸的胆酸和鹅胆酸的排出量明显增加，当停止摄取后减至原来水平。二次胆汁酸的脱氧胆酸与石胆酸，由于壳聚糖的摄入而减少，这是因为壳聚糖在消化道内与胆酸结合由粪便排出，因此阻碍了胆酸在肠内的循环，导致血液中胆固醇含量的减少。

(2) 降低血压：已经证实，机体内血管紧张素系统是调节血压的重要机制之一。Cl^- 是血管紧张素转换酶(ACE)的活化剂，具有活化 ACE 的作用，它可以使 ACE 活化，最终导致血压升高。而壳聚糖的降压机制在于与 Cl^- 结合而抑制其吸收，从而降低血液中的 Cl^- 浓度而呈现 ACE 的抑制作用。从某种意义上说，壳聚糖是一种 ACE 抑制剂(ACE I)。

(3) 调节肠道菌群：Erada 等人研究壳聚糖对肠道菌群和粪便性状影响的结果表明，摄取壳聚糖有助于肠内短链脂肪酸的生产，导致 pH 下降，抑制肠道内腐败菌的生产。另外，肠道内细菌产生的腐败性物质，由于壳聚糖的摄取，粪便中的氨、酚、对甲基苯酚、吲哚等明显减少。这些腐败性物质正是肝癌、膀胱癌、皮肤癌等的促进剂，而壳聚糖的摄取使肠内代谢物产生良性变化。

(4) 其他生理功能：日本爱媛大学研究表明，壳聚糖具有强化 NK 细胞杀死癌细胞的能力，另外，壳聚糖的降解产物葡萄糖胺具有活化 NK 细胞与 LAK 细胞的作用。研究还表明，壳聚糖对人体细胞不产生排斥反应，抗原性低。以壳聚糖制成的人造皮肤，对人体有较强的亲和力，可被人体吸收，使伤口愈合良好，不产生疤痕。动物试验也证实相对分子质量较低的壳聚糖可防止消化性溃炎和胃酸过多症。

3) 海洋生物中的分布

自然界中甲壳质的分布十分广泛，许多低等动物特别是节肢动物如虾、蟹、昆虫等外壳或角质层含有较多的甲壳质，也存在于低等植物如菌藻类和真菌、酵母等的细胞壁中，一些脊椎动物的蹄、角部分也含有甲壳质。表 4-2-14 列出了甲壳质的重要资源。

表 4-2-14　甲壳素、壳聚糖的主要资源

海洋生物	昆虫	微生物
环节动物	蝎	绿藻
软体动物	蜘蛛	酵母
腔肠动物	鳃足	真菌*
甲壳动物	蚂蚁	青霉菌**
龙虾*	蟑螂	褐藻
蟹*	甲虫	孢子
小虾*		壶菌
对虾*		芽枝霉(Blastacladiaceae)
磷虾*		子囊菌

注：* 表示有商业资源；** 表示未来潜在资源。

一般虾、蟹壳中含甲壳在 15%～20%，另有 25%～35%的蛋白质、40%～45%的碳酸钙，表 4-2-15 列出了自然界中存在的几种主要甲壳质原料的可能产量。

表 4-2-15　海洋生物中存在的几种主要甲壳质原料及其产量推算

来　源	收获量(kt)	占收获量的比例(%)	含甲壳质的废弃物(kt)		
			湿重	干重	甲壳质的产量推算量
甲壳类	1 700	50～70	468	154	39
磷　虾	18 200	40	3 640	801	56
蛤/牡蛎	1 390	65～85	521	482	22
枪乌贼	660	20～40	99	21	1

注：甲壳质的生产量按下列含量计算：甲壳类 14%～35%，磷虾 7%，蛤/牡蛎 3%～6%，枪乌贼 1%～2%。

蛤和牡蛎壳分别含有 6%和 4%的甲壳质，但由于其含有大量的无机物，需要消耗大量的酸，因此用牡蛎壳作为原料生产甲壳质在经济上没有吸引力。

海洋浮游动物是一类数量极大、个体很小、甲壳质含量较高的小生物。据估计海洋浮游生物每年合成的甲壳质约有 10 亿吨，但目前由于形体微小，分散于海洋中，收集极其困难。目前较为引人注目的是南极磷虾和红虾，这两种浮游生物的组成与甲壳类动物相似，而且它们在生长的某个时期会大规模地聚集在一起，易于捕捞，极有可能成为未来甲壳质的生产原料。据估计地球上每年可得到 1.64×10^6 t 甲壳质原料，可生产甲壳素 150×10^3 t。随着海洋渔业及养殖业的发展，特别是南极磷虾的开发和利用，将虾、蟹等加工下脚料(废料)制成甲壳素成为水产品加工业利用资源、发展经济的重要途径。

4.2.3.6　其他活性物质

1）乌贼墨的生物活性

乌贼墨为黑色颗粒组成的混悬液，颗粒呈球形，直径在 90～250 nm之间，这种颗粒在乌贼墨中约占 20%，它既不溶于水又不溶于有机溶剂。日本最初从墨汁中发现了一种全新的结构黏多糖(Mucopolysacc Haride)，此种乌贼墨黏多糖由两种单糖呈直线交叉形式结合而成，并且和蛋白质分子相连，具有比较复杂的结构。据报道，乌贼墨的主要成分是真黑素与

蛋白质结合的黑素蛋白、酪氨酸的聚合物、水和脂肪。后来有人证实了乌贼墨的主要成分是黑色色素，其中富含岩藻糖的多糖—肽复合体。吕昌龙等对乌贼墨中的微量元素进行了考察，他们发现镁、钠、铁、锌、锶等元素含量较多，其中的锌、镁、锶可能与乌贼墨的免疫抑癌作用有关。其主要的生物活性如下：

(1) 抗肿瘤功能：乌贼墨的抗肿瘤作用最初由日本青森产业技术中心和弘前大学细菌专家小组发现，他们从中发现了一种乌贼墨黏多糖，抗动物移植性肿瘤的实验表明了该多糖可使小鼠的生存率高达60%～80%。吕昌龙等观察了经口服乌贼墨对3种小鼠移植瘤的生长抑制作用，发现乌贼墨对Meth－A和S180抑制率分别为95.48%和73.91%，并且还可在一定程度上抑制移植瘤的形成，两个组分别有67%和50%的小鼠未形成肿瘤。

进一步研究乌贼墨抑制肿瘤作用机理的实验表明，乌贼墨的肿瘤抑制作用是由于免疫功能增强，特别是细胞免疫功能增强的结果。因此，乌贼墨对肿瘤不是起直接抑制作用，而是刺激和增强机体细胞免疫和体液免疫的综合效应。

(2) 免疫赋活能力：乌贼墨对非特异性免疫和特异性免疫功能均有影响。它一方面刺激巨噬细胞活性，抑制肿瘤生长；另一方面作为免疫佐剂，促进抗体生成，提高特异性免疫功能，对小鼠胸腺和脾脏重量分析的实验表明，乌贼墨可使脾脏显著增重。

(3) 促凝血作用：乌贼墨对功能性子宫出血、肺结核咯血等出血性疾病具有止血作用，但其止血作用机理一直以来都不太清楚。谢光临等通过观察乌贼墨对动物凝血时间、血小板数量及纤溶酶活性等影响，表明了乌贼墨的止血作用可能是因影响纤溶系统，特别是降低了纤溶酶的活性，导致纤维蛋白溶解减少，从而导致凝血的。但对乌贼墨有效的抑制纤溶酶活性是通过直接破坏纤溶酶或纤溶酶原而使单位血液中其含量明显降低，还是抑制纤溶酶原激活因子活性，使纤溶酶原不能转化成纤溶酶，从而抑制了纤维蛋白的溶解，达到止血效果等问题尚不清楚。

2) 鲨鱼软骨

鲨鱼软骨提取物中含有一种血管生成抑制因子(Cartilage Derived Angiogenesis in Hibitor)，能够抑制新生血管形成，通过阻碍肿瘤周围毛细血管生成而达到抑制肿瘤生长的作用。据Oikawa报道，鲨鱼软骨提取物中的抗血管形成因子的相对分子质量在10^3～10^4之间，具有哺乳动物胶原酶抑制作用，能抑制血管内皮细胞基底膜溶解的蛋白酶的活性，且耐热，经100℃、2 min或37℃、2 h处理后仍保持生物学活性。日本一些科学家还认为鲨鱼软骨提取物中含有抗肿瘤侵犯因子(Anti－Invasion Factor)、软骨抗肿瘤因子(Cartilaged-erived Anti－Tumor Factor)，它们能直接抑制肿瘤细胞生成。

3) 海参黏多糖

玉足海参黏多糖(HLMP)是一种作用较强的免疫促进剂。HLMP通过激活机体的单核—巨噬细胞系统而发挥作用，对增强恶性疾病患者的免疫功能有相当价值。此外，陶氏太阳海星酸性黏多糖(SDAMP)对增强机体的非特异免疫和体液免疫亦有一定的作用。海洋动物体内含有的多种黏多糖物质是开发免疫增强剂的丰富资源。

4) 抗菌物质

海藻对大肠杆菌、枯草菌、啤酒酵母菌、青霉素菌等有抗菌作用，这种抗菌活性物是结构特异的卤化物、胆碱、酚类化合物、萜烯类化合物、单宁、多烯有机酸等。如马尾藻素是从马尾藻、红藻、绿藻中分离得到的含硫、氮的酚类化合物，是最有活性的抗菌物，对许多微生物有抑制作用。

思考与练习

1. 论述海洋动物性原料与藻类原料的化学成分和特性的异同点。
2. 简述鱼肌肉蛋白质组成及其功能特征。
3. 简述多不饱和脂肪酸(PUFA)的功能及其作用。
4. 阐述甲壳质的结构、性质及其生理功能。

4.3 鱼贝类的死后变化和保鲜

了解鱼贝类死后在肌肉中发生的各种变化，不仅有利于我们判定鱼贝类的鲜度，还有利于采用适当的保鲜方法来控制鱼贝类的质量。

4.3.1 鱼贝类的死后变化

4.3.1.1 死后僵硬

1) 死后僵硬和生物化学的变化

鱼贝类死后肌肉由柔软而有透明感变得硬化和不透明感，这种现象称为死后僵硬(Rigor Mortis)。鱼类肌肉的死后僵硬受到生理状态、疲劳程度、渔获方法等各种条件的影响，一般死后几分钟至几十小时僵硬，其持续时间为5～22 h。肌肉在僵硬过程中，发生的主要生物化学变化是磷酸肌酸(CrP)以及糖原含量的下降。由于CrP和糖原的消失，ATP的含量开始显著下降，而肌肉也开始变硬。

同时，由于糖原和ATP分解产生乳酸、磷酸，使得肌肉组织pH下降、酸性增强。一般活鱼肌肉的pH在7.2～7.4，洄游性的红肉鱼因糖原含量较高(0.4%～1.0%)，死后最低pH可达到5.6～6.0，而底栖性白肉鱼糖原较低(0.4%)，最低pH为6.0～6.4。pH下降的同时，还产生大量热量，从而使鱼贝类体温上升，促进组织水解酶的作用和微生物的繁殖。因此当鱼类捕获后，如不马上进行冷却，抑制其生化反应热，就不能有效、及时地使以上反应延缓下来。

2) 死后僵硬的机理

鱼体肌肉中的肌动蛋白和肌球蛋白在一定Ca^{2+}浓度下，借助ATP的能量释放而形成肌动球蛋白。肌肉中的肌原纤维蛋白——肌动蛋白和肌球蛋白的状态是由肌肉中ATP的含量决定的。鱼刚死时，肌动蛋白和肌球蛋白呈溶解状态，因此肌肉是软的。当ATP分解时，肌动蛋白纤维向肌球蛋白滑动，并凝聚成僵硬的肌动球蛋白。由于肌动蛋白和肌球蛋白的纤维重叠交叉，导致肌肉中的肌节增厚短缩，于是肌肉失去伸展性而变得僵硬。此现象类似活体的肌肉收缩。不同的是死后的肌肉收缩缓慢，而且是不可逆的。

3) 影响死后僵硬的因素

鱼类死后僵硬期的长短、僵硬开始的迟早及僵硬强度的大小取决于许多因素。

(1) 鱼的种类及生理营养状况：上层洄游性鱼类，如鲐、鲅鱼等，因其所含酶类的活性较强，死后僵硬开始得早，僵硬期较短；而活动性较弱的鳕、鲽等底层鱼类则一般死后僵硬开始得迟，僵硬期也较长。鱼类在死前的营养及生理状况对死后僵硬也有显著的影响。一般肥壮的鱼比瘦弱的鱼僵硬强度大，僵硬期也长。

(2) 捕捞及致死的条件：经长时间挣扎窒息而死的鱼，较捕捞后立即杀死的鱼，肌肉中糖原或ATP的含量较少，乳酸或氨的含量较多。因此，死后僵硬开始较早，僵硬强度较小，僵硬期亦较短。底拖网所捕获的鱼类，一般滞网时间较久，在网中经过长时间的剧烈挣扎，所以死后僵硬开始得早，僵硬持续的时间也较短。反之，捕获后立即杀死的鱼，僵硬开始得迟，僵硬期也较长。

(3) 鱼体保存的温度：鱼体死后保存的温度越低，僵硬期开始得越迟，僵硬期越长。一般在夏天气温中，僵硬期不超过数小时，在冬天或尽快冰藏的条件下，则可维持数天(表4-3-1)。

表 4-3-1　不同温度对鳕鱼死后僵硬时间的影响

鱼体温度	35℃	15℃	10℃	5℃	1℃
死后僵硬开始时间	3～10 min	2 h	4 h	16 h	2～2.5 昼夜
僵硬持续时间	30～40 min	10～24 h	36 h	2～2.5 昼夜	3～4 昼夜

4.3.1.2　自溶

1）自溶作用的过程

当鱼体肌肉中的 ATP 分解完后，鱼体开始逐渐软化，这种现象称为自溶作用（Autolysis）。这与活体时的肌肉放松不同，因为活体时肌肉放松是由于肌动球蛋白重新解离为肌动蛋白和肌球蛋白，而死后形成的肌动球蛋白是按原体保存下来，只是与肌节的 Z 线脱开，于是使肌肉松弛变软，促进自溶作用。

2）自溶作用的机理

自溶作用是指鱼体自行分解（溶解）的过程，主要是水解酶积极活动的结果。水解酶包括蛋白酶、脂肪酶、淀粉酶等。

经过僵硬阶段的鱼体，由于组织中的水解酶（特别是蛋白酶）的作用，使蛋白质逐渐分解为氨基酸以及较多的低分子碱性物质，所以鱼体在开始时由于乳酸和磷酸的积累而成酸性，但随后又转向中性，鱼体进入自溶阶段，肌肉组织逐渐变软，失去固有弹性。应该指出：自溶作用的本身不是腐败分解，因为自溶作用并非无限制地进行，在使部分蛋白质分解成氨基酸和可溶性含氮物后即达平衡状态，不易分解到最终产物。但由于鱼肉组织中蛋白质越来越多地变成氨基酸之类物质，则为腐败微生物的繁殖提供了有利条件，从而加速腐败进程。因此自溶阶段的鱼鲜度已下降。

3）影响自溶作用的因素

鱼肉自溶作用过程中，达到平衡状态所需的时间，以及达到平衡状态时其蛋白质、氨基酸及可溶性氮等成分的含量比率不仅随动物的种类而异，且随温度的高低、氢离子的浓度及盐类的存在与否而异。传统的鱼露生产就是利用高浓度食盐来抑制微生物生长，使其自溶缓慢进行，而加温则可加快自溶反应速度。

(1) 种类：冷血动物自溶作用速度大于温血动物，其原因乃前者的酶活性大于后者之故。在鱼肉中，远洋洄游性的中上层鱼类的自溶作用速度一般比底层鱼类为快，这是由于前者体内为适应其旺盛的新陈代谢需要而含有多量活性强的酶类之故。如鲐、鲣等鱼类一般自溶速度比黑鲷、鳕、鲽等鱼类为快，甲壳类的自溶比鱼类快。

(2) pH：自溶作用在 pH4.5 时强度最大，分解蛋白质所产生的可溶性氮、多肽氮和氨基酸含量最多；高于或低于此 pH 时，自溶作用均受到一定的限制。而虾类的研究则表明其自溶的最适 pH 在 7 附近。

(3) 盐类：当添加多量食盐时，可以阻碍其自溶作用的进行速度，但即使鱼肉浸泡在饱和盐水中，其自溶作用仍能缓慢地进行。各种盐类对鱼肉自溶作用的影响情况是不同的，当 NaCl、KCl、$MnCl_2$、$MgCl_2$ 等盐类微量存在时，可以促进自溶作用的进行，但当其大量存在时则起阻碍作用；而 $CaCl_2$、$BaCl_2$、$CaSO_4$、$ZnSO_4$ 等盐类只要存在微量也能对自溶作用产生阻碍。虾类自溶反应时，NaCl 起较大的激活酶的作用。

(4) 温度：鱼肉自溶作用在一定的适温范围内，温度每升高 10℃，其分解速度也增加一定的倍率，通常以其速度的温度系数表示：

$$Q_{10} = K_{t+10}/K_t$$

式中：Q_{10}——自溶速度的温度系数；

K_t——在 t℃时自溶作用的速度；

K_{t+10}——在(t+10)℃时自溶作用的速度。

鱼肉自溶作用速度的温度系数在高温范围与低温范围是有所区别的。表 4-3-2 列出了几种鱼类在一定温度范围内自溶作用的温度系数和最适温度。

表 4-3-2　不同温度情况下几种鱼类的自溶作用速度

鱼种类	温度范围(℃)	温度系数	最适温度(℃)
鲐	19.1～28.4	2.8	45
	28.4～45.3	7.8	
鲆	18.2～28.5	3.0	45
	28.5～44.9	8.4	
鲤	9.7～14.5	3.1	27
	14.5～26.1	5.4	
鲫	9.7～14.4	4.2	23
	14.4～21.6	7.0	

鱼类自溶作用的适温范围随鱼种而异，大致海产鱼类在 40～50℃范围内，淡水鱼类在 23～30℃范围内。

4.3.1.3　腐败

1) 腐败过程

鱼类在微生物的作用下，鱼体中的蛋白质、氨基酸及其他含氮物质被分解为氨、三甲胺、吲哚、组胺、硫化氢等低级产物，使鱼体产生具有腐败特征的臭味，这种过程称为腐败。

由于自溶作用，体内组织蛋白酶把蛋白质分解为氨基酸和低分子的含氮化合物，为细菌的生长繁殖创造了有利条件。由于细菌的大量繁殖加速了鱼体腐败的进程，因此自溶阶段鱼类的鲜度已经开始下降。大型鱼类或在气温较低的条件下，自溶阶段可能会长一些，但实际上多数鱼类的自溶阶段与由细菌引起的腐败进程并没有明显的界限，基本上可以认为是平行进行的。

2) 食品成分的分解

随着微生物的增殖，通过微生物所产生的各种酶的作用，食品的成分逐渐被分解。分解过程极为复杂，主要有以下几大类。

(1) 蛋白质的分解：因为像蛋白质这样的巨大分子，不能透过微生物的细胞膜，所以不能被微生物直接利用。当微生物从其周围取得低分子化合物，将其作为营养源繁殖到某一程度时，便分泌出蛋白酶(Protease)，分解蛋白质。产生蛋白酶的菌属分布广泛，具有代表性的菌属有 Pseudomonas，Vibrio，Flauobacterium，Micrococeus，Bacillus 等。

(2) 氨基酸的分解：组织中的游离氨基酸以及蛋白质分解产生的游离氨基酸，通过微生物的酶产生脱羧作用(Decarboxylation)或脱氨作用(Deaminaion)。

(3) 氧化三甲胺的还原：氧化三甲胺通过细菌的氧化三甲胺还原酶的作用，产生三甲胺。三甲胺是鱼腥臭具有代表性的成分之一。

(4) 尿素的分解：通过细菌具有的尿素酶(Urease)的作用分解成氨和二氧化碳。

鲨、鳐类的组织中含有大量的尿素和氧化三甲胺，随着鲜度的下降产生显著的氨臭。

(5) 脂肪的分解：含脂量高的食品，放置时间一长，脂肪便自动氧化和分解，产生不愉快的臭气和味道。这种脂肪的劣化(酸败)除了受到空气、阳光、加热、混入金属等的影响自动地进行之外，还受到食品以及微生物的酶作用而有所促进，但关于微生物对此的影响程度还不清楚。霉菌中含有分解油脂的脂肪酶和氧化不饱和脂肪酸的脂氧化酶。

3) 影响鱼类腐败速度的因素

(1) 鱼的种类：在外界条件相同的情况下，不同的鱼类其腐败速度也是不同的。例如鲐、鲣等鱼类其腐败开始的时间以及开始腐败以后的分解速度都比鲷、鲆等鱼类快一些，这是由于不同种类的鱼，其化学组成，尤其是含氮浸出物的种类和数量的不同以及酶活性之间的差别所引起的。

(2) 温度：在一定的温度范围内，温度增高，腐败速度加快，而温度降低则腐败变慢。尽管海水鱼和淡水鱼自溶作用的最适温度有很大的差别，但其腐败的最适温度几乎都在 25℃左右。此现象可归因于附着在这些鱼体上的大部分细菌的适温范围都在 25℃附近，许多海水细菌在此温度条件下其对数期持续时间较短。

(3) pH：附着于鱼体表面的细菌生长发育的最适 pH 范围在 6.5～7.5，一般认为 pH 低于 5.2 或高于 8.0 的时候，细菌的发育受到很大的影响，而鱼体 pH 的变动是由鱼类死后僵硬及代谢产物的积累所造成的，死后僵硬阶段鱼肉的 pH 常可下降至 5.0～5.5 左右，此 pH 范围不适合于一般细菌的生长，大部分细菌被抑制，总的菌数增加缓慢。此外，当腐败达到后期时，由于蛋白质中的氨基酸脱氨作用产生碱性物质的结果，使鱼肉的 pH 上升，常可达到 8.0 以上，使细菌的生长又受到了抑制，并逐步死亡。

(4) 最初细菌数：鱼体上附着的细菌数量对于鱼类的腐败速度影响很大，由于鱼体的营养有一定的限制，所以细菌生长发育到一定的阶段要被它自身的代谢产物所抑制，也就是细菌增殖到一定阶段后，基菌数是一相对恒定值。当鱼体最初细菌数较高而其他条件相同时，达到此值的时间较短；而最初细菌数较低时则时间较长。

原料的运输及处理过程中污染的菌数较多，则腐败速度大大加快。因此，保持渔轮、鱼箱(盘)、工具、场地等的卫生，防止微生物污染，对于延缓鱼类的腐败变质有重要意义。

4.3.2 鱼贝类鲜度判定

原料鲜度的鉴定方法包括感官法、化学法、物理法和微生物学法等 4 类。

4.3.2.1 感官法

通过人们的感觉(视觉、味觉、嗅觉、听觉、触觉 5 种感觉)，判定鱼贝类鲜度的方法称为感官检查法(Organoleptic Test，Sensory Test)。鱼类鲜度的感官质量指标见 4-3-3。

表 4-3-3 鱼类鲜度感官质量指标

检查项目	等级标准			
	Ⅰ	Ⅱ	Ⅲ	Ⅳ
体表	具有鲜鱼固有的鲜明本色与光泽，黏液透明	色泽暗淡，光泽差，黏液透明度较差	色泽暗淡无光，黏液混浊	色全晦暗，黏液污秽或干燥
鳞	鳞完整或稍有花鳞，但紧贴鱼体不易剥落	鳞不完整，较易剥落	鳞不完整、松弛，易剥落	鳞易擦落
鳃	鳃盖紧合，鳃丝鲜红（或紫红色）清晰，黏液透明无异味	鳃盖较松，鳃丝呈紫红、淡红或暗红色，腥味较重	鳃盖软弛，鳃丝黏连，呈淡红、暗红或灰红色，有显著腥臭味	鳃丝黏结，被覆有脓样黏液，有腐败臭味
眼睛	眼球饱满，角膜光亮透明	眼球平坦或稍有凹陷，角膜暗淡或微混浊	眼球凹陷，角膜混浊或发糊	眼球完全凹陷，角膜模糊或呈脓样封闭
肌肉	肌肉坚实或富有弹性，肌纤维清晰有光泽	肌肉组织紧密，有弹性，压出凹陷能很快复平。肌纤维光泽较差	肌肉松弛，弹性差，压出凹陷后，复平较慢，有异味，但无腐臭味	肌肉纤维模糊，有腐败臭味

4.3.2.2 化学法

为了进一步确定鱼的鲜度，或对鱼的品质鉴定有特殊需要时，在感官鉴定的基础上可以用化学鉴定法。鱼体鲜度的化学鉴定法可区分为两种：一种是以鱼贝类鲜活时在肌肉中几乎或完全不存在，但随着鲜度下降而产生或增加的物质为指标；另一种是以蛋白质的变性为指标，其中前者用于判定鱼贝类的一般鲜度，而后者用于判定鱼类肌肉用作鱼糜制品的加工适应性。

1）以鱼肉成分分解产物为指标的方法

（1）*K* 值：*K* 值是以核苷酸的分解物作为指标的判定方法，这种方法能从数量上反映出鱼的鲜度，“鲜活的程度”是该法的特征。

鱼肉的 ATP 是循 ATP→ADP→AMP→IMP→HxR→Hx 的途径而分解的。随着鲜度的下降，反应向右进行，但这些与 ATP 有关的化合物的总量几乎是一定的，以 HxR、Hx 占核苷酸及其关联化合物总量的百分率作为鱼肉的鲜度指标，称为 *K* 值（*K* Value）。

K 值(%) = (HxR + Hx)/(ATP + ADP + AMP + IMP + HxR + Hx) × 100%

即杀鱼：10%左右；生鱼片：20%；新鲜鱼：<40%；初期腐败鱼：60%～80%。

K 值的大小，实际上反映鱼体在僵硬至自溶阶段的不同鲜度。因为鱼死后至僵硬这段时间，ATP 迅速分解，*K* 值增加很快。因此测出 *K* 值比测出挥发性盐基氨更能准确地反映出鱼体的鲜度，因为在这段时间内蛋白质的分解速度是缓慢的。如果鱼体处于腐败阶段. 再去测 *K* 值或以 *K* 值来表示“鲜度”，则显然失去意义。

（2）挥发性盐基氮（Volatile Basic Nitrogen，VBN）：挥发性盐基氮来源于氨、三甲胺（TMA）、二甲胺（DMA）等的挥发性盐基氮（VBN），且随着鲜度的下降而增加。在鱼体死后的前期，VBN 的增加主要是由于 AMP 的脱氨反应而产生的氨造成的，接着通过氧化三甲胺

(TMAO)的分解产生 TMA 和 DMA，再加上氨基酸等含氮化合物的分解产生的氨或各种氨基。

鱼肉的 VBN 为 5～10 mg/100 g 时属于极新鲜，15～25 mg/100 g 时属于一般新鲜，30～40 mg/100 g 时属于初期腐败，50 mg/100 g 以上时属于腐败。这种方法广泛用于判定鱼类的鲜度，严格来讲是其腐败度。但对于含有大量尿素和 TMAO 的板鳃类不适用。

活鱼的肌肉中不存在 TMA，即使存在也是极微量的，因为 TMA 随着细菌的增加而增加，所以是鉴别鱼肉腐败的好指标，有时单独进行测定。初期腐败的临界值因鱼种而有所不同，一般为 2～7 mg/100 g。但这种方法不适于 TMAO 含量低的淡水鱼。同时必须注意加热过的肉，由于 TMAO 的热分解会产生 TMA；此外，即使是新鲜肉，有时 TMAO 由于酶的作用也会产生 TMA。

(3) pH：一般活鱼肌肉的 pH 为 7.2～7.4，鱼死后随着酵解反应的进行，pH 逐渐下降，达到最低后，随着鲜度下降，由于碱性物质的产生而再回升。因此，根据此原理可从 pH 判断鲜度。pH 的测定也可用玻璃电极简单而正确地进行。但由于鱼种和鱼体部位不同，pH 变化的进程也不同，所以得到一个判定鲜度的共同临界值是较困难的，需要结合其他鲜度判定法作出判断。

(4) 其他方法：根据鱼肉鲜度下降时测定产生的甲酸、丙酸、丁酸等挥发性有机酸的方法；根据高锰酸钾的消耗量测定挥发性还原物质（Volatile Reducing Substance，VRS）的方法；以及非蛋白氮、氨态氮、酪氨酸、组胺、吲哚等为指标的方法等等。但这些方法因鱼种不同其测定值有差异，而且测定的操作也较复杂，因此一般不采用。

2) 以蛋白质变性为指标的方法

当蛋白质变性时将引起溶解性及酶活性下降。所以当鱼肉冷藏、冻结储藏时，除从食品卫生的角度出发判断是否适用于食用外，还应进行鱼肉是否具有加工鱼糜制品的鲜度的判断。为此，常常测定盐溶性蛋白质的溶解性和肌原纤维蛋白质的 ATP 酶活性。

4.3.2.3 物理法

水产食品原料的物理鉴定法主要是根据原料肌肉的弹性、鱼肉或浸出液的导电率、鱼肉浸出物的折射率等物理参数来判别原料鲜度的一种鉴定方法。常用的物理学的鲜度指标有以下两种：

1) 鱼肉的弹性

新鲜鱼的肌肉有一定的弹性，随着鲜度的降低，鱼肉的弹性也下降。一般鱼肉的弹性可以采用弹性仪进行测定，当用弹性仪在鱼体肌肉上按压时，鱼肉产生一定形变的压力值，可由指示仪表给出，根据指示的鲜度等级或弹性值即可直接确定被测鱼的鲜度等级或由标准曲线查得鲜度等级。

2) 鱼肉的导电率

鱼体在死后僵硬的过程中，随着糖原的降解及乳酸的生成，其氢离子浓度也发生变化。鱼体肌肉的氢离子浓度与其导电率有密切关系，采用鱼肉导电率这种物理学指标来判别鱼体进入腐败阶段之前的商品质量是一种简便有效的方法，设备简单，可以立即获得结果。

4.3.2.4 微生物学法

微生物学法主要是测出鱼体肌肉的细菌数，因细菌数反映了鱼体污染的程度。鱼体在僵硬阶段,细菌繁殖慢,到自溶后期,由于含氮物分解增多,细菌繁殖很快。因此测定细菌数的多少,大致反映鱼体鲜度。一般细菌总数小于 10^4 个/g 作为新鲜鱼,大于 10^6 个/g 作为腐败开始。用鱼肉中细菌总数作为微生物学质量指标来判断鱼体鲜度,其结果与感官质量指标和化学质量指标是一致的。由于微生物学质量指标的测定要有一定的设备条件,且要有比较熟练的人员操作,测定结果需 2~3 天后才知道,故除了进行对比研究及特殊需要外,生产上的使用是受到一定限制的,不是一种可普遍采用的方法。

利用细菌总数来判别鱼贝类原料的鲜度时,常因种类、捕捞海域污染程度、储藏温度和储藏条件等而使测定值变动,同时还因进行微生物学检验时采样部位、采样方法、所用培养基成分、培养时间、培养温度、培养基 pH 等条件而使结果出现波动,故应按国家标准所列的方法进行测定,若条件改变时必须另出报告或加以说明。

4.3.3 鱼贝类的保鲜

如上所述的各种原因,鱼贝类比陆上动物更易腐败变质,因此,鱼贝类的保鲜就显得尤为重要。水产品的低温保鲜技术是将鱼体温度降低,从而抑制、减缓酶和微生物的作用,使水产品在一定时间内保持良好的鲜度。最常用的是低温保鲜技术,另外还有化学保鲜、脱水与干藏保鲜、气调保鲜、高压保鲜、辐照杀菌保鲜技术等。本书就低温保鲜技术的方法及鱼贝类的变化进行简单介绍。

4.3.3.1 冷却保鲜

在水产品冷却过程中,只有采取快速冷却才能达到良好效果。冷却速度越快,生化过程越迟缓,冷能消耗减少;冷却速度越慢,则微生物的生长速度和生化过程要高于冷却速度,结果使水产品发生不良变化,从而缩短了保鲜期限。冷却的最终温度越低,保鲜期也就越长。如冰藏大黄鱼保冷温度在 3℃时,保鲜期约为 7~8 天;保冷温度若在 0.2℃时,则保鲜期为 13 天。

(1) 冰冷却法:冰冷却法即碎冰冷却,又称冰藏或冰鲜,是水产品储藏保鲜中使用得最普遍的方法。冰冷却保冷温度 0~3℃,保鲜期限约为 7~12 天。冰冷却的方法有两种:即撒冰法与水冰法。在用冰冷却时,淡水鱼可用淡水加冰,也可用海水加冰;而海水鱼只能用海水加冰,不可用淡水加冰,主要是防止色变。

(2) 冷却海水法:冷却海水保鲜是把水产品保藏在 0~-1℃的冷却海水中的一种方法。一般水产品与海水的比例为 7∶3,保鲜期约为 9~12 天。这种冷却保鲜方法,特别适用于品种较为单一、渔获量高度集中的围网作业和运输船上。然而冷却海水保鲜使水产品在冷却海水中吸取水分和盐分,鱼体膨胀,鱼肉略咸,体表稍有变色以及由于船身的摇动出现鱼体损伤和脱鳞现象。另外,海水还产生泡沫造成污染,鱼体变质的速度比同温度的冰藏鱼要快,加上冷却海水系统要有初始设备。由于这些原因,在一定程度上影响了冷却海水保鲜技术的推广和发展。

近年来国外研究了用 CO_2 改善的冷却海水来保藏水产品,即用 CO_2 去饱和冷却海水,使海水的 pH 接近 4.2,以此来抑制、杀灭细菌的生长。这种保鲜技术大大延长了鱼货的保鲜期,提高了鱼品的质量且妥善处理了海水。

4.3.3.2 微冻保鲜

微冻是将水产品保藏在-3℃左右介质中的一种轻度冷冻的保鲜方法。微冻保鲜的基本原理是在略低于冻结点以下的微冻温度下保藏，鱼体内的部分水分发生冻结，对微生物的抑制作用尤为显著，使鱼体能在较长时间内保持其鲜度而不发生腐败变质。

(1) 冰盐混合微冻：冰盐混合物是一种有效的起寒剂。当盐掺在碎冰里，盐就会在冰中融解而发生吸热作用，使冰的温度降低。冰盐混合在同一时间内会发生两种作用：一种是冰的融化热；另一种是盐的融解吸收融解热。因此，在短时间内能吸收大量的热，从而使冰盐混合物温度迅速下降，它比单纯冰的温度要低得多。

冰盐混合物的温度高低，是依据冰中掺入盐的百分数决定的。要使鱼贝类达到微冻温度－3℃，一般可在冰中掺入占其重量3%的食盐。冰盐混合要均匀，才能达到最好的冷却冻结效果。由于冰融化快，冷却温度也低，冰融化后，冰水吸热温度回升，鱼贝类温度的回升也快。因此，在冰盐微冻过程中需要逐日补充适当的冰和盐，以期保温。

(2) 低温盐水微冻：由于盐水传热系数大，因此将渔获物浸在－1～－5℃低温盐水中进行冷却与冻结，其速度很快。盐水微冻工艺的关键在于选择适当的盐水浓度。如果盐水浓度高，在共晶点范围内，则凝固温度低于盐水温度，不会堵塞制冷系统。但浓度过高，使水产品偏咸，影响了水产品的风味。同时，水产品中的蛋白质大部分是盐溶性肌球蛋白，含盐量的增加会使蛋白质保水能力下降而沉淀析出以及产生蛋白质变性。但浓度过低，就会发生凝固点高于盐水温度，则出现结冰现象，造成制冷系统堵塞，严重时还会冻裂管道和容器。

4.3.3.3 冻结保鲜

为了长期储藏水产品，必须将水产品温度降到更低限度，使水产品体内大约有90%的水分冻结成冰，即冻结加工。在一定范围内，水产品温度越低，越有利于长期储藏。这主要是由于水结成冰，水产品体内液态水分大大降低，微生物本身也产生了生理干燥，造成了不良的渗透条件，使微生物无法利用周围的食料，也无法排出代谢产物，加之酶在低温下活性减弱，同时由于低温，大大减缓了水产品体内的生化反应，从而使水产品得到长期保存。

在冻结过程中，鱼体温度的下降与时间的关系如图4-3-1所示。鱼体的冻结曲线大致可分为3个阶段：第一阶段是鱼体温度从初温降至冻结点，放出的是显热。此热量与全部放出的热量相比其值较小，故降温快，曲线较陡。第二阶段是鱼体中大部分水分冻结成冰。由于冰的潜热大于显热约50～60倍，整个冻结过程中绝大部分热量在此阶段放出，故降温慢，曲线平坦。第三阶段是鱼体温度继续下降，直到终温。此阶段放出的热量，一部分是冰的继续降温，另一部分是残留水分的冻结。水变成冰后，比热显著减小，但因为还有残留水分冻结，其放出热量较大，所以曲线不及第一阶段陡峭。

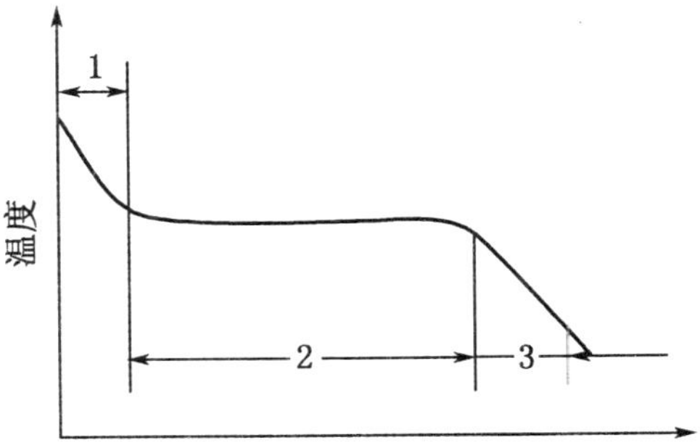

图4-3-1 鱼体的冻结曲线

冻结过程中，冻结速度愈快，冻品的质量愈好，这是因为组织内结冰层推进的速度大于水分移动的速度，产生冰结晶的分布接近于组织中原有液态水的分布状态，并且冰结晶微细，呈针状晶体，数量多，均匀，故对水产品的组织结构无明显损伤。

1) 冻结方法

水产品的冻结方法很多，一般有空气冻结、盐水浸渍、平板冻结和液氮喷淋冻结法4种。

(1) 空气冻结法：空气冻结法是利用空气作为介质冻结鱼类。其装置有管架式鼓风和隧道式送风两种。隧道式单冻机是目前冷冻水产品的常用方法，冻结速度比平板冻结机快。

(2) 盐水浸渍冻结法：盐水浸渍冻结法分为直接接触和间接接触两种。

(3) 平板冻结法：平板冻结法是借平板机的冻结平板同水产品直接接触换热的一种冻结方法。平板冻结机分为立式和卧式两种。其优点是冻结速度快。缺点是卧式劳动强度大，还不能冻结大型鱼；立式虽能减轻劳动强度，但由于散装，水产品容易变形，影响外观。

(4) 液氮喷淋冻结法：液氮喷淋冻结法是水产品直接与喷淋的液氮接触而冻结的方法。液氮在大气压下的沸点为－195.8℃，当其与水产品接触时可吸收 198.9 kJ/kg 的蒸发潜热，如果再升温至－20℃，其比热容以 1.05 kJ/(kg·K)计，则还可吸收 183.8 kJ/kg 的显热，二者合计可吸收 382.7 kJ/kg 的热量。用液氮喷淋冻结装置冻结水产品有冻结速度快、冻品质量好、干耗小、抗氧化、装置效率高、占地面积小、设备投资省等优点，因此液氮冻结在工业发达的国家中被广泛使用。但也存在一些问题：由于冻结速度极快，水产品表面与中心产生极大的瞬时温差，造成龟裂。所以，冻品厚度应加以控制，一般以 60 mm 为限。另外，液氮冻结的成本较高。

2) 冻结时的物理变化

(1) 水产品冻结时会发生体积膨胀、比热减小、导热性增加、干耗等现象。

(2) 体液流失。水产品经冻结—解冻后，内部结晶融解成水，如果不能被肉质吸收重新回到原来状态，那么这部分水就分离出来成为流失液。水产品体内物理变化越大则流失液越多。流失液不仅是水，而且还包括溶于水的成分，如蛋白质、盐类、维生素等，所以流失液不仅使重量减少而且风味营养成分亦损失，使水产品在量和质方面都受到损失。

产生流失液的原因是肉体受冻结使蛋白质等成分的保水性变成脱水性。由于这一过程不可逆，故融化的水不能与蛋白质等成分重新结合，水就通过肉质中的空隙流到体外。这种空隙是由于肉质组织受冻结的机械损伤造成的。但如果损伤轻微，因毛细管作用，流失液被保留在肉质内，加压才能挤出。

3) 冻结时的化学变化

(1) 蛋白质变性：冻结后的蛋白质变化是造成质量、风味下降的原因，这是由于肌球蛋白凝固变性所致。造成蛋白质变性的原因目前尚不很清楚，但可认为主要是由下述的一个或几个原因共同造成的。

① 盐类、糖类及磷酸盐的作用：冰晶生成使无机盐浓缩，盐析作用或盐类直接作用使蛋白质变性。盐类中 Ca、Mg 等水溶性盐类能促进蛋白变性，而磷酸盐等则能减缓蛋白质变性。冷冻鱼糜生产时按此原理将鱼肉搅碎，水洗以除去水溶性的 Ca、Mg 盐类，然后再加 0.5%磷酸盐(焦磷酸钠和多聚磷酸钠等量混合)、葡萄糖 5%，调节 pH 到 6.5～7.2 进行冻结，效果较好。

② 冰结晶挤压作用：冻结和冻藏过程中产生大型冰结晶，由于冰结晶形成时体积膨胀产生了对周围分子的挤压作用，使具有正常空间结构的蛋白质分子链互相紧挨着，引起空间结构变化，甚至破坏，引起蛋白质变性。

③ 脱水作用：冰结晶生成时蛋白质分子失去结合水，蛋白质分子受压集中，互相凝集。

④ 脂类分解氧化产物的作用：脂肪对肌肉蛋白的变性亦有影响。脂肪水解产生游离脂肪酸但很不稳定，氧化结果产生低级的醛、酮等产物，促使蛋白质变性。脂肪的氧化水解是

在磷脂酶的作用下进行的，这些酶在低温下作用仍很强。

(2) 变色：冻结后的水产品的变色从外观上看有褐变、黑变、褪色等。鱼类变色的原因包括自然色泽的分解和产生新的变色物质。

4) 冻结对生物和微生物的影响

寄生虫和昆虫等小生物经冻结都会死亡。鱼类的腐败菌一般是低温菌，它们在0℃以下繁殖缓慢，－10℃以下则停止繁殖。冻结阻止了细菌的发育、繁殖，但由细菌产生的酶还有活性，尽管活性很小但还有作用，其生化过程仍在缓慢进行，降低了品质。所以冻结的食品，储藏期仍有一定的期限。

冻结的水产品在冻结的状态下储藏，冻结前污染的微生物数随着储藏时间的延长会逐渐减少。但品种不同差别很大。对冻结的抵抗力细菌比霉菌、酵母强，不能期待利用冻结低温来杀死污染的细菌。所以要求在冻结前尽可能减少污染或杀灭细菌，然后进行冻结。

4.3.3.4 冻藏保鲜

水产品冻好后，应立即出冻、脱盘、包装，送往冻藏间冻藏。水产品经过冻结加工，其死后变化的速度大大减缓，这是冷冻水产品得到长期保藏的根本原因。但是水产品死后的变化，无论在什么条件下都不会完全停止，即使将冻水产品储藏在最适宜的条件下，也不可能完全阻止死后变化的发生和进行，而且这些变化的量，随着时间的积累而增加。

1) 水产品在冻藏期间的变化

水产品在冻藏期间的变化主要有脂肪氧化、色泽变化、重量损失(干耗)及冰结晶长大等。

(1) 干耗：水产品冻藏中的干耗是由于冻藏库中水产品表面温度、间内气温、配管表面温度三者之间存在温差，因此形成了水蒸气压差。冻水产品表面因蒸汽压差而丧失水分，转移到间内空气，于是出现了表面干燥。水产品在冻藏中所发生的干耗，除了经济上的损失外，更重要的是引起品味、质量下降。

(2) 冰结晶长大：水产品经过冻结以后，组织内的水结成冰，体积膨胀。冰结晶的大小与冻结速度有关，冻结速度快，冰结晶细小，分布也均匀。但在冻藏过程中，往往由于冻藏间的温度波动，使冰结晶长大。这是因为当温度升高时，水产品组织中冰结晶部分融化，融化形成的水就附在未融化的冰晶体表面或留在冰晶体之间，当温度下降时，融化的水再度结冰，则附在未融化冰晶体表面的这部分水自然地冻结，这就使冰结晶长大；而留在冰晶体之间的那一部分水冻结时，则会把冰晶体之间连接起来，使小晶体长成大晶体。冻藏时间越长，温度波动次数越多，反复融解冻结的次数也就越多，这就使小冰晶体越来越多地长成大冰晶体。

另外，大小不同的冰晶体周围的水蒸气压也不同，小冰晶体的相对表面积大，因而其周围的水蒸气压力总是比大冰晶体周围的水蒸气压力大。压力差促使水分从小冰晶体向大冰晶体转移，这也是组织中发生再结晶使冰晶长大的原因。

冰晶体长大，往往会挤破细胞原生质膜，解冻时汁液流失，营养成分下降。

(3) 色泽变化：水产品一经冻结，其色泽明显变化，冻藏一段时间以后，则更为严重。水产品变色的原因包括自然色泽的分解和新的变色物质的产生两个方面。其变色反应的机制是复杂的，具体有以下几种变化：

① 褐变：褐变是还原糖与氨化合物的氨基羰基发生的美拉德反应，例如鳕鱼的褐变是

鱼死后肉中核酸系物质反应生成核糖，然后与氨化合物反应产生褐变。

② 酪氨酸酶的氧化造成虾的黑变：虾类在冻结及冻藏时，其头、胸、足、关节处会发生黑变，其原因主要是氧化酶(酚酶、酚氧化酶)使酪氨酸产生黑色素造成的。黑变与虾的鲜度关系很大。冻结的新鲜虾酚酶无活性，因此不会变黑。但在冻藏中由于质量不断下降，酚酶活性化，故冻藏一段时间虾就会发黑。防止的办法是煮熟使酶失去活性，然后冻结，或去内脏、头、壳、血液，水洗后冻结，或用水溶性抗氧化剂浸渍后冻结以及真空包装等。

③ 血液蛋白质的变化造成的变色：金枪鱼肉在－20℃冻藏 2 个月以上其肉色从红色→深红色→红褐色→褐色，这种现象是鱼色素中肌红蛋白氧化产生氧化肌红蛋白的结果。当温度降到－35℃下冻藏，可以防止金枪鱼肉变色。

④ 旗鱼类的绿变：冻旗鱼类为淡红色，在冻藏时变绿色。把鱼切开时，在脊骨处可看到绿变，这种肉有异臭、发酸，严重时有似阴沟的臭气。这是由于鲜度下降，在储藏中细菌生长产生的硫化氢与血红蛋白、肌红蛋白反应生成的硫血红蛋白与硫肌红蛋白造成的。目前尚无防止方法，只能注意冻前的保鲜工作，防止鲜度下降。

⑤ 红色鱼的褪色：有些鱼的体表有红色素，在冻结和冻藏时会发生褪色现象，如红娘鱼等。它是脂溶性红色色素在酯酶作用下，使不饱和脂质产生二次氧化造成的。用不透紫外光的玻璃纸包装，或用 0.1%～0.5%的抗坏血酸钠、山梨酸钠液浸渍或用此液镀冰衣均有防止褪色效果。

(4) 脂肪氧化：在长期冻藏中，脂肪酸往往在冰的压力作用下，由内部转移到表层，因此很容易同空气中的氧气作用，产生酸败。脂肪氧化又往往同蛋白质的分解产物，如氨基酸、盐基氮以及冷库中的氨共存，从而加强了酸败作用，造成色、香、味严重恶化，此现象称为“油烧”。

(5) 酶类的分解作用：鱼肉在冻藏过程中，仍然进行着酶类的分解作用，如脂类及核苷酸的分解等。这些分解作用直接或间接地影响到水产品的质量。

① 脂类的分解：由于脂解酶在很低的温度(－20～－30℃)下仍能保持其活性，所以鱼肉在冻藏过程中，脂类的分解仍在进行，这种分解作用磷脂类比中性脂为甚。脂类分解的结果使游离脂肪酸的含量增高，因而会影响食品的风味并促进蛋白质的变性，使鱼的品质下降。

② 核苷酸的分解：由于酶的作用，鱼肉在冻藏过程中肌苷酸(IMP)会逐渐减少，同时肌苷及次黄嘌呤则逐渐增加，这种分解的程度因鱼的种类及冻藏温度而有所不同，冻藏温度愈低则分解程度也愈低。由于肌苷酸是一种重要的呈味成分，所以肌苷酸的分解必然会影响冻藏鱼的风味。

2) 表面保护处理

冻结水产品在长期的冻藏过程中，因物理和化学变化导致冻品表面干燥、变色，甚至发生油烧，冻品的风味变差，商品价值和营养价值都下降。为了保持冻品的质量，除了采取尽量低的冻藏温度，使其稳定、少变动外，还可对冻结水产品实施保护处理，抑制这些理化变化。由于冻藏鱼的品质变化主要发生在离表皮 1 mm 的范围内，表面的干燥、变色会引起肉质内部的品质变化，表面的恶化还直接导致了商品价值的下降，因此保护表面是极其重要的。冻结水产品的表面保护处理，主要有镀冰衣、包装等物理方法和抗氧化剂处理、盐水处理等化学方法。

(1) 镀冰衣：镀冰衣是保护冻结水产品表面行之有效而简便的方法。让冻结水产品表面附着一层薄的冰膜，在冻藏过程中，冰衣的升华替代了冻品本身的冰晶升华，使冻品表面得到保护。冰衣包裹在冻品的四周，隔绝了冻品与周围空气的接触，就能防止脂类和色素的氧化，使冻结水产品可作长期储藏。

(2) 抗氧化剂处理：为了防止冻结水产品表面的氧化变质，可用抗氧化剂进行处理。在冻前将水产品浸渍在抗氧化剂溶液中，让抗氧化剂附着并浸透水产品的表层。水溶性抗氧化剂使用较多的是L-抗坏血酸及其钠盐，它对防止冻结鱼的氧化变质应用较少，代表性的应用是防止冻结虾类的黑变。在冻结前将原料虾先浸渍在L-抗坏血酸及其钠盐的0.1%～0.5%溶液中，即可抑制虾的黑变。如果冻结后用同一溶液包冰衣，则取得更好的效果。

脂溶性抗氧化剂使用较多的是丁基羟基茴香醚(BHA)和二丁基羟基对甲酚(BHT)，它们对防止多脂肪鱼种(鲐鱼、沙丁鱼等)因脂类氧化引起的酸败、油烧等有效果。使用的方法是冻结前将多脂肪鱼浸渍在BHA和BHT的分散液(0.01%～0.02%)中，冻结后用同样的分散液包冰衣，可增强效果。但是，如果原料鱼的鲜度不好，也就是它已超出了脂类变化的诱导期阶段，则使用抗氧化剂就不能取得预期的效果。

(3) 包装：常用的内包装材料有聚乙烯、聚丙烯、聚乙烯与玻璃纸复合、聚乙烯与聚酯复合、聚乙烯与尼龙复合、铝箔等。冻鱼块应码垛整齐，如果在货堆外面用塑料布包起来，也可大大减少水产品暴露在空气中的面积，从而减少冻品的干耗。

4.3.3.5 超冷保鲜

超冷保鲜技术是一种新型保鲜技术，也称超级快速冷却。具体的做法是把捕获后的鱼立即用-10℃的盐水作吊水处理，根据鱼体大小的不同，可在10～30 min之内使鱼体表面冻结而急速冷却，这样缓慢致死后的鱼处于鱼仓或集装箱内的冷水中，其体表解冻时要吸收热量，从而使得鱼体内部初步冷却。然后再根据不同保藏目的及用途确定储藏温度。

超冷保鲜与非冷冻和部分冻结有着本质上的不同。鲜鱼的普通冷却冰藏保鲜、微冻保鲜、部分冻结保鲜等技术的目的是保持水产品的品质，而超级快速冷却是将鱼即杀死和初期的急速冷却同时实现，因为它能抑制鱼体死后的生物化学变化，所以可以最大限度地保持鱼体原本的鲜度和鱼肉品质。

思考与练习

1. 阐述鱼贝类死后变化机理。
2. 鱼贝类鲜度判定的主要方法有哪些？
3. 简述 K 值测定鱼贝类鲜度的机理及适用范围。
4. 论述鱼贝类在冻结和冻藏期间的变化。

5 特产食品原料

5.1 菌类食品原料种类及特性

5.1.1 猴头菇

猴头菇(Hericium Erinaceus)在野生条件下往往成对生长,故东北长白山一带又称对儿蘑、对脸蘑、鸳鸯蘑或虎守蘑,藏民称为喝巴拉,日本人称为山伏茸,欧美人称为刺猬菌或熊头菌。我国猴头菇主要分布于大兴安岭,天山和阿尔泰山,横断山脉,喜马拉雅山等林区。

猴头菇隶属于真菌门、担子菌亚门、猴头菌科、猴头菌属,是著名的药食两用菌,其子实体质嫩味美、营养丰富。早在1 200年前我国人民就将其列为"山珍",故有"山珍猴头,海味燕窝"之说。有的将猴头菌归入"八大山珍"中的"上八珍",与熊掌、燕窝、鱼翅并列为中国四大名菜。

5.1.1.1 主要化学成分

每100 g猴头菇干样品含蛋白质26.3 g、脂肪4.2 g、碳水化合物44.9 g、粗纤维6.4 g、灰分8.2 g、热量323 J、钙2 mg、磷856 mg、铁18 mg、胡萝卜素0.01 mg、硫胺素0.69 mg、核黄素1.86 mg、尼克酸16.2 mg。与目前栽培的其他药食两用菌相比,猴头菇中的脂肪、磷、硫胺素等含量均居首位。

猴头菇中含有18种氨基酸,其中有人体必需的氨基酸8种。猴头菇含有5种齐墩果酸皂苷类成分,水解后可得到齐墩果酸苷元、葡萄糖、阿拉伯糖、葡萄糖醛酸和木糖。齐墩果酸皂苷可能是猴头菇治疗消化道疾病的有效成分之一。猴头菇的多糖体是由葡萄糖、半乳糖及甘露糖组成的,其中葡萄糖含量最多,半乳糖及甘露糖含量较少。

5.1.1.2 生物学功能

中医认为猴头菇性平、味甘,具有扶正固本的作用,能助消化、利五脏。食用猴头菇后,食欲改善,睡眠良好,精神振奋,疼痛减轻。现代研究表明猴头菌具有增强免疫功能及抗肿瘤、保护肝脏的作用,并对中枢神经系统有良好的镇静作用。

5.1.1.3 安全性

猴头菇无毒副作用,连续食用猴头菇片1 000～2 000片,甚至连续食用5 000片以上的病人,经检查均未出现任何毒副作用,肝肾功能均未出现病变,白血球、血小板计数正常,仅个别病人有饱胀或大便稀薄现象,但停用后症状随即消失。

5.1.2 茯苓

茯苓 (Poria) 为多孔菌科植物茯苓[Poria Cocos (Schw.) Wolf] 的干燥菌核，主产安徽、湖北、河南和云南，寄生于松科植物赤松或马尾松等的树根上，深入地下 20～30 cm。茯苓呈球形、扁圆形或不规则的块状，大小不一，小者如拳，大者直径达 20～30 cm 或更大，质地坚硬。表皮淡灰棕色或黑褐色，呈瘤状皱缩。内部外层淡棕色或淡红色，内层呈白色细腻状，少数为淡棕色，由无数菌丝组成，并可见裂隙或棕色松根与白色绒状块片嵌镶在中间。茯苓味甘、淡，性平，入心、脾和肺经。茯苓以体重坚实、外皮呈褐色而略带光泽、皱纹深、断面白色细腻、黏牙力强者为佳。

5.1.2.1 茯苓的化学组成

茯苓菌核主要含 β-茯苓聚糖(β- pachyman，约占干重的 93%)、三萜类化合物茯苓酸(Pachymic Acid)、块苓酸 (Tumulosic Acid)、松苓酸 (Pinicolic Acid)、齿孔酸 (Eburicoic Acid)、三萜羟酸(Triterpene Carboxylic Acid)、松苓新酸[3β- hydroxy lanosta-7, 9(11), 24-trien-21-oil Acid]等。其中 β-茯苓聚糖为具有 β-1,6-吡喃葡萄糖为支链的 β-1,3-葡萄糖聚糖，还含有脂肪酸，如辛酸、十一酸、月桂酸、十二酸和棕榈酸。

此外，茯苓还含茯苓多糖(即茯苓次聚糖，Pachymaran)、麦角甾醇(Ergosterol)、树胶、甲壳质、蛋白质、脂肪、甾醇、卵磷脂、右旋葡萄糖、腺嘌呤、组氨酸、胆碱、β-茯苓聚糖分解酶、脂肪酶和蛋白酶及无机成分 SiO_2、Mg、P、Fe、Ca、S、Na、K、Mn、Cl 等。

5.1.2.2 茯苓的生理功能

小分子茯苓多糖能激活细胞膜上的 Na^+、K^+ 和 ATP 酶，具有利尿作用。虽然茯苓聚糖本身无抗肿瘤作用，但其化学结构改造型茯苓多糖及其衍生物羧甲基茯苓多糖有抗癌活性。茯苓多糖具有抗胸腺萎缩、抗脾脏增大和抑瘤生长及镇静的功能。小鼠皮下注射茯苓注射液，可对抗四氯化碳所致肝损伤的谷丙转氨酶升高，防止肝细胞坏死，对四氯化碳所引起的小鼠肝损伤有明显的保护作用。茯苓浸出液能降低胃液分泌及游离酸含量，并对家兔有降血糖作用。体外抗菌试验表明，茯苓水抽提液对金黄色葡萄球菌、大肠杆菌及变形杆菌等均有抑制作用。乙醇提取物能杀死钩端螺旋体，而水抽提液则无效。茯苓还对羧基蛋白酶活性有抑制作用。

5.1.2.3 安全性

茯苓毒性极低，茯苓的温水浸提液给小鼠灌服及腹腔注射的 LD_{50} 分别大于 10g/kg 和 2 g/kg。

5.1.3 冬虫夏草

冬虫夏草[Cordyceps Sinensis (Berkeley) Sace.]属于真菌门、子囊菌亚门、麦角菌科、虫草属，是虫草菌和蝙蝠幼虫在特殊生态条件下形成的虫菌连合体，体长 90～120 nm，虫体像三眠老蚕，外表深黄色，背部有皱纹，腹部有八对足。每年 7 月～8 月冬虫夏草的子囊孢子在蝙蝠蛾幼虫中寄生，萌发菌丝。受真菌感染的蝙蝠蛾幼虫逐渐蠕动到距地表 2～3 cm 处，于秋冬死去，为冬虫。来年春末夏初，吸收了养分的虫草菌从虫子头部长出来，成为一根紫红色小草，高 2～5 cm，称为夏草。一般 5 月～6 月采集的虫草最好。我国冬虫夏草分布于西藏、青海、四川、云南、甘肃等省区，主要集中于海拔 3 000～5 000 m 高寒地区的草甸、灌丛、山坡、谷地等高山雪线附近，产量最高的地区是青海、四川及西藏高原。

冬虫夏草性味甘、平、入肺肾经，能益肺、补虚损、益精气。在我国传统医学中，冬虫夏草与人参、鹿茸被并列为三大补品。人工培养的虫草与天然虫草化学成分基本一致，并具有广泛的药理活性。

5.1.3.1 主要化学成分

1）核苷类化合物

虫草及发酵菌丝中的主要活性成分为尿苷、尿嘧啶、腺苷等核苷类化合物，其中从天然虫草中得到的有鸟嘌呤、次黄嘌呤、次黄嘌呤核苷、胸腺嘧啶，从人工虫草中得到的有胸腺嘧啶脱氧核苷及尿嘧啶脱氧核苷。有报道西藏产冬虫夏草水溶性核苷成分主要集中在子座部分，虫体部分含量甚低。子座水浸液中的核苷类化合物为次黄嘌呤核苷、胸腺嘧啶和尿嘧啶。混合结晶为含有少量鸟嘌呤的次黄嘌呤。从虫体的水浸液中仅分离得到微量次黄嘌呤、鸟嘌呤、腺嘌呤和腺苷。

2）甾醇类

从冬虫夏草及人工虫草发酵物中共分离鉴定到9个甾醇及其衍生物，包括麦角甾醇、麦角甾醇过氧化物、胆甾醇、β-谷甾醇，从人工虫草中分得的Δ^3麦角甾醇、胡萝卜苷以及从天然虫草中分离得到的胆甾醇棕榈酸酯、菜油甾醇和二氢菜籽甾醇。

3）蛋白质及氨基酸

虫草蛋白质和氨基酸含量为21.48%～26.40%。云南产虫草蛋白质和氨基酸含量最高，其中除异亮氨酸和缬氨酸外，人体必需的其他几种氨基酸含量明显高于其他产地的虫草。天然虫草和人工虫草菌丝中均含有丰富的氨基酸，且人工虫草菌丝氨基酸含量比天然虫草高出近1倍。

4）肽类

从虫草发酵菌丝中分离鉴定的6个环二肽类化合物为：L-甘-L-脯环二肽、L-亮-L-脯环二肽、L-缬-L-脯环二肽、L-丙-L-亮环二肽、L-丙-L-缬环二肽、L-苏-L-亮环二肽。初步研究表明，L-甘-L-脯环二肽等肽类物质具有抗癌和增强免疫功能等生理活性。

5）甘露醇

甘露醇含量四川虫草为5.7%，菌丝体为8.5%。云南虫草为3.80%、青海产2.94%、西藏产3.08%。

6）单糖和多糖

从虫草蝙蝠蛾被孢霉的发酵液中分得的多糖的百分含量为：甘露糖48.65%、半乳糖22.13%、葡萄糖5.04%、木糖2.73%，其摩尔比为1∶0.47∶0.10∶0.057。

5.1.3.2 生物学功能

虫草及人工虫草补剂腹腔或皮下注射都能加快小鼠血中胶体碳粒廓清速度，增强腹腔巨噬细胞的吞噬能力，增加肝、脾质量。虫草醇提取物能促进细胞免疫而抑制体液免疫，虫草菌丝补剂能延长移植皮肤开始出现排斥和存活的时间，也能延长移植皮肤开始出现排斥到结痂的时间。发酵虫草菌丝醇提物（CsB）具有增加心肌营养性血流量等功能。以发酵虫草菌丝口服液给小鼠和大鼠灌胃后，测定过氧化脂质（LPO）和超氧化物歧化酶（SOD），结果表明，虫草菌丝口服液可抑制小鼠体内LPO的生成，使SOD活力升高。大鼠体外LPO

测定结果表明，可抑制正常大鼠肝组织在体外 LPO 的生成，并有剂量一效应关系。因此虫草发酵菌丝口服液有抗衰老作用。发酵虫草菌丝对小鼠急性肝功能不全和中毒性肝损伤均有一定的保护作用。

虫草对结核杆菌、葡萄球菌、链球菌、炭疽杆菌等均有强的抑制作用。

另外，中医认为虫草秘精益气、益肾补精髓，有壮阳作用，并对阳痿遗精、男性性功能障碍有一定疗效。

5.1.3.3 安全性

小鼠腹腔注射虫草水提取物 LD_{50} 为 27.8 g/kg，皮下注射为 38.0 g/kg。

5.1.4 灵芝

灵芝(Ganoderma Lucidum)是一种寄生于栎及其他阔叶树根部的多孔菌科真菌，属于真菌门(Eumycota)，担子菌纲(Basidiomycetes)，多孔菌目(Polyporales)，多孔菌科(Polyporaceae)，灵芝属(Ganoderma)。世界上已知约有 120 种，世界各地均有分布，以热带及亚热带地区较多。自然界生长的灵芝由菌丝体和子实体两部分组成，菌丝体生长在营养物中有类似绿色植物“根”的作用，它由众多的无色透明、有分隔分支、直径为 1～3 μm 的菌丝组成。菌丝表面常分泌白色草酸钙结晶，所以菌丝体外观呈白色。子实体是菌丝体生长发育到一定阶段形成的产物，即为灵芝，代表种赤芝由菌盖和菌柄组成，菌盖形如天上的云朵，呈肾形或半圆形，生长过程中由黄色渐变成红褐色，成熟的菌盖木栓化，其皮壳组织革质化，并具环状棱纹及辐射状皱纹，以表面光泽如漆者为佳品，菌盖下面呈白色，最后可变为浅褐色，菌柄侧生，质地坚硬，也有漆状光泽。

5.1.4.1 灵芝的化学组成

灵芝中已知的化学成分有 150 余种，其中籽实体主要含有三萜类、甾类、氨基酸、多肽、糖类、香豆精苷、挥发油、油脂、生物碱及矿物元素。干的灵芝子实体含 12%～13%水分、54%～56%纤维素、13%～14%木质素、1.9%～2%脂肪、1.6%～2.1%总氮、4%～5%还原物质、0.14%～0.16% 甾类、0.08%～0.12%总酚和 0.022%灰分。灵芝的菌丝体中含有糖类、氨基酸、多肽、挥发油、类脂质和生物碱等。

1）三萜类化合物

灵芝酸基本结构为数个异戊烯首尾相连构成，大部分为 30 碳、部分为 27 碳的萜类化合物。灵芝酸分四环三萜和五环三萜两类，现已从各种灵芝中分离出的灵芝酸达 100 多种。有些灵芝酸味甚苦，如灵芝酸 A、赤芝酸 A，其灵芝酸大多为四环三萜，为高度氧化的羊毛甾烷；有些灵芝酸则没有苦味，如灵芝酸 D 和赤芝酸 B。一般味苦的灵芝其灵芝酸含量往往较高。日本的研究表明灵芝中灵芝酸 A、B、C 和 D 的含量高，则品质好。

2）核苷、甾醇、生物碱与呋喃

核苷类是一类具有广泛的生理活性的水溶性成分。薄盖灵芝菌丝体中含有尿嘧啶、尿嘧啶核苷、腺嘌呤、腺嘌呤核苷、灵芝嘌呤 5 种核苷类化合物，其中灵芝嘌呤是新化合物。

灵芝含有多种腺苷衍生物，均具有较强的生理活性，能降低血液黏度，抑制体内血小板聚集，提高血红蛋白 2,3-二磷酸甘油的含量，提高血液供氧能力，加速血液微循环并提高血液对心、脑的供氧能力。

灵芝中甾醇有近 20 种，含量较高，其骨架分为麦角甾醇类和甾醇类两种类型。从赤芝孢子粉和薄盖灵芝发酵菌丝体中分离得到 10 种甾醇类化合物。

灵芝中生物碱的含量较低，但有些具有一定的生物活性，例如 γ-三甲胺基丁酸在窒息性缺氧模型中有延长存活时间的作用，能使离体豚鼠心脏冠脉流量增加。从赤芝孢子粉及薄盖灵芝中分离到的生物碱有胆碱、甜菜碱及其盐酸盐、灵芝碱甲（Ganoine）、灵芝碱乙（Ganodine）和烟酸。

灵芝中的呋喃类化合物为 5-羟甲基呋喃甲醛、5-乙酚氧甲基呋喃甲醛、5-丁氧甲基呋喃甲醛与 1,1-二-α-糠醛基二甲醚，但均未发现有生理活性。

3）多糖、氨基酸、肽及其他

灵芝多糖主要存在于灵芝细胞壁内壁，大部分为 β-葡聚糖，少数为 α-葡聚糖，相对分子质量从数百到数十万，除少量的小分子多糖外，大多不溶于高浓度乙醇，溶于热水。液体培养的发酵液和固体培养的培养基中发现灵芝菌丝分泌的胞外多糖。胞内多糖与胞外多糖都有活性。灵芝多糖的组成除含有葡萄糖外，大多还含有少量阿拉伯糖、木糖、岩藻糖、鼠李糖、半乳糖和甘露糖等，它们以 1,3-糖苷键、1,4-糖苷键和 1,6-糖苷键等糖苷键连接，多数有分枝，部分多糖还含有肽链，多糖链分枝密度高或含有肽链的其生理活性一般也比较高。一般认为，单糖间以 β-1,3 及 β-1,6 连接或以 β-1,4 及 β-1,6 连接的糖苷键的具有活性，全部以 1,4-糖苷键连接的则没有活性。

另外，灵芝中含有丰富的氨基酸、多肽和矿物元素。

5.1.4.2 灵芝的生理功能

灵芝子实体的水溶性部分可以抑制血小板凝固，具有疏通血管、防止脂质沉积的作用，其抗凝的有效成分为腺嘌呤核苷（40 mg/1 000 g 干子实体）。灵芝也有降血清胆固醇的作用。灵芝多糖可调节血糖水平、增强免疫功能、抗肿瘤与清除自由基和安神、镇静作用。灵芝中微量元素 Ge 和 Se 具有防癌、抗癌作用。

5.1.4.3 安全性

灵芝的水煮液对小鼠和大鼠进行皮下、胃内、腹腔注射，进行急性、亚急性和慢性试验，测定体重、体温、粪便、妊娠等指标，未发现明显的不良反应，动物无死亡现象，表明灵芝及其多糖毒性极低，可以安全食用。我国卫生部已正式将其列为具有免疫调节功能的物质。

5.2 其他特产食品原料种类及特性

5.2.1 蜂王浆

蜂王浆（Royal Jelly），也称蜂乳，是幼龄工蜂头部的舌腺（咽下腺）和上颚腺共同分泌的一种乳白色或浅黄色，有涩酸、辛辣味，微甜并具有特殊香气的浆状物。蜂王浆根据蜜粉源植物的不同分为油菜浆、椴树浆、枣花浆、洋槐浆、葵花浆、紫云英浆、棉花浆、荆条浆、杂花浆等；根据产浆蜂种的不同分为中蜂浆和西蜂浆。

5.2.1.1 理化性质

新鲜的蜂王浆为乳白色或浅黄色，具有酚与酸的气味和蜂王浆特有香气的黏稠浆状物，相对密度约为 1.1，pH 为 3.5～4.0，呈弱酸性；不溶于氯仿，微溶于水，在水中形成悬液；在高浓度酒精中部分溶解，并产生蛋白质沉淀；在浓盐酸及浓碱中全部溶解。蜂王浆在低温下性质稳定，在 4℃储藏时 1 个月不发生变质，在 -18℃下冷冻保存时可持续 2 年不变质。在常温下有很强的吸氧性，在 -18℃时吸氧性几乎消失，因此蜂王浆必须在低温条件下储藏，才有利于活性成分的保存。有些蜂王浆呈微红色，颜色深浅的差别主要取决于蜜粉源，如油菜浆略带浅黄色，洋槐浆、椴树浆、棉花浆和白荆条浆为乳白色，紫云英浆为浅黄色，荆条浆、葵花浆为较深的黄色，荞麦浆略带粉红色，山花浆略显黄绿色，紫穗槐浆略带浅紫色等。

5.2.1.2 主要化学成分

新鲜蜂王浆一般含水分 58.0%～67.0%、灰分 0.8%～1.5%、蛋白质 13.0%～18.0%、转化糖 7.5%～12.5%、脂肪 3.6%～6.0%及其他物质 4.0%～8.7%。其组成随幼虫的生长期不同而有所差别。

1) 蛋白质和氨基酸

蜂王浆中的蛋白质约占干物质的 36%～55%，其中 2/3 是清蛋白，1/3 是球蛋白，与人体血液中的比例大致相同。另外还有类胰岛素肽、活性多肽和 γ-球蛋白等。蜂王浆含有 18 种氨基酸，占干物质的 0.8%，人体所必需的 8 种氨基酸在蜂王浆中都存在。在游离氨基酸中，脯氨酸占 5%，赖氨酸占 25%，谷氨酸占 7%，精氨酸占 4%。此外，还含有牛磺酸，100 g 鲜浆中含 20～30 mg，对人体生长发育有重要作用。

2) 脂肪酸

蜂王浆所含游离脂肪酸在 26 种以上，已鉴定出的有：琥珀酸、壬酸、癸酸、十一烷酸、月桂酸、十三烷酸、肉豆蔻酸、9-十四烯酸、棕榈酸、十六烯酸、硬脂酸、亚油酸、花生四烯酸等。其中以 10-羟基-2-癸烯酸（简称 10-HDA）含量最高，为 1.4%～3%。蜂王浆的许多特性如气味、pH 均与 10-HDA 有关，故又称王浆酸或蜂王酸。10-HDA 结构式为 $HO—CH_2—(CH_2)_6—CH=CH—COOH$，呈白色结晶状，熔点 64℃，稳定性很高，在室温或高温下长时间存放时，王浆酸结构不会被破坏，但在此条件下蜂王浆的生物活性会受到破坏甚至完全消失。

3) 糖类

蜂王浆中的糖类物质约占干物质的 20%～30%。在糖类物质中，果糖约 52%、葡萄糖约 45%、蔗糖约 1%、麦芽糖 1%、龙胆二糖 1%。

4) 甾固醇化合物

蜂王浆中甾醇类化合物有 17-酮固醇、17-羟固醇、去甲肾上腺素、肾上腺素、氢化可的松及胰岛素样激素，并含有 24 亚甲基胆甾醇、豆甾醇、β-谷甾醇、Δ^5-燕麦甾醇、Δ^7-燕麦甾醇以及微量的胆固醇等。蜂王浆对更年期综合征、性机能失调、内分泌紊乱、儿童发育不良、神经官能症、风湿病、早衰和中老年人骨质疏松所产生的良好疗效，是与甾醇类化合物的作用分不开的。

5) 维生素及矿物质

蜂王浆中含有维生素 B_1、维生素 B_2、维生素 B_{12}、维生素 A、维生素 C、维生素 E 以及叶酸、泛酸、肌醇、烟酸等，其中维生素 B 族含量最高。蜂王浆中含有乙酰胆碱 300 μg/g，是重要的活性成分之一，在体内可直接被吸收利用，对神经和心血管系统都有重要作用。蜂王浆每 100 g 干物质中，含有矿物质元素 0.9 g 以上，其中钾 650 mg、钠 130 mg、镁 85 mg、钙 30 mg、铁 7 mg、锌 6 mg、铜 2 mg。

6）核酸类化合物

蜂王浆中的核酸主要以 RNA 和 DNA 的形式存在，其中 RNA 为 3.9～4.9 μg/g，DNA 为 201～223 μg/g。另外，还含有少量以游离形式存在的黄素腺嘌呤单核苷酸、黄素腺嘌呤二核苷酸、三磷酸吡啶核苷酸、二磷酸吡啶核苷酸和生物嘌呤等活性物质。

5.2.1.3 生物学功能

蜂王浆具有明显的抗疲劳、抗衰老及促进组织再生的能力。同时，蜂王浆中的乙酰胆碱具有扩张动脉血管，使犬股动脉血流量暂时增大的作用。正常小鼠腹腔注射蜂王浆悬液，血糖水平会显著下降，还能使肾上腺素所致小鼠高血糖恢复至正常水平。蜂王浆对实验性动脉硬化有一定防治作用，对生长慢的实体瘤有抑制作用。另外，蜂王浆对金黄色葡萄球菌、链球菌、变形杆菌、大肠杆菌、枯草杆菌、星状发癣菌、表皮癣菌等在低浓度时有抑菌作用，高浓度时有杀菌作用。

5.2.1.4 安全性

蜂王浆毒性很低。小鼠灌服 16 g/kg 无一死亡，20 g/kg 剂量时仅少数动物死亡。蜂王浆对部分小鼠、豚鼠可引起过敏，以 100℃ 15 min 加热 3 次后，过敏作用消失。

5.2.2 蜂胶

蜂胶是蜜蜂从植物的树芽、树皮等部位采集的树脂，再混以蜜蜂的舌腺、蜡腺等腺体分泌物，经蜜蜂加工转化而成的一种胶状物质，在国外，蜂胶被誉为“紫色黄金”。

5.2.2.1 理化性质

天然新鲜蜂胶为不透明固体，表面光滑或粗糙，折断面成沙粒状，切面似大理石，呈棕褐色、棕红色或灰褐色，有时带有青绿色，少数近黑色。蜂胶有特殊香味，味微苦涩，嚼时黏牙。蜂胶用手捏能软化，36℃时开始变软，有杂性和可塑性；低于 15℃时变硬、变脆，可粉碎；60～70℃时熔化成为黏稠流体。通常相对密度为 1.127。蜂胶在水中溶解度非常小，能部分溶于乙醇，微溶于松节油，极易溶于乙醚、氯仿、丙酮、苯及 2%NaOH 溶液。蜂胶在 95%乙醇中能溶解，溶液呈透明状。但随着蜂胶浓度的增大，会析出颗粒状沉淀。

5.2.2.2 化学成分

蜂胶成分有数百种之多。新采集的蜂胶大约含树脂及香脂 50%～60%、蜂蜡 30%、挥发油 10%、花粉及其他杂质 5%～10%。

1）黄酮类化合物

黄酮类是蜂胶中的主要活性组分，总黄酮含量可达 10%～35%；黄酮种类繁多，仅从北温带地区的蜂胶中分出的黄酮化合物就有 71 种；在杨树型蜂胶中主要含白杨素、杨芽素、山姜黄酮醇等；在桦树型蜂胶中则含乔松素、樱花素、5-羟基-4′,7-二甲氧基二氢黄酮、5-羟基-4′,7-二甲氧基黄酮、芹菜素、刺槐素、山奈酚等；在北京蜂胶香脂中分离出白杨素、乔松素、球松素、柚木杨素、良姜素和高良姜素等 6 种黄酮；在辽西蜂胶中分离出白杨素、良姜素、刺槐素、芹菜素、山奈素、鼠李素、柚木杨素等黄酮。

2）有机酸类化合物

蜂胶中含有大量的有机酸类化合物，如安息香酸、原儿茶酸、对羟基苯甲酸、香草酸、茴香酸、肉桂酸、咖啡酸、桂皮酸、香豆酸、异阿魏酸、阿魏酸、3-甲基-3-丁烯基阿魏酸、丁酸、2-甲基丁酸、琥珀酸、棕榈酸、异丁酸、肉豆蔻醚酸、二十四烷酸等。这些有机酸大多数属于植物的次生代谢产物，具有强烈的抗病原微生物和保护肝脏的作用。

3）酯类化合物

从蜂胶中分离出的酯类化合物已达数十种，其中具有生物活性的是咖啡酸芳香酯类化合物，如咖啡酸苄酯、肉桂基咖啡酸酯、咖啡酸苯乙酯、香豆酸苄酯、2-甲基-2-丁烯基异阿魏酸酯、异戊烯基异阿魏酸酯、阿魏酸苄酯等。从北京蜂胶中还分离出了二十二烷酸甲酯、邻苯二甲酸双酯、邻苯二甲酸双异丁酯和葵天酸酯。江西蜂胶中含有 40 多种酯类化合物。

4）醇、醛和酮类化合物

蜂胶中还含有大量的醇、醛和酮类化合物，如桉叶醇、愈创木醇、苯乙醇、β-甘油醛磷酸酯、松属素查耳酮、香草醛、樱生素查耳酮等。上述化合物多数具有挥发性，是构成蜂胶特殊香气的主要成分。北京蜂胶含挥发油 1%～10%，挥发油中的主要成分为匙叶桉油烯醇、愈创木醇、β-桉叶油醇和异愈创木醇等倍半萜醇。

5）其他成分

蜂胶中含有烯、萜类化合物，如 β-蒎烯、异长叶烯、鲨烯、γ-依兰油烯、石竹烯等。蜂胶中含有 34 种化学元素。一些蜂胶中还含有维生素 B_1、维生素 PP、维生素 A 原和多种氨基酸、多糖等。北京蜂胶氨基酸总含量为 0.44%，鉴定出的 15 种氨基酸为：天冬氨酸、苏氨酸、丝氨酸、谷氨酸、甘氨酸、丙氨酸、缬氨酸、蛋氨酸、异亮氨酸、酪氨酸、苯丙氨酸、赖氨酸、组氨酸、精氨酸和脯氨酸。蜂胶的乙醇提取物，经 GC/MS 分析，确认了 45 种成分。

在蜂胶的乙醇提取物中，2,6-二羟基-4-甲氧基查耳酮、白杨素、刺槐素、5,7-二羟基黄酮等化合物的含量约占 29.3%；愈创木醇、木兰烯、桉叶油等萜类化合物约占 1.4%。

5.2.2.3 生物学功能

蜂胶能够增强免疫功能，还可作为破伤风类毒素免疫过程中增强非特异性和特异性免疫因子的刺激剂。蜂胶对金黄色葡萄球菌、链球菌、枯草杆菌、沙门氏菌、鼠伤寒沙门氏菌、上呼吸道感染菌等 20 余种致病菌和 A 型流感病毒、脊髓灰质炎病毒、单纯疱疹病毒、猴病毒、腺病毒、日本凝血病毒（HVJ）、疱疹性口腔病毒、乙型肝炎病毒等均具有抑制作用。蜂胶还有抗皮肤肿瘤、抗恶性胶质瘤、黑色素瘤、人鼻咽癌和子宫瘤等作用。蜂胶对酒精造成的肝损伤有保护作用。另外，蜂胶还具有抗疲劳、耐缺氧、镇静、抗氧化、抗溃疡、抗辐射、消炎和抗变态反应等作用。蜂胶混悬液能明显延长负重小鼠持续游泳时间，能明显延长小鼠常压缺氧存活时间。

5.2.2.4 安全性

小鼠灌服蜂胶 LD_{50} 大于 7.5 g/kg。小鼠腹腔注射蜂胶乙醇提取物最小致死量大于 2 g/kg。给犬、豚鼠、大鼠灌服蜂胶 10～15 g/kg，以及给兔每日灌服蜂胶 1 g/kg，共 3 个月，均未见毒性反应。研究表明，蜂胶是一种安全、无任何副作用的蜂产品，90 日龄大鼠口服 1.4 g/kg 体重 1 天，无任何不良反应，虽然偶尔有服用蜂胶发生过敏现象，但是蜂胶仍是一种安全性极高的天然产物。

5.2.3 花粉

花粉（Pollen）是被子植物雄蕊花药和裸子植物小孢叶上小孢子囊内的小颗粒状物，是植物有性繁殖的雄性配子体，含有人体生存所需要的各种物质，被誉为“微型营养宝库”、“完全营养食品”。

花粉的营养成分高于所有天然食品，含糖最高达40%；蛋白质10%～40%；20余种氨基酸，含量多于牛奶、鸡蛋4～6倍，其中赖氨酸含量特别丰富，有利于儿童生长发育；14种维生素，特别是维生素E、维生素C、维生素P，能增强人体免疫功能，促进健康，延年益寿；含有人体所需的数十种矿物质及50种以上的生物活性物质，如核酸、酶、辅酶、激素和抗菌物质等，所以花粉具有抗衰老、保青春的作用。除此之外，花粉还是天然的美容物质，有保护皮肤和增添体表气味的脂肪和芳香物质。

蜜蜂从各种植物花药中采集花粉的过程中，可将少量花蜜及其分泌物混入花粉，被带回蜂巢后杂结成团就成为蜂花粉。

5.2.3.1 蜂花粉的物理性状

1）颜色

我国的蜜粉源植物种类较多，但蜜蜂很难采集到纯度很高的单一花粉。因此，目前国内销售的蜂花粉大多是以某种单一蜂花粉为主的混合蜂花粉，色泽不一。

2）形状大小

来源于不同植物的花粉形状、大小差别很大，紫云英、柑橘、桃、南瓜、玉米、棉花、小麦、水稻、菜豆等为圆球形；油菜、蚕豆、梨、苹果、百合等为椭圆形；茶花、椴树等为三角形；四边形的较少，如落葵等。不同来源的花粉粒大小不一，大多数植物花粉粒的直径为15～50 μm。

3）香味与滋味

新鲜蜂花粉带有植物的清香气味，味道稍甜略带苦味。不同种类的蜂花粉口感略有差别，例如茶蜂花粉味清香、微甜，无特殊的蜂花粉臭味，易为人们所接受。荞麦蜂花粉臭味重，口感较差，但是荞麦蜂花粉的营养价值较高，因此，在加工荞麦蜂花粉时应尽可能除去异味，以提高感官质量。

4）蜂花粉的细胞壁

花粉壁分为内壁和外壁。内壁较薄，软而有弹性，在萌发孔处常较厚。内壁的主要成分为纤维素、果胶质、半纤维素及蛋白质。外壁厚而坚硬，主要成分是孢粉素，它是类胡萝卜素和萝卜素脂的衍生物，具有抗酸、抗生物分解的特性。花粉粒的外壁和内壁不同于一般植物细胞，其最大区别在于含有生物活性的蛋白质，而且外壁和内壁蛋白质在性质、来源和功能上又有很大不同。外壁蛋白质是由孢子体的绒毡层细胞合成的。内壁蛋白质是由花粉自身细胞合成的。花粉内壁和外壁中酶的种类也有很大区别，这可能与两层蛋白质的功能不同有关。

5.2.3.2 蜂花粉的化学成分

1）蛋白质和氨基酸

天然花粉约含蛋白质10%～40%，以5月～6月份采集的蛋白质含量最高，夏季后半期最低。蜂花粉还含有人体所需的全部必需氨基酸，而且所含的20余种氨基酸配比也比较恰当，在营养学上蜂花粉称为“完全蛋白质”或“高质量蛋白质”。

蜂花粉的氨基酸含量丰富，大部分以游离形式存在，易被人体吸收利用。蜂花粉中的必需氨基酸含量是牛肉、鸡肉的近5倍。蜂花粉中还含有较多的牛磺酸，是一种含硫氨基酸，对人体有重要的生理功能，其含量远高于蜂蜜和蜂王浆。在被测的蜂花粉样品中牛磺酸含量差别很大，含量最高的是玉米蜂花粉，高达202.7 mg/g，含量最低的是罂粟蜂花粉，仅为

8.0 mg/g。

2）糖类

蜂花粉中的糖约占干物质的 1/3，主要有葡萄糖、果糖和蔗糖，以及淀粉、膳食纤维和孢粉素等，能够增强人体免疫功能。

3）酯类化合物

蜂花粉中所含的脂类物质有卵磷脂、磷脂、磷脂环已醇、磷脂酸胆碱、甘油单酯、甘油二酯、甘油三酯等，约占整个花粉的 4%～5%。

4）有机酸类化合物

蜂花粉中常见的脂肪酸有丁酸、己酸、癸酸、月桂酸、豆蔻酸、棕榈酸、花生四烯酸、硬脂酸等。蜂花粉中的酚酸包括羟基苯甲酸、原儿茶酸、没食子酸、香黄兰酸、阿魏酸、羟基桂皮酸、绿原酸和芥子酸等。绿原酸不仅具有增加毛细血管强度和抗炎作用，而且在合成胆酸、影响肾功能、通过垂体调节甲状腺功能等方面有重要作用。绿原酸在许多蜂花粉中的含量较高，柳属蜂花粉含绿原酸 547.5～801.2 mg/100 g，黄羽扇豆中含 207 mg/100 g。三萜烯酸在多种花粉中含量丰富，花粉的抗炎、促创伤愈合、强心和抗动脉粥样硬化作用，可能与其中含有熊果酸和其他三萜烯酸有关。荞麦、野苦菜蜂花粉中三萜烯酸化合物的含量为 857～1 106 mg/100 g。

5）维生素和矿物质

蜂花粉中含有 14 种维生素，且含量很高，是一种天然维生素的浓缩物，尤其是 B 族维生素含量十分丰富。蜂花粉中的矿物元素种类多，含量丰富，如 Cu、Mn、Fe、Se、Ca、K、Mg 含量均高于普通食品。

6）黄酮类化合物

黄酮类化合物在植物体内大部分以糖苷形式存在，少部分以游离形式存在。不同种类的蜂花粉中黄酮含量不相同，水杨梅、油菜、苜蓿和柳树蜂花粉中的黄酮含量较高，可达 1.198%～2.549% ，荞麦、风铃草、蒲公英蜂花粉中黄酮含量仅为 147.6～306.96 mg/100 g。李果等从油菜蜂花粉中分离出的几种黄酮类化合物，分别为山奈素-3,4-双-O-β-D-葡萄糖吡喃糖苷、山奈素-3-O-β-槐糖苷、槲皮素-3,4-双-O-β-D-葡萄吡喃糖苷等，并证明油菜黄酮可以延长小鼠的寿命。

7）其他成分

甾醇类的数量和类型依蜂花粉种类而异。玉米蜂花粉中甾醇类大约占 0.1%，主要是胆甾醇和一些豆甾醇。蜂花粉中的核酸含量，RNA 为 227.24～1 485 mg/100 g，DNA 为 69.92～218.5 mg/100 g。花粉含有淀粉酶、转化酶、过氧化氢酶、还原酶和果胶酶等，少数还含有肠肽酶、胃蛋白酶、胰酶及脂酶等。在各类植物花粉中先后直接鉴定的酶已达 80 多种。蜂花粉保留了植物花中全部的活性酶。花粉中的抗菌素是一类具有抗菌作用的混合物，青霉素是该类物质的原型，包括酚类。黄酮芸甚至萜烯在内，能抑制某些微生物，特别是沙门氏菌的繁殖。

5.2.3.3 生物学功能

我国早在两千多年前的《神农本草经》中就有对香蒲蜂花粉和松花粉医疗作用的记载："主治心腹寒热邪气，利小便，消淤血，久服轻身、益劲、延寿"。现代研究表明蜂花粉能明显增强免疫功能，对辐射造成外周血 ANAE 阳性细胞下降也有显著的保护作用。花粉还能提高机体免疫力、激活体内组织细胞酶的活性，促进新陈代谢、调节神经内分泌系统、增强应激能力，因而具有延缓衰老的作用。花粉中含有芸香苷和原花青素，能增加毛细血管的强度，对心血管系统具有良好的保护作用。花粉能促进脑细胞发育，增强中枢神经系统的功能，对儿童智力发育也有促进作用。另外，花粉还具有抗疲劳和美容等作用。

5.2.3.4 安全性

天然花粉一般都是安全的，只有极少数有毒的花粉，如雷公藤或羊踯躅等，但蜂花粉中不含有此类花粉。动物试验表明，花粉无毒副作用。花粉的摄入量一般为 2～5 g/d。

5.2.4 芦荟

芦荟(Aloe)为百合科芦荟属植物，原产于地中海沿岸和非洲，约有 360 余种。目前在我国广东、广西、云南、海南、福建、四川、贵州等地都有种植。可供药用和食用的芦荟品种有库拉索芦荟(ALoe Veres L.)、好望角芦荟(A. Ferox Mill.)、斑纹芦荟 (A. Vera L. Var Chinensis)及翠叶芦荟(A. Barbadensis Miller)。芦荟含有上百种有效成分，具有调节机体免疫力、抗肿瘤、防辐射及美容等作用，还具有促进伤口愈合、抗病毒、抗真菌等功效。芦荟是一种集医药、食用、美容和观赏于一体的重要经济植物，现已广泛应用于医药、保健食品、美容和日常生活中。

5.2.4.1 主要成分及性质

1) 蒽醌类

蒽醌类是芦荟叶渗出液中的主要成分，在渗出液的干燥物中约占 9%～30%。该类物质种类很多，多呈酸性，溶于水，水溶液呈淡黄色至黄色，带有荧光。当调节溶液至偏碱性时呈橙黄色，在空气中长时间放置后逐渐被氧化而颜色加深。该类物质主要由大黄素(Emodin)及其苷类组成，芦荟大黄素可由芦荟汁低温干燥物用乙酸乙酯提取出粗品，再经硅胶柱层析(石油醚—乙酸乙酯)洗脱精制而得。

2) 萘酮类

萘酮类主要包括芦荟苦素(Aloesin)、异芦荟苦素(Isoaloesin) 及其苷元部分形成的衍生物。芦荟苦素和异芦荟苦素可以由芦荟汁浓缩及用正丁醇提取后经硅胶柱分离精制而得。由乙醇中重结晶得到的芦荟苦素为白色针状结晶，而异芦荟苦素为丝状结晶，在空气中会逐渐氧化变黄。

3) 糖类

芦荟凝胶干燥后所得固形物中有大约一半以上是糖类，其中所含的单糖有甘露糖、阿拉伯糖、鼠李糖、果糖、葡萄糖等。芦荟所含糖类中具有重要生物活性的是多糖。新鲜凝胶中含多糖量约 0.27%～0.5%。芦荟原汁干燥物中含多糖 18%～30%。

4) 蛋白质和氨基酸

芦荟叶中所含的蛋白质总量约占总固体量的 9%。其蛋白质一部分与多糖结合成糖蛋白，另一部分以酶的形式存在，已发现的酶有缓激肽酶、羧基肽酶、纤维素酶、淀粉酶、过氧化氢酶和氧化酶。芦荟叶中还含有游离氨基酸，已发现的有精氨酸、天冬酰胺谷氨酸、半胱氨酸、赖氨酸、丙氨酸、酪氨酸、色氨酸、蛋氨酸、亮氨酸、缬氨酸、苯丙氨酸和苏氨酸。夏季芦荟叶中的游离氨基酸含量较高。

5) 有机酸

芦荟叶中含有丰富的有机酸，主要有柠檬酸、酒石酸、苹果酸、丁二酸、肉桂酸和琥珀酸。

其中的柠檬酸大部分以钙盐的形式存在，并主要存在于叶肉凝胶中，含量往往可达凝胶干燥物质量的30%。芦荟还含有一系列脂肪酸，已检测到的有己酸、辛酸、癸酸、月桂酸、十三烷酸、肉豆蔻脂酸、十五烷酸、棕榈酸、十七烷酸、硬脂酸、油酸，以及壬烯二酸和花生四烯酸。

6) 矿物元素与维生素

芦荟所含的矿物元素，早期发现的有钠、钾、钙、铝、钡和锌，后又发现的有硼、铜、铁、锰、钼、钴、钛、铬、磷、镍、锗、钒、银、锶等。日本从20世纪60年代起就从芦荟叶汁中提取出了芦荟素抗癌剂A(羟乙基锗三氧化物)，锗对癌症的独特疗效被国外称之为“世纪救世锗(者)”。另外，芦荟中还含有维生素A、维生素B_1、维生素B_2、维生素B_5、维生素B_6、维生素B_{12}、维生素C、维生素D、维生素E、维生素H、维生素PP以及β-胡萝卜素等。

5.2.4.2 生物学功能

芦荟通过启动和活化巨噬细胞，激活T、B细胞机制提高机体的免疫活性。木立芦荟提取的多糖(APS)能抑制超氧阴离子的形成，具有抗基因毒性和抗肿瘤发生的活性。芦荟素和芦荟大黄素(Aloeemodin)可通过抑制肿瘤细胞蛋白质合成所需的肽链延长因子eFf-2和肽转移酶的活性，抑制肿瘤细胞的增殖。芦荟中的植物血凝素(AloctinA)也可通过提高机体的免疫力而抗肿瘤。芦荟多糖具有抗紫外线引起的免疫抑制作用和减少IL-10分泌的作用，调节机体对环境不良刺激的反应。另外，芦荟对真菌、霉菌、细菌、病毒具有抑制作用。对白喉杆菌、破伤风杆菌、肺炎球菌、乳酸菌、福氏痢疾杆菌、绿脓杆菌、金黄色葡萄球菌、变型杆菌、大肠杆菌等有抑制作用。对中耳炎、膀胱炎、化脓症、麻疹、狂犬病、流行性脑炎等均有一定效果。芦荟具有美容以及保肝和抗胃损伤作用。芦荟大黄素在大肠分解产生芦荟大黄素-9-蒽醌，此物质不仅可引起大肠内水分增加，而且能促进肠黏膜分泌肠黏液，是芦荟致泻的重要活性物质。

5.2.4.3 安全性

对可食用的芦荟(斑纹芦荟)的试验结果：$LD_{50}>46.4$ g/kg。由于芦荟含有大量可导致腹泻的芦荟大黄素，故成人一般以每天不超过15 g为宜，儿童及老人宜酌减20%～50%(便秘者可酌加)。过多食用可导致腹部剧痛、上吐下泻，并可伴呕血、便血。

5.2.5 人参

人参为五加科植物人参(Panax Ginseng C. A. Mey.)的根，具强壮补益、延缓衰老、补益脾胃、补益肺气、生津止渴、益智养神、增强记忆、抗疲劳、抗肿瘤和提高机体免疫力等功能。人参分为野山参、山参、移山参和园参。

(1) 野山参：野山参《中国药典》称“生晒山参”，形体美，质量好，为名贵商品，主产于辽宁、吉林和黑龙江，在河北北部深山也有分布。

(2) 山参：山参是野山参或人工栽培的园参的种子人工播撒于山上后自然生长15年以上的参。

(3) 移山参：移山参是人工栽培的参苗移栽于山上以后自然生长的参，一般参龄10～20年。

(4) 园参：园参也称生晒参，是全部由人工栽培而成的参，一般参龄在6年以上。

根据加工方法的不同，人参又有以下几种：洗净，晾晒1天后以硫磺熏过晒干，称生晒参；蒸制后干燥，称红参；经水烫，排针扎孔，浸糖后干燥，称糖参。

5.2.5.1 主要活性成分

（1）人参皂苷

人参皂苷是人参所含的最重要的一类活性物质，人参根含人参皂苷约5.22%，分离出的人参皂苷约30余种。根据苷元的不同可将人参皂苷分为原人参二醇、原人参三醇和齐墩果酸3类，由前两种苷元所组成的皂苷具有生理活性，由后一种苷元组成的皂苷没有生理活性。人参皂苷 Ra_1、Ra_2、Rb_1、Rb_2、Rb_3、Rc、Rd 的苷元为原人参二醇；人参皂苷 Re、Rf、Rg_1、Rg_2、Rh_1 和 20-葡萄糖基-Rf 的苷元为原人参三醇；人参皂苷 Ro 的苷元为齐墩果酸。以上皂苷中以人参皂苷 Rb、Rc 和 Rg_1 的含量较高。

（2）挥发油

人参根含挥发性成分约0.12%，主要由倍半萜类、长链饱和羧酸以及少量的芳香烃类物质组成，其中最重要的成分是倍半萜类，占挥发油总量的38.8%～46%，在生理活性方面发挥着重要的作用。

人参中的倍半萜类化合物主要有反式 β-金合欢烯、α-古芸烯、β-愈创烯、β-橄香烯、艾里莫酚烯等10余种。倍半萜中的 β-橄香烯是一种具有抗肿瘤作用的重要生理活性物质，分子式 $C_{15}H_{24}$。β-橄香烯能有效抑制癌细胞的生长，降低癌细胞 RNA 和 DNA 含量且毒性很小，对人体的造血功能和免疫功能影响较小，因此是一种理想的抗肿瘤物质。此外，在人参中发现的挥发性成分还有正十四碳酸、正十五碳酸、棕榈酸、均三异丙苯、3,3-二甲基己烷、2,7-二甲基辛烷、1-乙基-3-异丙基苯等几十种羧酸类和烃类化合物。另外还含有人参炔醇、人参环氧炔烯、松油醇、十七碳-1-二烯-4,6-二炔-3,9-二醇等成分。

（3）有机酸及酯类

人参根中含人参酸、棕榈酸、硬脂酸、油酸和亚油酸等成分，是由人参根中所含的脂类物质水解生成的。此外还含延胡索酸、琥珀酸、苹果酸、酒石酸、水杨酸、香草酸、丙酮酸、丙烯酸、戊烯酸、苯乙酸、十一碳烯酸、十八碳烯酸等。酯类物质有甘油三酯、三棕榈酸甘油酯、三亚油酸甘油酯、α,γ-二棕榈酸甘油酯、十六碳酸甲酯和乙酯、十八碳烯酸甲酯、苯乙酸乙酯等，磷脂含量约为0.2%～0.6%。

（4）糖类

人参根中富含糖类，占主根的58%，主要为人参多糖（Panaxan），包括人参淀粉、人参果胶和糖蛋白，其中水溶性多糖为38.7%，碱溶性多糖为7.8%～10.0%。人参果胶中有两种酸性杂多糖 SA 和 SB。SA 是由半乳糖、阿拉伯糖、鼠李糖以4.7∶2.6∶1的比例组成的，并含26%半乳糖醛酸。SB 是由半乳糖、阿拉伯糖、鼠李糖以3.3∶1.8∶1的比例组成的，并含76%半乳糖醛酸。这些多糖还含有一定量的多肽，组成了各种各样的人参糖肽。

从热水提取物中分离出了 PA 和 PB 两个蛋白多糖组分，PA 相对分子质量约为180万，含蛋白质5.34%。PB 相对分子质量约为52万，含蛋白质7.6%。PA 和 PB 均含苏氨酸以及多糖的糖残基以糖苷键相连的共价结合蛋白质，PB 中还存在另一种形式的蛋白质，其中精氨酸等碱性氨基酸含量丰富，能够与多糖的半乳糖醛酸基以静电力相结合。

另外，人参中还含有葡萄糖、果糖、阿拉伯糖、木糖、甘露糖、鼠李糖等单糖，蔗糖、麦芽糖、乳糖等双糖和人参三糖 A、B、C、D。

（5）含氮化合物

人参中含有少量的氨基酸和多肽。其中人参根所含的氨基酸有17种以上，含量较多的是精氨酚、丙氨酸、丝氨酸、赖氨酸和酪氨酸，并含焦谷氨酸、三七素和 γ-氨基丁酸等特殊氨基酸。人参中氨基酸种类和数量随人参品种、产地、参龄以及人参部位的不同而异。

从人参中分离出的几种酸性肽都有不同程度的抗脂肪分解活性，其中以人参 14 肽的活性最强。

人参中还含有天冬氨酸酶、淀粉酶、酚酶、麦芽糖酶、转化酶、酯酶等。还含有尿嘧啶、腺嘌呤和它们的核苷，鸟嘌呤、胆碱、豆甾醇、β-谷甾醇及葡萄糖苷、胡萝卜甾醇苷、芳香胺等含氮化合物。

(6) 维生素和无机元素

人参含有维生素 B_1、维生素 B_2、维生素 B_{12}、维生素 C、烟酸、泛酸、叶酸、烟酰胺及生物素等，所含的无机元素有镁、钙、钠、钾、磷、银、铁、锰等。

5.2.5.2 生物学功能

人参皂苷 Rb_1、Rb_2、Rc、Rd、Re、Rf、Rg_1 均具有抗疲劳作用，其中 Rb_1 有中枢兴奋作用，Rg_1 有中枢抑制作用，故人参对中枢神经系统有双向调节作用。人和动物连续服用人参提取液，既能改善其兴奋过程，也能调整其抑制过程，使抑制趋于集中，分化加速且更为完全。人参皂苷 Rg_1 可改善记忆的全过程，Rb_1 仅对记忆获得和记忆再现阶段有促进作用。人参具有调节人体免疫功能和抗肿瘤的作用。人参皂苷可恢复老年机体自由基代谢的平衡，增强超氧化物歧化酶(SOD)和过氧化氢酶(CAT)的活性，因而具有美容作用。人参皂苷 Rb_1、Rb_2、Rb_3、Rc 和 Rg_1，均能增加人工培养的人皮肤成纤维细胞中氨基葡聚糖的生成量，但以 Rb_2 最为有效，这对皮肤的抗衰老也有一定作用。

5.2.5.3 安全性

《神农本草经》记载人参"无毒"。现代研究表明，人参的急、慢性毒性都很小。人参提取物或人参总皂苷对小鼠腹腔注射时的急性 LD_{50} 在 300～700 mg/kg 之间，人参皂苷单体对小鼠腹腔注射的 LD_{50} 分别为 Rb_1 1 110 mg/kg、Rb_2 305 mg/kg、Rc 410 mg/kg、Rd 32 mg/kg、Re 465 mg/kg、Rf_1 340 mg/kg、Rg_1 125 8 mg/kg、Ro 的 LD_{50}>1 000 mg/kg。

5.2.6 西洋参

西洋参为五加科植物西洋参(Panax Guinguefoium L.)的根，又名洋参、西参、花旗参、广东人参。原产于北美，现我国东北及北京、陕西、江西等地也有栽培。

5.2.6.1 主要化学成分

西洋参含总皂苷 5%～10%，野生者可达 11.74%。主要为三萜皂苷，以 20(S)-原人参二醇为苷元的有：含量最高者为人参皂(Ginsenoside) Rb，其次为 Rd，以及含量较低的 Rb_2、Rb_3、Rc、RAo、F_2，丙二酰基人参皂苷(Malonyl-Ginsenoside) R_1、Rb_2、Rd，西洋参皂苷(Quinquenoside)R1，绞股蓝皂苷(Gypenosides) Ⅺ、Ⅹ、Ⅶ；以 20(S)-原人参三醇为苷元的主要有人参皂苷 Re，以及 Rg_1、Rg_2、Rg_3、Rh_1、F_3 等；西洋参含有以奥克梯醇(Ocotillol) 为苷元的特征成分假人参皂苷 F_{11}(Pseudoginsenoside-F_{11})，含量 0.080 4%～0.286 1%；还含有微量以齐墩果烷为苷元的人参皂苷 Ro。

西洋参中含挥发油 0.05%～0.11%，从中共鉴定出 37 种化学成分，其中倍半萜类化合物有 26 种，约占总挥发油的 75%，以反式金合欢烯(β- farnesene) 含量较高，占挥发油相对含量的 36%，没药烯 (Bisabolene)为 10%，还含有其他酯类及烷烃、酸、醇等。西洋参的油脂中含有己酸、庚酸、辛酸等脂肪酸，其中亚麻酸占总油量的44.78%。

含总糖50%～65%，其中5%～10%为酸性可溶性果胶，20%～30%为酸性多糖。多糖相对分子质量为4 500～5 500。西洋参中还含有多种氨基酸，总量为11.70%，其中人体所必需的氨基酸为6.97%。

5.2.6.2 生物学功能

西洋参能降低豚鼠的肝糖原含量，增加肝脏DNA和RNA的含量，并能降低机体的耗氧量，提高抗疲劳能力。西洋参及其所含的主要单体皂苷Rb_1，对大脑皮层有镇静和中枢抑制作用，对生命中枢有兴奋和保护作用。Rb_1对化学刺激(醋酸法)和机械刺激(夹尾法)还有镇痛作用。西洋参总皂苷有非常明显的抗DNA损伤作用。西洋参9种单体皂苷Rb_1、Rb_2、Rb_3、Rc、Rd、Ro、Rg_2、Rh_1、Rh_2等，对单纯疱疹病毒(HSV-1)在细胞内复制有明显的抑制作用，能使感染细胞受到保护，在9种单体皂苷中，Rb_1、Rb_2的效果最好。

5.2.6.3 安全性

中国卫生部批准西洋参可用于抗疲劳、免疫调节、抗衰老和调节血脂等功能性食品的生产。

5.2.7 银杏

银杏(Ginkgo Biloba L.)又名白果，是银杏科(Ginkgoaceae)银杏属(Ginkgo L.)植物，仅1属1种，是现存裸子植物中古老的孑遗植物，有"活化石"之称。银杏为椭圆形，种实长约2.5～3.5 cm，宽2.0～2.8 cm。成熟的银杏种实由外种皮、中种皮和内种皮、胚乳、子叶、胚、胚根和珠孔等组成。除去外种皮，包括中种皮在内的部分叫做种核，俗称白果，在中种皮之内的部分叫做核仁。

银杏品味甘美，香糯微甘，略有苦味，口味清新，润喉养肺，在我国已有1 000多年的食用历史，还可利用银杏叶粉调入咖啡，制成咖啡巧克力和口香糖、银杏巧克力糖和口香糖。银杏叶中含有丰富的银杏黄酮和苦内酯，其药用价值比种实更高。

5.2.7.1 银杏的主要化学成分

1）银杏叶的主要化学成分及生理活性物质

以干基计，银杏叶中蛋白质10.9%～15.5%，总糖7.38%～8.69%，还原糖4.64%～5.63%，维生素C 66.8～129.2 mg/100 g，维生素E 6.17～8.05 mg/100 g。含有18种氨基酸，其中必需氨基酸9种，占总氨基酸的39.2%～41.5%。银杏叶中必需氨基酸含量丰富，与大豆蛋白一致，略低于鸡蛋蛋白。银杏叶中矿质营养也很丰富，其中钙、磷、硼、硒含量高，其他如人身所必需的微量元素含量也很丰富。

除了一般营养以外，银杏叶还含有许多重要的生理活性物质，主要包括：银杏黄酮类化合物、萜内酯类化合物、有机酸类、银杏酚酸及烷基酚、烷基酚酸类、甾类、聚异戊烯醇类、银杏叶多糖等。

银杏叶中的黄酮类化合物，目前已分离鉴定出的共有46种，包括黄酮甙、黄酮甙元、双黄酮、桂皮酸酯黄酮甙和儿茶素等几类。

银杏叶中黄酮类化合物主要以甙的形式存在，是银杏叶的主要药效成分之一，也是银杏叶及其提取物中的主要活性成分，叶中含量0.2%～2.74%。儿茶素类化合物具有治疗肝中毒和抗肿瘤的作用。

银杏内酯化合物又称银杏萜内酯，由倍半萜内酯和二萜内酯组成。银杏内酯(Ginkgolide)属二萜类化合物，白果内酯(Bilobalide)属倍半萜内酯。银杏内酯的笼状结构在植物中是非常独特的，它与 PAF 受体"楔合"产生竞争机制。特别是银杏内酯 B，由于分子中醚氧与碳基氧间的距离与 PAF 中的一致，其活性最强。现代医学研究证明，银杏内酯具有血小板活化因子(PAF)拮抗作用，可以清除超氧阴离子，具有抗氧化和延缓衰老的功能。白果内酯具有保护神经和抗水肿作用，对老年痴呆症有奇异的疗效。

银杏叶各种制剂的质量，主要取决于银杏叶提取物中黄酮甙和萜内酯含量的高低，尤其是萜内酯含量的多少。

银杏酸主要是白果酸(Ginkgolic Acid)、氢化白果酸(Hydroginkgolic Acid)、银杏酚(Bilobol)和白果酚(Ginkgol)，这些成分对人表现有强烈的过敏和接触性皮炎，是银杏叶提取液中的毒副作用成分。聚异戊烯醇是存在于银杏叶中的一种类酯化合物，属多烯醇类，具有很强的生物活性，是重要的新药物资源。银杏叶中长链的多聚异戊烯醇具有抗肿瘤的活性，还有促进造血细胞增殖分化的作用。

银杏叶中有效成分黄酮和萜内酯含量高于种仁，而主要毒性成分含量较低，营养丰富，是集营养、保健功能为一体、药食兼用的珍贵资源。

2) 银杏种实的主要化学成分及生理活性物质

银杏外种皮有效成分与银杏叶基本一致。但银杏外种皮中白果酚等酸性成分含量比银杏叶的含量高，而总黄酮含量(外种皮 1.3%，银杏叶 5.91%)、酚酸类含量(外种皮 2.71 μg/g，银杏叶 19.9 μg/g)和银杏内酯含量均比银杏叶低。银杏外种皮具有与银杏叶相似的活性成分，有一定的开发利用价值。

3) 银杏种仁化学成分

银杏种仁中干物质含量 41.97%～44.89%，其中生理活性物质包括：白果酸($C_{22}H_{34}O_3$)、氢化白果酸($C_{22}H_{36}O_3$)、氢化白果亚酸($C_{21}H_{34}O_2$)及白果醇($C_{22}H_{32}O_3$，即廿九烷-10-醇)、漆树酸($C_{22}H_{22}O_3$)等。另外，4′-甲氧基吡哆醇(4′-O-methmylpyridoxine，MPN)是白果的主要毒性成分，它不仅是维生素 B_6 的拮抗剂，而且能在大脑中抑制谷氨酸转化为 4-氨基丁酸(GABA)，其毒性反应主要引起阵发性痉挛。

银杏中含有一些甾体化合物，如 β-谷甾醇、β-谷甾醇-葡萄糖甙、松醇(Pinol)等。

5.2.7.2 生物学功能

1) 银杏叶的生物学功能

银杏叶提取的黄酮类化合物可有效地清除有害物质，从而保护细胞，延长寿命。同时对脑缺血、缺氧损伤有保护脑细胞作用，并有抗凝作用。银杏叶提取物中含有的银杏苦内酯是血小板活化因子的强拮抗剂，起到血管调节、抗血栓和增强代谢的功能。银杏叶的水提取物能明显降低血清胆固醇，同时，升高血清磷脂，改善血清胆固醇及磷脂的比例。

日本松木武分离出 17 种烷烯的水杨酸和白果素(Bilobetin)等活性成分，进行抑制病毒的研究结果表明：17 种烷烯的水杨酸和白果素均具有很强的抑制 EG 病毒的活性，其中，白果素对致癌启动因子的抑制效果超过了维生素 A。欧洲专利报道银杏叶中最为显著的活性成分——Bioparyl 对核糖核酸酶的活性有调节作用，它可以防止或逆转各组织的纤维变性，降低炎症病人，包括艾滋病病人在内的自动变性疾病中 r-球蛋白的不正常升高和白血病等。

生食白果有毒，多食会出现呕吐、腹痛等症状，而银杏叶提取物大剂量给狗注射 1 周也可出现恶心、呕吐等现象，注射时局部血管变硬。

2）银杏种实的生物学功能

银杏叶总黄酮(FG)不但具有扩血管作用，而且还具有降血脂和胆固醇、抗凝血和清除自由基等作用。FG 是银杏叶的主要有效成分，包括银杏双黄酮(Ginkgetin)、异银杏双黄酮(Isoginkgetin)、白果素(Bilobetin)、槲皮素(Quercetin)、山柰酚(Kaempferol)等。FG 体外实验研究发现其对血管紧张素转化酶(AcE)活性具有明显的抑制作用，水提法与醇提法 FG 对 AcE 抑制率分别达 62.5%、82.5%。对强缩血管物质内皮素(ET)有明显的抑制作用。说明 FG 可能是通过抑制 ET 而发挥体内扩血管作用的，与 AcE 无关。

5.2.8 葛根

葛根是豆科葛属植物的药食两用块根，主要分野葛［Pueraria Lobata(Wild.)Ohwi］和粉葛(Pueraria Homsonii Bentn)。野葛以药用为主，粉葛是制造淀粉的原料。葛根多呈长圆柱形，黄白色或淡棕色，表面有时可见残存的棕色外皮，切片粗糙，纤维性强，质硬而重，富粉性并含大量纤维，横断面可见由纤维所形成的同心性环层，纵切片可见纤维性与粉质相间，形成纵纹，无臭，味甘，以块肥大、质坚实、色白、粉性足、纤维性少者为佳。葛根广泛分布于辽宁、河北、浙江、广东、江西、湖北、四川、云南等地，资源十分丰富。

5.2.8.1 主要活性成分与结构

葛根除含有其鲜重 19%～20%的葛根淀粉外，主要成分为异黄酮类化合物及少量黄酮类物质，其中黄豆苷元、黄豆苷、葛根素是葛根的主要活性成分，尤以葛根素含量最高。此外，葛根中还含有葛根素木糖甙、β谷甾醇、花生酸等多种生理活性物质。近年来又从葛根中分离出一些芳香苷类化合物如葛苷 A、葛苷 C 等，以及一些三萜皂苷类化合物如黄豆苷元 A、黄豆苷元 B、葛根皂苷元 A、葛根皂苷元 B、葛根皂苷元 C 等。

5.2.8.2 生物学功能

葛根总黄酮在改善高血压及冠心病病人的脑血管张力、弹性和搏动性供血等方面均有温和的促进作用。葛根素能明显降低缺血心肌的耗氧量，抑制乳酸的产生，同时能抑制心肌磷酸肌酸激酶（CPK）的释放，保护心脏免受缺血再灌注所致的超微结构损伤。葛根不仅对正常和高血压动物均有降压作用，还能改善高血压病人的颈强、头晕、头疼、耳鸣等症状。

5.2.8.3 安全性

小鼠静脉注射葛根总黄酮的 LD_{50} 为 1.6 g/kg±0.06 g/kg，小鼠静脉注射葛根素的 LD_{50} 为 738 mg/kg。大鼠每天经口摄入 50～100 g，无不良影响。我国卫生部批准葛根可用于抗疲劳、耐缺氧等功能性食品的生产。

5.2.9 山药

山药(Rhizoma Dioscoreae)为薯蓣科的薯蓣(Dioscorea Opposita Thunb)的块茎，又名山薯、山芋。主产于河南省，以新乡（古怀庆府）所产最为著名，故又称“怀山药”，湖南、湖北、陕西、浙江、江西、贵州、四川、广东、江苏、安徽等省区亦有栽培。山药有毛山药和光山药之分，毛山药经湿润搓揉、晒干打光即得光山药。光山药呈光滑圆柱状，长 10～20 cm，直径 2～4 cm，质地坚硬，表面淡黄色，断面呈白色粉质，以质坚、粉性足、呈色洁白者为佳。

山药味甘，性平，入肺、肾和脾经。山药的块茎中含有山药素（Batatasin Ⅰ、Ⅱ、Ⅲ、Ⅳ、Ⅴ），并含有由甘露糖、葡萄糖和半乳糖按摩尔比 6.45∶1∶1.26 构成的山药多糖，尿囊素（Allantoin），多巴胺（Dopa-Mine），盐酸山药碱（Batatasine Hydrochloride），止权素（Abscisin），黏液质（Macilage）和糖蛋白（Glycoprotein）。还含有多种甾醇，如胆甾烷醇、(24 R)-α-甲基胆甾烷醇、(24 S)-β-甲基胆甾烷醇、胆甾醇、菜油甾醇以及它们的衍生物等。山药含有 17 种以上氨基酸，其中以精氨酸、谷氨酸、天冬氨酸含量较高，还含有淀粉酶、多酚氧化酶、维生素 C、维生素 B_1、维生素 B_2、胡萝卜素和尼克酸及微量元素 Fe、Zn、Cu、Co、Cr 等。山药能滋养脾胃，补而不腻，香而不燥，常人久食能健身强体、延年益寿。山药还可以防治糖尿病、消化不良、腹泻、口腔炎等疾病。

山药的水煎醇沉剂给小鼠灌服 $LD_{50}>2\ 286.4$ g/kg。

思考与练习

1. 简述特产原料的种类、分布。
2. 简述特产原料的主要化学成分及功能。

6 安全食品原料生产与控制

6.1 食品原料中的危害来源及控制

食品安全是一项从“农田到餐桌”、从食品原料到终端产品的全程质量控制的系统工程，而安全食品原料是保证食品安全的第一步。了解食品原料中的不安全因素的种类、来源特性和环境污染等外界因素对安全食品原料生产的影响，是实施安全食品原料生产与控制的基础。

6.1.1 食品原料中的危害因素

食品原料中的危害(Hazard)是指对食品原料安全和质量的危害，主要包括物理性危害、化学性危害和生物性危害。

(1) 物理性危害(Physical Hazards)：主要是指食品原料在收获或生产的过程中混入一些杂质杂物，如畜禽胴体在分割过程中卫生条件控制不当，原料肉中混入毛发或塑料、玻璃、铁钉等碎屑。

(2) 化学性危害(Chemical Hazards)：是环境污染物、化肥、农药和兽药、生长调节剂使用不当造成对食品原料的化学污染。这些污染物极易在动植物体内产生残留，蓄积在动植物食品原料中，进而危害人体健康。这种危害往往是持久性的和遗传性的，甚至危害子孙后代。

(3) 生物性危害(Biological Hazards)：主要是指微生物、寄生虫、动植物中存在的某种对人体健康有害的非营养性天然物质成分对食品原料造成的污染。

本章只讨论环境污染造成的食品原料中的危害因素。环境污染对安全食品原料生产的影响主要是通过大气、水体和土壤对种植、养殖的各种食品原料产生不同程度的污染，从而导致食物的多种不安全因素的形成。

6.1.1.1 大气污染对安全食品原料生产的影响

大气污染物主要来源为矿物燃料和工业生产，如 SO_2、NO_x、Cl_2、HCl、氧化剂、氟化物、汽车尾气、粉尘等。其理化性质非常复杂，毒性也各不相同。长期暴露在污染空气中的动植物食品原料，由于其体内外污染物增多，可造成其生长发育不良或受阻，甚至发病或死亡。用其作为人类食物来源，对食品安全性造成影响。

(1) 氟化物：大气中氟化物对食品原料的污染主要分为两类：生活燃煤污染型和工业生产污染型。生活燃煤污染型的污染表现为对食品原料的直接污染。粮食烘烤时空气含氟高达 0.039～0.5 mg/m^3，烘烤的玉米含氟量达 26.3～84.2 mg/kg，辣椒含氟量高达 310.5～

565.0 mg/kg。

农作物可直接吸收空气中的氟化物，大部分通过叶片上的气孔进入体内，也有从叶缘水孔进入。山茶科植物能蓄积大量的氟，枯叶干物质中可达 6 400 mg/kg；茶叶幼叶为 40～150 mg/kg，老叶为 400～820 mg/kg。氟在蔬菜中的含量一般在 0.5～100 mg/kg，在果实中的含量为 0.5～5.0 mg/kg，而在根中的含量较低。氟化物除使污染区域的粮油、果蔬食品原料的食用安全性受到影响外，还会通过禽畜食用牧草后进入食物链，对畜产食品原料造成污染。研究表明，饲料含氟超过 30～40 mg/kg，牛采食后会出现氟中毒症。

氟在人体内的积累引起的最典型的疾病为氟斑牙和氟骨症，表现为齿斑、骨增大、骨质疏松、骨的生长速率加快等。我国现行饮水、食品中含氟化物卫生标准为：饮水为 1.0 mg/L；大米、面粉、豆类、蔬菜、蛋类为 1.0 mg/kg；水果为 0.5 mg/kg；肉类为 2.0 mg/kg。

（2）煤烟粉尘和金属飘尘：煤烟粉尘主要危害农作物，使果蔬品质下降。大气的许多金属微粒如铅、镉、铬、锌、镍、砷和汞等金属飘尘的毒性较大，能在粮油作物及果蔬中累积，对动、植物食品原料及水产食品原料造成源头污染。

（3）沥青烟雾：沥青烟雾含有许多的有机化合物，如苯酚、萘和多环芳烃类的 3,4-苯并芘等致癌物质。受沥青烟雾污染的作物，常常会沾染一层发黑、发黏的物质，一般不能直接食用；同时也不应在沥青制品如油毡上铺晒食品原料及食品，以防止食品受到污染。

（4）酸雨：酸雨通常是指 pH 小于 5.65 的酸性降水，包括雨、雪和雾。大气中的 SO_2 和 NO_x 是酸雨物质的主要来源，另外酸雨的形成还与土壤的性质有关。酸雨对水生生态系统的影响是使淡水湖泊和河流酸化，影响鱼类的繁殖；另外，瑞典、加拿大和美国的研究发现，酸雨地区鱼的含汞量很大，会通过食物链危害人类健康。酸雨对陆生生态系统也带来潜在的危害，使土壤中的锰、铜、铅、汞、镉、锌等元素转化为可溶性化合物，土壤溶液中重金属浓度增高，通过淋溶转入江、河、湖、海和地下水，引起水体重金属元素浓度增高，通过食物链在水生生物以及粮食、蔬菜中积累，给食品原料的安全性带来影响。

6.1.1.2 水体污染对安全食品原料生产的影响

工业废水和生活污水进入河流、湖泊、海洋和地下水等水体，使水和水体底泥的理化性质或生物群落发生变化，造成水体污染。水体污染不仅使渔业资源受到严重破坏，而且直接或间接影响农作物的生长发育，造成作物减产，同时也给食品的安全性带来严重的影响。

（1）酚类污染物：酚类污染物来源于焦化厂、炼油厂等工厂产生的大量的含酚废水。低浓度酚促进庄稼生长，而高浓度酚抑制生长。低浓度酚对作物无害，高浓度酚则产生蓄积。水体遭受酚类污染后，严重影响水产品的产量和质量，高浓度酚能引起贝类产量下降、海带腐烂、牡蛎及鱼类大量死亡。水体中酚的浓度达 0.1～0.2 mg/L 时，鱼肉会有酚味。酚的毒性还会抑制水中低等生物（如细菌、海藻、软体动物等）的生长。

（2）氰化物：水体中的氰及其化合物来自电镀厂、焦化石油化工厂等排放的工业废水。氰化物有剧毒（0.1 g 即可使人致死）。氰化物低浓度时，可刺激植物生长（30 mg/L 以下），高浓度则抑制生长（50 mg/L 以上）。氰化物还可影响鱼类、贝类和藻类的呼吸作用。根据我国规定，灌溉水中含氰 0.5 mg/L 以下，对作物、人畜安全。世界卫生组织规定，鱼的中毒限量为游离氰（CN^-）0.03 mg/L。我国规定，一般地面水和渔业水体中，游离氰的浓度不得超过 0.05 mg/L。

（3）石油：石油污染物来自油田和炼油厂的工业废水。石油废水中含有致癌物 3,4-苯并茈，在灌溉的农田土壤中积累，通过植物的根系吸收进入植物并在植物体内积累。石油废水对水生生物产生的危害较严重。当海水中石油浓度达 0.01 mg/L 时，能使鱼、虾产生石油臭味，降低海产品的食用价值。高浓度时，能引起鱼、虾死亡。

(4) 苯及其同系物：苯及其同系物在化学上叫芳香烃，工业上在制造和使用苯的过程中，如化工、合成纤维电子和印刷等行业，会产生含苯的废水和废气，特别是炼焦和石油废水中，苯的同系物含量很高。含苯废水浇灌作物，不仅使粮食和蔬菜的品质下降，而且造成苯在粮食和蔬菜中残留。苯影响人的神经系统，重者失去知觉，甚至死亡；轻则引起头晕、无力和呕吐等症状。尽管蔬菜中苯的残留率较低，但蔬菜的品味下降，如用含苯 25 mg/L 的污水灌溉的黄瓜淡而无味，涩味增加，含糖量下降 8%。我国规定，灌溉水中，苯的含量不得超过 2.5 mg/L。

(5) 污灌中的重金属：污水灌溉是指经过一定处理的污水、工业废水或生活和工业混合污水灌溉农田、牧场等。污灌中重金属污染是引起食品安全性问题的原因之一。矿山、冶炼、电镀、化工等工业废水中常含有大量重金属物质，如汞、镉、铜、铅、砷等。未经过处理或处理不达标的污水灌入农田，会造成土壤和农作物的污染。蔬菜对重金属的吸收累积量最高，小麦和玉米次之，果类最低。水体中重金属对水生生物的毒性，不仅表现为重金属本身，而且重金属还可在微生物作用下转化为毒性更大的金属化合物，如汞的甲基化作用。另外，生物还可从环境中摄取重金属，经过食物链的生物放大作用，在生物体内成千万倍富集，通过食物进入人体，造成慢性中毒。20 世纪 50 年代在日本水俣市出现的水俣病，就是工厂排出含汞废水污染所致。汞通过食物链的富集，在鱼体内的浓度比原来污水中浓度高出 1～10 倍，居住在这里的人们长期食用高汞的鱼类和贝类，导致汞在人体大量积累，引发破坏中枢神经的水俣病。

6.1.1.3 土壤污染对安全食品原料生产的影响

引起土壤污染的途径首先是农用施肥、农药的施用和污灌，污染物质进入土壤，并随之积累；其次，土壤作为废物(垃圾、废渣和污水等)的处理场所，使大量的有机和无机的污染物质进入土壤；再次，来源于医院、屠宰厂和生物制品厂的废弃物所造成的污染；最后，土壤作为环境要素之一，因大气或水体中的污染物质的迁移和转化而进入土壤。进入土壤的有害物质迁移的速度较缓慢，污染达到一定程度后，即使中断污染源，其土壤也很难复原。

1) 重金属

重金属在土壤中的残留率很高，一般都在 90%以上。重金属在土壤中大多呈氢氧化物、硫酸盐、硫化物、碳酸盐或磷酸盐等固定在土壤中，难于发生迁移，并随污染源不断积累。其危害主要是慢性蓄积性发生，即在土壤中积蓄到一定程度后，显示出危害。常见的重金属污染有以下几种。

(1) 镉：镉对土壤的污染一方面来源于工业废气中的镉，另一方面来源于含镉废水灌溉农田。不同植物对镉的积累具有明显差别。有些植物如玉米、胡萝卜、西红柿、莴苣、青椒在镉浓度很低(甚至在 0.1 mg/kg)时，都能摄入一定量的镉。从人体健康而言，当土壤表层镉含量为 0.13 mg/kg 时，即具有潜在的危害。镉在人体中具有高积累性，因此，食品中镉的允许量较严格。我国规定食品的容许量限制在 0.03～0.2 mg/kg 之间。

(2) 铅：土壤铅污染大多发生在铅冶炼厂和天然铅矿沉积物附近。植物对铅的累积主要在根系，铅随食品进入人体，只有 5%～10%被人体吸收，但长期摄入铅可引起体内铅蓄积。我国对食品铅的允许限量为1～2 mg/kg。

(3) 砷：土壤中的砷主要来自土壤本身，但含砷肥料、农药以及含砷废水灌溉也是土壤砷的来源之一。土壤中砷含量一般在5～6 mg/kg，可在植物的各部分残留。砷对人体的毒性很大，有机砷毒性较低，无机砷表现为剧毒。我国对食品中砷的允许量限制为0.1～0.7 mg/kg。

(4) 汞：在一般土壤中，汞的含量不高，但含汞废水灌溉土壤或施用含汞农药的土壤，会使土壤超过本底值，污染严重时可达10～100 mg/kg。目前由于废电池的堆放，其中的汞约有50%进入环境，成为一个较大的污染源。汞特别是有机汞对人体的危害很大。汞污染食品的问题主要存在于水产品中。我国对食品中汞允许残留量(mg/kg，以Hg计)的规定为：粮食(或成品粮)≤0.02；豆类、薯类、果蔬≤0.01；牛乳及乳制品≤0.01；肉、蛋、油≤0.05；鱼和其他水产品≤0.3(其中甲基汞≤0.2)。

(5) 铬：制革废水及处理后的污泥是土壤铬的重要污染源。在污染情况不严重时，粮食作物种子中铬的累积不至于引起食品安全问题。三价铬是人体必需的微量元素，而过量摄入铬会产生毒害。特别是六价铬毒性比三价铬大100倍。畜禽由于生物浓缩作用，含铬往往比植物高，一般不超过0.5 mg/kg。食品中铬允许量尚无规定，研究表明，成年人每日允许摄入铬约为3 mg。

2) 化肥

(1) 硝酸盐的累积：氮肥绝大部分是氨的衍生物，如硝酸铵(NH_4NO_3)、硫酸铵[$(NH_4)_2SO_4$]及尿素[$CO(NH_2)_2$]等。作物可通过根系吸收土壤中的硝酸盐，硝酸根离子进入作物体内后，经作物体内的硝酸酶的作用还原成亚硝态氮，再转化为氨基酸类化合物，以维持作物的正常生理作用。但由于环境条件的限制，作物对硝酸盐的吸收往往不充分，致使大量的硝酸盐蓄积于作物的叶、茎和根中，这种积累对作物本身无害，但却对人畜产生危害。各国都规定了硝酸盐和亚硝酸盐的食品限量标准，世界卫生组织在1973年规定硝酸盐的限量指标为5 mg/kg，亚硝酸盐为0.2 mg/kg。

(2) 化肥中的微量元素：化肥中的微量元素砷、镉、铬、氟、汞、铅、铈和钒等对植物有害的成分，随化肥的施用进入土壤，造成土壤和作物污染。

3) 农药

尽管土壤对农药有一定降解作用，但通过植物对农药的吸收富集，又通过食物链的传递，使农药在动物及人体内残留，最终对生物群落产生伤害或危害作用。六六六(BHC)残留：植物油>肉>鱼>粮谷>蛋>蔬菜。滴滴涕(DDT)残留：植物油>蛋>肉>鱼>粮谷>蔬菜。农药残留经生物富集可产生二次毒性。有些农药在环境中稳定性好，即使降解了，其代谢物也具有与母体相似的毒性，这些农药往往引起整个食物链的生物中毒死亡，产生二次毒性问题。人类处在食物链的最末端，所受农药残留生物富集的危害也最严重。目前，我国规定了在蔬菜、果树、茶叶、中草药材上不得使用和限制使用的农药品种，同时规定，任何农药产品都不得超出农药登记批准的使用范围。

4) 污泥

污泥中含有丰富的氮、磷、钾等植物营养元素，常作肥料，大量使用或利用不当会造成土壤污染，使作物中的有害成分增加，影响其食用安全。污泥中的有害物质主要有病原微生物、重金属和一些人工合成的有机化合物。污泥中的重金属的可溶部分易被作物吸收，造成对作物的不利影响，使作物的数量和质量下降。污泥中还含有一定数量的细菌和寄生虫卵，施用未杀菌的污泥，易污染牧草和蔬菜，并导致疾病的传播。各国对污泥中有害物质的含量均制定了其相应的标准，我国有关部门也在进行污泥施用的标准研究制订工作。

5) 垃圾

垃圾含有大量的有害物质，其中的有机质会腐败、发臭，易滋生蚊蝇；来自医院、屠宰厂、生物制品厂的垃圾常含有各种病原菌，处理不当，会污染土壤、水体及农作物，人们在饮用或食用后会感染疾病。另一方面，垃圾堆肥中含有一部分重金属，施用于农田后会造成土壤污染，使生长在土壤中的农作物籽粒中重金属含量超过食品卫生标准。

6.1.1.4 环境中的持久性有机污染物

持久性有机污染物(Persistent Organic Pollutants，POPs)是一组危害极大的化合物，具有高毒性、生物累积性、持久性和远距离迁移性，不溶于水，但对活生物体的脂肪组织具有亲和力。2000 年 12 月 11 日，122 个国家在瑞典郑重签署 POP 公约，严禁生产、储存、使用“持久性有机污染物”，其中包括了许多种类的环境激素。“环境雌激素”(Environmental Estrogens，EEs)，又名“雌激素类似物”(Estrogen Mimics，Oestrogen Chemicals)或“外源性雌激素”(Xenoestrogens)，属当前全球性环境污染物“内分泌干扰物”(Endocrine Disrupt Chemicals，EDCs 或 Endocrine Disruptors，EDs)中重要的一类，是能增强或阻断动物和人体内雌激素生理效应的一类物质。“环境激素”除了环境雌激素，还包括环境雄激素、环境甲状腺素等。由于目前对环境雌激素研究最多，故“环境雌激素”又常简称为“环境激素”。

1) 多环芳烃

多环芳烃(Polycyclic Aromatic Hydrocarbons，PAHs)为煤、石油、煤焦油、烟草和一些有机化合物的热解或不完全燃烧产生的一系列多环芳烃化合物，广泛存在于空气、水和土壤中，是重要的环境和食品污染物。1979 年，美国环保局(EPA)首先公布 129 种优先监测污染物，其中 PAHs 占 16 种。我国国家环保局也将 7 种 PAHs 列入中国环境优先污染物黑名单，并引起高度重视。

(1) 主要危害：PAHs 大多表现为急性毒性。目前，由动物实验证实的有较强致癌性的多环芳烃有：苯并[a]芘、苯并[a]蒽、苯并[b]荧蒽、二苯并[a，h]芘、二苯并[a，h]蒽等，其中以苯并[a]芘的致癌作用最强。多环芳烃除了有致癌性外，还具有其他毒性，主要是致突变性、生殖毒性、胚胎毒性及致畸性。PAHs 属于脂溶性化合物，可通过呼吸道、消化道、皮肤等被人体吸收，或通过食物链在动物和人体内累积，以脂肪组织中最丰富。PAHs 也可透过乳腺至乳汁内，甚至能够通过胎盘屏障在胎儿组织中检出。

(2) 污染途径：PAHs 主要污染途径包括：

① 有机物加工、废弃、燃烧或使用的场所。例如炼油厂、炼焦厂、橡胶厂和火电厂等排放烟尘的工厂。

② 工农业生产、交通运输和日常生活中大量使用的煤炭、石油、汽油、木柴等不完全燃烧，可产生 PAHs 污染。

③ 熏制食品的木材燃烧时产生的烟和脂肪燃烧时产生的烟含有大量多环芳烃，烟熏时产生的苯并[a]芘直接附着在食品表面，随着保藏时间的延长逐步渗入到食品内部。

④ 食品中的脂类、胆固醇、蛋白质、碳水化合物在很高的烘烤温度(800～1 000℃)下发生热解，经过环化和聚合形成大量的多环芳烃。

⑤ 加工过程中使用含 3,4 -苯并[a]芘的容器、管道、设备、运输材料、包装材料以及含 PAHs 的液态石蜡涂渍的包装纸等均会对食品造成苯并[a]芘的污染。

(3) PAHs 的控制：目前，与安全食品原料生产有关的多环芳烃的控制措施主要有：

① 制定排放标准，限制多环芳烃的排放：工业“三废”及废料处理达标后排放，进而减少对食品的污染。另外，对于用小煤炉取暖的地区，应保证煤的完全燃烧，并制定一些具体的减少 PAHs 排放的方案。

② 控制食品原料源头污染，改进食品加工工艺：熏制、烘干粮食应改进燃烧过程，防止食品原料或食品直接接触炭火；改良食品烟熏剂，使用烟熏洗净器或冷熏液；粮食、油料种子不在柏油路上晾晒，防止沥青污染；机械化生产食品要防止润滑油的污染，或改用食用油作润滑剂。

2) 二恶英

二恶英(dioxin)是 2 组共 210 种氯代含氧三环芳烃类化合物的统称，包括 75 种多氯代二苯并-对-二恶英(polychlorodibenzo-p-dioxins，PCDDs)和 135 种多氯代二苯并呋喃(polychlorodibenzo-furans，PCDFs)。其中以 2,3,7,8 -四氯二苯并-对-二恶英(2,3,7,8 tetrachlorodibenzo-p-dioxin，2,3,7,8 - TCDD 或 TCDD)毒性最强。

(1) 主要危害

二恶英是一类急性毒性物质，它的毒性相当于氰化钾的 1 000 倍以上，被人们称之为“地球上毒性最强的毒物”。国际组织已将其列为一级致癌物。二恶英不仅具有致癌性，而且具有免疫毒性和生殖毒性。二恶英还具有类似人体激素的作用，称为“环境激素”，可造成雄性动物雌性化。如果长期接触二恶英还可造成体内蓄积，影响和危害人体的细胞分裂、组织再生、生长发育、神经系统、新陈代谢和免疫功能等。动物实验研究表明，低剂量时脂肪组织是主要蓄积场所，高剂量时在肝中蓄积。通过肝脏代谢，主要通过胆汁排泄，而尿不是主要排出途径。母体可通过脐静脉或乳汁将二恶英传给胎儿，危害下一代。中国总膳食研究结果指出，我国 PCDD/Fs 的每人每日膳食摄入量为 72.48 mg，按体重折算成每日膳食摄入量为 1.21 pg/kg。

(2) 污染途径

含氯有机化学品、垃圾焚烧和纸浆的氯漂白等是二恶英污染环境的主要来源。人群对二恶英的接触具有不同的途径，可直接通过吸入空气与摄入空气中的颗粒、污染的土壤及皮肤的吸收接触，还可通过职业接触、食物接触和母乳喂养等途径。人体接触的二恶英 90%以上通过膳食，而动物性食品是其主要来源。二恶英极具亲脂性，因而在食物链中可以通过脂质发生转移和生物积累，易蓄积于肉类、蛋黄、乳、乳制品以及动物脂肪中，特别是牛肉。经研究发现，绿藻、水螺和鱼比较容易累积，而陆上动物如果活动区域够大，不局限于受污染区，累积情况则没有水中生物严重。

(3) 二恶英的控制

与安全食品原料生产有关的二恶英污染的主要控制措施有：

① 在动物养殖业产区应该避免使用五氯酚对木材作防腐处理，在过去曾经使用五氯酚钠的血吸虫流行区需要加强监测。

② 建立饲料和食品原料(包括谷物、油脂和添加剂等)中二恶英的监控水平、监测方法和允许限量标准，并定期施行对饲料和食品原料中 PCDD/Fs 污染水平和膳食摄入量的监测。

3）多氯联苯

多氯联苯(Polychlorinated Biphenyls，PCBs)主要来源于垃圾焚烧、含氯工业产品的杂质、纸张漂白以及汽车尾气排放等。通过食物链生物富集，长期储存在哺乳动物脂肪组织内，对生态系统和人类健康造成严重影响。

(1) 主要危害

PCBs对皮肤、肝脏系统、肠胃系统、神经系统、生殖系统和免疫系统的病变甚至癌变都有诱导效应。随食品进入机体内的PCBs，因其耐酸碱和脂溶性的特点，在胃肠不易被破坏，可经消化道吸收。其肝毒性主要表现为恶心、呕吐、黄疸、肝区疼痛、肝细胞变性坏死甚至恶变，有些表现出神经毒和骨毒性。PCBs还具有生殖毒性，导致畸形和癌症的发生。美国科学家发现，如果母亲常年大量食用被PCBs污染的鱼而导致体内多氯联苯积累过多，则所生的孩子智商较低。PCBs还可通过影响内分泌系统间接导致儿童神经行为的改变。欧洲和日本等国家均做出了相应法案禁止PCBs的生产和排放，我国对此也发布了相应的法规，如《含多氯联苯废物污染控制标准》(GB 13015—91)等。

(2) 污染途径

人体暴露多氯联苯的途径有：

① 职业暴露：多氯联苯广泛用作变压器、电容器等电器设备的绝缘油和热载体，用作塑料和橡胶的软化剂以及涂料、油墨添加剂等，在生产和使用过程中均可接触。

② 饮食暴露：PCBs可通过工业“三废”的直接排放、垃圾焚烧、渗漏和大气沉降等方式进入环境，长期、广泛地存在于大气、水体、土壤和动植物中，并经食物链蓄积。高浓度的PCBs主要存在于鱼类、奶制品和脂肪含量高的肉类中，摄取这些被PCBs污染的食物，是人类暴露PCBs的主要途径。

③ 宫内及母乳暴露：蓄积在母体脂肪组织中的PCBs，可经胎盘和乳汁进入胎儿或婴儿体内。

(3) 多氯联苯的控制

① 彻底清除可能的污染源：含PCBs的报废电容器因封存时间过长，已经腐蚀泄露，造成封存地和水体的严重污染。因此，应严格执行国家相关管理规定，科学、彻底地清除PCBs可能的污染源。

② 减少高脂肪动物性食品的摄入：PCBs可通过生物体在食物链中高度富集并具有亲脂性等特点，可在位于食物链中较高层的家畜、禽类等的脂肪组织中长期蓄积。而人类位于食物链的末端，应尽量控制高脂肪动物性食品的摄入。

③ 合理选择食用水产品：被PCBs污染的水体中，脂肪含量较高的鱼类(如大马哈鱼)和贻贝中PCBs的含量较高。因此，食用水产品应遵循以下原则：选择食用小鱼小虾，选择脂肪含量低的品种，最好不要吃鱼内脏、鱼皮和鱼腹等脂肪含量高的部分。

6.1.2 安全食品原料生产与控制

安全食品(Safety Food)是指生产者所生产的产品符合食品消费者对食品安全的需要，并经权威部门认定，在合理食用方式和正常食用量的情况下不会导致对健康损害的食品。目前，我国生产的安全食品广义的包含4个层次，即常规食品、无公害食品、绿色食品和有机食品。其中，后三者为政府、消费者和生产者共同倡导的安全食品，属狭义范畴的安全食品。

常规食品(Conventional Food)是指在一般生态环境和生产条件下生产和加工的产品，经县级以上卫生防疫或质检部门检验，达到了国家食品卫生标准的食品。常规食品是目前最基本的安全食品。常规食品的管理和认证由国家质检系统和国家食品药品监督管理局负责。

安全食品生产对原料产地、原料生产都有严格的要求和标准，执行无公害食品、绿色食品、有机食品等安全生产规范，能够将食品原料的不安全因素控制在最小范围。

6.1.2.1 无公害食品原料的生产与控制

为了从根本上解决我国农产品和食品污染与安全卫生问题，2001 年 4 月，农业部启动了“无公害食品行动计划”，从产地和市场两个环节入手，通过农产品实行“从农田到餐桌”的全程质量安全控制，用 8～10 年的时间，基本实现主要农产品生产和消费的无公害化，基本解决我国农产品的质量安全问题。

1) 无公害食品的概念及特点

无公害食品(Non-Environmental Pollution Food)是指依据无公害食品生产加工技术规程生产，符合无公害食品标准，许可使用无公害食品标志的安全食品。无公害食品的产地必须具备良好的生态环境，生产过程中允许使用限定的化学合成物质，禁止使用对人体和环境造成危害的化学物质。

无公害食品生产全过程监控，产前、产中、产后 3 个生产环节严格把关，实行综合检测，保证各项指标符合标准。根据规定，省农业行政主管部门的农业环境监测机构，对无公害农产品基地环境质量进行监测和评价，并实行抽查、复查和标志有效期制度。由于无公害农产品(食品)在初级生产阶段严格控制化肥、农药用量，禁用高毒及高残留农药，建议施用生物肥料和生物农药，严格控制农用水质，因此生产的食品无异味，口感好，色泽鲜艳，在加工食品过程中无有毒、有害添加成分。品质优，影响力大，价格较同类产品高。

2) 无公害食品原料生产

(1) 农作物：无公害蔬菜、水果、茶叶等主要农产品生产技术规范标准规定了不同农产品的产地环境条件，栽培、施肥和植保技术及收获要求。作物必须选用抗病虫、耐寒、耐热、外观和内在品质好的品种，采用科学管理措施进行种植、栽培、施肥、病虫草害防治、采收和储藏。在生产中合理使用农药，禁止使用甲拌磷、对硫磷、内吸磷、甲胺磷、氧化乐果、克百威、磷化铝、氯化苦、DDT、六六六等高毒、高残留农药。有机肥经堆肥，达到《有机肥卫生标准》后方可使用。

(2) 畜禽养殖：无公害畜禽养殖技术规范主要包括《畜禽用水水质标准》，《畜禽产品加工用水水质标准》，《生猪、肉鸡、蛋鸡、奶牛等动物的兽药使用准则》，《兽医防疫准则》，《饲养饲料准则》和《饲养管理准则》。其中，动物的饲养环境应符合《畜禽场环境质量标准》(NY/T 388)，饲料和饮用水中有害物质的残留限量和微生物的指标应符合《无公害食品畜禽饲料准则》和《水质量标准》。动物疾病以预防为主，治疗为辅。兽药的使用必须符合国家有关规定，严格遵守无公害食品畜禽允许使用兽药的种类、使用方法、用量与停药期，禁止使用麻醉药、镇痛药、镇静剂等药物。

(3) 水产养殖：无公害水产养殖技术规程包括《淡水养殖用水水质标准》，《海水养殖用水水质标准》，《鱼、虾、贝、鳖、鳗鲡和海带等主要水产品养殖技术规范》，《渔用药物使用准则》，《渔用配合饲料标准》，《水产品中渔药残留限量》，《水产品中有毒有害物质限量》等标准。其中，水产养殖场应远离污染源，养殖用水必须符合规定。鱼苗的选择和培育、繁殖、饲养、病害防治均应符合《无公害食品水产养殖技术规范》。渔用饲料应卫生，不得有发霉、生虫、腐败变质及受到石油、农药、有害金属等污染。合理使用渔用药物，严格遵守停药期，严禁使用高毒、高残留或具有“三致”作用的渔药。

3）无公害食品标准

无公害食品产品标准是衡量无公害食品终产品质量的指标尺度。主要包括技术要求（原料要求、感官指标、卫生指标）、试验方法、检验规则、标志、包装、储存和运输要求。无公害食品卫生标准严于国家现行普通食品标准，主要表现在对农药残留、兽药残留、渔药残留、有害元素、添加剂及其他有毒有害污染物的检测项目增多、指标严格。产品标准还规定应在产品包装上标明“无公害食品”标志。此外，为了全面提高我国农产品的安全性，2001 年 10 月国家颁布了无公害食品系列标准，包括《无公害蔬菜安全要求》、《无公害水果安全要求》、《无公害畜禽肉安全要求》、《无公害水产品安全要求》、《无公害蔬菜产地环境要求》、《无公害水果产地环境要求》、《无公害畜禽肉产地环境要求》和《无公害水产品产地环境要求》（GB 18406.1～GB 18406.4，GB/T 18407.1～GB/T18407.4）共 8 项标准。

6.1.2.2 绿色食品原料的生产与控制

自然资源和生态环境是食品生产的基本条件，与生命、资源、环境保护相关的事物国际上通常冠之以“绿色”。为了突出这类食品出自良好的生态环境，无污染、安全、优质、营养，并能给人们带来旺盛的生命活力，将其定名为“绿色食品”。

1）绿色食品的概念及特点

绿色食品（Green Food）是指遵循可持续发展原则，按照绿色食品标准生产，经专门机构认定，许可使用绿色食品标志的无污染、安全、优质、营养类食品。绿色食品分为 A 级和 AA 级。

A 级绿色食品（Grade A Green Food）是指生产地的环境质量符合 NY/T 391 的要求，生产过程中严格按照绿色食品生产资料使用准则和生产操作规程要求，限量使用限定的化学合成生产资料，产品质量符合绿色食品产品标准，经专门机构认定，许可使用 A 级绿色食品标志的产品。

AA 级绿色食品（Grade AA Green Food）是指产地的环境质量符合 NY/T 391 的规定，生产过程中不使用化学合成的肥料、农药、兽药、饲料添加剂、食品添加剂和其他有害于环境和身体健康的物质，按有机农业生产方式生产，产品质量符合绿色食品产品标准，经专门机构认定，许可使用 AA 级绿色食品标志的产品。

“安全、优质、营养”体现的是绿色食品的质量特性。无公害食品是为解决绝大多数人的食品安全问题，绿色食品则是更高标准下的产物。

2）绿色食品原料生产规范

绿色食品生产时，全部或 95%以上（在最终产品中所占比例）的原料必须来自经认证的绿色食品产地。对于进口原料，必须获得中国绿色食品发展中心（China Green Food Development Center，CGFDC）委托的国外有机食品认证机构的认可，才能用于绿色食品的加工。其他非农业来源的原料，如食盐、矿物质和维生素等必须按规定使用。

（1）农作物种植：原料作物在种植、施肥、灌溉、喷药及收获等各生产环节中必须采取无公害控制措施。要求农作物的品种应适合当地的环境条件，种子和种苗必须来自绿色食品产地。肥料的使用必须满足作物对营养素的需要。生产 AA 级绿色食品，禁止使用任何化学合成肥料。生产A级绿色食品，化学合成肥料和化学合成生长调节剂的使用，必须限制在不会对环境和作物质量产生不良后果、不使作物产品有毒物质积累到影响人体健康的限度内。农药的使用必须严格遵守《绿色食品农药使用准则》(NY/T 393—2000)规定。

(2) 畜禽养殖：在畜禽选种、饲养、繁殖、疾病防治等各环节必须遵守畜牧业生产操作规程。畜禽须购自绿色食品畜禽繁育场，特殊情况需经中国绿色食品发展中心(CGFDC)同意后方可购入，并应选择适合当地条件、生长健壮的畜禽作为绿色食品畜禽饲养生产系统的主要品种。饲料原料应来源于无公害地区的草场和种植基地，并符合《饲料卫生标准》(GB 13078)规定，畜禽养殖用水应符合 NY/T 391 的规定。保持饲养场环境卫生，不得使用毒性杀虫剂和消毒药物。必须通过预防措施来保证动物的健康，不得使用各类化学合成激素、化学合成促生长剂及有机磷等抗寄生虫药物。兽药的使用必须遵守《绿色食品兽药使用准则》(NY/T 472—2001)的规定，动物卫生按《绿色食品动物卫生准则》(NY/T 473—2001)的规定执行。

(3) 水产养殖：渔业养殖用水必须达到 NY/T 391 规定的水质标准，鱼虾等水生生物的饵料的固体成分应主要来源于无公害生产基地，合理使用渔药。

3) 绿色食品标准

绿色食品标准由产地环境质量标准、绿色食品生产技术标准、绿色食品产品标准、绿色食品包装标签标准、绿色食品储藏运输标准、绿色食品其他相关标准6个部分构成，对绿色食品产前、产中和产后全过程质量安全控制所涉及的技术和指标作了全面的规定，构成了一个科学、完整的标准体系。绿色食品标准由农业部发布，是国家行业标准，对经认证的绿色食品生产企业来说，是强制性标准，必须严格执行。

绿色食品产品标准由质量标准和卫生标准两部分组成，主要包括了各产品的技术要求(如原料要求、感官要求、品质质量要求、卫生安全要求)、实验方法、检验规则和标志、包装、储存、运输。它虽然与普通食品的国家标准类似，但其安全质量要求高于国家现行普通食品的卫生标准，主要表现在对农药残留、重金属和兽药等有害物质的检测项目种类多、指标严，而且要求使用的主要原料必须来自绿色食品产地，依据绿色食品生产技术操作规程生产出来的产品。其中，A级绿色食品产品的标准必须符合农业部规定的 NY/T 268～NY/T 292 和 NY/T 418～NY/T 437；AA级绿色食品中各种化学合成添加剂不得检出，其他指标应符合A级绿色食品标准。绿色食品最终产品必须由农业部指定的食品监测部门依据绿色食品安全卫生标准监测达到合格后方可进入市场。

6.1.2.3 有机食品原料的生产与控制

有机食品以有机农业生产体系为前提。有机农业是一种按照规定的生产管理体系进行的农产品生产，即在生产中完全不使用人工合成肥料、农药、合成兽药、生长调节剂和饲料添加剂的农业。在有机农业的生产体系中尽可能地依靠作物轮作、机械耕作、含有矿物养分的岩石和生物防治病虫害的方法来保持土壤肥力和耕作性能，以供作物营养并防治病虫害和杂草。有机农业的核心是建立良好的农业生态体系，而有机农业生产体系的建立需要有一个过渡或有机转换过程。

1) 有机食品的概念及特点

有机食品(Organic Food)是指经有机食品颁证机构确认的，符合《有机(天然)食品生产和加工技术规范》要求的一切可食用农副产品，包括粮食产品、蔬菜、水果、畜禽产品、水产品、蜂产品、野生天然食品等及其加工产品。

有机食品比国内通行的绿色食品的环保标准更高，要求原料必须来自有机农业生产体系，生产和加工过程中不能使用任何人工合成的农药、化肥、促生长剂、兽药、添加剂等物质，不采用辐照处理，也不使用基因工程生物及其产品。有机食品为高品质、纯天然、无污染、安全的健康食品，是国际上通行的环保生态食品，已成为发达国家食品消费的主流。

2）有机食品原料生产规范

从事有机农产品生产的基地应在最近3年内未使用过农药、化肥等违禁物质，无水土流失及其他环境问题。

（1）农作物生产：种子或种苗必须来自经认证的有机农业生产基地，未经基因工程技术改造。生产单位需建立长期的土地培肥、植物保护、作物轮作计划。在生产中严禁使用人工合成的化学肥料、污水、污泥和未经堆制的腐败性废弃物。必须采取有效措施防止农产品在收获、清洁、干燥、储存和运输过程中被污染。

（2）畜禽养殖：不得使用任何化学合成兽药与药物添加剂，通常不允许使用人工授精方法繁育后代，严禁使用基因工程技术育种，禁止给畜禽预防接种。

3）有机食品规范

国家环境保护局（NEPA）有机食品发展中心（Organic Food Development Center，OFDC）主要根据国际有机农业运动联合会（International Federation of Organic Agriculture Movement，IFOAM）有机农业和食品加工的基本标准，参考国际有机作物改良协会（Organic Crops Improvement Association，OCIA）及其他国家的有机农业和食品生产、加工标准，结合我国国情制定了《有机（天然）食品生产和加工技术规范》。该规范是我国有机食品生产加工、储运和检测的主要参考标准，也是OFDC颁证的重要依据。

（1）产地环境条件：生产基地应选择在没有污染源的区域，严禁未经处理的工业“三废”、生活垃圾和污水进入有机农业生产用地。进行有机农业生产地区的大气应符合《环境空气质量标准》（GB 3095—1996）一级标准。有机农业的生产用水应符合《有机农业农田灌溉水质量标准》、《有机渔业水质量标准》、《有机畜禽饮用水水质要求》等标准规定。土壤必须耕性良好、无污染，符合《有机农业生产土壤标准》。

（2）生产技术规范：从事有机农产品生产的基地应在最近3年内未使用过农药、化肥等违禁物质，无水土流失及其他环境问题。此外，《有机（天然）农产品生产技术规范》还详细规定了奶制品和蛋类生产、温室产品的生产、蜂产品生产、香菇和蘑菇生产、芽菜生产、野生植物生产等方面的具体标准。

（3）加工技术规范：谷物食品、淀粉及其制品、果蔬制品、肉制品、蛋制品、水产制品、乳与乳制品、食用油脂、食糖、糖果、糕点、蜂产品、茶叶、罐头、饮料、酒、调味品、特殊营养品等有机食品的加工应符合下列基本要求：

① 原料必须来自于已获得有机食品证书的产品或野生无污染的天然产品。已获得有机认证的原料在终端产品中所占的比例不得小于95%。原料加工中严禁使用辐射和石油馏出物。

② 辅佐料允许使用天然的调料、色素和香料等辅助原料，但不得使用人工合成的食品添加剂。

③ 生产加工用水必须符合《有机（天然）食品加工水质量标准》。

④ 加工卫生必须严格按照国家《食品卫生法》的规定，使用符合卫生要求的加工工艺、设备、用具和包装材料。加工设备的布局和加工工艺流程应当科学合理，防止原料与成品、生食品与熟食品交叉污染。不得使用能改变原料成分分子结构或会发生化学变化的处理方法，禁止使用酸或碱水解方法。必须保持车间清洁卫生，所用消毒剂应是无污染的天然物质。

⑤ 包装材料必须安全卫生、简便、实用。包装上的油墨及标签黏合剂应无毒，且不得与食品接触。

(4) 检测技术规范：有机食品的检测与我国食品卫生质量检验的内容及方法大致相同，卫生指标主要执行我国现行食品卫生标准。通常用感官检验、理化检验、微生物检验的方法，检测有机食品的一般成分、有害元素、农药、兽药、食品添加剂、细菌及其他有害物质。

因此，无公害食品、绿色食品和有机食品都具有无公害、无污染、安全、平衡营养等特征。无公害食品、绿色食品、有机食品都属于农产品质量安全范畴，都是农产品质量安全认证体系的组成部分。无公害食品保证人们对食品质量安全最基本的需要，是最基本的市场准入条件；绿色食品达到了发达国家的先进标准，满足人们对食品质量安全更高的需求；有机食品则又是一个更高的层次，是国际通行的概念。无公害食品是绿色食品和有机食品发展的基础，而绿色食品和有机食品是在无公害食品基础上的进一步提高。

思考与练习

1. 在食品原料生产中不安全因素的来源有哪些？主要控制途径和方法是什么？

2. 环境中持久性有机污染物对食品原料的污染途径是什么？如何进行预防和控制？

3. 什么是无公害食品、绿色食品、有机食品？它们对食品原料的要求分别是什么？

6.2 安全畜产食品原料生产与控制

由微生物引起的食源性疾病是影响食品安全的主要因素，而微生物因素引发的食品安全问题在肉、奶、蛋等畜产食品原料及其制品中表现得尤为突出。同时，饲料中的农药、重金属残留，畜禽原料中的兽药、激素、动物生长调节剂、食品添加剂等的违规使用和滥用以及一些人为制假行为也严重威胁着畜产食品的安全。

因此，畜产食品原料的安全性主要取决于食源性致病菌、人兽共患病和兽药残留的控制。

6.2.1 食源性致病菌及其控制

世界卫生组织指出："凡是通过摄入食物而使病原体进入人体，以致人体患感染性或中毒性疾病，统称为食源性疾病(Foodborne Disease)。"食源性疾病包括食物中毒、肠道传染病、人畜共患传染病、肠源性病毒感染以及经肠道感染的寄生虫病等。

畜产食品原料营养丰富，因此极容易被微生物利用，控制不当则会导致食源性致病菌的生长繁殖，产生毒素，引发食物中毒。

6.2.1.1 沙门氏菌

1) 生物学特性

沙门氏菌(Salmonella)，属于肠杆菌科，为革兰氏阴性杆菌，与食品传染有关的细菌对人类和动物都能适应，致病性最强的是猪霍乱沙门氏菌(Salmonella Cholerae)，其次是鼠伤寒沙门氏菌(Salmonella Typhimurium)和肠炎沙门氏菌(Salmonella Enteritidis)。典型的菌种是肠炎沙门氏菌。

沙门氏菌属在外界的生活力较强，其生长繁殖的最适温度为20～30℃，在普通水中虽不易繁殖，但可生存2～3周，在粪便中可生存1～2个月，在土壤中可过冬。水经氯化物处理5 min可杀灭其中的沙门氏菌。相对而言，沙门氏菌属不耐热，55℃、1 h或60℃、15～30 min即可被杀死。此外，由于沙门氏菌属不分解蛋白质，不产生靛基质，污染食物后无感官性状的明显变化，易被忽视而引起食物中毒。

2) 污染途径及主要危害

沙门氏菌常寄生在人类和动物肠道中，可广泛分布于各种畜禽以及鸟类和鼠类的肠腔中，并在动物中广泛传播而感染人群。因此，沙门氏菌常作为进出口食品和其他食品的致病菌的检验指标。食品的污染源可来自被传染的啮齿类动物和昆虫。蟑螂和苍蝇通过接触传播而不是通过传染和排泄物。使用下水道的污物作为肥料也可能导致传染的循环。沙门氏菌主要通过消化道传播，但也有病原菌形成气溶胶通过呼吸道感染的报道。将沙门氏菌带入食物链的重要来源是动物性食品，主要有猪肉、家禽、蛋和蛋制品、乳及乳制品。如果畜禽肉蒸煮加热不当或在冰箱中放置时间过长，都容易发生沙门氏菌感染或中毒。

3) 预防控制措施

(1) 加强对屠宰场所的卫生监督和管理，加强对畜禽胴体卫生检疫，加强食品原料加工、储运和餐饮食品烹调、制备等环节的卫生管理，这是预防沙门氏菌感染和传播疾病的重要手段。

(2) 如果畜禽患有沙门氏菌病，宰前要做好检疫检验。胴体无病变或病变轻微时，高温处理后方可出厂(场)，血液及内脏作化制或销毁；肌肉有显著病变时，化制或销毁。

(3) 不食病死牲畜肉，加工冷荤熟肉一定要做到生熟分开。防止食品从业人员、盛装食品容器等带菌而产生交叉污染。

6.2.1.2 致泻性大肠杆菌及其肠毒素

1) 生物学特性

大肠埃希菌俗称大肠杆菌(Escherichia Coli)，为革兰氏阴性杆菌，是人类和动物肠道正常菌群的主要成员，每克粪便中约含有 10^9 个大肠杆菌。正常情况下，大肠杆菌不致病，分布在小肠的上部，能合成维生素 B 和维生素 K，产生大肠菌素，对机体有利。但是当机体抵抗力下降或大肠杆菌侵入肠外组织或器官时，可作为条件性致病菌而引起肠道外感染，有些血清型可引起肠道感染。引起食物中毒的致病性大肠埃希菌的血清型主要有 $O_{157}:H_7$、$O_{111}:B_4$、$O_{55}:B_5$、$O_{26}:B_6$、$O_{86}:B_7$、$O_{124}:B_{17}$ 等。

2) 污染途径及主要危害

大肠杆菌随粪便排除后广泛分布于自然界，如果在肉类食品中检出大肠杆菌，则表明这些食品直接或间接地被粪便污染，故在卫生学上大肠杆菌常被作为卫生监督的指示菌。

大肠埃希菌感染的传播途径主要是粪—口途径，主要为食源性传播，水源性和接触性传播也是重要的传播途径。牛和猪的带菌是传播大肠杆菌并引起食物中毒的重要原因。大肠杆菌常污染生的或半生的肉、奶、汉堡、果汁、发酵肠、酸奶、蔬菜等。如餐饮从业人员个人卫生不当而带该菌，也可污染食品，甚至引起食品中毒。

3) 预防控制措施

(1) 保证食品原料、加工用水的卫生和生产、加工、销售的安全性。

(2) 存放直接入口的食品要低温冷藏、生熟分开，防止交叉污染。剩余饭菜要彻底加热。

(3) 不吃生食，保持良好的个人卫生习惯，饭前便后要洗手，避免接触性传播。

6.2.1.3 金黄色葡萄球菌

1) 生物学特性

葡萄球菌属微球菌科，为革兰氏阳性兼性厌氧菌，在 60℃、30 min 即可被杀死。可以耐受较低的水分活性(A_w 0.86)，因此能在 10%～15%氯化钠培养基或高糖浓度的食品中繁殖。葡萄球菌的抵抗能力较强，在干燥的环境中可生存数月。其中，金黄色葡萄球菌(Staphylococcus Aureus)是引起食物中毒的常见菌种。

金黄色葡萄球菌对热具有较强的抵抗力，70℃需 1 h 方可灭活。50%以上的金黄色葡萄球菌可产生肠毒素，并且一个菌株能产生两种以上的肠毒素，能产生肠毒素的菌株凝固酶试验常呈阳性。多数金黄色葡萄球菌肠毒素能耐 100℃、30 min 处理，并能抵抗胃肠道中蛋白酶的水解作用。因此，若破坏食物中污染的金黄色葡萄球菌肠毒素需在 100℃加热 2 h。

2) 污染途径及主要危害

葡萄球菌分布非常广泛，在空气、土壤、水中、粪便、污水、饲料及食物中都可存在，污染乳及乳制品、蛋及蛋制品、熟肉制品、冷冻食品、淀粉类食品后，在适宜的条件下可迅速生长繁殖并产生肠毒素，引起食用者发生食物中毒。

3) 预防控制措施

肉和肉制品被金黄色葡萄球菌污染是一种潜在危害，因此，检验肉和肉制品中的金黄色葡萄球菌具有重要的卫生意义。

(1) 从事畜禽宰割以及厨房加工分切的操作人员，应严格避免伤口感染。

(2) 餐饮从业人员也应特别注意个人卫生和操作卫生，凡患有化脓性疾病及上呼吸道炎症者，应禁止其直接从事食品加工和供应工作。

(3) 带奶油的糕点及其他奶制品要低温保藏，冰箱内存放的食品要及时食用。

6.2.1.4 肉毒梭状芽孢杆菌及肉毒毒素

1) 生物学特性

肉毒梭状芽孢杆菌(Clostridium Botulinum)，简称肉毒梭菌，为革兰氏阳性杆菌，在20～25℃可形成椭圆形的芽孢。在适宜的环境条件下可产生肉毒毒素，引起食物中毒。当pH低于4.5或大于9.0时，或当环境温度低于15℃或高于55℃时，肉毒梭菌芽孢不能繁殖，也不能产生毒素。食盐能抑制肉毒梭菌芽孢的形成和毒素的产生，但不能破坏已形成的毒素。提高食品中的酸度也能抑制肉毒梭菌的生长和毒素的形成。肉毒梭菌的芽孢抵抗力强，需经干热180℃、5～15 min，或高压蒸汽121℃、30 min，或湿热100℃、5 h方可致死。肉毒梭菌是引起食物中毒病原菌中对热抵抗力最强的菌种之一，所以，罐头的杀菌效果一般以肉毒梭菌为指示菌。

2) 污染途径及主要危害

肉毒梭菌广泛分布于自然界，特别是土壤深处、江河湖海的淤泥、腐败变质的有机物、霉干草和畜禽粪便中。带菌土壤可污染肉类、蔬菜、鱼类、豆类、乳类等，其中最易污染的是肉和肉制品。被污染的食品原料在家庭自制发酵和罐头食品的生产过程中，加热的温度或压力不足以杀死肉毒梭菌的芽孢，且为肉毒梭菌芽孢的萌发与产生毒素提供了条件，尤其是食品制成后，有不经加热而食用的习惯，更容易引起食物中毒的发生。肉毒毒素是一种神经毒素，是目前已知的化学毒物和生物毒物中毒性最强的一种。

3) 预防控制措施

(1) 做好畜禽宰前检疫检验，确认为肉毒梭菌中毒症的病畜或整个胴体及副产品均作销毁处理。

(2) 对食品原料进行彻底清洁处理，改变肉类的储藏方式或生吃肉类的饮食习惯。食用前对可疑食物进行彻底加热是破坏肉毒毒素、预防中毒发生的可靠措施。

(3) 自制发酵酱类时，盐量要达到14%以上，并提高发酵温度抑制肉毒梭菌产毒。生产罐头食品时，加入硝酸盐或亚硝酸盐可以抑制肉毒梭菌的繁殖。

(4) 加工后的食品应迅速冷却并在低温条件下储存，避免再污染和在较高温度或缺氧条件下存放，以防止毒素产生。

6.2.1.5 单核细胞增生李斯特氏菌

1) 生物学特性

单核细胞增生李斯特氏菌(Listeria Monocytogenes)属于李斯特菌属(Listeria)，为革兰氏阳性杆菌，耐碱不耐酸，在pH 9.6中仍能生长；耐盐，在10% NaCl溶液中可生长。耐冷不耐热，在5℃低温和45℃均可生长，而在5℃低温条件仍能生长是李斯特氏菌的特征，故用冰箱冷藏食品不能抑制李斯特氏菌的繁殖，在冷藏食品中易检出。李斯特菌经58～59℃、10 min可杀死，在－20℃可存活1年；在4℃的20% NaCl中可存活8周。单核细胞增生李斯特氏菌能致病和产生毒素，并可以在血液琼脂上产生β-溶血素。

2) 污染途径及主要危害

李斯特氏菌分布广泛，在土壤、人和动物的粪便、江河水、污水、蔬菜、青贮饲料及多种食品中可分离出该菌，并且它在土壤、污水、粪便、牛乳中存活的时间比沙门氏菌长。容易被污染并引起中毒的食品主要是肉及肉制品、乳及乳制品、水产品、水果和蔬菜等。虽然该菌也存在于植物和蔬菜中，并可污染食品器具和冰箱等，但报道的病例多是因食用动物源性食品而发病的，特别是畜禽的鲜肉、冻肉及肉制品。

3）预防控制措施

（1）按食品卫生有关规定，确诊为被李斯特氏菌感染的患畜的整个胴体、内脏及其副产品，均作销毁处理。

（2）冰箱内（4～10℃）保存的食品，存放时间不宜超过 1 周。在冰箱冷藏的熟肉制品及直接入口的方便食品、牛乳等食用前要彻底加热。

（3）对肉制品、乳制品、凉拌菜及盐腌食品要特别注意，避免李斯特氏菌污染。

6.2.1.6 空肠弯曲菌

1）生物学特性

空肠弯曲菌（Campylobacter）属螺旋菌科，革兰氏阴性弧菌，在 25℃、3.5%NaCl 的培养基中不能生长。该菌微好氧，生长需要少量的氧气（3%～6%）；在水中可存活 5 周，在人或动物排出的粪便中可存活 4 周。空肠弯曲菌在所有的肉食动物粪便中出现的比例都很高，其中以家禽粪便中含量最高。空肠弯曲菌中有一些菌株可以产生热敏型肠毒素，不同菌株的产毒量差别较大。

2）污染途径及主要危害

空肠弯曲菌在猪、牛、羊、狗、猫、鸡、鸭、火鸡和野禽的肠道中广泛存在，是一种重要的肠道致病菌。食品被空肠弯曲菌污染的重要途径是动物粪便，其次是健康带菌者，此外，处理受空肠弯曲菌污染肉类的工具、容器等未经彻底洗刷消毒，亦可交叉污染熟食品。当进食被空肠弯曲菌污染的食品且食用前又未彻底消毒时易发生空肠弯曲菌食物中毒。

3）预防控制措施

（1）养成良好的个人卫生习惯，与动物或动物食品原料及其制品接触后要及时洗手。

（2）对动物性食品要注意储存条件，防止生熟交叉污染。肉类食品要注意烹调方法，煮熟、煮透。牛奶要加热消毒后食用。

6.2.1.7 志贺氏菌

1）生物学特性

志贺氏菌属（Shigella）即通称的痢疾杆菌，是导致典型细菌性痢疾的病原菌，在人体外生活力弱，在 10～37℃水中可生存 20 天，于牛乳、水果、蔬菜中也可生存 1～2 周，粪便中（15～25℃）可生存 10 天。光照下 30 min 可被杀死，加热 58～60℃经 10～30 min即死亡。志贺氏菌耐寒，在冰块中能生存 3 个月。

2）污染途径及主要危害

志贺氏菌携带者的手是污染食品的主要因素。熟食品被志贺氏菌污染后，存放在较高的温度下，经过较长时间，志贺氏菌大量繁殖，食后引起中毒。引起志贺氏菌中毒的食品主要是冷盘和凉拌菜，特别是畜禽肉的凉调。

3）预防控制措施

（1）养成良好的个人卫生习惯，接触直接入口食品之前及便后须彻底用肥皂洗手并消毒。

（2）不吃不干净及腐败变质的食物，不喝生水。不食用在较高温度下存放较长时间的食品，注意将食品彻底加热和食用前再加热。

6.2.1.8 变形杆菌

1）生物学特性

变形杆菌属（Proteus）为肠杆菌科，革兰氏阴性杆菌。变形杆菌食物中毒是我国常见的食物中毒之一，属于腐败菌，一般不致病，需氧或兼性厌氧，其生长繁殖对营养要求不高，在4～7℃即可繁殖，属低温菌。因此，该菌可以在低温储存的食品中繁殖。变形杆菌对热抵抗力不强，加热55℃持续1 h即可将其杀灭。

2）污染途径及主要危害

变形杆菌在自然界分布广泛，在土壤、污水和垃圾中可检测出该菌，亦可寄生于人和动物的肠道，食品受其污染的机会很多。生的肉类食品，尤其动物内脏中变形杆菌带菌率较高。在食品烹调加工过程中，处理生、熟食品的工具、容器未严格分开，被污染的食品工具、容器可污染熟制品。受变形杆菌污染的食品在较高温度下存放较长的时间，细菌大量生长繁殖，食用前未加热或加热不彻底，食后即引起食物中毒。变形杆菌常与其他腐败菌共同污染生的食品，使生食品发生感官上的改变，但熟制品被变形杆菌污染通常无感官性状的变化，极易被忽视而引起中毒。

3）预防控制措施

（1）防止污染、控制繁殖和食用前彻底加热杀灭病原菌是预防变形杆菌食物中毒的3个主要环节。

（2）发现中毒后要立即停止食用可疑食品，注意食品的储藏卫生条件和个人卫生条件，防止食品污染。

6.2.2 人兽共患病及控制

人兽共患病是指由细菌、真菌、立克次体、衣原体、病毒和寄生虫等引起的一类在脊椎动物和人之间自然传播的疾病的总称，它可通过人与患病的动物直接接触，也可经由动物媒介或被污染的空气、水和食物传播。

6.2.2.1 主要畜、禽病毒病

病毒性疾病既可以通过食物和粪便污染，也可以通过衣物、接触、空气等感染。但是，任何食品都可以作为病毒的运载工具，在食品上残存的病毒一旦遇到相应的寄主，病毒就可以在寄主体内繁殖，引起相应的病毒病。因此，人和动物是病毒复制、传播的主要来源。

1）口蹄疫

（1）病原体：口蹄疫（Foot and Mouth Disease），俗称口疮热和流行性口疮，是由口蹄疫病毒所引起的偶蹄动物的急性、发热性、高度接触性传染病，自然条件下，存在于组织和污染的饲料、饲草、皮毛及土壤中的口蹄疫病毒可存活数周至数月，在腌肉中可存活3个月，在骨髓中可存活6个月以上。口蹄疫病毒对外界的抵抗力很强，对高温、酸和碱均比较敏感，阳光直射60 min即可杀死，经70℃、10 min或80℃、1 min或1%NaOH、1 min即被灭活，在pH为3的环境下可失去感染性。

（2）主要危害：口蹄疫病毒主要侵害偶蹄类动物，家畜中牛、羊和猪易感染，一般马不会感染，但会成为口蹄疫病毒的被动载体。家畜感染后发病的主要特征是口腔黏膜、蹄部和乳房皮肤发生水疱和溃疡。人可因接触患病动物或饮用病畜生乳或未经充分消毒的病畜肉或肉制品而染毒发病。世界上许多国家把口蹄疫列为最重要的动物检疫对象，中国把它列为进境动物检疫一类传染病。

(3) 预防控制措施

① 加强卫生防疫，定期对饲养场所进行消毒。饲养员、兽医、屠宰工作者等要注意个人卫生，加强自我防护，避免感染发病。

② 对饲养动物及时有效地给予疫苗接种，一经确诊为患口蹄疫的病畜，应立即对病畜采取消毒、封锁隔离措施，必要时对病畜和同群牲畜予以扑杀销毁，同时做好健康动物和人的预防工作。

③ 加强屠宰前的兽医卫生检疫检验，体温升高的病畜，其内脏和副产品应高温处理；宰后确诊为口蹄疫的患畜，整个胴体、内脏及其副产品均作销毁处理。

2) 疯牛病

(1) 病原体：疯牛病于1985年4月首次在英国发现，主要是因给牛饲喂含痒病或疯牛病病原的骨肉粉所致。据估计，1985～1995年约有70万头潜伏期病牛进入人的食物链。到目前为止，仅英国就有约18万疯牛病病例，在25个欧盟成员中只有4个国家没有发生过疯牛病，疯牛病成为全球性问题。

牛海绵状脑病(Bovine Spongiform Encephalopathy，BSE)，俗称疯牛病(Mad Cow Disease)，是由朊病毒(Prion)引起的一种人兽共患传染病。除BSE外，绵羊痒病(scrapie)是另一种重要的因朊病毒而引起的人兽共患传染病。朊病毒对高温、蛋白酶及其他理化因素均具有较强的抵抗力，对抗生素和消毒剂不敏感，134～138℃持续1 h的病牛脑组织匀浆以及10%福尔马林固定过的病羊脑组织仍有传染性。

(2) 主要危害：朊病毒感染人和动物后潜伏期长达数月至数十年，主要引起脑组织空泡变性、淀粉样蛋白斑块、神经胶质增生等。患病生物死后的小脑和皮层中出现大的液泡。家养动物猫、蹄状动物食用受污染的牛肉后会患疯牛病，除牛以外疯牛病也会传给猪和羊。人类的发病率较低，人类传染朊病毒的途径可能有两种：一种是获得性传染，可通过膳食或医疗如手术注射生长激素和角膜移植而涉及传染物质；另一种是表观遗传的门德尔传输，即正常染色体遗传和显性遗传。目前研究认为，人类的克－雅氏病(variant Creutzfeldt - Jakob disease，vCJD)与食用污染朊病毒的牛肉等病牛产品有关。vCJD主要发生于青年，以经常食用牛肉汉堡的人最易感染，临床表现为焦虑、抑郁、孤僻和其他异常行为，也有患者表现为记忆力障碍、肌肉痉挛和痴呆。

(3) 预防控制措施：流行病学研究表明，用骨肉粉喂牛会导致BSE流行。英国1988年规定禁止使用反刍动物蛋白饲喂反刍动物，1991年又规定不管牛的年龄大小，牛下水都不准用于人类食品，而且疑似动物产的奶必须销毁。瑞士1990年开始禁止使用动物骨肉粉饲喂反刍动物，欧盟1994年规定肉骨粉加工必须使用133℃蒸汽处理，同年，欧盟宣布所有哺乳动物蛋白都不得用作反刍动物饲料。到目前为止，还未发现牛乳是传染源，即发病奶牛的后代没有因吃奶而被感染。2000年10月起欧盟立法要求在欧盟实行凡有可能带来BSE风险的动物机体组织都必须安全弃毁。

3) 禽流感

(1) 病原体：禽流行性感冒(Avian Influenza)，简称禽流感(bird flu)，是一种由A(甲)型流感病毒引起的家禽和野禽的急性、高度致死性传染病，又称真性鸡瘟或欧洲鸡瘟。目前，世界各地的禽流感主要由高致病性的 H_5 和 H_7 两种亚型引起。禽流感病毒对热的抵抗力较低，60℃、10 min 或 70℃、2 min 可降低其毒力，普通消毒剂能很快将其杀死。

(2) 主要危害：鸡和火鸡最易感染禽流感病毒，其他一些野鸟也能感染。家禽及其粪便、尸体是该病毒的主要传染源。人类感染禽流感病毒的途径主要是接触感染，目前尚未发现人由于吃鸡肉和鸡蛋而受到感染的病例。尽管没有足够证据表明禽流感病毒会直接引起人类流感爆发，但是全球已有 27 个国家发现有禽类感染 H_5N_1 型禽流感病毒的病例，并且在 161 名感染该病毒的人类患者中有半数不治身亡。卫生部发布的“人禽流感诊疗方案(2005 年版)”中表明，根据对 H_5N_1 亚型感染病例的调查结果，人禽流感潜伏期一般为 1～3 天，通常在 7 天以内。WHO 指出，目前的 H_5N_1 型病毒株仅能通过禽类传染给人体，但是这种病毒很容易变种，必须防范它与人类的流行感冒病毒株接触进行基因重组，突变出“人传人”的禽流感病毒。

(3) 预防控制措施：禽流感被发现 100 多年来，人类并没有掌握有效的预防和治疗方法，仅能以消毒、隔离、大量宰杀禽畜的方法防止其蔓延。对个人而言，应注重身体健康，增强免疫力，注意环境卫生，避免接触患病的家禽及其排泄物，解剖家禽、家畜及其制品后要彻底洗手，食用禽肉、蛋及其制品之前要高温熟制，以杀灭病毒。

6.2.2.2 主要人兽共患传染病

1) 炭疽病

(1) 病原菌：炭疽病(Anthrax)是由炭疽芽孢杆菌(Bacillus Anthracis)引起的人畜共患的急性、热性、败血性、烈性传染病。炭疽芽孢杆菌为较粗大的革兰氏阳性杆菌，其繁殖体不耐热，55～58℃、10～15 min 即可杀灭，但其形成芽孢后芽孢的抵抗力强，需 140℃、30 min 干热或 100℃、5～10 min 湿热才能杀灭。在空气中大约 6 h 即可形成芽孢，故发现此菌必须在 6 h 内进行处理。附着在土壤、畜禽胴体及其产品上的芽孢可存活数年至数十年，对干燥有很强的抵抗力。

(2) 主要危害：炭疽病一年四季均可发生，夏季易呈高峰期。饲草家畜中羊、牛和马易感染，猪的抵抗力较强。牲畜感染炭疽后，一般潜伏期为 1～5 天。猪多表现为慢性局部炭疽，病变在颈部颌下，宰前一般无症状，临诊特征主要是发生高热，剖检以尸僵不全、血凝不良、皮下和浆膜下结缔组织胶样浸润和脾脏显著肿大等败血症变化为特征。人可通过直接接触病畜(包括尸体、皮、毛)，食用患病动物的肉、乳、蛋及其制品或直接吸入炭疽杆菌的芽孢而感染，人类炭疽病以皮肤炭疽为主，也可发生肺炭疽、肠炭疽和脑炭疽，可发生败血症而死亡。

(3) 预防控制措施：预防人类炭疽病应首先预防动物炭疽病，并加强宣传教育，加强监测和检疫工作，将发病率降到最低水平。

① 饲养和屠宰场所及用具等进行必要的消毒处理，从事畜牧业及其相关工作的人员每年进行预防接种，并采取卫生防护措施。

② 宰前发现炭疽病畜时，采用不放血的方法扑杀，尸体销毁。病畜应整体高温化制或用 2 m 坑加石灰掩埋，病畜一律不准屠宰解体。隔离同群牲畜，并立即用炭疽芽孢疫苗和免疫血清进行预防注射。

③ 屠宰过程中发现可疑病畜应立即停宰送检。确认为病畜的整个胴体、内脏、皮、毛、血、骨等必须作销毁处理。被病畜及其副产品污染的胴体和副产品应作化制处理。怀疑被污染的肉尸、内脏、毛皮及血液应在 6 h 内高温处理后出厂，不能在 6 h 内处理的，须做工业

用或销毁。

2）结核病

（1）病原菌：结核病（Tuberculosis）是由结核杆菌感染引起的慢性传染病。结核杆菌对干燥抵抗力强，在干燥的痰内可生存6～8个月，将带菌的痰置于干燥处310天后接种于豚鼠仍能发生结核。痰内结核杆菌经日光照射20～30 h或紫外线照射10～20 min即可杀灭。该菌不耐湿热，65℃、30 min或70℃、10 min即可死亡。用5%石炭酸或2%来苏儿12～24 h、4%福尔马林12 h、70%酒精1～2 min处理均可杀死结核杆菌。

（2）主要危害：病人和病畜（禽）是主要的传染源，病人和病兽（禽）的痰液、粪尿、乳汁及生殖道分泌物中都有病原菌存在，可通过受污染的环境、空气、饮水、饲料、食物等散播传染。结核病主要由呼吸道和消化道传播，其中以呼吸道传播为主，动物通过被污染的饲料、饮水和乳汁经消化道感染。

（3）预防控制措施

① 预防结核病传播的主要措施是早发现，严隔离，彻底治疗。婴儿普种卡介苗。畜禽结核病的预防重在加强检疫、隔离，加强消毒工作，防止疫病扩散，扑杀病畜病禽。

② 养成良好的饮食卫生习惯，不吃生乳及其制品。

③ 全身性结核且消瘦的病畜全部销毁；不消瘦者将病变部分切除销毁，其余部分经高温处理后食用；个别脏器有结核病变时，局部废弃，肉尸不受限制。

3）布氏杆菌病

（1）病原菌：布鲁氏杆菌病（Brucellosis，简称布氏杆菌病）是由布氏杆菌（Brucella）引起的一种慢性接触性传染病。布氏杆菌的形态为近似球形或短杆状，革兰氏阴性杆菌，对热抵抗力不强，60℃、5 min可杀死，煮沸时立即死亡。但对外界的抵抗力很强，在干燥尘埃中可存活2个月，水中可存活5个月，皮毛中可存活4个月以上，土壤表面能生存20天，牛乳中8天，咸肉中40天以上。耐低温，在冷藏的牛乳中可生存1～2个月。对普通消毒剂敏感，1%～3%石炭酸溶液3 min，2%福尔马林15 min，0.1%升汞液1 h可将其杀死。

（2）主要危害：布氏杆菌病是人畜共患病，为我国《传染病防治法》法定乙类传染病，羊、牛、猪最易感染，其他动物如鹿、骆驼、马、犬、兔、猴、鸡、鸭及一些啮齿动物等都可自然感染。患病动物的肉、乳、皮、毛及其分泌物或排泄物均可成为传播疾病的因子，被布氏杆菌污染的器具或食品也可以成为传染源。

（3）预防控制措施

① 从事动物饲养或宰杀等工作的人员应做好个人防护。饲养动物应按期进行冻干苗预防接种，流产胎儿、胎衣、羊水及阴道分泌物应深埋，被污染的场所及用具应彻底消毒，预防感染的扩散。

② 动物无论宰杀前后，一旦发现布氏杆菌病，其肉与内脏均应经高温处理或盐腌等无害化处理后再食用。

③ 如牲畜生前血清学诊断为阳性，但无临床症状，宰后也未发现病变，其生殖器官与乳房必须废弃，其余不受限制。阉牛、公牛和猪的肉尸和内脏可食用，母牛和母羊的肉尸和内脏必须经高温处理后方可食用。

4）猪链球菌病

（1）病原菌：猪链球菌病（Swine Streptococosis）是由溶血性链球菌引起的人兽共患疾

病。2005 年 7 月 28 日我国农业部颁布的《猪链球菌病应急防治技术规范》指出猪链球菌病是我国规定的二类动物疾病，对高热及一般消毒药抵抗力不强。但在组织或脓汁中的细菌，在干燥条件下可存活数周。

(2) 主要危害：溶血性链球菌广泛存在于自然界，也常存在于正常动物和人的呼吸道、消化道、生殖道等。猪易感染，马、牛、羊、鸡、兔以及一些水生动物也可感染。患病动物及其排泄物、分泌物、血液、内脏器官等都可携带病原体而成为传染源。人可通过直接接触经消化道、呼吸道和损伤的皮肤感染。染病后潜伏期一般为 1～3 天，急性型发病急，病程短，常无任何症状即突然死亡。体温高达 41～43℃，呼吸迫促，多在 24 h 内死于败血症。

(3) 预防控制措施

① 对疫区内的同群健康猪，可使用高敏抗菌药物进行紧急预防性给药，必要时进行紧急免疫接种。参与处理疫情的有关人员，应穿防护服、胶鞋、戴口罩和手套，做好自身防护。

② 猪尸体需要运送时，应使用防漏容器，并在动物防疫监督机构的监督下实施。对所有病死猪、被扑杀猪及可能被污染的猪肉、内脏、骨、血、皮、毛等按照《畜禽病害肉尸及其产品无害化处理规程》(GB 16548)执行；对于猪的排泄物和被污染或可能被污染的饲料等均需进行无害化处理。

6.2.2.3 主要人兽共患寄生虫病

1) 囊尾蚴病

(1) 病原体：囊尾蚴病(Cysticercosis)又称囊虫病，是由绦虫的幼虫所引起的人畜共患寄生虫病。猪囊尾蚴肉眼可见，白色，体长 2～7 cm，半透明的水疱状包囊，包囊一端为乳白色不透明的头结，头结中有吸盘和钩。由于囊虫散在猪肉中似米粒，所以叫“米猪肉”。

(2) 主要危害：猪为囊尾蚴的中间宿主，人是终末宿主。猪囊尾蚴在猪体内的寄生部位以股内侧肌为最多，其次为深腰肌、肩胛肌、咬肌、膈肌和心肌等。轻症病猪无特殊表现，重症病猪表现为肩胛部增宽、臀部隆起、不愿活动、叫声嘶哑等。当人吃了被虫卵污染的食物、生的或未经无害化处理的含囊尾蚴的肉及肉类制品则可患病。囊尾蚴在胃中其囊壁很快被消化，到达小肠后头结外翻，固着于肠壁上，发育为成虫。2～3 个月可随粪便排出孕节和虫卵，成虫在人体可活 25 年以上。猪囊尾蚴可在人体的肌肉、皮下组织、脑、眼、心、舌、口、肺、上唇、脊髓、乳房、子宫、神经鞘及骨等部位寄生。人感染囊尾蚴后，在四肢、颈背部皮下可出现半球形结节，重症病人有肌肉酸痛、疲乏无力和痉挛等表现。当虫体寄生于脑、眼、声带等部位时，常出现神经症状、失明和失音等现象。

(3) 预防控制措施

① 在普查的基础上及时进行驱虫治疗，消灭传染源。管理好厕所、猪圈，控制人畜互相感染。养成良好的个人卫生习惯，饭前便后要洗手。

② 改变不良饮食习惯，不吃生肉，凉调要洗净消毒。烹调时务必将肉煮熟、煮透，杀死肉中的囊尾蚴。菜板和刀要生、熟分开使用。

③ 做好肉类的卫生检验，确诊为囊尾蚴的患畜的整个胴体及副产品均作化制处理；抑或用于工业，严重者可销毁处理。皮张出厂不受限制。

2) 旋毛虫病

(1) 病原体：旋毛虫病(Trichinelliasis)是由旋毛线虫(Trichinella Spiralis)所引起的一种人畜共患寄生虫病。多种动物均可感染，肉用动物中最容易感染的是猪和狗。旋毛虫的包囊对低温的抵抗力强，在－12℃下可保持活力达57天，－15℃下可存活20天，在－21℃可存活8～10天。包囊对热的抵抗力较弱，一般当肉的中心温度达到60℃时5 min即可杀死虫体，但某些加工方法(如熏烤、腌制及曝晒等)不能杀死包囊。

(2) 主要危害：猪、犬、猫、鼠及野生动物都能感染。动物感染后大都有一定耐受力，往往不显症状。人感染旋毛虫多与吃生的或未煮熟的含旋毛虫包囊的猪肉，或食用腌制与烧烤不当的有旋毛虫包囊的肉制品有关。人食用患旋毛虫的畜肉1周左右，出现胃肠炎症状及肌肉疼痛，如果幼虫进入脑、脊髓，可引起脑膜炎样症状，导致死亡。旋毛虫致病力强，感染率高，能形成地方性流行病。

(3) 预防控制措施

① 加强卫生宣教，科学养猪，有条件的组织接种疫苗，预防感染。加强肉品卫生监督管理，严禁未经检疫和检疫不合格的(旋毛虫阳性)肉类上市。

② 改变饮食习惯，不吃生猪肉、狗肉及其他野生动物肉。不吃熏、烧、烤、涮等未熟透的肉类食品。食品用具及容器生熟分开，避免交叉污染。

③ 患畜的整个胴体和内脏作化制处理。皮张出厂不受限制。

3) 弓形虫病

(1) 病原体：弓形虫病(Toxoplasmosis)又称弓形体病，是由刚地弓形虫(Toxoplasma Gondii)所引起的一种人畜共患原虫病。弓形虫是一种原虫，可寄生于人和多种动物中，猫科动物是终寄主，人、猪、家畜及其他啮齿动物为中间寄主。包囊对低温的抵抗力强，冰冻状态下可存活35天，在寄主体内可长时间保存，在猪、犬体内可达7～10个月。卵囊在自然界可长期保存。

(2) 主要危害：猪、牛、羊、兔和禽类等都可感染此病，但以猪最为多见。人可通过直接接触病畜而感染，可通过病畜的肉、乳等经消化道感染，也可通过伤口和呼吸道感染。人的先天性感染多与孕妇妊娠初期感染弓形虫发病有关。弓形虫对母体影响不大，但可引起胎盘感染，并进入胎儿血循环，可导致流产、早产和胎儿先天性畸形。

(3) 预防控制措施：患畜的胴体和内脏须高温处理后出厂(场)，病变严重且机体消瘦者，胴体和内脏作工业用或销毁。皮张出厂不受限制。

6.2.3 兽药残留及其控制

兽药残留(Veterinary Drug Residues)是指给动物使用兽药或饲料添加剂后，药物的原形及其代谢产物可蓄积或储存于动物的细胞、组织、器官或可食性产品(如肉、乳、蛋)中。人类长期摄入含兽药残留的畜产品，药物不断在体内蓄积，当浓度达到一定量后，就会对人体产生毒性作用。

6.2.3.1 几种主要的兽药残留

目前，对人畜危害较大的兽药及药物饲料添加剂主要包括抗生素类、磺胺类、呋喃类、抗寄生虫类和激素类等药物。

(1) 抗生素类(Antibiotics)：用于治疗动物临床疾病的抗生素主要有青霉素类、四环素类、杆菌肽、庆大霉素、链霉素、红霉素、新霉素和林可霉素等。用于预防亚临床疾病即作为饲料添加剂低水平连续饲喂的抗生素主要有盐霉素、马杜霉素、土霉素、黄霉素、金霉素、庆大霉素和泰乐菌素等。抗生素作为饲料添加剂，既可以防病，又具有促进动物生长、提高饲料转化率、提高动物产品品质等作用。因此，抗生素作为饲料添加剂使用非常普遍，在畜产品中存在的残留问题也越来越突显。美国检验结果显示，有 12%肉牛、58%犊牛、23%猪、20%禽肉存在抗生素残留。即使抗生素不再作为饲料添加剂使用，在畜禽的疾病治疗和防治中仍需要使用抗生素。许多国家 50%以上的奶牛有亚临床的乳腺炎，普遍使用抗生素进行治疗，必然会引起牛奶中抗生素残留的问题。

(2) 磺胺类(Sulfanilamides)：磺胺类药物是一类具有广谱抗菌活性的化学合成药物，临床上常用的有磺胺嘧啶、磺胺甲基嘧啶、磺胺二甲嘧啶、磺胺醋酰、菌得清、新诺明等。近 20 年来磺胺类药物残留超标现象十分严重。研究表明，猪肉及其制品最容易发生磺胺类药物残留超标，给猪内服 1%推荐剂量的氨苯磺胺，在休药期后可造成肝脏中药物残留超标；按治疗量给药，进入乳中的浓度为血液浓度的 1/10～1/2。

磺胺类药物大部分以原形态自机体排出，在自然环境中不容易被降解，易通过垫料造成再污染，引起残留超标。磺胺类药物在畜禽体内能够被迅速吸收，在 24 h 内就可以在动物肉、乳、蛋中检测出残留。动物组织中又以猪肉最多，其次为鸡肉和牛肉。如果人摄入超过限量的动物性食品，对人体可产生毒性作用，甚至引起过敏反应和造血系统的反应。

(3) 激素类：激素是由机体某一部分分泌的特种有机物，按照化学结构可分为固醇或类固醇类(如肾上腺皮质激素、雄性激素、雌性激素等)及多肽或多肽衍生物类(如垂体激素、甲状腺素、胰岛素等)；按照来源可分为天然激素和人工激素，人工合成激素往往比天然激素效力更高。

激素在动物的生长过程中起重要作用，能提高动物的新陈代谢，从而使饲料利用率提高并促进动物生长。动物性食品中的激素类药物残留可危及消费者的健康，其中以性激素和甲状腺素类促生长激素对人类健康危害最大，通过食物链进入人体造成生长发育迟缓、出生缺陷、生育缺陷、肿瘤等危害。

在人工合成的激素类药物中有一类化学结构与肾上腺素相似的类激素添加剂物质，是具有同化作用的 β-受体激动剂，称为 β-兴奋剂(β- agonist)。主要包括克伦特罗、息喘宁、来可多巴胺和舒喘宁等 10 余个种类。其中，克伦特罗(Clenbuterol)可以使动物组织重新分布，特别使精瘦肉增加，脂肪减少。盐酸克伦特罗，俗称“瘦肉精”，因其能改善脂肪型动物瘦肉与脂肪的比例，并能加速动物生长，而被广泛添加在动物饲料中应用于畜禽饲养。但这种药物对人、畜有严重的副作用，轻则导致心跳及心律不正常，重则可引发心脏病。国内外均发生过因动物食品中盐酸克伦特罗残留超标而导致的食物中毒事件。盐酸克伦特罗化学性质稳定，172℃才开始分解，普通的烹调方法不能将其破坏。在胃肠道中很快被吸收，并且可以残留在动物体内，对人畜健康造成严重危害。我国农业部于 1997 年 3 月禁止在饲料和畜牧业生产中使用 β-肾上腺素类激素。

(4) 抗寄生虫剂：抗寄生虫剂是指能够杀灭或驱除体内、体外寄生虫的药物，包括驱虫剂和抗球虫剂。驱虫剂的主要用途是驱除寄生于动物体内的蠕虫、蛔虫、吸虫和绦虫等。驱虫剂的种类很多，常用的人工合成的化学药物有：苯并咪唑类，如噻苯咪唑、氧苯咪唑、苯硫咪唑等；吩噻嗪、哌嗪、咪唑并噻唑，如苯硫氨酯、左旋咪唑、甲噻咪唑等。抗球虫剂的主要用途是对幼年动物在感染球虫初期进行防治。人工合成的抗球虫剂有氨丙啉、二甲硫胺、氯苯胍、磺胺喹恶啉等。

抗寄生虫剂的毒性较大，只能作为发病时的治疗药物短期使用，不能长期添加在饲料中作为药物添加剂使用。特别是将呋喃类和磺胺类作为饲料药物添加剂使用，其副作用很大。这些药物如果合理使用，在畜禽屠宰前按规定的休药期停药，则屠宰后肉和内脏中的残留量可忽略；如果长期使用，这些药物就会在动物的肉和内脏中产生残留，对消费者的身体健康构成威胁。

6.2.3.2 兽药残留的主要危害

兽药进入动物体内后，分布在全身各个器官，需要一定的时间才能排出体外。如果没有按照规定对兽药进行合理使用，没有按规定的休药期进行停药，药物就会在动物组织中产生残留，产生一定的危害或潜在的副作用。

(1) 细菌耐药性：细菌耐药性是指有些细菌菌株对通常能抑制其生长繁殖的某种浓度的抗菌药物产生了耐受性。同时也有引起与这些药物接触的内源性菌群中的某一种或几种细菌产生耐药性的危险。例如，青霉素在刚刚进入临床应用时为 10 万单位，而目前临床上使用 80 万单位的肌肉注射剂量进行治疗。

耐药基因不仅在动物细菌之间传递，同时也有可能将动物细菌中的耐药基因传递至人体致病菌或人体内源性菌群。当食用被动物内源性菌群中的细菌污染了的畜产品，则这些细菌或是可以定植于人体，或是可以将耐药基因传递给人体内源性细菌。这样就增加了人体内源性细菌耐药性的程度。已发现长期食用低剂量的抗生素能导致金黄色葡萄球菌耐药菌株的出现，也能引起大肠杆菌耐药菌株的产生。日本、美国、德国、法国和比利时学者研究证明，在乳、肉和动物脏器中都存在耐药菌株。当这些食品(如肉馅、牛肉调味酱等)被人食用后，耐药菌株就可能进入消费者的消化道内。因此，经常食用含药物残留的动物性食品，动物体内的耐药菌株可通过动物性食品传播给人体，当人体发生疾病时，就给临床上感染性疾病的治疗带来一定的困难。

(2) 菌群平衡失调：人体肠道内的某些有益菌群能够抑制其他有害菌群的过度繁殖；某些菌群能合成维生素 B 族和维生素 K 以供机体使用。但是，过多的抗微生物药物的使用会导致这种平衡发生紊乱，造成一些非致病菌的死亡，使菌群的平衡失调，进而导致长期腹泻或维生素缺乏等反应，甚至使人体因某些营养素和活性物质的缺乏而产生生理功能的紊乱，导致疾病的发生。

(3) 残留毒性：人长期摄入含兽药残留的动物性食品后，药物不断在体内累积，当浓度达到一定量后就会对人体产生毒性作用。如磺胺类药物可引起肾损伤，特别是乙酰化磺胺在酸性尿中溶解度降低，析出结晶后损伤肾脏。苯并咪唑类药物可持久地残留于肝内，并对动物具有潜在的致畸性和致突变性。残留于食品中的克球酚、雌激素有致癌作用。因此，长期食用含有这些药物残留的畜禽食品无疑会对人体产生潜在的毒性危害。

(4) 过敏反应：人群中有一些对抗生素易感的个体，即使在残留量非常低的情况下也能产生不耐受性甚至致命的过敏反应。像青霉素、四环素、磺胺类药物及某些氨基糖苷类抗生素，具有一定的抗原性，能刺激机体内抗体的形成，造成过敏反应，短时间内出现血压下降、皮疹、喉头水肿、呼吸困难等症状。严重者可引起休克。青霉素类药物引起的过敏反应，轻者表现为接触性皮炎和皮肤反应，严重者表现为致死的过敏性休克。

(5) 激素的副作用：人长期食用含有低剂量激素类药物的动物性食品，由于累积效应，有可能干扰人体的激素分泌体系和身体的正常机能。类固醇类和 β-兴奋剂类药物在体内不易被破坏，其残留对人体健康危害更大。如导致女性生殖系统癌症，引起儿童性早熟和肥胖症，导致心脏病、高血压、甲亢等疾病。1979 年美国禁止使用己烯雌激酚作为肉牛饲料添加剂，1988 年欧共体禁止在畜牧业生产中使用甾体类激素，我国于 1997 年禁止在饲料和畜牧业生产中使用β-肾上腺素类激素。

6.2.3.3 兽药残留的控制

为控制动物食品兽药残留，必须严格遵守休药期，控制用药剂量，选用残留低、毒性小的药物，并注意用药方法与用药目的一致。我国农业部于1999年9月发布了修订后的《动物性食品中兽药残留最高限量》，规定了上百种兽药残留的最高限量。同时发布了《中华人民共和国动物及动物源食品中兽药残留监控计划》和《官方取样程序》的法规。于2001年颁发了《饲料药物添加剂使用规范》，规定了各种饲料添加剂的种类和休药期。同时，我国也启动了饲料安全工程。

为了控制动物性食品中的兽药残留，可采取的主要措施有：

(1) 按照兽药的使用规范进行科学合理用药：包括合理配伍用药、使用兽用专用药，能用一种药的情况下不用多种药，特殊情况下一般最多不超过3种抗菌药物。

(2) 严格按照规定的休药期进行用药：兽药的休药期指畜禽停止给药到许可屠宰或它们的产品(乳、蛋)许可上市的间隔时间。治疗用药需要凭兽医的处方购买，严格遵守《中华人民共和国兽药典》、国家有关标准和规定的用法、用量和休药期。休药期必须按照国家有关规定执行，如果没有规定休药期的药物要保证28天以上的间隔期。同时，为保证给予动物内服或注射药物后药物在动物组织中残留浓度能降至安全范围，必须严格制定最大残留限量(MRL)。

(3) 加强监督检测工作：兽药残留具有潜在的危害性，一些对药物非常敏感的人群，其危害更严重。因此，肉品检验部门、饲料监督检查部门以及技术监督部门应该加强动物饲料和动物性食品中药物残留的检测，建立并完善分析系统，以保证动物性食品的安全性，提高食品质量，减少因消费动物性食品而引起过敏反应的危险性。同时，还可通过制备高效低毒化学药品和加强对新药物进行安全性毒理学评价进行控制。

(4) 选择合适的食用方式：消费者可通过烹调加工、冷藏等加工方法减少食品中的兽药残留。如WHO估计肉制品中的四环素类兽药残留经加热烹调后，5～10 mg/kg的残留量可减低至1 mg/kg；氯霉素经煮沸30 min后，至少有85%失去活性。

6.2.4 国外安全畜产食品原料生产与控制

畜产食品原料营养丰富，其加工制品的安全性在很大程度上取决于原料的安全性。因此，安全的畜产食品原料的生产备受重视。加拿大等国家在畜产食品原料质量控制领域进行了深入而实用的研究工作，制定了研讨以HACCP为基础的质量操作规范，极大地促进了安全畜产食品原料的生产。以下以加拿大安全原料乳生产为例，介绍国外安全畜产食品原料生产及其质量控制体系。

6.2.4.1 安全原料乳生产体系

加拿大等国在原料乳质量控制领域中进行了深入而实用的研究工作，制定了一套以HACCP为基础的有效的质量安全操作规范，极大地促进了原料乳的发展，并提高了原料乳的质量。

加拿大牛奶生产过程中的质量控制主要包括员工培训，危害性及其来源，牛奶生产设施，水和饲料，动物健康和生物防护，医药、治疗和后遗症预防，挤奶管理，利用乳牛生产牛肉，纠偏措施和肉乳生产纠偏指南等10个部分。以下重点介绍原料乳生产过程中的危害性指标及其控制。

原料乳生产过程中的危害性污染源主要来源于化学污染、生物污染和物理污染，其质量控制通过最佳管理措施(Best Management Practices，BMPs)、危害分析和关键点控制方法(Hazard Analysis and Critical Control Point(HACCP) Approach)、在 HACCP 之内的关键控制点(Critical Control Points (CCPs) within HACCP)和标准的操作程序(Standard Operating Procedures，SOPs)实施。

(1) 最佳管理措施(Best Management Practices，BMPs)：最佳管理措施是被推荐和证明的一系列原则和目的的管理程序，包括食品安全和质量、生产效率、效益和环境的质量，能够帮助预防农场食品安全和质量问题的发生。当被用作预防农场的食品安全和质量问题的控制措施时，最佳管理措施是 HACCP 的基础，是确保质量安全的方法。

(2) 危害分析和关键点控制方法(Hazard Analysis and Critical Control Point(HACCP) Approach)：一个乳品 HACCP 的计划包括对操作的客观而关键的分析，对生产过程中的危害和 CCPs 的评估，实际和可靠的记录保持系统，定时评估最好的管理实践，改进的措施和可提供的选择等内容。危害分析和关键点控制方法的优势表现在以下几个方面：为加工厂和消费者提供一致的优质的牛奶；预防问题比解决问题便宜；减少处罚和降低未经加工的和加工后的产品损耗量；增强加工厂和消费者的信任度；更好的机制对消费者质量安全的要求作出反应；提高生产者和加工者的牛奶和肉的生产效率和技术改进；对管理的更好的控制＝降低生产成本＝提高利润；日常工作标准化；增进牧群健康；减少对环境的影响；出口贸易的质量安全保证。

危害分析和关键点控制方法主要识别食品安全和质量的危害点，在需重点控制的生产环节规定关键控制点(CCPs)，贯彻和执行最好的管理实践防止问题，设置危险的界限以保证每一 CCPs 是在控制下的，为每一 CCPs 建立监控程序，使用发现解决问题的程序和矫正工作来除去或者减少食物安全和质量问题，建立检验程序证明控制程序正在工作，开发一个持续记录系统监控 HACCP 系统的效能。

(3) 危害(Hazard)：是指对食品安全和质量的危害。危害实质上是化学的、生物的或者物理的污染。化学污染，如兽药、杀虫剂残留、清洁剂残留、饲料和化学药品污染饮用水；生物污染，如有害的细菌、寄生虫和其他由有机体引发的疾病；物理污染，如沉淀、尘土、飞虫、毛发、玻璃、牛奶的掺假和肉中的断针。

(4) 关键的控制点(CCPs)：关键的控制点是指在原料奶和肉运出农场前生产过程中的危害食品质量和安全的观察点。忽视或者错误地观察这些危害点或实际情况会导致在最终的食品产品中无法挽救的质量问题。原料乳或原料肉生产过程中确定出了 5 个基本的也是最为重要的 CCPs 为：兽药与其他化学品的使用、牛奶的冷却与存储、设备卫生(清洁)、清洗容器的水的使用和注射用兽药的管理。

监控 CCPs 在 HACCP 系统中是十分重要的。作为监控系统的一部分，记录必须保留。如果 5 个基本的 CCPs 被忽略，那么在奶或肉中不能被挽救的危害有以下几种形式：原料牛奶或者肉中的抗生素不能被除去；如果奶没有被适当地冷却或者存储，或者设备不洁净，都会使奶中的细菌数很高；如果不可饮用的水用于清洗和奶接触的东西，牛奶会被污染；肉中的断针不仅损害肉的品质而且造成对人类健康的损害。

(5) 标准的操作程序(Standard Operating Procedures，SOPs)：如果所有的人员都能够

保证标准化的操作，则可以稳定生产出优质产品。最佳的管理实践是质量保证体系的基础，而建立标准操作过程是一系列的应用BMPs的第一个步骤。一种稳定重复且具有连续性的操作，诸如挤奶，不仅对生产优质的牛奶很重要，而且对生产效率也很重要。

标准的操作过程帮助员工知道哪种牛挤出的奶不能装入大的罐子中以防止奶中的污染物进入罐中，懂得临床检测乳腺炎以帮助处理和预防乳腺炎，会应用良好的挤奶技术以保证每一次都符合操作程序。

SOPs是可接受的并应有规律地更新。雇员需要在一个有规律的基础上被训练和评估，以便保证一致性。

6.2.4.2 原料乳生产过程中的危害及其控制

1）原料乳生产过程中的化学性危害及其控制（表6-2-1）

表6-2-1 原料乳生产过程中的化学性危害及其控制

危害(Hazard)	来源(Source)	最佳管理措施(Best Management Practices)
在牛奶和肉中的畜药残留(CCP 1)	任何畜药的处理	1. 根据国家家畜鉴定(NLID)程序鉴别所有牛 2. 识别所有牛，并保持所有记录 3. 只能使用被认可的兽药 4. 根据标签和/或医嘱使用兽药 5. 建立所有包括产品名称，主要的组成成分和存储位置的畜药或者治疗的列表或者目录 6. 鉴别所有治疗的牛，并且保留对所有治疗的永久的书面的记录 7. 对已经治疗好的家畜要与其他雇员、家庭成员或者有关人员交流 8. 实施SOPs 9. 治疗好的奶畜的挤奶问题 10. 病畜治疗 11. 有如何处理牛奶或者肉被一种家畜化学品或者药品污染的情况的一个书面的计划 12. 关注由于兽药、杀虫剂和有治疗作用的饲料的使用而使奶和肉退回的日期 13. 在装运牛奶之前检测新近产的奶的残渣存留情况 14. 用单独的设备盛装经过治疗的牛的奶 15. 在信息栏张贴治疗信息保证人们挤奶/运输牛时意识到哪些牛被治疗过 16. 在单独的区域或者食橱中存放乳酸盐和干奶期的母牛的药物
	兽药存放在挤奶房间的不适宜地方	1. 在不污染牛奶或者肉的位置用安全的储藏方式存储 2. 以一清洁卫生的方式或根据标签指导存放家畜治疗用具和针
杀虫剂(例如杀虫药剂，杀虫剂，灭鼠剂，杀害鸟剂和除草剂)	1. 溢出或者渗漏 2. 喷雾器的虹吸管进入水井或水线以下 3. 用于田间喷洒的液体渗入水源	1. 遵循适当的溢出clean up过程 2. 测试水并且证实来源 3. 适当地定位处理杀虫剂 4. 使用反向逆流设备

（续表）

危害(Hazard)	来源(Source)	最佳管理措施(Best Management Practices)
	强化饲料和/或饲料添加剂	1. 只使用经认可的药物和饲料添加剂 2. 确保供应商有合法的饲料用药营业执照 3. 仅使用批准的可用于草原或牧草的杀虫剂 4. 兽药的存放方式不能对牛奶、肉和饲料造成污染 5. 在最后期限到达之前，制订方案以便应付经处理过的牛乳在输送或经处理过的牛在输送至屠宰工序时出现的状况 6. 采用推荐的措施处理兽药和化学产品 7. 防止饲料的交叉污染 8. 对选用的饲料成分取样保存 9. 确保饲料生产厂商和供应厂商已实施 HACCP 计划 10. 在饲料箱上做上明显的标志
	1. 在牧场或饲料作物中使用杀虫剂 2. 控制内、外寄生虫的措施 3. 杀虫剂储藏不当 4. 种子的处理	1. 在原来的容器中采用安全可靠的方式储存杀虫剂、处理后的种子或肥料，使其远离家畜通道、饲料储地和奶房 2. 遵循标签说明并注意警告中的“放牧时期”或“收获时期” 3. 只能采用经认可允许在牧场或草场使用的杀虫剂 4. 保证安全杀虫剂所需认证的有效性和适时性 5. 对农场使用的杀虫剂做好记录 6. 对于残余物的危害问题，要与个体农户及整个行业保持长期有效的沟通 7. 在实验室对可疑污染进行全面测试
	挤奶间中使用的杀虫剂	1. 挤奶间要有专用的冷却、储藏设备，并对这些设备进行处理 2. 只能采用经认可的能在挤奶间中使用的杀虫剂
挥发性有机化合物	1. 储存燃料的泄漏 2. 车间/机器的脱落 3. 工业垃圾	1. 制订方案以便知道如何解决水源被污染的问题 2. 如果有可疑泄出物，检验水质并检查水源 3. 采用经核准的方法彻底清理溢出物 4. 无污染储藏 5. 对设备的外包装进行必要的彻底检查和修理(1 次/年或更多)
化学肥料	1. 化肥的滥用 2. 污染物 3. 错误的混合	1. 采用推荐比率 2. 校核所用的设备 3. 耙平多层分布式肥料的每一层 4. 清理溢出物 5. 在原来的容器中采用安全可靠的方式储存和混合化肥，使其远离家畜通道、饲料储地和挤奶设备
木质防腐剂		1. 不采用压缩板做牲口食槽的表面材料、畜舍底板或空余畜舍的平台 2. 储备的饲料不能和压缩板材接触
润滑剂和油	压缩机、真空泵等	1. 对设备进行适当的检修，减少加油量和污垢沉积 2. 如可能，将压缩机、真空泵安装在专用的房间里以和奶房分离
牛奶中的清洗剂	1. 清洗剂的滥用 2. 未经过认可就在奶制品或食品加工设备中采用的产品	1. 用专用清洗剂清洗挤奶间的冷却和储藏设施 2. 在奶房和/或食品加工中只使用经审核的物品 3. 使用批准的可用于挤奶间或/和加工车间的清洗剂 4. 要求业界专家每年检查设备的清洗系统一次 5. 制订方案以保证知道如何解决冲洗用水或洗涤用水被污染的问题

（续表）

危害(Hazard)	来源(Source)	最佳管理措施(Best Management Practices)
	挤奶装备、输奶管道、接收罐和大容积储槽的排出物	1. 检查管道背面的倾斜度，必要时进行调整 2. 检查设备，确保所有的水在挤奶前已排干
	缺少安全阀或安全阀存在故障	1. 安装安全阀和/或检验已有安全阀看其是否能正常运行 2. 添加自动报警器
	挤奶间清洗剂储藏不当	1. 选择对牛奶、肉不引起污染的场所和方式存储 2. 存放在有标记的容器中
	在挤奶前奶头上洗涤剂、奶头消毒水和药膏的清除	1. 乳头的彻底清洗与干燥 2. 准备乳房洗涤剂和奶头消毒水时参照标签说明
异味： 1. 饲料味 2. 苦味 3. 氧化味 4. 腐臭味 5. 药品或消毒剂味 6. 发酵味 7. 不清洁味 8. 牛体味	1. 劣质饲料 2. 清理挤奶设备上的残渣 3. 牛奶的过度搅拌 4. 恶劣的环境	1. 确保饲料摆脱了杂草和其他污染物的污染 2. 提供营养均衡的配给，监控潜在营养物和污染物的所有来源 3. 管理和控制那些能引起风味改变的杂草 4. 在杂草控制规划中确定目标 5. 检查搅拌器的操作 6. 运用正确、卫生的挤奶和清洗程序
汞	不合适的真空计	选用适宜的真空计

2）原料乳生产过程中的生物性危害及其控制（表 6-2-2）

表 6-2-2　原料乳生产过程中的生物性危害及其控制

危害(Hazard)	来源(Source)	最佳管理措施(Best Management Practices)
牛奶中的细菌	污染奶头和乳房的环境细菌来自于牧场、水源、运输地、牛场、畜棚、畜栏、家畜的草垫（如含有废弃的动物垫窝草、污水、淤泥、尘土） (CCP 3，CCP 4)	1. 给奶牛提供清洁的环境（包括不产奶的母牛和小母牛） 2. 每年检测一次细菌总数、渣滓的大肠菌数及总大肠菌数 3. 确保挤奶设备用水符合加拿大饮用水卫生标准 4. 制定草案略述如何解决因细菌引起的水污染问题 5. 农场在得到批准后才能用污水、污泥 6. 使牛远离肥料储室、废品区、泥泞的牧场及地表水 7. 做好动物的管理，管理好肥料和废弃物体使其有利于对牛和乳头的清洗 8. 建立并保持良好的输送地 9. 缩减牧场单位面积放牧的数量 10. 有可供替换的供水设备 11. 保持牛场的清洁 12. 当定期处理牧场的淤泥时，停止放牧 13. 设计合适的畜栏 14. 采用合适的草垫材料并定期更换 15. 屋内通风良好 16. 选择适当的肥料管理体制

(续表)

危害(Hazard)	来源(Source)	最佳管理措施(Best Management Practices)
	饲料污染带来的环境细菌污染	1. 经批准后才能用污水、污泥 2. 保持饲料供应的生化安全 3. 输送地保持适度的肥料、泥土、雨水和垃圾 4. 采取规定的适当比例并回收用污水处理收获的草料 5. 控制可能导致变质的寄生虫 6. 确保喂养设备和方法能将潜在的肥料污染减到最小 7. 在饲料处理及喂养过程中避免使用肥料的处理设备
	设备故障帮助细菌传播 1. 乳头末端真空度波动过大或不规则 2. 真空度过高 3. 设计不合理 4. 牛奶流动受限 5. 弄脏挤奶设备 6. 弄脏管道 7. 挤奶用的罐子松弛	1. 挤奶设备按顺序摆放 2. 要求业界专家每年对挤奶系统评估一次 3. 定时检测乳头末端的真空度 4. 空气进入操作单元和附件中,如进入则清除之以避免真空度波动 5. 有规律的进度以防止有缺陷的真空器失控 6. 选用适当的挤奶设备部件 7. 挤奶设备的清洁 8. 按制造商的推荐更换衬垫和其他橡胶元件 9. 定时重新排列挤奶单元 10. 稳定的真空度
挤奶后的细菌和致病菌的污染	缓慢冷却 (CCP 2)	1. 每次挤奶后检查并记录牛奶的温度 2. 制定草案略述如何解决牛奶冷却及储藏不当 3. 清理操作单元的冷凝器 4. 检查制冷压力 5. 确保冷凝器通风良好 6. 添加预冷凝器
	挤奶设备和盛奶容器拙劣的卫生状况 1. 挤奶设备和盛奶容器内部的脂肪、蛋白质、矿物质及其他物质 2. 感染的动物 (CCP 3,) (CCP 4)	保证牛奶生产线设备处于良好的工作状态 1. 对挤奶设备和盛奶容器每周进行一次检查 2. 保持奶房地面和挤奶、储藏设备外表面的清洁 3. 建立挤奶前和挤奶过程中 SOPs 4. 对挤奶体系的清洁做好标记 5. 使用经核准的洗涤剂 6. 防止牛奶与污染的外表面接触 7. 冲洗用水的温度不适 8. 检测水中的细菌(包括细菌总数、大肠菌总数、排泄物的大肠菌数),1 次/年 9. 每周检查冲洗用水的温度一次 10. 在设备检修时,检查清洗系统的定时器 11. 要求业界专家每年对清洗系统的设备检查一次 12. 对感染的牛进行隔离后再挤奶 13. 丢弃乳房炎乳 14. 检查设备的污染和挤奶套的速率 15. 每次挤奶后,清洗挤奶单元设备、管道、接收罐及大体积储奶罐的表面 16. 检查制冷压力 17. 确保冷凝器通风良好 18. 保持冷凝器散热片的清洁 19. 挤奶前检查并记录大体积储奶罐的温度 20. 添加和/或维修预冷器 21. 要求业界专家每年对冷却系统进行一次评估 22. 检查洗涤剂和酸凝剂

3）原料乳生产过程中的物理性危害及其控制（表 6-2-3）

表 6-2-3　原料乳生产过程中的物理性危害及其控制

危害(Hazard)	来源(Source)	最佳管理措施(Best Management Practices)
蚊蝇，土壤，灰尘，有机酸的残骸，粪便，草垫	乳头和乳房的污染(CCP 3)	1. 严格限制奶牛接近粪便堆放区、粪便排放区、泥泞的牧场和地表水 2. 保证动物的科学管理，粪便和废弃物的管理体系，有利于清洗奶牛及其乳房 3. 彻底地清洁和干燥乳头 4. 建设和保持合适的交通区域面积 5. 保持场院清洁 6. 设计合适的牛棚 7. 选择一种合适的粪便管理体系，包括粪便的排放 8. 通风
	运奶车输送管道的污染(CCPs)	1. 保持车间内的地板和乳品表面及储缸的清洁 2. 应在密闭的室内或带有自动关闭盖屋内安装输送管道 3. 在输送管道的下方直接修砌一个水泥碎石砌成的池子
玻璃	固定光源	1. 当奶被玻璃或外源性材料污染时，应该制定一个简明的书面材料来概述如何处理这种情况 2. 保护固定光源，不要直接安装在储罐入孔的正上方
防止墙皮脱落导致霉菌产生	车间的墙壁和其他物体表面	1. 用耐用的和易清洗的材料黏贴或喷涂于车间的表面(如墙壁、屋顶等) 2. 定期清洗车间表面，保持良好的通风以减少脏物的形成和积聚
昆虫，害虫	挤奶间	1. 控制所有昆虫和害虫所有可能进入的地方(如门、窗、输送管道、排污管道等) 2. 保持车间外部的清洁，便于管理，并且清除所有潜在的蚊蝇繁殖和滋生的区域
牛奶中的水分	1. 储奶罐，管道或大储罐里的水 2. 管道，生产线清洗用水，冷取器用水排放不彻底 3. 乳中掺入的水	1. 彻底排放接受罐 2. 检查管路的倾斜度，如有必要进行调整 3. 彻底排放储罐中的水
乳中的沉淀物(如“黑眼镜”)	1. 乳头罩，爪子和其他附件上应用的老化橡胶 2. 水质	1. 彻底清洗和干燥乳头 2. 当清洗和干燥乳头时分别用单独的毛巾 3. 使用规定的亚氯酸盐消毒 4. 必要时更换旧的装置 5. 按照挤奶设备制造商的要求，更换过滤器前后都要清洗 6. 检测水的酸碱度 7. 剪去乳房周围的毛发(剪掉或烧掉) 8. 正确地安放部件 9. 在安置下一头牛之前彻底清洗部件
肉中的断针	家畜的肌肉或皮下的注射	1. 当被屠宰的动物的肉被断针污染时，要制定一份怎样处理这种情况的书面计划 2. 由兽医去除断针，如果不可能，应通知包装厂或买主 3. 标记并且记录带有断针的注射部位 4. 当进行肌肉和皮下注射时应采用推荐的工具和技术 5. 当进行注射时应保证动物被正确地限制 6. 确保针头被正确地储存 7. 如果药物标签允许，可以采用皮下注射的方法来分配 8. 在脖子部位的肌肉注射优于臀部肌肉注射

尽管发达国家在原料乳的生产和质量控制方法领域中作了深入细致的理论研究，但他们制定的质量控制措施也是便于使用及详尽的，并非高不可攀、遥不可及。只要我国原料乳生产企业和乳品加工企业不断提高对食品安全的认识，认真执行我国相关法律法规，就可以大幅度地提高我国原料乳及其乳制品的质量安全性。

思考与练习

1. 肉、乳及其制品中金黄色葡萄球菌的污染来源有哪些？如何控制？
2. 试分析动物性食品原料安全隐患的种类、分布、污染途径及预防控制措施。

6.3 安全植物类食品原料生产与控制

植物类食品原料不安全因素很复杂，了解其来源、性质，可以为用科学合理的储藏加工方法处理植物类食品原料以确保食品安全奠定基础。

6.3.1 农药残留与控制

6.3.1.1 农药残留对安全食品原料生产的影响

农药残留是指农药使用后残存在生物体、食品(农副产品)和环境中的微量农药、有毒代谢物、降解物和杂质的总称，具有毒理学意义。残存的数量为残留量。当农药过量使用，超过最大残留限量时，将对人畜产生不良影响或通过食物链对生态系统中的生物造成毒害。农药通过大气和饮水进入人体的仅占10%，通过食物进入人体的占90%，农药进入人体将对人体产生急性或慢性毒性。同时，国际贸易中的“绿色贸易壁垒”作为国际贸易非关税壁垒的组成部分，对我国农产品出口造成了很大影响，在欧盟或日本等国大门之外，我国农产品频遭退货或销毁，有的企业甚至被取消欧洲的注册资格，从此很难进入这些国家的市场。目前欧盟、美国、日本是对中国实施技术性贸易壁垒的主要国家和地区，对中国的出口企业造成的损失占总损失的95%，其中采取的主要方式是“提高标准”、“增加检验检疫项目”和“变化技术法规”等。

6.3.1.2 农药污染的途径

农药污染的过程主要有：① 施用农药后对作物或食品的直接污染；② 空气、水、土壤的污染造成动植物体内含有农药残留，从而间接污染食品；③ 来自食物链和生物富集作用，如从水中农药→浮游生物→水产动物→高浓度农药残留食品；④ 运输及储存中由于和农药混放而造成食品污染。

施用农药对植物类食品的直接污染是在施用农药的同时，部分农药黏附在作物的根、茎、叶、果实的表面，另外部分农药还通过植物叶片组织渗透到植株体内，再经过生理作用运转到植物的根、茎、叶、果实等各部分，并在植物体内进行代谢。进入植物体内的农药量取决于：① 农药的种类、性质；② 农药的使用方法，包括施药的次数、施药浓度、施药时间和施药方法(喷雾、泼浇、撒施和拌种等)；③ 植物的种类等。农药的残留随植物的不同种类和同一种类不同部位而不同，一般叶菜类植物的农药残留量高于果菜和根菜类。

农药对食品的间接污染主要是由于农药的施用造成大气、水、土壤的农药污染，使农作物从污染的环境中吸收农药，引起动植物食品中的农药残留。

来自食物链和生物富集作用是农药对食品污染的另一个主要途径，它是指农药残留被生物摄取或通过其他方式吸入后积累于体内而造成农药的高浓度储存，通过食物链转移并经食物链的逐级富集，使进入人体的农药残留数量上万倍地增加，从而严重影响人体健康。

另外，运输和储藏中农药混放也可造成食品农药的污染。

6.3.1.3 危害植物类食品原料安全生产的主要农药

1) 有机氯农药

我国虽然于1983年已停止生产和使用有机氯农药滴滴涕(DDT)和六六六(BHC)，但近年杀虫脒作为杀虫剂和杀螨剂代替滴滴涕和六六六在棉花中大量使用，造成环境和食品污染而影响了食品安全。同时还从蜂蜜中检出了杀虫脒的残留，给我国的蜂蜜出口带来了困难。有机氯农药化学性质很稳定，不易降解，易于在生物体内积蓄。

2）有机磷农药

早期发展的有机磷农药大部分是高效高毒品种，如对硫磷、甲胺磷、内吸磷等；而后逐步发展了许多高效低毒低残留品种，如乐果、敌百虫、马拉硫磷等。直到现在人们还在大量地使用剧毒的有机磷农药。有机磷农药化学性质不稳定，分解快，在作物中残留时间短。使用有机磷农药治虫杀菌而污染食品主要表现在植物性食品中的残留，尤其是含有芳香物质的植物，如水果、蔬菜等最易吸收有机磷，且残留也高。甲胺磷属高毒低残留农药，不允许用在蔬菜上，但由于其急性毒性很强，农民滥施于蔬菜。蔬菜具有从土壤中吸收农药的能力，一般为根菜类＞叶菜类＞果菜类，而植物从土壤中吸收的量又远低于直接喷洒在作物上的量。

3）其他农药

氨基甲酸酯类农药和拟除虫菊酯类农药是当前常用于农业的农药。

（1）氨基甲酸酯类农药：氨基甲酸酯类农药具有高效、低毒、低残留的特点。农业上的氨基甲酸酯类农药可分为两类：一类是N-烷基化合物，用作杀虫剂；另一类是N-芳香基化合物，用作除草剂。氨基甲酸酯类农药和有机磷农药一样也是一种抑制胆碱酯酶的神经毒物，但氨基甲酸酯类和胆碱酯酶作用不形成氨基甲酰酯。它是一种可逆性抑制剂，水解后可复原成酯酶和氨基甲酸酯，因此它的中毒症状消失快，且没有迟发性神经毒性。

氨基甲酸酯类农药在作物上的残留时间一般为4天，在动物的肌肉和脂肪中的明显蓄积时间约为7天，残留量很低。在植物性食品中通常可检出呋喃丹、西维因等氨基甲酸酯类杀虫剂，除了特殊情况外，一般含量均不超过国家标准。

氨基甲酸酯类杀虫剂进入人体内，在胃中酸性条件下可与食物中的亚硝基化合物的前体物质亚硝酸盐反应生成亚硝基化合物，而亚硝基化合物具有致癌作用，因此可以认为氨基甲酸酯类杀虫剂具有致癌、致突变和致畸的可能。

（2）拟除虫菊酯类农药：拟除虫菊酯类农药也是近年发展较快的农药，主要有氰戊菊酯、溴氰菊酯、氯氰菊酯、杀灭菊酯（速灭杀丁）、苄菊酯（敌杀死）和甲醚菊酯等。虽然菊酯类农药是我国代替有机氯农药的主要农药类型之一，这类农药在作物上降解快，然而，对于多次性采收的蔬菜，即使所使用农药的降解半衰期较短，仍有严重污染的危险性。因此要遵守农药安全使用准则，在安全间隔期内采摘，合理食用。

拟除虫菊酯类农药是中枢神经毒剂，不抑制胆碱酯酶。它具有能够改变神经细胞膜钠离子通道的功能，而使神经传导受阻，出现流涎、痉挛、共济失调等症状。

（3）杀菌剂：多菌灵杀菌剂在蔬菜和水果生产中经常使用。在蔬菜中多菌灵杀菌剂使用量少，使用次数少，半衰期短，故一般不存在残留。在水果中使用多菌灵，除了生产加工中杀菌外，还常在水果储存中用作防腐剂使用，特别是在出口中（如柑橘）。

6.3.1.4 降低农药残留的措施

由于使用化学农药造成对水和食品的农药残留的污染，进而通过摄食影响人体健康，这种危害随着人们不断大量使用农药而日趋严重，因此有必要对食品中农药残留进行管理和监督。

对于农业生产来说，要建立健全农药法规，加强对原料作物的生产管理，如严格按照《农药安全使用标准》（GB 4285—89）施药；严格按照安全隔离期进行收获；综合防止病重虫害，减少农药的使用量。

我国制定的第一个农药残留限量(MRL)标准对 119 种常用农药在不同作物和食品中的残留限量制定了标准，截止到 1994 年已正式颁发农药残留限量标准 7 个，包括 20 种农药在各类食品中的 MRL，另外 27 种农药已经由全国食品卫生标准分委员会审议通过，有待发布。

此外还需坚持开展食品安全性的监测工作，加强食品中农药残留量的监督管理。

6.3.2 植物食品原料中天然有毒有害物质

6.3.2.1 甙类

甙是糖分子中的环状半缩醛形式的羟基和非糖类化合物分子中的羟基脱水缩合而成具有环状缩醛结构的化合物。甙类一般味苦，可溶于水及醇中，极易被酸或共同存在于植物中的酶水解，水解的最终产物为糖及甙元。甙元化学结构类型不同，所生成的甙的生理活性也不相同。

1) 芥子甙

(1) 分布及危害：芥子甙(Sinalbin，又称硫代葡萄糖甙)主要存在于十字花科植物，如油菜、野油菜、中国甘蓝、芥菜、白芥、黑芥、萝卜等种子中，是一种阻碍机体生长发育和致甲状腺肿的毒素。甘蓝属植物如油菜、包心菜、菜花、西蓝花和芥菜的可食部分(茎、叶)一般不会引起甲状腺肿，但如果大量食用这类蔬菜则可能引起甲状腺肿。致甲状腺肿物质的前体是黑芥子硫甙(G1ucosino1ates)，在甘蓝植物的可食部分，黑芥子硫甙在葡萄糖硫甙酶的作用下可转化为几种产物，如腈类化合物、吲哚-3-甲醇、异硫氰酸酯、二甲基二硫醚和 5-乙烯基恶唑-2-硫酮，危害人体健康。榨油后的菜籽饼中本身含有无毒的芥子甙，但在潮湿条件下(或遇水后)，经种子本身所含有的芥子酶的作用，将芥子甙水解生成主要有毒成分烯丙基异硫氰酸盐和恶唑烷硫酮。家畜食用有毒的菜籽饼后，可引起甲状腺肿大，导致生物代谢紊乱，阻抑机体生长发育，出现各种中毒症状，严重者可导致死亡。

(2) 预防控制措施

① 高温处理：140～150℃或 70℃加热 1 h 以破坏芥子酶的活性。这是常用的方法，但该法会造成干物质流失，而且处理费用高，易破坏营养成分，产生的废弃物易造成环境污染。

② 微生物发酵法：这是研究较多且比较提倡的方法。通过寻找和培育能够降解芥子甙的菌株(细菌、霉菌或酵母菌)，经发酵破坏芥子甙，而不破坏其营养成分。

③ 选育不含或仅含微量芥子甙的蔬菜品种：有些国家已选育出不含或仅含微量芥子甙的油菜品种。此种油菜的菜籽饼不仅可以直接作为畜禽的精饲料，而且还可作为人类食品的添加剂。

2) 氰甙

(1) 分布及危害：生氰糖甙(Cyanogentic Glycosides)是由氰醇上的羟基和 D-葡萄糖缩合形成的 β-糖甙衍生物，广泛存在于豆科、蔷薇科、稻科等 1 000 余种植物中。生氰糖甙物质可水解生成高毒性的氰氢酸，从而对人体造成危害。在植物氰甙中与食物中毒有关的化合物主要有苦杏仁甙和亚麻苦甙。苦杏仁甙主要存在于果仁中，也存在于苹果、梅、桃、杏的种子中，其中以苦杏仁和苦桃仁中含量最高；而亚麻苦甙主要存在于木薯、亚麻籽及其幼苗以及玉米、高粱、燕麦、水稻等农作物的幼苗中。含有生氰糖甙的食源性植物有苦杏仁、苦桃仁、木薯、枇杷和豆类等。其中，玉米和高粱的幼苗中所含生氰糖甙的毒性较大。

生氰糖甙和β-葡萄糖甙酶处于植物的不同位置，当咀嚼或破碎含生氰糖甙的植物食品时，其细胞结构被破坏，使得β-葡萄糖甙酶释放出来，与生氰糖甙作用产生氰氢酸，这便是食用新鲜植物引起氰氢酸中毒的原因。

苦杏仁甙在酶或酸或热作用下水解，生成葡萄糖、苯甲醛和氢氰酸，反应为：

$$\underset{\text{苦杏仁甙}}{C_{20}H_{27}O_{11}N}+2H_2O \longrightarrow \underset{\text{葡萄糖}}{2C_6H_{12}O_6}+\underset{\text{苯甲醛}}{C_6H_5CHO}+\underset{\text{氢氰酸}}{HCN}$$

一般食用苦杏仁 0.85 g 左右(相当于服用 0.05 g 氢氰酸)就有可能中毒死亡。澳大利亚已将苦杏仁甙在食品中的限量由 50 mg/kg 降至 5 mg/kg。

(2) 预防控制措施：生氰糖甙有较好的水溶性，水浸可去除大部分毒性。氰化物导致的视神经损害通常只见于营养不良人群，如果膳食中有足够的碘，由氰化物引起的甲状腺肿就不会出现；膳食中缺乏硫可导致对氰化物去毒能力的下降，而长期食用蛋白质含量低且氰化物含量较高的食物，会加重硫的缺乏症状。

预防及控制果仁中毒的具体措施有：① 不生食各种核仁，尤其是苦杏仁与苦桃仁。② 用杏仁加工食品时，应反复用水浸泡，炒熟或煮透，充分加热，并敞开锅盖使其充分挥发而除去毒性。勿食用干炒的苦杏仁。③ 杏仁茶是将杏仁磨成浆煮熟而制成的。因其加热可使食物中的氢氰酸充分挥发掉，故杏仁茶不会引起中毒。

预防及控制木薯中毒的具体措施有：① 选用产量高而含亚麻苦甙低的木薯品种，并改良种植方法。② 木薯必须加工去毒后方可食用。在加工木薯时应去皮(亚麻苦甙 90%存在于皮内)。木薯加工方法有切片水浸晒干法(鲜薯去皮、切片、水浸 3～6 天，沥干、晒干)与熟薯水浸法(去皮、切片、水浸 48 h，沥干、蒸熟)，以及干片水浸法(干薯片水浸 3 天，沥干、蒸熟)，去毒效果较好。③ 除严禁生食木薯外，应注意勿喝煮木薯的汤，不空腹食木薯，也不宜一次多食，否则均有中毒的危险。

6.3.2.2 生物碱

存在于食用植物中的生物碱主要是龙葵碱、秋水仙碱及吡啶烷生物碱，在医药中常有独特的药理活性，如镇痛、镇痉、镇静、镇咳、收缩血管、兴奋中枢、兴奋心肌、散瞳和缩瞳等作用。

(1) 龙葵碱(Solanine)：广泛存在于马铃薯、西红柿及茄子等茄科植物中。马铃薯中的龙葵碱主要集中在其芽眼、表皮和绿色部分，其中芽眼部位的龙葵碱数量约占生物碱糖甙总量的 40%。发芽、表皮变青和光照均可使马铃薯中龙葵碱糖甙含量增加数十倍之多，食用了发芽和绿色的马铃薯可引起中毒。

(2) 秋水仙碱(Colchicine)：秋水仙碱是不含杂环的生物碱，主要存在于鲜黄花菜等植物中，为黄花菜致毒的主要化学物质。秋水仙碱为灰黄色针状结晶体，易溶于水，对热稳定，煮沸 10～15 min 可充分破坏。

秋水仙碱本身并无毒性，但当它进入人体并在组织间被氧化后，迅速生成毒性较大的二秋水仙碱，这是一种剧毒物质。对人体胃肠道、泌尿系统具有毒性并产生强烈的刺激作用。采用未经处理的鲜黄花菜煮汤或大锅炒食，食后可引起中毒。

6.3.2.3 毒蛋白

(1) 外源凝集素(Lectins)：外源凝集素又称植物红细胞凝集素(Hemagglutinins)，是植物合成的一类对红细胞有凝聚作用的糖蛋白。外源凝集素广泛存在于800多种植物(主要是豆科植物)的种子和荚果中,其中有许多种是人类重要的食物原料,如大豆、菜豆、刀豆、豌豆、小扁豆、蚕豆和花生等。

外源凝集素80℃数小时不能使之失活,但100℃温度下1 h可破坏其活性。因此,扁豆等豆类中毒常见于加热不彻底(如开水漂烫后做凉拌菜、冷面料等),而炖食一般不会发生中毒现象。当外源凝集素结合人肠道上皮细胞的碳水化合物时,可造成消化道对营养成分吸收能力的下降,从而造成动物营养素缺乏和生长迟缓。外源凝集素还具有凝聚和溶解红细胞的作用。儿童对大豆血球凝集素较敏感,潜伏期为几十分钟至十几小时。

(2) 消化酶抑制剂:许多植物的种子和荚果中存在动物消化酶的抑制剂,如胰蛋白酶抑制剂(Trypsin Inhibitor)、胰凝乳蛋白酶抑制剂(Chrymotrypsin Inhibitor)和α-淀粉酶抑制剂(α-amylase Inhibitor)。这类物质实质上是植物为繁衍后代,防止动物啃食的防御性物质。豆类和谷类是含有消化酶抑制剂最多的食物,其他如马铃薯、茄子、洋葱等也含有此类物质。加热不能彻底钝化豆类蛋白的蛋白酶抑制剂活性,因此,经热处理的含植物蛋白质成品,特别是含植物蛋白配方的婴儿食品也存在安全性问题。豆类中的胰蛋白酶抑制剂和α-淀粉酶抑制剂是营养限制因子,可造成其明显的生长迟缓或停滞。在饮食中含有大量导致胰腺过度分泌的蛋白质,会造成氨基酸的缺乏并伴随生长抑制。

胰蛋白酶抑制剂对热稳定性较高。在80℃加热温度下仍残存80%以上的活性,延长保温时间,并不能降低其活性。采用100℃处理20 min或120℃处理3 min的方法,可使胰蛋白酶抑制剂丧失90%的活性。如此热处理失活条件,在大豆食品加工是完全可以达到的。故食物中大豆胰蛋白酶抑制剂的活性应通过加工工序降低。

6.3.2.4 硝酸盐、亚硝酸盐

在叶类蔬菜(菠菜、小白菜、甜菜叶、萝卜叶、韭菜等)中含有较多的硝酸盐,极少的亚硝酸盐。一般来说,因能主动从土壤中富集硝酸盐,故蔬菜中的硝酸盐高于粮食谷物类,尤以叶菜类蔬菜中含量最高。蔬菜中硝酸盐在硝酸盐还原菌(如大肠杆菌、沙门氏菌、产气荚膜杆菌、枯草杆菌等)的作用下还原为亚硝酸盐,通常有以下几种情况:

(1) 新鲜蔬菜中亚硝酸盐含量相对较少,在储藏过程中一旦开始腐烂,亚硝酸盐含量就显著增高。蔬菜腐烂越严重,其亚硝酸盐含量就越高。

(2) 新腌制的蔬菜,在腌制的2~4天中亚硝酸盐含量增高,在20天后又降至较低水平。变质的腌制菜中亚硝酸盐含量更高。

(3) 烹调后的蔬菜存放过久,在硝酸盐还原菌的作用下,熟菜中的硝酸盐被还原成亚硝酸盐。

亚硝酸盐是强氧化剂,进入血液后,迅速将血液中低铁血红蛋白氧化成高铁血红蛋白,使血红蛋白失去运输氧气的功能,导致机体组织缺氧,出现青紫症状而中毒,严重者可导致死亡。

6.3.2.5 酚类

1) 棉酚

棉籽可以榨油,食用冷榨棉籽油可引起中毒,其毒性决定于游离棉酚的含量。游离棉酚是一种细胞原浆毒,人食入后,由胃肠道吸收,对胃肠道黏膜有强烈的刺激作用,吸收后随血液分布于全身各个器官,损害人体肝、肾、心脏等脏器及中枢神经,还可影响生殖系统的功

能。棉酚的中毒症状主要表现为"烧热病",治疗不及时可引起死亡。

榨油前,必须将棉籽粉碎,经蒸炒加热脱毒后再榨油。榨出的毛油再加碱精炼,则可使棉酚逐渐分解破坏。生产厂家的质检部门应对棉籽油中的游离棉酚进行严格检验,产品符合《食用植物油卫生标准》(GB 2716—1988)规定方可出厂。GB 2716 规定棉籽油中游离棉酚含量不得超过 0.02%,棉酚超标的棉籽油严禁出售和食用。

2) 其他酚类

(1) 白果:白果又名银杏,是我国特产,其肉质外种皮、果仁及绿色的胚中含有有毒成分,主要是白果二酚和白果酸。经皮肤吸收或食入白果的有毒部位后,毒素可进入小肠,经吸收后作用于中枢神经系统,引起中枢神经系统损害和胃肠道症状。严重者因呼吸衰弱、肺水肿或心力衰竭而危及生命。一般儿童食入 10~50 粒白果即可发生中毒。白果中毒的预防措施是采集时避免与种皮接触,不生食白果,熟食也要控制数量,而且要除去果肉中绿色的胚。

(2) 柿子:柿子不仅富含维生素 C,而且还有润肺、清肠、止咳等作用。但是,一次食入量过大尤其是食入未成熟的柿子,容易形成胃柿石。形成胃柿石的原因,一方面是由于柿子中的柿胶酚遇到胃内的酸液后产生凝固而沉淀;另一方面是由于柿子中可溶性收敛剂红鞣质与胃酸结合凝聚结块;另外,柿子中的果胶在胃酸作用下也发生凝固。当空腹或大量食入柿子或与酸性食物(包括药物)同食时,容易发生胃柿石病。当胃酸较高时,有利于胃柿石的形成。

6.3.3 真菌毒素

真菌(Fungi)在自然界中分布广泛,有些真菌会在农作物上生长繁殖或污染食品,使农作物发生病害或使食品发霉变质。霉菌在各种基质中生长时,能够产生有毒的代谢产物——真菌毒素(Mycotoxin),引起人和动物发生各种病害或中毒,称为真菌毒素中毒症(Mycotoxicoses)。

6.3.3.1 真菌毒素

真菌毒素(Mycotoxin)是由真菌产生的具有毒性的二级代谢产物。二级代谢产物指的是由细胞增殖过程中形成的丙酮酸、脂酸、氨基酸等初级代谢产物作为前体物质,进行生物合成的物质。真菌毒素的产生条件与真菌生长繁殖的环境条件密切相关,一般在温度 25~33℃、相对湿度 85%~95%的环境下,最适合真菌的生长繁殖,也最容易形成真菌毒素。

现已经发现了 300 多种化学结构不同的真菌毒素,其中已经被分离出来且证明有毒、化学结构清楚的真菌毒素有 20 多种。引起人类中毒的真菌毒素有两类:一类是霉菌毒素,如黄曲霉毒素;另一类是蕈类毒素,如鹅膏毒素。有毒蕈类在形态上很像食用菌,但误食会出现严重的中毒症状,甚至导致死亡。目前研究较为深入的真菌毒素主要有十几种,排在第一位的是黄曲霉毒素(Aflatoxins,AF),其次为赭曲霉毒素 A(OchratoxinA,OTA)、单端孢霉烯族化合物(Trichothecenes)、玉米赤霉烯酮(Zearalenone,ZEA)、橘霉素(Citrinin)、杂色曲霉素(Sterigmatocystin,ST),展青霉素(Patulin)、圆弧偶氮酸(Cyclopiazonic Acid)等。

真菌毒素的毒害没有传染性和免疫性,但有比较明显的季节性和地区性。根据真菌毒素作用的靶器官或真菌毒素引起的病理现象,可将真菌毒素分为肝脏毒、肾脏毒、神经毒、震颤毒等。肝脏毒主要引起肝硬化、肿瘤、肝细胞坏死等。肾脏毒主要引起肾脏急性或慢性病变,最后完全丧失肾脏的功能。神经毒主要作用于大脑和中枢神经系统,引起严重的出血和神经组织变性。真菌毒素食物中毒的临床表现较为复杂,有急性中毒、慢性中毒以及致癌、致畸和致突变等。

6.3.3.2 几种典型的真菌毒素

1) 曲霉毒素

曲霉广泛分布于土壤、空气、谷物和各类生物中，在适当的条件下易引起食品霉变。有些菌株可产生毒素，严重危害人畜健康。曲霉毒素主要由曲霉属中的黄曲霉、赭曲霉、杂色曲霉和寄生曲霉等产生。其中，黄曲霉毒素是目前研究最早也最为清楚的一类曲霉毒素。

(1) 黄曲霉毒素

① 产毒菌株：黄曲霉菌在有氧、高温（30～33℃）和湿润(89%～90%)的条件下容易生长，并可淘汰其拮抗菌种如青霉菌和镰刀霉菌的生长。黄曲霉毒素的产毒菌株主要是黄曲霉和寄生曲霉。产毒温度报道不一，为 28～32℃或 24～25℃，也有报道在 35℃条件下毒素产量最高的。产毒最适相对湿度为 87%～89%，最低为 80%。产毒一般为酸性条件，pH 4.7或 pH 4.0 左右。好氧。微量元素锌促进产毒，铜降低，钡抑制。

② 主要特性及危害：已确定的黄曲霉毒素有十几种，在紫外光下产生蓝紫色荧光的为 AFB_1 和 AFB_2，产生黄绿色荧光的为 AFG_1 和 AFG_2。其中以 AFB_1 的毒性最强。给奶牛饲喂含黄曲霉毒素 B_1 的饲料时，可在牛奶中检出黄曲霉毒素 M_1（M_1 首先在牛奶中发现，故称 M_1）。AFM_1 和 AFM_2 是 AFB_1 和 AFB_2 的羟基化衍生物，AFM_1 的毒性和致癌性比 AFB_1 低一个数量级。

黄曲霉毒素在中性和不太强的酸性条件下比较稳定，在较强的碱性条件下迅速分解(pH 9～10)，在紫外线辐射时容易降解。耐高温，268～269℃高温条件下才能被破坏，280℃下裂解，故通常的烹调加热条件下不易被破坏。

AF 按毒性级别分类，属于超剧毒级，其毒性是氰化钾的 10 倍，是砒霜的 68 倍。具有致突变性、致癌和致畸性。1993 年，世界卫生组织(WHO)的癌症研究将黄曲霉毒素划定为一类致癌物。AF 的衍生物 AFB_1 是目前所发现的天然致癌物质中最强烈的一种，有些国家和地区主要以 AFB_1 作为污染指标。

③ 污染途径及控制标准：黄曲霉毒素主要污染粮油原料及其制品，如花生、玉米、大米、小麦、大麦、木薯、甘薯、芝麻、大豆、豌豆、棉籽等。其中玉米的阳性检出率为 3.2%～94%，黄曲霉毒素含量为 0.18～12.5 mg/kg；花生的阳性检出率为 6.2%～97.5%，黄曲霉毒素含量为 3.3～10 mg/kg。我国南方高温高湿地区一些粮油及其制品易受污染，而华北、东北及西北地区除个别样品外，一般检不出黄曲霉毒素。一般而言，如果食物和食物原料的储存条件足够潮湿，允许黄曲霉生长但又并不足以潮湿到使其他生物生长时，都有可能产生黄曲霉毒素。

联合国粮农组织(FAO)和世界卫生组织(WHO)推荐食品、饲料中黄曲霉毒素最大允许量标准为总量($AFB_1+AFB_2+AFG_1+AFG_2$)小于 15 μg/kg，玉米和花生制品的黄曲霉毒素(以 AFB_1 表示)最大允许含量为 15 μg/kg，牛奶中 AFM_1 的最大允许量为 0.5 μg/kg。美国食品药品管理局(FDA)颁布的黄曲霉毒素最大允许标准为食品中黄曲霉毒素总量($AFB_1+AFB_2+AFG_1+AFG_2$)小于 20 μg/kg，牛奶中黄曲霉毒素 AFM_1 最高限量为 0.5 μg/kg，其他动物性原料中的黄曲霉毒素最大允许含量为 100 μg/kg，超标的污染食物和原料产品将被没收和销毁。欧盟国家规定，要求人类生活消费品中 AFB_1 的含量不能超过 2 μg/kg，总量($AFB_1+AFB_2+AFG_1+AFG_2$)不能超过 4 μg/kg，牛奶和奶制品中 AFM_1 的含量不能超过 0.05 μg/kg。我国食品中黄曲霉毒素的允许量标准如表 6-3-1 所示。

表 6-3-1　我国食品中黄曲霉毒素的最大允许量标准

食品种类	AFB_1 的允许量标准(μg/kg)
玉米	20
花生及制品	20
大米	10
食用油(花生油除外)	10
其他粮食豆类及发酵食品	5
婴儿代乳食品	不得检出

(2) 赭曲霉毒素

① 产毒菌株：赭曲霉毒素(Ochratoxin)是曲霉属和青霉属的一些菌株的二次代谢产物，产毒菌株有赭曲霉(Aspergillus Ochraceus)、硫色曲霉(Aspergillus Sulphureus)、鲜绿青霉(Penicillium Viridicatum)等。污染粮食的产毒菌株在 28℃ 下产生的赭曲霉毒素 A(OTA)含量最高，而温度低于 15℃或高于 37℃时产生的 OTA 极低。

② 主要特性及危害：赭曲霉毒素包含 7 种结构类似的化合物，其中以赭曲霉毒素 A(OTA)的毒性最强，一般的烹调和加工方法只能破坏部分。OTA 在乙醇中置冰箱避光可保存 1 年。

赭曲霉毒素的急性毒性较强，主要对肾产生危害，造成肾肿大。当浓度超过 5 mg/kg 时，会对肝脏组织和肠产生破坏，引起肠炎、肝肿大等。虽然已发现赭曲霉毒素具有致畸性，但到目前为止未发现其具有致癌和致突变作用。OTA 也是一种具有免疫抑制和神经毒性的物质。

③ 污染途径及控制标准：赭曲霉毒素的污染范围较广，在发热霉变的粮食和饲料中均可检测到赭曲霉毒素，主要是 OTA。赭曲霉毒素主要污染玉米、小麦、大麦、燕麦、大豆、花生、火腿、柠檬类水果等。

1995 年，FAO/WHO 食品添加剂联合专家委员会(JECFA)在其第 44 次会议上重新确定了第 37 次会议上制定的 OTA 的每周暂定耐受摄入量(PTWI)为 100 ng/kg，相当于每日 14 ng/kg。我国《粮食卫生标准》(GB 2715—2005)规定 OTA 在谷类、豆类中的限量为5 μg/kg。

(3) 杂色曲霉毒素

① 产毒菌种：杂色曲霉毒素(Sterigmatocystin，ST)主要由杂色曲霉(Aspergillus Versicolor)和构巢曲霉(Aspergillus Nidulans)、寄生曲霉(Aspergillus Parasiticus)、黄曲霉(Aspergillus Flavus)等真菌产生。感染了杂色曲霉的玉米在 27℃ 的环境下，21 天即可产生 12 g/kg以上的杂色曲霉毒素。

② 主要特性及危害：ST 急性毒性不强，但有较强的致癌性，强的致畸和致突变性。更为重要的是 ST 经 O-甲基转移酶Ⅱ催化转变成 OMST，OMST 又可转变成毒性和致癌性更强的黄曲霉毒素 B_1 和黄曲霉毒素 G_2。因此 ST 作为黄曲霉毒素的合成前提，给人畜健康造成更为严重的威胁。

③ 污染途径：杂色曲霉毒素主要污染小麦、玉米、大米、花生、大豆等粮食作物、食品和饲料。我国对胃癌高发地区粮食中 ST 污染水平的研究结果表明，小麦污染最重，玉米次之，大米较轻；在同一地区，原粮中 ST 的污染水平远高于成品粮。不同粮食品种之间 ST 的水平为：杂粮和饲料＞小麦＞稻谷＞玉米＞面粉＞大米。

2）镰孢菌毒素

镰孢菌毒素是真菌毒素的一大类，是主要由镰孢菌属(Fusarium)产毒菌株产生的非蛋白质和非甾类的次生代谢产物。主要有玉米赤霉烯酮等毒素。

(1) 产毒菌种：玉米赤霉烯酮(Zearalenone,ZEA)首先是从赤霉病玉米中分离得到的。镰孢菌种在玉米上生长繁殖一般需要22%～25%的湿度。在湿度为45%、温度为24～27℃下培养7天或12～14℃下培养4～6周，ZEA的产量最高。是温带地区重要的真菌毒素。

(2) 主要特性及危害：ZEA是一种雷锁酸内酯，非固醇类、具有雌性激素性质的真菌毒素，主要作用于生殖系统，母猪特别是小母猪对该毒素最敏感，人误食含一定量的ZEA的食品后会对怀孕、排卵及胎儿的发育造成影响。目前，未见ZEA引起人类中毒或疾病的报道。根据人类致癌性标准，确定ZEA不属于人类致癌物。

(3) 污染途径及控制标准：玉米赤霉烯酮毒素主要污染玉米。此外，高粱、大麦、小麦、燕麦、稻谷、蚕豆、甘薯、甜菜、芝麻、小米和大米等也可被污染。潮湿、虫害及储存条件控制不当均可诱发玉米赤霉烯酮的产生，收获后仍处于潮湿状态的玉米最易受污染。

JECFA第53次会议提出ZEA的PMTDI为0.5 μg/kg，委员会建议ZEA及其代谢物的总量摄入量不得超过该值。目前许多国家都制定了ZEA的限量标准，奥地利规定小麦、硬质小麦和裸麦中ZEA不得超过60 μg/kg。我国《粮食卫生标准》(GB 2715—2005)规定，小麦、玉米中ZEA的限量为60 μg/kg。

3）青霉毒素

青霉毒素主要有橘青霉素(Citrinin)、展青霉素(Patulin)、黄天精(Luteoskyrin)和黄绿青霉素(Citreoviridin)等。

(1) 展青霉素

① 产毒菌种：展青霉毒素(Patulin)，又叫棒曲霉毒素和珊瑚青霉毒素，是由主要产毒菌种包括曲霉属和青霉属的棒曲霉(Aspergillus Clavatus)、扩展青霉(Pencillium Expansum)、展青霉、曲青霉等代谢产生的一种免疫抑制剂。

② 主要特性及危害：展青霉素的化学名称为4-羟基-4H-呋[3,2c]吡喃-2(6H)-酮[4-hydroxy-4H-furo[3,2c]pyran-2(6H)-one]，在酸性环境中展青霉素非常稳定，在碱性条件下则丧失活性，在加工过程中不被破坏。

最初的实验发现展青霉素是一种广谱抗生素，可以抑制70多种革兰氏阳性、阴性细菌，还可抑制典型真菌、原生生物和各种细胞培养物的生长。但后来发现展青霉素对实验动物(如小鼠、大鼠、猫、家兔等)具有较强的毒性，能诱发实验动物肿瘤，对消化系统和皮肤组织具有损害作用，不能作为药物用于临床。致畸实验表明，展青霉素对大鼠和小鼠没有致畸作用，但对鸡胚具有致畸作用。致癌实验发现展青霉素具有致癌性。

③ 污染途径及控制标准：展青霉素的产毒菌株在21℃和A_w为0.81左右的条件下生成毒素最多。展青霉素主要污染水果(如苹果、香蕉、梨、菠萝、葡萄)和谷物(如大麦、小麦)以及其他多种食品(如面包、香肠)，但主要来源于腐烂苹果或用霉变苹果加工的苹果汁及苹果酒。

JECFA第35次会议第一次评价了展青霉素，根据生殖毒性、长期毒性、致癌性研究确定其无作用剂量为0.1 mg/(kg·d)，提出每周暂定允许摄入量(PTWI)为7 μg/kg。第44次会议再次评价了展青霉素，根据大鼠两年喂养试验确定了无作用剂量为43 μg/(kg·d)，提出每日暂定允许摄入量(PMTDI)为0.4 μg/kg。

(2) 岛青霉素和黄天精

① 产毒菌株：岛青霉(Penicillium Islandicum)除产生岛青霉素(Islandicin)外，还可产生环氯素(Cyclochlorotin)、黄天精(Luteoskyrin)和红天精(Erythroskyrin)等多种霉菌毒素。稻谷在收获后如未及时脱粒干燥就堆放很容易引起发霉。发霉谷物脱粒后即形成“黄变米”或“沤黄米”，这主要是由于岛青霉污染所致。黄天精曾被称为黄变米毒素。

② 主要特性及危害：黄天精分子式为 $C_{30}H_{22}O_{12}$。岛青霉素和黄天精均有较强的致癌活性，其中黄天精的结构和黄曲霉毒素相似，毒性和致癌活性也与黄曲霉毒素相当。流行病学调查发现，肝癌发病率和居民过多食用霉变的大米有关。吃黄变米的人会引起中毒(肝坏死和肝昏迷)和肝硬化。

③ 污染途径：岛青霉素和黄天精主要污染稻谷。稻谷在收获后如不及时脱粒干燥就堆放很容易引起发霉即形成“黄变米”或“沤黄米”，黄变米在我国南方、日本和其他热带和亚热带地区比较普遍。

6.3.3.3 真菌毒素的预防和控制措施

虽然真菌毒素可以污染水果、蔬菜，甚至乳及乳制品，但人体摄入的大部分真菌毒素均来源于谷物。目前，在谷物收获前完全去除农作物中的真菌毒素还没有十分可靠的方法，故需要在收获前、收获期和储存期采取综合的预防和控制措施，减少真菌毒素对谷物的污染，降低真菌毒素对人畜健康的危害。食品被污染后再采取去毒和控制措施，势必造成很大的难度，同时也造成巨大的经济损失。因此，控制食品原料中的真菌毒素污染是最为关键的。

(1) 谷物收获前真菌毒素的预防和控制：谷物收获前必须加强管理，建立和维持轮作制度。种植新作物前，应尽量将陈谷穗、根和其他残留物犁到地下或清除掉。尽可能用抗真菌和抗昆虫的农作物品种。种子发芽和成熟时应避免高温和干旱。对不同的作物分别按各自推荐的行距和株距播种，避免密植。灌溉时应保证均匀，避免在扬花期和成熟期进行灌溉。

(2) 谷物收获期真菌毒素的预防和控制：收获期间的管理要注意收获的时间、温度及湿度，防止其他污染物的污染。收获时尽可能避免谷物的机械损伤和土壤污染。新收获的谷物必须将破损粒挑掉，去除部分感染病粒。收获后的谷物应立即测定其水分含量并尽快干燥，使水分达到可储存的推荐含量。经干燥的谷物应运往另外的仓库储存。

(3) 谷物储存期真菌毒素的预防和控制：储存设备应包括干燥和通风良好的设施。储存设备应能防雨、防地下水渗漏以及防止啮齿动物和鸟类进入，并尽量减少温度的波动。如有可能，在整个储存区用连续循环气体给谷物通风，以维持适宜的温度和湿度。当空气湿度大于 70%时应避免通风。对储存设备和运输设备可用化学药剂杀虫和灭鼠，但必须保证不对谷物及终端产品造成危害。

思考与练习

1. 农药污染途径有哪些？

2. 危害植物类食品原料安全生产的农药主要有哪些种类？生产中如何降低农药的残留量？

3. 食用发芽马铃薯引起食物中毒的原因是什么？如何预防？

4. 黄曲霉毒素污染谷物的主要途径是什么？脱毒方法有哪些？

5. 食用大豆及其制品的不安全因素有哪些？预防和控制措施是什么？

6.4 安全水产食品原料生产与控制

了解水产食品原料中的有毒有害物质的来源、分布和主要特性，有利于采取有效控制和相应加工措施，减少危害。

6.4.1 海洋鱼类的毒素

6.4.1.1 河豚毒素

河豚毒素(Tetrodotoxin)首先得之于河豚鱼(Fugu Rubripe)。河豚鱼是味道鲜美但含有剧毒的鱼类，造成河豚鱼中毒的原因主要是未能识别出河豚鱼而误食，由河豚中毒引起的死亡人数占由食物中毒引起的总死亡人数的60%～70%。

(1) 来源及分布：河脉毒素多存在于河豚鱼、海洋翻车鱼、斑节虾虎鱼和豪猪鱼等多种豚科鱼类，毒素的浓度由高到低依次为卵巢、鱼卵、肝脏、肾脏、眼睛和皮肤，而肌肉和血液中含量较少。

(2) 特性及危害：河豚毒素是一种生物碱类天然毒素，在低 pH 时较稳定，碱性条件下河豚毒素易于降解，在4%的 NaOH 溶液中 20 min 可以完全破坏。河豚毒素对热稳定，于100℃ 温度下处理 24 h 或于 120℃温度下处理 20～60 min 方可使毒素完全受到破坏；经高温烧烤、蒸煮仅能破坏极少量毒素；在低温冻结、紫外线照射、消化酶作用下不发生任何变化；盐腌和热晒均不能破坏河豚毒素。

河豚毒素的毒性很强，主要作用于神经系统，抑制呼吸，引起呼吸肌和血管神经麻痹，对胃、肠道也有局部刺激作用。河豚毒素的毒性比氰化钠强 1 000 倍。河豚毒素对小鼠的经口 LD_{50}为 8.7 μg/kg，对人的经口最小致死量为 40 μg/kg。河豚鱼中毒的特点是发病急剧而剧烈，潜伏期在 10 min～3 h，一般发生在进食后的 30～60 min 内(偶尔会更早)，死亡通常发生在发病 4～6 h 之间。

(3) 预防与控制

① 大力开展宣传教育，加强监督管理。水产品收购、加工、供销等部门应严格把关，禁止鲜河豚进入市场或混进其他水产品中。我国《水产品卫生管理办法》中严禁餐馆将河豚鱼作为菜肴经营，也不得流入市场销售。卫生部于 1997 年 1 月 29 日又发出通知，餐饮店禁售河豚鱼菜肴，要求各地卫生部门严格把住河豚鱼的供货源头。

② 新鲜河豚鱼必须统一收购，集中加工。加工时应去净内脏、皮、头，洗净血污，制成干制品，或制成罐头，经鉴定合格后方可食用。食用河豚时最好是在政府准许开业的河豚料理专门店食用。

③ 新鲜河豚去掉内脏、头和皮后，肌肉经反复冲洗，加入 2%碳酸钠处理 24 h，然后用清水洗净，可使其毒性降至对人体无害的程度。

6.4.1.2 鲭鱼中毒(组胺中毒)

(1) 来源及分布：莫根氏变形杆菌、组胺无色杆菌、埃希氏大肠杆菌、沙门氏菌、链球菌和葡萄球菌等富含组氨酸脱羧酶的细菌污染鱼类后，可以使鱼肉中游离的组氨酸脱掉羧基，形成组胺。组胺为强生物活性物质，摄入后使机体发生中毒，是食品中较为重要的不安全因素。在海产品中，鲭鱼亚目(Scobroid)的鱼类(如青花鱼、金枪鱼、蓝鱼和飞鱼等)在捕获后易产生组胺，由于这类海产鱼皮青肉红，故又称这些鱼类为青皮红肉鱼类，称这些鱼类中毒为鲭鱼(Scombriod)中毒。其他鱼类如沙丁鱼、凤尾鱼和鲱鱼中毒也与组胺有关。青花鱼、金枪鱼、沙丁鱼等鱼类在37℃放置96 h即可产生1.6～3.2 mg/g的组胺，在同样的情况下鲈鱼可产生0.2 mg/g的组胺，而鲤鱼、鲫鱼和鳝鱼等淡水鱼类产生的组胺更少，仅为1.2～1.6 mg/kg。故淡水鱼类与组胺中毒关系不大。

(2) 特性及危害：鲭鱼中毒是一种过敏性食物中毒，主要是人体对组胺的过敏反应所致，通常表现为面部、胸部或全身潮红，头痛、头晕、胸闷、呼吸急促，愈后良好，一般没有后遗症，死亡也很少发生。组胺在鱼中的浓度可达到5 mg/g而不会出现异味，故很难被察觉。目前，我国和日本食品中组胺的最大允许含量为1 mg/g，一般引起人体中毒的组胺摄入量为1.5 mg/kg。

(3) 预防与控制：在温度15～37℃，有氧，中性或弱酸性(pH 6.0～6.2)，渗透压不高(盐分3%～5%)的条件下，易产生大量组胺。因此，控制组胺的产生是预防鲭鱼中毒的关键。

① 改善捕捞方法，防止鱼体在水下死亡时间过长，死后的鱼体要快速冷冻；鱼体从渔船上冷却至4.4℃后在4.4℃以上储存的时间累计不能超过4 h；防止已加热半成品受产组氨酸脱羧酶细菌的再次污染。

② 组胺为碱性物质，烹饪鱼类时加入食醋可降低其毒性。对易于形成组胺的鱼类，要在冷冻条件下运输和储藏，防止其腐败变质而产生组胺。

6.4.1.3 西加毒素

(1) 来源及分布：西加毒素(Ciguatoxin,CTX)中毒是因为吃了在热带水域捕获的鱼中毒而引起的临床综合症状的总称。据报道，该毒是由一种生于暗礁上含毒的腰鞭毛藻类产生的，如有毒冈比尔盘藻(Gambierdiscus Toxicus)、凹形原甲藻(Prorocentrum Concavum)、慢原甲藻(Prorocentrum Rhathymum)。西加毒素由多种毒素组成，目前以雪卡鱼毒素为该毒素的代表。据调查有400多种鱼被认为含有西加毒素，主要是琥珀鱼、甲鱼、梭鱼、鲈科鱼和某些暗礁鱼。

(2) 特性及危害：西加毒素是一种脂溶性聚醚，毒性是河豚毒素的20～100倍，对小鼠的LD_{50}为0.45 μg/kg体重。该毒素对冷热处理不敏感，116℃加热20 min的罐头只能除去50%的毒素。

西加毒素在体内具有富集效应，可以导致累积性中毒。西加毒素主要影响人类的胃肠道和神经系统，中毒症状与有机磷中毒有些相似，表现为腹泻、恶心、呕吐及腹痛，严重者会导致瘫痪和死亡。

(3) 预防与控制：美国食品药品监督管理局(FDA)规定新鲜、冷冻和生产罐头食品的鱼类中西加毒素的含量不得超过80 μg/100 g。卫生检疫人员利用放射性免疫测定法和酶联免疫检测方法，仔细认真地检验从热带岛屿地区运来的鱼，可以有效控制西加毒素中毒事件的发生。

6.4.1.4 鱼卵和鱼胆毒素

(1) 来源及分布：我国能产生鱼卵毒素的鱼包括青海湖裸鱼、淡水石斑鱼、鳇鱼和鲶鱼等。青鱼、草鱼、鲢鱼、鳙鱼、鲫鱼和鲤鱼是我国主要的淡水经济鱼类，因为它们的鱼胆有毒，属于胆毒鱼类。民间有鱼胆可清热、明目、止咳和平喘等传说，因食用鱼胆中毒的事件时有发生，其中以食用草鱼胆中毒居多。

(2) 特性及危害：鱼卵毒素为一类毒性球蛋白，具有较强的耐热性，在100℃约30 min的条件能使部分毒性被破坏，120℃约30 min的条件能使毒性全部消失。鱼胆毒素耐热，耐乙醇，用酒精冲服或食用蒸熟鱼胆，也可发生鱼胆中毒。

一般而言，耐热性强的鱼卵蛋白毒性也强，其中毒症状潜伏期短，出现恶心、呕吐、腹泻和肝脏损伤，严重者可见吞咽困难、全身抽搐甚至休克等现象。

(3) 预防与控制：鱼卵和鱼胆中毒主要以预防为主。在宰杀鱼的过程中卵巢及肝、胆等有毒部分绝对不可割破，去除完全最为重要。加工肌肉部位时，要用大量的流动水清洗干净，经过油炸、炖、烧、煮等加工后再食用。

6.4.2 贝类毒素

大多数贝类中均含有一定数量的有毒物质，只有在地中海和红海生长的贝类是已知无毒的，墨西哥湾的贝类也比其他地区固有的那些贝类的毒性低。实际上，贝类自身并不产生毒物，当它们通过食物链摄取海藻或与藻类共生时，毒素可在其中肠腺大量蓄积，其含量决定于海水中该藻的数量和经贝类滤过的海水数量。摄入藻类毒素，对贝类本身并无危害，因毒素在其体内呈结合状态，但当人食用贝类后，毒素则迅速被释放，引起中毒。

6.4.2.1 麻痹性贝类毒素

(1) 来源及分布：麻痹性贝类毒素(Paralytic Shellfish Poisoning, PSP)是20多种腰鞭毛虫分泌的毒素的总称，是所有的海产品中对健康危害最严重的毒素，主要在海水产品中出现，尤其是在软体动物中富集。在消化器官中发现的PSP浓度最高。PSP也在甲壳动物如蟹中富集，还可以通过浮游动物转移到鱼体内。最常见的含PSP的生物是蛤和贻贝，偶然也可能涉及扇贝和牡蛎等。

(2) 特性及危害：麻痹性贝毒是一类四氢嘌呤的衍生物，在低pH条件下PSP对热是稳定的，但在碱性条件下很不稳定，而且容易被氧化。PSP属非蛋白质毒素，是有效的神经肌肉麻痹剂，食入后使人出现晕眩、休克等神经中毒症状。使人致死的PSP剂量为500～1 000 μg/kg。

(3) 预防与控制：国际上规定，每100克贝肉中PSP的含量不得超过400个MU，相当于80 μg/kg的STX，但菲律宾将国内限量规定为40 μg/kg。我国《无公害食品　水产品中有毒有害物质限量》(NY 5073—2001)中规定贝类中PSP的含量不得超过80 μg/kg。

6.4.2.2 腹泻性贝类毒素

(1) 来源及分布：腹泻性贝类毒素(Diarrhetic Shellfish Poisoning, DSP)主要由藻类引起，可被DSP毒化的贝类是双壳贝类，主要是扇贝、贻贝、杂色蛤、蛤、牡蛎等。DSP一般大多分布在贝的中肠腺中(也叫消化盲囊，暗绿色或绿褐色的组织)。

(2) 特性及危害：腹泻性贝类毒素是一类聚醚类或大环内酯类化合物，一般加热不被破坏。到目前为止，尚没有人类因中腹泻性贝毒而致死的报道，但发病率很高。中毒症状以消化系统为主，恶心，腹痛，腹泻(水样便)。

(3) 预防与控制：通过对食用同一来源贝类的人群的剩余食品或可疑贝类中肠腺进行检测分析，可以对DSP做出诊断，对贝毒超标的贝类产品禁止采捕作业及销售。

DSP对人的最小致病剂量为12 MU(1 MU相当于OA 4.0 μg)。日本政府规定，食品中

DSP 的限量为 0.05 MU/g，目前世界各国几乎都采纳了这一限量，仅有瑞典将国内限量定为 0.1 MU/g。我国《无公害食品 水产品中有毒有害物质限量》(NY 5073—2001)中规定 DSP 在贝类中不得检出。

6.4.2.3 神经性贝类毒素

(1) 来源及分布：神经性贝类毒素(Neurotoxic Shellfish Poisoning，NSP)的发生与海洋赤潮有关，短裸甲藻赤潮发生时可导致鱼类、石珊瑚、甲壳动物、海绵动物、棘皮动物和底栖藻类死亡。短裸甲藻在细胞裂解、死亡时会释放出一组毒性较大的短裸甲藻毒素(Brevitoxin，BTX)，是一种神经毒素，浓度较大时易造成鱼类的大批死亡。人类一旦食用被短裸甲藻毒素污染的贝类，就会引起以神经中毒症状为主要特征的食物中毒。

(2) 特性及危害：DSP 的毒性较低，对小鼠的半致死量 LD_{50} 为 50 μg/kg。当人类食用受短裸甲藻污染的贝类后 30 min～3 h 便会出现 NSP 症状，如腹痛、恶心、呕吐、腹泻，并伴有眩晕、肌肉骨骼疼痛、乏力、头痛、冷热颠倒等。NSP 中毒很少致死。

(3) 预防与控制：短裸甲藻赤潮发生在大陆架或陆架边缘，但是产生最大毒性效应的水域是近海水域。对短裸甲藻赤潮预测的研究还处于起步阶段，水中铁的含量异常升高，可以作为赤潮发生之前的标志。对 NSP 的控制主要以预防为主。

6.4.2.4 失忆性贝类毒素

(1) 来源及分布：失忆性贝类毒素(Amnesia Shellfish Poisoning，ASP)，又称遗忘性或健忘性贝类毒素，是一种主要由生长在美国、加拿大、新西兰海岸的硅藻属(Nitzschia Pungens)和 Pseudodelicatissima 以及生于日本海岸的红藻(Chondria Armata)产生的有毒氨基酸，即软骨藻酸 (Domoic Acid，DA)及其同分异构体。ASP 可在贝类、鱼类、蟹类体内蓄积。

(2) 特性及危害：软骨藻酸是一种兴奋性氨基酸类物质，属非蛋白氨基酸，表现酸性氨基酸的特征。软骨藻酸(DA)为神经兴奋剂或神经刺激性毒素，半致死量 LD_{50} 为 10 μg/kg。食用含有 DA 的海产品 3 天后出现恶心、呕吐、腹泻、腹部痉挛等症状，腹泻有时会伴有头晕目眩、神智错乱、方向感丧失甚至昏迷。另有一部分病人记忆永久性丧失，严重时可导致死亡。

(3) 预防与控制：加拿大规定贝类软组织的软骨藻酸的安全限值为 20 μg/g，一旦检测到贻贝及蛤中的软骨藻酸含量超过安全限量，立即关闭捕捞区。

6.4.3 其他毒素

海洋资源丰富，水产种类繁多。除了已阐明的鱼类毒素和贝类毒素引起人们的注意外，蟹类、螺类、海兔和海参的安全性也逐步受到人们的关注。

6.4.3.1 蟹类毒素

所有的蟹都或多或少的含有有毒物质。迄今为止还不清楚这些蟹类是如何产生毒素的，但是已经清楚地了解到受“赤潮”影响的海域中的沙滩蟹(Emerifa Analoga)是有毒的。生活于南太平洋的 Zosiums Aeneus、Platgpodia Granulosa 和 Atergatis Floridus 等蟹类也是有毒的。食用时应加以鉴别和区分。

6.4.3.2 螺类毒素

绝大多数螺可食用，但少数种类含有有毒物质，不能食用。毒素多分布于螺的肝脏、腮下腺、唾液腺内，误食或食用过量可引起中毒。节棘骨螺(Murex Pecten)、红带织纹螺(Nassarius Succinctus)含有的毒素主要影响神经系统，使人发生麻痹型中毒；泥螺(Bullacta-exerata)可使人发生皮炎型中毒症状，食后经日光照射颜面、颈部、四肢等暴露部位会出现皮肤潮红、浮肿，随即呈红斑。蛾螺科的接缝香螺、间肋香螺和油螺唾液腺毒素的主要成分四甲胺(Tatramine)为箭毒样神经毒素，中毒后出现后脑部头痛、眩晕、平衡失调、眼痛、呕吐，通常几小时后可恢复正常。

6.4.3.3 鲍毒素

鲍体外包被着一个厚的石灰质贝壳，是我国名贵的八大海珍之一，鲍壳中药又称为石决明。鲍肉味道十分鲜美，但从鲍的肝及其他内脏中提取出不定型的有感光力的色素毒素，人食用后暴露于日光下，该物质会促使人体内的组氨酸、酪氨酸和丝氨酸等发生化学反应产生胺类化合物，从而引起皮肤炎症和毒性反应。在鲍的中肠里也常累积一些毒素，人食后可致病。鲍毒素的中毒症状主要表现为脸和手出现红色水肿，但不会致死。

6.4.3.4 海参毒素

海参为蠕虫状或长圆桶形，是珍贵的滋补食品，有的还具有药用价值。但少数海参含有毒物质，食用后可引起中毒。海参体内的海参毒素，大部分集中在与泄殖腔相连的细管状的居维叶氏器内，具有很强的溶血作用。有的海参，如荡皮海参的体壁中也含有高浓度的海参毒素。中毒常表现为局部症状，烧灼样疼痛、红肿，呈皮炎症反应；毒液接触眼睛时可引起失明。

在一般的海参体内，海参毒素很少，即便食入少量的海参毒素，也能被胃酸水解为无毒的产物，所以，一般常吃的食用海参是安全的。

6.4.3.5 海兔毒素

海兔又称海珠，是一种生活在浅海区的贝类，其卵营养丰富，为我国东南沿海居民所喜爱的食品，可以入药。海兔体内的毒腺又叫蛋白腺，能分泌一种略带酸性的乳状液体，具有令人恶心的气味，从中提取出的海兔毒素是一种芳香异臭化合物。在海兔皮肤组织含有一种挥发油的有毒物质，对神经系统有麻痹作用。所以，误食其有毒部位或皮肤有伤口时接触海兔，都会引起中毒。

6.4.3.6 蟾蜍毒素

蟾蜍也称癞蛤蟆，耳后腺及皮肤腺能分泌具有毒性的白色浆液。多因为将其当作青蛙食用而中毒。蟾蜍分泌的毒液成分较复杂，大约有 30 多种，主要的是蟾蜍毒素。蟾蜍毒素对心脏的毒理作用是通过迷走神经中枢或末梢，或直接作用于心肌。蟾蜍中毒一般在食后 0.5～ 4 h 发病，症状主要表现为呕吐、流涎、头昏头痛、胸部胀闷、心悸、脉缓、心房颤动、惊厥、唇舌或四肢麻木，重者发绀、抽搐、不能言语和昏迷、休克，可在短时间内因心跳剧烈、呼吸停止而死亡。

思考与练习

1. 如何预防河豚毒素食物中毒事件的发生？
2. 贝类毒素主要分为哪几类？其特点和污染途径分别是什么？
3. 目前我国水产食品安全现状如何？你认为提高水产食品安全性的关键是什么？

7 实验指导

7.1 粮油样品的扦取

扦取样品是粮油质量检验的首要工作，样品是决定一批粮油质量的主要依据。因此，为保证样品的代表性，扦样要有随机性，并且必须十分认真负责，严格按规定的方法进行。

样品按其组成不同，可分为小样、原始样品、平均样品、试验样品等 4 种。

小样是从一批受检粮油或受检的部分粮油中用扦样器或徒手每次扦出来的小量样品。原始样品是将从一批受检粮油所扦出的小样，全部混合起来组成的。原始样品的数量，是根据一批粮油的数量和满足质量检验的要求而定的。粮食、油料的原始样品一般不少于 2 kg。油脂的原始样品不少于 1 kg。零星收付的粮油样品，可酌情减少。

原始样品按照规定方法经过混合平均，均匀地分出一部分，称为平均样品。平均样品一般不少于 1 kg。

试验样品是平均样品经过混合分样，根据需要从中称取一部分作为试验用的样品，简称试样。试样用量见表 7-1-1。

表 7-1-1　袋装粮油的扦样数量表

粮油袋数	扦样袋数
10 袋以下	总袋数的 1/2
11～20	6
21～40	7
41～60	8
61～80	9
81～100	10
101～200	每增加 20 袋增扦 1 袋

另外，扦样时还必须做好样品登记和样品保存工作。登记的项目包括：扦样日期，样品编号，粮油名称，代表数量，产地、生产年度、扦样所处（车、船、仓库、堆垛号码）包装或散装、扦样者姓名等。对于调拨、出口的粮油要保存不少于 1 kg 的原始样品，经登记、密封、加盖公章和经手人签字后置于干燥低温（水分超过安全水分者应于 15 ℃以下，油脂样品要避光）处妥善保存 1 个月，以备复验。

粮油检验程序和试样用量规定见图 7-1-1。

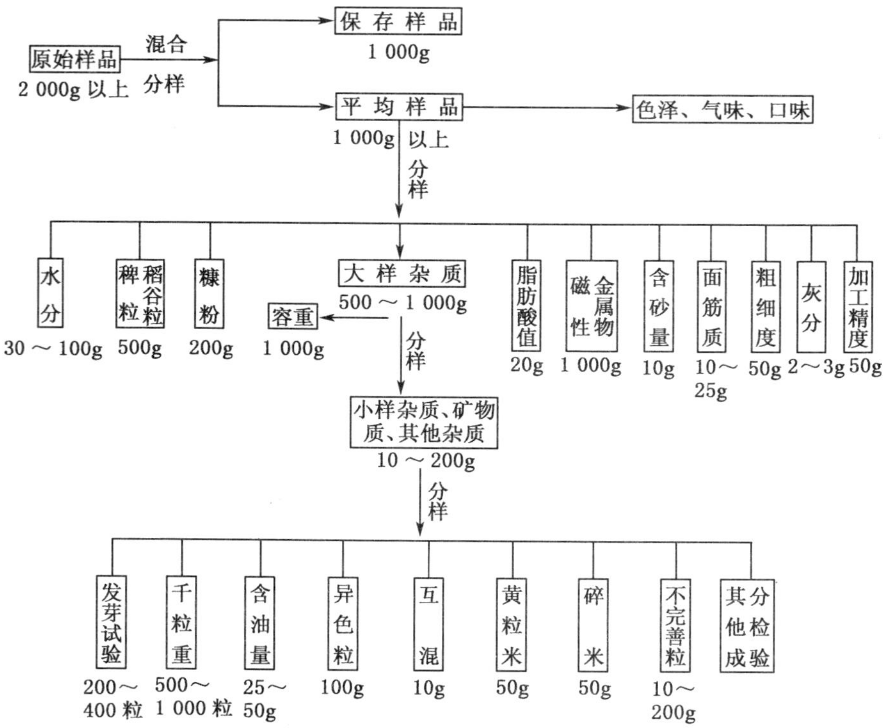

图 7-1-1　粮、油检验程序和试样用量的规定

1）扦取小样的方法

（1）袋装粮油扦样

① 确定袋数：按照粮、油的总袋数决定应扦样品的袋数，其计算方法如表 7-1-1。

② 样袋分布：按照粮油袋的堆藏情况，每隔一定袋数，均匀地分布于上、中、下各部位，设立样袋（扦样点），一般按下面图形设点（图 7-1-2）。

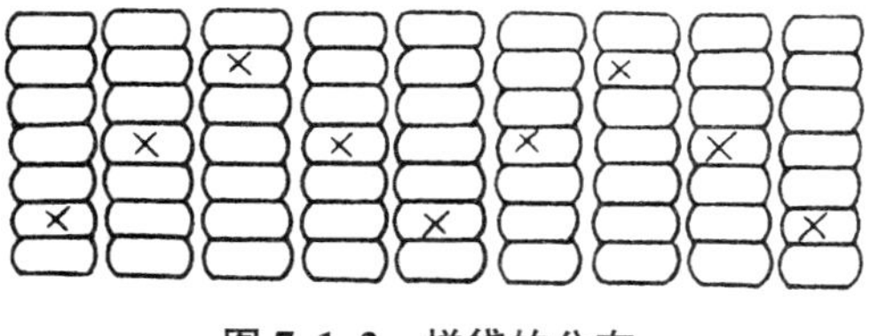

图 7-1-2　样袋的分布

③ 扦取小样：小粒粮油袋装，用单管扦样器，自袋口一角相对斜角插入。插入时扦样器凹槽向下，至扦样器全部插入后将凹槽转向上，然后取出，从扦样器的手柄出孔流出样品。大粒粮油可拆开袋口，用双管扦样。花生，必须拆开袋口徒手扦样，或倒包扦样。倒包扦样即拆开袋口缝线，用两手掀起袋底两角，袋身倾斜 45°，徐徐后退 1 m，将种子全部倒在清洁的布或席上，保持原来的层次，然后分上、中、下不同部位徒手取出小样。各种袋装扦样器见图 7-1-3。

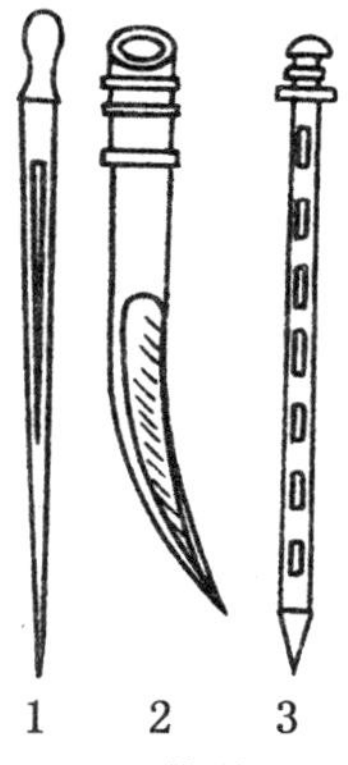

图 7-1-3　袋装扦样器

1—单管扦样器；2—羊角扦；3—双管扦样器

（2）散装扦样法

① 分区设点：在已划分好的检验单位内，按粮堆面积大小划分若干区，每区面积不超过 25 m^2。每区的四角和中心各设一点，共 5 点。

四角各点在距墙壁 50 cm 左右处，在同一检验单位内相邻区的角点，可以合并设在各区边界线上。如 1 个区设 5 点扦样，2 个区则设 8 点，3 个区则设 11 点(图 7-1-4)。

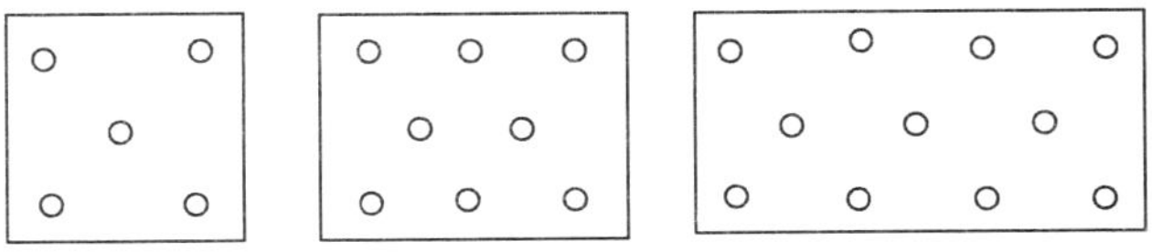

图 7-1-4　散装扦样点的设置

② 按堆分层：堆高不足 2 m 时，分上、下两层，堆高 2～3 m 时，分上、中、下三层，上层在距顶部以下 10～20 cm 处；中层在堆的中心；下层在距底部 5～10 cm 处。堆高 3 m 以上增加一层。

③ 扦取小样：分层定点后，用散装扦样器，根据扦样点位置，按一定扦样次序扦样，先扦上层，后扦中层，最后扦下层，以免上、下各层粮油混合而失去代表性。散装扦样器见图 7-1-5。

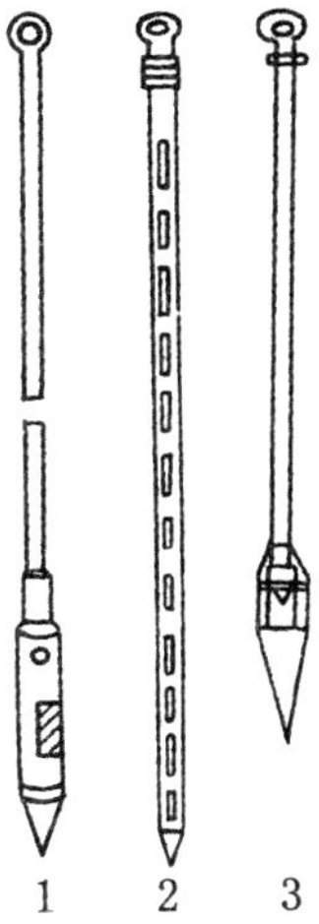

图 7-1-5　散装扦样器

1—长柄短筒圆锥形扦样器；2—圆筒形扦样器；3—圆形扦样器

(3) 圆仓(或围囤)扦样法

① 设扦样点：按圆仓或围囤的直径，分内、中、外 3 处设点，外点距圆仓边缘 30 cm 处。扦样时在圆仓的一条直径线上，按上述部位设立内、外 3 个点；再在与此直径垂直的一条线上，按上述部位设 2 个中点，共设 5 个点(图 7-1-6)，圆仓或周围直径超过 7 m 以上须另增加 2 点。

② 划分层次：圆仓粮堆高为 3～5 m 的，可分为 4 层。上层在圆仓堆顶斜面下 10～20 cm 处，下层在堆底部，其余两层在圆仓中部向上、向下划出。如高度超过 5 m，可酌情增加层数。

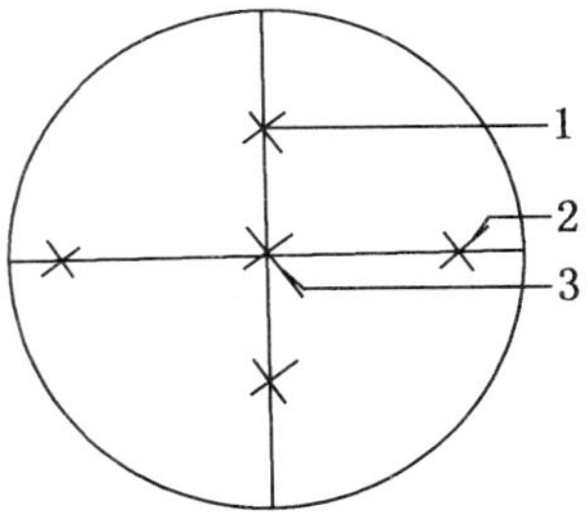

图 7-1-6　圆仓扦样点的位置

1—中点(圆仓半径 1/2 处)；
2—外点(距边缘 30 cm 处)；
3—内点(圆仓中心)

(4) 输送流扦样法：在机械化仓库进行扦样时，可在粮油进出仓时，从输送流中截取。如粮油精选、烘干等处理的最后，扦取样品是取得代表性样品的最合理方法，可根据一批粮油的处理数量及处理过程的输送速度，进行定时定量扦取。每次可在粮油流的纵横方向迅速截取。

(5) 薯类扦样法：大批种薯，最好在进窖或出窖时进行扦样，根据种薯数量确定扦样个数(表 7-1-2)。

扦样时在薯堆中按抽扦份数，任扦几处具有代表性的薯块，亦有拨堆在堆中不加挑选地扦出样品，但拨堆时不得碰伤薯皮。

表 7-1-2　扦样个数

种薯数量 (kg)	取样个数	
	马铃薯	甘　薯
1 万以内	200	100
1 万～5 万	300	150
5 万～10 万	400	200
10 万～50 万	500	3 000

(6) 油脂扦样法：一般是将特制的扦样器(扦样筒或扦样瓶)用绳拴住放入油池或油桶内取样。

2) 原始样品的配制

将从一批粮油或一个检验单位的各点扦取出来的小样充分混合，就组成一个原始样品。在混合各部位点的小样前，须把各次扦取的小样分别倒在纸上、布上或杯内，比较这些样品在纯度、净度、气味、颜色、光泽、水分及其他品质方面有无明显差别，如无明显差别，即可混合在一起，成为一个原始样品。

3) 平均样品的配制

当扦样后所得原始样品数量过多时，不可能将全部原始样品送到检验室去分析，必须将原始样品充分混合，然后分取平均样品。当原始样品数量较少与平均样品数量符合时，原始样品就可作为平均样品。

分取平均样品常用的方法，有分样器分样法和四分法两种。

(1) 分样器分样法

① 钟鼎式分样器：由铜皮或铁皮制成，顶部为漏斗，下面为活门，再下面是一圆锥形体，圆锥体顶尖对着活门中心。圆锥体底部四周均匀地分为 36 个等格，其中相间的一半格子(18 格)下面设有小槽，所分样品经小槽流入内层，经小口流入盛接器，另外相间 18 格也有一小槽，样品流入外层，经大口进入另一个盛接器(图 7-1-7)。

使用时，将分样器刷净，关好活门，样品放入漏斗铺平，出口处对正盛接器，用手很快拨开漏斗下面的活门，样品迅速下落，经圆锥体平均分散落入各格内，最后落入盛样器内，即将样品分成两份，分样次数视需要样品多少而定。

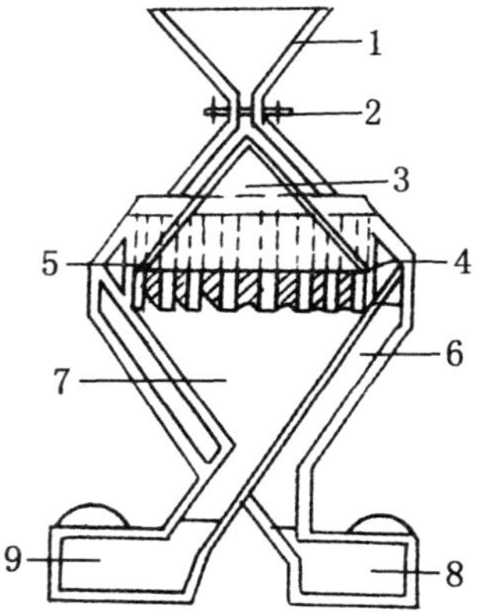

图 7-1-7　钟鼎式分样器

1—漏斗；2—活门；3—圆锥体；4—流入内层各格；5—流入外层各格；6—外层；7—内层；8—盛接器；9—盛接器

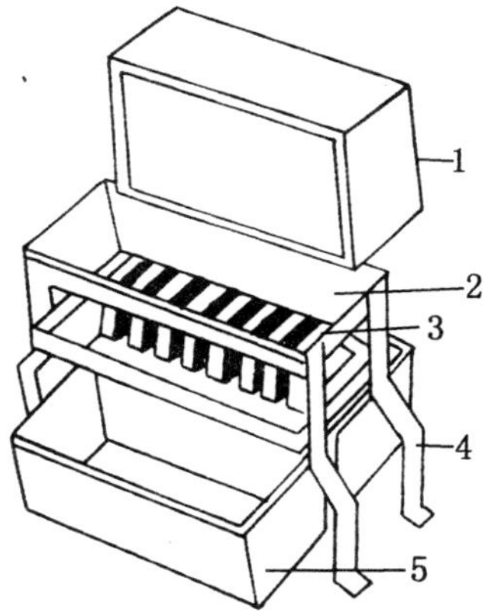

图 7-1-8　横格式分样器

1—倾倒盘；2—漏斗；3—格子和凹槽；4—支架；5—盛接器

② 横格式分样器：用铁皮或铝皮制成。顶部为一长方形的漏斗，下面为 12～18 个排成一行的长方形格子和凹槽相间通向一个方向，另一半格子和凹槽相间通向相反的方向，其下有一支架，每组凹槽下面各有盛接器。此外还有一个倾倒盘，与漏斗长度相同(图 7-1-8)。此分样器可制成大小型号不同的规格。

使用时，先将样品均匀地散布在倾倒盘内，然后沿着漏斗长度方向等速度倒入漏斗内，此时样品便经过两组格子和凹槽流入两个盛接器内，分成相等的两部分。

(2) 四分法分样

应用四分法分样需一副分样板和一张分样台，分样板的大小因种子大小和分取样品数量多少而异。一般实验用的分样板长 35 cm，宽 12 cm，连柄宽 17 cm。可用木质或铝板制成(木制分样板如图 7-1-9)。分样台面积约 1 m^2，四周要有框边，略高于台面。

分样时将样品倒在分样台上，混合均匀，先纵向混合，再横向混合，至少 3 次以上，然后铺成不超过 1 cm 厚的四方形，用分样板对角线划成 4 个三角形，除去对顶的两个三角形。剩下两个三角形，再经混合均匀继续按上法分样，至所需要的数量为止。

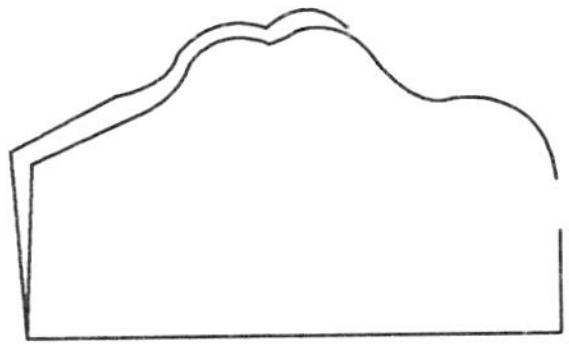

图 7-1-9　分样板

在配制原始样品的过程中，应尽可能防止样品的水分、气味、虫害等发生变化，以保持样品的代表性。平均样品配置完毕后，须连同样品登记卡在 24 h 内送到检验室进行检验。

7.2　粮食杂质、不完善粒检验法

1) 杂质检验

(1) 仪器和用具：感量 0.01 g、0.1 g 天平，谷物选筛，电动筛选器，分样器和分样板，分析盘，镊子等。

(2) 试样：检验杂质的试样分大样、小样两种，大样用于检验大样杂质，包括大型杂质和绝对筛层的筛下物；小样是从检验过大样杂质的样品中分出少量试样，检验与粮粒大小相似的并肩杂质。检验杂质的试样用量见表 7-2-1。

表 7-2-1　检验杂质试样用量规定表

粮食、油料名称	大样重量(g)	小样重量(g)
小粒：如粟、芝麻、油菜籽等	500	10
中粒：如稻谷、小麦、高粱、小豆、棉籽等	500	50
大粒：如大豆、玉米、豌豆、葵花籽、小粒蚕豆等	500	100
特大粒：如花生仁、蓖麻籽、桐籽、茶籽、文冠果、大粒蚕豆等	1 000	200
其他：甘薯片、大米中带壳稗粒和稻谷粒等	500～1 000	—

(3) 筛选

① 电动筛选器法：按质量标准中规定的筛层套好(大孔筛在上，小孔筛在下，套上筛底)，按规定称取试样放入筛上，盖好筛盖，放在电动筛选器上，接通电源，打开开关，选筛自动地向左向右各筛 1 min(110～120 r/min)。筛后静止片刻，将筛上物和筛下物倒入分析盘内。卡在筛孔中间的颗粒属于筛上物。

② 手筛法：按照上法将筛层套好，倒入试样，盖好筛盖。然后将选筛放在玻璃板或光滑的桌面上，用双手以每分钟 110～120 次的速度，按顺时针方向和反时针方向各筛动1 min。筛动的范围，掌握在选筛直径扩大 8～10 cm。筛后的操作与上法同。

(4) 大样杂质检验

① 操作方法：从平均样品中，按表 7-2-1 的规定称取试样(W)，按筛选法分两次进行筛选(特大粒粮食、油料分 4 次筛选)，然后拣出筛上大型杂质和筛下物合并称重(W_1)(小麦大型杂质在 4.5 mm 筛上拣出)。

② 结果计算：大样杂质含量按公式(1)计算：

$$\text{大样杂质}(\%) = \frac{W_1}{W} \times 100 \quad (1)$$

式中：W_1——大样杂质重量(g)；

W——大样重量(g)。

双试验结果允许差不超过 0.3%，求其平均数，即为检验结果，检验结果取小数点后第一位。

(5) 小样杂质检验

① 操作方法：从检验过大样杂质的试样中，按照表 7-2-1 的规定用量称取试样(W_2)，倒入分析盘中，按质量标准的规定拣出杂质，称重(W_3)。

② 结果计算：小样杂质含量按公式(2)计算：

$$\text{小样杂质}(\%) = (100 - M) \times \frac{W_3}{W_2} \quad (2)$$

式中：W_3——小样杂质重量(g)；

W_2——小样重量(g)；

M——大样杂质百分率(%)。

双试验结果允许差不超过 0.3%，求其平均数，即为检验结果。检验结果取小数点后第一位。

(6) 矿物质检验

① 操作方法：质量标准中规定有矿物质指标的(不包括米类)，从拣出的小样杂质中拣出矿物质，称重(W_4)。

② 结果计算：矿物质含量按公式(3)计算：

$$\text{矿物质}(\%) = (100 - M) \times \frac{W_4}{W_2} \quad (3)$$

式中：W_4——矿物质重量(g)；

W_2——小样重量(g)；

M——大样杂质百分率(%)。

双试验结果允许差不超过 0.1%，求其平均数，即为检验结果。检验结果取小数点后第二位。

(7) 杂质总量计算：一般粮食和油料的杂质总量按公式(4)计算：

$$\text{杂质总量}(\%) = M + N \quad (4)$$

式中：M——大样杂质百分率(%)；

N——小样杂质百分率(%)。

计算结果取小数点后第一位。

(8) 米类杂质检验

• 糠粉检验

① 操作方法：从平均样品中，分取试样约 200 g(W)，分两次放入直径 1.0 mm 的圆孔筛内，按前述筛选法进行筛选，倒出试样，轻拍筛子使糠粉落入筛底。全部试样筛完后，刷下留存在筛层上的糠粉，合并称重(W_1)。

② 结果计算：糠粉含量按公式(5)计算：

$$糠粉(\%) = \frac{W_1}{W} \times 100 \tag{5}$$

式中：W_1——糠粉重量(g)；

W——试样重量(g)。

双试验结果允许差不超过 0.04%，求其平均数，即为检验结果。检验结果取小数点后第二位。

• 矿物质检验

① 操作方法：从检验过糠粉的试样中拣出矿物质，称重(W_2)。

② 结果计算：矿物质含量按公式(6)计算：

$$矿物质(\%) = \frac{W_2}{W} \times 100 \tag{6}$$

式中：W_2——矿物质重量(g)；

W——试样重量(g)。

双试验结果允许差不超过 0.005%，求其平均数，即为检验结果。检验结果取小数点后第二位。

• 其他杂质检验

① 操作方法：从检验过糠粉和矿物质的试样中，拣出稻谷粒、稗粒及其他杂质等一并称重(W_3)。

② 结果计算：其他杂质含量按公式(7)计算：

$$其他杂质(\%) = \frac{W_3}{W} \times 100 \tag{7}$$

式中：W_3——稻谷粒、稗粒及其他杂质重量(g)；

W——试样重量(g)。

双试验结果允许差不超过 0.04%，求其平均数，即为检验结果。检验结果取小数点后第二位。

• 带壳稗粒和稻谷粒检验

从平均样品中分取试样 500 g，拣出带壳稗粒和稻谷粒，分别计算含量。拣出的粒数乘以 2 即为检验结果，以“粒/kg”表示。

双试验结果允许差，带壳稗粒不超过 3 粒/kg，稻谷粒不超过 2 粒/kg，分别求其平均数，即为检验结果，平均数不足 1 粒时按 1 粒计算。

• 米类杂质总量计算

米类杂质总量按公式(8)计算：

$$米类杂质总量(\%)=A+B+C \tag{8}$$

式中：A——糠粉百分率；

B——矿物质百分率；

C——其他杂质百分率。

计算结果取小数点后第二位。

2) 不完善粒检验

(1) 操作方法：在检验小样杂质的同时，按质量标准的规定拣出不完善粒，称重(W_1)。

(2) 结果计算：不完善粒含量按公式(9)计算：

$$其他杂质(\%)=(100-M)\times\frac{W_1}{W} \tag{9}$$

式中：W_1——不完善粒重量(g)；

W——试样重量(g)；

M——大样杂质百分率(%)。

双试验结果允许差，大粒、特大粒粮不超过1.0%，中小粒粮不超过0.5%，求其平均数，即为检验结果。检验结果取小数点后第一位。

3) 纯粮(质)率的计算

(1) 净粮纯粮(质)率的计算：净粮纯粮(质)率按公式(10)计算：

$$净粮纯粮(质)(\%)=\frac{W-W_1\div 2}{W}\times 100 \tag{10}$$

式中：W_1——不完善粒重量(g)；

W——试样重量(g)。

计算结果取小数点后第一位。

(2) 毛粮纯粮(质)率的计算：毛粮纯粮(质)率按公式(11)计算：

$$毛粮纯粮(质)(\%)=\frac{W-(W_2+W_1\div 2)}{W}\times 100 \tag{11}$$

式中：W_1——不完善粒重量(g)；

W_2——杂质重量(g)；

W——试样重量(g)。

计算结果取小数点后第一位。

7.3 粮油千粒重、容重、比重的测定法

1) 粮油千粒重的测定

粮油千粒重是指一千粒干种子的绝对重量，单位用“g”表示。测定千粒重的意义在于衡量粮油作物品种不同、来源不同(如生产地区和季节不同等)的籽粒大小与饱满度。

(1) 仪器和用具：感量 0.1 g、0.01 g 天平，分析盘，镊子等。

(2) 试样用量：大粒粮约 200 g，中粒粮约 20 g，小粒粮约 5 g。

(3) 操作方法

方法Ⅰ：从除去杂质的净粮中，用分样器或四分法分样。将样品分至接近规定的重量，准确称重(W)，然后计数，得粒数 M。

方法Ⅱ：从除去杂质的净粮中，不加挑选地数出两组试样，大粒粮每组 500 粒，中、小粒粮每组 1 000 粒，按组分别称重(准确至 0.1 g)。

以上两种方法可任意选用，但方法Ⅰ中应剔除不完整粒。

(4) 结果计算

自然水分千粒重按公式(1)计算：

$$\text{千粒重(g/ 千粒)} = \frac{W}{m} \times 100 \tag{1}$$

标准水分千粒重按公式(2)计算：

$$\text{千粒重(g/ 千粒)} = \frac{G \times (100 - M)}{100 - M_{\text{标}}} \tag{2}$$

干态千粒重按公式(3)计算：

$$\text{干态千粒重(g/ 千粒)} = \frac{G \times (100 - M)}{100} \tag{3}$$

式中：W——实测试样重量(g)；

m——实测试样粒数；

G——自然水分千粒重(g/千粒)；

M——实际水平百分率(%)；

$M_{\text{标}}$——标准水分百分率(%)。

双试验结果允许差：千粒重 20 g 以下的不超过 0.4 g，千粒重 20.1～50.0 g 的不超过 0.7 g，千粒重 50.1 g 以上的不超过 1.0 g。

2) 粮油容重的测定

粮油的容重是指单位容积内籽粒的重量，单位为“g/L”。粮食容重的大小受多种因素的影响，如籽粒颗粒大小、形状、整齐度、表面特性、内部组织结构、化学成分(特别是水分和脂肪)以及混杂物的种类和数量等。凡颗粒细小，参差不齐，外形圆滑，内部充实，组织结构致密，水分及油分含量低，淀粉和蛋白质含量高，并混有各种沉重的杂质(如泥沙等)，则容重较大；反之容重较小。

由于容重所牵涉的因素较为复杂，测定时必须作全面的考虑，否则可能引起误解，而得出与实际情况相反的评价。例如原来品质的粮食，可能因收获后清理不够细致，混有许多轻的杂质而降低容重；瘦小皱瘪的籽粒，因水分较高，容重就会增大(这一点和饱满粮粒不同)；油料作物可能因脂肪含量特别高，容重反而较低。诸如此类的特殊情况，都应在测定时逐一加以分析，以免造成错误结论。

水稻籽粒因带稃壳，其表面又往往被盖稃毛。因此充实饱满的水稻籽粒不一定能从容重上反映出来，一般不将水稻籽粒的容重作为检验项目。

一般情况下，粮食水分愈低，则容重愈大，这和绝对重量有相反的趋势。但粮食水分超过一定限度，或发育不正常的籽粒，关系就不明显。油菜籽虽含有丰富的油脂，但其体积因水分不同而有显著变化，即水分愈少，籽粒的体积愈小，其绝对重量下降，而容重愈大。在另一种情况下，粮食水分增加，容重开始时下降，以后又随着水分增多而逐渐回升。如燕麦等带有稃壳的籽粒表现特别明显。这主要是由于稃壳与果皮间的空隙里所残留的气体排出而为水所补充，籽粒的比重加大，因而影响到容重。

粮食容重在生产上应用得相当广泛，如检验上将容重列为重要品质指标之一。在储运时可根据容重推算一定容量内的重量和一定重量的粮食所需的仓容以及运输时所需的车厢数目。

容重测定一般适用于麦类、玉米和豆类等。目前国内外通用的容重测定器是排气式容重器。排气式容重器所用容器有 3 种，最大者为 20 L，国际上用于测定出口粮食的容重；其次为 1 L，测定一般粮食和种子用；最小者为 1/4 L，测定小粒的粮食或种子用。其中以 1 L 容器的容重器应用最为广泛。现有两种类型的排气式容重器，一种是国际上通用的排气式容重器，另一种是国产的 61 – 71 型容重器。

(1) 仪器构造(图 7-3-1)

① 容器筒：容积为 1 L。

② 插片：铲除多于 1 L 的种子。

③ 排气砣：为沉重的圆形金属物，重量约为 450 g。

④ 空筒：两端开通的圆筒，使容器筒能均匀地装满种子。

⑤ 漏斗筒：带有开关，作预装种子用。

⑥ 其他：由支架，粗、细秤杆，大、小游砣，调节螺丝和平衡指板组成的天平。

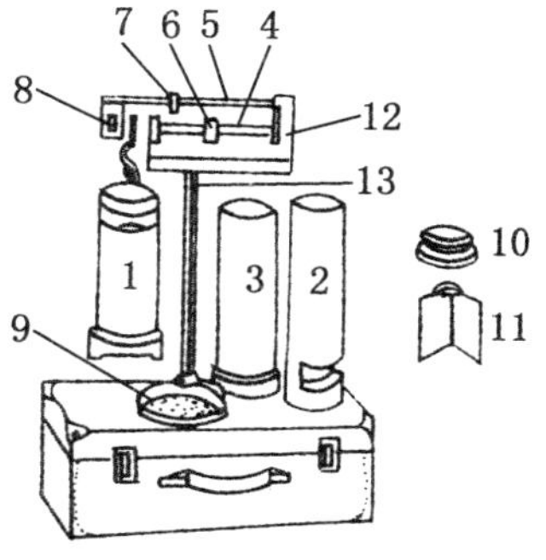

图 7-3-1　61 – 71 型容重器

1—1 L 容器筒；2—漏斗筒；3—空筒；4—粗秤杆；5—细秤杆；6—大游砣；7—小游砣；8—调节螺丝；9—容器座；10—排气砣；11—插片；12—平衡指板；13—支柱

(2) 操作方法

① 装置好仪器的各部分。

② 校正好天平，使容器筒及排气砣的重量调节在零点上。

③ 把容器筒装在箱盖上部的容器座上，将插片插入其缝口内，并把排气砣放在插片上，套上容筒。

④ 将多于 1 L 的种子样品倒入漏斗筒内，并把它套在空筒上，打开漏斗开关，使种子落入空筒内。

⑤ 用左手握住容器，右手迅速拉出插片，这时排气砣落到容器筒底部，种子随着落入容器内，再把插片迅速插回。

⑥ 取下漏斗筒，从容器座上取出空筒连同容器筒，用手指按住插片，把空筒和容器倒转，倒去插片上多余的种子，然后取下空筒和插片。

⑦ 把容器筒与种子一起挂在天平上称重，精确度为 0.5 g。

⑧ 每个样品重复测定两次，允许差距为 5 g/L。如在允许差距内，求出两次的平均值即可。否则要再测一次，取其中最接近的两个数值，求其平均数。

3) 粮油比重的测定

粮食比重为一定的绝对体积的粮食重量和同体积的水重量之比，也就是粮食绝对重量和它的绝对体积之比。就不同作物或不同品种而言，其比重因形态构造(有无附属物)、细胞组织的致密程度和化学成分的不同而有很大差异。就同一品种而言，比重则随成熟和充实饱满度为转移。大多数作物成熟愈充分，内部积累的营养物质愈多，则籽粒愈充实，比重就愈大。但油料作物恰好相反，籽粒发育条件愈好，成熟度愈高，则比重愈小，因为籽粒所含油脂随成熟度和饱满度而增加。因此，粮食比重不仅是一个衡量品质的指标，而且在某种情况下，可作为籽粒成熟度的间接指标。

粮食在高温高湿条件下，经长期储藏，由于连续不断的呼吸作用，消耗掉一部分有机养料，可使比重逐渐下降。

测定粮食比重的方法有好几种，其中最简便的方法是用有精细刻度的 200 mg 的小量筒，内装 20%乙醇约 10 mL，然后称适当重量(一般约为 3～5 g)的净样品，小心地放入量筒中，再观察酒精平面升高的刻度，即为该种子样品的体积，代入下式，求出比重：

$$\text{种子比重}=\frac{\text{种子重量(g)}}{\text{种子体积(mL)}}$$

上法比较粗放，如要求更精确些，可用比重瓶测定。

(1) 比重瓶：长颈带活塞的玻璃瓶。颈上有 1/10 mL 刻度，计 10 mL，零位刻度在长颈上部，零位下有调节液体容量的活塞。

(2) 操作方法：向瓶内注入 20%乙醇，通过活塞调节液面至零位处。然后从瓶口放入 10 g(W)试样，稍加摇动，逐出气泡，放平后立即读取液面上升处的刻度(V)。

(3) 结果计算：比重的计算同上式。

粮食比重不作双试验。测定结果取小数点后第二位。

种子的比重和容重在一般情况下成密切的直线正相关，可应用回归方程式从一种特性的测定数值推算另一种特性的估计数值。

7.4 粮食新鲜度的检验

1) 感官检验法

(1) 看硬度：大米的硬度主要由蛋白质含量决定，米的硬度越大，说明其蛋白质含量和透明度越高，而且一般新米比陈米硬度要大些。检验时，用牙咬就可感觉出硬度的强弱。

(2) 观外表：储存时间长，大米中某些营养成分发生变化，米粒变黄，这种米的香味和口感都较差。米粒表面呈灰粉状或有白沟纹的是陈米。白沟纹和灰粉越多，米越陈旧。如有霉味、虫蚀粒，或有活虫、死虫等也是陈米。

2) 愈创木酚反应法

(1) 取粮食试样 50～100 粒置于试管内，加入 1%愈创木酚溶液 2 mL，振动后再加 3%过氧化氢溶液 1～3 滴，振动，放置片刻，粮粒和溶液便显色，同时作对照试验比较。显色越深，表示酶的活力越强，说明粮食新鲜程度越高。

(2) 取粮食试样约 5 g 置于试管中，加入 1%愈创木酚溶液 20 mL，振动 20 次左右，将愈创木酚溶液移入另一试管中，静置后加入 1%过氧化氢溶液 3 滴，在静置状态下，观察愈创木酚溶液显色程度。如是新米，经过 1～2 min，白浊的愈创木酚溶液从上部开始呈浓赤褐色，陈米则完全不着色。如是新、陈米混合，新米比例大，呈色反应快，且呈浓赤褐色；陈米比例大，呈色反应慢，且呈淡赤褐色。

3）酸碱指示剂法

（1）原液配制：取甲基红 0.1 g、溴百里酚蓝 0.3 g，溶于 150 mL 乙醇中，加水稀释至 200 mL，作为原液。

（2）判断样品的新、陈程度：将原液与水按 1∶50 混合，作为使用液。取粮食试样 5 g 加 10 mL使用液，振动后观察溶液显色情况。米粒越新就越绿，已氧化的则由黄色变为橙色。

（3）判断新、陈米混合比率可将原液与水按 1∶4 混合，用碱液滴定红色液至黄色（滴定后残留黄色变为绿色的不行），作为使用液。取粮食试样 20～100 粒，加入 10 mL 使用液，振动并待米粒着色后，立即用水冲洗。根据米粒着色情况判断新、陈程度，米粒将随着氧化情况呈现绿色→黄色→橙色的变化。

4）酸度检验法

（1）实验原理

组成面粉的成分中含有酸性磷酸盐，在正常情况下，面粉应呈酸性反应。

面粉在储存期间，与酸度有关的成分在不断地发生以下变化：脂肪酶分解脂肪产生游离脂肪酸；磷化物在磷酸化酶的作用下分解出磷酸；多糖类在水解酶的作用下分解成单糖，单糖受乳酸菌的作用又氧化产生乳酸；细菌和蛋白酶使蛋白质分解为氨基酸，氨基酸脱掉氨基后，可生成游离的羟酸和酮酸。

面粉的酸度以度数表示，酸度是指中和 100 g 面粉中的酸所需 1 mol/L 碱液的毫升数。酸度是衡量、评价面粉新鲜程度和质量的主要指标。

（2）实验步骤

称取样品 5 g 置于 250 mL 锥形瓶中，加入 50 mL 水，摇匀，使面粉均匀地悬于水中，再以少量水将黏在瓶壁上的面粉洗下，加入酚酞指示剂 2 滴，用 0.1 mol/L NaOH 标准溶液滴定至显粉红，在 30 s 内不褪色即为终点。

（3）计算

$$\text{酸度}(°\text{T}) = \frac{V}{m \times 10} \times 100$$

式中：V——消耗 0.1 mol/L NaOH 溶液的体积(mL)；

m——样品的质量(g)。

级别高的面粉酸度为 2～3°T，级别低的面粉为 3～4°T。

7.5 油脂新鲜度的检验

1）缩醛检验法

（1）原理

油脂酸败后产生醛类，如环氧丙醛，它在酸败的油脂中不呈游离状态，而成为缩醛，但在盐酸的作用下被逐渐地释出，遇间苯三酚时出现桃红色（环氧丙醛与间苯三酚的凝集物）。

（2）试剂

① 0.1%间苯三酚乙醇溶液。

② 间苯三酚试纸：将新华 1 号滤纸剪成长 5～7 cm、宽 0.5 cm 的纸条，浸泡在 0.1%间苯三酚乙醇溶液中，10 min 后取出，避光晾干，置棕色试剂瓶中储存备用。

③ 盐酸。

(3) 仪器

取 50 mL 锥形瓶，瓶口装一适宜的单孔软木塞，孔内插入长 5 cm、内径为 0.5 cm 的玻璃管，管内悬间苯三酚试纸条。

(4) 实验步骤

称取油样 5 g，置 50 mL 锥形瓶中，加入盐酸 5 mL 混合后，立即加入大理石 5～6 粒，塞好已装有间苯三酚试纸的软木塞，在 25℃左右放置 20 min，试纸变红表示有醛，说明油脂已酸败。试纸呈黄色或微橙色时，均属阴性。

(5) 注意事项

① 新配制的间苯三酚试纸条应为无色。间苯三酚在空气中易被氧化，如发现间苯三酚试纸条变色，则不能再使用，应重新制备。

② 固体脂肪，需先加温熔化再检验。

2) 过氧化值检验法

过氧化物是油脂在氧化过程中的中间产物，通常都以过氧化物的反应作为油脂酸败的定量测定。过氧化值有多种表示方法，一般用滴定 1 g 油脂所需某种规定浓度(通常用 0.002 mol/L)的 $Na_2S_2O_3$ 标准溶液的毫升数表示。或像碘价一样，用碘的百分含量表示。

(1) 原理

油脂中所含的过氧化物与氢碘酸作用而析出游离的碘，再用硫代硫酸钠标准溶液滴定析出的碘，根据消耗硫代硫酸钠标准溶液的量，计算出油脂中的过氧化值，反应式如下：

$$2HI + \text{过氧化物} \longrightarrow \text{析出碘}$$

$$I_2 + 2Na_2S_2O_3 \longrightarrow 2NaI + Na_2S_4O_6$$

(2) 试剂

① 冰醋酸与氯仿混合液：按体积 1∶1 的比例进行配制。

② 0.002 mol/L(或 0.005 mol/L) $Na_2S_2O_3$ 标准溶液：临用时以 0.100 0 mol/L $Na_2S_2O_3$ 标准液稀释而成。

③ 1%淀粉指示剂。

④ 碘化钾饱和溶液：取 10 g 碘化钾，加入 7 mL 水，临用时新配。

(3) 实验步骤

① 称取油样 23 g(固体油脂先熔化，然后称重)，置于 250 mL 带塞锥形瓶中，加入30 mL 冰醋酸与氯仿的混合液，再加入 1 mL 饱和碘化钾溶液，立即加塞，摇匀，放置暗处5 min。

② 取出上述锥形瓶，加入 100 mL 水，以淀粉为指示剂，用 0.002 mol/L 或0.005 mol/L $Na_2S_2O_3$ 标准溶液滴定至蓝色刚褪去为止，记录硫代硫酸钠标准溶液的用量 V_1，同时作空白试验(空白实验除不加油脂样品外，其他条件完全与测定条件相同)，记录硫代硫酸钠标准溶液的用量 V_2。

(4) 计算

$$\text{过氧化值} = \frac{(V_1 - V_2) \times c \times 0.126\,9}{m} \times 100\%$$

式中：V_1——样品测定消耗硫代硫酸钠标准溶液的体积(mL)；

V_2——空白测定消耗硫代硫酸钠标准溶液的体积(mL)；

c——硫代硫酸钠标准溶液的浓度(mol/L)；

m——样品的质量(g)；

0.126 9——1/2 I_2的毫摩质量(g/mmol)。

(5) 注意事项

① 加入碘化钾后，迅速加塞摇匀，放置暗处，否则碘化钾本身易氧化析出碘，影响结果。

② 过氧化值在0.06以下感官无异常；在0.07～0.1时感官上有改变，并有醛反应，即与间苯三酚呈桃红色；若过氧化值高于0.1时，油脂出现辛辣和刺激性气味。

3) 酸价检验法

(1) 原理

酸价是指中和1.0 g油脂中的游离脂肪酸所需氢氧化钾的毫克数。新鲜油脂的酸价很低，随着储存期的延长和油脂的酸败，其酸价随之增大，油脂中游离脂肪酸含量增加，可直接说明油脂新鲜度和质量的下降。

油脂中的游离脂肪酸与氢氧化钾产生中和反应，从氢氧化钾标准溶液消耗量可计算出游离脂肪酸的量。

(2) 试剂

① 中性醇醚混合剂或中性苯醇混合剂：取化学纯95%乙醇和乙醚按2∶1体积混合，或苯与95%乙醇等体积混合，然后加酚酞指示剂数滴，用0.1 mol/L KOH溶液中和至微红色。

② 1%酚酞指示剂。

③ 0.1 mol/L KOH标准溶液。

(3) 实验步骤

准确称取油样5.0～10.0 g于烧杯中，加入混合溶剂50 mL(溶剂量为样品的10倍以上，否则不能全部溶解)，振摇溶解(猪油、牛油需加热)，加入酚酞指示剂3～4滴，用0.1 mol/L KOH标准溶液滴定至淡红色，于1 min内不褪色为终点。按下式计算：

$$\text{酸价} = \frac{c \times V \times 56.1}{m}$$

式中：c——标准氢氧化钾溶液的浓度(mol/L)；

V——消耗标准氢氧化钾溶液的量(mL)；

m——样品的质量(g)；

56.1——氢氧化钾的摩尔质量(g/mol)。

4) 甲基酮检验法

(1) 原理

在某些含有低级脂肪酸的油脂中(如椰子油、奶油等)，其酸败的主要原因是由于霉菌的繁殖作用而产生的甲基酮所致，检验酮是否存在，能够反映这类油脂的质量指标。

将甲基酮从酸败的油脂中蒸馏出来，在硫酸的存在下与水杨醛作用，产生一种粉红—深红色物质而被检出。

(2) 实验步骤

① 空白试验：在一个250 mL蒸馏烧瓶中，加入150 mL水，装上冷凝管，取一支50 mL比色管收集馏出液25 mL，加入0.4 mL纯水杨醛，猛力摇2 min后，用离心机以2 000 r/min

离心 5 min,使内容物沉淀。弃去上层溶液至剩下约有 4 mL 时,摇匀,在不接触管壁的情况下,滴加 2 mL 硫酸,猛烈振摇 1 min,静置,其上清液应为浅黄色或微显粉红色。

② 测定:取油样 10 g(固体样品先熔化),加入上述蒸馏瓶内的残留水中,蒸馏。用 50 mL 比色管收集馏出物 25 mL,以下操作同空白试验。

醛层显粉红—深红色表示有酮存在,如果颜色很淡时,将样品管、空白管浸入沸水浴中 15 min 再进行检定。

(3) 注意事项

① 新鲜油脂,酮检验呈阴性。

② 若感官检验正常,没有酸败的症状,但甲基酮检验呈阳性,说明此油脂不能再继续储存了。

7.6 果蔬一般物理性状的测定

1) 目的与原理

物理性状的测定是用一些物理的测定方法来表示果蔬的重量、大小、比重、容重、硬度等物理性状。其中也包含了某些感官的反应,如形状、色泽、新鲜度和成熟度等。果实在成熟、采收、运输、储藏及加工期间的物理特性的变化,反映其组织内部一系列复杂的生理生化变化的结果。因此对物理性状的测定是进行化学测定的基础。

果蔬的物理性状测定是确定采收成熟度,识别品种特性,进行产品标准化的必要措施。新鲜果实是活的有机体,与外界环境条件的统一是保证储藏特性的主要因素。欲控制适合于新鲜果蔬的环境,首先就要通过在储藏期中进行物理测定的方法,了解其在不同环境中的变化。对于加工原料进行物理性状的测定,是了解其加工适应性与拟定加工技术条件的依据。

2) 材料与用具

苹果、梨、柑橘、葡萄、甜椒、番茄、茄子等。

卡尺、托盘台秤、果实硬度计、榨汁器、比色卡片、排水筒、量筒等。

3) 操作方法

(1) 单果重(g/个):取 10 个果实,放在托盘台秤上称重,记录重量。求出其平均果重。

(2) 果形指数(纵径/横径):取 10 个果实,用卡尺测量果实的纵径和横径(cm),求出果形指数,以了解果实的形状和大小。

(3) 果面特征:取 10 个果实进行总体观察,记载果皮的粗细、底色和面色的状况,果实底色可分深绿、绿、浅绿、绿黄、浅黄、黄、乳白等,也可用特制的比色卡进行比较,分成若干级。果实因种类和品种不同,显出的面色有所差别,应根据实际观察到的情况,记载颜色的种类和深浅、占果实表面积的百分比。

(4) 果肉比率(%):取 10 个果实,除去果皮、果心、果核或种子,分别称各部分的重量,以求果肉(或可食部分)的百分率。汁液多的果实,可将果汁榨出,称果汁重量,求果实的出汁率。

(5) 果实硬度:果实硬度是果实成熟度的重要指标之一。取 10 个果实,在对应两面薄薄地削去一小块果皮,用果实压力硬度计测定果肉的硬度,以每平方厘米面积上承受的压力数表示。在用 Mmagness-Tylor 型硬度计测定时,注明测头直径英寸数,压力以磅数表示(例如测头为 7/16 英寸,压力为 16 磅)。硬度愈大,表明质地愈致密。硬度与果实的储藏性往往呈现一定的正相关性。

(6) 果实比重(g/cm^3):取10个果实,在托盘台秤上称果实重量W。将排水筒装满水,多余的水由溢水孔流出,至不滴水为止,置一量筒于溢水孔下面。将果实轻轻放入排水筒水中,此时溢水孔流出的水盛于量筒内。再用细铁丝将果实全部没入水中,待溢水孔水滴滴尽为止。用量筒量出果实的排水量,即果实体积V,计算果实的比重。

$$\text{果实比重}(P) = \frac{\text{重量}(W)}{\text{体积}(V)}$$

(7) 果蔬容重(kg/m^3):果蔬容重是指1 m^3容积果蔬的重量,它与果蔬的包装、运输和储藏关系十分密切。可选用包装容器,如竹筐、纸箱、木桶或特制一个1 m^3的容器,装满某种水果或蔬菜,取出并称其重量(kg),计算容器的容积(m^3),即可求出该种果蔬的容重。

7.7 果蔬质地的测定

质地是果品蔬菜的重要属性之一,它不仅与产品的食用品质密切相关,而且是许多种果蔬的储藏性与储藏效果的重要指标。果蔬的质地用硬度机测定。

1) 质地的内涵

质地的内涵对不同种类或类型的果蔬而不同。例如,苹果、梨、桃等果实的质地是指果肉的坚实程度,对于梨而言,还应包括石细胞含量的多少;葡萄、樱桃的质地是指果粒的弹性和韧性;蚕豆的质地是指种皮的韧性或嫩度,以及子叶的硬度或软度;芹菜的质地是指叶和柄的脆嫩度和纤维含量的多少;蒜苔的质地则是指苔梗基部纤维化的程度。

在果蔬储运实践和科研工作中,通常是通过测定果实硬度作为判断果实质地的主要指标。此外,有时还需要对有些果蔬的耐压性、裂果难易性、石细胞含量等与质地相关的指标进行测定。

2) 果实硬度的测定

测定果实的硬度,目前多用硬度计法。我国现在常见的有天津津东机械厂生产的HP-30型硬度计和GY-1型硬度计。

(1) HP-30型果实硬度计:这种硬度计的外壳是一个带有隙缝的圆筒,沿隙缝安有游标,隙缝两侧画有刻度,圆筒内装有轴,其一端顶有一个弹簧,另端旋有压头。当压头受力时,弹簧压缩,带动游标,从游标所指的刻度读出果实硬度读数。这种硬度计一般只适用于苹果、梨等硬度较大的果实。压头有两种,根据截面积有所不同,大的为1 cm^2,小的为0.5 cm^2。

测定时,将果实待测部分的果皮削掉,使硬度计压头与削去果皮的果肉相接触,并与果实切面垂直,左手握紧果实,右手持硬度计,缓缓增加压力,直到果肉切面达压头的刻线为止。这时游标尺随压力增加而被移动,它所指的数值即表示每平方厘米(或0.5 cm^2)上的磅数。

(2) GY-1型果实硬度计:这种硬度计虽然也是采用压力来测定果实硬度的,但其读数标尺为圆盘式,当压头受到果实阻力时,推动弹簧压箱,使齿条向上移动,带动齿轮旋转,与齿轮同轴的指针也同时旋转,指出果实硬度的数值。此硬度计可测定苹果、梨等的硬度。测定前,转动表盘,使指针与刻度2 kg处重合。

压头有圆锥和平压头两种,平压头适用于不带皮果肉硬度的测定,圆锥形压头可用于带皮或不带皮的果实硬度的测定,测定方法和HP-30型果实硬度计相同。

在测定果实硬度时,要注意以下几点:

(1) 测定果实硬度，最好是测定果肉的硬度，因为果皮的影响往往掩盖了果肉的真实硬度。

(2) 加压时，用力要均匀，不可转动压入，亦不能用猛力压入。

(3) 探头必须与果面垂直，不要倾斜压入。

(4) 果实的各部位硬度不同，所以测定各处理果的果实硬度时，必须采用同一部位，以减少处理间的误差。

3) 番茄果实耐压性的测定

(1) 装置构造：国内已经设计制造出果实耐压性测定仪。该装置主要由以下两部分构成(图 7-7-1)。

① 骨架部分：作用是向被测番茄果实施加压力，并固定和支撑整个装置。除滑动压板用有机玻璃材料制作外，各组件都用铁板或铁条制作，以提高稳定性。

② 压力度量部分：作用是迅速地自动标出被测定果实承受的压力值大小。测定最大压力值为 10 kg，精确度为 0.05 kg。

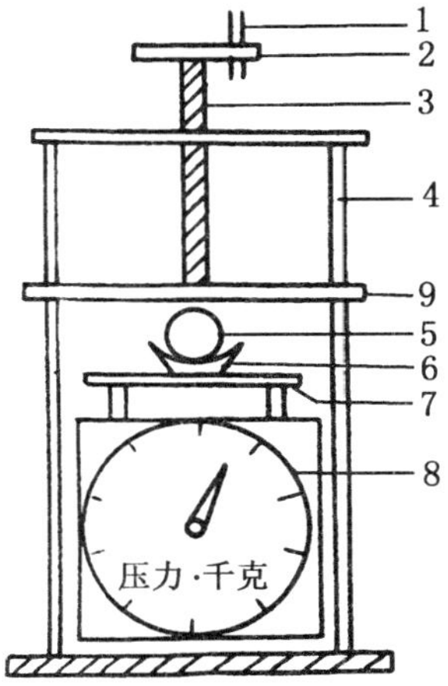

图 7-7-1　番茄果实耐压性测定仪

1—手柄；2—转轮；3—螺杆；4—支柱；5—被测果实；6—塑料小盘压力度量部分；7—秤盘；8—字盘；9—滑动压板

(2) 操作方法：被测量果实放在塑料小盘中(小盘重量可忽略不计)，将小盘和果实一起送入字盘案秤的盘上。右手握手柄，带动转轮，按顺时针方向，以一定的匀速度转动，使螺杆随之转动，驱动滑动压板下降，压迫果实。完好的果实受压后，产生反作用力于字盘案秤上，字盘指针指示出这个压力值的大小。当压力越来越大，以至于果实不能承受时，果实破裂，它对字盘案秤的反作用力突然变小，指针迅速往回偏转，指针回转前瞬间指示的最大压力值就代表了该果实所能耐受的最大压力。

4) 番茄裂果现象的测定

番茄采摘前常有裂果现象发生，对采后的储运效果影响很大。在储运之前通过测定番茄裂果现象，可以对其在储运过程中裂果的潜在可能性作出判断。

(1) 装置构造：测定裂果装置分真空泵、浸渍篓、减压槽及压力控制几部分，由耐压橡皮管连接而成(图 7-7-2)。

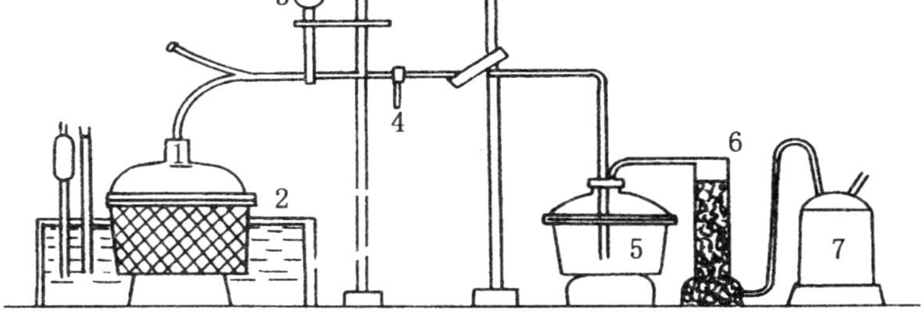

图 7-7-2　番茄裂果测定装置

1—减压槽(内有铁丝浸渍篓及供测定样品)；2—恒温水浴锅；3—真空表；4—三通开关；5—储气缸；6—干燥瓶；7—真空抽气泵

① 减压槽：用直径为 22 cm 的真空干燥器作为减压槽，上部连接橡皮管。为了实验的方便，可用 2～3 个真空干燥器连接在一起，同时进行测定。测定时，减压槽中盛入清水(可

用自来水),水保持在 20 ℃左右。

② 盛果浸渍篓:用铝丝编成,其直径比减压槽稍为小些,以便放入。每个篓可盛入番茄果实 5～10 个,网眼的大小以不漏出果实为度,一般为 1～2 cm^2。

③ 储气缸:用一个较小的真空干燥器作为储气缸,连接在真空泵与减压槽之间,以缓冲抽气时的压力。

④ 干燥瓶:用一般干燥瓶,内盛氯化钙,以保证真空泵的干燥。

(2) 测定步骤

① 选拔需要测定的番茄果实 10～20 个,除去果蒂。果实要求生长良好,无病斑及日灼,大小均匀。从植株上采下的果实宜于 1～2 h 内进行测定。

② 将果实先放置在浸渍篓内,梗洼必须向上,平放 1 层或 2 层。

③ 把整个浸渍篓放入减压槽(即真空干燥器的水中)中,要求果实全部浸没,不能有露出水面的部分。水温保持在 20 ℃左右。

④ 封减压盖槽,使全部减压系统的气流通行无阻。

⑤ 开动真空泵,开始抽气,使压力表的读数达 10 英寸时(相当于 25 mmHg),旋转三通玻璃开关,停止减压。这样在 25 mmHg 的压力状态下,维持 2 min 减压后即打开三通玻璃开关,使减压槽恢复到常压,然后打开干燥器盖,将浸渍篓取出,果实表面即有不同程度的裂纹,然后测定每个果实的裂痕长度。

⑥ 测定果实的裂痕长度最好是用地图上使用的"测图仪"来测出裂果的总长度。如果没有"测图仪"可改用尼龙丝线的方法。按裂痕的位置,一段一段地测出来,加在一起,作为每一个果实的裂痕总长度。以每一个果实的平均裂痕总长度作为比较裂果程度的标准,而不用裂痕分级的方法。

5) 梨果肉石细胞含量的测定

石细胞是梨果肉中特有的,它的含量的多少直接影响梨肉质的粗细。虽然果实肉质粗细还和果实的紧实度有关,但石细胞的含量仍不失为梨肉质粗细的重要指标。中国农科院郑州果树所用盐酸水解、间苯三酚染色来观察梨果肉中石细胞的分布和大小,认为直径在 0.49 mm以下的石细胞是人感觉不出来的。这里介绍一种能较快从果肉中分离出干净的石细胞,同时又不使石细胞受破坏的方法。

将梨皮削去,果实按四分法取样(注意勿将果心周围的石细胞取入),每组样品取 200 g 果肉,放入塑料袋中置于低温冰箱(16～20℃)过夜。次日取出,待解冻后加水约 100 mL,用组织捣碎机捣碎(1 500 r/min)1 min,取出放入 800 mL 的大烧杯中,加 200 mL 水,用玻棒搅拌,静置片刻,去掉上面的果肉渣。再加水搅拌,倒去上层物,反复 3～4 次。最后留在下面的是颗粒完整的石细胞。分别用孔径 0.50 mm 和 0.25 mm 的分解筛过筛,得到的便是干净、完整的直径大于 0.5 mm 和直径在 0.25～0.5 mm 的石细胞。再用滤纸吸干水分,分别称重,计算每 100 g 果肉所含石细胞的量。

7.8 畜禽品种识别

1) 目的要求

通过实习熟悉引入畜禽品种和培育畜禽品种的品种特征。

2）实习材料

畜禽品种图片、照片、幻灯片及录像片等；畜禽品种。

3）方法步骤

（1）观察品种的图片、照片。

（2）组织放映有关畜禽品种的幻灯及录像。

（3）带领学生参观校内外畜禽场。

由教师对参观的畜禽品种作扼要介绍。内容包括：品种的产地及分布、外貌特征、生产性能、主要优缺点及在本地区的作用。

学生对所观察畜禽品种的外貌特征，如被毛、体型等进行描述记载，并进行鉴别比较。

4）实习要求

在进行本实习时，应考虑到本地区的畜禽品种分布情况而有所侧重，对全国或世界著名的品种要一一介绍，当地地方品种可以自行选择。

7.9 原料肉品质的评定

1）原理

通过评定或测定原料肉的颜色、酸度、保水性、嫩度、大理石纹及熟肉率，对原料肉品质作出综合评定。

2）主要仪器、设备

肉色评分标准图，大理石纹评分图，定性中速滤纸，酸碱度计，钢环允许膨胀压力计，取样器，肌肉嫩度仪，书写用硬质塑料板，分析天平。

3）评定方法

（1）肉色：猪宰后 2～3 h 内取最后 1 个胸椎处背最长肌的新鲜切面，在室内正常光度下用目测评分法评定。评分标准见表 7-9-1。应避免在阳光直射或室内阴暗处评定。

表 7-9-1 肉色评分标准*

肉 色	灰 白	微 红	正常鲜红	微暗红	暗 红
评 分	1	2	3	4	5
结 果	劣质肉	不正常肉	正常肉	正常肉	正常肉*

注：“*”为美国《肉色评分标准图》。因我国的猪肉较深，故评分 3～4 者为正常。

（2）肉的酸碱度：宰杀后在 45 min 内直接用酸碱度计测定背最长肌的酸碱度。测定时先用金属棒在肌肉上刺一个孔。按国际惯例，用最后胸椎部背最长肌中心处的 pH 表示。正常肉的 pH 为 6.1～6.4，灰白水样肉（PSE）的 pH 一般为 5.1～5.5。

（3）肉的保水性：测定保水性使用得最普遍的方法是压力法，即施加一定的重量或压力，测定被压出的水量与肉重之比或按压出水所湿面积之比。我国现行的测定方法是用 35 kg 重量压力法度量肉样的失水率。失水率愈高，系水力愈低，保水性愈差。

① 取样：在第 1～2 腰椎背最长肌处切取 1.0 mm 厚的薄片，平置于干净橡皮片上，再用直径 2.523 cm 的圆形取样器（圆面积为 5 cm）切取中心部肉样。

② 测定：切取的肉样用感量为 0.001 g 的天平称重后将肉样置于两层纱布间，上下各垫

18 层定性中速滤纸。滤纸外各垫一块书写用硬质塑料板，然后放置于钢环允许膨胀压缩仪上，匀速摇动加压至 35 kg，保持 5 min，撤除压力后立即称量肉样重。

③ 计算

$$失水率(\%)=\frac{加压后肉样重}{加压前肉样重}\times 100\%$$

计算系水率时，需在同一部位另采肉样 50 g，按常规方法测定含水量后按以下公式计算：

$$系水率(\%)=\frac{肌肉总重量-肉样失水量}{肌肉总水分量}\times 100\%$$

(4) 肉的嫩度：嫩度评定分为主观评定和客观评定两种方法。

① 主观评定：主观评定是依靠咀嚼和舌与颊对肌肉的软、硬与咀嚼的难易程度等方面进行综合评定。感官评定的优点是比较接近正常食用条件下对嫩度的评定。但评定人员须经专门训练。感官评定可从以下 3 个方面进行：咬断肌纤维的难易程度；咬碎肌纤维的难易程度或达到正常吞咽程度时的咀嚼次数；剩余残渣量。

② 客观评定：用肌肉嫩度计测定剪切肉样时的剪切力的大小来客观表示肌肉的嫩度。实验表明，剪切力(Shear Value)与主观评定法之间的相关系数达 0.60～0.85，平均为 0.75。

测定时在一定温度下将肉样煮熟，用直径为 1.27 cm 的取样器切取肉样，在室温条件下置于剪切仪上测量剪切肉样所需的力，用“kg”表示。其数值越小，肉越嫩。重复 3 次计算其平均值。

(5) 大理石纹：大理石纹反映了一块肌肉内可见脂肪的分布状况。通常以最后一个胸椎处的背最长肌为代表，用目测评分法评定：脂肪只有痕迹评 1 分；微量脂肪评 2 分；少量脂肪评 3 分；适量脂肪评 4 分；过量脂肪评 5 分。目前暂用大理石纹评分标准图测定。如果评定鲜肉时脂肪不清楚，可将肉样置于冰箱内在 4℃下保持 24 h 后再评定。

(6) 熟肉率：将完整腰大肌用感量为 0.1 g 的天平称重后，置于蒸锅屉上用沸水在 200 W的电炉上蒸煮 45 min，取出后冷却 30～40 min 或吊挂于室内无风阴凉处 30 min 后，称重，用以下公式计算：

$$熟肉率(\%)=\frac{蒸煮后肉样重}{蒸煮前肉样重}\times 100\%$$

7.10 肉类新鲜度的检验

1) 肉类新鲜度的感官检验

(1) 检查方法

① 用视觉在自然光线下，观察肉的表面及脂肪的色泽，有无污染附着物，用刀顺肌纤维方向切开，观察断面的颜色。

② 用嗅觉在常温下嗅其气味。

③ 用食指按压肉表面，触感其指压凹陷恢复情况、表面干湿及是否发黏。

④ 称取切碎肉样 20 g，放在烧杯中加水 100 mL，盖上表面皿置于电炉上加热至 50～

60℃时，取下表面皿，嗅其气味。然后将肉样煮沸，静置观察肉汤的透明度及表面的脂肪滴情况。

(2) 评定标准

猪、牛、羊、兔等畜肉的感官检验见表7-10-1。

表7-10-1 猪、牛、羊、兔等畜肉的感官检验

感官项目	新鲜肉	次鲜肉(可疑肉)	腐败肉(变质肉)
色泽	切面有光泽，红色均匀	切面色暗，无光泽，呈较浅绿色	切面发暗，无任何光泽，呈暗灰色
黏度	外表微干，或有风干膜，不黏手	表面湿润发黏或覆有干燥的暗灰色的外膜，新切面湿润	表面干燥有霉菌，黏手，新切面发黏
弹性	切断面肉质紧密，富有弹性，指压后的凹陷立即恢复	切面肉质松软，指压后的凹陷恢复慢，且不能完全恢复	组织完全松软，无弹性，指压后凹陷不能恢复，留有明显的痕迹
气味	具有每种畜肉特有的自然香味	稍有酸霉味但深层尚无腐败味	肉的深层能嗅到明显的腐败臭味
脂肪状况	无油腻感，牛脂为白色或淡黄色，坚实并可捻碎；猪脂为白色或玫瑰色，柔软有弹性；羊脂为白色，质地紧密	呈灰色，无光泽，用手按压时易黏手，有时有发霉现象	表面污脏，并有黏液，有强烈的脂肪酸败味，发霉，呈浅绿色
肉汤	透明，澄清，具有特殊芳香味，脂肪团聚于表面	稍有浑浊，脂肪呈小滴浮于表面，有发霉的腐败味	浑浊，有黄色或白色絮状物，脂肪极少且浮于表面，有臭味

为了比较全面确切地判断肉的气味和肉汤的感官指标，可将被检样品切成小块，取50 g左右放入锥形瓶中，盖严，加热至沸腾时立即开盖嗅气味，并观察肉汤透明度和表面浮游脂肪的状态；或者把洁净的刀先置于热水中加温后，迅速刺入肉内，然后拔出，嗅其气味，再判断肉的新鲜度。

2) 肉类新鲜度的化学鉴定法

(1) 爱氏试剂法

① 爱氏试剂：1份25%盐酸、3份95%乙醇、1份乙醚混合而成。

② 器皿：大试管，普通橡皮塞，带铁丝橡皮塞(在塞子下方插一铁丝，铁丝下端弯成钩形)。

③ 鉴别方法：吸取2～3 mL爱氏试剂，置于大试管内，塞上普通橡皮塞，摇2～3次。然后取下塞子，并立即塞上带钩橡皮塞(肉挂在弯钩上)，注意勿碰管壁，距液面1～2 cm。

若肉已不新鲜，就有氨存在，于数秒钟内即有氯化铵白雾生成。少量白雾出现，可认为肉开始变质；如出现大量白雾，则样品已腐败变质。

(2) 蛋白沉淀法

① 试剂和器皿：5%硫酸铜溶液，烧杯，试管，漏斗，滤纸。

② 步骤：称取3 g切碎的肉，加入9 mL水，加热至沸，并保持2 min以上。过滤，取滤液2 mL，置于小试管中，加入5～10滴5%硫酸铜溶液并摇匀，2 min后进行判定。新鲜肉无变化，不新鲜肉出现浑浊及沉淀现象。

(3) 过氧化氢酶法

① 原理：新鲜动物的肌肉组织内含有过氧化氢酶，它可促进过氧化氢释放氧，氧化有机

物，发生特殊的颜色反应，从而鉴定肉的新鲜程度。如联苯胺在氧的存在下，可生成蓝绿色的物质。反应式如下：

联苯胺＋过氧化氢→对醌二亚胺（蓝绿色）＋水

② 试剂和仪器

a. 10%愈创木酚溶液。

b. 1∶500 联苯胺乙醇溶液，可使用 7 天，过期重配。

c. 1∶500 甲萘酚乙醇溶液。

d. 1%过氧化氢溶液。

e. 试管若干。

f. 绞肉机。

③ 实验步骤：吸取粉碎均匀的 10%肉浸汁 2 mL，置于试管中，加入 5 滴 a.～c. 三种试剂的任一种，摇匀后，再加入 2 滴 1%过氧化氢溶液。

如肉汁内有过氧化氢酶存在，用愈创木酚试剂时则乳样呈现青灰色；用联苯胺乙醇溶液时，呈蓝绿色或绿色；用甲萘酚乙醇溶液试剂时，呈淡紫色或很快变成浅樱红色。新鲜肉在 0.5～2 min 内就显色；若非新鲜肉，则在 2 min 后呈色或不呈色。

3）pH 检验法

原理：新鲜肉由于在成熟过程中有酸性物质磷酸及乳酸形成，所以肉呈酸性反应，即 pH 较低；而在肉质腐败时，由于蛋白质分解产生胺和氨等碱性物质，可使 pH 升高。新鲜肉的 pH 为 6.0 左右，不新鲜肉的 pH 在 6.5 以上。

（1）酸度计法

① 原理

酸度计法为电化学法的一种。将一支能指示溶液 pH 的玻璃电极作指示电极，用甘汞电极作参比电极组成一个电池，浸入样品液中，此时所组成的电池将产生一个电动势，电动势的大小与溶液中的氢离子浓度即 pH 有直接关系。按能斯特方程如下：

$$E=E^0+0.059\,1\lg[H^+](25℃)$$

即

$$E=E^0-0.059\,1\,pH$$

在 25℃时，每相差一个 pH 单位，就产生 59.1 μV 的电极电位，pH 可在仪器的刻度上直接读出。

② 仪器

酸度计，玻璃电极，甘汞电极，绞肉机，锥形瓶，烧杯，精密 pH 试纸。

③ 实验步骤

a. 取 10 g 已去除油脂的样品，用绞肉机绞碎后，加入放有 100 mL 新煮沸且冷却的蒸馏水的锥形瓶中，浸泡 15 min(随时摇动)。静置并过滤，留滤液待用。

b. 按酸度计的操作说明书校正酸度计。

c. 先用去离子水冲洗电极和烧杯，再用样品液洗涤电极和烧杯。然后将电极浸入样品液中，轻摇烧杯使溶液均匀，最后从酸度计的刻度盘上读取 pH。

d. 如无酸度计，可用精密 pH 试纸进行简易测定。取精密 pH 试纸（pH 范围 5～8）

1 条，用 1 滴蒸馏水湿润，再将其贴在肉的新鲜切面上，经 5～10 min 后，取下试纸观察其 pH 的变化。

④ 注意事项

a. 样品液制备好后，应立即测定，不宜久存。

b. 玻璃电极脆弱，极易碰坏，应特别当心。若黏有油污等，先浸入乙醇中，接着浸入乙醚或四氯化碳中，然后再浸入乙醇中洗涤，最后用蒸馏水冲洗干净。

c. 玻璃电极应随时校正，新的玻璃电极必须在蒸馏水或 0.1 mol/L HCl 中浸泡一昼夜以上才能使用。

(2) 硝基苯磺法

① 原理：硝基苯磺溶液的 pH 变色区间在 6～7 之间，随着肉汁液 pH 的不同而呈现出不同颜色，以鉴别肉品是否新鲜。

② 试剂

a. 氯仿水溶液，100 mL 水中滴加 10 滴氯仿，混匀。

b. 0.01%硝基苯磺溶液。

③ 器皿：培养皿。

④ 实验步骤：称取 10 g 肉于清洁瓷皿内，用剪刀剪碎，加入 10 mL 氯仿水溶液，在室温中静置 1 h，使肉中的糖原在酶作用下转化为乳酸。为了防止硝基苯磺溶液被稀释，将碎肉内的液体压出，加入 0.01%硝基苯磺溶液与碎肉混合，然后观察肉色的变化，如有深色产生，说明 pH 在 6.5 以上，结果见表 7-10-2。

表 7-10-2　肉类新鲜度与 pH 和颜色的关系

pH	颜　色	判　定	pH	颜　色	判　定
6.0	鲜黄色	新鲜肉	6.5	橄榄绿色	不正常肉
6.2	淡棕色	新鲜肉	6.8 以上	蓝紫色、紫色	腐败肉
6.4	淡黄绿色	不正常肉			

4) 氨检验法

(1) 原理：动物性食品在腐败过程中，由于蛋白质分解而产生氨，氨可与纳氏试剂作用生成黄色或红褐色碘化汞铵化合物，有助于判断肉的新鲜度。其反应式如下：

$$2(HgI_2-2KI)+3KOH+NH_3 \rightarrow [O\langle{}^{Hg}_{Hg}\rangle NH_2]I+7KI+2H_2O$$

(2) 纳氏试剂：取氢氧化钠 144 g 溶于 500 mL 无氨蒸馏水中，并冷却。另称取红色碘化汞 55 g 及碘化钾 41.25 g，加入无氨蒸馏水 25 mL，用玻璃棒搅动至全部溶解。冷却后将上述溶液缓慢加入氢氧化钠溶液中。边加边搅动，最后加水稀释至 1 000 mL。放置过夜，倾出上层清液于棕色试剂瓶中。

(3) 仪器：绞肉机，烧杯，漏斗，滤纸。

(4) 实验步骤

① 样品处理：将鲜肉除去脂肪、骨、腱后绞碎研匀，取样品 10 g，用 10 倍(100 mL)无氨蒸馏水浸提 30 min，其间不断地振摇，然后过滤，滤液即为 10%样品浸提液，供测定用。

② 测定：取样品浸出液 1 mL 于试管内，滴加纳氏试剂，每加 1 滴振摇试管并观察变化，一直滴到 10 滴为止。然后根据表 7-10-3 判断结果。

表 7-10-3　肉类新鲜度判断结果表

加纳氏试剂滴数	颜色的变化和沉淀	氮含量(mg/100g)	反应结果
10	颜色未变，无浑浊和沉淀	16 以下	阴性(－)
10	变黄色，微浑浊，无沉淀	16～20	极微阳性(±)
10	黄色，轻度浑浊，稍有沉淀	21～30	微阳性(＋)
6～9	变黄色或红褐色，有沉淀	35～45	阳性(＋＋)
1～5	深黄色或红褐色，有沉淀	48 以上	强阳性(＋＋＋)

(5) 注意事项

① 纳氏试剂的配制应按操作进行，否则颜色深而浑浊。

② 纳氏试剂应储存于棕色瓶里，用橡皮塞塞紧，可长期使用。

7.11　乳新鲜度的检验

1) 目的要求

鲜乳挤出后若不及时冷却，污染的微生物就会迅速繁殖，使乳中细菌数增多，酸度增高，风味恶化，新鲜度下降，影响乳的品质和加工利用。通过本次实验，要求掌握对原料乳进行新鲜度检验的方法。

2) 检验方法

乳新鲜度检验的方法很多，目前在生产上应用较多的方法是在感官检验的基础上，再配合采用酒精试验、煮沸试验、刃天青试验和测定酸度等方法。

(1) 乳的感官检查：正常牛乳应为乳白色或稍带黄色，有特殊的乳香味，无异味，组织状态均匀一致，无凝块和沉淀，不黏滑。评定方法如下：

① 色泽和组织状态检查：将少许乳倒入培养皿中观察颜色。静置 30 min 后将乳小心地倒掉，观察有无沉淀和絮状物。用手指沾乳汁，检查有无黏稠感。

② 气味的检查：将少许乳倒入试管中加热后，嗅其气味。

③ 滋味的检查：口尝加热后乳的滋味。

根据各项感官鉴定，判断乳样是正常乳或异常乳。

(2) 酒精试验

① 原理：新鲜乳中的酪蛋白微粒，由于其表面带有相同的电荷(为负电荷)和具有水合作用，故以稳定的胶粒悬浮状态分散于乳中。要想使其从乳中沉淀出来，需有两个条件：一是除去胶粒所带的电荷；二是破坏胶粒周围的结合水层。当乳的新鲜度下降、酸度增高时，酪蛋白所带的电荷就要发生变化。当 pH 达 4.6 时(即酪蛋白的等电点)，酪蛋白胶粒便形成数量相等的正负电荷，失去排斥力量，胶粒极易聚合成大胶粒而被沉淀出来。此外，加入强亲水物质如酒精、丙酮等，能夺取酪蛋白胶粒表面的结合水层，也使胶粒易被沉淀出来。酒精试验就是借助于不同酸度的乳加入酒精后，酪蛋白凝结的情况不同，从而判断乳的新鲜程度。在酒精试验时，乳的酸度越高，酒精浓度越大，乳的凝絮现象就越易

发生。

② 仪器及试剂：20 mL 试管 2 支，2 mL 刻度吸管 3 支，200 mL 烧杯 2 只，68°中性酒精溶液，不同新鲜度的牛乳乳样 2～3 个。

③ 操作方法：取乳样 2 mL 于清洁试管中，加入等量的 68°酒精溶液，迅速地轻轻摇动使其充分混合，观察有无白色絮片生成。如无絮片，则表明是新鲜乳，其酸度不高于 20°T，称为酒精阴性乳。出现絮片的乳，为酸度较高的不新鲜乳，称为酒精阳性乳。根据产生絮片的特征，可大致判断乳的酸度。不同酸度牛乳被 68°酒精凝结的特征如表 7-11-1。

表 7-11-1 牛乳酒精凝结特征

牛乳酸度(°T)	凝结特征	牛乳酸度(°T)	凝结特征
18～20	不出现絮片	25～26	中型的絮片
21～22	很细小的絮片	27～28	大型的絮片
23～24	细小的絮片	29～30	很大的絮片

另外，也可用不同浓度的酒精来判断乳的酸度(表 7-11-2)。

表 7-11-2 乳酸度

酒精浓度	界限酸度(不产生絮片的酸度)
68°	20°T 以下
70°	19°T 以下
72°	18°T 以下

④ 注意事项

a. 非脂乳固体较高的水牛乳、牦牛乳和羊乳，酒精试验呈阳性反应，但热稳定性不一定差，乳不一定不新鲜。因此对这些乳进行酒精试验，应选用低于 68°的酒精溶液。由于地区不同，尚无统一标准。

b. 牛乳冰冻也会形成酒精阳性乳，但这种乳热稳定性较高，可作为乳制品原料。

c. 酒精要纯，pH 必须调到中性，配制时间超过 5～10 天必须重新调节。

(3) 煮沸试验

① 原理：牛乳的新鲜度越差，酸度越高，热稳定性越差，加热时越易发生凝固。一般此法不常用，仅在生产前乳酸度较高时，作为补充试验用，以确定乳能否使用，以免杀菌时凝固。

② 仪器及试剂：20 mL 试管 3 支，5 mL 刻度吸管 3 支，酒精灯 1 只，公用恒温水浴锅 1 台，不同新鲜度的牛乳乳样 2～3 个。

③ 操作方法：取 5 mL 乳样于清洁试管中，在酒精灯上加热煮沸 1 min，或在沸水浴中保持 5 min，然后进行观察。如果产生絮片或发生凝固，则表示乳已经不新鲜，酸度在 20°T 以上或混有初乳。牛乳的酸度与凝固温度的关系见表 7-11-3。

表 7-11-3　牛乳的酸度与凝固温度的关系

酸度(T°)	凝固的条件	酸度(T°)	凝固的条件
18	煮沸时不凝固	40	加热至 65℃时凝固
22	煮沸时不凝固	50	加热至 40℃时凝固
26	煮沸时能凝固	60	22℃时自行凝固
28	煮沸时能凝固	65	16℃时自行凝固
30	加热至 77℃时凝固		

(4) 刃天青(利色唑林)试验

① 原理：刃天青为氧化还原反应的指示剂，加入到正常鲜乳中时呈青蓝色。如果乳中有细菌活动时能使刃天青还原，发生如下色变：青蓝色→紫色→红色→白色。故可根据变色程度和变到一定颜色所需时间，推断乳中细菌数，进而判定乳的质量。

② 仪器及试剂：20 mL 灭菌有塞刻度试管 2 支；1 mL 及 10 mL 灭菌吸管各 1 支；公用恒温水浴锅 1 台(调到 37℃)；100℃温度计 1 支。

刃天青基础液：取 100 mL 分析纯刃天青于烧杯中，用少量煮沸过的蒸馏水溶解后移入 200 mL 容量瓶中，加水至标线，储于冰箱中备用。此液含刃天青 0.05%。

刃天青工作液：以 1 份基础液加 10 份经煮沸后的蒸馏水混合均匀即可，储于茶色瓶中避光保存。

乳样：不同新鲜度的乳样 2～3 个。

③ 操作方法

a. 吸取 10 mL 乳样于刻度试管中，加刃天青工作液 1 mL，混匀，用灭菌胶塞塞好，但不要塞严。

b. 将试管置于(37±0.5)℃的恒温水浴锅中水浴加热。当试管内混合物加热到 37℃时(用只加奶的对照试管测温)，将管口塞紧，开始记时，慢慢转动试管(不振荡)，使受热均匀，于 20 min 时第一次观察试管内容物的颜色变化，记录；水浴到 60 min 时进行第二次观察，记录结果。

c. 根据两次观察结果，按表 7-11-4 项目判定乳的等级质量。

表 7-11-4　乳的等级

级　别	乳的质量	乳的颜色		每毫升乳中的细菌数
		经过 20 min	经过 60 min	(60 min)
1	良好	—	青蓝色	100 万以下
2	合格	青蓝色	蓝紫色	100 万～200 万
3	不好	蓝紫色	粉红色	200 万以上
4	很坏	白色	—	—

(5) 酸度的测度

① 原理：新鲜牛乳的酸度一般为 16～18°T。在牛乳存放过程中，由于微生物水解乳糖产生乳酸，使乳的酸度升高。所以测定乳的酸度是判定乳新鲜度的重要指标。通常以滴定

酸度(°T)表示。

② 仪器及试剂：25 mL 或 50 mL 碱式滴定管 1 支；1 mL 及 10 mL 吸管各 1 支；20 mL 量筒 1 只，150 mL 三角瓶 3 只。

试剂：0.1 mol/L NaOH 溶液；0.5%酚酞指示剂。

乳样：不同新鲜度的乳样 2～3 个。

③ 操作方法：用吸管量取 10 mL 经混匀的乳样，放入三角瓶中，加入 20 mL 蒸馏水和 0.5 mL(或 10 滴)酚酞指示剂。将混合物摇匀后，以 0.1 mol/L NaOH 滴定，边滴边摇，直至出现微红色且在 1 min 内不消失为止。将用去的 0.1 mol/L NaOH 的毫升数×10，即为 100 mL乳样的滴定酸度。如所用碱液并非精确到 0.1 mol/L，则可按下式计算：

滴定酸度(°T)＝用去碱液毫升数×碱液的实际浓度

④ 注意事项

a. 使用的 0.1 mol/L NaOH，应经精密标定后使用，其中不应含有 Na_2CO_3，故所用蒸馏水应先经煮沸冷却，以驱除 CO_2。

b. 温度对乳的 pH 有影响，因乳中具有微酸性物质，离解程度与温度有关，温度低时滴定酸度偏低。最好在(20±5)℃时滴定为宜。

c. 滴定速度越慢，则消耗碱液越多，误差大，最好在 20～30 s 内完成滴定。

7.12 乳掺假的检验

1) 目的

掺假有碍乳的卫生，降低乳的营养价值，有时还会影响乳的加工及乳制品的质量。所以，生产单位和卫生检验部门对原料乳的质量应严格把关。在收奶时或进行乳品加工前，对乳应酌情进行掺假检验。

2) 检验内容与方法

首先对乳进行感官检验，观察乳的色泽、稀稠，鼻闻有无不正常的气味，如酸味、腥味、闷煮味等。口尝有无异味，如咸味、苦涩味等。再根据不同情况，采用不同的检验方法。常见的掺假有掺水、掺碱、掺淀粉、掺盐等几种，其检验方法如下：

(1) 掺水的检验

① 原理：对于感官检查发现乳汁稀薄、色泽发灰(即色淡)的乳，有必要作掺水检验。目前常用的是比重法。因为牛乳的比重一般为 1.028～1.034，其与乳的非脂固体物的含量百分数成正比。当乳中掺水后，乳中非脂固体含量百分数降低，比重也随之变小。当被检乳的比重小于 1.028 时，便有掺水的嫌疑，可用比重数值计算掺水百分数。

② 仪器、试样：乳稠计有两种，一种是 20℃/4℃的密度计，一种是 15℃/15℃的比重计，通常多用密度计。密度计测得的数值加 2°即换算为比重数值。本实验采用密度计。

另外，200～250 mL 量筒 1 只，温度计 1 只，200 mL 烧杯 2 只，掺水与未掺水乳样各 1～2 个。

③ 测定方法

a. 将乳样充分搅拌均匀后小心地沿量筒壁倒入筒内 2/3 处，防止产生泡沫而影响读数。将乳稠计小心地放入乳中，使其沉入到 1.030 刻度处，然后让其在乳中自由游动(防止与量筒壁接触)。静止 2～3 min 后,两眼与乳稠计同乳面接触处成水平位置进行读数,读出弯月面上缘处的数字。

b. 用温度计测定乳的温度。

c. 计算乳样的密度:乳的密度是指 20℃时乳与同体积 4℃水的质量之比,所以,如果乳温不是 20℃时,需进行校正。在乳温为 10～25℃范围内,乳密度随温度升高而降低,随温度降低而升高。温度每升高或降低 1℃时,实际密度减小或增加 0.000 2(即 0.2℃)。故校正为实际密度时应加上或减去相应数值。例如乳温度为 18℃时测得密度为 1.034,则校正为 20℃乳的密度应为:1.034－[0.000 2×(20－18)]＝1.034－0.000 4＝1.033 6。

d. 计算乳样的比重:将求得的乳样密度数值加上 0.002,即换算为被检乳样的比重。与正常的比重对照,以判定掺水与否。

e. 用比重换算掺水百分数:测出被检乳的比重后,可按以下公式求出掺水百分数:

$$\text{掺水量}(\%)=\frac{\text{正常乳比重的度数}-\text{被检乳比重的度数}}{\text{正常乳比重的度数}}\times 100\%$$

例如,某地区规定正常牛乳的比重为 1.029,测知被检乳比重为 1.025,则

$$\text{掺水量}(\%)=\frac{29-25}{29}\times 100\%=14\%$$

(2) 掺碱(碳酸钠)的检验

① 原理:鲜乳保藏不好时酸度往往升高,加热煮沸时会发生凝固。为了避免被检出高酸度乳,有时向乳中加碱。感官检查时对色泽发黄、有碱味、口尝有苦涩味的乳应进行掺碱检验。常用玫瑰红酸定性法。玫瑰红酸的 pH 范围为 6.9～8.0,遇到加碱而呈碱性的乳,其颜色由肉桂黄色(亦即棕黄色)变为玫瑰红色。

② 仪器、试剂:200 mL 试管 2 只;0.05%的玫瑰红酸乙醇液(溶解 0.05 g 玫瑰红酸于 100 mL 95%乙醇中)。

③ 方法:于 5 mL 乳样中加入 5 mL 玫瑰红酸乙醇液,摇匀,乳呈肉桂黄色为正常,呈玫瑰红色为加碱。加碱越多,玫瑰红色越鲜艳,应以正常乳作对照。

(3) 掺淀粉的检验

① 原理:掺水的牛乳乳汁变得稀薄,比重降低。向乳中掺淀粉可使乳变稠,比重接近正常。对有沉渣物的乳,应进行掺淀粉检验。

② 仪器及试剂

仪器:20 mL 试管 2 只,5 mL 吸管 1 只。

试剂:碘溶液。取碘化钾 4 g 溶于少量蒸馏水中,然后用此溶液溶解结晶碘 2 g,待结晶碘完全溶解后,移入 100 mL 容量瓶中,加水至刻度即可。

乳样:掺淀粉乳样和正常乳样各 1～2 个。

③ 方法:取乳样 5 mL 注入试管中,加入碘溶液 2～3 滴。乳中有淀粉时,即出现蓝色、紫色或暗红色及其沉淀物。

(4) 掺盐的检验

① 原理:向乳中掺盐可以提高乳的比重。口尝有咸味的乳有掺盐的可能,须进行掺盐检验。

② 仪器及试剂

仪器：20 mL 试管 2 支，1 mL 吸管 1 支，5 mL 吸管 1 支。

试剂：0.01 mol/L 硝酸银溶液；10%铬酸钾水溶液

乳样：掺盐乳样和正常乳样各 1～2 个。

③ 方法：取乳样 1 mL 于试管中，滴入 10%铬酸钾 2～3 滴后，再加入 0.01 mol/L 的硝酸银 5 mL(羊乳需 7 mL)摇匀，观察溶液颜色。溶液呈黄色者表明掺有食盐，呈棕红色者表明未掺食盐。

(5) 掺硝酸盐的检验：当将含有硝酸盐的水及食盐掺入乳中，有可能引起食物中毒，必要时需对乳作硝酸盐检验。

① 原理：在柠檬酸溶液中，NO^{3-} 能被 Zn 还原为 NO_2^-，NO_2^- 与对氨基苯磺酸及盐酸萘乙二胺作用生成红色偶氮化合物。

② 仪器及试剂

仪器：20 mL 试管 2 只，2 mL 吸管 2 只。

试剂：$BaSO_4$ 100 g(110℃烘干 1 h)；柠檬酸 75 g；$MnSO_4 \cdot H_2O$ 10 g；对氨基苯磺酸 4 g；盐酸萘乙二胺 2 g。

将少量研细的 Zn 粉与 $BaSO_4$ 混合，再与 b～e 全部混合为固体试剂，保存于棕色瓶中备用(密封保持干燥)。

乳样：掺硝酸盐乳样及正常乳样各 1～2 个。

③ 方法：在 2 mL 乳中加上述固体试剂 0.3 g，在硝酸盐存在时，振荡 1 min 后显红色。

(6) 掺亚硝酸盐的检验：常将亚硝酸盐误当 NaCl 或 Na_2CO_3 掺入乳中而引起中毒。

① 仪器：200 mL 试管 2 支，2 mL 吸管 2 支，乳钵 1 个。

② 试剂：对氨基苯磺酸 10 g，1-萘胺 1 g，酒石酸 89 g。

3 种试剂分别称好后于乳钵中研碎，在棕色瓶中干燥保存备用。

乳样：掺亚硝酸盐乳样及正常乳样各 1～2 个。

③ 方法：取乳样 2 mL，加固体试剂 0.2 g 混合，有 NO_2^- 存在时显桃红色。

7.13 禽蛋品质鉴别

1) 新鲜蛋检验

(1) 感官法：感官鉴别法主要凭检验人员的技术经验来判断，靠眼看、耳听、手摸、鼻嗅等方法。

(2) 透视法：在灯光透视下，可观察蛋壳、气室高度、蛋白、蛋黄、系带和胚胎状况，对蛋的品质作出综合评定。利用灯光进行鲜蛋的品质鉴定。各种照蛋器的结构如图 7-13-1 所示。不同品质的鲜蛋在灯光透视下表现不同特征(表 7-13-1)。

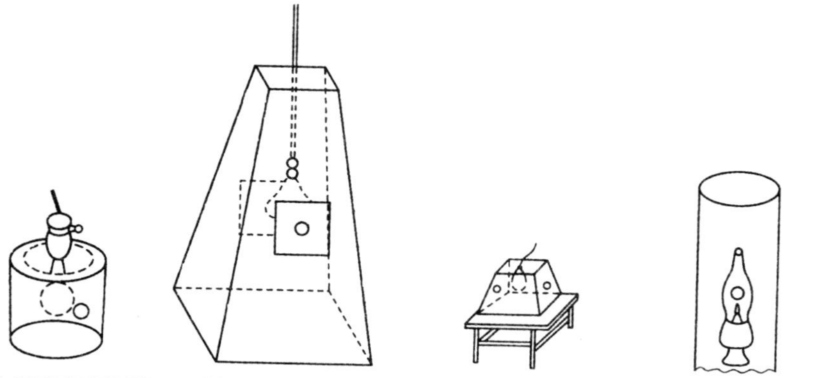

(a) 圆形单孔照蛋器　(b) 方形双孔照蛋器　(c) 方形三孔照蛋器　(d) 煤油灯照蛋器

图 7-13-1　各种照蛋器示意图

表 7-13-1　鲜蛋的光照透视特征

类　别	光照透视特征	产生原因	食用性
新鲜蛋	蛋壳无裂纹，蛋体全透光呈浅橘红色，蛋黄呈暗影，浮映于眼前，转蛋时蛋黄随之转动。蛋白无色，无斑点及斑块，气室很小	存放时间短	供食用
陈　蛋	壳色转暗，透光性差，蛋黄呈明显阴影，气室大小不定，不流动	放置时间久，未变质	可食用
散黄蛋	蛋体呈雾状或暗红色，蛋黄形状不正常，气室大小不定，不流动	受振动后，蛋黄膜破裂，蛋白同蛋黄相混	未变质者可食用
贴皮蛋	贴皮处能清晰地见到蛋黄呈红色。气室大，或者蛋黄紧贴蛋壳不动，一面呈红色，一面呈白色，贴皮处呈深黄色，气室很大	储藏时间太长且未加翻动	不能食用和加工
热伤蛋	气室较大，胚盘周围有小血圆点或黑丝黑斑	未受精的蛋受热后胚盘膨胀增长	轻者可食用
霉　蛋	蛋体周围有黑斑点	受潮或破裂后霉菌侵入所致	霉菌未进入蛋内，可食用
腐败蛋	全蛋不透光，蛋内呈水样弥漫状，蛋黄、蛋白分不清楚	蛋内细菌繁殖所致	不能食用
活仁蛋	气室位置不定，有气泡	气室移动	可食用

2）蛋形指数的测定

采用蛋形指数计测定或者用游标卡尺测量蛋的纵径与最大横径，以“mm”为单位，精确度为 0.5 mm，然后按下面两种公式进行计算：

$$蛋形指数=\frac{纵径(mm)}{横径(mm)}$$

或

$$蛋形指数(\%)=\frac{横径(mm)}{纵径(mm)}\times 100\%$$

3）蛋密度的测定

配制 3 种不同密度的盐水溶液（用密度计标定），分别是：① 11%盐水溶液，密度为

1.081 g/mL；② 10％盐水溶液，密度为 1.073 g/mL；③ 8％盐水溶液，密度为 1.059 g/mL。

测定时，将鲜蛋依次放入密度从大到小的盐水溶液中，在密度1.081 g/mL 盐水溶液中的下沉蛋为最新鲜蛋；在密度 1.073 g/mL 盐水溶液中的下沉蛋为一般新鲜蛋；在密度 1.059 g/mL 盐水溶液中的下沉蛋是介于鲜蛋与陈蛋之间的次鲜蛋，悬浮蛋是陈蛋，漂浮蛋是臭蛋或坏蛋。

4）气室高度的测定

采用气室规尺测定时，将蛋的大头放在照蛋器上照视，用铅笔在气室的左右两边画一记号，然后再放到用透明角质板或塑料板制成的气室高度测定规尺（图 7-13-2）半圆形切口内，读出两边刻度线上的刻度数（单位：mm），按下式计算：

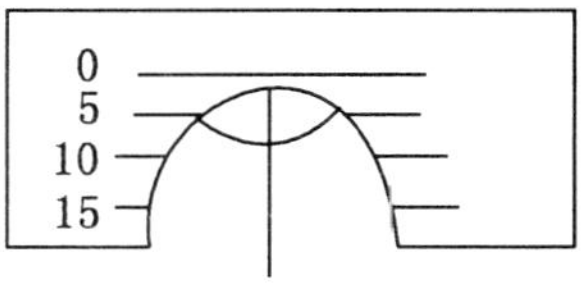

图 7-13-2　气室高度测定规尺示意图

$$\text{气室高度(mm)}=\frac{\text{气室左边高度}+\text{气室右边高度}}{2}$$

5）蛋壳品质测定

(1) 蛋壳颜色的测定：采用蛋壳颜色反射计，测定时将其头端的小孔压于蛋壳表面，该仪器与微处理器相接，输出读数并做记录。由于反射计装有蓝色滤片的表头，可以提供更为灵敏的读数。

(2) 壳厚的测定：蛋壳厚度可用蛋壳厚度测定仪、游标卡尺、安装在固定台架上的测微仪等进行测定。先将蛋打开，除去内容物，再用清水冲洗壳的内面，然后用滤纸吸干，剔除（或不剔除）蛋壳膜，取蛋壳钝端、中部、锐端各一小块（或者将蛋的短径三等份后取 3 点），再测量其厚度，求其平均厚度，以“mm”为单位，精确到 0.01 mm。

(3) 蛋壳强度的测定：采用蛋壳强度测定仪进行测定，单位为“Pa”。或者采用 TSSQS-SPA 蛋壳分析仪，用电子器件给蛋施压测定蛋的变形度和（或）压强。此仪器可高速进行测定，并可联机输出数据。

(4) 蛋壳密度的测定：将风干的蛋壳（包括壳膜在内）称重，并计算蛋壳表面积：

$$S = 3.279\, r\frac{L+r}{2}$$

式中：S——蛋壳表面积（cm^2）；

r——蛋的短径（cm）；

L——蛋的长径（cm）。

再根据下面公式计算蛋壳密度：

$$\text{蛋壳密度}(mg/cm^2)=\frac{\text{蛋壳重(mg)}}{\text{蛋壳表面积}(cm^2)}$$

由于蛋壳密度与厚度有关，Tyler 及 Geake(1953)提出了计算方法：

$$T = 3.98\frac{SW}{SA}+16.8$$

式中：T——蛋壳表观厚度（μm）；

SW/SA——蛋壳密度。

因此，只要测得蛋壳表观厚度，就可以计算出蛋壳密度。

6）蛋白的测定

(1) 蛋白指数的测定：将蛋打开后，采用过滤的方法，将浓厚蛋白与稀薄蛋白分开，称重计算。

$$\text{蛋白指数}=\frac{\text{浓厚蛋白重量(g)}}{\text{稀薄蛋白重量(g)}}$$

(2) 哈夫单位(Haugh Unit)的测定：先将蛋称重，再将蛋打开放在玻璃平面上，用蛋白高度测定仪(图 7-13-3)，或用精密游标卡尺测量蛋黄边缘与浓厚蛋白边缘的中点，避开系带，测定 3 个等距离中点的平均值。

图 7-13-3　蛋白高度测定仪

引自《家禽生产》

哈夫单位按下面公式计算：

$$\text{哈夫单位} = 100 \times \log(h - 1.7\, m^{0.37} + 7.57)$$

式中：h——浓厚蛋白高度(mm)；

m——蛋重(g)。

实际工作中，可以根据实测的蛋重与浓厚蛋白高度从哈夫单位计算表(表 7-13-2)中直接查出哈夫单位。

表 7-13-2　哈夫单位速查表

蛋白高度(mm)	蛋重(g)																				
	50	51	52	53	54	55	56	57	58	59	60	61	62	63	64	65	66	67	68	69	70
3.0	52	51	51	50	49	48	48	47	46	45	44										
3.1	53	53	52	51	50	50	49	48	48	47	46										
3.2	54	54	53	52	52	51	50	50	49	48	48										
3.3	56	55	54	54	53	52	52	51	50	50	49										
3.4	57	56	56	55	54	54	53	52	52	52	51										
3.5	58	58	57	56	56	55	54	54	53	53	52										
3.6	59	59	58	58	57	56	56	55	54	54	53										
3.7	60	60	59	59	58	58	57	56	56	55	54										
3.8	62	61	60	60	59	59	58	57	57	56	56										
3.9	63	62	61	61	60	60	59	59	58	57	57										
4.0	64	63	63	62	61	61	60	60	59	59	58										
4.1	65	64	64	63	62	62	61	61	60	60	59										
4.2	66	65	65	64	64	63	62	62	61	61	60										
4.3	67	66	66	65	65	64	64	63	63	62	60										
4.4	68	67	67	66	66	65	65	64	64	63	63										
4.5	69	68	68	67	67	66	66	65	65	64	64										
4.6	69	69	68	68	68	67	67	66	66	65	65										

（续表）

蛋白高度（mm）	蛋重(g)																				
	50	51	52	53	54	55	56	57	58	59	60	61	62	63	64	65	66	67	68	69	70
4.7	70	70	69	69	68	68	68	67	67	66	66										
4.8	71	71	70	70	69	69	69	68	68	67	67										
4.9	72	72	71	71	70	70	70	69	69	68	68										
5.0	73	72	72	72	71	71	70	70	69	69	69	68	68	67	67	67	66	66	65	65	64
5.1	74	73	73	72	72	71	71	71	70	70	69	69	69	68	68	67	67	67	66	66	65
5.2	74	74	74	73	73	72	72	71	71	71	70	70	70	69	69	68	68	68	67	67	66
5.3	75	75	74	74	73	73	73	72	72	71	71	71	70	70	70	69	69	68	68	68	67
5.4	76	76	75	75	74	74	73	73	73	72	72	71	71	71	70	70	70	69	69	69	68
5.5	77	76	76	76	75	75	74	74	74	73	73	72	72	72	71	71	71	70	70	69	69
5.6	77	77	77	76	76	75	75	75	74	74	74	73	73	72	72	72	71	71	71	70	70
5.7	78	78	77	77	76	76	76	75	75	75	74	74	74	73	73	73	72	72	71	71	71
5.8	78	78	78	78	77	77	77	76	76	75	75	75	74	74	74	73	73	73	72	72	72
5.9	79	79	79	78	78	78	77	77	77	76	76	75	75	75	75	74	74	73	73	73	72
6.0	80	80	80	79	79	78	78	78	77	77	77	76	76	76	75	75	75	74	74	74	73
6.1	81	81	80	80	79	79	79	79	78	78	77	77	77	76	76	76	75	75	75	74	74
6.2	82	81	81	80	80	80	79	79	78	78	78	78	77	77	77	76	76	76	75	75	75
6.3	83	82	81	81	81	80	80	80	79	79	79	78	78	78	77	77	77	76	76	76	76
6.4	83	83	82	82	81	81	81	80	80	80	79	79	79	78	78	78	78	77	77	76	76
6.5	83	83	82	82	82	82	81	81	81	80	80	80	80	79	79	79	78	78	78	77	77
6.6	84	84	83	83	83	82	82	82	81	81	81	81	80	80	80	79	79	79	78	78	78
6.7	85	84	84	84	83	83	83	82	82	82	81	81	81	80	80	80	80	79	79	79	78
6.8	85	85	85	84	84	84	83	83	83	82	82	82	82	81	81	81	80	80	80	79	79
6.9	86	86	85	85	85	84	84	84	84	83	83	82	82	82	82	81	81	81	80	80	80
7.0	86	86	86	86	85	85	85	84	84	84	83	83	83	83	82	82	82	81	81	81	80
7.1	87	86	86	86	86	86	85	85	85	84	84	84	84	83	83	83	82	82	82	81	81
7.2	88	87	87	87	86	86	86	86	85	85	85	84	84	84	84	83	83	83	82	82	82
7.3	88	88	88	87	87	87	86	86	86	86	85	85	85	84	84	84	84	83	83	83	83
7.4	89	89	88	88	88	87	87	87	86	86	86	86	85	85	85	85	84	84	84	83	83
7.5	89	89	89	89	88	88	88	87	87	87	87	86	86	86	85	85	85	85	84	84	84
7.6	90	90	89	89	89	89	88	88	88	87	87	87	87	86	86	86	86	85	85	85	84
7.7	91	90	90	90	89	89	89	89	88	88	88	88	87	87	87	86	86	86	86	85	85
7.8	91	91	91	90	90	90	90	89	89	89	88	88	88	88	87	87	87	86	86	86	86
7.9	92	91	91	91	90	90	90	89	89	89	89	89	88	88	88	88	87	87	87	87	86
8.0	92	92	92	91	91	91	90	90	90	90	89	89	89	89	88	88	88	88	87	87	87
8.1	93	92	92	91	91	91	90	90	90	90	89	89	89	89	88	88	88	88	87	87	87
8.2	93	93	93	92	92	92	92	91	91	91	91	90	90	90	89	89	89	89	88	88	88

（续表）

蛋白高度(mm)	蛋重(g)																				
	50	51	52	53	54	55	56	57	58	59	60	61	62	63	64	65	66	67	68	69	70
8.3	94	93	93	93	93	92	92	92	92	91	91	91	91	90	90	90	90	89	89	89	89
8.4	94	94	94	93	93	93	93	92	92	92	92	91	91	91	91	90	90	90	90	89	89
8.5	95	95	94	94	94	94	93	93	93	92	92	92	92	91	91	91	91	90	90	90	90
8.6	96	96	95	95	94	94	94	93	93	93	93	93	92	92	92	92	91	91	91	91	90
8.7	96	96	95	95	95	94	94	94	94	93	93	93	93	93	92	92	92	92	92	91	91
8.8	96	96	96	95	95	95	95	94	94	94	94	93	93	93	93	93	92	92	92	92	91
8.9	97	96	96	96	96	95	95	95	95	94	94	94	94	94	93	93	93	93	92	92	92
9.0	97	97	97	96	96	96	96	95	95	95	95	94	94	94	94	93	93	93	93	92	92

7）蛋黄的测定

（1）蛋黄指数的测定：将蛋打开放在蛋质检查台上，使用高度测微仪和精密游标卡尺，分别测定蛋黄高度和蛋黄直径后计算。

$$蛋黄指数=\frac{蛋黄高度(mm)}{蛋黄直径(mm)}$$

或

$$蛋黄指数(\%)=\frac{蛋黄高度(mm)}{蛋黄直径(mm)}\times 100\%$$

（2）蛋黄百分率的测定：将蛋称重后，分开蛋白与蛋黄，将蛋黄单独称重后计算。

$$蛋黄百分率(\%)=\frac{蛋黄重(g)}{蛋重(g)}\times 100\%$$

（3）蛋黄色度的测定：国际上通用罗氏蛋黄比色扇(Roche Yolk Color Fan)人工比色法。罗氏蛋黄比色扇有15种扇片或塑料标签，颜色由浅至深，从浅黄到深橘红色。颜色愈深，色度级别愈高，评定时用蛋黄与1～15级的色度对比，与哪一等级扇片颜色近似即取为读数。目前，也可以采用TSSQCC蛋黄色度计测定蛋黄色度。当打破的蛋在平板玻璃上测定蛋的高度后，将其倾于该仪器的蛋黄杯中，蛋黄即自动分离于杯中，比色计立即自动比定色度，并输出数据于微机中，存储或打出测定数字。

7.14 鱼类分类实验

1）实验目的

了解灯笼鱼目、鳗鲡目、鲤形目鱼类的形态特征分类依据，并学习鱼类分类的基本方法。

2）实验原理

观察鱼的形态特征。如体形、鳍棘差异、鳍条位置等，根据这些特征差异列出检索表区分各种鱼类。

3）实验仪器及标本

（1）实验仪器：解剖盘、镊子。

(2) 观察标本

① 海水鱼：长蛇鲻、长条蛇鲻、龙头鱼、鳗鲡、海鳗。

② 淡水鱼：鲤鱼、鲫鱼、草鱼、团头鲂。

4) 海水鱼分类检索表

(1) 分类及名称：查询给定鱼类的分类位置，并列出鱼类分类名称。

① 长蛇鲻、长条蛇鲻：灯笼鱼目、灯笼鱼亚目、狗母鱼科、蛇鲻属。

② 龙头鱼：灯笼鱼目、灯笼鱼亚目、龙头鱼科、龙头鱼属。

③ 鳗鲡：鳗鲡目、鳗鲡科、鳗鲡属。

④ 海鳗：鳗鲡目、海鳗科、海鳗属。

(2) 列检索表：根据鱼类分类位置特征，列出检索表。

1(4)体延长，基本上呈圆筒形，无腹鳍，背鳍和臀鳍长，且与尾鳍相连	
2(3)体被鳞，排列成席纹状	鳗鲡
3(2)体无鳞	海鳗
4(1)体无延长，有腹鳍，背鳍和臀鳍不与尾鳍相连	
5(6)体柔软，体部分被鳞，口有钩状犬齿	龙头鱼
6(5)体不柔软，全身被鳞，口无钩状犬齿	
7(8)胸鳍通常延伸到腹鳍基底的上方或后方	长条蛇鲻
8(7)胸鳍不延伸到腹鳍基底	长蛇鲻

5) 淡水鱼分类检索表

(1) 列鱼类分类名称：查询给定鱼类的分类位置，并列出鱼类分类名称。

① 团头鲂：鲤形目、鲤科、鳊亚科。

② 草鱼：鲤形目、鲤科、雅罗鱼亚科。

③ 鲤鱼：鲤形目、鲤科、鲤亚科、鲤鱼属。

④ 鲫鱼：鲤形目、鲤科、鲤亚科、鲫鱼属。

(2) 列出检索表：根据鱼类分类位置特征，列出检索表。

1(2)体较高，呈菱形	团头鲂
2(1)体不成菱形	
3(4)臀鳍无硬刺，如果有，则背鳍硬刺的后缘光滑无锯齿	草鱼
4(3)臀鳍和背鳍皆具有后缘带锯齿的硬刺	
5(6)咽喉齿为 3 行，臼齿状	鲤鱼
6(5)咽喉齿为 1 行，铲形	鲫鱼

(注：检索表中的数字如 1(2)，前者表示检索顺序，括号中的数字表示与检索序号中的内容相对照)

7.15 鱼类鲜度(K 值)的测定

1) 原理

鱼类死后变化过程中，肌肉的 ATP 在相关酶的作用下由 ATP 代谢途径而分解为

$$ATP \rightarrow ADP \rightarrow AMP \rightarrow IMP \rightarrow HxR \rightarrow Hx$$

换句话说，随着鲜度的下降，ATP、ADP、AMP等核苷酸迅速分解，而 HxR+Hx 的量随之增加。因此用 HxR+Hx 占 ATP 相关化合物总量的比例用来表示鱼的鲜度，用 K 值来表示。即

$$K\% = \frac{HxR + Hx}{ATP + ADP + AMP + IMP + HxP + Hx} \times 100\%$$

（K 值鲜度参考值：活鱼即杀 $K=10\%$；生鱼片 $K=20\%$ ；新鲜鱼 $K<40\%$）

核苷酸的代谢过程发生在鱼体死后早期阶段，主要是在内因性酶作用下进行的，因此 K 值可以比 VBN 值和 TMA－N 更为有效地反映出鱼的鲜活程度，因而得到了广泛的应用。K 值的简易测定法有柱层析法、酶法、薄层层析法和 HPLC 法。

本实验介绍 HPLC 法和柱层析法，可根据实际条件选择一种方法进行（图 7-15-1）。

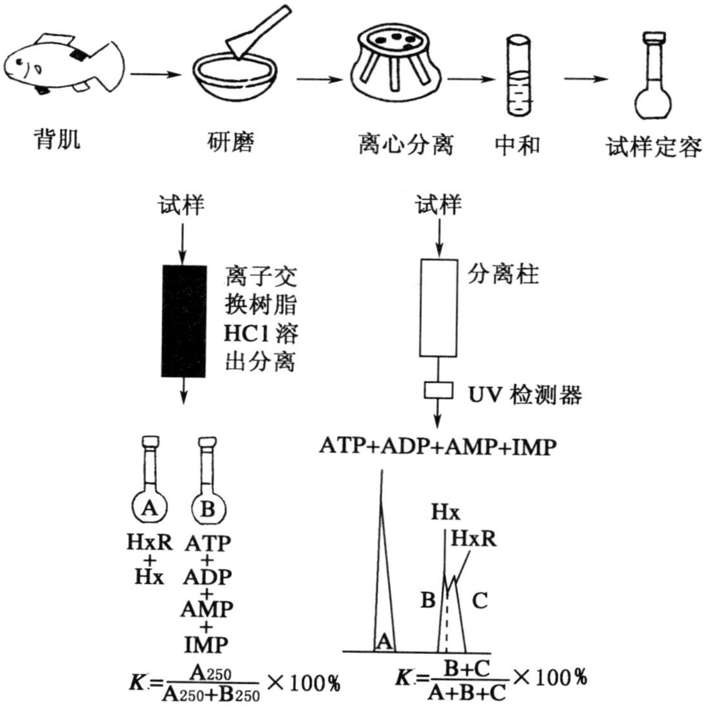

图 7-15-1　HPLC 法和柱层析法分析示意图

2）HPLC 法

（1）主要仪器及试剂

① HPLC 装置，紫外检测器，记录仪，恒温箱柱：TSK gelODS－120 TM（4.6×250 nm）。

② 溶媒：30 mmol/L 2-二甲基氨基乙醇[2-diethyla minoethanol，$(C_2H_5)2NCH_2CH_2OH$]及 20 mmol/L H_3PO_4 的 2%甲醇溶液（pH 7.4）。

③ 1 mol/L $HClO_4$。

④ 1 mol/L $KHCO_3$。

⑤ 标准物质，ATP、ADP、AMP、HxR、Hx、IMP。

（2）试样制备：分别取新鲜鱼肉和在 30℃下放置 3 h 后的鱼肉各 1 g，加 1 mol/L

$HClO_4$ 2. 5 mL 于冷却过的乳钵中研磨，3 000 r/min，5 min 离心分离，收集其上清液、残渣再进行 2 次同样的处理，将上清液收集后用 1 mol/L $KHCO_3$ 调 pH 6. 5 定容后供 HPLC 分析用。

标准样品：将一定量的 ATP、ADP、AMP、IMP、HxR、Hx 6 种标准溶解于 1 mol/L 的 $HClO_4$ 溶液中，用 1 mol/L $KHCO_3$ 调 pH 6. 5，制成标准混合液。

分析：将柱同 HPLC 的泵及紫外检测器相连接，柱置于 35℃的恒温箱中，溶媒流速为 1. 1 mL/ min，使其基线稳定后，注入标准混合液 5 μL，测定波长 260 nm 的吸光度，溶出先后为 IMP、Hx、AMP、ADP、HxR、ATP(如图 7-15-2 所示)。

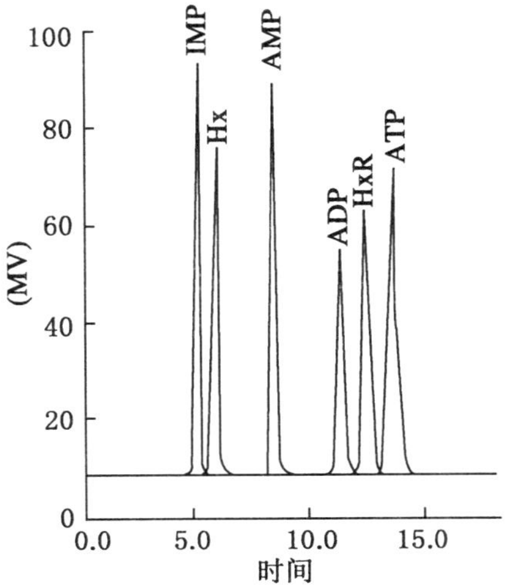

图 7-15-2　核苷酸关联化合物标准样品的 HPLC 色谱图

(3) 分析：注入试样 5 μL，根据 6 种标准样品的浓度和峰面积来计算试样中 6 种成分的含量。

(4) 计算：按上式计算。

3) 柱层析法

(1) 试剂	过氯酸(PCA)60%	(分析纯)
	氢氧化钾 85%	(分析纯)
	氢氧化钠 95%	(分析纯)
	盐酸 1 mol/L	(分析纯)
	氯化钠	(分析纯)
	氨水(28%)	(分析纯)
	离子交换树脂 Bio-Rad，AGl-X4(100～200 目)	

(2) 试剂的配制

① 离子交换树脂的前处理：取 Bio-Rad(Cl－1)型约 50 g 于 1 000 mL 烧杯中，加入 1 mol/L HCl 约 500～600 mL 搅拌，静置 30～40 min 后，用布氏滤斗抽滤，加无离子水清洗除去 HCl，反复操作至 pH 为中性(用 pH 试纸)。再转至烧杯，用 1 mol/L NaOH 约 500～600 mL，如同上述操作，静置 30～40 min 后，移至布氏滤斗。为了充分除去 NaOH，用无离

子水反复清洗。当达到中性时,用无离子水浸泡放于冰箱中保存备用。使用过后的树脂,也可用上述方法再生后使用。

②装柱:采用带有石英滤网的玻璃柱(ϕ20 mm),用胶头吸管将树脂装入约 5 cm 高度,实验前先用水洗柱。

③ 溶出液的调制

A 液:HxR+Hx 溶出液,0.001 mol/L。

B 液:ATP+ADP+AMP+IMP 的溶出液,0.001 mol/L(含 0.6 mol/L NaCl)。

(3) 试样制备:取 1 g 鱼肉,加入预先冷却的 10%PCA 2 mL,在离心管内匀浆,离心(3 000 rpm,5 min)分离后,取上清液、残渣再加入 5%PCA 2 mL 用玻璃棒搅拌充分,再次离心得到上清液。同样操作用 5%PCA 再洗 2 次,收集的上清液用 10 mol/L 的 KOH 和 1 mol/L KOH 中和调到 pH 6.5 生成的过氯酸钾结晶,通过离心分离(3 000 r/min,5 min)除去残渣,加入 2 mL 中性冷却的 PCA 2 次,收集的上清液转移到 50 mL 容量瓶,定容。

(4) 测定方法:取鱼肉抽出液 2 mL 于烧杯中,用 0.5 mol/L 氨水调 pH 至 9.4 后装柱。先用无离子水 20 mL 清洗,以除去 ATP 关联化合物之外的非吸附性紫外吸收物质。然后由蠕动泵将 A 液约 50 mL 送至柱内用 50 mL 容量瓶收集并定容,得到 Hx+HxR 的溶出液。随后 B 液约 50 mL 送入柱中,同样用容量瓶收集定容,得到(ATP+ADP+AMP+IMP)的溶出液,分别测定 A 液和 B 液在 250 nm 的吸光值。

(5) 计算

$$K(\%) = \frac{E_{250\text{nmA}}}{E_{250\text{nmA}} + E_{250\text{nmB}}} \times 100\%$$

式中:$E_{250\text{nm A}}$——A 液在 250 nm 的吸光值(HxR+Hx);

$E_{250\text{nm B}}$——B 液在 250 nm 的吸光值(ATP+ADP+AMP+IMP)。

7.16　藻类膳食纤维含量的测定

1) 原理

膳食纤维的定义是人体消化酶所无法作用的食物中的难消化性成分,主要为非淀粉类多糖(如纤维素、半纤维素、果胶等)和木质素。模拟体内消化系统,利用酶的处理,使得可被人体消化道所消化吸收的部分水解除去,再根据重量分析测得那些未被水解的残留部分,即膳食纤维。

Asp 等人开发了酶—重量法,可分别测得水溶性膳食纤维(Water-Soluble Dietary Fiber, SDF)和不溶性膳食纤维(Water-Insoluble Dietary Fiber,IDF),二者之和为总膳食纤维(Total Dietary Fiber,TDF)。此外,Prosky 等人将 Asp 法进一步改良,使用不同的酶,直接测出 TDF,该法被 AOAC 认可采用。

藻类中的储藏多糖同陆上植物有所不同,如褐藻的海带不含淀粉,因此,在采用该法时可以省去加入 α-淀粉酶的处理过程。

2) 流程图(图 7-16-1)

样品(2 份,每份 1 g)

↓

+50 mL 0.05 mol/L MES/TRIS 缓冲液

↓

磁力搅拌使样品均匀分散

↓

将烧杯置于 95～100℃水浴上保持 20 min

↓

添加 α-淀粉酶,置于 95～100℃水浴上保持 30 min

↓

添加 10 mL 0.205 mol/L NaOH 溶液调节 pH 至 4.5(4.3～5.0)后加入糖化酶,置于 60℃水浴上保持 30 min

↓

用 4 倍体积的 95%乙醇沉淀

↓

过滤

↓

干燥

↓

测定蛋白质和灰分

↓

计算总膳食纤维含量

图 7-16-1 总膳食纤维含量分析简图

总膳食纤维含量分析法(AACC 32-07)适用于各种食品原料的 TDF 的分析。本方法是 AOAC 43.A20 的改良法。两者的不同之处表现在:

(1) 用 MES/TRIS 缓冲液取代磷酸盐缓冲液。

(2) 用 0.205 mol/L NaOH 溶液代替 2.275 mol/L NaOH 溶液。

(3) 酶处理前先将样品加热至 95～100℃预凝胶化 20 min。

本方法适用于分析加工食品及食品原料中的总膳食纤维含量。

3) 前处理

400 mL 高腰烧杯用常规洗涤剂将烧杯清洗干净后再用去离子水冲洗并烘干,分析前置于 130℃的烘箱中烘干 45～60 min,冷却后备用。

多孔坩埚置于马福炉中(525℃)灰化过夜,用真空泵抽去可能含有的硅藻土及灰分;然后浸泡于 2%的 Micro 洗涤溶液中维持 1 h,取出经去离子水冲洗 4 次并用 15 mL 丙酮清洗一遍后空气晾干;加入 0.5～1.0 g 的硅藻土置于 130℃烘箱中烘至恒重,冷却后存于干燥器内备用。

4) 主要试剂

(1) 美国 Sigma 公司生产的耐热型 α-淀粉酶(A0164)、蛋白酶(P3910)和糖化酶(A9913)。

(2) 美国 Sigma 公司生产的 MES[2-(N-吗啉)乙烷磺酸,M8250]和 TRIS[三(羟基甲基)氨基甲烷,T1503]。

(3) 0.05 mol/L MES/TRIS 缓冲液(pH=6.0)的配制:在 1 L 去离子水中溶解 39.04 g

的 MES 和 24.2 g 的 TRIS，用 6.0 mol/L 的 HCl 溶液调节至 pH 6.0，稀释至 4 L。

5）操作步骤

如分析流程图所示，在整个分析中，准备两个空白试验以扣除试剂带来的影响。

(1) 精确称量(1.000±0.010)g 的样品 2 份，分别放入 400 mL 的高腰烧杯中，加入 50 mL MES/TRIS 缓冲液，磁力搅拌使物料均匀分散以防结块。

(2) 用铝箔将装有样品和 MES/TRIS 缓冲液的烧杯口封住。

(3) 置于 95～100℃水浴锅上磁力搅拌，保持 20 min。

(4) 去掉铝箔纸，添入 200 μL α-淀粉酶，低速磁力搅拌 10 s，用新铝箔将口封住。

(5) 置于 95～100℃水浴锅上不停地磁力搅拌，保持 30 min。

(6) 取出烧杯浸在自来水中冷却至 60℃，去掉铝箔封口。

(7) 打开磁力搅拌器，搅拌加入 10 mL 0.205 mol/L NaOH 水溶液，检查 pH 是否在 7.5±0.3 内，若不是，可用稀 NaOH 或 HCl 溶液调节，之后添加 100 μL 的蛋白酶液。

(8) 重新用铝箔封上，在(60±1)℃水浴上不停地搅拌，保持 30 min。取出烧杯，去掉封口铝箔。

(9) 搅拌加入 10 mL 0.325 mol/L HCl 溶液，检查 pH 是否在 4.3～5.0 内，若不是，滴加 5% NaOH 或 HCl 溶液加以调节。

(10) 搅拌加入 300 μL 糖化酶，重新封口。置于(60±1)℃水浴上搅拌，保持 30 min。

(11) 往每份样品中加入 285 mL 预热至 60℃的 95%乙醇水溶液，乙醇溶液与样品的体积比应该是 4∶1，波动范围不得超过 4.1∶1。

(12) 用一张大铝箔将所有样品口盖上，保持 60 min 使之自然冷却至室温。

(13) 装上具有环状橡胶接头的过滤烧瓶。

(14) 称量约含 0.5～1.0 g 硅藻土烧结多孔坩埚的皮重，套上过滤烧瓶的橡胶接头，用 15 mL 78%乙醇液预过滤一次，使硅藻土更紧密地贴在坩埚底，以利于过滤后取滤渣样品供蛋白质分析。

(15) 经酶处理的试样液通过含硅藻土的多孔坩埚进行过滤，此操作乃是在(16.9±6.7)kPa的真空条件下进行。

(16) 用 78%乙醇清洗烧杯，并用橡胶刮勺定量转移任何残留的颗粒至过滤坩埚内。

(17) 用 15 mL×2 的 78%乙醇通过真空抽滤方式清洗滤渣数次，之后用 15 mL×2 的 95%乙醇和 15 mL×2 的丙酮清洗。此时某些样品可能会形成薄胶膜，可用橡胶刮勺轻轻搅动一下所形成的胶膜层，但不可搅动硅藻土层。

(18) 置于 103℃烘箱中将坩埚残渣烘干过夜至恒重。

(19) 放在干燥器内冷却 1 h，称重并扣除在上述步骤中的坩埚皮重，计算出滤渣的重量，精确至 0.1 mg。

(20) 用凯氏定氮法测定滤渣的蛋白质含量，换算系数取 6.25(在任何情况下)。在 525℃马福炉中煅烧过滤残渣 5 h 后称量测定灰分，精确至 0.1 mg。

6）计算公式

$$\text{膳食纤维}(\%) = \frac{\frac{R_1 + R_2}{2} - P - A - B}{\frac{m_1 + m_2}{2}} \times 100\%$$

式中：m_1——1 号样品的重量；

m_2——2 号样品的重量；

R_1——1 号样品处理后过滤残渣的重量；

R_2——2 号样品残渣的重量；

A——残渣 R_1 的灰分；

P——残渣 R_2 的蛋白质含量；

B——空白对照值。

参考文献

1 崔凯，潘亦藩主编. 中国食品产业地图. 北京：中国轻工业出版社，2006
2 蒋爱民，章超桦主编. 食品原料学. 北京：中国农业出版社，2000
3 李里特主编. 食品原料学. 北京：中国农业出版社，2001
4 沈建福主编. 农产品原料学. 成都：成都科技大学出版社，1998
5 杨文钰，屠乃美主编. 作物栽培学总论（南方本）. 北京：中国农业出版社，2003
6 沈阳农业大学主编. 作物栽培学各论. 北京：中国农业出版社，2001
7 赵平等. 粮油商品学. 武汉：湖北人民出版社，1984
8 周世英，钟丽玉. 粮食学与粮食化学. 北京：中国商业出版社，1995
9 刘恩岐等. 粮油产品储藏加工学. 山西：山西高校联合出版社，1994
10 董绍华，陈健初. 农产品加工学. 天津：天津科学技术出版社，1994
11 沈建福主编. 粮油食品工艺学. 北京：中国轻工业出版社，2002
12 余象煜主编. 魔芋的栽培与利用. 杭州：杭州大学出版社，1991
13 谢达平主编. 食品生物化学. 北京：中国农业出版社，2004
14 冯凤琴，叶立杨主编. 食品化学. 北京：化学工业出版社，2005
15 彭志英. 食品酵素学. 台北：台湾九州图书文物公司，2004
16 刘钟栋主编. 食品添加剂. 南京：东南大学出版社，2006
17 盖树人主编. 花生栽培生理. 上海：上海科技出版社，1990
18 刘国芬主编. 马铃薯高效栽培技术. 北京：金盾出版社，2000
19 杨和鼎主编. 杂粮与特种经济作物栽培学. 广州：华南农业大学编印，2002
20 施汉民. 蚕豆制品加工. 南京：江苏科学技术出版社，1984
21 汤方德，刘耀宗主编. 马铃薯大全. 北京：海洋出版社，1992
22 陈大淦，倪培德主编. 植物蛋白的加工和利用. 北京：中国食品出版社，1988
23 李庆龙. 粮食科学基础. 武汉：湖北科学技术出版社，1985
24 郑卓杰主编. 中国食用豆类学. 北京：中国农业出版社，1997
25 张友松主编. 变性淀粉生产与应用手册. 北京：中国轻工业出版社，1999
26 王肇慈主编. 粮油食品品质分析. 北京：中国轻工业出版社，2000
27 尤新主编. 淀粉糖品生产与应用手册. 北京：中国轻工业出版社，1997
28 崔桂友主编. 烹饪原料学. 北京：中国轻工业出版社，2006
29 俞德俊主编. 中国果树分类学. 北京：中国农业出版社，1979
30 邵宁华主编. 果蔬原料学. 北京：中国农业出版社，1992
31 傅德成等主编. 食品质量感官鉴别指南. 北京：中国标准出版社，1994
32 关军峰主编. 果品品质研究. 石家庄：河北科学技术出版社，2001
33 秦利利等. 家庭菌类保健食品制作. 呼和浩特：内蒙古人民出版社，2001
34 秦俊哲等. 食用菌储藏保鲜与加工新技术. 北京：化学工业出版社，2003
35 李嘉瑞主编. 果品商品学. 北京：中国农业出版社，1995
36 河北农业大学主编. 果树栽培学实验实习指导书. 北京：中国农业出版社，1979

37 郗荣庭主编. 果树栽培学总论. 第 3 版. 北京：中国农业出版社，1998
38 中国农科院蔬菜研究所主编. 中国蔬菜栽培学. 北京：中国农业出版社，1987
39 韩东海等. "果蔬质量无损伤自动检测".《21 世纪中国食品与农业科学技术讨论会论文集》. 西安：陕西人民出版社，1999
40 徐汉卿等主编. 植物学. 北京：北京农业大学出版社，1994
41 高信曾主编. 植物学. 北京：高等教育出版社，1987
42 刘北林，孙婷，曲志华主编. 食品商品学. 北京：中国物资出版社，2005
43 周光宏主编. 畜产品加工学. 北京：中国农业出版社，2002
44 蒋爱民主编. 畜产食品工艺学. 北京：中国农业出版社，2000
45 陈锤. 白话鱼类学. 北京：海洋出版社，2003
46 [日]鸿巢章二，桥木周久. 水产利用化学. 北京：中国农业出版社，1992
47 李瑞声，陆江海. 中国软珊瑚 Nephthea Crassica 化学成分的研究. 中国海洋药物，1997(62)
48 [加] F. Shahidi 著；李洁，朱国斌译. 肉制品与水产品的风味. 北京：中国轻工业出版社，2001
49 李晓东. 蛋品科学与技术. 北京：化学工业出版社，2005
50 林洪，张瑾，熊正河. 水产品保鲜技术. 北京：中国轻工业出版社，2001
51 马永强，韩春然，刘静波. 食品感官检验. 北京：化学工业出版社，2005
52 沈月新. 水产食品学. 北京：中国农业出版社，2001
53 [日]小川广男，能登谷正浩. 海藻食品的品质保持和加工流通. 恒星社厚生阁，2002
54 许实波，王志国，龙康侯等. 三丙酮胺对波长及早期后去极化的影响. 中山大学学报，1990，29：14～24
55 王顺年，吴达聪. 益肝注射液治疗病毒性肝炎的研究. 海洋药物，1988，27(3)：17～32
56 中国水产杂志社编. 中国经济水产品原色图集. 上海：上海科学技术出版社，1992
57 曾庆孝. 食品加工与保藏原理. 北京：化学工业出版社，2002
58 郑建仙. 功能性食品生物技术. 北京：中国轻工业出版社，2004
59 Barry P, Kate A, Eva Z, Olga A, Bronwyn Cl, Joanne D, Stephen T and Richard H. Expression in a Pyrethroid-Susceptible and Resistant Strain[J]. Biochemistry and Molecular Biology, 1997, 27(6)：507～512
60 Chunjiu Zh, Rodney Rickards W and Trowell S C. Antibacterial Trinervitadienes from the Termite Nasutitermes Triodiae [J]. Tetrahedron, 2004, 60 (47)：10753～10759
61 Gao X, Xue DM, Zhang Z, Xu J, Xue C. Rheological and Structural Properties of Sea Cucumber Stichopus Japonicus During Heat Treatment[J]. Journal of Ocean University of China (English Edition). 2005, 4(3)：244～248
62 Ismarrubie Z. N and Sugano M. Environmental Effects on Fatigue Failure Micromechanisms in Titanium[J]. Materials Science and Engineering, 2004, 386 (2)：222～233
63 Sturton R. G, Butterwith S C., Burditt S L. and David N B. Effects of Starvation, Corticotropin Injection and Ethanol Feeding on the Activity and Amount of Phosphatidate Phosphohydrolase in Rat Liver[J]. FEBS Letters, 1981, 126(2)：297～300
64 Xin G, Tashiro Y and Ogawa H. Rheological Properties and Structural Changes in Steamed and Boiled Abalone Meat[J]. Fisheries Science, 2002, 68(3)：499～508
65 毛跟年，许牡丹. 功能食品生理活性特性与检测技术. 北京：化学工业出版社，2005
66 郑建仙. 功能性食品学. 北京：中国轻工业出版社，2003
67 吴谋成. 功能食品研究与应用. 北京：化学工业出版社，2004
68 金宗濂. 保健食品的功能评价与开发. 北京：中国轻工业出版社，2001

69 田惠光，张兵. 保健食品实用指南. 北京：化学工业出版社，2002
70 顾维雄. 保健食品. 上海：上海人民出版社，2001
71 郑建仙. 功能性食品(第二卷). 北京：中国轻工业出版社，1999
72 凌关庭. 保健食品原料手册. 北京：化学工业出版社，2002
73 李八方. 功能食品与保健食品. 青岛：青岛海洋大学出版社，1997
74 邓舜扬. 保健食品生产实用技术. 北京：中国轻工业出版社，2001
75 尤新. 功能低聚糖. 中国食品添加剂，2002，2：40～49
76 赵宝路. 氧自由基和天然抗氧化剂. 北京：科学出版社，1999
77 王放等. 食品营养保健原理及技术. 北京：中国轻工业出版社，1997
78 陈仁惇. 营养保健食品. 北京：中国轻工业出版社，2001
79 蔡海江. 动脉粥样硬化基础与临床. 南京：江苏科学技术出版社，1996
80 霍贵成等. 功能性食品与健康. 哈尔滨：黑龙江科学技术出版社，2002
81 高福成. 现代食品工程高新技术. 北京：中国轻工业出版社，1997
82 中华人民共和国卫生部. 保健食品管理办法，1996
83 GB 16740—1997 保健(功能) 食品通用标准，1997
84 GB 17405—1998 保健食品良好生产规范，1998
85 吴永宁主编. 现代食品安全科学. 北京：化学工业出版社，2003
86 杨洁彬主编. 食品安全性. 北京：中国轻工业出版社，2006
87 林洪主编. 水产品安全性. 北京：中国轻工业出版社，2005
88 史贤明主编. 食品安全与卫生学. 北京：中国农业出版社，2003
89 蒋爱民，杨公明，马兆瑞，李志成. 加拿大原料乳安全生产及其质量控制体系. 食品科技，2004
90 [美] James M. Jay 编著；徐岩，张继民，汤丹剑等译，现代食品微生物学. 北京：中国轻工业出版社，2001
91 刘秀梅，高鹤娟. 食物中有害物质及其防治. 第 2 版. 北京：化学工业出版社，2004
92 刘宁，沈明浩主编. 食品毒理学. 北京：中国轻工业出版社，2005
93 钱建亚主编. 食品安全概论. 南京：东南大学出版社，2006
94 陈波，胡云平，金泰廙. 多环芳烃的肝脏毒性及其遗传易感性. 环境与职业医学，2005，22(2)：154～155，183
95 徐旭，严建华，池涌，岑可法. 二恶英的理化特性及其分析方法. 能源工程，2003(6)：24～28
96 殷培杰，李培军. 土壤和沉积物中多氯联苯污染的生物修复机理研究进展. 环境污染治理技术与设备，2005，6(1)：1～7
97 丛艳君，程永强，薛文通. 花生致敏蛋白的研究进展. 食品科学，2005，26，176～178
98 聂凌鸿，周如金，宁正祥. 食物过敏原研究进展. 生命的化学，2002，22(5)：474～476